JN420913

핸드북

Handbook on Animal Assisted Therapy

동물교감치유

안제국 저

심의·검토자

김옥진 한국동물매개심리치료학회장
원광대학교 동물보건학과 교수
임신재 중앙대학교 생명자원공학전공 교수
배귀석 한경국립대학교 산학협력단 연구교수
어경진 포천일고등학교 식품반려동물과 교사

문운당

머리말

동물 교감치유 - 마술인가, 과학인가?

이 책은 우리의 삶과 공존해 온 동물에 대한 새로운 시각과 이해를 바탕으로 인간과 동물 간의 상호작용을 다룬 책으로, 2007년 우리나라 최초로 발간된 「동물매개치료」를 16년 만에 전면 개편한 후속판이다.

동물 교감치유는

전 세계적으로 그 효과가 과학적으로 입증되면서 빠르게 확산되고 있다. 2020년 미국의 AKC 통계에 의하면 180여 개의 동물 교감치유 단체에서 약 4만 명의 치유사(종사자 포함)가 있으며 호스피스 병동의 약 60% 환자에게 동물 교감치유를 시행하고 있은 것으로 나타났다.

이제 동물교감 치유는 전 세계적으로 어린이부터 노인에 이르기까지 모든 영역의 대상자에게 보완 및 대체요법으로 적용되고 있는 과학적으로 입증된 다학제적 학문이다.

우리나라에서는 2021년 제정된 「치유농업 연구개발 및 육성에 관한 법률」에 의거 농촌진흥청에서 주관하는 치유농업의 정책적 추진과 더불어 확고한 학문적 위치로 자리매김하고 있으며 또한 일부의 병원과 요양원, 동물농장 등에서 동물 교감치유를 시행하는 등 급속히 확대되고 있다.

이 책의 특징은

유럽이나 북미 등에서 농장 동물을 이용한 교감치유 활동이 주를 이루고 있는 것을 고려하여 우리나라에서 최초로 농장 동물(닭, 염소, 돼지, 소, 말) 교감치유와 반려동물(개, 고양이, 토끼) 교감치유를 구분하여 실제 수행할 수 있는 상세한 프로그램을 수록하였다.

또한, 동물 교감치유에 대한 체계적인 이론의 정립과 저변확대를 위해 국내·외의 문헌과 자료를 분석, 정리하고, 실제 동물교감 치유 활동을 전개하면서 얻은 경험과 나타난 결과를 토대로 현장에서 직접 실무를 수행할 수 있도록 구성하였다.

이 책의 구성은

이 책은 총 10개 대단원으로 구분하여 다음과 같은 내용을 담았다.

Ⅰ· **인간과 동물** 단원은 인간과 동물의 만남과 공존, 관계적 속성과 인식의 변화, 가축화의 동기와 역사 등 전반적으로 동물을 이해하는 내용을 담았다.

Ⅱ· **동물 교감치유의 이해** 단원은 동물교감 활동과 치유의 정의와 역사, 동물 교감치유의 특징과 효과, 동물 교감치유의 4가지 구성 요소 등 동물 교감치유를 이해하는 내용을 담았다.

Ⅲ· **치유 대상자의 심리 상담** 단원은 동물 교감치유의 기본이 되는 주요 심리 상담이론, 심리 상담의 기본과 윤리, 동물치유의 적용 기법을 다루었다.

Ⅳ· **동물농장의 조성과 운영** 단원은 치유농업과 치유 동물농장의 이해, 치유 동물농장의 조성과 관리, 치유 동물농장의 시설, 치유 동물농장 운영, 치유동물의 보호와 관리 등 실제적으로 치유 농장을 운영하는데 필요한 지식과 기술을 담았다.

Ⅴ· **동물의 복지와 사육환경** 단원은 동물복지의 개념과 역사, 기본 원칙과 국내외 동향 등에 대해 전반적인 이해와 동물 복지적 사육 관리 기술, 동물의 사육환경 요인 등 동물 사육의 기본이 되는 내용으로 구성하였다.

Ⅵ· **동물의 훈련과 자격평가** 단원은 동물 행동에는 어떤 종류가 있으며, 행동의 발달과 학습 행동은 어떻게 이루어지는지 살펴보고 교감치유용 반려견의 선발과 자격평가 방법을 담았다.

Ⅶ· **동물 교감치유의 과정** 단원은 동물 교감치유의 4단계 즉 사정 단계, 계획단계, 실행단계, 평가단계의 실행 기법을 담았다.

Ⅷ· **농장동물 교감치유** 단원은 농장 동물 중 동물 교감치유에 많이 이용되는 닭, 염소, 돼지, 소(한우, 젖소), 말을 이용한 교감치유에 대한 지식과 전문기술을 익혀 장차 동물치유와 관련된 직무를 수행할 수 있는 내용으로 구성하였다.

Ⅸ· **반려동물 교감치유** 단원은 주요 반려동물인 반려견, 반려묘, 반려 토끼의 사육과 돌봄 관리를 통한 교감치유에 대한 프로그램을 작성하고 실행하는 내용으로 구성하였다.

Ⅹ· **동물 교감치유의 평가와 연구** 단원은 프로그램을 수행한 후 정신적, 신체적 영역의 적합한 평가 도구를 선정하여 평가하고 연구 보고서를 작성하는 내용을 담았다.

이 책은 동물자원 및 수의학, 심리 상담, 보건복지, 대체의학, 재활 의학 분야의 대학 및 대학원의 동물 교감치유 관련 학과의 학생, 그리고 각종 교정 및 보호 시설, 동물농장 등 관련 분야에서 활동하시는 동물교감치유사, 가정에서 반려동물을 기르시는 분들의 유용한 핸드북이 될 것으로 믿는다.

나는 이 책이 완벽하다고 생각하지 않는다. 지금껏 동물학과 심리 상담학을 공부하고 동물들과 함께 생활하면서 그간의 지식과 경험을 토대로 인간과 동물의 공존, 그리고 동물 교감치유의 발전에 조그마한 조약돌 하나 놓는다는 염원으로 약 2년간에 걸쳐 집필하였다.

이 책의 부족한 부분은 선배, 동료, 후학들이 징검다리에 돌을 놓듯 계속해서 수정과 보완을 가듭해 더욱 발전시킬 것으로 기대한다.

끝으로 이 책이 출간되기까지 평생 내조와 조언을 해 준 학문적 동반자 이명수님과 집필 중 편안한 안식처를 제공해준 서귀포 뜨레피아 강원익 친구에게 사의를 표한다.

또한, 출판계의 불황에도 불구하고 출판을 쾌히 승낙해 주신 문운당 이성범 대표님, 김수련 편집실장님과 담당자님께 깊은 감사의 말씀을 드린다.

인간과 동물 · 함께 더불어 사는 세상은 아름답습니다.

2025년 2월 30일

서귀포 뜨레피아에서 한재국

차 례

I

PART

인간과 동물

1.1 동물의 이해

1.2 동물의 가축화

[단원 소개]

이 단원에서는 동물과 인간이 어떻게 만나 공존해 왔으며 인간과 동물의 관계적 속성과 인식의 변화, 야생동물의 가축화 역사와 과정, 가축화된 동물의 특징 등을 학습한다. 이를 통해동물을 대하는 바람직한 태도를 함양하여 장차 동물 교감치유와 관련된 직무를 수행하는 데 필요한 실무 능력을 배양할 수 있도록 한다.

단원 열기

동물과 함께, 더불어 사는 세상은 아름답다.

우리는 예로부터 많은 동물과 깊은 인연을 맺으며 살아왔다. 동물들은 우리의 삶에 없어서는 안 될 만큼 중요한 부분을 차지한다.

동물도 사람을 좋아할까? 인간과 동물이 어떻게 만나 관계를 맺었고 공존하였는지, 현재는 어떤 관계인지 알아보고 인간 중심적인 자연 지배나 무분별한 동물의 이용에 대한 문제는 없는지 좀 더 깊이 생각해 보자.

01 동물의 이해

학습 목표

- ✔ 인류와 함께한 동물과 만남 관계를 말할 수 있다.
- ✔ 인간과 동물의 관계적 속성을 말할 수 있다.
- ✔ 동물에 대한 인식의 변화를 말할 수 있다.

1.1 인간과 동물의 공존

아득한 옛날에는, 야생동물이든 인간이든 모든 동물은 자연에 적응하고 자연에서 먹이를 구하며 함께 살아왔다.

고고학자들에 의하면 초기의 원시인은 사냥보다 채집을 더 많이 했고, 다른 동물과 특별한 공생관계를 형성한 것으로 추정하고 있다.

가. 인류와 함께한 동물

유랑하면서 채집과 수렵 생활을 하던 인간들에게 야생동물은 단백질을 제공해 주는 중요한 식량자원이었다. 이후 정착 생활을 하면서 인간에게는 더 많은 동물을 잡기 위한 사냥용 동물과 맹수들의 공격이나 위협으로부터 방어해 줄 동물이 필요했을 것이다. 이때 사람 사는 주위에 먹잇감을 구하러 나타난 동물이 회색늑대였다. 현재의 개는 15,000년~13,000년 전에 회색늑대가 인간을 만나면서 진화된 동물로 추정하고 있다.

그림 Ⅰ-1 프랑스 라스코 동굴벽화

그림 Ⅰ-2 울산 반구대 암각화

프랑스의 남서쪽에 있는 라스코 동굴에는 구석기 시대인 BC. 15,000년~13,000년 경에 그려진 것으로 추정되는 벽화가 유명한데, 이 벽화에는 들소, 고라니, 말, 사슴 등 800점의 동물상이 그려져 있다. 이 그림들은 사냥의 성공과 풍요를 기원하는 주술적 의미를 담고 있는 것으로 여겨진다.

우리나라에서도 신석기시대(약 7,000~3,500년 전)로 추정되는 울산 반구대 암각화에는 바다 동물(고래 등)과 육지 동물(사슴, 호랑이, 멧돼지 등), 사냥 및 어로 도구들이 새겨져 있다. 이러한 모습으로 볼 때 이 시대 사람들은 사냥감이 풍성해지고 사냥 활동이 원활해지길 바라는 마음으로 바위에 새긴 것으로 추정된다. 이렇듯 인간은 동물 없이는 지금까지 존재할 수 없었을 것이라 해도 과언이 아닐 것이다.

농경시대의 소와 당나귀는 짐을 운반하고 논밭을 가는 농경용으로, 말은 전쟁에서 기마병을 태우고 싸우거나 군용 물자를 나르는 군사용, 그리고 먼 거리를 왕래하는 교통수단으로 이용되었다.

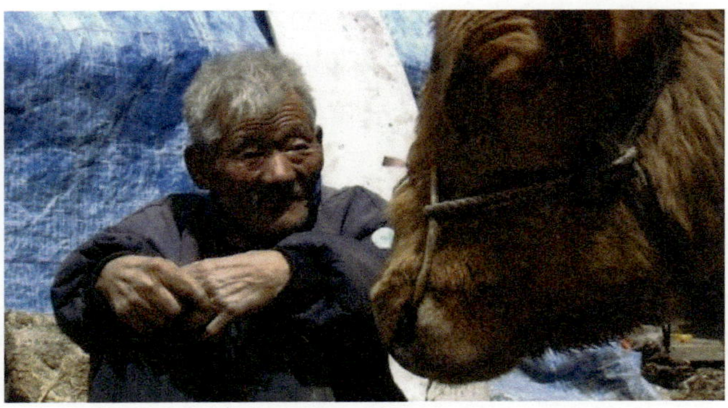

그림 Ⅰ-3 영화 「워낭소리」의 한 장면

우리나라에서는 예로부터 많은 동물과 깊은 인연을 맺으며 살아왔다. 농사짓는 데는 소가 필요했고, 관혼상제 때는 닭과 돼지가 한몫했으며, 개는 집을 지키고, 말은 짐을 운반하는 등 수많은 종류의 동물들이 우리와 함께 살아왔다.

영화 「워낭소리」는 인간과 동물이라는 생명체가 어우러져 한 가족으로 사는 삶에 관한 이야기다. "나에게 소는 짐승이 아닌 가족여~" 최 노인은 늙은 소를 죽을 때까지 팔지 않았고 마지막 죽음을 지켜보면서 무덤을 만들어 주었다.

이렇듯 인간과 동물은 한 가족처럼 집안에 우리를 만들고 같이 살면서 서로 도움을 주고받는 한 식구(食口)였다.

나. 인간과 동물의 관계적 속성

동물에 대한 인식은 과거에는 동물은 사람을 위한 존재로 여겨졌으나 현재는 인간과 동물의 공존은 서로의 도움을 주고받는 관계로 맺어졌다. 또한, 높은 동물보호와 복지에 대한 인식으로 변화되었다.

(1) 인간은 왜, 동물과의 유대를 원하는가?

인간이 동물과의 유대를 원하는 이유와 관련해서는 두 가지 설명이 가능하다.

첫째, 인간은 동물을 기르는 것을 즐기는 본성을 가지고 있다는 것이다. 이런 현상을 미국의 윌슨(E.O. Wilson, 1984)은 바이오필리아(biophilia)라고 하였다.[01] 바이오필리아는 생명체와 자연이 정서적으로 결합하여 자연생활에 집착하려는 인간의 성향으로 정의된다. 바이오필리아는 환경과 문화의 영향을 받는 복잡하고 다면적인 개념이다.

인간은 동물에 대한 다양한 감정을 표현할 수 있고 동물은 자연과 연결되어 인간에게 매력과 관심을 불러일으키게 한다.[02] 특히, 어린아이가 동물을 좋아하는 것만 보더라도 그렇다.

둘째로 동물과의 유대가 인간의 정서에 도움이 된다는 것이다. 멜슨과 피트(Melson & Peet)는 반려동물과의 유대는 긍정적인 정서 기능과 관련이 있고,[03] 강한 애착은 불안을 완화하는 긍정적인 영향을 주며 동물과의 생활은 심혈관 질환자의 생존율을 증가시키고 건강 문제를 덜 나타나게 한다고 하였다.[04]

코슨(Corsons)은 대상자와 치유동물 간의 상호 교감작용이 환자와 환자 간, 환자와 치유사 간의 의사소통을 원활하게 하고 다른 사람과의 사회적 접촉 기회를 증진 시키는 '사회적 윤활유' 역할을 하여 원만한 일상생활을 영위하고 치유의 효과를 향상시키는 유용한 가치가 있다고 하였다.[05]

대부분 형제자매가 없는 어린이는 반려동물에 대해 지향적인 경향이 있으며, 특히 고립된 사회적 환경일 때 '사회적 대체물'로 동물을 갈망하는 심성을 가지고 있다는 것이다.

그림 Ⅰ-4 인간과 동물의 유대

(2) 동물도 인간을 좋아할까?

동물은 사람의 표정과 감정을 감지하고 반응하는 능력이 있어 친숙한 사람과 불편한 사람을 구별할 수 있고 사람과의 관계에서 나쁜 경험과 좋은 경험을 기억할 수 있다는 것이다.[06]

안락한 사육 환경에서 사육되는 말은 조련사에 대해 긍정적이고 우호적인 관계를 형성하고[07] 개는 주인에게 애착의 징후를 보이며 분리에 대해 과도한 불안 반응을 나타내고 재결합할 때 강한 흥분을 나타낸다.[08] 이와같이 동물도 사람과 마찬가지로 사회적으로 고립되는 환경에서는 인간을 '사회적 대체물'로 여기고 근접성과 접촉을 추구한다.[09]

줄스 하워드(Jules Howrd, 2019)는 그의 저서 「원더도그(wonderdog)」에서 개는 인간과 일시적으로 헤어질 때 과도한 분리불안 증상을 나타내고 사람은 개를 쓰다듬을 때 혈압이 낮아진다고 하였다. 인간과 동물이 상호 작용할 때 모두에게 옥시토신 분비량이 증가하는 것으로 보아 동물도 인간과의 관계를 원하고 좋아하는 것으로 볼 수 있다. 즉 인간과 동물의 관계가 양방향 애착 유대라는 것이다. 이것은 전형적인 인간의 양육자(부모)와 유아(자식) 관계와 유사한 것이다.[10]

다. 인간과 동물 유대의 중요성

인간과 동물 사이의 유대감은 문화적, 사회적 경계를 초월하여 수세기 동안 존재해 왔다. 이 독특한 관계는 관련된 양 당사자 모두에게 엄청난 기쁨, 동료애 및 수많은 건강상의 이점을 제공한다.

미국 수의학 협회(AVMA)는 인간과 동물의 유대를 '사람과 동물 사이의 상호 이익이 되는 역동적인 관계로, 그것은 정신적, 신체적, 사회적 건강과 웰빙에 필수적으로 영향을 받는다' 라고 정의한다.

수많은 연구에 따르면 반려동물을 키우면 스트레스를 줄이고, 외로움을 완화하고, 혈압을 낮추고, 심혈관 건강도 개선할 수 있다. 동물, 특히 개와 고양이는 무조건적인 사랑, 정서적 지원 및 동반자 관계를 제공하여 가족과 지역 사회의 귀중한 구성원이 된다. 인간과 동물 사이에 형성된 유대감은 행복과 편안함의 원천이다.

1.2 동물에 대한 인식의 변화

사람들의 동물에 대한 인식의 차이는 시대에 따라 달라져 왔고 연령, 성별, 종교, 지정학적 위치 및 그와 수반되는 문화, 국가의 경제적 수준, 기타 동물에 대한 과거 경험을 포함한 다양한 요인에 의해 형성된다.(Cornish et al., 2016)[11],

가. 고대의 인식

아리스토텔레스(Aristoteles)는 동물에게는 이성(logos), 생각(dianoia), 믿음(doxa)이 없다고 선언하고, 식물은 동물을 위해 존재하고 동물은 인간을 위해서 존재한다고 하였다. 흥미롭게도 아리스토텔레스의 제자 인 테오프라스투스(Theophrastus)는 동물에게도 이성(logismos)이 있다고 주장하고 고기를 먹는 것은 그들의 생명을 훔치는 것이라고 반대했으며, 철학자이자 수학자인 피타고라스는 동물을 존중하고 존엄하게 대해야 한다고 주장했다.

고대 동양에서는 동물이 훨씬 더 존중받았다. 사람의 조상이 동물의 형태로 돌아온다는 종교적 믿음에 따라 동물을 존중하였고, 부처는 살아 있는 존재를 죽이는 것은 죄라고 가르쳤다. 힌두교와 불교 사회는 기원전 3세기부터 채식주의를 받아들였지만, 힌두교는 일부 종교의식에서 동물을 희생하는 것을 허용하였다.

이와 같이 고대 사회에서는 동물을 신성시하거나 숭배하는 사상이 일부 있었으나 대부분은 사람을 위해 존재하는 물건으로 취급하는 사상이 주류를 이루었다.

나. 중세의 인식

토마스 아퀴나스(Thomas Aquinas, 1225~1274)는 「하나님과 그의 피조물들에 관하여」라는 책에서 동물의 행동은 전적으로 자연적 본능에 의한 것이며 어떠한 의도적인 동기가 아니라고 주장하였다. 따라서 동물은 미래에 대한 개념이 없고 오직 현재만 있으며 인간과 달리 불멸의 영혼이 없다고 하였다. 이렇듯 대부분 동물에 대한 인식이 야박하였다.

그러나 중세 시대에도 동물과 관련이 있는 종교적 인물도 있었다. 아시시의 성 프란치스코로 알려진 조반니 디 피에트로 디 베르나르도네(Giovanni di Pietro di Bernardone) 이탈리아 수도사는 동물과 자연을 사랑하고 동물을 축복하는 의식을 거행한 수호성인으로 알려져 있다.

중세는 신화와 미신의 시대로 어떤 동물은 악의 대상이 되기도 하고 신성시되기도 하였다.

다. 근대의 인식

1600년대 초에는 동물에 대한 지배적인 철학적 견해는 동물이 단순한 기계적 생물이라는 것이었다. 데카르트(René Descartes)는 동물은 즐거움 없이 먹고, 고통 없이 울고, 자신도 모르게 성장한다. 그들은 아무것도 바라지 않고, 아무것도 두려워하지 않으며, 아무것도 모른다. 즉, 동물은 정신 영혼이 없고 움직이는 기계와 같다고 하였다(Matthew Calarco). 어떠한 감각기관도 없기 때문에 고통이나 공포, 즐거움 등을 느낄 수 없다고 하였다. 이러한 인식은 모든 자연을 인간의 이익과 욕구 충족을 위한 수단으로 마음대로 이용(free usage)해도 된다고 여겨왔다.

이에 반하여 존 로크(John Locke)는 동물에게도 감정이 있으며, 동물에 대한 불필요한 학대는 도덕적으로 잘못되었다고 주장했으며, 임마누엘 칸트(Immanuel Kant)는 동물 학대는 인간 자신에 대한 의무에 위배된다고 하였다. 이와 같이 동물에 대한 인식이 변하기 시작하였다.

공리주의 철학자 제레미 벤담(Jeremy Bentham)은 동물의 이익은 최소한 고려되어야 한다고 제안하였다.

1800년대 초, 영국에서는 동물보호 법안이 제안되어 논쟁이 벌어지기 시작하여 1822년 동물학대 방지법이 되었다.

찰스 다윈(Charles Darwin)은 그의 저서 「종의 기원(On the Origin of Species, 1859)」에서 인간과 동물은 친족 관계이며 동물도 사회적, 정신적, 도덕적 삶을 가지고 있다고 주장했다. 그의 저서 「인간의 강림(The Descent of Man, 1871)」에서 인간과 고등 포유류는 정신 능력에 근본적인 차이가 없다라고 썼다. 다윈은 동물이 추론하고 결정을 내리며 기억하고 상상하는 힘을 가지고 있으며 감정적인 동물이라고 하였다. 이렇듯 근대에는 동물에 대한 인식이 변하기 시작하였다.

라. 현대의 인식

18세기 영국에서 산업혁명이 일어나면서 축산물의 수요가 증가하였고 이에 따른 축산업에도 많은 발전을 가져왔다. 따라서 동물을 돈 버는 기계처럼 취급하는 공장식 축산이 생겨났다. 그 결과 동물의 질병이 만연되고 치료를 위한 항생제가 남용되는 등 부작용이 발생하였으며 생명경시에 대한 반성이 나타나게 되면서 동물복지 운동이 일어나기 시작하였다. 동물도 쾌락과 고통을 느끼는 생명체이기 때문에 동물 복지적 사육 관리와 이용의 최소화(gentle usage)를 주장하게 되었다.

마하트마 간디(Mahatma Gandhi, 1869-1948)는 채식주의는 인간의 건강 문제로서만이 아니라 동물의 이익을 위해 추구되어야 한다고 주장하고 한 나라의 위대함과 도덕적 진보는 그 나라의 동물들이 어떻게 대우받느냐에 의해 판단될 수 있다고 하였다.

1933년 독일 나치당의 히틀러는 동물 도살과 생체해부 실험을 금지하는 법률을 제정했고 1934년에는 사냥을 금지하는 법률까지 제정했다. 20세기 최악의 대량 학살자가 대단한 동물 애호가이었고 최초로 동물보호법을 제정했다는 사실이 참 아이러니한 일이다.

피터 싱어(Peter Singer)는 공리주의자로 1975년 저술한 「동물 해방(animal liberation)」에서 동물 역시 고통을 느낄 수 있으므로 인간과 같이 윤리적인 대우를 해야 한다고 주장하였다.

1984년 철학자 톰 레건(Tom Regan)은 그의 저서 「동물권 옹호론(The Case for Animal Rights)」에서 동물도 생명의 주체이며 도덕적 권리를 가지고 있다고 주장하였다.

그림 I -5 피터 싱어와 그의 저서

19세기는 영국을 중심으로 지식인들 사이에서 동물권(animal rights) 운동이 일어났다. 동물권은 동물에게도 인권에 따르는 권리를 인정하자는 개념이다. 동물 권리주의자는 동물의 생명은 도덕적 고려의 대상으로 생명에 대한 권리를 존중되어야 함으로써 절대 이용 금지를 주장하고 있다.

지금까지 농장 동물은 돈을 벌어주는 기계와 같은 존재로 여겨 경제적 동물로 불리었고, 애완동물은 가지고 노는 장난감 정도로 여겼으나 점차 동물복지 운동이 전개되고 인간과 서로 도움을 주고받는 공존의 관계이어야 한다는 인식이 확산하고 있다.

읽을거리 : 히틀러가 세계 최초의 동물보호법 제정자라고?

아돌프 히틀러(Adolf Hitler, 1889-1945)는 제2차 세계대전을 일으키고 유대인을 학살한 장본인이다. 자신의 애견 블론디를 무척 사랑한 히틀러는 1933년 11월 24일 세계 최초로 동물보호법을 제정하여 동물사냥, 동물실험, 동물 학대 등을 금지했다.

그림 Ⅰ-6 히틀러와 그의 반려견

1934년에 동물보호 관련 국제회의를 주최하고, 1933~1935년에 생체해부와 동물실험 폐지법을 제정하였으며 1936년에는 독일 동물심리학회를 설립하였다.

1938년에는 「동물보호」 과목을 고등학교와 대학교의 교과목으로 도입한 동물보호 선구자이니 참 아이러니한 일이다. 1945년 전쟁에 패망한 히틀러는 정부였던 에바 브라운과 결혼식을 올린 후 함께 권총으로 자살했다. 그의 나이 56세였다.

02 동물의 가축화와 이용

학습 목표

- ✔ 동물의 가축화 기원을 말할 수 있다.
- ✔ 가축화된 동물의 특징과 연대를 열거할 수 있다.
- ✔ 동물자원을 분류하고 이용 분야를 말할 수 있다.

2.1 동물의 가축화

가. 가축화의 기원

동물의 가축화는 아마도 인류 역사상 가장 중요한 발전 중 하나였을 것이라고 해도 과언이 아니다. 고고학적 증거에 따르면 그 과정은 이미 B.C 40,000년 경에 시작되었을 것으로 추측하고 있다.

인간이 정착 생활을 하면서 사냥을 위한 동물이 필요했고 이때 사람 사는 주위에 먹잇감을 구하러 나타난 동물이 회색늑대였다. 현재의 개는 BC 15,000~13,000년 경에 회색늑대가 인간을 만나면서 최초로 가축화된 동물이다.[12] 즉 인간과 늑대는 상호 동맹 관계로 맺어졌다.[13]

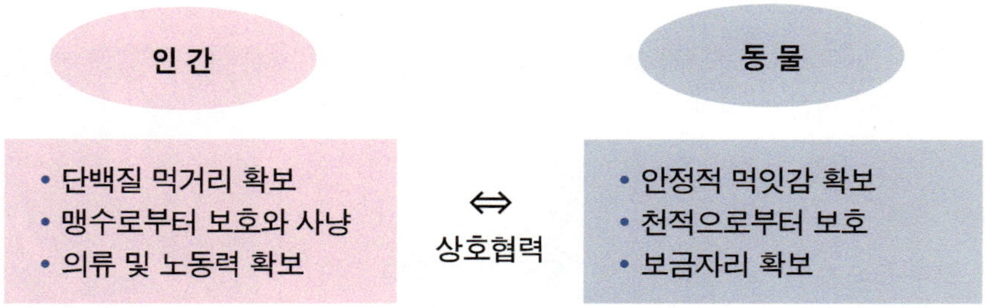

그림 Ⅰ-7 인간과 동물의 협력관계

인간은 먹을 것을 찾아 떠돌아다니면서 채집과 수렵 생활을 하다 한곳에 정착하여 생활을 시작하면서 사냥은 점차 어려워졌다. 따라서 처음에는 야생동물을 포획하거나 알을 부화시켜 키웠으며 세대를 거듭해서 사육함에 따라 이들 야생동물은 야성의 습성을 버리고 인간과 함께 생활할 수 있도록 길들였다.

이처럼 야생동물을 순화시키고 유전적으로 개량하는 과정을 '가축화'라고 한다. 현재의 가축은 오랫동안 개량을 거듭한 결과 일부 동물은 야생동물과 전혀 다른 외모나 성질, 능력을 지닌 동물로 개량되었다.

가축화의 초기 단계에서 사람은 단백질 식품을 얻기 위해 동물을 기르기 시작하였고 동물은 사람이 주는 먹잇감을 얻어먹는 상호 호혜성으로 친밀하게 되었다. 그러나 말은 인간의 지배 행위와 신체접촉을 통해 친밀감을 느끼게 되었다.[14]

즉 인간은 가축에게서 먹거리와 의류 그리고 노동력을 얻었고 가축은 인간에게서 맹수로부터 보호와 안정적인 먹이 등 다양한 이익을 얻었다. 즉 인간과 가축은 상호의존적인 관계였다.

나. 가축화된 동물의 특징

모든 동물이 다 가축화되지는 못했다. 인간은 선사시대부터 약 20여 종의 동물을 길들이는데 성공했다. 처음에는 순종적인 동물을 선택하여 야생종과의 접촉을 차단하고, 다음으로는 고기 생산성이 높은 동물을 선택하여 기르면서 마지막으로 효용 가치가 적은 많은 야생종은 도태하고 쓸모 있는 동물만을 골라 가축화하였다.

야생동물을 어릴 때 포획하여 키우면 대부분은 길들일 수 있다. 그러나 길들인 동물이라고 모두 가축은 아니다.

가축화(Animal domestication)는 길들이기와는 다르다. 야생의 동물이나 포로로 잡힌 상태에서 태어난 새끼 동물은 길들여질 수는 있지만, 유전적으로는 야생의 상태로 남아 있다.

가축(domestic animals)은 선택된 야생동물이 인간에 의해 몇 세대를 거쳐 사육되면서 외형,

성격, 체격 등이 유전적으로 변이되고 적응된 동물이다. 즉 가축화된 동물은 자신의 야생 조상과 유전적으로 차별화된 동물이다.

최근 연구 결과에 의하면 야생동물의 가축화는 인간에 의해 일방적으로 이루어지는 과정이 아니라 인간과 동물의 양쪽이 서로 협력한 결과라는 것이다.

그림 I -8 프랜시스 골턴(Francis Galton): 영국의 우생학자, 찰스 다윈의 외사촌

영국의 **프랜시스 골턴**[15]은 1865년도 「동물의 가축화 첫걸음」이라는 논문에서 가축화는 사람이 야생동물을 유용하게 사용하기 위해 선발과 도태의 반복 과정을 통해 순화되고 유전적으로 개량되는 과정이라고 하였으며, 가축화를 위한 필수 조건으로 6가지를 들고 있다.

① 튼튼해야 한다 - 초식성, 잡식성으로 잘 먹고 적응성이 강해야 한다.
② 선천적으로 사람을 잘 따라야 한다 - 포악성이 적고 잘 순종해야 한다.
③ 야생의 생활 욕구가 적어야 한다 - 도망치려는 습성이 없어야 한다.
④ 유용성이 높아야 한다 - 성장이 빠르고 몸집이 커야 한다.
⑤ 번식이 쉬워야 한다 - 가장 중요한 조건으로 종간 자연 교배가 가능해야 한다.
⑥ 관리가 수월해야 한다 - 무리 지어 사는 습성과 서열이 있어야 한다.

▶ **가축의 종류[축산법 2조]**

포유류 6종(소, 말, 면양, 염소, 돼지, 사슴) 및 조류 7종(닭, 오리, 거위, 칠면조, 메추리, 타조, 꿩), 그 밖에 대통령령으로 정하는 동물

다. 동물의 가축화 시기

가축화는 문자 발명 이전에 이루어졌으므로 정확한 과정을 알지 못하나 분명한 사실은 길들여진 동물의 조상은 인간에게 맛있는 고기, 따뜻한 털을 제공하고 사람을 잘 따르는 친화력에 이르기까지 다양한 특성이 있었음은 틀림없는 사실이다. 즉, 상호교감을 위한 애완 또는 반려용(개와 고양이 등), 단백질 식품 보급을 위한 식용(양, 소, 돼지 등), 농사일을 시키기 위한 역용(말, 당나귀, 낙타 등) 등으로 이용하기 위한 동물이다.

동물의 가축화는 전 마지막 빙하기 이후에 시작하여 오랜 세월에 걸쳐 서서히 이루어진 것으로 추측되며 이러한 과정 중에서 야생으로 돌아간 동물도 상당히 많다.

야생동물 중 가축으로 자리 잡은 대표적인 동물은 개, 면양, 염소, 소와 돼지, 라마, 말, 낙타, 알파카, 닭, 토끼, 오리, 거위, 칠면조 등이라고 할 수 있다.

가축화의 연대는 여러 학설이 존재하나 일반적으로 표 Ⅰ-1과 같다.

표 Ⅰ-1 주요 동물의 가축화 연대

동물	유형	가축화 시기(BC)	기원지
개	반려동물	15,000~13,000	유라시아
면양	가축	9,000	중동(이란고원)
염소	가축	8,500	중동(이란고원)
돼지	가축	8,300	중동/중국/동남아
소	가축	8,300	중동
고양이	반려동물	7,500	중동(이집트)
말	역용동물	4,000~3,500	중앙아시아(카자흐스탄)
닭	가축	4,000	동남아시아
쌍봉낙타	역용동물	2,500	중앙아시아(몽골)

자료출처: https://www.visualcapitalist.com/the-domestication-of-animals/ 참조

2.2 동물의 분류와 이용

가. 동물자원의 분류

과거에는 동물을 크게 나누어 자연 상태의 야생동물과 인간에게 순화된 가축으로 구분하였다. 그러나 다양화된 현대사회에서는 모든 동물을 위의 두 가지 범주로 구분하기 어렵게 되었다. 인간이 요구하는 목적에 따라 사육하는 동물은 다음과 같이 구분할 수 있다.

1 야생동물

야생동물은 순화되기 이전의 모든 동물로 야생에서 태어나고 야생에서 살아가는 동물이다. 야생동물은 식량, 의약품, 원료, 실험적 연구 및 각종 공업 원료 자원으로서의 잠재력을 가지

고 있으며 자연 생태계의 균형 유지를 위해 야생동물 종의 다양성은 보존되어야 한다.

최근 인간의 무분별한 개발, 지구 온난화, 환경오염 등으로 인한 야생동물의 서식지 감소, 무분별한 포획 등으로 멸종 동물이 늘어나고 있다. 앞으로 서식지 보호와 관리, 주기적인 조사 및 변화상 파악, 증식과 복원을 통해 멸종위기의 동물 보전으로 생물 종 다양성을 확보해야 할 것이다.

한편, 멧돼지나 고라니, 까치 등 일부 야생동물은 개체 수가 증가해 농작물에 막대한 피해를 주고 있으므로 적절한 개체수 조절을 위한 대책이 요구된다.

2 농장 동물

농장 동물은 야생동물을 인간의 필요에 따라 순화시켜 사육과 번식을 할 수 있도록 개량시킨 동물을 말한다. 과거에는 농가에서 부업으로 1~2두를 길렀으므로 가축이라고 불렀으나 현재는 농가가 아닌 농장에서 사육됨으로 농장 동물로 불린다. 농장 동물은 고기, 젖, 알, 털, 가죽, 뿔, 꿀 등의 축산물을 얻거나 축력을 이용하기 위한 목적으로 사육하는 경제적 동물을 말한다.

그림 I -9 밭갈이

3 반려/치유동물

과거의 애완동물은 사람이 일방적으로 가지고 노는 장난감 동물을 칭하는 것이라면 반려동물은 인간과 동물이 서로 애정을 주고받는 유대관계로 평생을 더불어 살아가는 가족과 같은 동반자로 인식되면서 부르게 된 용어이다.

최근에는 개, 고양이를 비롯한 말, 파충류, 양서류, 갑각류 등을 포함해 폭넓게 사용되고 있으며 인간과 동물의 유대(humam and animal bond)에 관심이 높아지고 있다. 인간과 동물의 유대는 동물을 하나의 생명체로 존중하고 사람과 동물과의 교감 활동을 통해 정신적, 신체적으로 서로 이로움을 주고받는 치유와 힐링의 공존 관계를 유지하는 반려동물뿐만 아니라 농장 동물도 포함된다.

더 알아보기 : 반려동물(짝伴 짝侶 동물, companion animals)

반려동물이라는 말은 1983년 10월 27일 오스트리아 빈에서 동물행동학자인 로렌츠(Konrad Lorenz)의 80세 생일을 기념하기 위해 개최된 국제 심포지엄에서 개, 고양이 관상조 뿐만 아니라 승마용 말도 반려동물에 포함해 부르도록 제안한 후 널리 사용되기 시작했다.

반려동물은 가족처럼 여기고 평생을 함께 살아가는 동물이라는 뜻이다.

4 실험동물

실험동물은 의학, 약학, 수의학 등 생물학 연구나 교육의 목적으로 사용되는 동물을 말한다. 주로 이용되는 동물은 마우스(mouse, 실험 쥐), 래트(rat), 기니피그(guinea pig), 햄스터, 토끼, 개, 고양이, 원숭이, 돼지, 염소 등이 있다. 최근 들어 신약 개발, 동물 장기 이식 등의 생명과학 연구가 활발해지면서 많은 종류의 동물이 희생되고 있다. 따라서 동물실험의 과학성과 윤리성이 강조되고 있다.

나. 동물자원의 이용 분야

동물자원의 가장 중요한 기능은 단백질 식품을 제공하는 것이며 기타 여러 분야에 없어서는 안 될 중요한 자원으로 이용되고 있다.

일반적으로 이용되는 분야는 다음과 같다.

① 식용: 고기와 젖, 알, 꿀을 생산하는 동물과 물고기, 조개류 등
② 사역용: 농경 및 교통수단으로 이용되는 소, 말, 당나귀, 낙타, 코끼리 등
③ 의복용: 털, 털가죽, 가죽을 생산하는 양, 토끼 등
④ 공업 원료용: 접착제, 뼈, 기름, 레닛(rennet) 등을 생산하는 동물과 물고기
⑤ 의료·실험용: 효소, 호르몬, 혈액제, 동물의 장기 등을 생산하는 동물
⑥ 오락 및 관상용: 동물원의 동물, 관상어, 관상조 등
⑦ 반려/치유용: 인간이 가족이나 친구처럼 여기고 기르는 동물로 심신의 안정과 회복에 이용되는 개, 고양이 등의 동물

읽을거리 : 21세기 가족 – '개'도 포함된다.

그림 Ⅰ-10 인간과 동물의 유대

참 세상이 많이 변하고 있다.

"검둥아 엄마한테 와"아마 우리 주변에서 반려견을 자식으로 여기고 부르는 것을 한 번쯤은 들어봤을 것이다.

미국 수의학 협회(AVMA. 2024) 조사에 의하면 미국 가정의 66%인 총 8,690만 가구가 반려동물을 기르고 있으며 전 세계적으로 9억 마리의 반려견과 3억 7천만 마리의 고양이를 반려동물로 사육하고 있다고 한다. 이들 가정의 97%(Risley-Curtiss et al.,)는 반려동물을 '가족'이라고 하였으며[16] 87%는 수의사를 '주치의'라고 호칭한다고 하였다.

참고문헌 및 관련 인터넷사이트

- 농촌진흥청(원예특작과). 치유농업의 이해. 2016
- 안제국 외. 동물매개치료. 학지사. 2007
- 안제국 외. 가축관리실무. 부민문화사. 2018
- 안제국 외. 동물자원. 충청북도교육청. 2024

[사진 자료 출처]

- 대단원 표지 https://www.pinterest.co.kr/pin/319474786011677793/
- 그림 I -1 동굴벽화 https://en.wikipedia.org/wiki/Lascaux#/media/File:Lascaux_painting.jpg
- 그림 I -2 연합뉴스 https://n.news.naver.com/mnews/article/001/0006075645
- 그림 I -3 조이뉴스 24 https://m.entertain.naver.com/article/111/0000350895
- 그림 I -4 https://snu.vet/the-human-animal-bonds/
- 그림 I -5 https://www.instagram.com/peter__singer/p/Cyek8juyLHU/
- 그림 I -6 https://www.story.com/ai-stories/ai-historical-stories/a-new-love-1
- 그림 I -7 자작
- 그림 I -8 https://en.wikipedia.org/wiki/Francis_Galton
- 그림 I -9 https://blog.naver.com/js3377/223113855433
- 그림 I -10 https://vnexpress.net/vi-sao-nen-cho-be-nuoi-thu-cung-2975047.html

---

01 Wilson, Edward O. (1984). Biophilia. Cambridge, MA: Harvard University Press. ISBN 0-674-07442-4.

02 https://todaysveterinarynurse.com/personal-professional-development/history-and-science-of-the-human-animal-bond/

03 Melson GF, Peet SH. Attachment to pets, empathy and selfconcept in young children. Annual meeting of the Delta Society, 1988; Orlando, USA.

04 12. Brown SG, Rhodes RE. Relationships among dog ownership and leisure-time walking in western Canadian adults. Am J Prev Med 2006;30(2):131-3.

05 Corson S.A., Corson E.O., Gwynne P.H., Arnold L.E. Pet dogs as nonverbal communication links in hospital psychiatry. Compr. Psychiatry. 1977;18:61-72. doi: 10.1016/S0010-440X(77)80008-4.

06 Terlouw EMC, Porcher J. Repeated handling of pigs during rearing. I. Refusal of contact by the handler and reactivity to familiar and unfamiliar humans. J Anim Sci 2005;83(7):1653-63.

07 Sankey C, Richard-Yris MA, Henry S, Fureix C, Nassur F, Hausberger M. Reinforcement as a mediator of the perception of humans by horses (Equus caballus). Anim Cog 2010;13(5):753-64.

08 Prato Previde E, Custance DM, Spiezio C, Sabatini F. Is the dog-human relationship an attachment bond? An observational study using Ainsworth's Strange Situation. Behav 2003;140:225-54.

09 Sherman BL, Mills DS. Canine anxieties and phobias: an update on separation anxiety and noise aversions. Vet Clin N Am-Small 2008;38(5):1081.

10 Hedrih, Vladimir (2022-10-27). "People with insecure attachment styles tend to have strong emotional bonds with pets, study finds". PsyPost. Retrieved 2022-10-29.

11 Cornish A., Raubenheimer D., McGreevey P. (2016). What we know about the public's level of concern for farm animal welfare in food production in developed countries. Animals 6, 74. doi: 10.3390/ani6110074

12 Wang, G.D.; Zhai, W.; Yang, H.C.; Wang, L.; Zhong, L.; Liu, Y.H.; Fan, R.X.; Yin, T.T.; Zhu, C.L.; Poyarkov, A.D.; et al. Out of southern East Asia: The natural history of domestic dogs across the world. Cell Res. 2016, 26, 21-33. [Google Scholar] [CrossRef] [PubMed]

13 Enikő, K.; Virànyi, Z.; Miklosi, A. Comparative social cognition: From wolf and dog to Humans. Comp. Cogn. Behav. Rev. 2007, 2, 26-46. [Google Scholar] [CrossRef]

14 Hausberger, M.; Roche, H.; Henry, S.; Visser, E.K. A review of the human-horse relationship. Appl. Anim. Behav. Sci. 2008, 109, 1-24. [Google Scholar] [CrossRef]

15 프랜시스 골턴(Francis Galton): 영국의 우생학자, 찰스 다윈의 외사촌

16 Risley-Curtiss, C., Holley, L. C., Cruickshank, T., Porcelli, J., Rhoads, C., Bacchus, D., Murphy, S. B. (2006a). "She was family:"Women of color and their animal human connections. Affilia,21, 433-447.

II

PART

동물 교감치유의 이해

[단원 학습 소개]

이 단원에서는 동물교감 활동과 교감치유의 정의와 역사, 동물 교감치유의 특징과 효과를 알아보고 교감치유 프로그램을 구성하는 4가지 필수 요소를 익혀 장차 동물 교감치유사 자격을 취득하고 동물 교감치유 현장에서 직무를 수행하는 데 필요한 실무 능력을 배양한다.

단원 열기

동물 교감치유란 무엇인가?

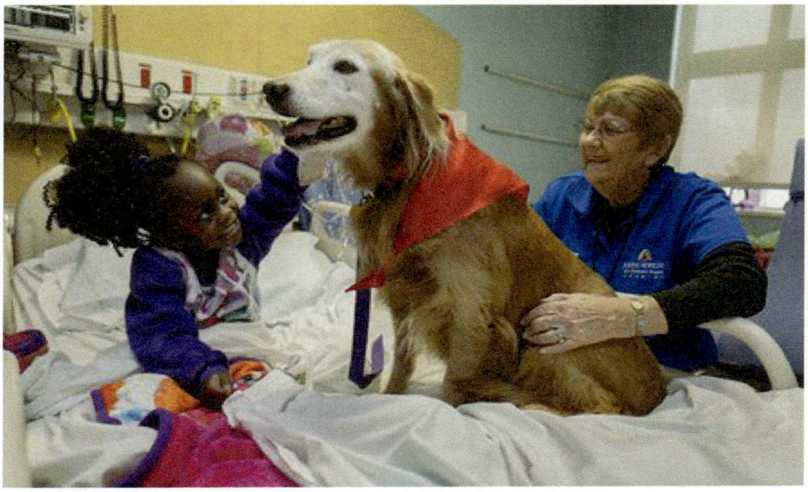

동물 교감치유는 최근에 과학적 연구를 통해 그 효능이 입증되면서 빠르게 발전하고 있다. 2020년 미국의 AKC(American Kennel Club) 통계에 의하면 180여 개의 동물 교감치유 단체가 있으며 이에 관련된 치유사(종사자 포함)가 약 4만 명에 이르고 약 50만 마리의 보조견이 활동하고 있는 그것으로 나타났다.

2011년 미국 보건복지부가 발표한 보고서에 따르면 호스피스 병동의 약 60%의 환자에게 보완 및 대체요법으로 동물 교감치유가 제공하고 있으며 이는 매년 확대되고 있다.

왜 동물 교감치유가 이렇게 빠르게 확대되고 있을까?

반려동물! 그들이 어떻게 일상생활에 지친 사람들에게 우정과 기쁨을 선사하고 정신적, 신체적인 재활과 회복을 위한 치유에 활용되어 인간 삶의 질을 향상하는지 알아보자.

01 동물 교감치유의 정의와 역사

학습 목표

- ✔ 동물 교감치유와 관련된 용어의 정의를 말할 수 있다.
- ✔ 동물 교감 활동과 동물 교감치유의 차이점을 말할 수 있다.
- ✔ 동물 교감치유의 역사와 우리나라 현황을 말할 수 있다.

1.1 관련 용어의 정의

가. 인간-동물의 유대

미국 수의학재단(AVMA)은 인간-동물의 유대(humen-animal bond, HAB)를 '사람과 동물 간의 상호 도움을 주고받는 역동적인 관계로 모두의 건강과 복지에 긍정적인 영향을 받는다'라고 정의하고 있다.[01] 인간-동물 상호작용에는 사람과 동물의 정서적, 심리적, 신체적 상호작용이 포함된 포괄적인 개념이다.

그림 II-1 인간과 동물의 유대

따라서 인간과 동물의 유대감은 사람, 동물, 환경 간의 정서적, 심리적, 신체적 상호

작용을 의미하며 인간과 동물 간의 호혜적이고 지속적이며 모두에게 행복을 증진하는 경향이 있다.

인간-동물의 유대라는 용어를 사용하고 개척한 사람은 콘라드 로렌츠(Konrad Lorenz, 동물학자), 보리스 레빈슨(Boris Levinson, 소아정신과 의사, 심리치료사), 레오 부스타드(Leo Bustad, 델타 소사이어티의 창시자) 등이 있다.

로렌츠는 동물을 기르고 싶은 욕구는 인간의 자연 친화적인 갈망에서 비롯된다고 하였으며, 파인(Fine)과 매킨토시(Macintosh)는 인간과 동물의 유대를 애착(attachment), 바이오필리아(biophilia), 사회적 지지(social support)라는 세 가지 이론으로 설명하고 있다.

더 알아보기 : 볼비(John Bowlby)의 애착 이론

심리학자 볼비(J. Bowlby)는 유아와 부모(양육자) 사이에 발달하는 유대의 본질을 '애착'이라고 하였다. 볼비의 관점에서 애착은 사람과 동물이 평생 형성하는 특별한 정서적 유대감이라고 할 수 있다.

애착은 개인의 일생에 중요한 역할을 하며, 대인관계와 종간 관계에 긍정적 또는 부정적 영향을 미친다. 애착 이론에 따르면 주 양육자와의 초기 경험이 내적, 정신적 표상을 통해 대인관계 및 스트레스 조절 양식에 영향을 미친다고 한다.

나. 동물 보조 중재

사무엘(William Ellery Samuels)은 동물 보조 중재(animal assisted interventions, AAI)를 '인간을 위해 동물을 활용하는 모든 프로그램으로 심신의 치유와 건강 및 웰빙 개선을 목적으로 의도적으로 동물이 개입하는 목표 지향적이고 구조화된 통합된 서비스의 총칭'이라고 하였다.[02]

따라서 AAI는 동물의 개입(조력)으로 사람들의 건강과 복지를 개선하기 위한 심리적, 교육적, 재활적인 지원 활동으로 정의할 수 있다.

동물 보조 중재의 하위 유형은 동물 보조 활동(AAA), 동물 보조 치유(AAT), 동물 보조 교육(AAA), 동물 보조 지도/상담(ACA)이 있다. 현재 널리 통용되는 동물 보조 치유(AAT)도 동물 보조 중재의 하위 유형이다.[03]

동물보조 중재(AAI)를 실시할 때는 동물의 안전과 복지를 고려해야 하고 상호 즐거움이 인간과 동물 모두에게 동반되는 상호적이어야 한다.

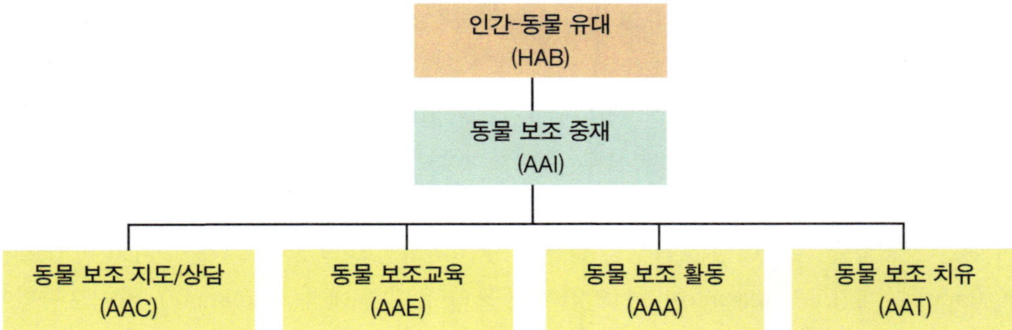

그림 Ⅱ-2 HAB과 AAI의 개념도

출처: 펫 파트너스(Pet Partners) 참조

다. 동물 보조 지도/상담

IAHAIO에서는 동물 보조 지도/상담(animal assisted coaching/counselling, AAC)을 목표 지향적이고 계획적이며 구조화된 동물 보조 중재로 자격(면허)을 받은 코치(지도자) 또는 전문 상담사가 직접 실행하거나 지휘하는 것이라고 하였다. AAC는 수혜자의 개인적 성장, 집단과 정의 통찰 및 향상, 사회성 기술, 사회 정서적 기능에 초점을 맞춘다. AAC를 수행하는 지도/상담사(또는 코치/상담사의 감독하에 동물을 핸들링하는 사람)는 참여 동물의 행동, 요구, 건강, 스트레스 신호 및 조절에 대한 적절한 전문지식을 요구하고 있다.

라. 동물 보조교육

동물 보조교육(animal assisted education, AAE)은 문제아동의 특정 교육을 목적으로 자격을 갖춘 일반 교사 또는 특수 교육 전문가가 수행하는 목표 지향적이고 계획적이며 구조화된 개입이다.[04] 동물과의 상호교감 및 활동을 통하여 학생의 학습 목표 달성, 친 사회적 기술 및 인지기능 향상 등을 위한 프로그램을 설계, 개입하고 과학적인 평가 등을 실시한다.

1.2 동물교감 활동과 동물교감 치유

우리나라에서는 언제부터인지 애니멀 어시스티드 엑티비티(animal assisted activities)를 '동물매개 활동', 애니멀 어시스티드 테라피(animal assisted therapy)를 '동물매개 치료'로 해석하여 부르기 시작하여 지금에 이르렀다.

매개(媒介; medium)의 사전적 의미는 어떤 일이나 작용을 중간에서 단순히 맺어 주는 것을 의미하며, 보조 또는 조력(assisted)은 '전문적인 지식이나 경험(기술)을 바탕으로 수행할 때 사용하는 용어이다.

따라서 'assisted'를 '매개'로 해석하기보다는 '보조', '조력'으로 해석하는 것이 타당할 것이다.

치료(treatment)의 사전적 의미는 질병이나 상처를 잘 다스려 낫게 하는 행위 즉, 의사가 의료기술을 행하는 의학의 영역이며, 치유 또는 요법(healing, therapy)은 신체와 정신 또는 영혼을 정상적으로 회복하는 것을 말한다. 즉, 질병의 원인을 모두 제거하는 과정을 의미하며 넓은 의미로 해석하고 있다.

따라서 animal assisted therapy는 일정한 훈련과정을 거치고 능력과 자격을 겸비한 치유동물이 보조, 조력하여 사람의 심신을 치유하는 것이므로 '동물보조 치유'또는 '동물보조 요법'으로 해석해야 할 것이다.

2018년 3월 농촌진흥청 국립축산과학원에서는 우리나라에서 통용되고 있는 '동물매개 치료'의 명칭이 영문 해석상의 오류와 부정적인 의미를 내포한다는 의견이 제시됨에 따라 이에 대한 설문 조사하였다.

이 설문 조사에 따르면 적절한 명칭으로 '동물 교감치료'가 87%로 가장 높게 나타났으며, 또한 국립국어원의 자문 결과도 "동물과 사람 사이를 단순히 맺어 주는 것으로 치유되는 것이 아니고, 동물과 사람이 서로 교감을 나눔으로써 치유되는 것으로 '매개'보다는 '교감'이 더 적절한 표현이다"라는 의견이 제시됨에 따라 '동물 교감치료'로 통일하여 불릴 것을 권장하고 있다.

따라서 이 책에서는 animal assisted activities를 '동물교감 활동', animal assisted therapy를 '동물 교감치유'로 명명하여 정의한다.

표 II-1 동물 교감치유의 명칭

영문명	현재 통용어	권장 용어
animal assisted activities	동물보조 활동, 동물매개 활동	동물 교감활동
animal assisted therapy	동물보조 치료, 동물매개 치료	동물 교감치유
animal assisted intervention	동물보조 중재, 동물매개 중재	
animal assisted education	동물보조 교육, 동물매개 교육	동물 교감교육

가. 동물교감 활동

동물교감 활동(animal assisted activity, AAA)은 동물보조 활동 또는 동물매개 활동으로 혼용하여 부르고 있다.

AAA는 사람과 동물과의 상호활동을 통하여 삶의 질을 향상하기 위한 동기 부여, 교육, 또는 레크리에이션의 기회를 제공하는 것이다.[05]

AAT와 달리 특정한 치유 목표가 수립되지 않으며 반드시 전문가가 수행할 필요도 없다. AAA는 삶의 질을 향상하기 위해 동물과의 생활을 통해 여가를 즐기고 소일하는 자발적, 비공식적인 활동이며 활동 기간도 필요에 따라 정하여 수행할 수 있다.[06]

또한, AAA는 요양원을 포함한 다양한 시설의 관리자가 시설에 거주하는 동물의 보조를 받아 자발적으로 교감치유 활동을 하기도 한다.[07]

즉 전문적인 치유 활동이라기보다는 반려동물과 함께 즐겁게 지내는 정도의 오락적, 교육적, 예방적 기능에 중점을 두는 활동이다.

표 Ⅱ-2 동물교감 활동

구 분	동물교감 활동 내용
대 상	모든 사람이 대상(개인 또는 시설, 집단의 거주자)
목 표	■ 삶의 질 향상 • 오락적 효과: 즐거움 및 스트레스 해소 • 교육적 효과: 감정, 사고, 행동 양식의 변화 • 정서적 효과: 심리적 정화, 평온, 안정
접근 문제	• 긴장, 불안 해소, 비합리적 사고 전환 • 비능률적 행동습관, 비성취적 관념의 교정
장 소	• 생활 장면 전체
기간(횟수)	• 개인이 반려동물로 여기고 평생을 같이 활동함 • 방문 활동은 상호 협의로 보통 6~20회 정도 실시

(1) 수동적 교감 활동

수동적 교감 활동은 사람들이 동물의 아름다운 자태나 익살스러운 행동, 묘기 등을 관람하거나 새의 지저귀는 소리 등을 감상하는 그 자체로 즐거움을 느끼고 심리적 안정과 정화를 목표로 하는 활동이다.

표 II-3 수동적 교감 활동

구 분	수동적 교감 활동
장 소	• 생활 장면(거실, 사무실, 대기실 등)
담 당 자	• 동물소유자, 시설(병원, 학교, 관공서, 동물원 등) 담당자
활동내용	• 어항의 물고기가 헤엄치는 모습을 감상-마음의 여유 • 반려조의 아름다운 빛깔과 지저귀는 소리 감상- 심신을 정화 • 동물원의 동물 쇼나 재주를 관람- 즐기거나 스트레스를 해소

수동적 동물교감 활동은 동물의 털 알레르기가 있거나 동물을 기피하는 사람들에게 적합하며 질병과 기생충 감염의 위험이 적고 비교적 기르기가 쉬운 이점이 있다.

(2) 상호작용적 교감 활동

상호작용적 교감 활동은 사람들이 직접 동물들과 상호작용을 함으로써 동기를 유발하고 신체적 활동 증가와 사회생활 기술 향상의 효과를 꾀하는 적극적인 동물교감 활동이다.

표 II-4 상호작용적 교감 활동

구 분	상호작용적 교감 활동
장 소	• 병원, 시설(노인 보호, 장애인, 소년원 등), 가정
담 당 자	• 자원봉사자(준전문가), 시설 담당자, 동물소유자
활동 내용	• 동물과의 접촉과 포옹, 사양 관리, 미용, 운동 및 산책 등

이러한 활동은 일반인은 물론 심신 장애인의 스트레스를 해소하고 비합리적인 사고, 감정, 행동 양식에 긍정적 변화를 주어 심신의 안정과 치유의 효과가 있다.

우리나라에서는 기초훈련을 받은 반려견과 자원봉사자가 병원이나 각종 시설을 방문하여 실시하고 있다.

나. 동물 교감치유

동물 교감치유(animal assisted therapy, AAT)는 동물 보조 치료, 동물매개 치료로 불리고 있다.

AAT는 직업적인 동물 교감치유사가 시행하는 목표 지향적이고 계획적이며 구조화되고 문서화 된 치유적 개입이다.[08]

국제 인간-동물 상호작용 조직협회(International Association of Human-Animal Interactions Organization. IAHAIO)의 지침에 의하면 AAT는 특정한 목표를 가지고 의도적, 계획적으로 설계되고 평가되는 치유행위로 규정하고 있다.[09] 외국에서는 의사, 작업 치료사, 물리치료사, 공인 치료 레크리에이션 전문가, 간호사, 사회 복지사, 언어 치료사 또는 정신 건강 전문가 중 동물 교감치유 자격을 취득한 자가 수행한다.

표 Ⅱ-5 동물 교감치유

구 분	동물 교감치유 내용
대 상	• 개인 질환자, 보육원, 재활원, 보호 시설, 교정시설 수용자
목 표	• 정신적 문제 해소, 성격의 심층 변화 • 신체적 회복 및 재활
접근 문제	• 신경증, 성격장애, 우울증, 정신 질환 • 발달장애, 노인성 질환
담당자	• 전문 동물 교감치유사
장 소	• 주거 : 시설의 직원, 원생이 동물을 기르면서 활동함 • 내원 : 대상자가 상담 · 진료실, 동물병원 등을 찾아 치유함 • 방문 : 교감치유사가 대상자 가정이나 시설을 방문함
기간(횟수)	• 증상에 따라 치유 기간을 정함(보통 12회~50회)
접근방법	• 전문적 교감 치유(목적 지향적) • 구체적인 계획,적용,평가,추수 지도가 이루어짐 • 분석적 면접, 적극적 교감치유 활동

우리나라에서는 치유농업사(농촌진흥청), 동물매개심리상담사(동물매개심리치료학회), 기타 학회나 단체에서 자격을 취득한 자가 수행하고 있다.

동물 교감치유에는 다음의 다섯 가지 요소가 포함되어야 한다.[10]

① 치유계획과 목표가 설정되어야 한다.

② 치유를 받는 대상자가 있어야 한다.

③ 전문 동물 교감치유사에 의해 실시되어야 한다.

④ 다양한 동물 교감치유 과정이 있어야 한다.

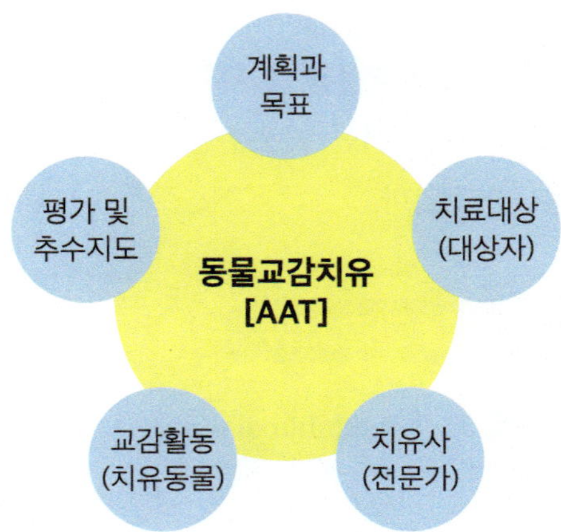

그림 Ⅱ-3 동물 교감치유 모식도

⑤ 치유 후에는 평가와 추수 지도가 있어야 한다.

따라서 동물 교감치유사는 대상자 개개인에 따른 치유목표를 설정하고, 그 목표에 맞는 요건과 자격을 갖춘 반려동물을 선택하여 치유 프로그램을 적용하고 치유 후에는 효과를 평가한다.

더 알아보기 : 치유와 치료는 어떻게 다른가?

치료(treatment)는 의사가 질병이나 상처, 몸의 기능 이상 등을 완화하거나 낫게 하기 위한 의학적 행동이나 처치(수술, 투약, 주사 등)행위를 말한다.

치유(cure, healing, therapy)는 주로 심리적인 안정과 의식의 변화, 쾌적한 환경과 식생활의 개선 등으로 발병의 원인을 제거하여 증상을 완화하고 재활, 회복시키는 것이다. 즉 발병의 근본인 원인을 스스로 해소하여 정상적인 상태로 되돌리는 자연치유의 대체·보완요법을 말한다.

표 II-6 치료와 치유의 차이

용어	관계	내용
치료 (treatment)	- 의사 ↔ 환자 - 의사가 환자 치료	- 대증요법(외과적 처치, 약물 투여, 방사선 치료 등) - 치료의 효과가 빠르나 재발 및 약물의 부작용이 있을 수 있다.
요법(therapy, 치유, 치료)	- 치유사 ↔ 환자 - 본인 스스로 치유	- 테라피는 그리스어 θεραπεία에서 유래, 치유 또는 요법을 뜻하며 주로 심리적 치유에 사용
치유 (fealing)	- 치유사 ↔ 환자 - 본인 스스로 치유	- 근본 원인을 제거(면역 체계의 활성화, 유전자의 회복) - 치유의 속도가 느리나 부작용이 없다. - 치유 받는 사람 자신이 치유하는 사람, 대체/보완요법이다.

※ 의료법 제27조(무면허 의료 행위 등 금지)

의료인이 아니면 누구든지 의료 행위를 할 수 없으며 의료인도 면허된 것 이외의 의료 행위를 할 수 없다.

의료인: 보건복지부장관의 면허를 받은 의사, 치과의사, 한의사, 간호사, 조산사

1.3 동물 교감치유의 역사

동물과 인간은 약 50,000년 이상 함께 공존해 왔으며[11] B.C 15,000~13,000년 경 부터 야생동물의 가축화가 시작되었고, 길들인 동물은 애정과 숭배의 대상이거나 식용으로 사용되었으며, 특정 동물은 사냥이나 농사일을 돕는 데 이용되기도 했다.[12]

역사적으로 볼 때 동물은 인간의 삶에서 중요한 역할을 해왔다. 이렇듯 인간은 가축과 오랜

관계를 맺어 왔으며 오늘날 반려동물은 유대감을 통해 사회적 대체물(social substitutes) 역할을 하여 왔다.

가. 태동기

1978년 이스라엘 에이난(Eynan)에서 8,000년~10,000년 전 것으로 추정되는 강아지를 안고 있는 인간의 골격이 발견됨에 따라 개의 조상인 회색늑대가 BC. 15,000년~13,000년 경에 가축화되었다는 주장이 확증된 계기 되었으며 원시인들도 개들과 교감을 통하여 유대를 형성하였을 것으로 추정하고 있다.[13] 이후 인류는 다양한 동물을 길들여 가축화하여 함께 살게 되었고, 인간과 동물의 유대는 자연스럽게 형성되었을 것으로 추정된다.

그림 II-4 반려견과 함께 매장된 여인의 뼈

고대 그리스에서 중증 또는 불치병에 걸린 사람들의 영혼을 치유하기 위해 말을 사용했다는 기록이 있다.

나. 초창기(1700~1800년대)

1790년 벨기에 길(Gheel) 지방에서 장애 환자들을 위해 동물을 활용한 치유 프로그램을 적용하였고, 1792년에는 영국 요크셔 지방에서 퀘이커 교도인에 의해 설립된 리트리트(Retreat)에서 토끼와 닭 등 농장 동물을 활용하여 정신 질환자를 치유하였다.[14]

1830년 현대 간호학의 창시자인 플로렌스 나이팅게일(Florence Nightingale)은 고양이 등 작은 반려동물과의 교감활동이 정신병원에 입원한 어린이와 성인의 불안을 감소시키는 데 도움이 된다는 것을 관찰하고 그녀의 저서 「간호 노트」에 기록하였다.[15] 그 후, AAT는 불안 치유와 긴장 완화의 요법으로 발전하였다.[16]

1867년에는 독일 빌레펠트의 벧엘간질센터(Epilepsy Centre Bethel)에서 간질 환자에게 새, 고양이, 개, 양, 말 등 농장 동물을 돌보게 하는 치유 프로그램을 적용하여 간질 환자와 신체적, 정신적 장애로 고통받는 사람들의 회복과 치유에 활용하였다.

읽을거리 : 나이팅게일– 간호의 역사를 바꾼 고양이 아가씨

그림 Ⅱ-5 나이팅게일과 페르시안 고양이

현대 간호학의 창시자 플로렌스 나이팅게일은 평생 60마리의 고양이를 키운 '고양이 아가씨'이기도 했다.
그녀는 '고양이는 인간보다 더 많은 동정심과 감정이 있다'('cats possess more sympathy and feeling than human beings')라고 말했다. 그녀가 저술한 'Notes on Nursing(간호 노트)'에는 고양이 등의 작은 동물들과의 교감 활동은 불안감을 감소시켜 안정화에 이바지한다는 내용이 기록되어 있다.

A small pet animal is often an excellent companion for the sick
(작은 애완동물은 환자의 훌륭한 동반자입니다.)

- 플로렌스 나이팅게일(1859) -

다. 도입기(1900~1950년대)

1901년에는 영국의 헌트와 선즈(D.A. Hunt and Olive Sands)가 재활 승마 치유를 시작하였고, 1900년대 초에 심리학자 지그문트 프로이트(Sigismund Freud)가 자신의 심리상담센터에서 반려견 조피(차우차우 종)를 중재로 심리상담 요법 시행하였다.

1919년 워싱턴 DC의 성 엘리자베스 병원에서 레인(F.K. Lane)이 정신 질환을 앓는 군인의 치유에 개를 활용하였고 1942년에는 미국 뉴욕의 파울링 공군 요양병원에서 2차 세계대전에서 다친 환자의 휴식과 긴장 완화를 위한 다양한 종류의 농장 동물을 활용하는 치유 프로그램을 적용하였다.

1944년 보사드(J. H. S. Bossard)는 반려견의 치유적 이점을 기술한 「개를 기르는 사람의 정신 건강(The Mental Hygiene of Owning a Dog)」 책을 출판하면서 동물 교감치유가 확대되는 계기가 되었다.

1952년에는 헬싱키 올림픽의 마장마술경기에서 덴마크의 소아마비 환자인 리즈 하르텔(Liz Hartel)이 은메달을 따면서 재활 승마의 효과가 입증되었고 유럽 전역에서 치유 승마 또는 말 보조 요법이 촉발되는 계기가 되었다.

읽을거리 : 프로이트와 반려견 '조피'

오스트리아 출신의 정신분석학자 지그문트 프로이트(Sigismund Freud, 1856~1939)의 사진 중에는 진료실에 반려견이 등장한다. 그의 반려견 '조피(Jofi)'다. 프로이트는 개가 특별한 감각이 있다고 믿었고, 상담실에 언제나 조피를 머물게 했다. 환자와 상담을 진행할 때 조피가 프로이트 옆에 가만히 앉아 있는 것만으로도 상담에 도움을 준다는 것을 경험했다.

그림 II-6 프로이트와 반려견 조피(Jofi)

무심한 듯 조용히 엎드려 있는 조피의 모습을 보면서 환자들은 불안감을 떨쳐버리고 내면의 은밀한 이야기를 하나씩 끄집어냈다. 그러나 이 치유과정과 적용 효과를 과학적인 검증은 하지 않았으나 동물 교감치유의 발전에도 이바지한 사람으로 평가된다.[17]

라. 발전기(1960~1970년대)

1962년 미국의 소아정신과 의사인 보리스 레빈슨 (Boris Levinson)은 우연히 자신의 애견 징글(Jingles; 래브라도 리트리버)이 심리치료 세션 중에 있는 혼란스럽고 비언어적인 9세 소년과 의사소통하는 것을 발견하고 그 후 의사소통에 어려움을 겪는 다른 아이들에게 적용하였으며 「애완동물 지향 아동 심리치료」라는 책을 저술하였다.[18] 그는 AAT 용어를 최초로 사용하고 동물과의 상호교감 작용을 과학적으로 규명한 'AAT의 아버지'로 불린다.[19]

1964년에는 유럽지역 재활 승마 단체 간 협력 위원회가 결성되었고, 1969년 영국 재활 승마 협회(RDA)가 결성되면서 재활 승마가 확대하였다.

읽을거리 : 보리스 레빈슨과 반려견 '징글'

1960년대 초, 아동 심리치료사 보리스 레빈슨(Boris Levinson)은 어느 날 우연히 불안증과 함구증(말을 안 하는 증세)이 있는 9세 소년이 자신의 반려견 징글(Jingles)과 의사소통하는 것을 발견했다.[20]

그림 II-7 레빈슨과 반려견 징글

이것을 계기로 그는 의사소통에 어려움을 겪는 다른 어린이들에게도 적용한 결과 비슷한 결과를 얻었고 이것을 미국 심리학회에 논문을 발표했다.

레빈슨은 최초로 동물 교감치유를 체계적으로 적용하고 효과를 과학적으로 검증한 책 「Pet-Oriented Child Psychotherapy」를 저술하여 'AAT의 아버지'로 불리고 있다. 그러나 이 논문은 프로이트와 조피의 경험이 알려지기 전까지는 진지하게 받아들여지지 않았다.[21]

마. 성장·보급기(1970년대 이후)

1970년대에 제럴드 맬런(Gerald Mallon)은 발달 및 정서·행동 장애아의 「농장치유 프로그램」을 운영하였고, 1972년 미국 뉴욕의 심리치료사 3분의 1 이상이 심리상담에 애견을 활용하기도 하였다.

1973년에는 미국 파이크스 피크 지역의 휴메인 소사이어티(Society of the Pikes Peak Region)에서 환자를 위한 '이동 애완동물 방문 프로그램'을 적용하였으며, 1976년 스미스(Elaine Smith)는 국제 치료견 협회(TDI)를 설립하여 요양원, 병원, 학교 등을 방문하여 치유 활동을 전개하고 있다.

1989년에는 미국에서 델타협회(Delta Society 현재는 Pet Partners)가 발족하여 AAT에 적합한 동물을 선발하는「인증 표준프로그램」,「반려동물 파트너 프로그램」, 「동물보조 활동 및 치료에 대한 실습 표준」을 개발하였다.[22] 이것은 오늘날에도 치료 개입 지침으로 전 세계에서 사용되고 있다.[23]

1992년에는 국제 인간-동물 상호 작용협회(IAHAIO:이아하이오)가 설립되어 동물 교감치유의 연구와 교육, 교감치유 프로그램을 전개하고 있다.

1.4 우리나라 동물 교감치유 현황

가. 동물 교감치유 활동 현황

우리나라에서의 동물 교감치유의 역사는 매우 짧다. 최초의 교감치유 활동은 1994년 삼성화재 안내견 학교가 국내 유일의 보건복지부 인증 안내견 양성기관으로 설립되면서 1995년 이리보육원에서 실시한 것으로 알려지고 있다.

이후 삼성 안내견 학교는 공주 치료감호소에서 정신 질환자를 대상으로 반려견 교감치유 활동을 하였으며 그 결과를 1998년 9월 IAHAIO 제8차 학술대회에서 발표하였다.

2002년에는 삼성 '치료도우미견센터'로 발족되어 치유견 양성과 자원봉사자 교육을 하면서 체계적이고 본격적인 동물교감 활동과 치유를 하고 있다.

현재는 일부 개인 사무소, 단체와 전문대학, 대학의 봉사 동아리에서 동물 교감치유 활동을 전개하고 있다.

나. 동물 교감치유의 교육과 연구

우리나라에 최초로 동물 매개치료를 소개학 책은 2007년 「동물보조 치료와 상담」(C.K.Chandler 저, 김양순 역. 학지사)이며, 이후 동년 「동물매개치료」(안제국 외 7인. 학지사)가 발간되면서 학문적 기반을 닦는 계기가 되었으며 현재는 10여 권의 관련 교재가 출간되었다.

2005년 축산, 수의분야 교수를 중심으로 한국동물매개치료연구회가 설립되었고 2008년는 '한국동물매개심리치료학회'가 설립되어 학문적인 연구와 '동물매개심리상담사'를 양성하기 시작하였다.

2015년 원광대학교 생명환경학부에 동물매개치료 전공 학부가 신설되는 것을 시작으로 현재는 50여개의 대학, 전문대학의 반려동물 관련 학과에서는 '동물매개치료'교과목을 개설하여 교육하고 있다.

또한, 2007년도 원광대학교 보건보완의학대학원에 동물매개심리치료학과 최초로 설립되었고 이어서 건국대학교 대학원과 경기대학교 대학원에 동물교감치유 관련 학과가 석사과정으로 개설되어 운영되고 있다.

고등학교 교육과정에 최초로 도입된 것은 2015년 개정 교육과정의 '동물자원'(안제국 외 4인. 충북교육청) 교과에 '동물매개치료'단원을 신설하였고, 2022년 개정 교육과정에 의한 '동물자원'(안제국 외 4인) 교과에서는 '동물교감치유'로 변경하여 수록되었다.

02 동물 교감치유의 특징과 효과

학습 목표

- ✔ 동물 교감치유의 특징을 말할 수 있다.
- ✔ 동물 교감치유의 효과를 말할 수 있다.

2.1 동물 교감치유의 특징

가. 동물이 치유의 중재자

동물 교감치유는 다른 심리치료와 달리 살아 움직이는 동물이 중재 역할을 한다는 점이 가장 큰 특징이라 할 수 있다.

치유동물은 자연의 일부분으로 사람과 유대감이 강하다. 따라서 동물과 눈 맞춤, 만지기, 쓰다듬기 등을 통한 상호 접촉과 교감치유 활동은 의료 행위나 상담심리치료 등 다른 대체의학에서 찾을 수 없는 동물 교감치유만의 장점이다.

종류	매체	매체의 특성	활동내용
심리치료	상담(상호 대화)	무형, 무생물	심리검사, 경청, 대화
음악치료	노래, 악기	유형, 무생물	노래, 악기 연주
원예치료	식물, 재배 활동	유형, 생명체(정적)	소극적, 일방적 교감
동물 교감치유	**동물, 관리 활동**	**유형, 생명체(동적)**	**적극적, 상호교감**

그림 Ⅱ-8 동물 교감치유와 기타 치료의 비교

(1) 동물은 차별하지 않는다.

동물은 사람을 비교하거나 평가하지 않고 차별하지 않는다. 잘난 사람과 못난 사람, 가진 사람과 없는 사람, 남자와 여자, 노인과 어린이 차별하지 않고 누구나 공평하게 있는 그대로 받아들이고 따른다. 따라서 장애인, 전과자, 소외 계층 사람 등의 심리적, 신체적 재활과 회복에 적합하다.

(2) 무조건적인 애정과 믿음을 준다.

그림 Ⅱ-9 휠체어 장애인과 반려견

동물의 세계는 항상 천성 그대로이며 순수하다. 사람은 이런 동물과 접함으로써 상실되어가는 인간 본연의 심성을 되찾을 수 있다. 대상자의 행동과 관심에 따라 동물 상태가 달라지기 때문에 대상자는 그런 동물의 반응을 보면서 무조건적인 사랑과 친화력을 배우게 된다.

따라서 사회적 관계 형성에 문제가 있는 대상자에게 사회적 지지를 끌어내는 법을 배우게 하고 이에 대한 문제를 해결할 수 있도록 도와준다.

(3) 상호 역동적인 작용을 한다.

동물 교감치유는 대상자와 동물 간의 상호작용으로 이루어진다. 동물은 식물과 달리 서로 행동하고 감정 교류까지 한다.

즉, 대상자와 동물 간에 언어적, 표정적 감정과 행동적(신체적 접촉) 교류가 상호 이루어진다. 따라서 신체적, 심리적 치유 효과가 매우 크며 빠르게 나타난다. 또한, 자신의 문제나 고민을 다른 사람에게 말하기 어려운 경우에도 동물에게는 부담 없이 털어놓고 마음의 위안을 받는다. 일반적으로 사람들은 타인 앞에서보다 동물에게 더 자유롭게 자신의 감정을 표현한다. (McNicholas & Collis, 1995; Graham, 2000).

방어 기제가 작용하는 인간은 동물에게 두려움, 트라우마 또는 스트레스 등 자신의 취약성을 허심탄회하게 털어놓고 이야기하게 함으로써 스스로 카타르시스를 경험하게 한다. (Melson & Fine, 2015)[24]

이처럼 치유동물은 대상자의 불안을 감소시키고, 치유적 관계와 사회적 관계를 촉진하며 치유에 대한 참여도와 순응도를 높여준다.

(4) 사회적 대체물 역할을 한다.

동물이 사람과 밀접하게 상호작용할 때 동물의 역할은 3가지 기능으로 분류할 수 있다.[25]

1 투사적 기능

투사적 기능(projective function)은 반려동물이 자아를 상징적으로 표현하는 기능을 한다. 예를 들어 자신이 불안감을 느끼고 있을 때 동물이 불안감을 느끼고 있다고 생각한다.

2 사교성 기능

사교적 기능(sociability function)은 인간과 인간의 상호작용을 촉진하는 역할을 한다. 대인관계가 원만하지 못한 사람에게 사람과 사람을 연결해 주는 징검다리 역할을 한다.

3 대리 기능

대리 기능(surrogate function)은 동물과의 상호작용이 인간과 인간의 상호작용을 대체하고 보완하는 기능이다. 홀로 외로이 홀로 지내는 사람에게는 동물이 사람의 대체 역할을 한다. 예를 들면 친구, 손자 등 대리 역할을 한다.

사람은 동물에게 자신의 성격과 자아상을 상징적으로 표현한다. 따라서 사람의 사회적 자아를 평가할 때 이용된다.

반려동물은 중립적인 대화 주제를 제공하고 사회적 촉매로서 다양한 기능을 수행함으로써 상호작용을 촉진한다. 따라서 친구, 부모, 배우자 또는 자녀의 역할을 대리 수행할 수 있다. 즉 반려동물과의 상호작용은 인간의 교류를 보완할 뿐만 아니라 대체할 수 있다. 따라서 독거노인, 독신자 등의 대화 상대이며 친구이다.

나. 전문적이고 종합적인 학문

동물 교감치유사는 동물 교감치유 프로그램의 설계, 개발, 실행, 평가를 위해서 종합적인 전문지식이 필요하다.

동물과 관련 학문은 동물의 번식, 영양, 관리, 훈련, 행동, 간호, 위생, 미용 등의 전문적인 지식과 응용기술이 있어야 하고 인문학으로는 심리, 상담, 사회복지, 간호 보건, 재활, 이상 심리, 교육학 등의 지식과 응용기술이 있어야 한다. 따라서 동물 교감치유는 이 두 학문을 접목한 종합적인 다학제적 학문으로 폭넓은 지식의 습득과 현장에서 직접 실행 능력을 겸비해야 함으로 다른 분야의 학문보다 접근하기 어려운 면이 있다.

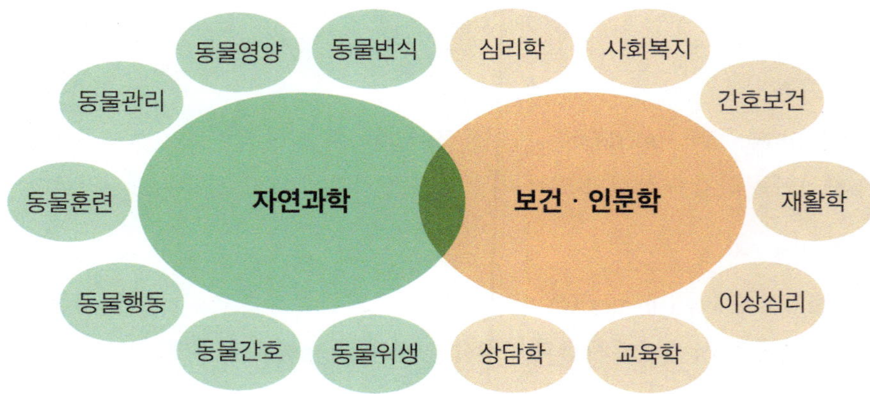

그림 Ⅱ-10 동물 교감치유 관련 학문

다. 위험요소 및 제한점

동물 교감치유는 교육적, 복지적, 재활 및 치유 등 폭넓게 적용되며 그 효과가 큰 것은 사실이다. 그러나 누구에게나 적용할 수 없는 한계를 가지고 있다. 모든 사람이 동물을 좋아하는 것은 아니라는 점에 유의해야 한다. 어떤 사람들은 개 공포증이나 개 알레르기가 있을 수 있고 단순히 개와 상호작용을하고 싶지 않을 수 있다(안제국. 2007)

(1) 동물에 대한 거부감, 공포심

동물 교감치유는 일반적으로 안전한 활동이나 동물을 무서워하거나 좋아하지 않는 사람들은 동물 교감치유에 적합하지 않을 수 있다.

동물에 대한 심한 거부감이나 공포감이 있는 사람에게는 스트레스를 유발할 수 있어 치유 효과가 작거나 적용할 수 없다. 따라서 이런 대상자에게는 우선 거부감과 공포심을 줄일 수 있는 훈련(예: 체계적 둔감법)에 의한 치유를 먼저 한 후 적용해야 한다.

(2) 동물 털 알레르기 환자

동물 털 알레르기의 증상은 비염, 기관지 천식, 피부 질환, 호흡 곤란 등이다. 특히 면역 기능이 손상된 사람과 상처가 있는 사람들은 동물이 질병을 옮길 수 있으므로 의료진의 확인을 받아야 한다.

동물 털 또는 비듬에 의한 알레르기는 실내에서 기르는 동물이 실외에서 기르는 동물보다 훨씬 많이 발생한다. 불가피하게 집안에서 동물을 키울 때는 목욕을 자주 시키고 입을 맞추지 말아야 한다. 알레르기 환자가 있는 가정에선 털이 있는 동물 대신 관상어, 반려조 등을 키우는 것이 바람직하다.

(3) 동물복지와 윤리

치유 현장에서 동물의 활용에 대한 명확하지 않은 지침으로 인해 동물의 스트레스, 부상 및 건강 합병증 등을 유발할 수 있다.

치유에 활용되는 동물이 제한된 휴식, 긴 치유시간, 대상자와의 시달림 등이 동물 스트레스로 연결된다. 따라서「동물보호법」등 관련 법령에 따른 엄격한 활용 가이드라인을 별도로 수립하여 엄수되어야 하고 활동 중 피로 및 스트레스 징후가 파악되면 즉시 중단해야 한다. 또한, 적절한 환경, 음식, 물 및 휴식에 대한 복지적 접근이 필요하다.

(4) 동물과의 이별

치유동물이 대상자와의 활동 중 동물이 다치거나 죽는 경우, 활동이 종료되어 치유동물과 헤어질 때 대상자가 입는 심한 심리적 상처를 고려해야 한다.

반려동물의 죽음이나 실종으로 인한 상실, 그리고 사랑하는 반려동물의 안락사 결정을 할 때 심각한 정서적 트라우마를 유발할 수 있다(Anderson, & Nielsen, 2016)[26]

따라서 이러한 경우가 예상될 때 치유사는 사전에 예고하고 이에 대처할 수 있도록 적절한 조치를 해야 한다.

(5) 동물 학대자

동물을 학대하는 행위는 가정 폭력, 특히 아동 학대 및 성적 학대, 노인 학대등으로 이어진다. 동물을 학대하는 사람은 사람에게 폭력 등 사고 위험성이 높다는 것이다.(Arkow,

2019b).[27]

동물의 학대, 괴롭힘 행위가 인간에 대한 폭력을 저지르는 행위로 이어지는 선행 지표가 되며. 또한, 가정 폭력을 당한 아동은 폭력의 둔감화, 공감 능력 감소, 학습된 부적응, 해결되지 않은 분노, 두려움 및 원한의 감정으로 이어질 수 있다. 따라서 동물 교감치유사는 이러한 위험을 감지하고 예방 및 개입이 필요하다.

2.2 동물 교감치유의 효과

동물교감 치유는 최근 과학적 연구를 통해 그 효능이 정량화되면서 관심이 높아지고 전 세계적으로 확산되고 있다.

연구에 따르면 AAT는 옥시토신, 도파민, 세로토닌, 엔도르핀 등을 포함한 신경 화학 물질을 방출하게 하여 기분을 좋게 하고 감정의 조절과 불안을 감소시키는 역할을 한다. 또한, 혈압, 심박수를 낮추는 코르티솔의 분비를 적절히 조절하는 것으로 밝혀졌다.

동물 교감치유 효과에 대하여 인지적인 효과, 사회적 효과, 정서적 효과, 신체적 효과, 조력적(도구적) 효과 등 5개 영역으로 구분하여 살펴보면 다음과 같다.

가. 인지적 효과

(1) 지적 호기심과 관찰력 배양

동물과의 일상생활을 통해 동물의 관리와 응용 등 새로운 지식과 기술을 배우며 동물의 활동에 대한 지적 호기심과 예민한 관찰력이 생기게 된다. 이를 통해 아동의 ADHD(주의력 결핍-과잉행동 장애), 품행장애 등 다양한 장애 유형과 부적응 행동의 예방과 치유에 효과적이다.

(2) 어휘 구사 능력의 향상

동물과 많은 대화를 통하여 어휘 구사 능력이 향상되고 의사소통이 원활해짐으로 대인관계가 증진된다. 따라서 우울증이나 성적으로 학대받은 사람의 함구증, 대인관계에 어려움을 겪고 있는 사람에게 효과적이다.

(3) 기억력 향상

동물의 이름을 부르기, 규칙적이고 반복적인 관리(먹이 주기, 목욕시키기 등) 등을 통하여 기억력이 향상됨으로 노인성 치매 치유에 효과적이다.

(4) 집중력, 판단력 배양

동물을 기르면서 기르는 방법을 공부하고 각종 관리계획 수립과 준비, 적기에 예방접종과 건강검진 등을 할 수 있는 지적 능력이 함양됨으로 집중력과 판단력이 향상된다.

(5) 생명 존중감 형성

어린이들은 살아있는 동물을 돌보면서 양육능력과 생명 존중감을 키우게 되고 양육 받고 싶어 하는 자신의 욕구가 충족될 수 있다. 대부분 결손 가정에서 부모로부터 양육을 경험해보지 못한 아동, 부모의 학대나 친구로부터 따돌림을 받는 아이들의 생명 존중감과 자아 존중감을 향상시킨다.

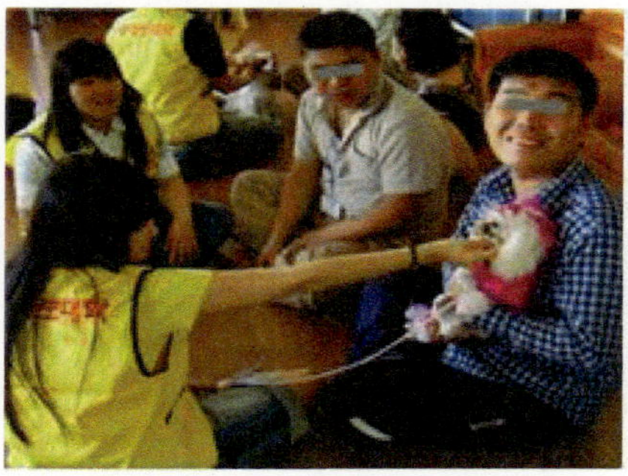

그림 II-11 정신 지체자의 교감치유

나. 사회적 효과

많은 연구자가 반려동물을 사회적 윤활유 또는 사회적 촉매제로 묘사하면서 반려동물의 사회적 기능이 사람들에게 주는 유용한 효과에 대해서 크게 강조하고 있다.

(1) 타인에 대한 이해심 향상

동물과 같이 생활한 아동은 그렇지 않은 아동에 비해 타인에 대한 이해심이 더 많아지며 대인관계를 형성하는 데 도움을 준다. 동물은 솔직하게 자신이 느끼는 그대로 행동하기 때문에 동물에 대한 이해 능력은 다른 사람과의 관계에 그대로 영향을 주기 때문이다.

(2) 사회적 지지와 사회화 촉진

사람은 사회적인 존재이기 때문에 누군가에게 말하고 싶어 하고, 자신들의 관심을 표현하고 싶어 하는 욕구가 있다. 동물과의 대화를 통해서 부정적인 감정이나 생각까지도 안전하게 표현할 수 있는 효과를 얻을 수 있다. 동물과의 활동은 대상자 상호 간, 대상자와 간호사 간, 그리고 가족과 더 많은 대화를 할 수 있는 촉매가 되어 사회화를 촉진하게 된다.

(3) 외부의 관심 증진

동물은 정신 질환이 있거나 자신에 대한 자긍심이 부족한 사람에게 주변의 환경에 초점을 맞추도록 하여 외향성을 증가시킬 수 있다. 사람을 피하고 자기 개방과 자기수용이 어려운 사람들도 동물과 대화를 할 수 있다.

따라서 대인관계에서 의사소통을 연습할 수 있는 중요한 상담역이 될 수 있다. 이러한 동물과의 의사소통은 대인관계에서 의사소통 기술 및 사회기술 향상에 도움이 된다.

(4) 무조건적인 사랑과 친화력 습득

동물은 사람의 외모나 장애에 상관없이 비판적이지 않고 무조건적으로 수용하기 때문에 동물을 통해서 친화력을 배우게 해준다.

(5) 고립감 해소와 사회성 향상

동물은 사람들과 상호교감 활동을 하면서 고립감 해소와 사회적 접촉 확대해 준다. 특히 정적인 치매 환자는 사회성이 증가하고 동적인 치매 환자의 증상을 감소시키다(M. J. Churchill. 1999, L. D. Kongable. 1990)

동물은 인간과 같은 소중한 생명체이다. 따라서 동물을 기르는 일을 분담함으로써 각자 자기가 맡은 역할에 충실해지고 공동체 생활을 통해 폐쇄적이고 고립된 생활에서 벗어나 더불어 살아가는 방법을 배울 수 있다.

다. 정서적 효과

현대사회는 물질적 풍요와 함께 급속한 고령화 시대로 독거노인의 증가, 출산율 저하, 독신자 증가 등의 영향으로 정신적인 압박감과 소외감이 날로 커지고 있다. 동물은 인간의 가장 친근한 동반자로서 복잡한 일상생활에서 오는 고독감과 스트레스를 해소할 수 있으며 순수한 우정과 기쁨을 선사한다.

(1) 심리적 안정

많은 연구에서 동물이 곁에 있으면 심박수와 혈압이 급격히 감소했다는 결과가 보고되고 있다. 어떤 경우에는 수족관에서 물고기가 수영하는 것을 보는 것만으로도 마음이 안정될 수 있다는 연구 결과가 있다.

(2) 즐거운 감정

동물을 좋아하지 않는 사람일지라도 동물들의 예쁜 모습과 익살스러운 행동이나 재롱을 보면서 즐기게 된다. 특히 장기간 시설 거주자에게는 더욱 효과적이다. 환자들은 치유 동물과의 신체 접촉(skin ship)이나 산책, 다양한 놀이 등을 통해 본능적으로 편안하고 즐거운 감정을 갖게 된다.

(3) 기분 개선과 여가선용

동물과의 교감 활동은 기분이 좋지 않거나 울적할 때 기분을 북돋아 주고 즐거움을 준다. 따라서 사람들의 고독과 소외감을 경감시키고 기분 개선과 여가 선용에도 도움을 준다.

(4) 스트레스 해소

동물은 위협적이지 않고 비판적이지 않으며 무조건적으로 수용한다. 그러므로 동물과의 상호작용에서는 사람들은 방어적이지 않고 솔직하게 자기 생각과 감정을 표현함으로써 스트레스를 해소할 수 있다.

(5) 긴장 완화와 불안 감소

동물과의 상호작용은 긴장감과 불안감을 감소시킨다. 수술 대기 중인 환자에게는 불안감과 긴장감을 덜어주며 수술 후에는 통증을 완화하고 회복이 빨라지게 한다.[28]

이상과 같이 동물은 배우자 상실, 만성질환 및 은퇴 후의 전환기 등과 같은 인생의 주요 사건을 대처하는 데에 도움이 된다.

더 알아보기 : 감정과 관련된 호르몬과 화학 물질에는 어떤 것이 있나?

- 엔도르핀(endorphins) : 운동 중에 분비, 기분을 좋게 하고 통증을 완화
- 트립토판(tryptophan) : 휴식과 수면 호르몬인 멜라토닌 생성
- 세로토닌과 도파민(serotonin & dopamine) : 좋은 기분 유지, 항우울제
- 옥시토신(oxytocin) : 애정(사랑) 호르몬, 성관계, 모유 수유 시 분비
- 바소프레신(vasopressin) : 항이뇨 호르몬, 혈압조절, 스트레스 해소
- 프로락틴(prolactin) : 우울증을 줄이고 스트레스 해소 등 웰빙에 영향
- 코르티솔(cortisol) : 스트레스 호르몬, 심박수, 호흡수 증가, 식욕 충동(비만 유발)
- 아드레날린(adrenaline) :스트레스 시 자연적으로 분비, 혈압 및 심박수 상승

라. 신체적 효과

(1) 소근육 운동과 발달

동물과의 산책, 미용 관리, 쓰다듬기, 놀기 등의 활동을 통하여 어린이나 노약자의 소 근육을 발달시켜 몸의 각 부분의 협응 능력과 근육 운동기술을 개선할 수 있다.

재활 치유 환자의 특정 근육 운동과 발달을 위해 동물교감 활동은 매우 효과적이다(J. Miller, L. Ingram. 2000).

(2) 대 근육 운동과 발달

동물과의 각종 스포츠 활동을 통해 대근육의 발달이 촉진된다. 또한, 재활 승마는 뇌성마비, 뇌 기능 손상, 척추손상, 근이영양증(muscular dystrophy), 간질(뇌전증) 등의 자세 결함과 마비에 의한 불균형 신체장애인의 허리나 다리의 대근육 발달을 촉진하는 효과가 있다.

(3) 평형감각의 재활

재활 승마는 말의 자극을 그대로 받기 때문에 몸체의 반동 형성, 근육의 이완과 긴장, 평형감각의 자극 등으로 자세가 교정되고 좌우의 균형이 유지되는 등 다른 물리적 요법에 없는 장점이 있다.

(4) 심장 및 혈관 질환에 효과

동물을 소유한 노인은 심장 박동의 안정, 고혈압 하강, 진통 완화 등 심혈관 질환(CVD) 위험을 줄이고 생존을 향상한다. (R. Volker, Fik. 1995). 또한, 재활 승마는 사람보다 높은 말의 체온으로 혈액순환을 촉진하는 효과도 있다.

(5) 규칙적인 운동 습관 형성

운동량이 부족한 사람들에게 동물은 놀이 및 산책을 함께할 수 있게 하는 등 규칙적인 생활을 소홀히 하기 쉬운 독신자나 노인에게 규칙적인 생활을 할 수 있도록 도움을 주어 건강증진에 긍정적인 효과를 준다.

마. 조력적 효과

도우미견(장애인복지법에 따른 명칭은 '장애인 보조견'임)은 물건 가져오기 및 주기, 엘리베이터 문 열기, 휠체어 밀기, 전기 스위치 켜기, 길 안내 등 다양한 서비스를 장애인과 노인들에게 제공하는 조력적 기능을 한다.

동물이 사람들에게 제공하는 이러한 도구적 효과는 심리적인 유익, 사회적 수용 및 접근성을 높이고, 고립된 사람을 사회적으로 활발하게 활동하게 한다.

그 밖에 시각장애인 도우미견(맹도견), 청각장애인 도우미견(청도견), 치유 도우미견(호스피스견), 발작 경고견, 장애인 조력견 등과 같이 장애 보조 및 치유에 활용하고 있으며 인명 구조견, 수색견, 경비견, 썰매견, 탐지견 등 다양한 특수 목적견이 인간의 사회생활을 돕고 있다.

03 동물 교감치유의 4요소

학습 목표

- ✔ 동물 교감치유 동물의 종류와 역할을 말할 수 있다.
- ✔ 동물 교감치유사의 자질과 역할을 말할 수 있다.
- ✔ 동물 교감치유의 적용분야와 대상자를 말할 수 있다.
- ✔ 동물 교감치유의 활동단계와 프로그램 내용을 말할 수 있다.

일반적으로 동물 교감치유는 치유동물, 교감치유사, 대상자, 치유 활동 등 4요소로 이루어진다.

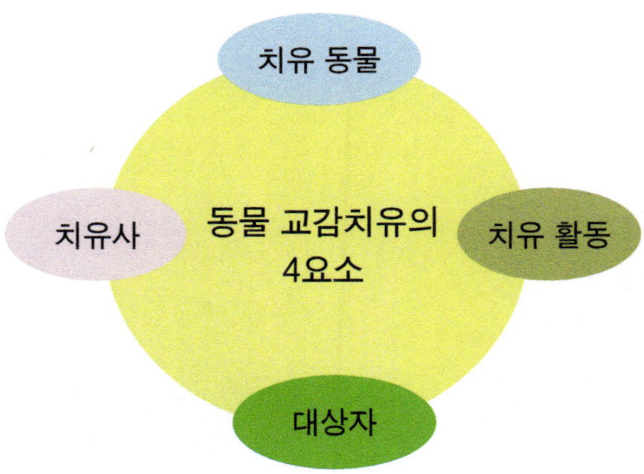

그림 II-12 동물 교감치유의 4요소

3.1 교감 치유동물

가. 치유동물의 유형과 종류

(1) 교감치유 동물의 유형

1 치유동물(therapy animals)

치유동물은 가정, 병원, 요양원 및 기타 치유 환경에서 치유사의 계획적이고 의도적인 지도하에 대상자의 치유에 조력하는 훈련된 동물

2 장애인 보조 동물(service animals)

장애인 보조 동물은 시각장애인을 안내하거나, 청력 손실이 있는 사람에게 경고하거나, 거동이 불편한 사람을 돕는 등 장애가 있는 사람을 돕기 위한 특정 작업을 수행하도록 훈련된 동물

3 정서적 지원 동물(emotional support animals)

정서적 지원 동물은 불안, 우울증, PTSD와 같은 정신 건강 문제가 있는 개인에게 편안함과 즐거움을 제공하는 동물로 반려조, 관상어, 파충류 등 다양하다.

(2) 치유동물의 종류

1 농장 동물

교감치유 동물은 농장에서 동물성 식량자원을 생산하는 경제적 동물과 구분하여 교감치유 프로그램에 활용되는 동물을 말한다.

따라서 치유 프로그램 과정에서 발생할 수 있는 안전사고에 대한 예측 및 예방을 할 수 있는 동물이어야 한다. 이러한 이유로 치유 동물은 성격이 온순하고 사람에게 공격성이 없어야 하며 질병에 대한 수의학적 관리가 이루어져야 한다. 따라서 치유 동물은 일정한 조건을 갖춘 동물이어야 한다.

동물은 따뜻한 체온과 부드러운 털을 가지고 있으며, 감정을 가지고 꼬리치고 핥아줄 수 있는 활동이 가능하며, 대상자와 상호 반응을 통한 교감이 우수한 특징을 가지고 있다. 따라서 동물 교감치유는 다른 어떤 대체요법보다 치유목표를 빠르게 달성할 수 있다.

네덜란드와 노르웨이는 국가마다 약 1,100여 개의 그린 케어 팜(green care farm)이 있으며 동물농장의 가축과 관련된 치유 활동은 농작물과 관련된 치유 활동보다 더 선호하고 있다, 농

장 동물과의 상호작용이 정신 장애인, 치매 환자, 문제 청소년 및 지적 장애인을 포함한 다양한 장애인의 정신 건강과 신체 재활에 이바지하고 있다.[29]

교감치유용 농장 동물은 소, 돼지(미니돼지), 말, 토끼, 염소, 면양, 닭, 라마 등이 이용되고 있다.

더 알아보기 : 농장 동물을 치유동물로 이용하기 위한 3가지 필수 조건

- **어릴 때부터 사람을 잘 따르고 온순한 개체를 선발한다.**
- **반드시, 태어날 때부터 매일 사람에 의해 관리 된 동물이어야 한다.**
- **낯선 사람이 다가가도 도망치거나 공격성이 없어야 한다.**

2 반려동물

치유동물로 가장 많이 사용되는 동물은 반려견이고 다음으로 반려묘가 이용된다. 교감치유에 이용되는 동물은 특별히 제한되어 있지는 않다. 공격성이 없고 사람을 잘 따르는 동물로 가정에서 사육되는 동물이면 적합하다.

교감치유동물은 일정한 기초복종 훈련을 받고 각종 적합성 검사를 거친 동물로 예방접종과 건강검진을 주기적으로 받아 건강에 이상이 없는 동물이어야 한다.

교감치유용 반려동물은 반려견과 반려묘 외에 반려조, 토끼, 관상어, 햄스터, 기니피그 등이 이용되고 있다.

나. 치유동물의 역할과 기능

(1) 사회적 윤활제 역할

치유동물은 집단치유 시 새로운 사람을 만났을 때 어색하고 서먹서먹한 분위기, 즉 얼어붙은 분위기를 깨고 친숙한 분위기를 조성(아이스 브레이킹: ice breaking)하는 사회적 윤활유(social lubricants) 역할을 한다(Messent. 1983)[30] 특히 자폐 스펙트럼 장애 아동과 같이 사회적 기술이 낮은 대상자들에게 쉽게 친숙해지도록 윤활제 같은 역할을 함으로써 사회성을 향상시킨다. 또한, 치유사가 빠르게 치유 동맹(therapeutic alliance)을 유도하고 치유과정에 자발적이고 적극적으로 참여하도록 한다. 이러한 과정을 아코우(Arkow. 1982)는 '잔물결 효과(ripple effect)'라고 불렀다. 동물의 존재 자체가 안정감을 주고 신뢰감을 증진한다.

(2) 감정의 촉매자 역할

치유동물은 대상자의 친구 역할을 한다. 동물은 비판하지 않고 판단하지 않으며 무조건적인 애정과 순수한 사랑을 준다. 따라서 솔직하게 자신의 감정을 쉽게 털어놓고 슬픔이나 기쁨을 표현할 수 있는 감정의 촉매자 역할을 한다.

레빈슨(Levinson, 1965)은 행동 장애를 보이는 어린이들의 치유 초기에 동물과의 동행이 상담을 원활하게 하고 질병 치유에 도움이 된다고 하였다.

(3) 선도자(리더)의 역할

일정한 훈련과정을 거쳐 자격을 인정받은 치유 동물의 규칙적인 생활과 새끼를 돌보는 양육과정 등을 대상자에게 보여줌으로써 사회적 규범이나 규칙 준수와 같은 도덕을 배우게 하는 선도자적 역할을 한다.

(4) 편안한 환경 제공

많은 치유 대상자들은 치유 공간이 행복하고 편안한 가정과 같은 환경이 되기를 원하는데 이러한 분위기 조성은 편안한 안정감을 줄 수 있는 생명체인 동물을 활용함으로써 더욱 안락하고 편안한 공간을 만들 수 있다.

물고기가 아름다운 자태로 유유히 헤엄치는 모습을 바라보는 것만으로도 사람의 마음을 안정시키고 편안한 상태를 갖도록 해 준다.

다. 치유 동물의 자격 조건

(1) 형태와 외모

교감치유 동물은 사람과 접촉하는 동물로 우선 형태적으로 혐오감을 주는 외모를 가져서는 안 된다. 그러나 특이한 외모를 가져 호기심을 갖게 하는 형태나 익살스러운 모습 등은 사람의 시선을 모을 수 있다.

또한, 외모가 불결하거나 냄새가 나지 않도록 목욕과 털 손질 등을 하여 단정한 모습을 지녀야 한다.

(2) 성숙한 연령

치유동물의 나이가 너무 어리면 활동량이 너무 많아 산만하며 상황에 대한 대처 능력이 떨어지고 조그만 자극에도 민감하게 반응한다. 따라서 육성기 단계를 지나 체 성숙 단계에 다다른 동물을 활용하는 것이 안전하다. 반려견은 최소 1살 이상의 가정견이 적합하다.

(3) 공격성과 친화력

공격성의 유무와 다소 관계는 동물의 종류, 개체의 습성에 따라 다르다. 동물이 물거나 할퀴는 일이 발생하는 것을 사전에 방지하기 위해 공격성 및 성격 테스트하여 선발하는 것이 매우 중요하다. 치유동물은 공격성이 없고 사람과 친화성이 있어 어울림을 좋아하고 잘 따라야 한다. 일반적으로 소형동물이 공격성이 적은 것으로 알고 있으나 일정한 훈련과 자격요건을 갖추었다면 품종이나 크기에는 문제가 없다.

라. 치유동물의 선택기준

치유동물의 선택을 위한 8가지 기준은 사육의 용이성, 운반의 용이성, 상호접촉성, 감정 소통성, 공격의 안전성, 인간의 운동성, 동물의 즐거움, 감염의 안전성 등이 있다.

① 사육의 용이성

사육관리가 비교적 쉬운 동물은 먹이량과 먹이 주는 횟수가 적으며 배설량이 적고 사육공간을 많이 차지하지 않는 물고기와 새 등 소형동물이다.

② 운반의 용이성

운반이 쉬운 동물은 소형동물로 끌고 다닐 수 있는 반려견이나 반려묘가 좋은 편이다

③ 상호접촉성

상호접촉성은 가까이서 쓰다듬거나 접촉하기 쉬운 정도를 나타내는 것으로 반려견을 비롯한 소형동물이 좋다. 물고기는 접촉이 어렵고 감상만 할 수 있는 동물이다.

④ 감정의 소통성

감정 소통성은 서로 주고받는 교감으로 유대감이 강하고 상호 반응이 우수한 정도로 반려견, 반려묘, 말 등이 높고 토끼, 염소, 소, 돼지도 비교적 좋으며 다른 반려동물과도 감정 소통이 가능하다.

⑤ 공격의 안전성

해당 동물이 대상자를 물거나 발로 차거나 뿔로 받거나 하는 물리적 외상 위험이 낮은 정도로 어떤 충격을 받으면 갑자기 공격하는 원숭이류를 제외하곤 모두 안전하다고 볼 수 있다.

⑥ 인간의 운동성

인간과 동물이 같이 운동할 수 있는 운동성은 동물은 반려견, 말, 돌고래가 높고 물고기, 새, 파충류는 낮다.

⑦ 동물의 즐거움

사람과 같이 상호작용을 하면서 사람을 잘 따르고 스트레스를 적게 받으며 생활하는 것을 즐기는 동물은 반려견, 고양이, 돌고래 등이다.

⑧ 질병의 감염성

해당 동물로부터 인수공통전염병의 감염 위험 정도로 인간과 유사한 질병을 전파하는 원숭이류를 제외하고 대부분 예방접종을 주기적으로 철저히 수행하면 안전하다고 볼 수 있다. 그러나 모든 동물은 사람에게 여러 가지 질병을 전염시킬 수 있으므로 철저한 위생관리와 수의학적 검진을 수시로 하여야 한다.

표 II-7 치유동물 선택의 8가지 기준

종 류	사육 용이성	운반 용이성	상호 접촉성	감정 소통성	공격 안전성	인간 운동성	동물 즐거움	질병 감염성
닭	★	☆	◇	◇	☆	◇	◇	◇
돼지	◇	◇	☆	☆	☆	☆	☆	◇
말	◇	▽	☆	★	◇	★	☆	☆
한우	◇	▽	☆	☆	☆	☆	◇	◇
염소	◇	◇	☆	☆	◇	◇	☆	☆
면양	◇	◇	☆	☆	☆	☆	◇	☆
젖소	▽	▽	☆	☆	☆	☆	◇	◇
토끼	★	★	★	☆	★	◇	◇	☆
반려견	☆	★	★	★	☆	★	★	◇
반려묘	☆	★	★	★	☆	◇	☆	★
반려조	★	◇	◇	▽	★	▽	◇	☆
관상어	★	▽	▽	▽	★	▽	◇	★

★ = 매우 좋음 ☆ = 좋음 ◇ = 보통 ▽ = 나쁨

3.2 교감치유사

흔히 동물 교감치유는 동물이 사람을 치유하는 것으로 잘못 알고 있는 사람도 있다. 그러나 동물 교감치유가 대상자의 심리적, 신체적 회복과 재활을 위한 계획적이고 의도적으로 행해지는 전문적인 치유행위라고 한다면 당연히 그 주체는 동물이 아닌 동물 교감치유사일 것이다.

동물 교감치유는 상담과 심리 치유의 일부분이기는 하나 동물을 중재로 한다는 점에서 일반 상담사보다 더 다양한 지식과 기술이 요구된다. 동물 교감치유사의 자질과 역할은 다음과 같다.

가. 치유사의 기본 자질

(1) 인간적 자질

효과적인 치유 관계의 발전에는 치유사의 사람됨이 크게 작용하기 때문에, 치유사는 바람직한 인간적 자질을 갖추어야 한다.

인간의 본성에 대한 긍정적 관점과 다른 사람의 안녕과 행복을 위한 진실한 관심은 효과적인 상담을 위한 필수적 요건이다.

치유사는 사람을 존경하고 신뢰하며 가치를 인정해 주고 적절한 관심을 기울여 줌으로써 그들과 정서적 관계를 발전시킬 수 있다.

또한, 동물도 생명을 가진 소중한 존재로 보호되고 존중되어야 한다. 장난감처럼 가지고 노는 동물이 아니라 서로가 도움을 주고받는 반려동물로써 동물을 사랑하는 마음이 있어야 한다. 특히 교감치유과정에서 일방적인 강요나 스트레스를 주는 일을 삼가야 한다.

또한, 치유사는 자기 자신의 목표, 정체, 동기, 요구, 가치관, 느낌, 장단점 등에 대하여 객관적으로 지각하고 있어야 한다. 반면에 실수했거나 실패했을 때와 자신의 지각이나 육감이 부정확하다고 판명되었을 때 그것을 솔직히 인정할 수 있는 용기도 가져야 한다.

(2) 심리상담가의 자질

치유 관계를 효과적으로 정립시키고 내담자를 성장과 변화시키기 위해서는 치유사의 자세와 태도가 매우 중요하다. 동물 교감치유사의 일반 상담가적 자질은 다음과 같다.

첫째, 자신의 가치관, 신념, 기대, 사고 과정 및 여러 가지 성격 특성에 관한 객관적 분석과 이해를 할 수 있어야 한다.

둘째, 자신이 처한 시대적 배경, 즉 문화적, 사회적 경향과 지배적인 철학적 사상들에 관한 정확한 이해가 필요하다.

셋째, 여러 기존의 상담이론에 관한 철저한 연구와 더불어 자신의 개인적인 상담이론을 개발해야 한다.

(3) 치유동물의 관리기술

동물 교감치유는 조력 전문직으로 고도의 지식과 기술이 요구된다. 일반적인 상담자는 상담에 관한 일정한 교육을 받은 후 전문가의 자격이 주어지나 동물 교감치유사는 일반 상담가의 자질과 함께 동물에 관한 이론적 지식과 기술을 겸비해야 한다.

동물 교감치유는 시행하는 과정에서 동물에 의한 상처나 사고의 위험이 존재하며, 또한 치유 동물도 심한 스트레스를 받게 된다. 따라서 대상자의 안전과 교감치유 동물의 보호를 위해 다양한 지식과 기술이 요구된다. 동물교감치유사에게 요구되는 동물복지와 관리기술은 다음과 같다.

① 동물의 보호와 복지에 대한 깊은 이해가 있어야 한다.
② 동물의 행동 특성을 이해하고 응용할 수 있는 능력이 있어야 한다.
③ 동물의 사육과 번식 관리기술이 있어야 한다.
④ 동물의 방역과 위생, 간호, 위험요소의 관리기술이 있어야 한다.
⑤ 동물을 훈련하고 자질을 평가할 수 있는 기술이 있어야 한다.

다. 치유사의 역할

치유사는 동물의 조력을 받아 대상자와 상호 교감작용을 하게 된다. 이 과정에서 상호 탐색하고 반응하는 과정을 거치게 된다. 따라서 대상자의 심리적 안정과 회복을 촉진하는 치유사의 주도적인 역할이 매우 중요하다.

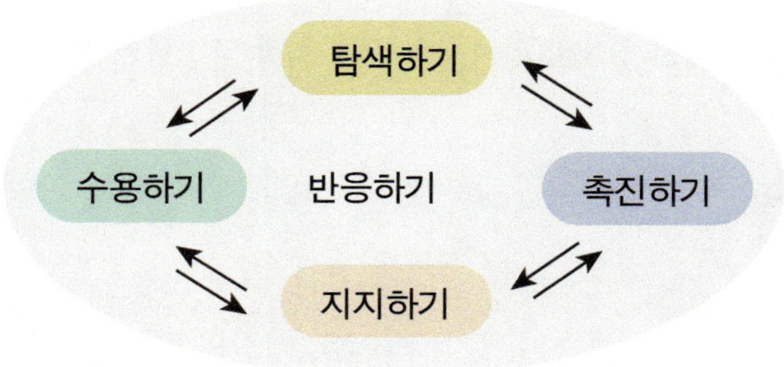

그림 II-13 치유사와 대상자의 상호관계

(1) 탐색자 역할

초기 치유과정에서 치유사는 대상자를 탐색하고 대상자는 치유사와 동물을 탐색하게 된다. 이때 치유사는 대상자에 대한 편견을 최대한 자제하고 '지금-여기(here-now)'에만 초점을 맞추어야 한다.

치유사와 대상자가 서로 어느 정도 파악하고 나면 다음 단계로 서로의 반응에 더 치중하게 된다. 이때 치유사는 대상자의 반응을 관찰하여 그 의미를 해석하고 대상자에게 올바르게 비춰 주는 거울이 되어야 한다.

(2) 촉진자 역할

치유사는 동물과의 교감 활동에서 대상자 스스로 몰입할 수 있도록 촉진시켜 주어야 한다. 특히 위축된 대상자가 교감치유 활동에 소극적일 때 홍미가 동반된 동물 교감 활동을 병행하여 대상자가 적극적으로 참여하도록 촉진자 역할을 해야 한다.

(3) 지지자 역할

간혹 공격 성향이 있는 대상자, ADHD(주의력 결핍 및 과잉충동 장애) 아동 등은 치유시간에 늦게 온다거나, 동물을 때리거나, 치유 활동과 동떨어진 행동을 하여 치유사를 멀리하고 포기하는지를 시험하려 한다. 이때 치유사는 무너지지 않고 끝까지 대상자 곁에서 버텨주면서 지지할 때 대상자는 그 의도를 알고 치유 활동에 적극적으로 참여한다.

(4) 수용자 역할

아동의 성격은 아동과 돌보는 양육자 관계에서 일어나는 상호 과정에 의해 형성된다. 간혹 어린 아동은 화를 내거나 울거나 짜증을 부리는 행동 등 다양한 방법으로 치유사를 시험한다. 이때 그들의 감정을 억압하거나 억제하는 것이 아니라 동물과의 교감 활동을 통해 스스로 풀어내도록 해야 한다.

치유사는 힘들어도 그들을 수용하고 자신의 감정을 잘 조절하는 성숙한 사람이어야 한다.

3.3 대상자

대상자(client)는 심리상담에서는 내담자(來談者), 정신의학과 병원에서는 환자라고 불리나 동물 교감치유에서는 폭넓은 의미로 대상자라고 부른다.

대상자는 어떤 심신의 장애를 가진 자와 건강한 개인을 통칭하는 용어이다. 대상자는 개인마다 과거 경험, 현재의 심리적 육체적 증상, 도움을 요청하는 내용, 생활방식, 가족관계 등이 다르다. 따라서 교감치유사는 이와 같은 현실을 이해하고 인정해 줄 수 있어야 한다.

대상자는 인간으로서 개인적인 존중을 받기를 원한다. 대상자의 기분, 생각, 행동 방식, 신체적 장애 등에 대한 애정을 가져야 하며 대상자를 온전한 하나의 인간으로 존중해야 한다.

동물교감 치유는 인간과 동물의 관계로 인간과 인간의 관계와는 달라야 한다. 치유사는 치유동물과 치유 대상자 사이의 조정자 역할이 필요하다. 대상자와 치유동물 모두에게 어떤 종류의 압력이나 강요가 없어야 하며 또한, 치유자는 어느 한쪽에게만 애정을 주거나 편견을 가지지 않아야 한다.

가. 교육 분야

(1) 어린이

동물과 함께 생활한 아동은 타인에 대한 이해심이 더 많아지고, 내성적인 아동은 사회성과 대인관계가 향상되며 심리적으로 안정감을 느끼게 된다. 또한, 아동의 발표 불안을 감소시키고 발표력을 향상하는 것으로 나타났다.

동물은 직선적이며 자신이 느끼는 대로 행동하기 때문에 동물에 대한 이해 능력은 다른 사람과의 관계에서도 그대로 표현되기 때문이다.

(2) 청소년

모든 학생이 적용 대상이다. 최근 점점 심각해지고 있는 청소년들의 부적응 문제는 매우 심각하게 우려되는 문제이다. 학교 상담은 문제 학생만을 대상으로 하는 것이 아니라 모든 학생을 대상으로 발달적 견지에서 행해지는 서비스이다.

현재 우리나라는 외국보다 부적응 아동들에 대한 종합적이고 체계적인 중재 및 상담 활동이 부족한 실정이다. 따라서 가정, 학교, 보육원 등에서 어린이, 청소년, 부적응아, 특수 교육대상자 등의 사회성 향상, 대인관계 증진, 비행습관 교정, 정상적인 발달과업을 증진할 수 있는 효과적인 동물 교감치유프로그램이 필요하다.

표 II-8 교육 분야의 교감치유 내용

장 소	대 상 자	주 안 점
가정, 학교, 보육원	어린이, 청소년, 부적응아 특수교육대상자	사회성 향상, 책임감, 생명존중과 자아 존중감 향상, 비행습관 교정, 정상적인 발달과업 증진

(3) 비행 및 부적응 아동

동물 교감치유의 교육적 접근은 등교 거부, 따돌림, 주의력 결핍-과잉행동장애, 품행장애 등 다양한 장애 유형과 부적응 행동을 예방하기 위한 교육적 중재 활동 및 상담 활동의 일환이다. 따라서 학부모, 담임교사, 전문상담교사 및 특수학급 교사 등과 연계하여 가정과 학교에서 할 수 있는 효과적인 방법이라고 볼 수 있다. 즉, 학생들의 건강이나 학습 등 일상생활 전반에 대해 중점을 두고 이루어진다. 학교에서 수행할 수 있는 동물교감 활동은 다음과 같다.

표 Ⅱ-9 학교 내 동물교감 활동내용

장 소	교감 활동 동물	활동방법
동물 사육장(동물 관찰원)	닭, 토끼, 개, 고양이 등	• 전담교사의 지도로 행해진다. • 당번제 활동으로 관리를 한다. • 수업 전, 방과 후 활동을 한다. • 관찰, 활동일지를 기록한다.
조류 사육장(조류 관찰원)	꿩, 금계, 은계, 토종닭, 오골계, 장미계, 공작 등	
복도, 계단, 교실	새장 : 앵무새, 구관조 등 수족관(어항): 관상어	• 교사의 지도로 먹이 주기, 물 갈아주기, 청소하기 등 • 새소리 및 물고기의 모습 감상

나. 예방 및 웰빙 분야

동물교감 활동은 신체적, 정신적인 결함이 없는 일반인의 정서적 안정과 스트레스를 해소하여 삶의 질을 향상한다.

동물교감 프로그램의 주된 목적은 현대사회의 특징이라고 할 수 있는 노령화, 핵가족화, 독신자 증가에 따른 인간의 고독감과 무료함의 해소, 산업화, 정보화에 따른 인간의 소외감과 고립감을 줄이고 배우자 상실, 은퇴 후의 전환기 등에 허탈감, 무력감의 치유 등 환경 개선을 할 수 있도록 도와주는 것이다. 즉, 자력으로 더 건강하고 더 즐겁게 생산적인 삶을 살아가도록 도움을 주는 넓은 의미의 활동이다.

표 Ⅱ-10 예방, 웰빙 분야

장 소	대상자	주 안 점
가정	스트레스를 받는 자 명퇴자, 독신자 배우자 상실자 소년 소녀 가장	■ 삶의 질 향상(즐거움과 안정) • 긴장, 불안, 등 스트레스 해소, 오락 • 비합리적 사고, 행동 양식의 변화 • 비능률적, 비성취적 관념의 변화
	가족 간의 불화	• 가족 간의 대화 창구

노인복지시설, 가정(독거)	은퇴자, 독거노인, 고령자	■ 건강 유지 • 성인병(심근경색, 고혈압 등) 예방 • 신체 기능 유지 및 단련 ■ 대화와 놀이 친구
동물원, 수족관, 승마장	정상인, 은퇴자	• 마음의 정화 및 스트레스 해소 • 심장 박동 수, 혈압 감소 • 대·소 근육 운동 및 평형감각 유지

동물은 인간의 가장 친근한 동반자로서 복잡한 일상생활에서 오는 고독감과 스트레스를 해소할 수 있는 즐거움을 주고 심리적 안정 효과를 주어 현대인의 삶의 질을 향상할 수 있다. 이 프로그램은 독거노인 및 독신자 가정, 경로당(정), 사회 복지 시설, 노인 요양원, 동물원, 수족관, 해양 탐사장, 승마장 등에서 다양한 집단에 제공될 수 있는 프로그램이다.

기초적인 동물관리와 기본 프로그램 운용 교육을 받은 본인이 동물을 소유하면서 실시할 수 있으며 동물원, 수족관 등을 방문하여 즐길 수 있다. 우리나라에서는 주로 동물을 소유한 자원봉사자에 의한 방문 프로그램으로 시행되고 있다.

다. 재활 및 회복 분야

동물 교감치유는 폭넓게 적용되고 있다. 동물 교감치유 프로그램은 정신적, 신체적 회복과 재활해야 하는 사람들을 주 대상으로 하여 이루어지는 집중적인 치유 프로그램이다.

동물 교감치유는 치료감호소 일반병원, 정신병원, 노인복지시설, 장애인 수용시설, 소년원, 교도소, 모자원, 재활원 등과 같은 여러 보호 및 치유시설, 취업 및 재활을 위한 상담소, 정부 산하의 정신 건강 및 복지 관련 시설과 기관에서 동물 교감치유 전문가에 의해서 이루어진다. 특히 동물 교감치유는 고령화 시대를 맞이하여 치매 노인의 치유 등 활동무대가 급격히 증가할 것으로 전망된다.

그림 II-14 노인 요양원의 동물 교감치유

표 Ⅱ-11 재활·회복 분야

장 소	대상자	주 안 점
노인복지 시설 (주거, 의료, 학대노인전용쉼터)	치매 환자 운동기능 장애인	• 노인성 질환 치유 - 우울증, 기억력, 집중력 치유 • 소, 대 근육 기능 회복 및 치유
교정시설, 소년원, 치료감호소, 보호관찰소 등	약물 중독자 (알코올, 마약 등) 범죄자	• 정신적 문제 치유, 신경증, 성격장애, 우울증, 정신병 • 대인관계, 사회성 회복 및 치유
재활원, 보호원, 장애인 복지시설, 성매매·성폭력·가정 폭력 지원시설, 재활 승마장 등	정신 및 신체장애인 미혼모 위기에 처한 자 자폐 스펙트럼 장애	• 신체적 회복 및 재활 - 근육 기능 및 평형감각 회복 - 뇌성마비, 뇌 기능 손상 치유 • 성격, 성 문제, 정신적 문제 치유
병원(일반, 정신)	장기 입원 환자	• 각종 질환의 보조 치유 요법

3.4 교감치유 활동

가. 교감치유 활동의 단계

동물 교감치유에서 가장 중요한 부분이 치유 활동이다. 즉, 대상자와 동물과의 치유활동을 통한 긍정적인 상호작용이 수단이며 목적이기 때문이다.

대상자는 긍정적인 상호작용을 통해 기존의 부정적인 자기 이미지를 탈피하고 자기를 스스로 새롭게 인식하게 된다.

동물 교감치유의 활동은 준비하기(사정)→ 계획하기→ 실행하기→ 평가하기 단계로 진행된다.

준비하기는 첫 단계로 대상자의 과거의 병력과 현재의 상태를 파악하고 치유전 대상자의 모든 정보를 수집하고 치유 활동에 필요한 인적 물적 자원을 점검하는 단계이다.

계획하기는 사정(준비하기) 단계에서 수집된 각종 정보를 기초로 대상자의 문제와 요구를 파악하고 치유목표를 설정하여 적합한 동물 교감치유 활동 계획을 수립하는 과정이다.

실행하기는 계획서에 의한 교감활동을 수행하는 과정이며 평가하기는 계획한 대로 목적에 얼마만큼 성취되었는가를 측정하는 단계이다.

나. 교감치유 활동 프로그램

치유 프로그램의 구성은 이론 학습과 실제 활동으로 구분할 수 있는데 일반적으로 그 비율은 2~3 : 7~8 비율로 구성하는 것이 바람직하며 가급적 이론적인 방법을 지양하고 직접 동물과의 상호 작용하는 실습 위주로 편성하여 운영하는 것이 효과적이다.

학습 중에는 안전사고에 대비해 강사와 보조자가 반드시 입회하에 실시해야 한다. 또한, 치유 프로그램은 과학적으로 충분히 입증된 내용이어야 하고 각각의 프로그램 내용을 문서화하여 보관하고 있어야 한다.

동물 교감치유 프로그램의 활동 예시는 다음과 같다.

표 II-12 동물 교감치유 활동(예시)

분류		활동 내용
동물교감 치유 활동	접촉 · 포옹	눈 맞춤하기
		포옹하기((hugging)
		껴안기(cuddling)
		손으로 쓰다듬기
		외부명칭과 익히기
		동물과 대화하기
		말타기
	미용 · 손질	털깎기(트리밍)
		솔(빗)질 하기
		목욕시키기
		이름표 달아주기
		목에 방울 달아주기
		옷 입히기
		반려견의 귀, 눈, 이빨 관리하기
		털 묶어 주기기
		물, 사료(간식) 주기
		방목시키기

동물교감 치유 활동	사양 · 관리	젖먹이기(포유)
		농장(우리), 축사 청소·소독하기
		발톱 깎기, 항문낭 짜기
		배변 훈련 시키기
		착유 하기, 알 걷기
		번식 시키기
		질병 예방과 환축 관리하기
	운동 · 놀이	동물과 걷기(산책하기)
		반려견과 달리기
		공던지기
		간식 찾기
		훈련 시키기
		프리스비(원반던지기)
		개 (눈)썰매타기
		어질리티(장애물 경기)
		개와 춤추기(heelwork to music)
	관람 · 감상	동물 묘기(재롱) 가르치기
		묘기(재롱) 관람하기
		동물원 동물 관람하기
		개 경주대회 관람하기
		관상어 헤엄치는 모습 바라보기
		관상조 울음소리 감상하기
		새끼 젖먹이는 모습 보기

참고문헌 및 관련 인터넷사이트

- 김옥진(2015). 동물매개치료 입문. 동일출판사.
- 김옥진 외(2017). 동물매개치료의 기법과 적용. 형설출판사
- 농촌진흥청(원예특작과)(2016). 치유농업의 이해.
- (사)한국원예치료복지협회(2019). 원예치료와 복지원예.
- 서정근, 이상미. 원예치료과정의 실제(2004). 단국대학교출판부.
- 손기철 외(2002). 원예치료. 중앙생활사.
- 신현정(2009). 치료놀이의 이해와 적용. 학지사. pp281-291
- 안제국 외 8인(2007). 동물매개치료. 학지사.
- 안제국 외(2018). 가축관리실무. 부민문화사.
- 안제국 외(2019). 동물자원. 충청북도교육청.
- 최영애(2003). 원예치료. 학지사.

[사진 자료출처]

- 그림 대단원1 https://www.hopkinsmedicine.org/all-childrens-hospital/services/child-life/services/pet-therapy
- 그림 대단원2 자작
- 그림 Ⅱ-1 https://naturallybalanced.org/en/animal-assisted-therapy
- 그림 Ⅱ-2 자작
- 그림 Ⅱ-3 자작
- 그림 Ⅱ-4 https://ugmp.co.il/en/highlights/burial-of-woman-with-dog/
- 그림 Ⅱ-5 https://lovecatsworld.com/florence-nightingale-the-cat-lady-who-changed-the-history-of-nursing/
- 그림 Ⅱ-6 https://www.wien.info/en/art-culture/freud/freud-his-life-in-pictures-346418
- 그림 Ⅱ-7 https://www.ciaai.net/definiton-of-aai
- 그림 Ⅱ-8 자작
- 그림 Ⅱ-9 https://doichev.info/kuchetata-vodachi-v-bulgaria/
- 그림 Ⅱ-10 자작
- 그림 Ⅱ-11 자작
- 그림 Ⅱ-12 자작
- 그림 Ⅱ-13 자작
- 그림 Ⅱ-14 자작

01 https://www.avma.org/one-health/human-animal-bond

02 Samuels W, Coultis D, Meers L, Odberg F, Normando S (Eds.). Can an AAI educational program improve animal welfare? Proceedings of the VDWE International Congress on Companion Animal Behaviour and Welfare; 2006.

03 Servais V, Millot JL. Les interactions entre l'homme et les animaux familiers: quelques champs d'investigation et réflexions méthodologiques. In: Baudouin C (Ed.). L'éthologie appliquée aujourd'hui. Paris: Editions ED; 2003.

04 Gay, I.R.; Mills, G.E.; Airasian, P.W. Educational Research: Competencies for Analysis and Applications, 12nd ed.; Pearson Education: Upper Saddle River, NJ, USA, 2012; ISBN 9780132613170. [Google Scholar]

05 미국수의학회 https://www.avma.org/resources-tools/avma-policies/animal-assisted-interventions-definitions

06 Animal-assisted activities (AAA). Pet Partners website. www.petpartners.org/page.aspx?pid=319. Accessed June 17, 2014.

07 https://handinpaw.org/programs/hipheals/

08 https://handinpaw.org/programs/hipheals/

09 Jegatheesan, B.; Beetz, A.; Ormerod, E.; Johnson, R.; Fine, A.; Yamazaki, K.; Dudzik, C.; Garcia, R.M.; Winkle, M.; Choi, G. IAHAIO White Paper: The IAHAIO Definitions for Animal Assisted Intervention and Guidelines for Wellness of Animals Involved; International Association of Human-Animal Interaction Organizations: Seattle, WA, USA, 2014; pp. 1-10. [Google Scholar]

10 안제국 외. 동물매개치료. 학지사. 2007

11 Chandler C. What is animal assisted therapy? www.coe.unt.edu/consortium-animal-assisted-therapy/about-aat. Accessed June 18, 2014.

12 Golden J. The Bright and Beautiful Therapy Dogs Newsletter. Parsippany, NJ; 2008.

13 Christiansen, Jennifer. "History of Animal-Assisted Therapy". Yahoo Voices. http://voices.yahoo.com/history-animal-assisted-therapy-557454.html. July 31, 2012.

14 McCulloch M.J. Animal-facilitated therapy: Overview and future direction. In: Katcher A.H., Beck A.M., editors. New Perspectives on Our Lives with Companion Animals. University of Pennsylvania Press; Philadelphia, PA, USA: 1983. pp. 410-426. [Google Scholar]

15 Connor K, Miller J. Animal assisted therapy: an in-depth look. Dimens Crit Care Nurs. 2000;19(3):20-26.

16 Connor K, Miller J. Animal assisted therapy: an in-depth look. Dimens Crit Care Nurs. 2000;19(3):20-26.

17 Beck M. Beside Freud's couch, a Chow named Jofi. The Wall Street Journal. Updated December 21, 2010. Accessed June 12, 2014.

18 Coren S. How therapy dogs almost never came to exist. Psychology Today. psychologytoday.com. Published February 11, 2013. Accessed June 12, 2014.

19 chandler C. What is animal assisted therapy? www.coe.unt.edu/consortium-animal-assisted-therapy/about-aat. Accessed June 18, 2014.

20 Coren S. How therapy dogs almost never came to exist. Psychology Today. psychologytoday.com. Published February 11, 2013. Accessed June 12, 2014.

21 Coren S. How therapy dogs almost never came to exist. Psychology Today. psychologytoday.com. Published February 11, 2013. Accessed June 12, 2014.

22 Guarneri M. The Heart Speaks: A Cardiologist Reveals the Secret Language of Healing. New York, NY: Touchstone; 2006.

23 Mullett S. A helping paw. Modern Medicine website. Published July 1, 2008. Accessed May 10, 2014.

24 Melson GF, Fine AH. Animals in the lives of children. In: Fine AH, editor. Handbook on animal-assisted therapy: Foundations and guidelines for animal-assisted interventions. 4. Boca Raton: Academic Press; 2015. pp. 179-194.

25 Veevers, J. E. (1985). The social meanings of pets: Alternative roles for companion animals. Marriage & Family Review, 8(3-4), 11-30. https://doi.org/10.1300/J002v08n03_03

26 Barnard-Nguyen S, Breit M, Anderson KA, Nielsen J. Pet loss and grief: Identifying at-risk pet owners during the euthanasia process. Anthrozoös. 2016;29(3):421-430.

27 Arkow P. Breaking the cycles of violence: A guide to multi-disciplinary responses for domestic violence, child protection, adult protection, and animal care & control agencies. 3. Alameda: Latham Foundation; 2019.

28 S. M. Bennet-Branson,, K. D. Craig. 1993; D. Cohen, 1993; H. Kokki, 2004

29 Elings, M.; Hassink, J. Green care farms, a safe community between illness or addiction and the wider society. J. Ther. Commun. 2008, 29, 310-323. [Google Scholar]

30 Garrity T, Stallones L. Effects of pet contact on human well-being. In: Wilson CC, Turner DC, editors. Companion animals in human health. London: Sage Publications; 1998. pp. 3-22.

III

PART

치유 대상자의 심리상담

[단원 학습 소개]

이 단원에서는 동물 교감치유의 기본이 되는 심리상담 이론의 개념과 특징, 기법을 숙지하고 심리 상담의 기본 원칙과 핵심기법, 대화 기법, 동물치유 메커니즘 등을 익혀 장차 동물교감 치유사 자격을 취득하고 교감치유 현장에서 직무를 수행하는 데 필요한 실무 능력을 배양한다.

단원 열기

동물 교감치유의 기초는 무엇일까?

흔히 사람들은, 동물 교감치유를 동물이 사람을 치유하는 것으로 착각하고 있다. 물론 치유과정에서 동물이 매개체가 되어 지대한 영향을 미치는 것은 사실이나 어디까지나 치유의 주체는 치유사이다.

치유사는 치유과정에서 대상자의 부적응과 문제 행동에 대한 사고와 태도를 변화시킬 방법을 탐색하고 정신적인 고통과 부적응을 예방 및 완화하고, 위기를 해결하여 긍정적으로 웰빙을 개선하여 삶의 질을 개선하는 것을 목표로 한다. 따라서 동물 교감치유의 가장 기본이 되는 심리상담의 이론적 지식과 상담기술이 없이는 불가능한 것이다.

이러한 심리상담의 이론과 기법은 어떤 것들이 있으며 상담의 과정은 어떻게 이루어지고 어떤 도움을 주는가 살펴본다.

심리상담이란 무엇인가? 성공적인 동물교감 치유는 어떤 모습일까?

01 주요 심리상담의 이론

학습 목표

- ✔ 정신분석 상담의 개념과 특징, 기법을 말할 수 있다.
- ✔ 인간중심 상담의 개념과 특징, 기법을 말할 수 있다.
- ✔ 행동주의 상담의 개념과 특징, 기법을 말할 수 있다.
- ✔ 인지·정서·행동 치료의 개념과 특징, 기법을 말할 수 있다.
- ✔ 게슈탈트 상담의 개념과 특징, 기법을 말할 수 있다.
- ✔ 현실요법 상담의 개념과 특징, 기법을 말할 수 있다.

1.1 정신분석 상담

정신분석(psychoanalytic) 상담·이론은 1890년대부터 지그문트 프로이트(Sigmund Freud)에 의해 연구되고 체계화되기 시작하였다.

프로이트는 인간의 행동을 좌우하는 중요한 역동적인 힘의 근원은 무의식에 있으며 무의식적 갈등이 부적응, 신경증 또는 신경 질환의 근원이 된다고 주장한 정신분석학의 창시자이다.

프로이트의 상담실은 그의 집에 있었기 때문에 애견 조피(Jofi)가 항상 곁에 앉아 있었는데, 환자는 개가 곁에 있으면 긴장을 풀고 편안해지는 사실을 발견하고 깜작 놀랐다. 특히 어린이와 청소년 환자에게 훨씬 더 마음을 안정시키는 효과가 있음을 알게 되었다.

그림 III-1 지그문트 프로이트, 1936년 80세 생일을 맞아 애견 함께.

그는 '개는 순수한 사랑과 대인관계에서 증오를 반복하는 사람과는 전혀 다르다'라고 말했다.[01]

이렇듯 프로이트는 동물교감 치유의 효과를 직접 경험하고 적용한 최초의 심리 상담학자이기도 하다.

가. 특징과 주요 개념

인간의 행동은 무의식적 동기와 생물학적 욕구의 충동 때문에 일어나고 비정상적인 성격의 발달은 생후 5년간의 경험 속에 문제의 근원이 있다고 본다.

(1) 의식과 무의식

프로이트는 인간의 정신세계를 의식, 무의식, 전의식 3가지로 분류하였다. 의식이란 현재 자기 자신이나 사물에 대하여 인식하는 정신영역으로 빙산의 일각처럼 아주 작은 부분을 차지한다.

무의식은 개인이 알지 못하는 심리적 영역으로 자신에 대한 말과 행동 상태를 스스로 알지도 깨닫지도 못하는 부분으로 마음 깊이 자리하고 있으면서 겉으로 드러나지 않거나 자각되지 않는 것으로 수면 밑의 빙산처럼 매우 크게 자리 잡고 있다.

전의식은 의식과 무의식 사이의 정신영역으로 잘 생각하면 떠오르기도 하고 잊어버리기도 하는 부분으로 무의식과 전의식의 사이에 존재한다.

(2) 심리-성격 구조

1 원초아(원본능, id)

원초아는 태어나면서 존재하는 인간의 가장 기본적인 생물적인 충동이다. 즉 성욕, 식욕, 쾌락 추구, 공격적인 욕구 등이다. 쾌락과 자기 욕망의 충족을 얻으려는 원본능은 무논리적이고 무도덕적이며 무의식적이다.

2 자아(ego)

자아는 현실적인 사고와 판단을 담당하는 영역으로 최대의 이익을 추구하기 위하여 현실적이고 합리적이다. 원초아의 욕구 중 어떤 것을 충족시키고 어떤 것을 억제할 것인가를 결정한다. 환경과 무의식 사이에 조정자로 무의식을 달래고 환경과 타협하는 일을 한다.

3 초자아(super ego)

초자아는 도덕과 가치관의 영역이다. 현실이 아니라 이상을 추구하며 쾌락보다는 완벽을 추구한다. 원초아의 충동을 억제하여 이상적인 행동을 지향하며 자기 통제와 도덕적 규범을 추구하도록 한다. 부모나 사회의 표준이 내면화된 것으로 보상은 자부심이나 자기애이며 처벌은 죄책감이나 열등감이다.

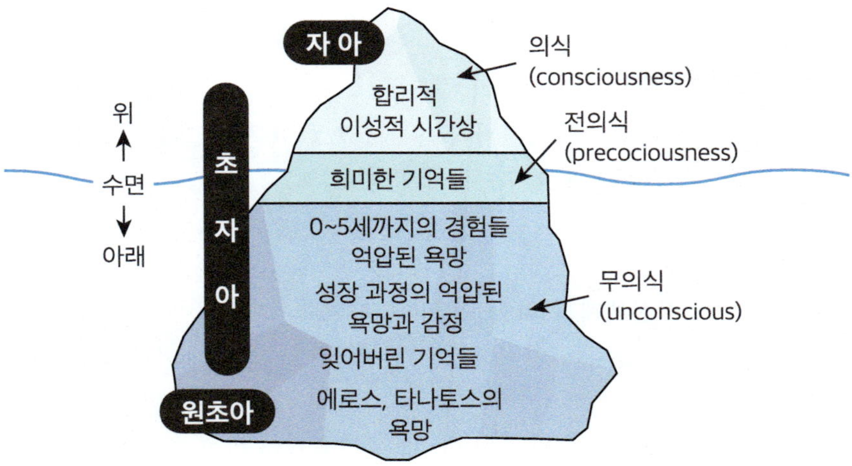

그림 Ⅲ-2 빙산에 비유한 인격의 구조와 정신세계

더 알아보기 : 오이디푸스와 엘렉트라 콤플렉스

▶ 오이디푸스 콤플렉스(oedipus complex)

남아가 어머니에게 애정을 느끼며 아버지에 대해서 경쟁심과 적개심을 느끼는 것.

▶ 엘렉트라 콤플렉스(electra complex)

여아가 아버지에게 애정을 느끼며 어머니에 대해서 경쟁심과 적개심을 느끼는 것.[02]

프로이트는 성장 단계마다 그 욕망이 충족되지 않으면 욕망이 감정과 함께 억압되어 무의식 속에 남아 있다가 후에 정신 질환이나 인격 장애의 원인이 된다는 것이다. 그래서 '정신-성격 발달단계'라고 부른다.

표 Ⅲ-1 프로이트의 정신-성격 발달단계

단 계	나 이	특 징
구강기 (oral stage)	0~1.5세	·입의 자극 추구 - 빨기, 깨물기, 물기, 씹기, 핥기 등
		·욕망, 감정 억압 시 불신, 친밀관계, 애정 결핍, 고독 등
항문기 (anal stage)	1.5~3세	·배변 쾌감/불쾌감 느낌, 배설물 탐색 시기
		·적대감, 파괴성, 분노, 울분, 열등감, 자율성 결여 등
남근기 (phallic stage)	3~5세	·성기로 쾌감을 느낄 줄 알고 성을 구별하는 시기이다, ·남아는 아버지를 여아는 엄마를 동일시한다. ·남아는 오이디푸스, 여아는 엘렉트라 콤플렉스에 빠진다.
		·동성/이성 부모 애착, 경쟁 관계, 질투, 적개심 생성
잠복기 (latent)	6~11세	·신체적 성숙/정서적 미성숙 상태, 성적으로 억압
		·또래 집단과의 갈등, 거짓말, 도둑질 등
성기기 (puberty)	12세 이후	·사춘기 시작, 성욕 발현, 정체감 확립 시기
		·일과 이성과의 원만한 사랑, 관계와 행동에 영향을 줌

(3) 불안

불안은 자아가 원본능과 초자아에 위협을 받을 때 생겨나는 감정반응으로 비현실적, 비합리적인 방법으로 자아를 보호하려고 한다. 불안을 이성적이고 직접적인 방법으로 통제할 수 없을 때 붕괴위기의 자아를 보호하기 위해 사용된다.

현실적 불안은 외부세계의 도전이 강하여 적절하게 대처하기 어려울 때 생기는 불안이며, 신경증적 불안은 원본능의 욕구가 강하여 자아가 원만하게 대처하기 어려울 때 생기고, 도덕적 불안은 초자아의 명령이 무섭고 강할 때 적절한 조치를 하지 못할 때 생기는 불안을 말한다(오성춘, 1987).

(4) 방어기제

방어기제(ego-defense mechanism)는 자아가 불안과 스트레스를 최소화하기 위해 무의식 수준에서 작용하며 현실과 내부적인 충돌을 완화하기 위한 보호 수단이다.

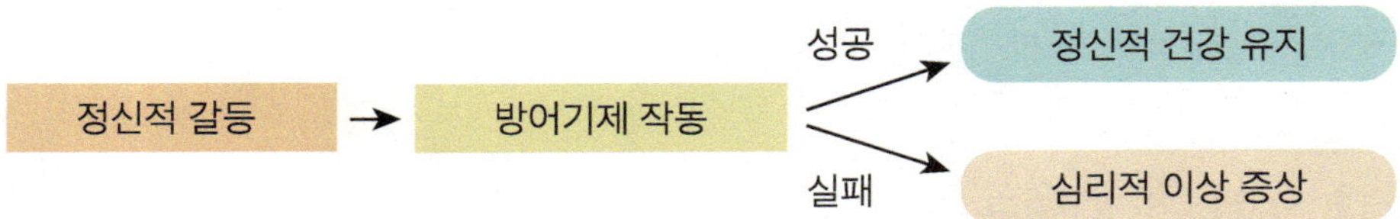

그림 Ⅲ-3 방어기제 작동

1 거부(부정, denial)

실제로 존재하는 문제, 충돌, 불안 등을 부정하거나 무시하여 인정하지 않는 것(예: 사랑하는 사람의 죽음을 들었을 때 아니라고 굳게 믿는 경우)

2 투사(투영, projection)

자기의 약점을 남의 탓으로 돌리거나 공격하는 수단이다. (예: 의처증 및 의부증 환자, 본인이 혐오하는 사람을 타인이 하는 척함)

3 동일시(identification)

투사와 반대, 자신을 다른 사람의 특성과 능력을 동등하게 여기는 것. 즉, 불안이나 부족함을 증강시키기 위해 사용한다.(예: 자식이 출세에 성취감을 느끼는 부모)

4 퇴행(regression)

자신의 어려운 상황이나 책임, 불안 등을 과거의 단계로 되돌아가 도피하려는 미숙한 방어수단(예: 새로 태어난 동생의 관심을 자기에게 돌리기 위해 아기처럼 행동).

5 합리화(rationalization)

자신의 실패나 잘못의 책임을 그럴듯한 이유나 변명으로 정당화하여 죄책감을 막고 자존심을 유지하여 스스로 보호하려는 방어수단이다.

6 승화(sublimation)

개인의 반사회적인 충동, 부적응적인 욕구를 창의적이고 유익한 행동으로 전환하는 성숙한 방어기제다. (예: 폭력적인 사람이 복싱 선수로 성공).

7 억압(repression)

불안, 욕망, 충동을 억눌러 무의식 속으로 몰아넣는 자아 방어수단이다. 도덕적이고 사회적으로 잘 적응된 생활을 가능하게 한다.

8 억제(suppression)

개인의 어떤 감정이나 충동을 의식적으로 눌러 버리는 것으로 성격 형성에 치명적이다.(예: 어두운 골목길을 걸을 때 휘파람을 분다)

9 치환(substitution)

개인의 원래 감정이나 욕구를 풀기 위해 다른 대상으로 대체하거나 전환하는 것, (예: 자식을 못 가진 사람이 애완동물에 집착)

▶ 성숙 수준
- 미성숙 방어 : 투사, 부정 등 –성숙 방어 : 억압, 승화 등
▶ 발달과정
- 전기: 투사, 퇴행, 역전 등 -후기: 억압, 승화 등

나. 상담목표와 기법

상담기법은 첫째, 무의식 속에 있는 억압된 감정이나 욕망을 발견하여, 대상자에게 신경 증세나 정신 장애나 질환 또는 성격장애를 일으키는 원인을 찾아내는 것이다.

둘째, 자아를 강화해 어떠한 환경의 도전이나 초자아의 명령이나 원본능의 욕구에도 흔들리지 않고 대처해 나갈 수 있게 하는 것이 상담의 목표가 된다.

(1) 최면술

최면은 심신이 고도로 이완된 집중상태, 몽롱한 상태(trance) 또는 무의식 상태를 말한다. 사람의 부적응 원인이 유아기 또는 과거의 무의식 속에 있다고 보고 이것을 끄집어내어 성격 및 습관의 변화와 성취욕, 희망 등을 갖게 하는 심리치료법이다.

(2) 자유연상

무의식 세계에 억압된 내용을 의식화시키는 것이다. 대상자가 안락의자에 누워 마음을 비우고 과거에 일어난 모든 사건을 회상하여 이야기하게 한다. 그 이야기 속에서 대상자의 심층적인 갈등이나 외상적 사건 등 무의식의 세계를 이해할 수 있는 단서를 발견한다. 그리고 그것을 대상자에게 설명해 줌으로써 무의식적 심리과정을 점차 이해할 수 있도록 도와준다.

(3) 꿈의 분석

수면 중에는 방어가 약화하여 억압된 욕망과 감정이 의식 표면에 떠오른다. 따라서 꿈은 무의식을 잘 나타내고 있다. 꿈을 분석할 때는 꿈의 내용 자체보다는 꿈과 관련된 상징적 의미와 동기의 갈등 등에 초점을 맞추게 된다. 꿈에 나타난 내용을 자유연상 하도록 유도함으로 잠재적 의식 내용에 쉽게 접근할 수 있다.

(4) 전이

대상자가 아동기 또는 과거의 억압된 감정(애착, 증오, 질투, 애정, 수치, 죄책감 등)을 상담자 또는 치유 동물에게 가지게 되는 것이다. 이러한 긍정적(애착, 애정), 또는 부정적(증오, 질

투)인 형태의 전이에 대하여 중립적이고 객관적이며 수동적인 자세를 취함으로써 대상자의 전이를 유도한다. 상담자의 해석으로 전이 감정이 해소되면 과거의 영향에서 벗어나 더욱 정서적으로 성숙한 인간이 될 수 있다(오성춘, 1985).

(5) 해석

상담자는 대상자가 자유연상이나 꿈, 실언, 환상, 저항, 방어기제 등과 같은 자신의 무의식 세계를 이야기할 때 그 속에 담긴 행동상의 의미를 지적하고 설명하는 기본적 절차이다. 해석을 통하여 대상자가 의식하지 못했던 점을 해석해 줌으로써 대상자는 자신의 문제에 대한 통찰력이 생기며 심리적 문제를 해결하는 데 도움이 된다.

1.2 인간중심 상담

인간중심 치료(person-centered therapy)은 칼 로저스(Carl Rogers)에 의해서 창시된 인본주의 이론으로 원래 비지시적 상담으로 불리면서 정신분석학적 접근에 대한 반동으로 발달하였다. 인간은 자기 운명의 주체이며 자유로운 존재로 자신의 결단과 책임을 지는 존재라고 강조한다.

그림 Ⅲ-4 로저스(Carl Rogers)미국의 심리학자

인간은 자아실현의 의지와 가능성을 갖고 있고 또한 선한 본성을 갖고 태어난다고 보았다. 인간중심 상담에서는 대상자에게 진행의 책임을 맡기고 그가 스스로 문제를 해결하도록 격려할 뿐이다. 상담자는 대상자를 인간적으로 존중하며, 대상자에 대해 상담자가 느끼는 감정과 생각을 솔직하게 나타내고, 대상자의 감정을 공감하고 반영해 준다.

로저스는 '인간에게는 스스로 자신의 길을 발견하고 성장해 나갈 수 있는 잠재능력이 있다'라고 보았다. 따라서 상담자의 역할은 대상자가 자신의 문제 해결 능력을 스스로 되찾고 해결해 가도록 지지하고 격려하는 것이다.

가. 특징과 주요 개념

(1) 자기 인식

인간 중심(인본주의) 접근은 자기를 바르게 깨닫는 것(self-awareness)이 우선 되어야 한다고 보는 견해이다. 인간에게는 자기를 깨닫는 능력이 있으며 새로운 운명을 창조해 나간다. 그러므로 인간은 자기 인식의 능력을 확장하여 더 깊이 깨닫고 더욱 빛나는 미래를 창조해 나갈 수 있다.

(2) 자유와 결단

인간은 자유를 가지고 자기의 미래를 선택하도록 태어났기 때문에 인간의 자유는 자기 스스로 부딪치는 삶의 상황을 결단하는 능력이다. 즉 자유는 모든 상황과 조건에 내면의 감정을 극복하고 바른 결단을 내릴 수 있는 능력을 의미한다. 따라서 인간이 자기를 바로 인식할 때 자유의 능력이 생긴다고 강조한다.

(3) 의미의 추구

인본주의적 접근에 따르면 인간은 의미를 상실할 때 정신병을 앓게 되며, 인간에게는 의미를 추구하는 본능이 있다고 한다. 특히, 프랭클(V. Frankle)의 의미요법은 대상자에게 새로운 의미를 발견하게 함으로써 대상자를 치유하려고 한다. 이 접근에 따르면 새로운 목적 부여, 새로운 인간관계 수립, 자기 인식의 확장 등 몇 가지 방법으로 대상자에게 의미를 발견하게 할 수 있다고 한다.

(4) 책임과 실존적 불안

인본주의적 접근은 진정한 인간이 되기 위해서는 스스로 자기 운명을 결단하는 책임을 져야 하며, 자기가 결단한 것은 그 결과가 어떠하든지 반드시 책임을 져야 한다고 믿는다. 인간은 스스로 운명을 결단해야 하고 자기가 결단한 것은 그 결과에 대하여 책임을 져야 하므로 불안하다. 그러므로 대상자는 모든 불안을 기꺼이 수용하고 자기 스스로 책임을 지고 극복하고자 노력할 때 인간 성장을 위한 자극제가 된다.

나. 상담목표와 기법

(1) 치료 목표

로저스(C. Rogers)는 대부분 사람은 "나는 누구인가?"라는 의문을 가지고 치료를 받으러 온다고 하였다. 치료자는 대상자가 충분히 극복할 수 있는 사람이 되도록 생산적인 분위기를 조성하는 것이 치료의 기본 목표가 된다.

치료자는 상호신뢰적인 분위기를 조성하여 대상자가 거리낌 없이 자기 자신을 공개하도록 함으로써 자신의 내면세계(감정, 욕망 및 가치판단 등)를 이해하고, 자신의 문제를 파악할 수 있도록 돕는다.

(2) 상담자의 역할과 태도

대상자가 자신의 문제 해결 능력을 스스로 되찾고 인간적인 성숙을 할 수 있도록 돕는 것이 상담자의 역할이다.

치료적 관계의 핵심 부분을 차지하는 것은 다음과 같은 치료자의 세 가지 인간적 특성과 태도이다.

1 공감적 이해

치료의 순간순간마다 드러나는 대상자의 경험과 감정을 상담자가 심리적으로 대상자의 입장이 되어 이해하려는 태도이다. 이는 상담자로서 갖추어야 할 가장 기본적인 대인 관계적 능력이다. 공감은 동정이나 동일시와는 구별되어야 한다.

2 무조건적 긍정적 관심과 배려

대상자를 인격적으로 존중하여 그의 감정, 사고, 행동을 평가하거나 판단하지 않고 있는 그대로 받아들이는 것을 말한다. 상담자가 이러한 태도를 마음과 행동으로 보여줄 때, 대상자는 자유롭게 자신의 감정을 경험하고 표현할 수 있게 된다.

3 진실성(솔직성)

상담자는 대상자와의 관계에서 느낀 감정을 긍정적이든 부정적이든 솔직하게 표현할 수 있어야 한다. 상담자가 자신의 부정적 감정을 표현할 뿐만 아니라 대상자가 표현하는 부정적 감정을 받아들일 수 있을 때, 대상자와의 솔직한 감정 교류가 가능하다.

(3) 상담의 진행 과정

1 초기 단계

상담자가 대상자를 있는 그대로 이해하고 수용할 때 대상자도 스스로 이해하고 수용하게 되면서 통찰력이 생기고 성격의 통합이 이루어진다.

2 중기 단계

대상자가 자신을 더 이해하고 수용하면서 긍정적인 행동을 하게 된다.

❸ 종결 단계

대상자가 부인하던 감정을 수용하고 현실을 왜곡하지 않고 그대로 받아들이며 문제를 해결해 간다. 그리고 욕구와 좌절에 대한 감정을 이해하고 통찰하는 단계이다.

1.3 행동주의 상담

행동주의 상담(behavioristic counseling) 이론은 스키너(B. F. Skinner), 왓슨(D. L Watson), 파블로프(I. P. Pavlov)가 대표적인 학자들이다. 그들은 인간이 환경조건에 의하여 완전히 지배를 받는다고 믿는다. 행동주의적 접근은 모든 행동은 배워서 습득되는 것이기 때문에 그 행동은 학습을 통해서 제거될 수도 있으며, 더 효과적인 행동을 습득시킬 수도 있다고 주장한다.

그림 Ⅲ-5 스키너 (1904-1990) 미국의 심리학자

인간은 본질적으로 그들의 사회 문화적 환경에 의해서 형성되고 결정되고 모든 행동은 학습된 것으로 현재의 행동을 강조한다. 겉으로 드러난 구체적 행동을 변화시키는 것이 행동주의의 특징이다.

행동주의의 상담은 부적응 행동을 학습을 통해 제거하고 바람직한 새로운 행동을 강화하는 데 있다

가. 특징과 주요 개념

행동주의적 접근은 환경을 조절하여 부적응의 행위를 제거하고 바람직한 행동을 습득하고 강화하여 유지하는 것이다.

그림 Ⅲ-6 파블로프(1849-1936)러시아 심리학자

(1) 고전적 조건화(classical conditioning)

이 방법은 러시아의 심리학자 파블로프(Ivan Petrovich Pavlov)의 연구에서 유래한 방법으로 무조건적인 자극과 조건적인 자극을 동시에 주어 원하는 행동을 습득시키는 방법이다. 체계적 둔감법,

혐오요법, 내파요법 또는 홍수요법, 적극성 훈련 등은 여기에 속한다.

(2) 조작적 조건화(opetant coditioning)

이 방법은 학습이론에 기초한 환경조절 방법으로 원하는 바로 그 행동이 일어났을 때 즉각적으로 보상하는 방법이다. 스키너(B. F. Skinner)는 강화의 원리들을 계발하여 행동수정에 활용한 선구자이다. 조작적 조건 형성에는 강화(정적과 부적 강화), 처벌, 소거 등 원하는 행동은 강화하고, 형벌의 사용으로 원치 않는 행동을 약화한다.

나. 상담목표와 기법

(1) 상담목표

새로운 학습 환경을 창조하여 대상자의 부적응 행동을 제거하고 효과적인 행동들을 습득시키는 것이다. 이때 구체적이고 명백하게 행동을 관찰할 수 있고 측정할 수 있는 구체적인 행동결과를 평가할 수 있는 목표를 설정한다.

행동주의적 접근은 상담의 실제를 중시하여, 인간의 구체적인 행동을 수정하여 사회규범에 적응시키고 개인의 삶을 개선하는 것이다.

행동수정은 객관적으로 관찰할 수 있고 측정 가능한 행동을 상담대상으로 삼기 때문에 상담의 효과, 진전 상태 등을 객관적으로 평가할 수 있다.

- 변화시킬 행동을 찾아내고 이를 행동 용어로 서술한다.
- 원하는 목표 행동의 최저 수용수준을 정한다.
- 목표 행동이 일어날 수 있도록 상황을 배열한다.
- 대상자에게 강화가 될 수 있는 자극과 사건들을 밝혀낸다.
- 원하는 목표 행동을 강화한다.
- 목표 행동으로의 변화를 기록하고 효과를 평가한다.

(2) 상담기법

행동주의적 접근은 관찰할 수 있으며 측정할 수 있는 구체적이고 실제적인 행동에만 관심을 둔다.

1 체계적 둔감법

이 기법은 우선 반려견에 대한 불안, 공포, 기피를 일으키는 자극을 행동적으로 분석하고 불안 상황의 위계를 작성한 후 이완 절차를 학습시키고 상상적인 장면을 통해 치료하는 방법이다.

가즈딘(A. E. Kazdin)은 체계적 둔감법은 동물, 죽음, 성관계 등에 대한 공포증을 없애는 데 아주 효과적이라고 주장하고 있다. 이것은 대인공포증, 시험공포, 백일몽, 신경성 식욕부진, 강박증, 충동증, 떨림, 우울증에도 효과적이다. 체계적 둔감화의 단계는 다음과 같다.

이완훈련 ⇨ 위계목록 작성 ⇨ 이완 상태+불안 경험 ⇨ 높은 상태로 훈련

예를 들어 반려견에 대한 기피나 공포증은 행동주의적 관점에서 볼 때 비정상적인 사고, 감정 및 행동의 장애가 학습된 결과라고 본다.

① 위계목록 작성

먼저 대상자가 과거에 실제로 경험했거나 상상할 수 있는 불안을 말하도록 한다. 불안의 가장 낮은 상황에서부터 가장 심한 불안을 일으키는 상황에 이르기까지 그 정도에 따라 불안 위계목록을 만든다.

표 III-2 위계 목록(예시)

단계	내 용	
	불안이나 공포	동물 기피, 혐오
1	작은 개가 꼬리를 치며 다가온다.	혼자 돌아다닌다.
2	작은 개가 멈춰서서 노려본다.	털이 지저분하다.
3	작은 개가 마구 달려든다.	더러운 것을 주워 먹는다.
4	큰 개가 쳐다본다. 힘센 것 같다.	달려들어 혀로 핥는다.
5	큰 개가 짖으며 달려온다.	병이 전염될 것 같다.
6	사료를 먹을 때 으르렁거린다.	똥과 오줌을 아무 데나 눈다.

② 불안 위계목록에 따라 근육 이완훈련을 한다.

근육 이완훈련은 모든 근육이 이완된 상태에서 불안을 일으키는 장면을 상상하게 한다. 불안을 일으키는 장면을 상상하게 할 때 훈련이 필요하다.

처음에는 불안이 가장 낮은 장면에서 가장 높은 장면까지 단계적으로 불안이 느껴지지 않을 때까지 훈련을 반복한다. 이때 중요한 것은 불안 장면에 대해 상세한 시나리오를 작성하고, 불

안 장면을 생생하게 상상하도록 한다.

《예시》

'큰 개가 짖으며 달려든다'라고 말할 때 개 짖는 소리를 들려준다.

이때 대상자가 심한 불안을 일으키면 상담자는 다시 이완 상태를 유도하여 불안을 느끼지 않을 때까지 이완시키는 것을 반복하여 불안 위계목록에서 가장 잦은 단계의 상황에서부터 가장 불안이 심한 장면을 상상할 때 불안을 느끼지 않도록 한다.

<근육 이완훈련 예시>

오른손을 앞으로 뻗은 다음 있는 힘을 다해 주먹을 쥐게 하고 한순간에 손가락과 팔에 힘을 빼서 무릎 위에 물건을 던지듯이 떨어뜨리도록 한다. 그 후 대상자가 자유자재로 근육의 긴장을 이완시킬 수 있을 때까지 훈련을 반복한다.

2 홍수요법(노출 치료)

홍수요법은 불안을 조성하는 원인을 계속하여 대상자에게 상상하도록 하여 대상자가 기대하던 두려운 결과가 일어나지 않는다는 사실을 알게 하는 방법이다. 대상자에게 불안을 조성하는 자극들을 계속해서 홍수처럼 퍼부어 대상자의 불안을 계속 유지하게 하면 결국 이를 극복할 수 있다는 것이다. 노출 시키는 방법으로 단계적 노출과 대량노출 방법이 있다.

단계적 노출은 강아지 공포증이 있는 어린이에게 멀리서부터 점차 가깝게 조금씩 노출을 증가시키는 것이며, 대량노출은 한꺼번에 가까이서 피할 수 없는 상황을 만들어 노출하는 방법이다. 대량노출은 부작용이 따를 수 있다.

3 모방 학습(modeling)

모방 학습은 반두라(A. Bandura)가 개발한 방법으로 다른 사람이 바람직한 행동을 하는 것을 관찰하게 하는 것으로 모델링(modeling)이라고도 한다.

우선 자신이 두려워하는 동물을 다른 사람이 자연스럽게 다루는 모습을 관찰함으로써 무섭지 않다는 것을 인식시키는 것으로 공포를 학습하는 것과 반대과정이다. 치유사가 환자와 동행하면서 배우도록 해 줄 수도 있다. 대개 정도가 약한 것부터 관찰하게 하면서 점차 강한 것으로 해나간다. 특히 치유사가 지켜보면서 지도하여 실제 생활에서의 문제점을 행동화해 나가는 방법이다.

4 적극성 훈련

이 훈련은 소극적이거나 지나치게 정중하여 분노나 감정을 표현이 서툴고 자기주장이나 거절을 못 하는 사람에게 실시하는 훈련방법이다. 이 방법은 역할극 절차를 사용한다. 예를 들면 직장에서 상관에게 적극적으로 자기표현을 못 한다면 상담자는 대상자 역할을 하고 대상자는 상관의 역할을 하는 역할극을 통하여 적극적으로 자기표현을 할 수 있게 하는 훈련방법이다.

5 혐오요법

이 방법은 알코올 중독, 마약 상습, 비만증, 강박관념, 충동, 성도착, 동성애, 성적 방종 등의 습관적 행동을 치유하는 데 유익하다. 이 방법은 원하는 행동이 나타날 때까지 고통스러운 자극을 주어 결국 그 행동을 혐오하게 만드는 방법이다. 예를 들면 알코올 중독자에게 술을 마실 때마다 강력한 구토제를 동시에 복용시켜, 술을 마시고 나면 심한 구토와 구역질을 하게 만든다. 그래서 결국 술병만 보면 기분 나빠지고 메스꺼워지게 만드는 방법이다.

그러나 이 방법은 부작용이 일어나기 쉽다. 그러므로 적극적인 재강화와 함께 사용하여 원치 않는 행동 제거를 위해 혐오요법을 쓰면서 동시에 바람직한 행동에 대하여 격려하고 재강화하면 효과가 극대화될 수 있다.

6 적극적 재강화

적극적 재강화는 계획적 조절방법으로 기대되는 행동이 일어나면 즉각적으로 재강화를 하여 기대하는 행동을 습관화시키는 방법이다. 이때 주의할 점은 다음과 같다.

· 기대하는 행동이 나올 때까지 기다린다.

· 기대되는 행동이 나타나면 즉각적으로 재강화한다.

이 방법은 기대되는 행동에까지 도달하게 하려는 방법으로, 제1차적 재강화로는 음식, 수면 등 생리적 욕구를 충족시켜 주는 강화, 제2차적 재강화는 미소, 인정, 칭찬이나 금색 별, 토큰 등을 주어 심리 사회적인 재강화 등을 모두 사용한다.

· 동물 공포증이 있는 어린이에게 강아지를 만지면 과자를 주고 강아지를 껴안으면 칭찬과 함께 쓰다듬어 준다.

7 단속적 재강화

이 방법은 적극적 재강화를 보완하는 방법으로 원하는 행동이 나올 때마다 재강화를 어떤 행동을 했을 때 틀림없이 재강화를 받게 될 것이라고 기대하고 있을 때 재강화를 주지 않고 있다가 이제는 재강화가 없으리라 생각하는 순간에 재강화를 하여 행동을 더욱 견고하게 정착시켜 주는 방법이다.

1.4 인지·정서·행동 치료

인지·정서·행동 치료(REBT, rational emotive behavior therapy)는 1950년대 엘리스(Albert Ellis)에 의하여 창안되었다. 이 이론은 인간의 인지, 정서, 행동이 상호 작용하는 과정에서 인지가 핵심이 되어 정서와 행동에 영향을 준다고 강조한다.

가. 특징과 주요 개념

이 이론은 인간의 부적응 행동 또는 이상 심리는 환경이나 무의식에 의해서 유발되는 것이 아니라 그 사람의 비합리적, 비현실적 사고나 신념에 의하여 생기므로 대상자의 신념체계를 바꿔 바람직한 행동 변화를 유도한다는 것이다.

그림 Ⅲ-7 엘리스(1913-2007) 미국의 심리학자

엘리스는 비합리적 생각(should, ought, must 등)이 부적절한 정서(우울, 불안, 적개심, 초조감, 무가치감 등)로 이어지고 결국 부적절한 행동으로 이어지므로 합리적인 생각을 하도록 하여 적절한 정서(행복, 기쁨 등)와 행동으로 이어지게 하는 것이 핵심적 과제라고 강조한다. 즉, 대상자의 사고 과정을 수정·변화시킴으로써 정서적 장애 및 행동적 장애를 극복하게 하려는 상담이다.

나. 상담목표와 기법

(1) 상담목표

정서장애는 왜곡된 인지, 지각 때문이라고 보고 이 잘못된 인지 및 지각을 바로 잡는 것이 상담의 목적이다.

자기 파괴적이고 비합리적인 신념을 줄이고 현실적이며 이성적이고 생산적인 합리적 삶을 살아가게 도와주는 것이다.

(2) 상담자의 역할

상담자는 대상자에게 지시적이고 적극적이어야 한다. 또한, 개방적이고 적절한 유머를 곁들이는 것이 좋으며 회기 중에 많은 숙제(책 읽기 등)를 주기도 한다. 대상자는 자신의 잘못된 사고 과정 또는 인지 과정을 재구성하도록 하여 문제에 대한 통찰력을 얻고, 패배적인 행동을 변화시키는데 능동적으로 행동해야 한다.

(3) 치료 절차

부적절한 정서, 행동적 결과 탐색 ⇨ 상담목표 설정 ⇨ 선행 행동 또는 사건 탐색 ⇨ 정서적, 행동적 결과와 사고 간의 관계 교육 ⇨ 비합리적인 사고, 신념체계 탐색 ⇨ 탐색 된 신념체계를 논박 ⇨ 적절한 정서, 행동

더 알아보기 : 비합리적인 사고와 신념체계

- 당위성: 자주 생각하는 경직된 당위적 생각, 꼭 해야 한다는 강요나 요구하는 생각
- 과장성: 하지 않으면 끔찍하다, 되지 않으면 큰일이다. 등의 사고
- 자기비하: 특정한 행동에 대해 자신을 비하적으로 평가하는 지나친 왜곡된 표현
- 낮은 인내심: 개인이 일상생활에서 쉽게 용납하거나 참기 어려운 불만족한 경우

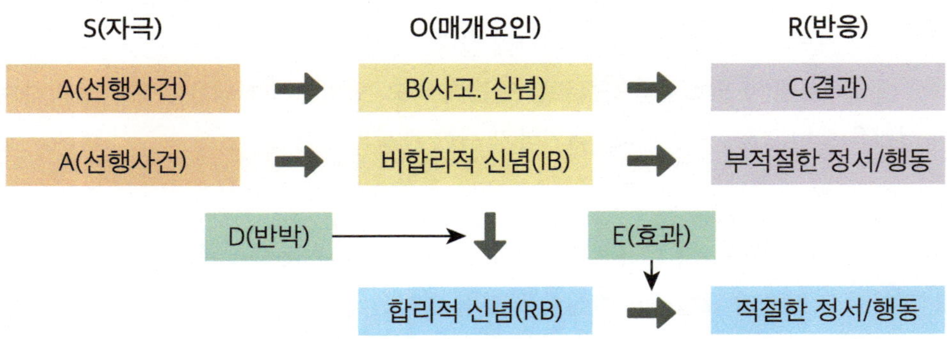

그림 Ⅲ-8 ABCDE이론

RB : 이성적, 현실적, 합리적 신념(Rational Beliefs)

IB : 부적절하고 비이성적이며 비현실적인 비합리적 신념(Irrational Beliefs)

더 알아보기 : ABCDE 이론(예시)

- A(action, 선행사건) : 고등학교 2학년으로 음주 및 폭행 사건으로 퇴학을 당했다.
- B(beliefts, 비합리적 신념체계): 한 번의 실수로 학교를 퇴학당했다. 너무나 부끄럽다. 이젠 아무것도 할 수 없는 인간이 되었다.
- C(consequence, 결과): 극심한 우울증, 무기력증
- D(dispute, 반박) : -한 번의 실수로 퇴학당한 것이 그렇게 부끄러운 것인가? -학교에 다니지 않으면 아무것도 할 수 없단 말인가?
- E(effect, 효과, 정서적 결과): 퇴학당한 사실은 부끄럽고 한심한 것은 사실이지만 그렇다고 그렇다고 인생을 포기할 수 없다. 검정고시를 준비해야겠다.

(4) 상담기법

1 인지적 기법

대상자에게 나타나는 문제는 어떤 사건이나 상황에 의한 것이 아니고 자신의 비합리적 신념 때문에 정서적 장애가 야기되는 것임을 깨닫게 한다.

따라서 대상자에게 자신의 문제 목록표를 만들게 하고, 당위론적 신념을 밝히며 논박하며 비합리적 신념을 줄이고 합리적 사고로 대치하기 위한 과제를 부여한다.

2 정서적 기법

이 기법은 자신의 정서를 정확하게 인식하고 변화시키는 데 초점을 둔 기법이다. 대상자가 자신을 정서를 정직하게 표현하고 자신의 부정적 경험을 할 때 그것을 이해하고 받아들일 수 있도록 도와줌으로써 자기 효능감을 향상시키고 긍정적인 정서를 강화할 수 있도록 한다.

3 행동적 기법

이 기법은 다양한 행동기법을 활용하여 개인의 비생산적이거나 부정적인 행동 패턴을 수정하고 실제 생활 속에서 인지적, 행동적 과제를 이행하도록 하여 구체적이고 확고한 행동을 형성하도록 한다.

이 상담기법은 학교 상담, 직장상담, 사회상담에서 개인, 집단상담 또는 정서장애, 이상행동, 비합리적 사고, 의사결정, 문제 해결 등 여러 문제와 문제의 심도와 관계없이 널리 활용되고 있다.

그러나 이성적이거나 논리적으로 구성될 수 있는 사고나 문제 외에는 치료하기가 어렵다.

또한, 익숙하지 못하거나 잘 훈련되지 않은 상담자는 왜곡되거나 잘못 상담할 수도 있다는 단점이 있다.

1.5 게슈탈트 상담

게슈탈트 상담(gestalt counseling)은 형태주의 상담이라고 하며 프리츠 펄스(Fritz Perls)에 의해서 창안·발전하였다. 게슈탈트란 용어는 독일어로 '전체' 또는 '형태'를 의미한다.

가. 특징과 주요 개념

이 상담방법은 상담자가 대상자에게 '여기-지금(here and now)'을 완전히 경험할 수 있도록 대상자를 돕는 상담 치료방법이다.

그림 Ⅲ-9 펄스(1893-1970)독일의 심리학자

게슈탈트 상담에서는 인간을 전체적이고 현재 중심적이며, 선택의 자유에 의하여 잠재력을 각성할 수 있는 존재로 본다.

형태주의 상담은 대면적이고 능동적인 접근방식으로 대상자 스스로가 자신의 의미를 발견하고 그에 대한 자신의 해석을 하도록 한다. 또한, 직접적인 접촉과 감정의 표현을 강조하며 추상적인 것을 강조하지 않는다. 비언어적인 몸짓에 의한 메시지에 유의한다.

나. 상담목표와 기법

(1) 상담의 목표

게슈탈트 상담이론의 상담목표는 증상의 완화보다는 개인적인 성장에 있다. 상담자는 대상자가 자신의 감정·경험·행동에 대하여 더 많이 알아차리고 수용하도록 하며, 그것을 받아들이고 책임을 지도록 돕는다.

게슈탈트 상담은 대상자가 소유하고 있지 않은 모든 다른 신체의 부분을 함께 모아서 자신이 규제하고 있음을 인식함으로써 개인의 통합을 가져오는 것이다. 따라서 대상자를 각성하게 하여 언제나 현재를 중심으로 여기-지금의 삶을 살아가도록 돕는 데 있다.

(2) 치료 기법

치료 기법은 대면적이고 능동적인 접근방식으로 대상자 스스로가 자신의 의미를 발견하고 그에 대한 자신의 해석을 하도록 한다.

1 지금-여기(here-now) 경험하기

지금 여기에서 체험되는 욕구와 감정을 대상자가 자각하여 그로 인한 미해결 과제를 전경으로 떠올려 해소하려는 방법이다.

2 언어 자각

이 방법은 의문문을 서술문으로 바꾸어 말하도록 하기와 대상자의 언어 형태를 '너, 당신'을 '나'로 바꾸어 표현하게 하는 것이다(I message).

'나는 ~~를 원한다.'

이렇게 함으로써 스스로 책임을 느끼게 한다. 또한, 대상자의 추상적 언어를 구체적으로 표현할 수 있도록 유도하기도 한다.

3 책임 자각

대부분 대상자의 문제는 과거가 아니라 현재 자신의 책임을 회피하려는 데 있다. 스스로 결정하고 선택하며, 그에 대한 책임을 자신이 느낄 수 있도록 하는 것이 중요하다.

4 양극성의 통합

사람은 누구나 대조적인 성향을 가지고 있다. 이러한 양극성을 소외시키지 않고 잘 개발하여 서로 소통하여 경계를 없애고 통합시키는 방법이다. 양극성의 한쪽만 발달한 경우는 대부분 발달시키지 못한 측면이 성장하는 것을 회피하기 위하여 그 반대 측면으로 투사하여 나타내는 것일 수 있다. 이들을 자연스럽게 연결해 통합하는 것이 목적이다.

5 과장하기

이 방법은 행동이나 언어적인 표현을 더욱 과장하여 표현하도록 하는 방법이다. 예를 들면 과격한 행동을 하는 사람은 더욱더 과격하게 행동하도록 하고, 수줍어 말을 작게 하는 사람은 더욱더 말을 작게 하도록 하여 자기 스스로 깨닫고 수정하는 방법이다.

6 빈 의자 기법

대상자를 빈 의자에 앉아 있는 것처럼 묘사하고 다른 사람에게 행동할 기회를 준다. 이 역할극은 대상자에게 알지 못했거나 부정해온 자신들의 부분과 접촉할 기회를 준다. 이 방법은 대상자의 상황이 갈등상태에 놓여 있을 때 사용될 수 있다.

7 반대로 하기

대상자가 회피하고 있는 행동과 감정들을 만나게 해 줌으로써 스스로 차단하고 있는 자신의 성장에너지를 접촉하게 해주는 방법이다. 대상자의 억압된 반대의 표현이나 행동을 해 보도록 요구함으로써 억압하고 통제해온 자신의 다른 측면을 접촉하고 통합할 수 있게 도와준다.

8 자신 부분과의 대화

대상자가 인격의 내적 부분끼리 분열되는 경우, 분열된 부분을 서로 대화하도록 하여 경계를 허물고 통합하는 방법이다. 내적인 대화를 외적인 대화로 끄집어내는 방법으로 빈 의자 기법을 많이 사용한다.

빈 의자 기법은 상전과 하인, 공격성-수동성, 남성성-여성성, 상체와 하체, 왼손과 오른손 등의 신체적 부분끼리의 대화도 진행한다.

9 느낌 머물기

대상자는 일반적으로 고통스러운 감정뿐만 아니라 좋은 감정에 대해서도 중단시키는 경향이 있는데 그 고통의 감정을 차단하지 않고 그대로 놔두면 자연스럽게 해소되어 새로운 감정으로 연결된다.

과제 해결 후 다음 게슈탈트를 형성하기까지는 공백이 필요하다. 공백의 상태는 좀 더 나은 상황으로 가기 위한 여유이므로 공백 상태에 집중할 수 있도록 한다. 명상법이나 자율훈련 등의 방법을 사용한다.

10 꿈의 해석

대상자가 간밤의 꾼 꿈 이야기를 현재의 시제로 이야기하도록 하여 현재의 삶을 이해하고 과거 경험에 투사하여 흩어진 부분을 통합함으로써 자기를 이해하도록 한다.

11 실험

게슈탈트 치료의 핵심적인 기법으로 상담자가 대상자의 문제를 명료화하여 자각을 증진하고 또한 치료 작업을 원활하게 하려면 대상자에게 특정한 장면을 연출하거나 시행해 보도록 한다.

더 알아보기 : 게슈탈트 상담의 4단계

(1) 안내 단계: 치유동물을 소개하여 접하도록 하고 치료 효과를 설명한다.
(2) 생산 단계: 치유동물과 친밀한 관계를 유지하여 창의적인 활동을 하도록 한다.
(3) 통합 단계: 치유동물과의 교감 활동과정에서 체득한 경험을 통합한다.
- 치유동물과 어떤 교감 활동을 체험했는가?
- 체험 활동 전후의 감정과 욕구의 변화를 자각해보라.
- 여기서 체험한 것이 현재 자신의 삶과 관련이 있는가?

치유사는 일방적으로 해석하지 말고 대상자가 활동과정에서 일어난 심리 역동을 자각하게 하고 동물과의 교류 메시지를 분석하게 할 수 있다.

(4) 전환 단계: 새로운 인식을 행동으로 실천하게 한다. 생산 단계를 거친 후에 체험을 통합하고, 새로운 방향을 모색하는 것은 치료에서 필요한 부분이다.

1.6 현실요법 상담

현실요법(reality therapy)은 1964년 미국의 윌리엄 글래서(William Glasser)가 창안한 상담 기법이다. 현실요법은 과거의 경험을 중시하는 전통적인 상담 치료와 달리 현재와 미래를 중시하며, 전이 및 역전이의 필요성을 인정하지 않는다. 대상자의 현재 행동에 초점을 두어 자신을 정확히 발견하고 현실을 직면하여 성공정체감을 느끼도록 도와주는 치료방법으로 특히 비행 청소년 집단의 상담에 매우 효과적이다.

그림 Ⅲ-10 글래서(1925-2013) 미국의 임상 심리학자

가. 특징과 주요 개념

인간은 누구나 궁극적으로 자신의 좋은 세계(quality world)를 추구하기 위해 최선을 다하고 자기 삶에 책임을 갖는다고 전제한다. 진정한 의미에서의 패배적 정체감이나 실패라는 개념은 없다. 글래서는 누구든지 선택이론과 현실요법을 이해함으로써 의식이 있고 책임지는 인간이 될 수 있고 자기 운명의 주인이 되며 자기 삶을 바꿀 힘을 갖게 된다고 강조한다.

(1) 특징

현실요법에서는 과거를 중시하는 전통적인 상담 치료방법과는 다르게 대상자의 행동과 '지금 그리고 책임'을 강조한다. 대상자가 스스로 자신의 행동을 변화시키는 것이 바람직하고 가능하다는 것을 인식하기 시작하면 상담자는 대상자가 효율적인 행동을 계획하고 실천하도록 도와준다.

- 대상자가 정신 질환을 앓고 있다는 것을 인정하지 않는다.
- 대상자의 과거가 아닌 현재에 초점을 둔다.
- 상담자는 따뜻한 인간적인 위치에서 대상자와 친밀한 관계를 맺는다.
- 상담자는 무의식적인 갈등이나 그 원인을 중요하게 여기지 않는다.
- 행동의 도덕성과 책임성을 강조한다.
- 적절한 개입과 더 나은 행동을 가르침으로 대상자는 더 나아질 수 있다.

(2) 주요 개념

1 인간의 기본 욕구와 선택이론

인간의 모든 행동은 자신의 욕구를 채우기 위해 최선의 선택으로 나타나는 행위이다. 선택이론은 모든 생명체가 왜, 그리고 어떻게 행동하는가 하는 것에 관해 설명한다. 우리는 생존 및 생식, 소속, 힘, 자유 그리고 즐거움이라는 인간의 다섯 가지 기본욕구를 충족시키기 위해 행동한다. 우리의 모든 행동은 이 다섯 가지 욕구 중에서 하나 또는 그 이상의 욕구를 충족시키려는 시도라고 보는 것이다.

① 생존 및 생식(survice & reproduce)에 대한 욕구: 살고자 하고 생식을 통한 자기 확장을 하고자 하는 속성을 뜻한다.
② 소속(belong)의 욕구: 사랑하고, 나누고, 협력하고자 하는 인간의 속성을 말한다.
③ 힘(power)에 대한 욕구: 경쟁하여 성취하는 존재가 되고 싶어 하는 속성을 의미한다.
④ 자유(freedom)에 대한 욕구: 이동, 선택 등을 마음대로 하고 싶어 하는 속성이다.
⑤ 즐거움(fun)에 대한 욕구: 새로운 것을 배우고 즐기고자 하는 속성을 말한다.

우리는 이 다섯 가지의 기본욕구(생존, 소속, 성취, 자유, 재미)를 가지고 태어났으며 욕구의 강도는 일생 변하지 않는다. 모든 행동은 목적이 있으며 언제나 우리는 우리 욕구를 채울 수 있는 바람(욕구)을 현실에서 찾으려고 행동하며 행동을 바꾸면 바람이나 지각도 바뀔 수 있다.

2 전행동(전체 행동)

전체 행동(total behavior)은 자동차의 바퀴와 비유될 수 있다. 앞바퀴에 해당하는 활동하기, 생각하기와 뒷바퀴에 해당하는 느끼기, 신체 반응 등의 네 가지 요소들이 모여 하나의 행동(total behavior)으로 나타나기 때문에 모든 행동에는 이 네 요소가 반드시 포함되어 있다고 본다.

① 모든 행동에는 네 가지 요소가 있다.
② 자동차의 방향을 바꾸는 핸들은 당신이 조정한다.
③ 방향을 바꾸려면 앞바퀴인 생각하기와 활동하기를 바꾸어야 한다.
④ 뒷바퀴는 자동으로 앞바퀴를 따라가게 된다.

▶ **앞바퀴 : 생각하기(사고), 행동하기(활동)**
▶ **뒷바퀴 : 느끼기(감정), 반응하기(신체 현상)**

인간은 그들이 원하는 것을 얻고 싶어질 때 전 행동(활동하기, 생각하기, 느끼기, 신체 반응)을 통해 자신이 원하는 것을 얻으려고 노력한다.

나. 상담목표와 기법

(1) 상담의 목표

현실요법은 현재에 초점을 두고 책임질 수 있는 행동을 하도록 성숙한 인간으로 사는 삶을 영위할 수 있도록 하는 데에 목표를 둔다.

이때 상담자는 안내자의 역할을 통해 내담자 스스로가 자신의 행동을 현실적으로 평가하도록 하며, 행동적 대안을 제공하고, 내담자가 원하는 것을 얻도록 길을 안내한다.

(2) 상담기법

현실요법의 상담 과정은 먼저 상담자는 대상자와 신뢰 관계(래포, rapport)를 형성하여야 한다. 우볼딩(R. E. Wubbolding)이 주장한 WDEP 체계를 바탕으로 4단계로 진행된다.

1 W(want, 욕구, 바램, 지각 탐색하기)

대상자가 진정으로 원하는 것이 무엇이며 이것을 이루는 것이 어떤 의미인지를 탐색한다.

"당신이 원하는 것은 무엇입니까?"

"당신이 바라는 사람은 어떤 종류의 사람입니까?"

"당신이 원하는 데로 산다면 당신은 무엇을 할 것입니까?"

"진정으로 당신의 삶이 변화하기를 원합니까?"

2 D(directing & doing, 방향과 행동 탐색하기)

상담 초기 과정에서 대상자가 욕구(자유, 존경, 즐거움, 성취, 사랑 등)를 얻기 위해 어떤 행동을 하고 있으며 그러한 행동이 얼마나 효율적인지에 대하여 질문하고 스스로 파악하도록 한다.

"현재의 선택들은 당신을 어디로 끌고 가고 있습니까?"

"당신이 한 달 혹은 2년 후에 있기를 원하는 방향으로 가고 있습니까?"

3 E(evaluate, 평가하기)

현실요법 이론에서 가장 핵심적인 요소로 자신의 행동이 얼마나 효율적인지 스스로 평가하고 자신이 원하는 것(욕구)을 위해 자신이 올바르고 바람직한 행동을 선택하고 있는지 평가하는 단계이다. 이 단계에서 상담자는 언어충격, 맞닥뜨리기 등의 기법을 사용하여 직면시킬 수 있다. 이것은 충분한 신뢰 관계가 형성되었을 때 사용하는 것이 바람직하다.

"당신의 행동은 당신이 원하는 것을 얻는 데 도움이 되고 있습니까?"

"당신이 하는 행동이 원칙에 어긋나지 않습니까?"

4 P(plannig & commitment, 계획과 실천하기)

자신의 행동이 욕구를 얻는 데 필요한 구체적인 계획하고 그것을 실천하겠다는 내용을 서약하는 것이다. 숙제를 통해 상담자가 확인하여야 하며 이를 실천하지 못했을 때는 처벌을 하지 않되, 변명을 허용해서는 안 된다. 자신이 스스로 자신의 욕구를 충족시킬 방법을 찾도록 돕는다.

좋은 계획은 $SAMI^2C^3$로도 표현한다. 즉 단순(simple)하고, 성취(attainable) 가능하고, 측정(measurable)가능하고, 즉시적(immediate)이며, 참여(involved)하고, 통제(controlled)되고, 다짐(committed)되고, 지속(continuously)되어야 한다.

읽을거리 : 사람 팔자 마음먹기 달렸다. -빅터 플랭클의 의미요법-

제2차 세계대전 당시 독일의 아우슈비츠 강제수용소에서는 많은 유대인이 고문과 학대로 죽어갔다. 대부분 사람은 이 끔찍한 고통을 겪느니 차라리 죽는 게 낫다며 스스로 삶을 포기했기 때문에 스스로 죽어갔다.

그림 Ⅲ-11 아우슈비츠 강제수용소

강제수용소에서의 삶은 자유를 빼앗기고 고통과 시련의 시간이었다. 이런 시련 속에서도 살아야 할 가치와 의미를 발견한 이들 중 한 명이 빅터 플랭클((Viktor Frankl)이다.

그의 사고방식은 남달랐다. 그는 어떻게든 반드시 살아남아 사랑하는 가족을 만나 행복하게 살겠다는 강렬한 삶의 의지가 있었기 때문에 살아났다. 그는 3년 동안 수용소에서의 경험을 바탕으로 참담한 상황 속에서도 삶의 의미를 갖는다면 무엇이든지 극복할 수 있다는 의미요법(logotherapy)을 개척하였다.

우리 삶에는 끝없는 시련과 어려움이 다가온다. 이런 삶을 딛고 일어서 앞으로 나아가게 만드는 힘은 자신이 '왜' 살아야 하는지, 그 의미를 가슴에 품고 있다면 '어떤' 상황도 견딜 수 있다는 것이다. 우리나라 속담에 '사람 팔자 마음먹기 달렸다'는 말이 있다.

02 상담의 기본과 윤리

학습 목표

- ✔ 심리 상담의 원칙과 기본을 말할 수 있다.
- ✔ 심리 상담의 윤리를 실천할 수 있다.
- ✔ 동물치유사에 적합한 복장을 착용할 수 있다.

2.1 심리상담의 원리와 기법

가. 상담의 7대 원리

상담이란 훈련된 상담사 또는 치유사가 개인이나 집단의 개인적, 정서적, 심리적 또는 사회적 대인관계 문제를 탐색하고 해결하도록 돕는 전문적인 치료과정이다. 따라서 대상자가 효과적이고 윤리적인 도움을 받을 수 있도록 일련의 기본 원칙과 윤리적 기준에 따라 진행되어야 한다.

전문적 소양을 갖춘 치유사가 상담을 전개할 때는 일정한 원리에 바탕을 두고 시작하는 것이 좋다. 상담의 7대 기본원리를 요약해 보면 다음과 같다.

(1) 개별화의 원리

대상자 맞춤형 상담이어야 한다.

대상자는 모두 다르다. 대상자마다 독특한 성질과 능력, 성격을 가진 다양한 존재이므로 편견과 선입관을 갖지 않아야 하며 대상자의 개성과 개인차를 인정하고 가장 적합한 상담의 이론이나 방법을 적용해야 한다.

(2) 의도적 감정표현의 원리

최대한 자기감정을 표출하게 한다.

대상자의 기대와 욕구는 무엇일까? 치유사는 대상자가 자기의 감정, 특히 부정적인 면을 자유롭게 표현할 수 있도록 도와줘야 한다. 따라서 온화한 분위기를 조성해 주고 안도감과 신뢰감을 먼저 심어주어야 한다.

(3) 통제된 정서적 관여의 원리

공감의 한계를 분명히 한다.

치유사는 대상자의 정서변화에 민감하게 반응하여 이해하고 적절한 대응책을 갖추어야 한다. 가장 중요한 것은 치유사와 대상자의 '공감'이다. 치유사는 대상자의 감정에 호응하기 위해 정서적인 관여를 하면서 동시에 자신의 감정 상태를 통제할 수 있어야 한다.

(4) 수용의 원리

있는 그대로를 받아들인다.

대상자를 하나의 인격체로 존중해 주어야 하며 현재의 결심, 태도, 노력 등을 있는 그대로 받아들여 과거의 잘못된 행동과 실패를 연관시키지 않는 것이다. 이는 치유사의 따뜻하고 온화한 말과 행동을 통해 나타난다. 그러나 비정상적이거나 부정적인 측면을 용서하거나 인정하라는 것은 아니다.

(5) 비판단적 태도의 원리

잘잘못을 판단하지 않는다.

상담 과정에서 대상자가 이야기하는 문제의 발생 원인에 대해 잘못이 있는가? 없는가? 혹은 그에게 어느 정도의 책임이 있는가를 따지지 말라는 것이다. 이것은 치유사와 대상자의 관계 형성을 방해하기 때문이다. 따라서 대상자에 대한 선입견을 버리고 객관적으로 바라보는 태도를 보여야 한다.

(6) 자기 결정의 원리

모든 결정은 본인이 하도록 한다.

상담에 있어서 문제를 해결하거나 앞으로의 행동을 최종적으로 판단하고 결정하는 것은 대상자의 몫임을 분명히 하고 스스로 결정하도록 도와줘야 한다. 이를 위해 대상자에게 필요한 법률, 제도, 사회보장, 각종 보호 시설 등을 안내하고 바람직한 자기 결정을 할 수 있도록 도와야 한다.

(7) 비밀 보장의 원리

비밀 보장은 상담의 가장 기본이다.

비밀 보장은 대상자와 관련된 모든 개인 정보를 보전하는 것으로 절대적으로 보장되어야 한다. 상담자는 대상자의 허락을 받기 전에는 절대 외부에 노출해서는 안 된다. 이것이 지켜지지 않는다면 치유사와 대상자의 신뢰 관계는 성립할 수가 없다. 그러나 자살, 성폭행 등 절박하고 긴박한 상황에서는 관계기관에 통보하여 도움을 요청할 수도 있다.

나. 상담의 핵심기법

긍정적인 치유 효과를 나타내기 위해서는 치유사는 여러 가지 상담기술을 익힐 필요가 있다. 기본적이고 구체적인 여러 가지 상담기술을 익혀 이것들을 치유 현장에서 자연스럽게 활용해야 한다.

동물교감 치유에서 동물과 대상자의 행동과 표현, 그리고 상호작용과 반응은 대상자의 정서상태, 태도, 사회적 관계 형성 등 매우 유용한 정보를 제공해 준다. 상담면접에 필요한 기본적인 상담의 핵심기법을 살펴보면 다음과 같다.

(1) 무조건적, 긍정적 존중

치유사는 대상자를 있는 그대로 수용하여 그를 소중히 여기고 존중하는 가치 태도를 말한다. 이런 경험을 통해서 대상자는 자신이 수용되고 소중히 여겨질 때 자신의 경직되고 왜곡된 자아 개념을 수정하고 현실적인 경험에 토대로 성장발달이 이루어진다.

(2) 경청

대상자의 이야기에 주의를 집중하고 수용하고 있다는 것을 보여주는 기법이다. 치유사는 대상자의 의견에 동의하지 않을 수 있지만, 대상자를 하나의 인격체로 존중하고 관심을 기울이고 수용해야 한다. 대상자가 음성언어로 표현하는 말뿐만 아니라 비 음성언어 즉, 몸의 자세, 손발의 동작, 표정, 목소리, 눈빛과 복장 등의 표현하는 것까지 듣는 기술이다(SOLER).

- S : 대상자를 바로(squarely) 바라본다.
- O : 개방적인(open) 자세를 취한다.
- L : 이따금 상대방 쪽으로 몸을 기울인다(leaning).
- E : 좋은 시선의 접촉(eye contact)을 유지한다.
- R : 편안하고(relaxed) 자연스러운 자세를 취한다.

비언어적 메시지의 유형은 자세, 몸의 움직임, 제스처와 같은 신체적 행동, 미소를 짓거나 미간을 찌푸리거나, 눈썹을 치켜세우거나, 입술을 삐죽거리는 등의 표정, 목소리의 톤, 음률의 고저, 어조, 강약, 억양, 단어 띄우기, 강조, 쉼, 침묵, 말의 유창함과 같은 음성 등이 있다.

공감적 경청은 대상자가 경험하고 있는 정서를 치유사가 함께 느끼는 경청이다. 한편 냉철한 경청이란 대상자의 경험, 행동 정서에는 왜곡되고 잘못 이해하고 있는 부분이 무엇인지, 왜곡, 부조화를 탐지하는 것이다. 치유사가 이해한 내용을 치유사 자신의 말과 행동으로 되돌려주는 것이다.

"____을 하지도 않았는데 ____로부터 비난을 받는다는 것에 몹시 화가 났구나?"

(3) 공감(empathy)

공감이란 치유사가 대상자의 관점에서 직접 경험하지 않고도 감정을 거의 같은 내용과 수준으로 이해하는 것이다. 가장 깊은 수준의 공감적 이해는 대상자의 표면적인 감정뿐 아니라 내면적 감정에 대해서도 정확하게 반응하는 것이다.

"학생은 그 남자친구가 힘이 세고 난폭했기 때문에 반항하지 못하고 당했다는 사실에 몹시 화가 나고 괴로워하고 있군요?"

대상자는 자신이 이해받고 있다는 것을 인식하면 치유사를 보다 신뢰하고 자신을 드러내 보이게 된다.

촉진적 관계를 위한 공감에는 정서적이고 경험적인 의사소통의 흐름이 내포되어 있어야 한다. 공감의 단계는 다음과 같다.

- 1단계: 적극적으로 대상자에게 주의를 기울이는 단계이다.
- 2단계: 대상자의 행동이나 언어를 거울에 비치듯 그대로 따라 한다.

- 3단계: 치유사가 느낀 공감을 여러 가지 방법으로 표현한다.
- 4단계: 치유사의 표현된 공감을 대상자가 지각하는 단계이다.
- 5단계: 공감이 대상자에게 지각되면 대상자는 치유사에게 피드백을 주면서 지속해서 자기 표현을 하게 되는 공감의 과정이 순환적으로 계속된다.

"~구나" 대화법

대상자: 그 친구는 힘이 세고 난폭하여 나를 때리고 괴롭혀도 어쩔 수 없습니다.

~ 하기 때문에	~ 하게 느끼는구나.
특정 감정을 느끼게 한 정확한 경험과 행동을 지적한다.	대상자가 드러낸 정확한 정서를 가리킨다.
치유사: 그 친구가 힘이 세고 난폭 <u>하기 때문에</u>	대항할 수 없었다는 사실에 <u>몹시 화가 났구나.</u>

(4) 일관된 진실성

'나는 겉과 속이 다른 인간인가? 아니면 같은 인간인가?' 에 대한 물음이다. 치유사는 언어나 표정, 태도가 표면에 나타나는 것과 마음속에 느끼고 있는 것이 일치해야 한다는 것이다. 이와 같은 치유사의 진실한 태도는 대상자와 더불어 순수한 인간 대 인간의 만남을 가능케 하고 대상자의 개방적인 자기 탐색을 촉진하고 격려하게 된다.

다. 상담의 대화 기법

(1) 격려하기

간단한 응용이나 격려는 대상자가 말을 마친 뒤에 곧바로 이어지면 대상자는 자기의 문제를 좀 더 깊은 수준까지 더 설명하는 방향으로 유도되는 것이다.

- "아 그래? " 그래서?" "그런 다음엔?" 등으로 유도한다.
- 대상자가 하는 말 중에서 중심이 되는 단어 한두 마디를 반복한다.
- "그 싸움의 상황을 좀 더 이야기해 볼까?" 등으로 유도한다.

(2) 구조화하기

구조화는 치유사와 대상자의 관계와 역할, 대상자의 권리, 상담실제 그리고 상담윤리 등에 관한 정보를 치유사가 주도적으로 대상자에게 알려 주는 활동이 구조화이다. 즉 대상자에게 상담의 방향이나 전체적 형태를 제공하는 것이다. 예를 들면 시간, 행동, 역할, 상담횟수, 상담료 등의 제한범위를 분명히 함으로써 효과적인 상담을 수행하는 방법으로 첫 회 상담에서 필수적인 요소이다.

(3) 명료화하기

대상자의 말 중에 애매하거나 혼란스러운 내용을 보다 분명하고 구체적인 용어를 사용하여 명확하게 해 주는 기술이다.

대상자나 치유사가 진행하는 내용을 분명하게 알 수 없을 때, 애매하고 불완전하거나 혼돈을 주거나 모순되거나 잘 들리지 않을 때 이를 분명하게 하기 위한 반응으로 그에 대해 치유사가 더욱 정확한 설명을 해 주는 반응이다.

"____은 어떤 뜻입니까? / ____은 ____라는 말씀입니까?"

"_____에 대해 자세히 말해 줄 수 있나요?"

"태어나지 않았어야 했다는 말은 부모님이 네 마음을 몰라준다는 말이니?"

(4) 해석(재구조화하기)

대상자가 명확하게 의식하지 못하는 것에 대하여 대상자가 생각하는 것과 다른 각도에서 행동과 생각을 파악하도록 돕는 기술이다. 해석은 흔히 행동과 감정에 관한 새로운 의미나 이유를 제시한다는 것이다. 치유사의 이러한 반응은 대상자에게 사물을 새로운 방향에서 보게끔 도움을 준다. 또한, 자신의 감정을 확인하고 경험하게 하며 자신의 행위에 대한 책임을 지도록 한다. 해석은 공손하고 조심스러운 태도로 전달하고 평가나 비판하지 않아야 한다.

"부모님은 장차 훌륭한 사람이 되기를 바라는 마음에서 때로는 네가 싫어하는 말씀도 하시는 거란다. 그러나 그렇게 말을 하는 네 마음도 조금은 이해할 수 있단다."

(5) 직면

대상자가 생각하거나 느끼는 것이 말하는 것과 다를 때, 말하는 것이 행동하는 것과 다를 때 그 차이점을 설명해 주는 기술이다. 즉, 상대방에게서 보고 느낀 점 중에서 어떤 모순점이나 의혹이 있을 때 그것을 되물어 주는 것이다.

① 대상자의 견해가 치유사의 측면에서 볼 때 서로 다르게 해설될 때

② 대상자의 견해가 현실의 상황과 서로 다를 때 사용될 수 있다.

"혹시 그 친구의 가족이 이사해서 아예 눈에 안 보였으면 하는 생각이 마음 한구석에 있는 것 아닌가요?"

"친구들이 너를 미워하고 왕따시킨다고 생각하는 것 아니니?"

(6) 자기 노출(자기 공개)

치유사가 자기 생각, 느낌, 가치, 태도, 정보 및 경험을 보여줌으로써 대상자가 자신의 문제를 구체적으로 표현할 수 있게 하는 기술이다. 치유사는 자기 자신을 노출해서 대상자가 개방하도록 촉진할 수 있다. 자기 노출을 적절히 사용하면 치유사가 대상자를 이해하고 있다는 감정을 증진할 수 있다.

대: 유산을 하고 싶지 않지만, 아기를 낳을 형편이 못돼 혼란에 빠졌어요

상: 나도 유산한 경험이 있으므로 당신 마음을 알 것 같아요.

(7) 침묵하기

상담에서 가장 기본적인 기술은 침묵을 활용하는 것이다. 대상자의 감정, 태도, 가치관, 행동 등을 탐색할 기회가 필요하다. 침묵은 치유사가 신중하고 깊은 수용을 대상자에게 의사소통하는 것이다. 또한, 대상자가 시작한 침묵에 대해서 치유사가 다음과 같은 반응을 할 수가 있다.

"무엇을 깊이 생각하는 것 같은데 지금 느끼고 있는 것을 이야기해보시겠어요?"

(8) 요약하기

요약은 대상자 진술의 초점을 압축해서 명확하게 하도록 하는 것이다. 요약은 대상자의 탐색을 촉진하고 치유사가 제대로 지각하고 있는가를 점검하게 한다. 지금까지 대상자가 한 이야기를 듣고 나서, 그 사건의 내용과 대상자의 감정을 종합해서 간결하게 전달하는 반응이다.

"그러니까 당신의 말씀은 ~라는 것이지요?"(I heard what you said....)

"당신이 남자친구에 대한 사랑과 증오가 얼마나 컸는지 알 수 있을 것 같군요. 당신이 그동안 갖고 있던 부정적 감정과 현실을 회피하려 했던 일들이 동물과의 치유과정을 통하여 많은 위로를 받고 자신을 돌아볼 기회를 얻게 되었으며 이제 새로운 출발을 하려는 의지가 생긴 것이지요?"

(9) 긍정하기(칭찬하기)

대상자의 말, 행동, 태도, 비음성적 메시지를 토대로 긍정적인 면을 발견하여 적극적으로 칭

찬하는 기술이다. 이는 대상자가 자신에 대한 과거의 관점에서 새로운 인식의 기회를 준다.

다시 말해서, 부정적인 것에서 긍정적인 면을 발견하는 시각의 변화를 의미한다. 같은 상황도 긍정적으로 보는 것이 부정적인 방향으로 보는 것보다 좋은 결과를 가져오게 하는 것을 상담에 활용하는 기법이다.

"너는 정말로 믿을 만한 사람이구나."

"아직도 반이나 남아 있네 ↔ 반밖에 안 남았네"(half full, half empty)

(10) 질문의 기법

1 폐쇄 질문과 개방 질문

폐쇄적 질문(한정 질문)은 대상자의 문제와는 별 상관이 없는 사실적인 정보를 얻게 하는 질문으로 좋지 않은 질문의 형태이다. 상대방에게 권위적으로 군림하는 인상을 주며 대상자의 대답이 "예" "아니요."로 되어있다.

반대로 개방형의 질문은 대상자에게 "~에 관해서 얘기해 보세요."라고 말하는 것으로 대상자의 반응을 의도적으로 감정을 명료화하고 그 상황을 탐색하도록 요구한다.

폐쇄적 질문	개방형 질문
"그 친구와 싸움을 했지?"	'당신이 그 친구와 싸움을 하게 된 상황을 예기 해 줄 수 있어요?"
"지금 당신은 우울합니까?"	"무엇이 당신을 우울하게 하고 있다고 생각하세요?"

2 질문의 방법

- 너무 많은 질문을 하지 않는 것이 좋다.
- 한 번에 두세 가지 질문을 하지 않는다.
- 구체성과 명료성을 띠게 하는 질문을 하는 것이 좋다.
- 대상자의 경험이나 행동, 감정 중에 빠트린 부분을 질문한다.
- 공감과 질문을 섞어가며 사용하면 효과적이다.

2.2 동물 교감치유사의 윤리

가. 대상자와 동물의 보호와 복지

(1) 대상자의 권리 보호

동물 교감치유는 기본적으로 생명을 매개(동물)로 생명을 치유(인간)하는 과정이다. 대상자와 동물 모두의 생명과 안전이 최우선이며, 치유과정은 도덕적이어야 한다.

치유사의 최우선적 책임은 대상자의 존엄성을 존중하고 대상자의 복지를 증진하는 것이다. 치유사는 대상자에게 전문적인 도움을 주는 것이 어렵다고 판단되면 치유 관계를 시작하지 말아야 하며, 이미 시작된 경우는 즉시 종결하여야 한다. 이 경우 치유사는 대상자에게 적절한 다른 대안을 제시해 주어야 한다.

치유사는 대상자의 잠재력을 개발하여 건강한 삶을 영위하도록 도움을 주며, 어떤 방식으로도 해를 끼치지 않아야 한다. 개인적 욕구 충족을 위해서 대상자를 희생시켜서는 안 된다.

(2) 다양성 존중

치유사는 모든 인간의 기본적인 권리, 존엄성, 가치를 존중하며 성별, 장애, 나이, 성적 지향, 성별 정체성, 사회적 신분, 외모, 인종, 가족 형태, 종교 등을 이유로 대상자를 차별하지 않는다.

치유사는 대상자의 다양한 문화적 배경을 이해하고 자신의 고유한 문화적 정체성과 자신의 고유한 가치, 태도, 신념, 행위를 대상자에게 강요하지 않는다.

치유사는 대상자의 다양성을 인식하고 고려함으로써 치유의 윤리성을 유지하며 대상자의 신뢰를 구축한다.

(3) 상호 신뢰 구축

윤리원칙 준수는 대상자와 치유사 간의 신뢰를 구축하는 데 중요한 역할을 한다. 대상자는 치유사가 윤리적으로 행동한다고 믿을 때, 자신을 더 자유롭게 개방하고 솔직하게 표현한다. 이러한 신뢰를 통해 치유사는 대상자의 심리적 어려움을 더 정확하게 이해하고, 치유의 효과를 높일 수 있다.

(4) 동물에 대한 태도

동물은 식물과 다르게 즐거움, 두려움, 화남 등과 같은 감정을 가지며 고통과 쾌락을 느끼고 인간과 상호 소통하는 특성이 있다.

치유에 활용되는 농장 동물과 반려동물 모두의 생명권과 안전, 복지가 보장되어야 한다.

치유동물은 배고픔이나 갈증이 없어야 하고 충분한 휴식과 잠자리를 제공하고 질병이나 부상을 미리 예방하고 다쳤을 경우 적절한 치료를 해야 한다.

나. 관계 형성 금지

(1) 다중 관계

치유사는 대상자의 문제를 이해하고 지원하는 동안 친밀한 우정이 싹틀 수 있고 특히 성별이 다를 때 연인관계로 발전할 위험이 있다. 이러한 이중 관계해서는 안 된다.

치유사는 가까운 친구나 친인척, 지인 등 사적인 관계가 있는 사람을 대상자로 받아들이면 다중 관계가 되므로, 다른 전문가에게 의뢰하여야 한다.

치유사는 대상자와 상담실 밖에서 연애 관계나 기타 사적인 관계를 맺거나 유지하지 않아야 한다. 이러한 이중관계는 상담의 객관성을 흐트러뜨리고 신뢰를 해칠 수 있으므로 치유사가 자신의 규범과 상담의 범위를 정해놓고, 친밀한 환경에서의 상담을 피해야 한다.

(2) 성적 관계

치유사는 대상자와 대상자의 보호자, 친척 등에게 자신의 지위를 이용하여 성희롱 또는 성추행을 포함한 성적인 관계를 해서는 안된다.

치유사는 이전에 연애 관계 또는 성적인 관계를 맺었던 사람을 대상자로 받아들이지 않아야 한다.

치유사는 상담 관계가 종결된 이후 적어도 3년 동안은 대상자와 성적 관계를 맺지 않아야 한다. 그 후에라도 가능하면 대상자와 성적인 관계는 갖지 않는다.

다. 비밀 보장

(1) 사생활과 비밀 보호

대상자의 비밀 보장은 치유사와 대상자의 신뢰 문제이며 가장 근본적인 윤리 기준이다. 만약 신뢰가 없다면 대상자는 자신의 문제를 치유사에게 털어놓지 않을 것이다.

치유사는 상담 과정에서 알게 된 대상자와 관련된 모든 개인 정보의 보호와 관련된 법을 준수해야 한다. 또한, 치유사는 강의, 저술, 동료자문, 대중매체 인터뷰, 사적 대화 등의 상황에서 대상자의 신원확인이 가능한 정보나 비밀 정보를 공개하지 않는다.

인지능력이 제한된 노인의 경우에는 가족 등 관계자의 동의를 받은 후 노인의 서비스 증진을 위한 전문적 목적에 한하여 정보를 공개할 수 있다.

(2) 비밀 보장의 한계와 위험 상황 관리

치유과정에서 비밀 보장은 가장 기본적인 조건이지만 예외 사항도 있다. 예를 들면 대상자의 생명이나 타인과 사회의 안전을 위협하는 경우, 즉 대상자가 자살, 자해, 가정 폭력, 성폭력, 중독 등의 위험 상황에 부닥친 경우와 대상자가 감염성이 있는 치명적인 질병이 있다는 확실한 정보를 얻었을 때는 신속하고 정확하게 파악하여 병원이나 경찰 등 관계기관의 도움을 요청해야 한다.

2.3 동물교감치유사의 복장

가. 의복

의복은 상징적 의미와 전달적 측면을 가지고 있다. 의복은 자기표현 욕구의 충족을 통한 심리적 만족과 커뮤니케이션을 통한 상징적 의미가 전달된다. 즉, 의복을 통해 그 사람의 직업, 신분, 사회적 지위뿐만 아니라 개인적인 감정, 기분, 상황 등을 알 수 있으며, 이러한 상징적 의미는 타인에게 전달된다. 의복은 무성의 언어(nonverbal language)로서, 무엇인가를 말해주고 전달해줄 수 있다.

(1) 옷의 색상

옷의 색깔과 형태는 보는 사람에게 각기 다른 영향을 준다. 사회 복지사, 의료업, 교직, 치유사 등 전문적이나 봉사직의 사람들은 무엇보다도 편안하고 수수한 옷을 선택하는 것이 중요하다. 대상자에게 무관심하거나 위압적인 인상보다 개방적이고 여유로우며 따뜻한 인상을 주는 옷을 입는 것이 좋다.

치유사는 복장을 통해서 나는 당신을 판단하거나 위협하거나 명령하거나 해를 끼치지 않을 거라는 확신, 즉 신뢰감을 주는 것이 중요하다.

그림 Ⅲ-11 치유사와 치유견의 복장

따라서 옷의 색깔은 분홍색, 주황색, 노란색, 파란색, 초록색 계통이 마음을 편안하게 하며 부드럽고 다정다감한 느낌을 주며 젊음, 희망, 즐거움을 주는 색이 좋다.

빨간색은 사랑과 분노, 흥분을 가져오게 하고 검은색은 우울, 슬픔, 상처를 의미하며 회색은 우울과 걱정스러움을 나타내고 자주색은 차가운 느낌을 주는 색으로 피하는 것이 좋다.

3~6세의 어린이는 오렌지색과 붉은색을, 10대의 남자아이는 파란색 계통을, 여자아이는 붉은색을 좋아한다. 따라서 그 대상에 따라 복장의 색을 달리해 골라 입는 배려도 필요하다.

(2) 옷차림

치유사의 옷차림은 유행하는 패션과는 관계없이 항상 부드러운 모직과 색상이 너무 화려하지 않으며 단정해 보이는 것이 옷이 좋다.

느슨하고 편안한 옷을 입는 사람은 보통 다른 사람과의 관계가 좋고 자신에 대해서도 편안하게 느낀다. 그들은 협조적이고, 낙관적이며, 적응적인 사람이다.

여자 상담원들이 너무 짧은 치마를 입거나 너무 꽉 끼는 옷, 고가의 화려한 옷은 대상자를 혼란스럽게 하거나 불안감, 거부감을 느끼게 한다.

나. 화장과 액세서리

옷과 마찬가지로 액세서리는 착용자의 여러 가지 개성과 함께 전달하려는 메시지를 담고 있다. 너무 화려한 액세서리나 짙은 화장은 오히려 혐오감을 줄 수 있지만 연한 화장과 립스틱은

생동감과 사교적이라고 느낌을 받게 한다는 연구 결과가 있다. 여자들의 굽이 너무 높거나 뾰족한 구두는 불안정한 느낌을 받게 한다.

다. 명찰 달기

동물 교감치유사나 보조치유사는 서비스 차원에서 자신의 이름을 알리는 명찰을 다는 것이 대상자에게 신뢰감을 주고 또한 자신에 대한 긍지와 책임감을 느끼는 의미가 있다.

대상자명함

치유사 신분증

그림 Ⅲ-12 명찰과 신분증 예시

03 동물교감 치유의 적용 기법

학습 목표

- ✔ 사양·관리하기 기법의 원리를 알고 적용할 수 있다.
- ✔ 접촉·포옹하기 기법의 원리를 알고 적용할 수 있다.
- ✔ 보상하기 기법의 원리를 알고 적용할 수 있다.
- ✔ 손질·미용하기 기법의 원리를 알고 적용할 수 있다.
- ✔ 운동·놀이하기 기법의 원리를 알고 적용할 수 있다.

3.1 사양·관리하기

가. 사양·관리의 이해

인간의 정신적, 육체적 건강을 증진하기 위한 농장동물 치유는 유럽과 미국의 여러 국가에서 증가하고 있다. 일부 국가에서는 이를 그린 케어(Green care)라고 부르는데 이 개념은 동물의 사용에만 국한되지 않고 식물, 정원, 숲 및 풍경도 포함한다.

그림 Ⅲ-13 농장 동물의 관리

동물의 사양 관리 즉, 돌봄은 동물이 필요로 하는 영양분을 과부족 없이 공급하여 건강을 유지하고 유전력을 충분히 발휘할 수 있게 사료를 급여하고 관리하는 것을 말한다. 가축의 돌봄에는 사료와 물의 급여, 번식 관리, 질병의 예방관리, 안락한 환경 관리 등 일상 작업을 포함하는 모든 보살핌이 이에 속한다. 동물보조 녹색치유(farm animal-assisted green)는 대상자를 자연과 농장 동물의 돌봄에 몰입시켜 심신의 회복과 치유를 하는 것이다.[03]

동물의 돌봄을 통한 교감치유(AAT)는 특히 범죄자, 정신적 트라우마, 약물 남용 등 정신건강에 심각한 장애가 있는 환자에게 생명 존중감과 자존감 향상을 위한 동기부여가 될 수 있다.

농장 AAT를 탐구하는 대부분의 연구는 유럽에서 시작되었지만, 이 치유적 개입은 미국에서 적극적으로 활용되고 있다.

나. 사양 관리의 적용과 이점

Wilson(1984)의 생명 친화설(Biophilia Hypothesis)에서 인간은 생명체에 집중하는 타고난 경향이 있으며 자연에 의존하고 정서적 교감을 갈망하는 본능이 있다는 것이다.[04] 동물 교감치유는 대상자의 신체적, 심리적 웰빙을 개선하고 사회적 포용을 늘리는 등 다양한 목적으로 수행되는 자연 생명 기반 활동을 의미한다.

교도소에 수감자를 대상으로 하는 동물 돌봄 프로그램은 출소 후 재범률 감소(Cooke et al., 2021), 양육 의욕 증가(van Wormer et al., 2017), 심리적 웰빙 증가(Kunz-Lomelin & Nordberg, 2020) 등에 영향을 미친다.[05]

Berget et al. (2007)은 낙농, 비육우, 면양, 말 사육농장에서 조현병(정신분열증)을 포함한 정신 장애의 환자(약물 중독, 성격, 정서 및 행동 장애)에게 농장 동물에게 먹이를 주고, 젖을 짜고, 청소하는 관리를 통한 치유 프로그램을 적용한 결과 자존감과 대처 능력이 향상되어 전통적인 정신과 치유의 보완 대체요법이 될 수 있다고 하였다.[06]

(1) 동물 사양 관리하기

1 사료, 물 먹이기

규칙적인 시간과 정해진 장소에 사료나 물 급여, 어린 가축의 젖 먹이기(포유) 등

2 동물 이동과 방목시키기

외양간에서 목초지로 이동시켜 방목하기, 축사에서 다른 축사로 이동시키기, 방목지 이동시키기 등

그림 III-14 송아지 포유

3 농장 정리 및 관리하기

외양간을 돌아다니며 필요한 도구나 재료, 건초, 짚 등의 운반, 울타리 설치 및 보수, 축사와 방사장의 정비 등 육체적인 일

4 농장, 축사의 청소와 소독하기

농장 외부, 축사 내부, 각종 축산기구의 세척, 청소, 소독 등의 작업

5 젖 짜기(착유)와 알 걷기

소와 염소는 정해진 시간에 규칙적으로 젖 짜기를 하고 닭은 오후에 알을 걷는 일 등

6 동물의 번식 관리하기

동물을 적기에 교배시켜 분만하게 하고 분만 동물과 태어난 새끼를 보살피는 일 등

7 질병의 예방과 환축 관리하기

질병을 예방하기 위해 구충제 투약 및 예방 접종을 하는 일, 아픈 동물을 간호하는 일, 반려견 항문낭 관리하기, 동물 발굽 관리하기 등

8 농장운영자의 지시사항 이행

기타 농장운영자의 지시에 따른 일 등

(2) 동물 사양 관리의 이점과 효과

농장 동물의 보살핌(일)과 접촉을 통한 AAT가 다양한 정신 건강 장애가 있는 환자들에게 상당한 이점을 제공할 수 있다.

여러 연구에서 농장 동물의 돌봄은 대상자의 주도성, 주의력 및 자기 효능감을 개선하고 동시에 불안 및 우울증 증상의 중증도를 감소시킬 수 있는 것으로 나타났다.

농장 동물의 사양 관리를 통해 생명 존중감과 양육능력이 향상되고 자연과의 연결을 촉진하며 즐거움과 안정감을 심어줄 수 있다.

또한, 동물을 사양 관리하는 육체적인 활동은 소근육과 대근육을 발달시켜 신체적 건강을 증진하는 이점이 있다.

3.2 접촉·포옹하기

가. 접촉·포옹의 이해

(1) 접촉·포옹의 원리

촉각은 태아에서 발달하는 첫 번째 감각 시스템으로 성장과 발달에 필수적이다. 촉각은 피부의 다양한 수용체에서 감지하여 신경계를 통해 뇌로 전달된다.

반려동물을 쓰다듬는 것은 사람과 동물 모두에게 진정 효과가 있다. 동물과의 접촉은 엄마가 아기를 보거나 만질 때 분비되는 옥시토신 호르몬의 분비를 촉진한다.

많은 연구에서 동물과의 5분~20분간의 접촉 또는 포옹으로 행복 호르몬인 옥시토신(oxitocin)이 증가하고 스트레스 호르몬인 코르티솔(cortisol) 수치가 떨어지는 것으로 나타났다. 이러한 현상은 사람과 동물 모두에게 나타난다.[07]

그림 Ⅲ-15 반려견 포옹하기

1 동물과의 신체적 접촉

쓰다듬기, 껴안기, 포옹하기, 쓰다듬기(긁어주기), 돌보기, 말 안장 얹기, 말타기 등

2 동물과 대화·눈 맞춤하기

행동적 언어화, 시각적 눈 맞춤 등

(2) 접촉·포옹의 이점

동물교감 치유의 접촉 메커니즘은 치유동물과 대상자 간의 신체적 접촉을 통해서 대상자의 현재의 심리적 상황을 인식하고 자신의 내면을 쉽게 드러낼 수 있도록 돕는다.

동물에 대한 두려움이 있는 대상자가 치유동물과의 접촉과 반응 정도로 두려움이 완화되거나 악화하는지를 즉각적으로 확인할 수 있으며, 치유동물과의 친밀도가 상승할수록 대상자의 적극적인 접촉이 관찰된다. 이러한 접촉을 통해 대상자는 스스로 자신의 문제를 인식하게 된다.

연구에 따르면 사람과 반려동물 사이의 접촉에 의한 유대감의 형성은 다음과 같은 이점이 있다.[08]

① 혈압 및 심박수 저하, 외로움, 불안 및 PTSD 증상 감소, 심리적 안정

② 운동 및 야외 활동 기회 증가, 노인의 인지기능과 사회성 증가

> ▶ **PTSD(Post-traumatic stress disorder, 외상 후 스트레스장애)**
> **전쟁, 고문, 자연재해, 사고 등의 충격적인 사건을 경험한 후 그 사건에 공포감을 느끼고 공황, 발작, 우울 등의 증상을 나타내는 질환**

나. 접촉의 종류와 적용하기

접촉의 종류는 쓰다듬기, 포옹하기(껴안기), 악수하기, 무릎에 앉히기, 안아주기, 마사지하기 등이 포함된다.

① 첫 접촉은 대상자가 치유동물과 거리를 두고 관찰을 한 뒤 점차 가까이 다가가도록 시도한다.

② 대상자가 치유동물에 대해 긴장하지 않는다면 첫 접촉을 하도록 한다.

③ 첫 접촉은 동물의 둔감한 부위(등, 허리 등)를 먼저 쓰다듬어 본다.

④ 다음은 더 민감한 부위(머리, 목덜미, 꼬리, 발 등)로 접촉하도록 한다.

그림 Ⅲ-16 소 껴안기

⑤ 동물의 털과 같은 방향으로 가벼운 압력으로 부드럽게 길고 천천히 쓰다듬으면 더 진정 효과가 있다.

⑥ 대상자가 치유동물 만지기를 경험한 후 무릎에 앉히기, 안아주기 방법을 배운 후 직접 실행해 보도록 한다.

⑦ 접촉 시 판단력과 조절력이 부족한 대상자는 치유사가 먼저 시범을 보이고 대상자의 돌발적인 행동을 예방하기 위해 바로 옆에서 함께 해야 한다.

⑧ 접촉과정에서 동물교감치유사의 순간적인 방심이 대상자나 치유동물을 위험하게 할 수 있으므로 계속 주의를 기울여야 한다.

더 알아보기 : 낯선 개를 쓰다듬기 전에 생각하기

- 몸짓 언어에 주의를 기울이고, 몸을 옆으로 돌려 더 접근하기 쉽게 만든다.
- 장시간 눈을 마주치지 않도록 하고, 개가 손등의 냄새를 맡을 수 있도록 한다.
- 낯선 개의 머리 위로 손을 뻗어 않는다(공격으로 인식한다).
- 개가 경계심을 풀고 접근을 받아들이는 것을 확인한다.
- 천천히 손을 뻗어 가슴과 같은 중립 부위를 쓰다듬는다.
- 개가 뒤로 물러서거나, 돌아서거나, 시선을 돌리거나, 약간 움츠리거나, 뻣뻣해지거나, 가만히 있는 것은 관심을 원하지 않는다는 신호이다.

3.3 보상하기

가. 보상 이론과 종류

(1) 보상 이론

스키너(Skinner)의 조작적 조건화 이론(theory of operant conditioning)의 긍정적 강화는 어떤 반응이나 행동이 보상 때문에 강화되어 원하는 행동의 반복으로 이어진다는 이론에 근거한 것이다. 보상은 강화의 자극이다.

모든 동물은 조작적 조건화와 학습할 수 있는 능력 있으므로 반려동물의 바람직한 행동을 형성하기 위해 긍정적 강화 훈련을 사용한다.

긍정적 강화 훈련은 정확한 타이밍이 필수적이다. 보상은 원하는 행동 후 즉시(몇 초 이내에) 해야 한다. 그렇지 않으면 반려동물이 이를 적절한 행동과 연관시키지 않을 수 있다.

보상은 반려동물이 새로운 행동을 배울 때, 그 행동을 보여줄 때마다 보상해 주는 연속 보강을 하며 행동을 확실하게 학습한 후에는 간헐적 강화로 전환해야 한다. 이러한 보상은 동물의 잘못된 행동을 수정하고 바람직한 행동을 형성하여 동물과 인간 상호 간의 유대관계를 개선하며 스트레스 감소, 신체 운동 기회 증가, 정신적 자극 등의 상호 이점이 준다.[09]

(2) 보상의 종류와 적용

긍정적 강화 훈련에는 간식, 칭찬, 쓰다듬기, 좋아하는 장난감이나 게임 등이 있다. 반려동물은 농장 동물보다 음식에 대한 동기가 높으므로 간식 기법은 훈련에 효과적이다.

1 간식 보상

그림 Ⅲ-17 간식 보상

· 간식은 맛과 모양, 냄새가 매혹적이어야 한다. 육포, 쿠키, 소시지, 껌 등 다양한 종류가 있다.

· 간식은 크기가 작고(콩 정도의 크기) 부드러워야 빨리 먹고 또 찾을 수 있게 한다.

· 매번 같은 간식에 싫증 나지 않도록 다양한 맛과 질감의 간식을 준다.

· 음식 보상을 사용할 때마다 구두 보상(칭찬)과 결합해야 한다.

· 간식 주기는 낯선 치유동물과 관계를 맺을 때 가장 유용한 방법이다.

· 지나치게 쫄깃하거나 부서지기 쉬운 간식을 피한다.

· 간식 기법에는 손바닥에 주기, 그릇에 주기, 장난감에 넣어 주기, 간식 만들기 등이 포함된다.

또한, 치유 동물에게 필요한 영양은 사료만으로 충분히 충당할 수 있으므로 치유 중에 너무 많은 간식을 주면 비만의 원인이 된다.

일부 대상자는 간식을 줄 때의 자신의 손에 치유동물의 침이 묻는 것에 대해 거부감이 있을 수 있으므로 손을 씻고 손 소독을 할 수 있도록 필요한 용품들을 준비하여 사용하도록 한다.

간식 기법은 치유동물의 다양한 생각이나 감정을 이해하고 생명 존중감과 양육 태도, 대인관계 개선에 도움을 준다.

간식 기법은 치유사가 치유동물과 거리를 두고 간식을 던져주거나, 밥그릇에 간식을 담아 주어 '나에게 간식이 있다'라는 것을 치유 동물에게 인지시킨 후 다음으로 손바닥 위에 간식을 올려 주는 것을 과정을 시연한 후 대상자가 직접 손바닥 위에 간식을 두고 치유 동물에게 주도록 한다.

2 장난감

장난감은 치유동물의 지루함을 해소하고 흥미를 유발한다. 또한, 그릇된 행동을 할 때 관심을 유도하는 데도 유용하게 이용된다. 익숙한 장난감을 이용해 던지고 받는 놀이로 시작해서 점진적으로 대상자가 치유동물과 함께 놀 수 있는 장난감을 직접 탐색하고 고르게 하며 해당 장난감으로 노는 방법을 예측하고 놀이를 계획해 보도록 돕는다.

대상자가 직접 계획한 놀이를 치유동물이 잘 수행할 경우 충분히 칭찬하고 격려해준다.

3 칭찬과 클리커(clicker)

동물의 올바른 행동에 대한 보상으로 간식을 제공하면서 부드러운 목소리로 "옳지" 또는 "잘했어." 등의 칭찬을 하면 나중에는 간식이 없이 칭찬만으로도 원하는 행동을 할 수 있게 된다.

칭찬은 대상자와 치유동물이 친밀해는 가장 좋은 방법이다. 연구에 의하면 반려동물도 사람의 감정을 알아차리는 능력이 있다고 한다. 화난 표정과 강한 말투보다 웃는 얼굴과 부드러운 말투의 칭찬을 해야 한다.

그림 III-18 클리커 훈련

클리커는 개가 예상되는 명령이나 행동을 성공적으로 수행했을 때 '딸깍' 소리를 내는 기구로 B.F 스키너의 긍정적 강화이론에 바탕을 둔 훈련법이다.

이 교육법은 타이밍이 가장 중요하다. 반려견이 훈련 도중 성공적인 행동을 수행한 직후 클릭 소리는 딱 한 번 만 내야 한다. 여러 번 클릭 소리를 들려줄 때 어떤 것에 대한 칭찬인지 헷갈릴 수 있다.

클리커 소리를 낸 다음 간식을 주는 과정을 여러 번 반복하고 한 장소에서 하는 것 보다 여러 장소를 옮겨 다니며 교육을 하는 좋다.

3.4 손질·미용하기

가. 손질·미용의 이해

손질·미용은 엉킨 털을 풀어주어 아름다움을 유지해줄 뿐만아니라 피부를 자극하여 혈액순환을 촉진하고 피부병을 예방하는 효과도 있다.

또한, 외모를 아름답게 꾸민 대상자는 자신의 심리 상태와 욕구를 돌아볼 수 있는 계기가 되며 어떤 상황에 부닥쳤을 때 적절하게 대처할 수 있도록 돕는다.

미용을 통한 치유동물의 외적인 변화는 대상자가 즉각적인 성취감을 느낄 수 있으며 일상생활의 필요한 적응 행동을 인식하게 된다. 꾸미기 재료(핀, 모자, 인식표 목걸이, 이름표, 스카프 등)를 직접 제작하여 착용시킬 때 대상자는 더욱 큰 성취감을 얻는다.

나. 손질·미용의 종류와 적용

손질·미용에는 털 깎기(클리핑), 빗(솔)질하기, 핀 또는 리본 달기, 털 묶기, 옷 입히기, 목욕시키기, 귀 손질하기, 등이 포함된다.

빗질이나 핀을 꽂아주는 것 등의 미용은 치유동물이 다칠 수 있어 전문가가 시범을 보여주고 주의사항을 주지시킨 후 경험하도록 한다.

그림 Ⅲ-19 반려견 미용

목욕은 상담 장소에 샤워 시설이 갖춰져 있지 않으면 드라이 목욕을 할 수 있는 거품이나 분말 제품을 이용할 수 있다. 목욕 전에는 해당 치유동물의 해부학적 구조를 설명하고 조심해야 할 부위(눈, 코, 귀에 물이 들어가지 않도록 해야 함)에 대한 정보를 제공해 주도록 한다.

빗질 등 털 손질은 치유사가 먼저 시범을 보이고 대상자가 따라 하도록 해야 한다. 특히 빗은 예리함으로 빗의 표면을 손바닥으로 가볍게 눌러보게 하여 빗질의 강약을 조절할 수 있도록 한다.

대상자가 긴장을 풀고 빗질을 시작하면 처음엔 한 손으로, 이후에 양손을 사용하여 빗질을 해 보게 한다. 빗질을 잘 수행한 대상자는 물티슈로 치유동물의 발바닥, 눈곱 등을 깨끗이 닦아준다.

대상자가 단순한 미용을 잘 수행하면 보다 복잡한 미용으로도 접근할 수 있다. 여러 가지 미용 기법을 문제없이 수행할 수 있는 대상자는 동물교감 치유사의 도움을 받아 미용 기법의 심화 단계인 치유동물의 목욕시키기를 한다.

목욕시키기는 목욕 전 준비과정부터 목욕 후 드라이, 빗질, 뒷정리까지 한 시간 이상 소요될 수 있으므로 발이나 얼굴 등 일부분 목욕만을 할 수도 있다.

3.5 운동·놀이하기

가. 운동과 놀이의 이해

(1) 운동의 이해

동물과 운동과 놀이는 동물과 함께 걷기(산책하기), 동물과 달리기, 공 던지기 등이 있으며 운동과 놀이는 1주일에 몇 번씩 실시함으로써 동물과 인간 모두에게 정신적 신체적 건강증진에 이바지한다.

반려견과 운동은 심혈관 건강 개선, 혈압 감소, 근육과 뼈 강화(규칙적으로 걸으면서 생성됨) 등의 건강상 이점과 행복 호르몬인 옥시토신 분비량이 증가하고 스트레스 호르몬인 코르티솔 분비가 감소하여 기분이 좋아지고 우울증과 불안 증상을 줄일 수 있는 정신적 이점이 있다.

그림 Ⅲ-20 반려견과 산책

규칙적인 운동은 반려동물의 건강에도 매우 중요하다. 반려동물의 비만은 골관절염, 심혈관 질환, 간 질환 및 인슐린 저항성과 밀접한 관련이 있으며 정신적인 즐거움과 행복감을 준다. 개는 산책하면서 주변 경관에 호기심을 갖고 냄새를 맡고 추적하는 본능을 표현하는 것을 매우 즐긴다. 충분한 운동을 하지 않는 개는 쉽게 지루해하거나 파괴적인 행동이 표출되기도 한다.

운동기법은 치유동물과 대상자가 다양한 장소에서 서로 걷기를 하고 이야기를 나누며 상호작용을 하는 과정에서 상황에 대한 문제를 적절하게 대처하는 기회를 얻게 된다.

또한, 다른 사람과 관계 형성에 방해되는 것이 무엇인지 살펴보게 되어 대인관계의 어려움을 해결하도록 돕는다.

(2) 놀이의 이해

놀이는 대상자가 치유동물과 함께 일정한 규칙 또는 방법에 따라 재미나 즐거움을 추구하는 과정이다.

놀이를 통해서 자신을 지지하고 따르는 동물이 있고 자신이 도움을 줄 수 있는 동물이 있음을 깨닫게 함으로써 자신과 타인을 이해할 수 있도록 한다.

또한, 치유동물과 놀이는 단순한 즐거움을 넘어 직접적인 상호작용이 가능하므로 여러 가지 예측 불가능한 돌발 상황에 따른 대처방법도 터득할 수 있어 대상자의 창의력과 사회적응 능력을 향상할 수 있다.

나. 운동과 놀이의 이점

① 어린이는 동물과 놀이에 관심과 흥미를 갖기 때문에 빠르게 관계를 형성한다.

② 아동의 사회적 기술과 자신감이 향상하고 공격적이고 부적응적인 행동을 자제한다.

③ 어린이의 자존감을 높이고 감정표현이 촉진된다.
④ 동물과 사람 모두에게 건강한 애착 관계가 형성된다.
⑤ 어린이의 공감, 공유 및 양육 능력이 향상된다.
⑥ 정서적으로 안전한 방식으로 트라우마 경험을 공유하도록 돕는다.
⑦ 동물에 대한 두려움을 감소시키는 계기가 된다.
⑧ 사회적응력을 향상한다.
⑨ 상호작용을 통해 무조건적인 수용, 협력, 문제 능력을 향상한다.

그림 Ⅲ-21 공놀이

다. 운동의 종류와 적용

세계보건기구(WHO)에 따르면 5~17세 어린이는 매일 최소 60분의 중등도에서 격렬한 유산소 운동을 권장하고 있으며 18~64세 성인은 일주일에 5일, 1회에 30분간, 65세 이상의 노인은 일주일에 5일 적당한 운동을 하고, 일주일에 2일 이상 강화 운동을 권장하고 있다.[10]

처음 반려견 산책을 할 때는 10분 정도 동네를 산책하는 것으로 시작하여 점점 시간을 늘려 매일 30분 동안 걷도록 한다. 될 수 있는 대로 1시간 이내로 하는 것이 좋다. 운동은 실내 및 야외 걷기, 계단 오르내리기, 치유동물 안고 걷기 등이 포함된다.

치유동물과의 산책은 걷기에 대한 동기 유발과 함께 걸으며 눈을 맞추고, 보폭을 조절하고, 산책코스를 탐색하는 일련의 과정에서 상호교감 및 동반자적 관계를 형성할 수 있다.

치유동물과 대상자의 상태에 맞는 보폭과 속도를 조절하여 걸으면서 대화를 나누도록 한다. 반려견은 산책하는 동안 새로운 광경, 냄새, 소리를 접하면서 즐기게 된다. 또한, 상호 대화를 나눔으로써 상호 유대를 강화하고 사회성이 증진된다.

라. 놀이의 종류와 적용

놀이에는 물건(공, 인형 등) 던지고 가져오기, 장난감 사용하기, 별칭 짓기, 촉각 놀이, 간식 찾기, 훈련하기, 어질리티, 프리스비 등이 포함된다.

인간과 마찬가지로 동물도 놀이를 좋아한다. 놀이 치유가 가능한 동물로는 개, 고양이, 반려조 등이 있다.

놀이의 초기에는 기본적이고 익숙한 놀이를 진행할 수 있으나 대상자와 친밀감이 형성된 이후에는 대상자가 치유동물의 수준에 맞는 다양한 놀이를 직접 개발하고 수행할 수 있다.

다른 동물과 다르게 개의 경우 반복적인 놀이를 수행할 수 있는 체력과 끈기가 있어 대상자와 지속해서 상호작용을 할 수 있다.

놀이에서 동물 교감치유사는 대상자의 지능, 체력, 작업 수준을 고려해서 적절한 놀이를 계획하고 수행해야 한다. 특히 놀이 규칙이 대상자가 이해 가능한 범위를 넘어서면 치유 중에 낙담하고 실패를 경험하게 되어 자존감을 저하할 수 있으며 너무 쉬운 놀이는 지적 흥미도나 만족감이 떨어질 수 있으므로 대상자의 수준을 충분한 평가를 한 후 놀이 기법을 적용한다.

그림 Ⅲ-22 간식 찾기 기구

치유동물과 물건 던지고 가져오기 놀이는 상담실 바닥 재질이 매끈한 마루의 경우 치유동물의 발이 미끄러져 슬개골이나 관절, 발바닥을 다칠 수 있으므로 고무매트나 카펫 등을 깐 바닥에서 해야 한다.

놀이의 적용과정은 치유 동물에게 익숙한 장난감을 이용해 던지고 받는 놀이로 시작해서 점진적으로 대상자가 치유동물과 함께 놀 수 있는 장난감을 직접 탐색하고 고르게 하여 그것으로 놀이를 하게 한다.

대상자가 직접 고안한 놀이를 치유동물이 잘 수행할 경우 충분히 칭찬하고 간식 등으로 보상해 주도록 한다.

참고문헌 및 관련 인터넷사이트

- 김옥진 외(2017). 동물매개치료의 기법과 적용. 형설아카데미
- 김은정, 정연옥 공역(2006). 놀이치료 사례집. 학지사.
- 김충기, 강봉규(2001). 현대 상담이론과 실제. 교육과학사.
- 안제국 외(2007). 동물매개치료. 학지사.
- 안제국 외(2018). 가축관리실무. 부민문화사.
- 안제국 외(2019). 동물자원. 충청북도교육청.
- 오성춘(1993). 목회 상담학 한국장로교출판사.
- 오성춘(2000). 청소년 상담 핸드북. 한국장로교출판사.
- 신경진(2009). 상담과정과 대화기법. 학지사.
- 신현정(2009). 치료놀이의 이해와 적용. 학지사.

[그림 사진 출처]

- 단원 열기 http://wordsmith.hk/wordwise-blog/2020/7/13/how-to-interview-and-write-about-someone
- 그림 Ⅲ-1 https://www.fastcompany.com/3037493/dog-complex-analyzing-freuds-relationship-with-his-pets
- 그림 Ⅲ-2 자작
- 그림 Ⅲ-3 자작
- 그림 Ⅲ-4 https://medium.com/cum-grano-salis/a-way-of-being-by-carl-rogers-a920a6f69756
- 그림 Ⅲ-5 https://100.daum.net/encyclopedia/view/b13s0634a
- 그림 Ⅲ-6 https://100.daum.net/encyclopedia/view/b23p0739b
- 그림 Ⅲ-7 https://albertellis.org/about-albert-ellis-phd/
- 그림 Ⅲ-8 자작
- 그림 Ⅲ-9 https://awaken.com/2022/01/fritz-perls-2/
- 그림 Ⅲ-10 https://wglasserbooks.com/
- 그림 Ⅲ-11 https://www.bbc.com/news/world-europe-50743973
- 그림 Ⅲ-12 https://www.caremark.co.uk/redcar-and-cleveland/animal-assisted-therapy/
- 그림 Ⅲ-13 자작
- 그림 Ⅲ-14 https://www.freepik.com/premium-ai-image/two-men-barn-with-cows-cow-background_234003453.htm#from_view=detail_alsolike
- 그림 Ⅲ-15 https://dpwaterer.com/myth-wateringyourcalves/
- 그림 Ⅲ-16 https://img.animalplanet.co.kr/news/2024/01/29/700/m7jkj892zn1nys0hn346.jpg
- 그림 Ⅲ-17 https://www.wideopencountry.com/the-gentle-barn-cow-hug-therapy/

- 그림 Ⅲ-18 https://www.oneminddogs.com/blog/reward-your-dog/
- 그림 Ⅲ-19 https://www.veryimportantpaws.com/clicker-training-dogs-comprehensive-beginners-guide/
- 그림 Ⅲ-20 https://www.bpanimalhospital.com/post/the-importance-of-pet-grooming/
- 그림 Ⅲ-21 https://www.lawscountrykennel.com/fort-wayne-pet-boarding/walking-your-dog-tips-fort-wayne/
- 그림 Ⅲ-22 https://designbundles.net/nsit/3662725-happy-dog-playing-ball-generate-ai
- 그림 Ⅲ-23 https://www.catch.com.au/product/2-pack-7cm-dog-ball-toys-for-pet-tooth-cleaning-chewing-food-dispensing-toys-light-blue-yellow-8233082/

---

01 Freud, Martin 'Freud: My Father' in Ruitenbeck, Hendrik M. Freud as We Know Him (Detroit: Wayne State University Press, 1973) p. 379

02 Beck M. Beside Freud's couch, a Chow named Jofi. The Wall Street Journal. Updated December 21, 2010. Accessed June 12, 2014.

03 Berget B., Braastad B., Burls A., Elings M., Hadden Y., Haigh R., Hassink J., Haubenhofer D. K. (2010). Green care: A conceptual framework. A report of the working group on the health benefits of green care. Loughborough University. https://edepot.wur.nl/179800

04 Leck C., Evans N., Upton D. (2014). Agriculture - who cares? An investigation of 'care farming'in the UK. Journal of Rural Studies, 34(1), 313-325. https://doi.org/10.1016/j.jrurstud.2014.01.012

05 Mary McMurran, & Jenny Mercer. (2022). The Impact of Working with Farm Animals on People with Offending Histories: A Scoping Review. Volume 67, Issue 12. https://pmc.ncbi.nlm.nih.gov/articles/PMC10394960/

06 Berget B., Ekeberg Ø, Braastad B. O. (2008). Attitudes to animal-assisted therapy with farm animals among health staff and farmers. Journal of Psychiatric and Mental Health Nursing, 15(7), 576-581. https://doi.org/10.1111/j.1365-2850.2008.01268.x

07 https://www.hannegrice.com/walk-the-dog/different-strokes-the-way-you-pet-your-dog-matters/

08 https://www.cdc.gov/healthypets/keeping-pets-and-people-healthy/how.html

09 Ramirez K. Animal Training: Successful Animal Management through Positive Reinforcement. Shedd Aquarium Press; Chicago, IL, USA: 1999. Introduction; pp. 1-16.

10 https://vcahospitals.com/know-your-pet/the-benefits-of-walking-your-dog

IV

PART

동물농장의 조성과 운영

[단원 학습 소개]

이 단원에서는 치유농업과 치유동물농장의 이해와 치유 동물농장의 조성, 치유 동물농장의 운영, 치유동물의 복지적 관리, 치유농장의 방역과 질병 관리의 이론과 실무 능력을 익혀 치유농장의 운영과 치유동물관리 관련된 직무를 수행하는 데 필요한 능력을 배양할 수 있도록 한다.

단원 열기

동물 교감치유 농장은 어떤 모습일까?

미국의 치유 동물농장(care farming, 출처: AHAIO)

치유농업(care farming)이란 신체적, 정신적, 사회적 건강 회복을 위해 농사일과 농촌 경관을 활용하는 모든 농업 활동을 일컫는다.

2,000년대 들어 유럽에서 이슈로 떠오른 치유농업은 우리나라에서도 몇 해 전부터 관심을 끌고 있다. 치유농업은 신체적, 정신적 장애를 앓고 있는 자폐 스펙트럼 장애, 치매, 중독자(마약, 알코올, 게임) 등을 주대상으로 했지만, 최근에는 학교 부적응 학생이나 비행 청소년 등도 치유농장을 찾는 등 이용 대상이 다양화되는 추세다.

일반 농장과 동물 교감치유 농장의 다른 점은 무엇일까?

자연 생태계를 유지·보전하면서 동물복지를 고려한 환경친화적인 동물복지 농장, 그러면서도 치유 대상자를 배려한 인간 중심의 치유 농장의 환경 조성과 시설은 어떻게 조성하고 운영하는지 알아보자

01 치유농업과 치유 동물농장

학습 목표

- ✓ 치유농업의 정의와 농촌 어메니티를 말할 수 있다.
- ✓ 치유농업의 3대 가치를 열거할 수 있다.
- ✓ 치유 동물농장의 경영 형태를 분류하고 말할 수 있다.

1.1 치유농업의 이해

가 치유농업의 태동

제2차 세계대전 이후, 유럽에서는 농산업의 급진적인 발전이 있었다. 그러나 농산업의 집약화와 산업화는 환경 오염문제, 경관의 훼손, 동물 질병의 만연 등의 사회적 문제가 대두되었고, 열악한 동물복지는 대중의 부정적인 비판이 생기기 시작하였다. 이와 같은 사회적 문제와 요구에 대하여 다기능 농업에 관한 관심이 증가하기 시작하였다.[01,02] 다기능 농업이란 농업생산과 보건 및 사회복지 서비스를 결합하는 지속 가능한 농촌 개발이며 이 한 축이 치유농업이다.

치유농업의 선도적인 네덜란드에서는 치유농장(Green care) 수가 2004년 430개소에서 2018년 1,250개소로 증가했으며 그 중 약 20%인 250개소가 치매 환자를 위한 돌봄 활동을 제공하고 최근에는 24시간 돌봄을 제공하는 치유농장이 설립되고 있다.

그린 케어 농장에는 정신 장애, 정신 질환자, 노인(치매 환자), 중독자, 번 아웃(무기력증)이 있는 사람, 어린이 및 장기 실업자 등 다양한 대상의 그룹이 이용한다.[03]

> ▶ **자연은 최고의 의사이다.- 히포크라테스**
> nature is the best physician-Hippocrates

나 치유농업의 정의

치유농업에 대한 용어는 국가마다 집중하는 분야, 추진 주체에 따라 치유농업(care farming), 농업을 통한 녹색치유(green care in agriculture), 건강을 위한 농업(farming for health), 사회적 농업(social farming) 등 다양하게 불리고 있다.

우리나라에서는 '치유농업'이라고 용어를 정의하고 영문으로는 'agro-healing'으로 표기하기로 정하였다.[04]

> ▶ **「치유농업 연구개발 및 육성에 관한 법률」 제2조(정의)**
> **"치유농업"이란 국민의 건강회복 및 유지ㆍ증진을 도모하기 위하여 이용되는 다양한 농업ㆍ농촌자원의 활용과 이와 관련한 활동을 통해 사회적 또는 경제적 부가가치를 창출하는 산업을 말한다.**

치유농업(agro-healing)은 국민의 신체적, 정신적 안정과 건강 회복, 유지 증진을 위해 농촌 어메니티 자원(자연경관, 농촌문화 등)의 활용과 농작업 활동(식물재배, 동물사육 등 다양한 생명체와의 접촉)을 일컫는다. 즉 농산업과 농촌을 기반으로 치유 활동을 하는 농산업이다.

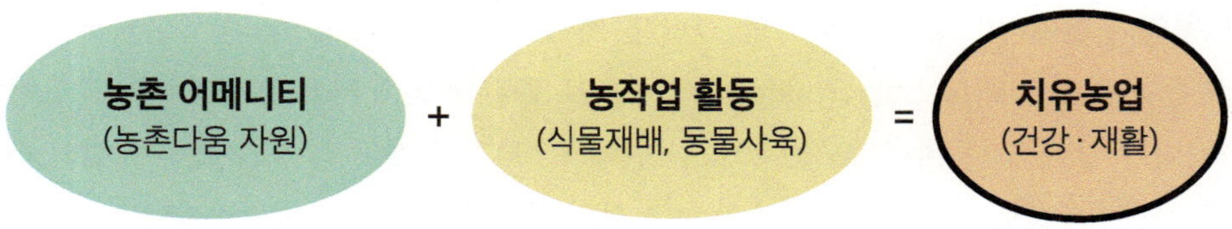

그림 Ⅳ-1 치유농업의 정의

따라서 치유농업이란 전통적인 농촌자원이 가지고 있는 아름다운 자연경관, 다양한 생명체와의 접촉, 작물을 재배하고 동물을 사육하는 다양한 농업 활동을 통하여 신체적, 정신적 건강 증진과 재활·회복뿐만 아니라 사회적, 교육적 유익을 제공하는 산업이다.

우리나라에서는 2013년 농촌진흥청에서 치유농업에 관한 연구를 시작으로 2017년 치유농업 시범사업을 하였고 그 성과를 근거로 2020년 「치유농업 연구개발 및 육성에 관한 법률」이 제정되어 2021년부터 시행되었다. 이 법의 제 11조에 근거하여 2021년부터 치유농업사 양성기관이 지정되어 2025년 현재 19개 기관이 있으며, 제3회 치유농업사 2급 시험을 시행하여 치유농업사를 양성하였다.

다 농촌 어메니티와 농업의 다기능

(1) 농촌 어메니티

농촌 어메니티(rural amenity)는 농산업과 전통적 공동체 문화, 농촌의 평화로운 모습, 마을의 형태 등 자연 친화성 경관의 아름다움 등 다차원적 가치를 지닌 농촌환경의 속성이나 감성적 인식을 나타내는 것을 말한다.

농촌 공간의 친근감과 쾌적감을 주는 모든 소재와 그것이 연출하는 이미지는 그 자체가 인간의 심신을 건강하게 만들어 주는 자연요법의 한 부분이다.

농촌 어메니티는 사람들에게 휴양 및 심미적 가치를 제공해 주는 농촌에 존재하는 특징적인 모습들을 총칭하며, 최근에는 '농촌다움 자원'이라는 용어로 부르고 있다.

우리가 태어나고 자란 농촌 어메니티 자원은 깨끗한 공기, 맑은 물, 저수지, 하천, 다랑논, 자연경관 등의 자원, 전통 문화재, 전통 마을 구조, 마을의 상징물 등의 문화자원, 전설, 전통놀이, 농악, 품앗이, 두레 씨족 행사 등의 사회자원 등을 무궁무진한 개발 잠재력이 있다.

(2) 농업의 다기능

서유럽에서는 생산 농업을 중심으로 보건 및 사회복지 서비스를 결합하는 다기능 농업에 관심이 증가하고 있다.

생산 농업과 돌봄 및 지원 서비스의 결합은 케어 파밍(Care Farming), 그린 케어(Green Care) 또는 사회적 농업(social farming)의 명칭으로 유럽 전역에 빠르게 성장하는 분야이다.[05] 치유농업이 가장 활발한 네덜란드는 2022년 현재 1,350개의 케어 팜이 있으며 유럽의 대부분 국가에서는 중앙 정부와 지방자치단체의 유기적이고 지속적인 예산지원과 의료보험 연계 서비스로 치유농업이 정착하였다.[06]

라 치유농업의 3대 가치

치유농업은 농업 활동을 통한 치유, 재활, 교육, 사회적 서비스를 제공하는 활동으로 다음과 같은 가치가 있다.

(1) 사회적 기여 : 인간의 돌봄

사회적 기여에는 저소득 빈곤층 노인의 외로움, 소외감 해소, 심신 장애인의 재활과 치유, 유아와 청소년의 교육장 제공, 도시민의 휴식과 심신장애 예방 등에 이바지한다.

(2) 경제적 수익 창출

농장에서 생산되는 친환경 농산물을 직판장 또는 인터넷을 통한 직거래 판매로 수익을 향상하며 또한 농장을 이용하는 방문자 또는 대상자의 치유 활동에 대한 보수로 농장의 수입을 극대화할 수 있다.

(3) 자연 생태계 보전

치유농업은 자연경관을 보호하며 농장 주변의 조경과 꽃밭 조성 등으로 쾌적하고 안락한 공간을 조성한다.

또한, 공기, 토양, 물 등 환경오염 및 파괴 방지와 보호하는 자연환경의 균형을 유지한다.

그림 Ⅳ-2 치유농업의 3대 가치

마 우수 치유농업시설의 인증

우리나라 「치유농업 연구개발 및 육성에 관한 법률」 제15조에 의해 농촌진흥청장은 치유농업서비스의 품질향상을 위하여 우수 치유농업시설에 대한 인증을 할 수 있으며 인증의 유효기간은 3년으로 하되, 농림축산식품부령으로 정하는 바에 따라 그 기간을 갱신할 수 있다.

인증을 받은 자는 농림축산식품부령으로 정하는 바에 따라 인증표시를 할 수 있다.

그림 Ⅳ-3 인증 표시 로고

「치유농업 연구개발 및 육성에 관한 법률 시행규칙」 제8

조에 의거 우수 치유농업시설의 인증을 받으려는 자는 우수 치유농업시설의 인증 기준을 충족했음을 증명하는 서류를 첨부하여 한국농업기술진흥원장에게 제출해야 한다. 한국농업기술진흥원장은 인증기준에 적합한 경우에는 인증서를 발급하고 농장주는 인증 표시를 할 수 있다.

「치유농업 연구개발 및 육성에 관한 법률 시행령」제10조의2제1항 관련 [별표 3의2]의 인증기준은 다음과 같다.

(1) 시설 · 장비 기준

① 치유농업서비스 제공을 위한 실외 공간과 실내 공간의 소유권 또는 사용권을 확보할 것. 이 경우 치유농업서비스 제공을 위한 실외 공간은 농축산물 생산 공간과 분리되어야 한다(농축산물 생산 공간이 있는 경우에만 해당한다).

② 세면대, 음수대 및 남녀가 구분된 화장실을 갖출 것

③ 소화기 · 구급 약품과 치유농업서비스 제공에 필요한 장갑 · 모자 등의 비품을 갖출 것

(2) 인력 기준

① 치유농업시설의 대표자 1명과 치유농업서비스 제공 인력 1명 이상을 갖출 것

② 치유농업시설 대표자와 치유농업서비스 제공 인력은 다음의 어느 하나에 해당하는 사람일 것

- 치유농업사
- 치유농업사 자격시험을 치르기 전에 법 제11조제1항에 따른 치유농업사 양성기관에서의 교육을 이수한 사람
- 「농촌진흥법」 제3조에 따른 지방농촌진흥기관에서 시행하는 치유농업시설 운영자 교육을 이수한 사람
- 「고등교육법」 제2조제1호부터 제4호까지의 규정에 따른 대학 또는 같은 법 제29조제1항에 따른 대학원에서 농촌진흥청장이 정하여 고시하는 치유농업 관련 교과목을 11학점 이상을 이수한 사람
- 농촌진흥청장이 정하여 고시하는 바에 따라 대표자와 치유농업서비스 제공 인력이 농촌인적자원개발센터 또는 「한국보건복지인재원법」에 따른 한국보건복지인재원에서 실시하는 이용자의 권리 및 폭력 예방에 관한 교육을 최근 1년 이내에 이수하였을 것

(3) 운영 기준

① 다음의 사항을 포함하는 운영 규정을 마련할 것

- 운영 방침

- 중장기 목표
- 치유농업서비스의 제공 · 관리에 관한 사항
- 치유농업자원(국민의 건강 회복 및 유지 · 증진을 도모하기 위하여 이용되는 다양한 농업 · 농촌자원을 말한다)에 관한 사항
- 치유농업서비스 제공 인력에 관한 사항

② 수입과 지출에 관한 기록을 작성 · 관리하고 있을 것
③ 치유농업서비스 참여자의 사고발생에 따른 피해를 보상하기 위하여 책임보험에 가입할 것
④ 치유농업서비스 참여자와 치유농업서비스 제공 내용 등에 대한 계약서를 작성 · 보관할 것
⑤ 치유농업서비스 제공에 대한 이력이 관리되고 있을 것
⑥ 치유농업서비스 참여자의 특성을 고려한 치유농업 프로그램을 갖출 것
⑦ 치유농업서비스에 대한 평가 및 환류체계를 갖출 것
⑧ 치유농업서비스 참여자에게 만족도 조사를 실시할 것
⑨ 온라인 또는 오프라인 홍보자료를 보유하고 있을 것

기타「농촌진흥법」 제3조에 따른 지방농촌진흥기관의 우수 치유농업시설의 인증 추천서를 첨부한 경우에는 인증 심사에서 가점을 받을 수 있다.

1.2 치유 동물농장

가 치유 동물농장이란?

치유 동물농장(Care animal farms)은 치유 서비스와 동물사육이 결합하여 있는 농장의 형태를 말한다.

치유 동물농장은 양계, 양돈, 낙농, 한육우 사육 등 축산업을 경영하면서 가축 관리를 통한 치유 서비스를 병행하는 농장이다.

일부의 농장에서는 부수적으로 작물 재배, 원예 및 과수 등을 혼합한 농장의 형태로 운영하고 농축산물 직판장, 야영장, 체험농장 등 다양한 겸업 형태로 운영하기도 한다.

동물교감 치유농장에서는 정신 장애인, 치매 환자, 문제 청소년 및 지적 발달 장애인을 포함한 다양한 장애가 있는 대상자에게 케어 서비스를 제공하고 있다.

치유농업이 가장 활발한 네덜란드 치유농장의 운영 형태는 보건 · 의료기관 운영 형태가 가

장 많고, 다음으로 AWBZ(국민건강 보험) 승인 농장, 독립적인 형태(개인 운영), 무보상 봉사 형태 순으로 운영되고 있다.

농업의 유형은 낙농업이 가장 많고 다음으로 초지 농업, 일반가축(돼지, 닭, 면양 등), 일반 농작물 순이며 수입원은 농축산물 출하 판매가 가장 높고 다음으로 농장 직매장 판매, 도매업자 판매, 정기 구매 등이다.

일반적으로 농장치유 서비스에 대한 수입은 적은 편이다.

나. 농장 동물치유의 관점

치유 동물농장의 운영 목적은 사회적, 정신적, 신체적 장애가 있는 사람의 회복과 재활을 위함이며 또한 건강한 성인의 심리적 안정과 스트레스 예방을 위해 운영한다.

치유 활동은 주로 농장의 현장에서 진행되며 가축 관리 활동 자체와 자연환경의 치료적 요소로 활용한다. 즉, 정신 건강의 문제, 신체적 장애, 스트레스, 노화 등을 가축의 돌봄 과정을 통해 치유와 웰빙을 제공하는 것을 목표로 한다. 동물농장 치유는 크게 2가지의 관점에서 접근하고 있다.

(1) 농촌 어메니티를 통한 치유

이 접근 방식은 농장의 자연경관을 감상하고 그 속에서의 활동과 경험을 통하여 스트레스 제거, 심신 안정 및 정화로 건강증진이 되는 자연적 치유이다.

이것은 농장 환경을 활용하여 농작물 재배, 정원 가꾸기, 과수원 작업, 양봉, 유제품제조, 전통 식품 만들기 등과 같은 농업 관련 작업과 동물과의 접촉 및 사육 관리를 포함할 수 있는 모든 농업 작업에 대상자를 참여시킨다.

(2) 동물관리를 통한 치유의 장단점

농장 동물과의 직접 접촉(눈 맞춤, 껴안기, 쓰다듬기 등)을 통한 상호교감으로 심신의 안정과 재활, 병적 질환을 치유한다. 또한, 먹이 주기, 개체의 손질, 사육장의 청소 등과 같은 동물의 번식 및 사육 관리 작업을 통해 사회성 향상, 작업 습관 형성 및 건강한 몸과 마음을 유지하고 재활·회복하는 것이다.

농장 동물교감 치유는 자연스러운 인간-동물 상호작용이 대상자(클라이언트)의 삶의 질 향상 또는 사회적 기술의 자연스러운 발달에 초점을 맞춘다. 즉 대상자의 신체적, 사회적, 정서적 또는 인지적 기능을 더욱 개발하고 치유 또는 재활 과정을 지원하는 '자연 활동(activities in wild nature)'이다.

그림 Ⅳ-4 네덜란드 Paradise care farm 치유농장

1 장점

① 어린이는 동물과의 신체접촉, 쓰다듬기, 포옹, 먹이 주기 등에 동물이 긍정적인 반응을 보일 때 대상자가 보고 배우게 된다. 부모로부터 방임된 어린이에게 특히 적합하다.

② 약물 중독자 또는 범법 행위로 인한 재소자, 가출 청소년, 번아웃 증후군, 피로 또는 스트레스 증후군을 앓고 있는 성인 등의 급격한 환경 변화와 신체 활동 및 일상 문제를 극복하는 데 도움이 된다.

그림 Ⅳ-5 미국 노스캐롤라이나 Hendo Care Farm

③ 동물사육 관리의 신체적 노동은 에너지를 방출하는 출구이다. 장기 실업자, 수감자, 정신 질환자, 마약 중독자 등은 가축 관리를 하면서 작업 습관을 기르거나 개선하고, 자아실현에 대한 욕구를 충족시키며, 개인적 성취감, 책임감을 기르고, 자신감과 유용성을 높일 수 있다.

④ 정신적, 육체적 활동이 제한된 사회 복지 시설(양로원, 요양원)의 노인에게도 적합하다. 특히, 대근육 및 소근육 운동기술의 훈련과 신체 움직임에 대한 동기 부여. 가족과 헤어졌을 때 우울증을 예방하거나 완화하는 역할을 하며 안정감을 강화한다.

⑤ 재향 군인에게도 적합하다. 이 일은 그들이 삶의 의미를 다시 찾고, 잦은 트라우마 경험을 극복하고, 정상적인 삶으로 돌아가는 데 도움이 된다.

⑥ 사회적 고립의 위험에 처해 있는 난민, 이주민의 경우 공동 작업을 통해 이주 국가의 언

어와 관습을 배우고 사회적 접촉을 형성하며 지역사회에 통합될 수 있다.

⑦ 농장치유는 사회 봉사활동 선고를 받은 사람, 집행 유예 선고를 받은 사람, 그리고 수감자의 삶을 개선하고 새로운 삶의 기회를 얻을 수 있게 한다.

2 단점

① 농장 작업과 치유 활동은 많은 시간과 노동력이 필요하며 농장 시설 및장비를 확보하는데 경제적 부담이 크다.

② 동물사육에 대한 지식과 기술이 필요하다. 동물농장 운영에 대한 경험이 부족한 사람이 농장을 운영하기 힘들다.

③ 날씨 및 계절에 따라 크게 영향을 받아 일정한 치유 활동을 보장하기 어려울 수 있다.

④ 치유농업을 실현하기 위한 적절한 농장과 인프라가 필요하며 지역에 따라 가용성이 다를 수 있다.

02 치유 동물농장의 조성과 관리

학습 목표

- ✔ 치유 동물농장의 조성 원칙에 의거 세부 환경 조성 내용을 말할 수 있다.
- ✔ 치유 동물농장의 안전을 점검하고 관리할 수 있다.
- ✔ 치유 동물농장의 방화 시설을 설치하고 관리할 수 있다.

2.1 치유 동물농장의 환경

가 치유농장 조성의 기본 원칙

농업 치유의 장점 가운데 하나는 농촌 어메니티(amenity)를 활용한다는 것이다. 농촌 어메니티는 인간이 자연환경과 교감하면서는 농촌 지역의 아름다운 경관, 역사 문화적인 전통과 풍습, 정취 등이 어우러져 쾌적함, 유쾌함, 긍정적인 감정 등을 불러일으키는 장소의 속성이나 감성적 인식(농촌다움, 경관미, 정주 편리성 등)을 의미한다.

따라서 농장의 환경은 농장 동물치유에서 가장 기본적이고 핵심적인 중요한 한 부분을 차지하고 있다.

더 알아보기 : 치유농장의 환경 조성 원칙

- 농촌 어메니티(amenity)를 유지, 보존함을 원칙으로 한다.
- 자연 친화적인 소재와 재료를 바탕으로 교육환경을 조성한다.
- 농가 및 자연환경과 잘 어울릴 수 있는 컨셉과 소재를 활용한다.
- 농장 주변의 위험 요소 제거 및 안전장치를 설치한다.
- 사람과 동물의 위해를 방지하는 시설 및 차단 방역 시설물을 설치한다.

나 농장의 세부 환경 조성

(1) 진입로와 주차장 환경 조성

농장 주변과 진입로 등은 조경수 및 화훼작물 식재, 조형물 설치 등을 하여 심미적 측면에서 쾌적한 환경을 유지해야 한다.

① 농장 진입로 입구의 도로변에 벽돌을 쌓아 화단을 만들어 화훼작물 등을 심는다.

- 권장 화초: 샐비어, 팬지, 마리골드, 비올라 등

② 진입로 언덕은 돌담을 쌓고 그사이에 조경수를 심는다.

- 권장 나무 : 회양목, 사철나무, 철쭉, 영산홍 등

③ 진입로 양측 도로변에는 관상수를 심는다.

- 권장 나무: 층층나무, 벚나무, 느티나무, 소나무, 주목, 향나무 등

④ 대상자(client)의 접근성 편의를 위한 진입도로의 확보와 대형버스 1대가 주차할 수 있는 공간이 농장 내부 혹은 외부에 마련되어 있어야 한다.

(2) 치유농장의 간판과 농장 안내도 설치

시설물의 외관 배치와 형태는 미학적인 요소를 고려하고 소재가 자연 친화적이어야 한다.

① 치유농장 문구가 명시된 간판이 적합한 장소에 설치되어 있어야 한다.

② 농장의 전체 모습을 한눈에 확인할 수 있는 안내도가 설치되어야 한다.

③ 목재, 돌 등을 사용하여 주위환경과 잘 어우러지도록 한다.

④ 간판에는 00 치유농장 표기, 농장주, 주소, 연락처 등을 표기한다.

그림 Ⅳ-6 영국의 막달렌 치유농장(Magdalen Farm)

(3) 축사의 외부환경

축사의 외벽에는 자연환경 그림이나 어린이들이 그린 벽화, 대상자가 동물을 이해하는 데 도움이 되는 그림 등을 그리거나 조형물을 설치한다.

또한, 깨끗한 농장 유지를 위한 청결과 정리 정돈 및 악취 발생을 줄이는 시설을 설치해야 한다.

그림 Ⅳ-7 축산농장 벽화 그리기

(4) 편의 시설의 설치

편의 시설은 프로그램 참여 대상자 중에는 장애인이 포함될 수 있으므로 이동, 체험 등 농장 내 활동에 지장이 없도록 편의 시설이 필요하다.

① 화장실은 남·여 분리 사용이 가능하도록 설치한다.
② 치유자가 휴식을 취할 수 있는 실내 휴게실, 식당 등을 설치하고 냉난방 장치를 한다.
③ 야외 휴양 공간(벤치, 원두막, 퍼걸러), 놀이 시설(시소, 그네 등)을 갖춘다.
④ 샤워실과 손을 닦을 수 있는 세면대를 설치한다.
⑤ 전용 실내화, 장화, 실습복 보관함을 설치하고 비치한다.
⑥ 장애인 및 심신 허약자의 휠체어 이동 통로를 별도로 설치 운영해야 한다.
⑦ 장애인용 전용 화장실, 세면대 등을 별도로 설치하여야 한다.

그림 IV-8 원두막과 놀이 시설

2.2 치유 동물농장의 관리

가 농장의 안전관리

안전 사항(safety statement)이란 치유농장의 위험성을 진단하고 관리하는 계획이다. 모든 농장은 위험성을 내포하고 있으며 특히 치유농장의 참여자들은 농장 미경험자, 지적 장애, 치매, 지체 장애인, 아동 등이 참여함으로 더욱더 농장의 잠재적 위험 요소를 파악하고 분석하여 사전에 사고를 예방하여야 한다.

(1) 농장 내 위험물 제거 및 안전진단 시행

① 농기계 및 작업기는 일정 장소에 보관하고 출입을 통제한다.
② 농장을 수시 점검하여 위험물을 사전에 제거하고 관리한다.
③ 모든 시설물은 주 1회 이상 안전진단을 하고 점검 사항을 기록 관리한다.
④ 긴급 상황에 대비한 구급 약품을 갖추어 보관해야 한다.

(2) 안전 수칙의 게시와 안전교육 시행

농장의 위험 요소가 있는 장소에는 반드시 안전 수칙을 게시하고 방화에 대비한 피난 방법,

소화기 위치와 사용법 비상구 등 사전 교육을 한다.

비상구 유도등은 모든 출입구에 설치하여 운영한다.

나 방화 관리

치유농장에는 건초와 사료 등 가연성 물질이 많이 있으며 특히 정신 질환자, ADHD 아동, 호기심 많은 아동이 참여하는 기회가 많다. 따라서 화재에 대한 사전 점검과 방지, 화재 발생 시 초동 진화 대책이 수립되어야 한다.

▶ ADHD((attention deficit hyperactivity disorder, 주의력결핍 과잉행동장애)

- 주의력 결핍(Inattention), 과잉행동(Hyperactivity), 충동성(Impulsivity)이 주요 증상이다.
- 전 세계 아동의 5~7%가 ADHD를 가지고 있으며 성인까지 지속할 수 있다.
- 여러 원이이 있으며 주로 뇌의 신경전달물질(도파민, 노르에피네프린) 불균형과 관련 있음

(1) 소화기 비치와 점검

소화기는 1실 1대 이상을 잘 볼 수 있는 장소에 비치하고 유효기간이 지나간 것은 즉시 교체해야 하며 운영자는 소방 및 안전 책임자를 지정 운영하고 점검일지를 기록하여 보관해야 한다.

(2) 소방 및 안전관리 책임제 운용

소방 및 안전 책임자 지정 운영하고 소방 및 안전 책임자는 관계기관에서 시행하는 교육을 이수한 자로 지정하고 소방 안전 책임자는 안전사고 후 즉각 대응을 위해 소방서, 경찰서 등의 연락 및 협조체제를 구축해야 한다.

표 IV-1 치유 동물농장의 외부환경 및 시설·설비 점검표

장소	항목	사전 점검내용	점검 결과
외부 환경	농장 안내도	안내 지도의 위치는 적절한가?	□예 □보완 □미비
		안내도 표시판의 재질은 친환경적인가?	□예 □보완 □미비
	진입로	차량 진입로의 공간은 충분한가?	□예 □보완 □미비
		진입로에 꽃밭 또는 조경수를 심었는가?	□예 □보완 □미비
	주차장	충분한 공간과 안내표시가 있는가?	□예 □보완 □미비
		장애인 주차장과 안내표시가 되었는가?	□예 □보완 □미비
	외부환경	악취 발생 저감 시설이 설치되었는가?	□예 □보완 □미비
		전반적 외부환경이 청결하고 안전한가?	□예 □보완 □미비
		조형물 설치, 벽화, 꽃과 조경수가 식재되었는가?	□예 □보완 □미비
편의 시설	내부 휴게실	쾌적하고, 충분한 공간이 있는가?	□예 □보완 □미비
	외부 휴식공간	파골라, 벤치 등이 갖춰지고 청결하게 정리되어 있는가?	□예 □보완 □미비
	식당	필요한 재료는 적절한가?	□예 □보완 □미비
		충분한 공간 및 접근을 할 수 있는가?	□예 □보완 □미비
		청결 및 위생 상태는 적절한가?	□예 □보완 □미비
	화장실	청소상태는 적절한가?	□예 □보완 □미비
		필요한 설비 및 소품은 적절한가?	□예 □보완 □미비
안전 설비	위험물 관리	위험물을 제거하고 주의, 경고 표지판을 부착하였는가?	□예 □보완 □미비
	소화기 비치	1실 1대의 소화기를 적절한 위치에 비치되어있는가?	□예 □보완 □미비
	화재 대피 안내	화재 대피 안내판과 비상로 표시가 되어 있는가?	□예 □보완 □미비
	상해보험	대상자의 상해보험은 가입하였는가?	□예 □보완 □미비
	안전 수칙 게시·교육	위험 요소에 안전 수칙을 게시하고 주기적인 안전교육을 시행하였는가?	□예 □보완 □미비
장애인 시설	화장실	장애인 화장실은 설치되어 있는가?	□예 □보완 □미비
	이동 통로	장애인 및 심신 허약자의 휠체어 이동 통로를 설치 운영하는가?	□예 □보완 □미비

03 치유 동물농장의 시설

학습 목표

- ✔ 적정한 실내 치유실과 필요한 기자재와 교구를 확보할 수 있다.
- ✔ 현장 치유 실습실의 동물을 확보하고 동물복지 시스템을 구축할 수 있다.
- ✔ 현장 실습실의 위해 방지 시설을 설치하여 사전에 방지할 수 있다.

3.1 실내 치유실

가 실내 치유실의 확보

(1) 일반 사항

실내 치유실은 상담실과 겸용으로 사용하는 공간으로 대상자가 농장 내 사육 및 생산 공간을 거치지 않고 바로 상담·치유실에 출입할 수 있도록 별도의 동선이 확보된 시설이어야 하며 계절적 기후 현상에 대비하여 냉난방 장치가 설치되어야 한다.

또한, 시끄러운 방해 요소에서 벗어난 한적한 곳에 위치하여 대상자의 개인 정보 보호와 기밀을 유지하면서 마음을 열고 집중할 수 있는 곳이어야 한다. 축사 시설물에 의한 각종 소음과 가축들의 시끄러운 소리가 들리지 않는 건물 내의 위치를 선택한다.

그림 Ⅳ-9 실내 상담·치유실

(2) 적정 면적

상담·치유실은 대상자가 편안하고 안전하다고 느낄 수 있는 공간이어야 한다. 따라서 너무 크거나 작은 크기는 적절하지 못하다. 너무 큰 방은 마음이 산만해지고 치유자가 대상자의 행동을 관찰하기가 어렵고, 너무 작은 방은 자유롭게 자기를 표현하는 데 불편하다(Landreth. 1991) 일반적인 상담실 규모는 다음과 같다.

- 개인 상담실(1인용) 약 3.5m×4.5m(16㎡ 약 5평)
- 집단 상담실(7~8인용) 4.5m×6.5m(29㎡ 약 9평)
- 대형 치유실(20~25명) 6.5m×8.5m(55㎡ 약 17평)

나 실내 치유실의 집기

(1) 책상과 의자

책상은 너무 화려하고 고가의 상담 테이블과 중후하고 무거운 질감이 느껴지는 것은 피하는 것이 좋다. 재질은 목재가 이상적이며 유리를 깔거나 금속 재질은 차가운 느낌을 주므로 피하는 것이 좋고 테이블의 색상은 주황색 검정계열이 좋다.

상담실 테이블은 원탁이 좋다. 테이블에는 따뜻한 단색 커버를 사용하고 테이블 위에는 화장지 외에 불필요한 장식을 하지 않고 유리를 깔 때 간단한 상담실 안내 문구나 마음을 편안하게 할 수 있는 시화 그림을 넣어둔다.

집단 상담실이나 치유실의 책상은 필요에 따라 배열의 변형이 쉽도록 바퀴가 달린 것이 좋다.

의자나 소파를 선택할 때 편안함은 가장 중요한 요소이므로 인체 공학적으로 설계되고 내구성과 청결성이 우수해야 한다.

상담 의자는 나무 재질에 가죽시트나 천시트, 색상은 황토색, 오렌지색, 검은색 계열이 편안함과 안정감을 준다. 의자는 대상자와 치유사, 또는 보호자가 동석해야 하는 경우를 고려하여 3~4개를 같은 종류로 배치한다.

그림 Ⅳ-10 상담실 조명과 소파

(3) 교구와 기자재의 확보

① 상담 및 치유실은 컴퓨터, 칠판, 화이트보드 등 판서 도구와 교구가 완비되어야 한다. (컴퓨터, 빔프로젝터 등 시청각 교구 권장)

② 기타 보조 치유(음악치료, 미술 치료, 작업치료, 놀이 치료 등)에 사용되는 재료와 기구를 비치한다.

③ 선반(90× 120cm)은 문이 없는 것이 좋지만 다양한 증상의 대상자가 함께 사용한다면 문이 달린 장을 만들어 선택적으로 사용할 수 있도록 하는 것이 좋다.
④ 정리장과 선반들은 어린 연령대의 아동들도 접근할 수 있어야 한다.

3.2 현장 치유장

가 치유동물 확보와 복지 시스템

(1) 다양한 동물자원의 확보

치유농장은 2가지 이상의 농작물 재배 포장 또는 동물자원 확보를 권장한다. 이것은 다양한 동물 교감치유 프로그램을 적용함으로써 대상자의 호기심과 흥미를 증진 시키고 치유의 다양성으로 효과를 향상할 수 있기 때문이다.

미국 펫 파트너스(Pet Partners)에서는 개, 고양이, 말, 토끼, 새, 기니피그, 쥐, 돼지, 라마와 알파카 등 9종의 동물을 활용하고 있다.

(예) · 소, 말 농장 : 염소, 토끼, 가금류의 중소동물 + 텃밭 + 꽃밭

· 양계 농장 : 염소, 토끼 등 + 텃밭 + 꽃밭 등

(2) 동물 복지적 사육 시스템 구축

현장 치유장은 축산에 대한 전문적인 지식과 기술을 습득하는 교육장이 아니다. 따라서 돼지의 스톨 사육, 소의 계류식 우사, 닭의 케이지 사육 등은 동물 복지적 차원에서 바람직하지 않으며 오히려 대상자에게 부정적 감정을 갖게 할 우려가 있다. 동물 교감치유에서는 어린아이의 호기심 유발과 노인들의 향수를 불러올 수 있는 재래적 사육방식이 더욱 권장된다.

① 가금류와 돼지는 자연 친화적인 사양 방식으로 사육되고 방사가 가능한 시설을 확보해야 한다.

② 낙농 및 한우 사육 등 대가축 사육농장은 방목장, 방목 초지 또는 사료포를 보유해야 한다.

③ 가급적 친환경적이고 동물 복지적인 사육방식과 사육 시설을 설치하여 운영한다.

그림 Ⅳ-11 현장 동물 교감치유(Sage ParkAssisted Living and Memory Care)

(3) 경제 동물 사육장과 현장 치유장의 구분

최근에 가축 전염병이 창궐하고 있다. 따라서 교감치유 농장은 대상자의 잦은 방문으로 차단 방역에 허점이 생길 수 있으므로 농장 내에서 사육되는 경제 동물과 구분하여 별도의 현장 치유장에서 사육되어야 한다.

① 현장 치유장은 일반 동물 사육장과 차단 방역을 위해 구획을 설치하여 운영한다.

② 동물 사육장과 치유장의 거리는 최소 30M 이상을 간격을 유지하고 체험자의 접근이 차단되도록 펜스를 설치한다.

③ 현장 치유장은 치유 프로그램이 운영될 수 있도록 충분한 넓이의 공간이 확보되어야 한다.

④ 현장 치유장은 일반 사육 및 생산 공간과 분리된 치유 프로그램 운영만을 위한 실습 공

간으로 사용한다.

⑤ 동물 사육장과 현장 치유장에서 활용되는 기자재와 기계 기구를 공용으로 쓰지 않는다.

⑥ 현장 치유장 동물을 동물 사육장에 합사하지 않아야 하고 합사할 경우 격리장에서 충분한 검진을 거쳐야 한다.

⑦ 참여자가 농장 내 사육 및 생산 공간을 거치지 않고 현장 치유장으로 출입할 수 있는 별도의 동선을 확보하고, 치유장의 출입구에는 입구와 출구가 별도로 되어있어야 하며, 치유장과 분리된 별도의 전실 마련을 한다.

⑧ 현장 치유장 전실에는 참여자의 신발이나 의복을 소독할 수 있는 소독 시설, 손 세척 및 소독 용품, 응급약품 등을 갖춰야 한다.

⑨ 참여자가 현장 치유장 전실에서 분무 소독을 마치고 전용 실내화를 신은 후 치유장으로 이동할 수 있는 동선을 마련한다.

⑩ 현장 치유장은 치유 프로그램이 운영될 수 있도록 충분한 넓이의 공간이 확보되어야 하며 프로그램을 운영할 수 있는 교구와 기자재를 갖추고, 치유장에는 치유동물의 휴식과 계류를 할 수 있는 별도의 공간 또는 케이지가 필요하다.

⑪ 현장 치유장에는 응급 상황에 필요한 응급약품을 갖춘 보관대가 설치되고 필요한 안전시설을 갖추어야 한다.

나. 위해 방지 시설

치유농장은 항상 사고에 대한 위험 요소가 있다. 동물 교감치유 과정에서 동물이 사람에게, 또는 사람이 동물에게 가하는 위험 요소가 존재한다. 참여하는 대상자는 동물의 돌발적인 상해, 알레르기, 전염병 등에 노출될 수 있다.

또한, 대상자가 동물에게 스트레스와 상해를 입히는 경우가 발생 될 수 있다. 따라서 위해 요소를 사전에 방지하는 시설과 위해 사항을 발견하면 적절히 제어할 수 있는 장비와 관리 시설이 필요하다.

① 적합한 작업 환경을 제공하고 모든 참여자에게 안전에 대한 사전 교육해야 한다. (흡연, 화재, 위험물, 기계장비 작동 등)

② 동물치유 활동 중 위험 사항에 대비한 각종 장구(포획망, 케이지, 비압기, 차단막, 눈가리개, 저지봉, 밧줄 등)를 비치하여 안전에 대비하여야 한다.

③ 치유실습장을 탈출한 동물을 유도하는 유도로, 포획장 등이 완비되어야 한다.

④ 대상자가 실습장을 출입 시 충분한 소독이 이루어질 수 있는 분무 소독기, 발판 소독조, 세면대 등의 시설을 갖춰야 한다.

⑤ 실외 실습장에는 응급 상황에 필요한 응급약품을 갖춘 보관대가 설치되어야 한다.

⑥ 치유실습장의 모든 장비와 기구는 소독약의 살포가 가능한 재질로 갖추도록 한다.

⑦ 장애인들을 위한 이동 시설(휠체어), 손잡이 난간, 의자 등의 편의 시설을 구비하여야 한다.

⑧ 치유 실습 시에는 안전 지도를 사전 실시하고 치유사와 보조자가 2인 1조가 되어 수시로 안전을 점검하도록 한다.

표 IV-2 실내 치유실 및 현장 치유실 점검표

장소	항목	사전 점검내용	점검 결과
실내 치유실	치유실 공간	적정 면적 공간은 충분한가?	□예 □보완 □미비
	냉, 난방설비	냉, 난방설비는 잘 작동하는가?	□예 □보완 □미비
	청결	내부 환경이 쾌적하고, 청결한가?	□예 □보완 □미비
	책·걸상	책상과 의자는 충분히 확보되었는가?	□예 □보완 □미비
	교구, 기자재	컴퓨터, 빔프로젝터, 칠판 등 판서 도구와 시청각 기자재가 확보되었는가?	□예 □보완 □미비
현장 치유실	동물의 확보	2가지 이상의 농작물 재배 포장 또는 동물이 확보되었는가?	□예 □보완 □미비
	동물복지	동물 복지적 사육 구조와 시스템이 구축되었는가?	□예 □보완 □미비
	현장 치유실 관리	치유실의 입구에 소독판 및 소독 시설이 갖춰지었는가?	□예 □보완 □미비
		치유실습장이 일반 동물 사육장과 구분하여 구획을 설치, 운영하는가?	□예 □보완 □미비
		치유 프로그램이 운영될 수 있도록 충분한 넓이의 공간이 확보되었는가?	□예 □보완 □미비
		동물치유 활동 중 위험 사항에 대비한 각종 장구를 비치하였는가?	□예 □보완 □미비

04 치유 동물농장 운영

학습 목표

- ✔ 치유 동물농장의 성공 요인을 말할 수 있다.
- ✔ 치유 동물농장의 사업절차를 순서대로 말할 수 있다.
- ✔ 치유 동물농장 운영자의 자질 요건을 말할 수 있다.

4.1 치유 동물농장 운영의 기본

가 치유 동물농장의 성공 요인

치유 농장의 성공 요인은 농장주의 태도(attitude of farmers), 공동체 형성(community), 프로그램의 운영(activities), 농장의 녹색환경(green environment) 4가지 요소로 구분한다.(Elings. 2011; Hassink, 2010).

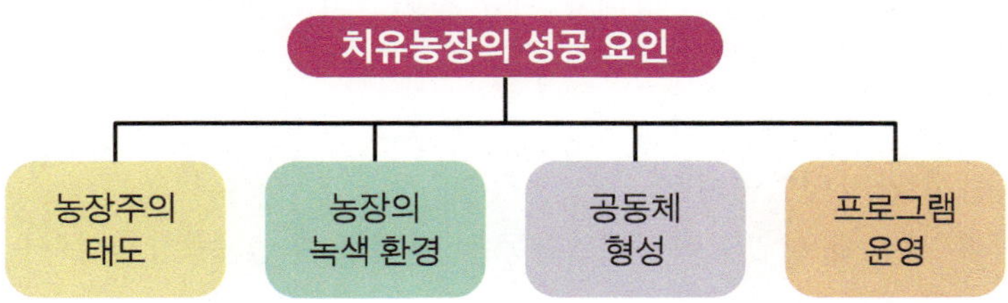

그림 IV-12 치유농장의 성공 요인

첫째, 공동체 형성은 농장주와 참여자 모두가 공동체 일원이 되도록 하여 가족과 같은 편안한 감정을 갖도록 분위기를 조성하는 일이다.

둘째, 농장주 태도는 농장주가 참여자를 진실성, 공감, 이해, 온정으로 대하는 태도이다.

셋째, 프로그램 운영은 참여자의 호기심과 흥미를 끄는 활동, 심리 및 신체 회복과 재활에 유용한 활동, 구조화된 다양한 치유 프로그램을 제공하는 일이다.

넷째, 농장의 녹색 환경은 농장이 녹색의 쾌적하고 조용한 자연환경, 휴식의 공간, 자연을 경험하고 다양한 동물과의 교감이 이루어질 수 있는 환경 제공하는 일이다.

나 치유 동물농장의 자가 점검 사항

(1) 치유농장 운영자의 사명감

첫째, 치유 동물농장을 시작하는 데 가장 중요한 요소는 동기 부여이다. 단순히 경제성만을 위한 돈벌이 사업이 아니라 소외되고 고통받는 사람들의 건강 및 사회복지 서비스를 제공한다는 사명감이 있어야 한다.

둘째, 돌봄 농부(care farmer)로서 동물교감 치유와 관련된 새로운 지식과 기술을 습득하여 치유할 수 있는 능력과 자질을 갖추어야 한다.

셋째, 아직 우리나라에서 치유 서비스의 수입원은 미미하나 앞으로는 경제성도 확장될 것으로 전망된다.

치유 동물농장은 새로운 환경 조성과 격리된 사육 시설 등의 사업비용이 추가될 수 있으므로 자금의 조달에 문제가 없는지 점검해야 한다.

(2) 치유 동물농장의 종합 점검

치유 동물 농장을 운영하고자 하는 자는 다음 12개 항목에 대해 스스로 점검하여 미진한 부분이 없는가?, 나에게 적합한 사업인가? 를 사전에 점검하여 사업을 수행할 것을 권장한다.

① 나의 동기는 무엇인가? 나는 동물 교감치유에 대한 구상을 얼마나 오랫동안 생각해왔고 왜 그것을 하고 싶은가?

② 내가 운영하고자 하는 농장의 형태와 치유 서비스의 대상은 어떤 그룹이며 그 이유는 무엇인가?

③ 내 농장에서 구체적으로 어떤 활동을 할 수 있으며 대상자의 관심과 치유에 적합한 환경과 시설이 완비되었는가?

④ 연중 계절과 날씨에 상관없이 치유 활동을 전개할 수 있는 장소와 시설이 준비되어 있는가?

⑤ 방문자가 안락한 휴식을 취할 수 있는 실내외 휴식장과 화장실, 세면실 등 편의 시설

이 갖추어져 있는가?

⑥ 투자할 돈이 있는가? 아니면 자금 조달을 위한 방안을 찾아야 하는가?

⑦ 치유 동물농장을 운영하는 데 가족이 동의하고 환영할 것인가?

⑧ 나는 사람들과 시간 보내는 것을 좋아하고 그들과 매일 농장에 있기를 원하는가, 아니면 일주일에 하루, 이틀만 농장에 있기를 원하는가?

⑨ 나는 대인관계의 사회적 소통 능력, 인내심 및 공감 능력을 갖추고 있는가?

⑩ 나는 내 치유농장을 소개하고 홍보하는 사이트를 운영할 수 있는 컴퓨터 활용 능력이 있는가? 아니면 가족 중에서 도움을 줄 수 있는 사람이 있는가?

⑪ 나는 지역사회의 장애인 관련 단체, 지자체의 사회복지 관련 기관, 농업기술원, 농업기술센터 등과 유기적인 관계를 맺고 있는가? 정부 또는 지자체의 지원을 받을 수 있는가?

⑫ 나는 농장 운영 및 치유와 관련된 서류를 작성하고 각종 공문서를 처리할 수 있는 능력이 있는가? 아니면 도와줄 사람을 고용해야 하는가?

이상의 각 항목을 점검하여 스스로 수행할 수 있다고 판단되면 치유 동물농장 사업을 권장한다.

다 치유 동물농장의 사업절차와 수입원

(1) 치유 동물농장의 사업절차

치유농장을 운영하고자 하는 운영자는 사전에 다음 사항을 스스로 점검하여 적합한지를 점검해 최종적으로 운영 여부를 신중히 결정해야 한다.

과 정		구체적 파악 내용
1. 가능성의 탐색	➔	치유농업이 무엇인가? 구성 요소는 무엇인가?
↓		
2. 치유농업의 적절성 판단	➔	치유농업이 나를 위한 것인가?
↓		
3. 더 많은 정보 알아내기	➔	구체적인 사항 알아내기
↓		
4. 계획과 준비	➔	사전 운영계획 수립- 운영 모델, 사업 조직, 사업 활동, 보험 가입 등
↓		
5. 치유농업 서비스 제공	➔	치유 프로그램 운영

그림 Ⅳ-13 치유농장의 사업절차

(2) 치유농장의 수입원 형태

치유 동물 농장의 수입원은 농장 경영 위주와 치유 서비스 위주에 따라 달라질 수 있다.

치유농업이 가장 활발한 네덜란드의 치유농장의 수입원은 농작물 직접 판매가 가장 높고 다음으로 농장 직판장 판매, 도매업자 판매, 정기 인터넷 판매 등이다. 농장치유에 대한 수입은 적은 편이다.

우리나라에서는 대부분 농장 생산물 판매금을 주 수입원으로 하고 치유 서비스 수입은 부수입으로 운영되고 있다.

앞으로는 동물 교감치유만을 전문으로 하는 치유농장과 사회적 기여 차원에서 치유 서비스를 무상으로 실시하는 공공 기관(농업기술원, 지자체 기술센터 등)이 확대될 것으로 전망한다.

농장 경영 형태	주수입	부수입
농장 경영 위주	농축산물 판매금	치유 서비스 수입
치유 서비스 위주	치유 서비스 수입	농축산물 판매금
사회적 기여(예방, 교육)	정부·지자체 지원금	-

그림 IV-14 동물농장의 수입원 형태

4.2 치유 동물농장의 경영 형태

가 동물 위주의 경영

(1) 단일 동물 경영

단일 동물사육 경영은 기존에 사육하는 낙농 목장, 양돈장, 양계장 등의 동물농장을 유지하면서 농장 일부의 시설을 치유동물 사육장으로 구분하여 동물치유 서비스를 시행하는 경영 형태이다.

이 형태의 주 수입원은 축산물 판매 수입이며 치유 서비스 수입은 부수입원이다. 이 농장은 단일 동물만을 활용하기 때문에 프로그램이 단조롭고 반복적인 활동으로 대상자가 지루함을 느끼고 흥미가 저하될 수 있다. 또한, 농장주가 동물치유사를 겸하는 경우이므로 전문적인 치유 프로그램을 운영하는 데는 한계점이 있다.

단기적으로 행하는 예방적, 웰빙적, 교육적 차원의 치유 서비스를 제공하는 동물농장 경영 형태다. 현재 대부분 우리나라에서 시행하고 있는 형태이다.

또한, 단일 동물만을 활용하는 경우 프로그램이 단조롭고 반복적인 활동으로 대상자가 지루함을 느끼고 흥미가 저하될 수 있다.

표 Ⅳ-3 단일 동물 경영

축종(농장)	주 치유 동물	비고
낙농, 양돈, 양계, 한우, 염소 등	젖소, 돼지, 닭, 한우, 염소 등	- 기존 보유 동물 일부를 치유 동물로 활용

(2) 종합 동물 경영

이 경영 형태는 농장 동물의 종류가 2종 이상으로 다양하면서 사육 규모는 작게 사육하는 치유 위주로 경영 형태이다. 따라서 다양한 동물교감 치유 프로그램을 전문적으로 수행할 수 있는 치유 전문 농장 형태이다.

이 농장의 경우는 동물의 사육 규모가 작아 축산물 판매 수입이 적으므로 대부분 치유 서비스 보수에 의존해야 하는 단점이 있다.

우리나라에서는 동물 교감치유의 수요가 적고 중앙 정부나 지자체의 지원 등이 미비하여 아직 활성화되지 않았다. 앞으로 동물교감 치유의 확산과 대중화를 위한 정부의 지원과 제도 및 기반 조성이 확립되고 체계화되면 확대될 것으로 기대된다.

표 Ⅳ-4 종합 동물 경영

치유 동물	비고
젖소, 돼지, 닭, 한우, 염소, 면양, 오리, 거위, 칠면조, 관상조, 등	- 축종별로 2종 이상의 동물사육

나 동·식물 복합경영

이 형태는 축산과 일반 농업을 결합한 경영 형태이다. 동물사육 위주로 하되 농장 내의 텃밭, 공터, 길 가장자리를 이용하여 작물을 재배하거나 꽃길, 정원 등을 조성하여 동물 교감치유와 식물(원예)치유를 복합적으로 운영하는 형태이다. 즉 동물 교감치유를 확대하여 작물, 원예 및 조경(숲) 치유를 혼용하여 경영하는 방식이다.

이 형태는 대상자에게 다양한 치유 소재를 제공함으로 동기유발과 흥미를 증진할 수 있고 동물치유의 약점을 보완할 수 있는 이점이 있으므로 권장되는 동물치유 형태이다.

다만 경영주는 동물사육과 작물 재배 · 관리에 대한 지식과 기술이 요구되고 큰 노력과 시간이 소요되는 단점이 있다.

표 IV-5 동·식물 복합경영

축종(농장)	주 치유 동물	부 치유 작목
낙농 목장, 양돈장, 양계장, 한우농장, 염소목장 등	젖소, 돼지, 닭, 한우, 염소 등	- 농작물, 원예작물 - 조경 식물 등

다. 동 · 식물, 농촌 어메니티 통합 경영

동물과 식물, 농촌 어메니티 통합 경영 형태는 농장 동물을 주 치유 매개체로 이용하면서 농촌 어메니티 자원을 활용하는 형태이다. 즉 농업 · 농촌의 자연자원, 문화자원, 사회자원과 농작업 활동 등 모든 자원을 이용하는 포괄적인 경영 형태다.

동물 교감치유는 주로 현장에서 행해지는 서비스 활동으로 기상 조건, 즉 우천, 폭설, 한파, 혹서 등에 의한 제약과 전염병의 유행 시에 동물과의 접근이 제한될 수 있다. 이때 농촌 어메니티를 활용한 다양한 프로그램을 운영할 수 있어 동물교감 치유를 보완할 수 있다.

또한, 단일 동물만을 활용하는 경우 프로그램이 단조롭고 반복적인 활동으로 대상자가 지루함을 느끼고 흥미가 저하될 수 있다. 그러나 동물치유 활동과 기타 농촌의 다양한 어메니티를 활용한 다양한 치유 프로그램을 적용하는 동물 중심 통합치유 접근법을 시행하면 동기유발과 흥미가 더욱 가중되어 치유 효과가 증진된다.

이 치유 형태는 다양한 활용 소재를 관리하는 경비와 노력, 시간이 많이 소요되고 치유사의 전문성이 요구된다.

표 IV-6 동·식물, 농촌 에메니티 통합 경영

<table>
<tr><th colspan="2">주 치유 동물</th><th>부 치유 작목 및 소재</th><th>농촌 어메니티 자원</th></tr>
<tr><td>대동물</td><td>소, 말 등</td><td>밭작물, 원예작물(화훼, 과수), 조경(숲)수</td><td rowspan="2">전통놀이(풍물, 윷놀이 등),
전통 음식(인절미, 만두 등 만들기), 숲길 걷기, 물고기 잡기, 원두막 휴식 등</td></tr>
<tr><td>중소동물</td><td>돼지, 염소와 양, 토끼, 닭</td><td>작업치료, 음악 및 미술 치료, 오락 치유 등</td></tr>
</table>

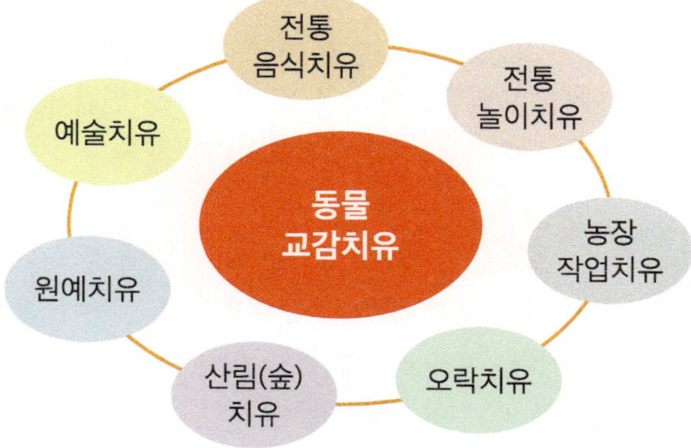

그림 IV-15 동물 중심 통합치유

동물과 농촌 어메니티 통합 운영 형태의 몇 가지 예를 들면 다음과 같다.

표 IV-6 동·식물, 농촌 에메니티 통합 경영

주 치유 동물		부 치유 작목 및 소재	농촌 어메니티 자원
대동물	소, 말 등	밭작물, 원예작물(화훼, 과수), 조경(숲)수	전통놀이(풍물, 윷놀이 등), 전통 음식(인절미, 만두 등 만들기), 숲길 걷기, 물고기 잡기, 원두막 휴식 등
중소동물	돼지, 염소와 양, 토끼, 닭	작업치료, 음악 및 미술치료, 오락 치유 등	

4.3 치유농장 운영자의 역량과 자질

운영자의 역량이란 대상자를 돌보는 기능을 수행하고 다른 협조 체계와 효율적이고 원활한 상호작용을 하며 치유 자원을 운영하는 능력을 말한다.

치유농장 운영자(여기서는 동물교감치유사와 동일시함)는 치유농장을 어떻게 설립하고 운영해야 하는가?, 내가 치유농장 운영에 적합한 사람인가? 내가 치유농장을 운영하는데 자질과 역량이 있는가를 스스로 반문하고 이에 대한 역량을 강화해야 한다.

가 치유농장 운영자의 역량

(1) 농장 운영자로서의 역량

농장 운영자는 치유농장을 어떻게 설립하고 운영해야 하는가?, 내가 치유농장 운영에 적합한 사람인가? 내가 치유농장을 운영하는데 자질과 역량이 있는가를 스스로 반문하고 이에 대한 역량을 강화해야 한다.

따라서 동물 교감치유에서 가장 중요한 농장을 설계하고 연간 운영계획을 수립하여 가축을 사육 관리, 판매하여 수익을 창출하는 역량이 필요하다.

(2) 치유사로서의 역량

우리나라에서는 치유농장 운영자가 동물 교감치유사일 경우가 대부분이다. 동물 교감치유의 주체는 치유농장 운영자이다. 치유농장의 성공 요인 중 가장 중요한 것은 농장 운영자의 경영철학과 신념, 동물 교감치유에 대한 전문적인 지식과 기술에 달려 있다. 흔히 동물 교감치유는 동물이 사람을 치유하는 것으로 잘못 알고 있다.

동물 교감치유가 대상자의 심리적, 신체적 회복과 재활을 위한 계획적이고 의도적으로 행해지는 전문적인 치유라고 한다면 당연히 그 주체는 동물이 아닌 교감치유사일 것이다. 따라서 동물 교감치유에서 가장 중요한 역할을 하는 치유사의 자질과 능력이 가장 중요한 요소이다.

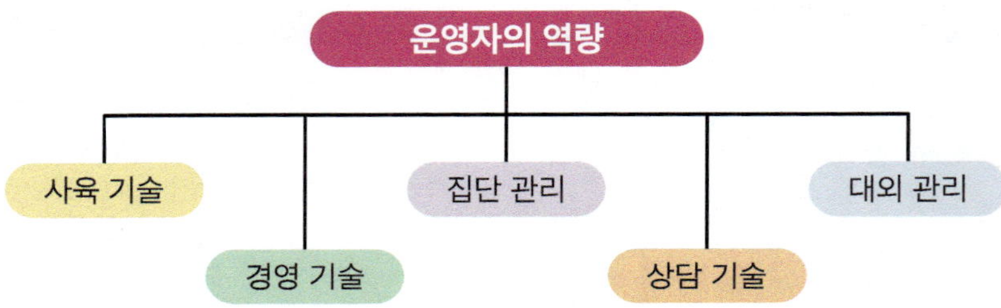

그림 Ⅳ-16 농장 운영자의 역량

나 치유농업 관련 자격취득

치유농업 운영자 다양한 동물치유 프로그램을 주제 중심 통합접근으로 구안하고 명확한 활동으로 구체화하여 진행할 수 있는 능력을 갖추어야 한다. 또한, 주제에 따른 동물치유 목표를 설정하고 학습자의 흥미와 관심을 유발 · 유지하고 모둠 활동 · 개별활동을 적절히 지도하고 원활한 의사소통을 할 수 있는 능력이 있어야 하며 치유 결과에 대한 평가 계획을 수립하고 평가 결과를 피드백할 수 있는 자질과 능력을 갖추어야 한다.

(1) 네덜란드의 농장치유사 자격 과정

치유농업이 발단한 네덜란드에서는 직업 교육(우리나라에서는 고등학교에서 대학까지에 해당)의 자격 수준이 1~4수준(Level)으로 구분하여 실시하고 있다.

표 IV-7 네덜란드 농업 치유사 자격 수준

구분	나이	급별	과정 내용	
직업 예비교육	12~16세(4년)	중학교	고교 직업 교육 탐색 및 준비	
직업 교육 (MBO)	16세 이상~성인	고등학교	1수준	보조 훈련(6개월~1년)
			2수준	본 직업 교육(2년)
			3수준	고등 전문교육(HBO) 3~4년
			4수준	중간관리, 전문가

(2) 우리나라 치유농업사 자격

우리나라는 아직 정형화된 치유농장이 없으나 일부 원예나 식물자원 농장에서 체험+치유 프로그램, 교육+치유 프로그램을 1회(1일)씩 운영하고 있으며 화원을 운영하면서 원예치료사 자격을 취득하여 원예치료 프로그램을 시행하고 있다.

치유농장의 치유농업사 자격취득에 대한 설문 조사에서는 치유농장 운영자에게 관련 자격을 보유하게 하여 방식이 75.7%로 가장 높게 나타났고 다음으로 전문 단체나 공공 기관 운영하는 방식이 21.6%, 교육농장 16.1%로 나타났다.(농진청 원예특작과학원. 2016) 따라서 농장주가 치유농업사 자격을 취득하여 운영하는 형태가 될 것으로 전망된다.

2020년 제정된 「치유농업 연구개발 및 육성에 관한 법률」 제11조에 의거 치유농업사 자격취득에 관련된 사항은 다음과 같다.

1 2급 치유농업사 응시 자격

치유농업사 양성기관에서 운영하는 2급 치유농업사 양성과정을 이수한 사람

2 2급 치유농업사 시험과목

표 IV-8 치유농업사 2급 시험과목

시험방식	시험과목
1) 제1차시험	가) 치유농업과 치유농업 서비스의 이해
	나) 치유농업자원의 이해와 관리
	다) 치유농업 서비스의 운영과 관리
2) 제2차시험	치유농업의 운영 실무

3 합격 기준

· 제1차시험: 과목당 100점을 만점으로 하여 각 과목의 시험점수가 40점 이상인 사람으로서 전 과목의 평균 점수가 60점 이상인 사람

· 제2차시험: 100점을 만점으로 하여 해당 과목의 시험점수가 60점 이상인 사람

동법 시행령 제7조에 의거 농촌진흥청과 지자체의 지방 농촌진흥기관의 치유농업 서비스 제공 또는 치유농업 관련 교육업무를 전담하는 부서에 1급 또는 2급 치유농업사를 1명 이상 배치해야 한다. 라는 규정에 의거 앞으로 치유농업사의 수요는 증가할 그것으로 예상한다.

(3) 우리나라 동물교감 치유 관련 자격

우리나라에서는 한국동물매개심리치료학회를 비롯하여 몇 개의 관련 단체에서 동물매개치유 관련 자격증을 수여하고 있다.

표 Ⅳ-9 동물 교감치유 관련 자격증

등록번호	자격명	발급기관	유형	지역	22년도 취득자	23년도 취득자
2013-0454	동물매개심리상담사	한국동물매개심리치료학회	단체	전북	222	119
2015-006320	동물매개재활사 2급	(사)창파동물매개치료연구센터	법인	경북	-	47
2016-000183	반려동물매개심리상담사	한국반려동물매개치료협회	단체	서울	46	46
2020-001473	반려동물매개교육복지사	(사)한국반려동물기업협회	법인	경기	114	31
2017-001968	반려동물매개심리상담사	한국반려동물산업진흥원	개인	서울	19	13
2017-000148	동물매개활동사	한국애견협회	법인	서울	4	-
2012-1267	동물매개심리사 3급	한국동물매개치료복지협회	개인	경기	13	2
2022-004775	동물교감상담사	교육협동조합 세움	법인	대구	-	12

자료출처: 한국산업인력공단 https://www.pqi.or.kr/inf/qul/infQulList.do 2025. 1.1 기준

한국동물매개심리치료학회에서 수여하는 동물매개심리상담사 자격 기준은 다음과 같다.

표 IV-10 한국동물매개심리치료학회 동물매개심리상담사 수여 기준

구분	수여 기준
2급 동물매개심리상담사	2년제 전문대학 재학 이상으로 한국동물매개심리치료학회에서 36시간 이수하고 학술 활동 6시간 이수자 - 전문대학의 관련학과 졸업자
1급 동물매개심리상담사	- 동물매개심리전공 석사과정 이수자로 한국동물매개심리치료학회에서 60시간 이수자, 학술 활동 12시간 이수자, 임상 실습 80시간 이수자 등
전문 동물매개심리상담사	1급 동물매개심리상담사 취득 후 3년 이상 경력자 한국동물매개심리치료학회에서 80시간 이수자, 학술 활동 18시간 이수자, 임상 실습 150시간 이수자 등
슈퍼 바이저	전문 동물매개심리상담사 취득 후 4년 이상 경력자로 한국동물매개심리치료학회에서 80시간 이수자, 학술 활동 36시간 이수자, 임상 실습 300시간 이수자 등

현재 우리나라에서는 전문적인 치유 동물농장이 없는 것으로 파악되고 주로 반려동물 중 개나 고양이를 이용한 반려동물 교감치유가 대중을 이루고 있다.

앞으로는 농장 동물 교감치유가 활성화될 것으로 전망된다. 따라서 치유농장 운영자는 농장 동물치유 프로그램 운영의 전문적인 지식과 기술을 습득하기 위해 관련 교육을 이수하고 자격 취득을 해야 할 것이다.

(4) 운영자의 자기 계발과 연찬

1 자기 계발 연수

동물 교감치유사의 능력과 자질을 향상하기 위하여 관련 기관에서 소정의 교육을 이수하고 동물 교감치유 관련 자격을 취득하고 필요에 따라 수시로 보수교육을 받아 역량을 강화한다.

2 교감치유 전문 기관의 컨설팅

초기 운영자는 농장 동물치유 프로그램의 원활한 운영을 위해 전문가 또는 관련 기관과 연계하여 지도·자문(컨설팅)을 받을 것을 권장한다.

3 관련 기관과의 네트워크 형성

치유농장을 운영하기 위해서는 관계기관, 지방자치단체, 전문가, 학회나 협회 등과 상호 협력 체제를 구축하여 문제점을 해결하고 발전 방향을 모색해야 할 것이다.

05 치유동물의 보호와 관리

학습 목표

- ✔ 동물 보호법의 기본 원칙을 말할 수 있다.
- ✔ 농장의 방역과 질병관리를 할 수 있다.
- ✔ 인수 공동전염병의 종류를 열거할 수 있다.

5.1 치유동물의 보호

동물 교감치유에 이용되는 동물은 특별한 제한이 없으나 돌발적으로 공격성을 나타내는 원숭이나 특별한 전염병을 전파할 수 있는 동물은 제외되어야 한다.

농장 동물은 건강하고 활력있는 동물이어야 하고 동물치유 과정에서 과도한 스트레스를 주지 않아야 하며 특히 수의학적인 정기 검진으로 전염병 감염을 방지해야 한다.

가 치유동물의 보호

최근에는 모든 동물에 대해 동물복지의 관점에서 세계 각국에서 관련 법규의 제정 및 개정이 이루어지고 있다.

(1) 우리나라 동물보호법

우리나라의 「동물보호법」은 1991년 5월 31일에 최초로 제정되었으며, 그 후 30회에 걸쳐 일부 개정이 있었으며 2023년 4월 26일 전부 개정되었다.

1 제정 목적

「동물보호법」의 제정 목적은 동물의 생명 보호, 안전 보장 및 복지 증진을 꾀하고 건전하고 책임 있는 사육 문화를 조성하여 생명존중의 국민 정서를 기르고 사람과 동물의 조화로운 공존을 목적으로 제정되었다.

2 동물 보호의 기본 원칙

「동물보호법」 제3조에 의거 다음 각호의 원칙을 준수해야 한다.

① 동물이 본래의 습성과 몸의 원형을 유지하면서 정상적으로 살 수 있도록 할 것
② 동물이 갈증 및 굶주림을 겪거나 영양이 결핍되지 않도록 할 것
③ 동물이 정상적인 행동을 표현할 수 있고 불편함을 겪지 않도록 할 것
④ 동물이 고통 · 상해 및 질병으로부터 자유롭게 할 것
⑤ 동물이 공포와 스트레스를 받지 않도록 할 것

(2) 동물 등록제

동물 등록제는 「동물보호법」 제15조에 근거해 반려동물과 그 소유자에 대한 정보를 행정기관에 등록해 동물의 보호와 유실·유기 방지와 공중위생상의 위해 방지를 위해 시장, 도지사, 군수, 구청장에게 등록하도록 규정하고 있다.

등록대상 동물은 주택 또는 준주택에서 기르는 2개월 이상인 개로 소유권을 취득한 후 30일 이내에 동물병원, 동물보호단체 등에서 등록하게 되어있다.

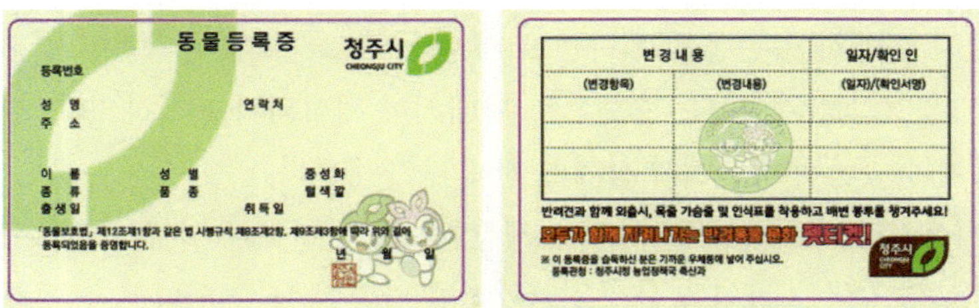

그림 IV-17 동물등록증

IV-18 외장형 무선 인식표

2023년 2월부터 동물 소유자는 동물등록증을 행정서비스통합시스템인 정부24(모바일앱) 전자지갑에서도 확인할 수 있다.

나. 치유동물의 복지

축산업이 생산성 향상을 위해 모의 확대와 자동화에 초점이 맞추어지면서 동물의 기본적인 행동 특성의 인정과 생명존중이 보장되지 않은 사육 환경이 제공되었다. 이로 인해 사육되는 동물은 스트레스와 질병이 만연하게 되었고 축산물의 안전성까지 위협받으면서 동물복지에 대한 개념이 확산하고 있다.

동물복지(animal welfare)가 무엇인지 이해하기 위해서는 먼저 동물복지의 철학적 개념을 알아야 한다. 동물복지의 철학적 근간은 제레미 벤담(Jeremy Bentham)의 공리주의이며, 이를 기초로 「동물 해방(Animal liberation)」의 저자인 피터 싱어(Peter Singer)가 동물복지의 철학적 개념을 완성했다고 할 수 있다.

동물에게는 지적 능력을 떠나서 고통을 느끼는 것을 배려해야 한다는 것이 동물복지의 철학적 개념이다. 즉 동물복지는 외부로부터 인위적으로 가해지는 불필요한 스트레스의 최소화라고 할 수 있다.

그러므로 동물복지는 인간이 동물에게 미치는 고통과 스트레스 등을 없애고, 동물 본래의 습성을 유지할 수 있는 환경을 제공하는 것이다. 동물의 기본적인 욕구가 충족되고 고통이 최소화된 안락한 상태가 유지되어야 한다.

인간의 필요에 따라 동물을 이용하는 것은 인정하지만, 인도적인 차원에서 동물이 삶을 살아가는 데 필요한 기본적인 욕구를 충족시키고 신체적, 심리적인 불편과 고통을 주지 않아야 한다는 것이다.

(1) 동물복지 축산과 공장식 축산

동물복지는 친환경 축산물과 안전한 축산물을 원하는 소비자들의 트렌드가 반영되어 안전하고 위생적이며 고품질의 먹을거리를 제공하는 수단으로 확대되어 해석되기 시작하였다. 결국, 동물의 복지는 인간의 복지와 공존적 측면에서 함께 발전해 나가야 한다.

동물복지 축산은 안락한 사육 환경에서 건강한 가축을 생산함으로 안전성과 위생이 확보된 고품질의 축산물을 생산함으로써 결국 농가의 생산성을 극대화할 방안이 될 수 있다.

공장식 축산은 공장에서 물건을 만들어 내듯이 좁은 면적에 많은 마릿수를 사육하는 열악한 환경에서 사육하는 방식이다. 따라서 질병 발생이 만연되고 예방과 치료를 위한 항생제가 잔류한 축산물이 생산되어 인간의 식탁에 오르는 것이다. 결국, 동물복지는 인간의 복지와 직결된다.

동물도 생명과 감성을 가진 생명체라는 인식이 확고해지는 것이 동물복지 실현의 전제 조건이라고 할 수 있다.

(2) 치유동물의 복지적 관리 지침

① 치유동물의 사육과 관리는 우리나라 「동물보호법」에서 정한 기준을 준수한다.
② 치유 프로그램에 활용하는 동물들의 스트레스를 줄이기 위한 가이드 라인을 설정하여 시행하도록 한다.
③ 치유 프로그램에 활용되는 모든 동물은 동물 복지적 차원에서 관리하고 활용되어야 한다.
④ 장시간 교감치유 활동으로 동물이 극심한 스트레스를 받는 자극과 행동을 하지 않도록 한다.

그림 Ⅳ-19 송아지 포유

⑤ 교감치유 활동은 될 수 있는 대로 1시간 이내로 실시하고 30분마다 휴식을 취하게 한다.

(3) 동물 보호 규정 고지

① 참여 대상자에게는 치유 프로그램 운영 전에 동물복지의 준수 의무에 대하여 충분한 설명이 이루어져야 한다.
② 치유 프로그램에 활용하는 동물들을 위한 스트레스 감소 방안, 수의학적 관리, 적절한 영양 및 휴식 제공 등을 가이드 라인으로 문서로 만들고 공지하여야 한다.

(4) 위험 상황에 대한 대처

① 참여 대상자가 동물에 위해나 위협을 하지 않도록 사전에 충분한 교육을 시행한다.
② 동물복지 가이드 라인에 위배되는 상황 발생 시 즉시 치유 프로그램을 중단하고 활용 중인 동물을 보호하는 조치를 한다.
③ 교감치유 동물은 목줄을 부착하여 위험 상황에 대비하고 보정기, 포획기구 등을 비치해야 한다.

5.2 농장의 방역과 질병 관리

가 농장의 차단 방역

방역이란 가축 전염병의 발생과 전파를 막기 위해 수행하는 제반 사항을 처리하는 일을 말한다. 최근에 해외에서 유입되는 신종 전염병이 만연되고 있어 더욱 방역의 중요성이 강조되고 있다.

동물 교감치유 프로그램에 참여하는 대상자들의 농장 출입에 따른 외부에서의 전염병의 유입을 철저히 차단해야 한다.

2023년 10월 20일에는 충청남도 서산에서 우리나라 최초로 럼피스킨병이 발생하였다. 이처럼 해외에서 유입되는 신종 전염병과 해마다 가축 전염병이 반복되어 확산하고 있다.

(1) 차단 방역의 중요성

전염병의 예방법 중 가장 중요한 것이 무엇일까? 이것은 질병이 농장에 들어오지 못하도록 차단하는 출입 통제, 소독 등의 차단 방역일 것이다. 아무리 예방접종을 잘하고 예방약을 충분히 투여한다 해도 차단 방역을 소홀히 해 특정 병원균이 사람 또는 차량을 통해 일단 농장 내로 유입된다면 어떤 형태로든지 질병이 발생할 수밖에 없고, 사양 관리 상태는 악화하고 투약 비용은 증가하는 등 경영의 악순환이 연속되는 계기가 된다.

특히 치유농장에서는 방역 구역을 설정하고 출입자를 소독하는 차단 방역이 매우 중요하다.

(2) 차단 방역의 단계

차단 방역이란 오염된 또는 오염이 예상되는 지역에서의 병원체 유입과 접촉을 막는 모든 조치를 의미한다. 외부로부터 유입될 수 있는 경로는 사람, 동물, 차량, 각종 장비와 자재, 야생동물 등이 있다.

방역은 병원균이 농장 내로 침입하지 못하게 막는 차단 방역, 농장 내부의 상존 병원체와 감염 기회를 줄이는 농장 방역 등으로 나눌 수 있다. 차단 방역의 단계는 다음과 같다.

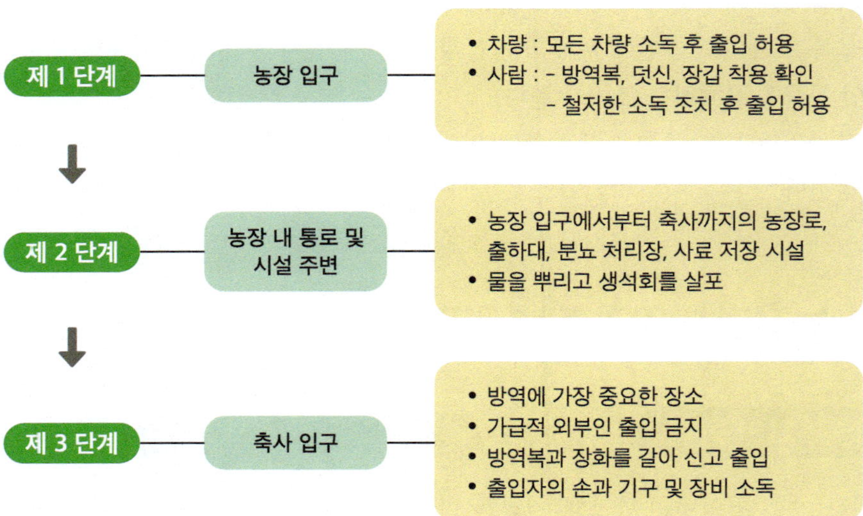

그림 Ⅳ-20 차단 방역의 단계

나. 농장의 소독

(1) 축사 소독

① 소독전 청소 : 유기물(분변, 오줌, 사료 등)을 제거해 오염원을 없앤다.

② 세척 : 고압 세척기를 이해 축사 천장, 벽 및 바닥의 분변, 오물 등을 깨끗이 제거

③ 건조 : 완전히 건조한다.

④ 소독 : 천장→ 벽→ 바닥 순으로 뿌린다.

- 소독약은 도가 낮으면 효과가 낮아진다(염소제는 약 15~20℃ 유지).

그림 Ⅳ-21 축사 소독

- 콘크리트나 목재와 같은 침투성 표면의 소독은 약액을 2배로 뿌려준다.

⑤ 소독 후 관리 : 소독 후 출입 통제, 약 2주 후 다시 실시한다.

(2) 운동장 및 흙바닥 소독

① 물기가 있는 흙바닥은 3.3㎡당 약 1kg의 생석회를 직접 살포한다.

② 건조한 흙바닥은 5% 생석회 유제 액을 만들어 살포한 후 1㎡당 생석회 400g과 표백분 200g씩을 살포한다.

다 치유동물의 질병 관리

(1) 인수 공통전염병의 예방

인수 공통 전염병은 척추동물과 사람이 같은 병원체에 의해 발생하는 질병을 말하며 사람은 식육, 우유에 병원체가 존재할 때 그것을 섭식하거나 감염 동물, 분비물 등에 접촉하거나, 2차 오염된 음식물에 의해 감염된다.

주요 인수 공통전염병으로는 일본뇌염, 광견병(공수병), 야토병, 결핵병, 부르셀라병, 큐(Q)열, 탄저, 소해면상뇌증(변종크로이츠펠트: 야콥병), 고병원성 조류인플루엔자(AI), 중동호흡기증후군(메르스: MERS), 중증급성호흡기증후군(사스: SARS), 원숭이 두창 등이 있다.

① 치유실 및 전실에 손 세척 및 소독을 할 수 있는 세면대 및 소독 발판을 비치하고 철저히 시행한다.
② 동물들로부터 옮길 수 있는 인수공통전염병을 예방할 수 있는 지침을 문서로 만들어 시행해야 한다.
③ 참여 대상자로부터 치유 프로그램에 활용하는 동물들이 전염병에 감염되지 않도록 예방할 수 있는 지침을 문서로 만들어 시행해야 한다.

(2) 감염 관리와 수의학적인 안전

치유 동물의 피부 질환 및 내외부 기생충의 유무, 인수공통전염병 검사 등 수의학적 진단과 각종 예방접종을 준수하여 질병에 감염되지 않고 건강해야 한다.

인수공통전염병 감염 위험은 매우 중요한 관심사이지만 실제로 전염된 사례가 없으므로 큰 문제가 되지 않는다. 그러나 감염병의 발생 위험을 예방하기 위한 다음과 같은 조치를 해야 한다.

① 손 씻기는 감염의 확산을 예방에 매우 중요한 행위이다. 특히 동물이나 배설물을 만진 후에는 반드시 손 씻기를 해야 한다.
② 동물의 열린 상처, 핫스팟(hot spots), 귀 감염병, 기타 질병 징후(설사, 구토 등)를 조기 식별하고 사전에 대처해야 한다.
③ 모든 치유 동물은 수의사의 정기 검진을 받고 검진 사항, 예방접종 기록 및 심장사상충 예방에 대한 기록을 보관해야 한다.
④ 동물이 방문하기 전에 운동과 충분한 휴식을 취하도록 해야 한다.
⑤ 가장 좋은 컨디션을 가진 동물을 선택한다. 건강상태가 좋지 않고 스트레스를 받은 동물은 할퀴거나 물을 수 있는 위험이 있고 병원균을 전파할 수 있으므로 제외해야 한다.
⑥ 동물에게 생고기류를 먹이지 말아야 한다. 생고기는 살모넬라균에 양성 반응을 보일 가능성이 있다.

(3) 질병의 조기 발견

농장의 관리자는 동물의 건강에 유념해야 한다. 일반적으로 건강한 동물은 건장한 신체 구조와 바른 자세, 좋은 외모를 가지고 있다. 반면에, 건강에 이상이 있는 동물은 야위고, 배가 움푹 들어가고, 털이 거칠고 빠지며 콧물이 나오고, 침 흘림, 기침 등의 증상을 나타낸다.

치유 동물의 건강상태를 세밀히 관찰하여 이상 징후가 있을 때는 치유 활동에 배제하고 조기 검진과 치료를 해야 한다.

표 IV-11 농장 동물의 건강상태 조기 발견

구분	일반적 징후	호흡기 징후	소화기 징후	피부 징후	신경적 징후
소	발열, 혼수 타액 분비 파행	기침 호흡수 증감 콧물	식욕 감퇴 설사 복통 체중 감량 탈수(눈 함몰)	물집(입, 젖꼭지) 궤양 가려움증 탈모 사마귀	놀램 안절부절 초조 경련 머리 비비기 눈 깜박임
양, 염소	우울증 발열 무기력 칙칙한 털 눈물 절뚝거림 관절염	기침 콧물 호흡 곤란	체중 감소 식욕 감퇴 설사, 복통 구토	가렵움 피부 건조 비듬 붉은 반점 젖꼭지, 발의 물집, 궤양	비비기 행위 파행 발과 다리 물어뜯음 머리 기울이기 기립 불능 경련
돼지	무기력증 발열절뚝거림, 통증 거동 불편 관절 부종	기침 호흡 곤란 호흡수 증가	식욕 부진 체중 감량 설사	코와 발의 물집, 궤양 꺼칠한 피부	행동 변화 협응력 부족 침 흘림 발작, 떨림 누워 노 젓기
가금	무기력증 우울증 산란 감소 눈 분비물 파란 산란 식욕 부진	개구 호흡 비강 분비물재채기기침 헐떡임	설사혈변 복부 팽대	볏 퇴색 볏 부음 볏 및 머리의 딱지 비늘 모양의 다리	보행 불편 목 뒤틀림 다리, 목 경련 마비 확장 실명 헤드 프레스

출처: Department of Agriculture and Rural Development, State of Michigan Bulletin(2019년 7월 1일 온라인에서 검색)

참고문헌 및 관련 인터넷사이트

- 김옥진(2015). 동물매개치료 입문. 동일출판사.
- 김옥진 외(2017). 동물매개치료의 기법과 적용. 형설출판사
- 농촌진흥청(원예특작과)(2016). 치유농업의 이해.
- 농촌진흥청(2023) 2급 치유농업사 양성 교육 길라잡이.
- 안제국 외 8인(2007). 동물매개치료. 학지사.
- 안제국 외(2018). 가축관리실무. 부민문화사.
- 안제국 외(2019). 동물자원. 충청북도교육청.
- Department of Agriculture and Rural Development, State of Michigan Bulletin(2019년 7월 1일 온라인에서 검색)

[사진 자료출처]

- 단원 열기 https://iahaio.org/wp/wp-content/uploads/2021/09/goats-and-wheelbarrow.jpg
- 그림 IV-1 자작
- 그림 IV-2 자작
- 그림 IV-3 국가법령정보센터
- 그림 IV-4 https://alzheimersnewstoday.com/news/dutch-care-farms-enrich-lives-of-people-with-dementia-alzheimers/
- 그림 IV-5 https://www.angelkloveproject.org/farm-day-camp.html
- 그림 IV-6 https://magdalenfarm.org.uk/about/
  https://magdalenfarm.org.uk/about/
- 그림 IV-7 https://www.aflnews.co.kr/news/articleView.html?idxno=216458(농수축산신문)
- 그림 IV-8 자작
- 그림 IV-9 https://www.uktherapyrooms.co.uk/articles/how-to-design-your-own-therapy-room
- 그림 IV-10 https://www.uktherapyrooms.co.uk/articles/how-to-design-your-own-therapy-room
- 그림 IV-11 https://myfox28columbus.com/news/local/farm-animals-helping-enrich-the-lives-of-residents-at-sage-park-assisted-living-memory-care-gahanna-alzheimers-association-beneficial-therapies-ohio
- 그림 IV-12 자작
- 그림 IV-13 자작
- 그림 IV-14 자작
- 그림 IV-15 자작

- 그림 Ⅳ-16 자작
- 그림 Ⅳ-17 뉴시스 https://n.news.naver.com/mnews/article/003/0011092438
- 그림 Ⅳ-18 https://blog.naver.com/bunnygomy/222249654382
- 그림 Ⅳ-19 https://dpwaterer.com/myth-wateringyourcalves/
- 그림 Ⅳ-20 자작
- 그림 Ⅳ-21 중부일보 https://www.joongboo.com/news/articleView.html?idxno=363592722

---

01 Vereijken, P.H. Transition to multifunctional land use and agriculture. NJAS 2002, 50, 171-179. [Google Scholar] [CrossRef]

02 Wiskerke, J.S.C.; Bock, B.B.; Stuiver, M.; Renting, H. Environmental co-operatives as a new mode of rural governance. NJAS 2003, 51, 9-25. [Google Scholar] [CrossRef]

03 Jan Hassink and Majken van Dijk (eds.), Farming for Health, 163-179. © 2006 Springer. Printed in the Netherlands

04 농촌진흥청 원예특작과학원, 치유농업의 이해. 2016. p. 11

05 Hassink J., Van Dijk M. Farming for Health: Green-Care Farming across Europe and the United States of America. Springer; Dordrecht, The Netherlands: 2006

06 Di Iacovo F., O'Connor D. Supporting Policies for Social Farming in Europe: Progressing Multifunctionality in Responsive Rural Areas. Arsia; Firence, Italy: 2009. SoFar Project: Supporting EU-Agricultural Policies.

V

PART

동물복지와 사육환경

[단원 학습 소개]

이 단원에서는 동물복지의 개념과 역사, 기본 원칙과 국내외 동향 등에 대해 전반적인 이해와 동물 복지적 사육 관리 기술, 동물의 사육환경 요인 등을 습득하여 장차 동물사육과 관리와 동물 교감치유와 관련된 직무를 수행하는 데 필요한 실무 능력을 배양할 수 있도록 한다.

단원 열기

인간과 치유동물, 모두의 복지가 고려되어야 한다.

공장식 배터리 사육

동물 복지적 자연 방사 사육

여러분은 위의 2개 사진을 보고 어떻게 느꼈나요?

움직이기도 불편한 좁은 케이지 안에서 행동의 자유마저 억압당하면서 오로지 알을 생산하는 공장식 축산과 넓은 자연에서 자유롭게 생활하면서 본래의 타고난 습성과 행동을 마음껏 누리는 자연 방사식 축산, 이 두 가지 방식 중 여러분은 아마도 자연 방사식을 택할 것이다.

동물복지는 동물을 이용하되 최소한으로 이용하고 사육과정에서 그들의 삶을 인도적으로 안락한 상태를 유지 관리해 주자는 것이다. 동물복지가 곧 인간의 복지인 셈이다. 이제 동물복지는 선택이 아닌 필수이다.

동물복지가 무엇이고 왜, 동물 복지적으로 사육해야 하는지? 인간의 심신 회복과 재활에 이용되는 치유 동물의 복지에 대해 알아보자.

01 동물복지

학습 목표

- ✔ 동물복지의 개념과 역사를 말할 수 있다.
- ✔ 동물의 5대 자유를 열거하고 동물복지의 국내외 동향을 말할 수 있다.
- ✔ 동물의 정형 행동의 종류와 행동 풍부화 방법을 제시할 수 있다.

1.1 동물복지의 이해

가. 동물복지의 개념과 역사

(1) 동물복지의 개념

동물복지는 동물 이용을 절대 반대하는 동물권리 운동에 대한 대안으로 도입된 개념이다. 인간이 동물을 이용하되 이용을 최소화하고 안락한 환경을 제공하여야 한다는 것이다. 즉 인간이 동물을 이용하면서 동물을 어떻게 대할 것인가? 에 대한 윤리적인 책임의 관점에서 동물에게 안락한 조건을 보장하려는 것이다.

동물복지의 과학적 개념에는 첫째, 정상적인 생물학적 기능(건강 및 영양 상태), 둘째 안락한 감정 상태(통증, 스트레스, 공포 등의 여부), 셋째 정상적인 행동의 표현(본래의 신체적 특징, 습성의 유지와 표현) 등 세 가지 요소가 포함되어야 한다.[01]

「세계동물보건기구」는 '동물이 건강하고, 편안하며, 영양 상태가 양호하며, 선천적인 행동을 표현할 수 있고, 고통, 공포에 시달리지 않는 상태'라고 정의하고 있다.(WOAH, 2008).

동물복지는 동물이 생명을 유지하고 생산 활동을 하는 상태가 얼마나 양호 또는 불량한가를 나타내는 말로써 동물의 기본적인 욕구가 충족되고 고통이 최소화된 안락한 상태의 유지를 말한다.

따라서 동물복지는 인간의 필요에 따라 동물을 이용하는 것은 인정하지만, 인도적인 차원에서 동물이 삶을 살아가는 데 필요한 기본적인 욕구를 충족시키고 신체적, 심리적인 불편과 고통을 주지 않아야 한다는 것이다.

사람의 관점에서 농장 동물, 즉 가축의 동물복지는 더욱 안전하고 위생적인 고품질의 먹을거리를 생산하는 수단으로 발전하여 유기 축산물 또는 무항생제 축산물의 생산이 증가하기 시작했다.

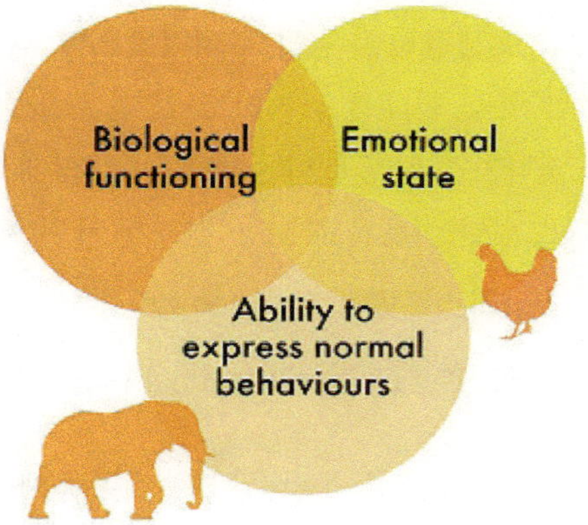

그림 V-1 동물복지의 과학적 개념

더 알아보기 : 동물복지와 동물권의 비교

표 V-1 동물복지와 동물권

구분	동물복지(animal welfare)	동물권(animal rights)
근거	응용과학	윤리학, 철학
관점	동물에 대한 최소한의 인간 통제 및 이용 허용	동물의 삶, 자연 생태에 대한 인위적인 개입 불허
실행	동물의 출생 → 성장 → 도축 과정의 인도적(복지적) 취급 관리	식용, 역용, 오락용, 관상용, 실험용 등 일체 이용 금지
과제	· 농장주, 사회적 인식, 사육기술 등 복합적인 이해관계 고려 · 지속가능성, 생산성 동시 고려	· 동물에 대한 도덕적 · 사회적 지위 및 권한 부여 · 급진적 개혁 운동

▶ **동물복지 관련 동영상 감상**

동물도 행복할 권리가 있다, 세계 동물권 선언 40년

https://www.youtube.com/watch?v=oJhx3ox3z8A (3분18초)

- 고기 속에 숨겨진 비밀,

(2) 동물복지의 역사

동물복지의 역사는 종교에서 찾아볼 수 있다. 힌두교에서는 동물도 불멸의 영혼을 가지고 있다고 생각하여 귀하게 여겨왔으며, 불교에서는 동물의 살생을 금지해 왔고 이슬람의 코란에서도 동물 학대를 금지하고 있다.

철학자들은 동물의 이용과 지각력에 대한 관점이 각기 달랐다. 동물을 단순한 물건이나 인간을 위한 이용물로 보는 견해를 가진 학자는 다음과 같다.

- 아리스토텔레스(Aristoteles) : 식물은 동물을 위해 존재하고 동물은 인간을 위해 존재한다.
- 데카르트(René Descartes) : 동물은 영혼이 없는 기계와 같다.

이에 반하여 동물을 생명체로 존중해야 한다는 철학자는 다음과 같다.

- 루소(J.J. Rousseau) : 인간과 동물이 동등한 대우를 받아야 한다.
- 벤담(Jeremy Bentham) : 공리주의자, 동물도 쾌락과 고통을 느낀다.

그 당시 이들의 각기 다른 견해와 주장은 사람들로부터 주목을 받지 못했다. 왜냐하면, 축산물의 수요가 많지 않고 대규모의 밀집 사육농장도 없었던 시기였기 때문이다.

그러나 18세기 후반 영국에서 시작된 산업혁명 이후 축산업에도 큰 변화가 일어났다. 값싼 축산식품의 수요가 폭발적으로 증가하면서 축산업의 산업화, 공장식 축산이 주축을 이루게 되자 동물복지에 대한 주장도 확대되었다.

1822년 영국에서는 리처드 마틴에 의해 「동물학대방지법」이 제정되었고 1866년 미국에서는 동물복지 운동의 창시자로 여겨지는 헨리 버그(Henry Bergh)에 의해 「미국동물학대방지협회」가 창립되고 최초로 주법으로 통과되었다.

1964년 영국의 작가 해리슨(Ruth Harrison)이 쓴 책인 「동물 기계, Animal Machines」에서 공장식 축산과 동물 학대에 대한 비판이 이어지면서 동물복지 운동이 시작되었다. 1965년에는 미국의 브람벨(Rogers Brambell)이 주관한 「브람벨 보고서」에 의해 공식적으로 동물복지가 높은 관심과 논쟁으로 이어졌다.

그림 V-2 피터 싱어(공리주의 철학자, 미국 프린턴대학 교수)와 그의 저서 「동물 해방」

1973년 미국의 피터 싱어(Peter Singer)는 그이 저서 「동물해방, Animal Liberation」이라는

책에서 '동물도 고통, 즐거움 등의 지각·감각 능력을 지니며 의식이 있으므로 도덕적 권리를 가진다.'라고 주장하였다.

1978년 파리 유네스코에서 '모든 동물은 태어나면서부터 평등한 생명권과 존재할 권리를 지닌다.'라는 「세계 동물권리 선언문」이 공포되었으나 국제적인 합의에 도달하지는 못했다.

이듬해인 1979년에는 영국의 농장동물복지위원회(Farm Animal Welfare Council)에 의해 「동물의 5대 자유」라는 복지 기준이 만들어져 지금까지 전 세계에서 적용되고 있다.

1983년 미국의 톰 리건(Tom Regan)은 싱어의 동물권 철학을 기반으로 저술한「동물권 사례」에서 모든 동물은 생명과 삶의 주체이며, 의식이 있는 존재로 개인의 복지를 가지고 있다고 하였다.[02]

이처럼 시대를 거듭하면서 동물권과 동물복지에 관한 관심과 인식이 긍정적으로 변화되었다. 하지만 아직도 수많은 동물이 인간에 의해 불필요한 고통을 받는 것이 현실이다.

나. 동물복지의 기본 원칙과 동향

(1) 동물복지의 기본 원칙

동물복지의 기본 원칙은 1979년 영국농장동물복지위원회(FAWC: Farm Animal Welfare Council)에서 제정한 「동물의 5대 자유」를 세계동물보건기구(WOAH)와 각종 동물보호단체가 채택하면서 확립되었고 우리나라는 2011년 「동물보호법」이 개정되면서 제3조(동물보호의 기본 원칙)에 반영되었다. FAWC에서 제정한 동물의 5대 자유는 다음과 같다.

1 배고픔과 갈증으로부터의 자유(freedom from hunger and thirst)

동물의 종, 연령, 건강 상태 등에 따라 적합한 먹이와 신선한 물이 항상 제공되어야 한다.

2 불안으로부터의 자유(freedom from discomfort)

편안한 잠자리나 휴식공간, 피난처가 제공되어야 한다.

3 통증, 부상, 질병으로부터의 자유(freedom from pain, injury or disease)

상처의 발생과 질병의 예방 노력, 부상과 질병 발생 시 신속한 치료를 해야 한다.

4 정상적인 행동 표현의 자유(freedom to express normal behavior)

종별 특성을 고려한 충분한 공간과 적절한 설비, 동종의 무리와 어울리거나 독립적으로 지낼 수 있어야 하며 날고, 달리고, 땅 파고, 자리 깃 헤집기 등의 자유를 누리도록 해야 한다.

5 공포와 고통으로부터의 자유(freedom from fear and distress)

많은 사람에 노출되거나 무료한 시간을 보내거나 심리적 스트레스를 받지 않도록 여건을 조성해야 한다.

동물의 5대 자유는 1941년 미국의 루스벨트(Franklin Delano Roosevelt) 대통령이 미국 시민의 네 가지 자유에 대해 연설한 내용을 기초로 만들어졌다.

(2) 동물복지의 5대 영역

동물복지의 5대 영역 모델(Five Domains Model)은 데이비드 멜러(David Mellor)가 '동물복지의 5대 자유' 개념보다 포괄적인 접근방식으로 다양한 형태의 복지문제를 종합적이고 체계적으로 규명하기 위해 개발하였다. 이 5대 영역 모델은 부정적인 것을 예방하는 데 초점을 맞추는 대신 동물의 긍정적인 요인을 중요시하였다.[03]

5대 영역 모델은 개별 동물의 삶의 질을 평가하는 데 적용할 수 있으며, 동물의 좋은 삶의 질에 기여하는 사육 방법에 대한 정보를 제공한다.

1 영양(nutrition)

동물은 종에 따라 특이하고 균형 있는, 다양하고 깨끗한 음식과 물을 충분히 섭취할 수 있어야 한다.

2 환경(environment)

동물의 환경은 적당한 온도와 습도, 신선한 공기, 충분한 생활 및 휴식공간이 제공되고 악취 및 소음이 없는 편안한 환경이 제공되어야 한다.

3 건강(health)

동물의 건강 상태가 양호하게 유지되고 질병 및 부상을 예방하고 상해나 질병 발생 시 즉각적인 적절한 치료해야 한다.

4 행동(behaviour)

동물은 먹이 찾기, 유대감 형성, 상호놀이, 탐색하기 등 타고난 습성과 행동을 자연스럽게 표현하게 한다.

5 정신상태(mental state)

위의 네 가지 영역에서 긍정적이고 만족스런 조건이 형성되어 동물의 정신상태는 즐거움, 편안함이 유지되어 활력 있으며, 동시에 두려움, 좌절, 배고픔, 고통 또는 지루함과 같은 부정적인 상태를 줄이거나 제거해야 한다.

(3) 농장 동물의 복지 동향

1 국제적 동향

한-EU FTA, EU-칠레 FTA 등 국제기구의 협상에서는 동물복지 실현 여부에 관심이 증대되고 있다.

세계동물보건기구(OIE)는 2005년부터 현재까지 운송 · 도축 · 살처분 등 12개 분야의 동물복지 기준을 제정하였으며, 최신 과학적 연구 결과를 바탕으로 동물복지 기준을 지속해서 개정하고 있다.

EU는 동물복지 5개년 행동계획('12~'15)을 수립하였고 2012년부터 산란계 일반 케이지 사육 금지 및 2013년부터 돼지의 스톨 사육을 금지하는 등 구체적인 동물복지 정책을 적극적으로 추진하였다. 또한, 세계 각국과의 FTA 협상 시 동물복지를 비교역적 의제로 제시하는 등 전 세계적으로 동물복지 수준을 향상하려고 노력하고 있다.

미국은 주(州)별로 돼지의 스톨 사육, 송아지 사육 틀 사육, 산란계 일반 케이지 사육 등을 금지해 나가고 있는 등 동물복지 실현이 세계적인 추세이다.

2 우리나라 농장 동물복지 제도

우리나라의 동물보호법은 1991년 5월 31일에 최초로 제정되었으며, 그 후 30회에 걸쳐 일부 개정이 있었으며 2023년 4월 27일 전부 개정되었다.

우리나라의 동물복지 축산농장 인증제는 높은 수준의 동물복지 기준에 따라 인도적으로 동물을 사육하는 농장에 대해 국가에서 인증하고, 인증농장에서 생산되는 축산물에 '동물복지 축산농장 인증마크'를 표시하는 제도이다.

동물복지 축산농장 인증제는 산란계(2012년), 양돈(2013년), 육계(2014), 젖소, 한육우, 염소(2015), 오리(2016)농장에 대해 인증을 하고 있다. 2024년 12월 현재 총 480개 농장이 인증을 받았는데, 85%가 닭 농장이다(산란계 250, 육계 160, 돼지 28, 한우 12, 젖소 30).

또한, 동물복지 축산농장에서 사육되는 동물이 복지적 운송 · 도축을 거쳐 생산된 축산물에 '동물복지 축산물' 표시를 하는 등 사육 · 운송 · 도축 전 과정을 체계적으로 관리하여 종합적인 농장 동물 복지체계를 마련해 나가고 있다.

동물복지는 농장주와 관리자 모두 동물복지에 대한 소명 의식과 실천의 의지가 기본이며, 이를 실천하기 위한 능력 함양과 노력이 필요하다.

그림 V-3 동물복지인증 표시(출처:동물보호관리시스템)

나. 교감 치유동물의 복지

치유동물은 일반 농장 동물보다 더 많고 복잡한 스트레스를 받는다. 따라서 더 높은 수준의 세심한 복지에 관심을 가져야 한다.

던컨과 프레이저(Duncan & Fraser. 1997)는 치유동물의 복지를 3가지 개념으로 설명하고 있다.[04]

(1) 신체적인 측면

신체적 복지는 갈증, 배고픔, 불편함, 질병으로부터 자유를 포함하여 타고난 정상적인 행동 표현의 자유를 포함한다.

치유동물은 자폐 스펙트럼 장애 아동에게 공격을 당하거나 긴 시간 교감치유 활동에 시달릴 때 극심한 스트레스를 받게 된다. 이때 동물의 코르티솔 수준이 높게 나타난다. 따라서 치유사는 적절한 통제와 조절을 해야 한다. 또한, 질병에 감염된 대상자 또는 방문자와의 접촉을 차단하고 동물이 상처를 입으면 신속하고 적절한 의학적 조치를 취해야 한다.

(2) 정신적, 정서적 측면

치유동물은 활동 중에 스트레스, 두려움, 고통을 겪을 수 있다. 교감치유 과정에서 흔히 나타날 수 있는 수면 부족, 정신적 피로, 과로, 부적절한 취급 및 강요 등은 심한 스트레스를 주게 된다. 한 연구 결과에 의하면 호스피스 병동을 방문한 치유견은 종종 피로와 탈진 증세가 나타난다고 하였다. 낯선 사람, 소음, 약물 냄새 등에 노출되기 때문이다. 이는 동물 학대라는 비난을 받을 소지가 있다.

따라서 모든 시설에서의 교감 활동은 면밀한 모니터링과 더불어 회기와 시간 등을 적절히 조절할 필요가 있다.

(3) 자연적인 삶 측면

동물은 타고난 선천적인 행동을 표현할 자유를 갖고 자연의 환경에 적응하고 대처하면서 살아갈 능력이 있다. 그러나 치유동물은 오랜 시간 낯선 사람들과 접촉하고 타고난 정상적인 행동의 표현에 제한을 받게 된다. 따라서 치유사는 이러한 종의 특성을 인지하여 정상적인 행동을 표현할 수 있도록 환경을 조성해 주어야 하며 강제로 인간과 교류하게 해서는 안 된다.

1.2 하나의 건강과 하나의 복지

가. 하나의 건강과 하나의 복지 이해

(1) 하나의 건강(One Health) 개념과 정의

하나의 건강(원 헬스, One Health) 개념은 2001년 남아프리카 공화국 필라네스버그에서 열린 야생동물질병협회와 열대수의학회 회의에서 수의사 주도로 정립되기 시작했다.

2006년 시작된 원 헬스 이니셔티브(One Health Initiative)운동은 WHO, FAO, 세계은행과 같은 글로벌 기관들이 이 이니셔티브를 컨설턴트 플랫폼으로 사용하기 시작했고, 2009년 워싱턴 D.C.에서 원 헬스 위원회(One Health Commission, OHC)가 비영리 조직으로 공식 설립되었다.

그림 V-4 원 헬스 이니셔티브

2021년 유엔식량농업기구(FAO), 세계동물보건기구(OIE), 유엔환경계획(UNEP) 및 세계보건기구(WHO)는 전 세계 원 헬스와 관련된 과학자 및 정책 책임자 자문 패널인 원 헬스 고위급 전문가 패널(OHHLEP)를 구성하여 원 헬스의 정의를 다음과 같이 명시하였다(WHO. 2021).[05]

One Health는 '사람, 동물 및 생태계 모두의 건강이 지속적이고 균형 있게 최적화하기 위한 통합적인 접근방식'으로 정의하고 있다.

또한, 하나의 보건 위원회(One Health Commission) 는 '사람, 가축, 야생동물, 식물 및 환경에 대한 최적의 건강을 달성하기 위해 관련 분야 및 조직과 다양한 건강 과학 전문가의 지역, 국가 및 글로벌 공동 노력'이라고 정의하고 있다.

따라서 원 헬스(One Health)는 '인간-동물-환경의 건강'이 'One(하나)'으로 상호 연결되어 있음을 강조하는 개념으로, 전체 생태계의 건강을 확보하기 위한 다학제적, 다층적 협력 전략을 의미한다(국립보건연구원).

원 헬스는 인간, 가축과 야생동물, 식물, 그리고 더 넓은 생태계의 건강이 밀접하게 연결되어 상호 의존적임을 시사한다.

원 헬스 접근방식은 사회의 다양한 분야 및 커뮤니티와 협력하여 웰빙을 촉진하고 건강과 생태계에 대한 위협을 해결하는 동시에 깨끗한 물, 에너지 및 공기, 안전하고 영양가 있는 식품에 대한 집단적 요구를 해결하고 기후 변화에 대한 예방 조치를 하며 지속 가능한 개발에 이바지하기 위해 협력한다.

또한, 질병을 감지하고 예방, 대비, 대응 및 관리에 이르기까지 질병 통제의 전체 스펙트럼을 다루고 건강의 지속가능성을 개선하고 촉진하는 데 있다.

(2) 하나의 복지(One Welfare) 개념

원 헬스가 동물과 사람의 건강을 하나로 보는 것이라면 '원 웰페어(One Welfare)'는 동물과 인간의 복지를 분리하지 않고 하나로 연결된 것으로 간주하는 것을 의미한다.

원 웰페어는 동물복지가 인간의 웰빙(well-being)으로 연결된다는 것이다. 즉 반려동물이나 산업 동물의 복지는 사람의 복지와 별개가 아닌 하나라는 것이다. 즉, 위생적인 사육환경에서 동물의 고유한 습성을 유지하면서 자란 건강한 가축의 축산물은 인간 복지에 이바지한다는 것이다.

세계보건기구는 동물복지와 인간 건강 사이에 강한 연계성을 강조한 원 웰페어를 강조하고 있다. 세계 인구는 증가하고 있으며 많은 사람이 가축과 반려동물 등과 밀접하게 접촉하며 살고 있으며, 또한 동물은 식품, 섬유, 스포츠, 교육 또는 동반자 관계 등 우리 삶에서 중요한 역할을 한다.

따라서 동물 및 동물 환경과의 긴밀한 접촉은 동물과 사람 사이에 질병이 전염될 수 있는 더 많은 기회를 제공하며, 국제 여행과 무역 활성화로 사람과 동물, 동물 제품의 이동이 증가한 결과, 질병은 국경을 넘어 전 세계로 빠르게 전파되어 매년 전 세계 수백만 명의 사람과 동물이 인수공통전염병에 감염되고 있다.

따라서 동물의 건강과 복지가 곧 사람의 건강과 복지로 연결되는 것이다.

더 알아보기 : 주요 인수 공통 전염병

광견병, 살모넬라균 감염, 웨스트 나일 바이러스 감염, 탄저병, 브루셀라병, 라임병, 백선, 에볼라, 결핵, 렙토스피라증, 톡소플라스마, 선모충증, 편모충증, 일본뇌염, 야토병, 큐(Q)열, 소해면상뇌증(변종크로이츠펠트: 야콥병), 고병원성 조류인플루엔자(AI), 중동호흡기증후군(메르스: MERS), 중증급성호흡기증후군(사스: SARS), 원숭이 두창 등이 있다.

나. 하나의 건강과 하나의 복지 적용

(1) 동물 교감치유에서의 적용

원 헬스와 원 웰페어는 동물 교감치유사가 인간-동물의 건강과 행복, 웰빙을 목표로 해야 한다. AAT가 오로지 대상자의 건강 회복과 증진을 위해 실시하는 프로그램이고 동물의 복지와 웰빙을 등한시하는 프로그램이라면 비윤리적이라는 비난을 받을 것이다. 효과적인 AAT를 설계할 때 시행기관과 치유사는 참여 대상자, 참여직원, 보조사, 방문객, 동물 모두의 건강과 웰빙을 지속적으로 모니터링하고 보호할 수 있는 적절한 규정과 의정서(protocol)가 반드시 마련되어야 한다.

원 헬스-원 웰페어는 학제 간 접근방식이 이런 목표를 가능하게 한다. 수의사는 공중보건 문제를 다룰 때 원 헬스와 원 웰페어 틀 안에서 인간-동물 상호작용에 대한 지식과 동물의 건강과 행동에 대한 지식을 제공하고 수의학적 진료 기준을 설정하여 적용해야 한다.

(2) 인간·동물 웰빙을 위한 교감치유 지침

인간이 동물에게 그리고 동물이 인간에게 상호 친밀감과 서로의 건강과 복지에 이바지하는 생물학적 및 심리학적 증거에 기반하여, 이아하이오(IAHAIO)는 동물, 사람, 그리고 환경의 건강과 웰니스가 불가분의 관계를 맺고 있다는 '원헬스' 개념을 전적으로 수용한다.[06] IAHAIO에서 제정한 인간 · 동물 웰빙을 위한 교감치유 지침을 요약하면 다음과 같다.[07]

1 인간의 웰빙(well-being)

① 대상자의 안전

치유사는 대상자가 특정 동물 종이나 품종에 알레르기가 없는지 확인하고, 특정한 대상자에게 감염되는 동물의 전염병과 위험에 따른 배제 기준을 잘 알고 대책을 마련해야 한다.

예를 들어, 면역억제 환자를 대상으로 하는 경우 동물에게 특정 감염 보균 여부를 확인하기 위해 공중보건 전문가가 선별검사를 요구할 수 있어야 한다.

② 인간중심(인본주의)의 AAT 운영

동물 교감치유사는 대상자의 인간 중심적 맥락에서 AAT 프로그램을 진행하고 대상자의 종교적, 문화적 또는 그 밖에 신념에 따라 AAT와 상충하는 경우 대상자와 대안을 논의하거나 자발적 의사결정이 어렵다면 가족과 논의하여 해결한다.

2 동물 웰빙(well-being)

AAT에 참여하는 치유동물은 신체적, 정서적으로 건강하고 치유 활동을 즐겨야 한다. 치유사는 치유동물과 친밀하고 동물의 웰빙에 책임을 져야 하고, 또한 AAT 참여하는 사람과 동물 모두의 안전과 복지를 고려해야 한다.

치유사는 동물 종에 상관없이 참여하는 동물이 단순한 도구가 아니라 살아있는 존재임을 반드시 이해해야 한다.

① 가축화되고 사회화된 동물을 선택한다.

치유동물은 오로지 가축화된 동물만이 치유 중재와 활동에 참여할 수 있다. 가축화된 동물(개, 고양이, 말, 농장 동물, 기니피그 등)은 인간과의 사회적 상호작용에 적응한 동물이다.

관상어는 사회적 상호작용에 거의 적응하지 못했다. 따라서 반려조와 관상어는 야생에서 잡힌 것이 아니라 인공으로 번식된 것을 이용한다.

또한, 가축화된 동물을 긍정적 강화에 의한 인도적인 방법으로 훈련하여 인간과 사회화되어 일정한 자격 기준을 습득하여 심사기관에 등록된 동물이어야 한다.

② 야생종과 외래종은 제외한다.

돌고래, 코끼리, 카푸친 원숭이, 프레리도그, 절지동물, 파충류 등은 길들인 종이라도 교감활동에 참여할 수 없다. 그 이유는 인수 공통감염병과 위해의 위험 때문이다. 그러나 야생동물과 직접적인 접촉이 아닌 야생의 자연환경 또는 동물 보호구역에서 등에서 동물 관찰 및 관조는 가능하다.

③ 적합한 기질과 훈련을 받은 동물을 선택한다.

치유동물은 AAT나 AAA에 참여하기 전에 수의사나 동물 행동 전문가에게 행동과 기질을 면밀하게 평가받아야 한다. 적합한 기질과 훈련을 받은 동물만이 AAT에 선발되어야 한다. 그리고 정기적인 평가를 통해 동물의 적절한 성향을 지속적으로 확인하고 대상자와 접촉 전에 동물의 건강 및 예방접종 상태 등을 수의사에게 검진받아야 한다.

④ AAT 운영은 전문 치유사가 실시한다.

핸들러와 치유사는 동물의 웰빙 요구에 대한 지식을 습득하고 불편함과 스트레스 징후를 파악하는 능력을 갖추어야 한다. 치유사는 동물 행동과 인간-동물 상호작용, 그리고 종 특이적 상호작용에 대한 교육 과정을 이수해야 한다.

⑤ 치유사는 동물을 존중하고 보호해야 한다.

AAT에 참여하는 동물이 안전과 편안함이 위협받게 해서는 안 된다.(예: 동물 뛰어넘기나 몸 구부리기, 동물에게 인간의 옷을 입히기, 동물에게 불편한 액세서리 꾸미기, 동물이 신체적으로 힘들거나 스트레스를 주는 과업 시키기(기어 다니기, 심한 구부리기, 무거운 장비 끌기 등)

대상자는 모든 치유환경에서 항상 치유사 함께 해야 하며 동물을 괴롭히거나(예: 꼬리/귀를 당기기, 동물 위에 앉거나 밑으로 기어가기 등), 부적절하게 다루어서 자신과 동물이 위험에 처하지 않도록 해야 한다.

⑥ 치유과정의 돌봄과 휴식을 제공해야 한다.

치유사는 치유과정에서 동물이 충분히 쉬고 편안하도록 돌봄을 보장해야 한다(예: 깨끗한 물 제공, 안전하고 적절한 치유실 바닥). 동물에게 과도하게 피로를 주거나 힘든 일을 시켜서는 안 되며 세션은 보통 30~45분 이내로 제한된 시간 동안 이루어져야 한다.

⑦ 수의학적 검진과 적절한 관리를 해야 한다.

AAT 또는 AAA에 참여하는 모든 동물은 선발 과정은 물론 정기적으로 수의사에게 검사를 받아야 한다. 검사 빈도는 수의사가 각 동물의 필요와 동물이 관여하는 활동의 유형에 따라 결정해야 한다. 동물 보살핌은 종별 특성을 고려한 먹이와 주거, 적절한 온도, 조명, 환경 풍부화를 제공하고 가능한 자연스러운 행동을 표현할 수 있도록 보장해야 한다.

⑧ 인수공통감염병 예방을 위한 조치가 이루어져야 한다.

치유사는 치유동물을 1년에 한 번 이상 적절한 예방접종과 기생충 구충이 이루어지는지를 수의사에게 의뢰하여 건강 평가를 받도록 한다.

AAT에 참여하는 동물은 생고기나 살균되지 않은 우유 등을 먹이면 안 된다.

⑨ 관련 법규를 준수한다.

동물 교감치유사가 학교, 병원, 요양원, 교도소 등의 기관을 방문 또는 상주 동물 프로그램을 운영하는 경우 「치유농업 연구개발 및 육성에 관한 법률」 등의 관련 법률과 정책을 확인하고 규정에 맞도록 진행하고 치유 동물에게 적절한 보살핌이 보장되도록 힘써야 한다.

1.3 정형 행동과 행동의 풍부화

가. 정형 행동

(1) 정형 행동이란

정형 행동(stereotypic behavior, stereotypy)이란 뚜렷한 목표나 기능이 없는 반복적이고 불변적인 비정상적인 행동이다. 정형 행동의 양상은 반복적인 서성거림, 몸 흔들기, 머리 흔들기, 물어뜯기, 과도한 그루밍 또는 핥기와 같이 목적 없이 반복적으로 이루어지는 비정상 행동이 나타난다.

정형 행동은 자해성이 있으며 한 번 발생하면 이전의 정상적인 상태로 회귀할 수 없다는 특징이 있다. 더불어 정형 행동은 많은 경우에 우울과 무기력 등의 증상을 동반하기도 하는 일종의 정신 질환이다. 이러한 정형 행동의 여부는 동물의 정서적 복지와 사육시설의 동물복지 수준을 평가하는 매우 중요한 지표로 이용된다.

(2) 정형 행동의 종류

1 구강 정형 행동(oral stereotypy)

구강 정형 행동은 말 또는 염소 등의 초식동물이 풀 사료의 부족, 제한 급여, 급여량 부족으로 충분한 채식 활동을 하지 못하거나 입을 충분히 사용하지 못하는 경우 계속적이고 반복적인 씹는 행동, 혀 굴리기, 다른 동물 또는 물체를 핥는 행동을 나타낸다.

그림 V-5 소의 혀 굴리기

2 운동 정형 행동(motor stereotypy)

운동 정형 행동은 제한 급여를 하는 동물의 경우에는 정해진 급여 시간이 다가올수록 운동성 정형 행동의 빈도와 강도가 상승하는 경향이 있다. 또한, 사료의 종류와 형태, 급이기의 모양에 따라 정형 행동 빈도의 차이를 보이기도 한다.

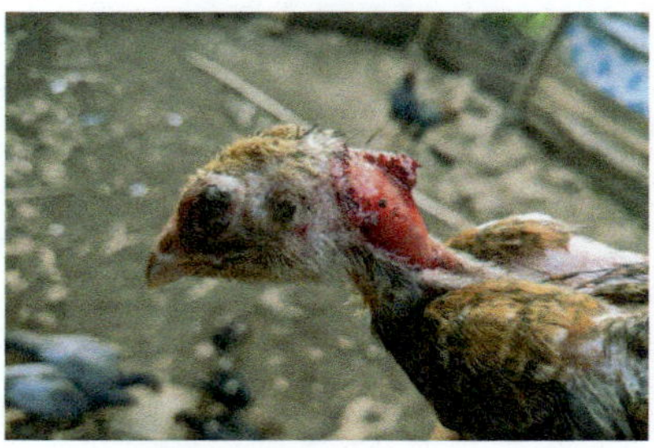

그림 V-6 닭의 카니발리즘

닭의 정형 행동은 깃털 쪼기(cannibalism), 과도한 공격, 달걀 쪼기 등이 있으며 돼지는 꼬리 물어뜯기, 귀 물어뜯기 등이 있다.

말은 물어뜯기(crib-biting), 숨 들이쉬기(wind sucking), 머리 좌우로 흔들기 등과 같은 정형 행동을 보인다.

나. 행동 풍부화

(1) 행동 풍부화란?

행동 풍부화(animal enrichment)란 축산업에서는 '행동 축산(behavioral husbandry)'이라고도 한다.[08] 행동 축산은 사육하는 동물에게 정신적, 육체적 자극을 유발하는 자극 행위나 매개물을 제공하는 것이다.[09]

축사의 좁은 우리의 가축이든 야생에서 포획된 동물이든 문제 행동을 예방하고 정상적인 성장과 번식을 위해 행동의 풍부화가 필요하다.

동물의 풍부화는 특히 감금 상태에 있는 동물에서 본래 행동 습성을 표현하여 웰빙을 개선해 주기 위한 목적으로, 동물의 사회적 물리적 환경을 교정하는 것이다.

(2) 행동 풍부화의 종류

행동 풍부화는 제한된 공간과 부족한 자극으로 인해 발생하는 동물의 무기력한 증상 및 비정상적 행동을 감소시키고 건강한 정신상태에서 정상적 행동이 나타날 수 있게 유도하는 모든 종류의 프로그램을 말한다.

1 인지의 풍부화

다양한 매개물을 통해 스스로 생각하고 판단할 수 있는 정신적 자극, 두뇌 성장 촉진을 지원하여 문제 해결 능력 향상하는 것이다.

돼지의 장난감

예를 들어 동물이 스스로 생각하고 스스로 해결할 수 있는 음식 퍼즐(간식을 숨기고 찾게 하는 행위), 색상 식별 게임, 크기 인식 게임, 연결 운동 등이 있다.

2 감각의 풍부화

감각기관을 자극해 줄 수 있는 매개물이나 환경을 제공하는 것이다. 시각적, 후각적, 촉각적, 청각적, 미각적 자극을 주는 물체를 넣어 준다.

닭의 사료 찾기

① 촉각 촉진 : 개의 트리트 볼, 닭의 횃대, 닭과 돼지의 땅을 파고 헤집을 수 있는 모래, 흙,

왕겨 등의 바닥재 제공

② 후각 촉진 : 간식, 향신료, 향수와 마우스(쥐) 등과 같은 다른 종의 침구 또는 털(깃털) 등을 넣어 찾는 행동을 표현하도록 한다.

③ 청각 촉진 : 차량 소리, 아이들 소리, 동물 소리 등 다양한 소리에 노출시킨다.

④ 시각의 촉진 : 아크릴 거울 설치, 파란색 또는 녹색의 장난감 제공, 관리자의 작업 활동(움직임)을 볼 수 있게 한다.

돼지의 장난감

닭의 사료 찾기

소의 자동 털 손질기

그림 V-7 풍부화를 위한 장난감 및 기구

3 사회적 풍부화

가족(어미와 새끼)이나 다른 동물과의 접촉을 통하여 사회성 함양, 평사 사육, 집단 사육 케이지, 반려견 놀이터 방문 등 자연스럽고 본능적인 행동을 할 수 있도록 한다.

4 먹이의 풍부화

충분한 양과 질의 먹이 공급, 급여 방식, 급여 시간의 변경, 사료의 형태, 질감 등에 변화를 준다.

동물은 필요한 영양을 제공받지 못하면 우울증과 파괴적이고 신경질적이며 스트레스로 인한 비정상적인 반복 행동으로 나타날 수 있다.

5 환경의 풍부화

생활 공간의 환경적 변화로 탐색 활동과 다양한 행동 양상을 유도한다. 우리 또는 케이지 안에 플라스틱 튜브, 어린이 장난감, 러닝 휠(쳇바퀴) 큰 플라스틱 공을 넣어 준다. 이러한 물체는 색상, 크기, 모양을 다양하게 한다.

더 알아보기 : 돼지의 행동 풍부화 이점

돼지의 행동 풍부화를 위한 기구(장난감) 놀이는 돼지의 높은 수준의 지능과 호기심을 자극한다. 돼지에게 물고, 씹고, 굴 파고, 먹이 찾고, 냄새 맡고, 만지고, 가지고 놀 수 있는 장난감 등을 제공하는 행동 풍부화는 다음과 같은 이점이 있다.[10]

① 공격적인 행동(꼬리 물어뜯기, 귀 물어뜯기 등)의 감소
② 활동적인 생활(돼지의 환경 적응 능력 향상)
③ 본래의 타고난 습성의 표현(본능의 행동 유지)
④ 생산성(사료 섭취량, 평균 증체량, 사료 효율, 번식능력) 향상
⑤ 스트레스 해소 및 긴장 완화
⑥ 정신적 자극의 촉매 역할(지루함, 불안감 감소)

그림 V-8 돼지의 행동 풍부화를 위한 여러 기구(장난감) 놀이

02 동물 복지적 사육

학습 목표

- ✔ 우리나라의 동물 복지적 사육기준을 말할 수 있다.
- ✔ 동물복지 인증기준에 적합한 사육을 할 수 있다.

2.1 동물 복지적 사육기준

우리나라 동물보호법 제3조(동물 보호의 기본 원칙) 및 시행규칙 제3조(적절한 사육 · 관리 방법 등)에 관한 [별표 1]의 일반기준은 다음과 같다.

가. 일반기준

① 동물의 소유자는 최대한 동물 본래의 습성에 가깝게 사육 · 관리하고, 동물의 생명을 보호하고 안전을 도모하며, 동물의 복지를 증진해야 한다.

② 동물의 소유자들은 동물이 갈증 · 배고픔, 영양불량, 불편함, 통증 · 부상 · 질병, 두려움과 정상적으로 행동할 수 없는 것으로 인하여 고통을 받지 않도록 노력해야 하며, 동물의 특성을 고려하여 전염병 예방을 위한 예방접종을 정기적으로 실시해야 한다.

③ 동물의 소유자들은 동물의 사육환경을 다음의 기준에 적합하도록 해야 한다.
동물의 종류, 크기, 특성, 건강 상태, 사육 목적 등을 고려하여 최대한 적절한 사육환경을 제공하고 동물의 사육공간 및 사육시설은 동물이 자연스러운 자세로 일어나거나 눕고 움직이는 등의 일상적인 동작을 하는 데에 지장이 없는 크기여야 한다.

나. 개별기준

① 동물의 소유자들은 다음 각호의 동물에 대해서는 동물 본래의 습성을 유지하기 위해 낮 동안 축사 내부의 조명도를 다음의 기준에 맞게 유지해야 한다.

돼지의 바닥의 조명도가 최소 40럭스(lux) 이상이 되도록 하되, 8시간 이상 연속된 명기(明期)를 제공하고 육계 20럭스(lux) 이상이 되도록 하되, 6시간 이상 연속된 암기(暗期)를 제공해야 한다.

> **▶ 조도(Lux)**
>
> **단위면적당 빛의 밝기로 1럭스는 1촉광으로 촛불 1개를 1m 밖에서 보았을 때의 밝기를 말한다.**

② 소, 돼지, 산란계 또는 육계를 사육하는 축사 내 암모니아 농도는 25ppm을 넘어서는 안 된다.

③ 깔짚을 이용하여 육계를 사육하는 경우에는 깔짚을 주기적으로 교체하여 건조하게 관리해야 한다.

④ 개는 분기마다 1회 이상 구충을 하되 구충제의 효능 지속기간이 끝나기 전에 주기적으로 구충을 해야 한다.

⑤ 돼지의 송곳니 발치 · 절치 및 거세는 생후 7일 이내에 수행해야 한다.

2.2 동물복지 축산농장

우리나라 「동물보호법」제29조에 의거한 동물복지축산농장 인증기준 및 인증 등에 관한 세부실시요령(농림축산검역본부 고시) 제4조의 산란계, 돼지, 한육우, 젖소의 인증기준을 요약하면 다음과 같다.11

가. 동물복지 산란계 농장

(1) 건강 상태 점검

닭의 건강 상태 점검은 매일 1회 이상 서 있는 자세, 걸음걸이, 움직임, 활력, 눈의 상태와 경계하는 태도, 상처, 호흡, 깃털, 피부, 부리, 다리, 발, 발톱, 볏, 고기 수염, 외부 기생충, 울음소리, 사료와 물의 섭취량과 행동, 계란 생산 수준, 배설물의 상태 등과 이상행동 여부를 관찰하고 이상행동을 하거나 질병 및 부상 등 고통을 받는 닭이 발견되면 적합한 방식으로 신속하게 조치를 취한다.

(2) 건강관리

관리자는 닭의 발에 나타나는 상처나 증상, 복막염, 카니발리즘, 심각한 깃털 손실, 붉은 진드기로 인한 피해 등에 주의를 기울이고 내·외부 기생충은 적절한 구충약으로 방제한다.

(3) 사료 급이

모든 닭은 품종, 연령 등에 따라 영양 균형이 맞는 사료를 매일 1회 이상 경쟁 없이 충분히 섭취하고 사료에는 포유류 또는 조류 유래 단백질을 포함하는 사료를 제공하여서는 안 된다.

선형 급이기는 닭 1마리당 최소 10cm 이상, 원형 급이기는 최소 4cm 이상의 급이 공간이 할당되게 설치하여 먹이 다툼이 없도록 해야 한다.

(4) 급수

물은 최소 1년에 1회 이상 정기적으로 수질검사(상수도 급수 시 면제)를 하고 니플형과 컵형은 10마리당 1개 이상 설치한다.

닭 1마리당 급수공간은 선형일 경우 최소 2.5cm, 원형일 경우 최소 1cm 이상 되어야 한다.

(5) 준수사항

닭의 부리 다듬기는 원칙적으로 금지하며, 카니발리즘이 예상되는 경우는 적외선 방법을 이용하여 부화 후 24시간 이내에 실시한다. 다만 응급한 경우에는 부리 끝으로부터 콧구멍 쪽으로 1/3을 넘지 않아야 한다. 또한, 산란 연장 등을 위해 강제환우를 시켜서는 안 된다.

(6) 사육시설

계사는 가능한 충분한 자연 환기와 햇빛이 들도록 시설하여야 하고 폐쇄형 케이지에서 지속해서 가두어 사육해서는 안 된다.

그림 V-9 닭의 홰

산란상은 산란계 7마리당 1개 이상 개별로 설치하고 산란계 120마리당 1m^2 이상의 산란장소를 제공하여야 한다.

홰는 미끄러지지 않는 재질로 닭 1마리당 최소 15cm 이상 제공되고 홰의 굵기는 직경 3~6cm, 홰 사이의 간격은 최소 30cm 이상이며 벽으로부터 20cm 이상 떨어져야 한다.

계사 내 닭이 사용하는 바닥의 최소 1/3 이상은 깔짚으로 덮여 있어야 하며, 닭이 모래 목욕 등 생리적 욕구를 충족시키기에 충분한 깊이가 유지되어야 한다.

(7) 사육밀도

계사 내 닭의 사육밀도는 품종에 따라 다르나, 바닥면적 $1m^2$당 성계(18주 이상) 9마리 이하여야 하며, $1m^2$당 7마리 이하를 권장한다.

(8) 사육 환경

계사의 조명 시간은 매일 최소 8시간 이상의 연속된 명기(明期) 및 최소 6시간 이상의 연속된 암기(暗期)를 준수하여야 하고 낮의 조명도는 최소 10Lux 이상이 되어야 한다.

암모니아 농도는 10ppm 미만이 이상적이며 25ppm을 넘어서는 안 되며 CO_2 농도는 5,000ppm을 넘어서는 안 된다.

(9) 실외 방목 시설

방목장은 살아있는 풀(식물)이나 잡관목 등이 있어야 하고 1마리당 $1.1m^2$이상의 공간을 제공하고 낮 동안에는 닭이 방목장을 항상 이용할 수 있어야 한다.

방목장에는 직사광선이나 악천후에 대피할 수 있고, 하늘을 나는 포식동물로부터의 공포심을 줄여주기 위하여 닭 1,000마리당 최소 $8m^2$이상의 차양 시설의 쉼터를 설치 한다.

그림 V-10 닭의 자연 방사

나. 동물복지 양돈농장

(1) 돼지의 건강관리

관리자는 매일 1회 이상 돼지가 무리에서 따돌림, 빠르거나 불규칙한 호흡, 기침, 설사, 식욕부진 등과 이상행동 여부를 관찰한다.

돼지는 질병 예방접종 등 계획을 수립하고 파행, 발의 비정상적인 마모, 염증 등이 있는 경우 원인을 찾아서 적절한 조치를 하고 필요한 시 내·외부 기생충을 구제한다.

(2) 동물관리

돼지의 꼬리, 귀, 다리 또는 기타 신체 부위를 잡아당기거나 끄는 등 강압적인 행위를 금하고 보정 또는 감금해서는 안 된다.

돼지의 행동 욕구를 충족시킬 수 있도록 다음과 같은 보조물을 제공해야 한다.

① 먹이를 찾고 코로 파헤치고 발로 긁고 씹는 행동 욕구를 충족시킬 수 있도록 짚, 나무 조각, 톱밥, 가죽끈 등 적합한 보조물

② 다른 돼지의 꼬리, 옆구리, 귀, 음문 등을 무는 등 비정상적인 행동을 하면 씹거나 입으로 가지고 놀 수 있는 흥미 있는 보조물

(3) 급이

모든 돼지는 품종, 연령 등에 따라 영양 균형이 맞는 사료를 매일 1회 이상 충분히 섭취할 수 있어야 한다.

제한 급여를 할 경우, 모든 돼지가 동시에 먹을 수 있는 급이 공간이 확보되어야 하고(어깨너비의 1.1배 이상) 무제한 급여 시에는 1개의 급이 공간당 돼지의 수 제한은 다음과 같다.

① 칸막이가 없는 건식 급이기 : 최대 6마리

② 칸막이가 있는 급이기 : 최대 10마리

③ 습식 급이기 : 최대 14마리

(4) 급수

물은 최소 1년에 1회 이상 정기적으로 검사하고 생활용수 수질 기준에 적합해야 한다. 또한, 일반 세균은 1mL 중 1,000CFU(Colony Forming Unit)를 초과해서는 안 된다.

돼지는 10마리당 1개의 급수공간을 제공해야 한다.

(5) 준수사항

① 자돈은 생후 28일 이전에 이유해서는 안 된다.

② 돼지의 단미는 금지한다. 다만 꼬리물기 피해가 있는 경우 꼬리의 절반 이상을 제거해서는 안 된다.

③ 모든 돼지는 군사사육을 원칙으로 하며, 스톨 내 감금 사육은 금지한다. 다만 임신돈은 안정과 유산 방지를 위하여 교미 또는 인공수정 후부터 4주까지는 스톨에서 사육할 수 있다.

④ 신생 자돈의 송곳니 발치 또는 절치는 금지하며 모돈의 복지에 저해되는 때에만 연삭만 허용된다.

⑤ 거세는 하지 않도록 노력해야 하나 외과적 거세가 필요하면 생후 7일 이전에 한다.

⑥ 이표(이각), 마킹, 문신은 위생적인 환경에서 실시하여야 하며 이각은 한쪽 귀에만 실시할 수 있다.

⑦ 전기봉을 보유하거나 사용해서는 안 된다.

(6) 사육시설

사육시설에 이용되는 재료와 구조는 날카로운 모서리나 돌출부 등 물리적·화학적인 요소로 인해 돼지에게 스트레스나 해를 끼치지 않아야 한다.

분만실은 모돈이 편한 자세로 몸을 완전히 뻗어 누울 수 있는 충분한 길이이고 분만 예정일 7일 이전에 모돈을 분만실로 옮겨서는 안 된다.

표 IV-2 체중별 두당 휴식공간 및 최소 소요면적

체중, kg	최소 휴식공간(m^2)	최소 소요 면적(m^2)
10 이하	0.1	0.15
10~20 미만	0.13	0.2
20~30 미만	0.2	0.3
30~60 미만	0.36	0.55
60 이상	0.66	1.0

(6) 사육환경

돈사의 조명 시간은 매일 최소 8시간 이상의 연속된 명기(明期) 및 최소 6시간 이상의 연속된 암기(暗期)를 준수하여야 한다. 조명도는 최소 40lux 이상이 되어야 한다.

암모니아 농도는 25ppm을 넘어서는 안 되며 적절한 단열 및 보온시설을 하여 극심한 고온 및 저온에서 스트레스를 받지 않도록 한다.

그림 V-11 동물복지 포유돈 사육실

표 Ⅳ-3 사육단계별 권장 온도

사육단계	적정온도 ℃
임신돈, 수유 분만돈	15~20
분만 72시간 이내 포유 자돈	25~28
분만 72시간 이후 포유 자돈	20~22
이유 초기	첫 주 28, 매주 2℃씩 감소
이유 후기	20~22
비육돈	15~18

다. 동물복지 한우 · 육우 농장

(1) 건강 상태 점검

소의 건강 상태 점검은 매일 1회 이상 서 있는 자세, 걸음걸이, 움직임, 활력, 눈의 상태와 경계하는 태도, 상처, 호흡, 피부, 다리, 발바닥, 기생충, 울음소리, 사료와 물의 섭취 행동 등과 비정상 행동 여부를 살핀다.

소는 두려움과 공포심이 많은 동물이므로 소의 무리를 지나갈 때는 언제나 천천히 이동하여 놀라지 않게 한다.

(2) 질병 관리

관리자는 소의 다리와 발 상태를 면밀하게 관찰해야 하며, 파행, 발굽의 비정상적인 마모, 염증 등이 있는 경우 적절한 조치를 하고 필요하면 내외부 기생충은 적절한 방법으로 방제한다. 또한, 질병이나 상처가 있는 환축은 격리시설에 마른 깔짚이 깔린 편안한 휴식공간에 격리하여 치료한다.

(3) 사료 급이

사료는 소의 품종, 연령에 맞게 건강을 유지할 수 있도록 영양 균형을 맞춘 사료를 충분히 급여하고 사료 급여를 제한하는 행위를 해서는 안 되며 사료의 종류나 양을 변경할 때는 갑자기 변경하지 말고 점진적으로 바꾸어야 한다.

적절한 반추를 위해 사료의 30%(건물 기준) 이상 건초 등 풀 사료를 급여한다. 다만, 도축 출하 전 6개월간은 사료의 15%(건물 기준) 이상 풀 사료를 급이 할 수 있다.

사료에는 성장촉진제, 호르몬제를 첨가할 수 없다.

표 Ⅳ-4 사육단계별로 마리당 사료조의 길이

구분	송아지	번식우·비육우
두당 최소 사료조 길이(㎝)	40	70

(4) 급수

물은 최소 1년에 1회 이상 정기적으로 검사하고, 매일 적합한 양의 깨끗한 물을 언제든지 섭취할 수 있어야 한다.

개별 급수기를 사용할 경우 10마리당 1개 이상을 제공하고 최소 급수공간은 두당 최소 450~700㎜의 급수공간을 제공한다.

(5) 송아지 관리

송아지는 태어난 후 가능한 한 빨리(최소 6시간 이내) 초유를 급여하고 첫 24시간 동안 지속해서 충분한 양(1회에 1.0L 이상)의 초유를 먹여야 한다.

풀 사료는 생후 1주 후부터 급여하고 이유는 가급적 생후 80일령 이후에 한다.

(6) 제각과 거세

소의 제각은 가급적 금지한다. 다만 서열 다툼, 난폭한 성향이 있어 관리적 목적이나 전두동염 등의 치료적 목적으로 제각을 할 수 있다. 이때는 제각연고를 사용하여 생후 1주일부터 2개월령 이내에 실시한다.

소의 거세는 가급적 금지한다.

(7) 준수사항

이표, 마킹, 문신은 수의사나 숙련된 자가 실시하고 소의 계류 사육을 원칙적으로 금지하고 전기봉을 보유하거나 사용해서는 안 된다.

우사는 충분한 양의 깔짚(짚류, 왕겨, 톱밥)을 깔아주고 급이 시설과 관련한 곳에는 전기 철책의 사용을 금지한다.

표 IV-5 사육단계별 두당 최소 소요면적

사육단계	깔짚 제공면적, m²	총면적, m²
번식우	5	10
비육우	3.5	7
송아지	1.5	2.5

(8) 자유 방목장 시설

방목장은 1마리당 337㎡ 이상의 공간을 제공하고 식수가 있는 장소로 250m 넘게 이동하지 않도록 해야 한다.

방목장에는 직사광선이나 악천후에 대피할 수 있는 차양 시설과 쉼터를 설치하고 살아있는 풀(식물)이나 잡관목 등이 있어야 한다.

라. 동물복지 젖소농장

(1) 건강 상태 점검 및 질병 관리

한육우와 같음

(2) 급이

사료는 반추를 위해 사료의 60% 이상 건초 등 풀 사료를 급여(건물 기준)하고 사육단계별로 두당 사료조의 길이를 달리 제공해야 한다.

표 IV-6 사료조의 길이

구분	송아지	번식우, 비육우, 건유우, 착유우
두당 최소 사료조 길이(㎝)	40	70

(3) 관리 준수사항

① 모든 송아지는 태어난 후 가능한 한 빨리(최소 6시간 이내) 초유를 반드시 먹여야 하고 첫 24시간 동안 충분한 양(약 1.5ℓ 이상)의 초유를 4차례 이상 먹여야 한다.

② 생후 1주 후부터 사료 입 붙이기를 하여야 하며, 최소 700g 이상의 고형식 사료를 급여할 때까지 대용유를 급여해야 한다.

③ 생후 1주 후부터 양질의 풀 사료를 급여하고 체중이 약 70㎏에 달하는 때, 생후 50일령 이후 이유하는 것을 권장한다.

④ 송아지 이유와 동시에 합사하여서는 안 되고 제갈을 물리지 않는다.

⑤ 제각은 원칙적으로 금지하나 관리나 치료목적으로 실시할 때는 제각 연고를 사용하여 생후 1주일부터 2개월령 이내에 실시한다.

⑥ 거세는 가급적 금지하나 거세가 필요할 경우 외과적 수술을 이용하여 수의사에 의해 위생적이며 인도적으로 실시한다.

⑦ 사료나 물을 제한해서는 안 되며 사료에 성장촉진제, 호르몬제를 첨가할 수 없다.

(4) 사육시설

우사는 가능한 충분한 자연 환기와 햇빛이 제공되도록 시설하고 우사 내 깔짚이 깔린 누울 자리를 제공해야 한다. 우사 내 바닥은 미끄럽지 않도록 처리돼야 하며 깔짚은 잘 건조된 상태를 유지하도록 관리해야 한다. 소를 계류하여 사육하는 것은 원칙적으로 금지한다.

그림 V-12 개방식 축사

(5) 사육공간

체중별 두당 휴식공간 및 최소 소요면적은 다음과 같다.

표 IV-6 휴식공간 및 최소 소요면적

사육 단계		깔짚 제공면적(m^2)	총면적(m^2)
경산우	착유우	8	16.5
	건유우	6.5	13.5
미경산우		3	10.8
육성우		3	6.4
송아지		2	4.3

개별우상(Free stall)을 이용할 경우, 개별우상 바닥 전체에 깔짚을 깔아주거나 바닥용 매트를 제공해야 한다.

급이 시설과 관련한 곳에는 전기 철책의 사용을 금지하고, 급사책(Feed fence) 등 급이 시설은 소가 걸릴 위험을 방지하도록 설치한다.

(6) 사육환경

축사 내부는 조명은 낮 동안에는 최소 100 Lux 이상, 휴식공간에는 50 Lux 이하의 낮은 조도를 제공하여 편안한 휴식을 취할 수 있게 한다.

우사 내 암모니아 농도는 25ppm을 유지하고 상대습도가 80% 미만이 되도록 적절한 환기 및 보온으로 너무 덥거나 춥지 않도록 해야 한다.

(7) 실외 자유 방목장 시설

방목장은 1마리당 337㎡ 이상의 공간을 제공하여야 하고 식수가 있는 장소로 250m 넘게 이동하지 않도록 해야 한다.

그림 V-13 젖소 방목장

방목장에는 살아있는 풀(식물)이나 잡관목 등이 있어야 하고 소에게 해를 가할 수 있는 식물(쑥갓 속 식물, 엉겅퀴의 새싹, 마디풀과의 잡초 등)은 바로 제거해야 한다.

03 동물의 사육환경

학습 목표

- 동물의 자연환경 요소가 동물에 미치는 영향을 말할 수 있다.
- 동물의 사회적 요소가 동물에 미치는 영향을 말할 수 있다.
- 동물의 시설환경 요소가 동물에 미치는 영향을 말할 수 있다.

동물의 사육환경은 사료 효율과 생산성, 성장과 번식에 직간접적으로 영향을 미치는 중요한 요인이다. 동물의 사육환경은 자연환경, 사회적 환경, 시설환경으로 구분할 수 있다.

3.1 자연환경

가. 동물과 온도

동물은 사람과 달리 땀샘이 없거나 기능이 약하여 체온조절이 어려워 급격한 온도 및 습도 변화에 쉽게 적응하기 어렵다. 동물의 더위와 추위에 대처하는 방법은 여러 가지로 나타날 수 있으며, 동물사육 시 이러한 행동에 대한 스트레스를 최소화하는 축종별 사육온도를 유지해야 한다.

표 19 가축의 더위와 추위에 대한 반응

사육조건	동물의 반응
더움	개방적 자세, 땀 흘림, 호흡수 증가, 음수량 증가, 입을 벌리고 헐떡거림, 식욕 감퇴, 생산량 감소, 신음과 고통, 허탈, 경련 등
추움	열을 냄, 무리를 지음, 바람을 피함, 몸을 움츠림, 사료 섭취량 증가, 생산량 감소 등

한육우의 생활 적온은 10~20℃이며, 젖소는 4~20℃, 돼지는 15~25℃, 산란계는 16~24℃이다.

나. 동물과 빛

동물에게 햇볕을 쬐면 자외선은 피부에 있는 비타민 D의 전구물질을 광분해 하여 비타민 D_3를 만든다. 또한, 자외선은 주변에 대한 살균 작용도 한다. 따라서 동물이 축사 밖에서 적당한 운동과 일광욕을 하는 것은 건강 유지와 성장 촉진에 도움이 된다.

동물에 있어 햇빛의 역할은 성 성숙에 중요한 역할을 하며 장일성 동물의 번식과 산란에 큰 영향을 미친다. 따라서 산란계의 경우 일조시간이 적은 시기에 인공조명으로 닭의 산란 지속성을 유지해주기도 한다. 그러나 반대로 비육우는 햇빛에 의한 자극이 적을수록 근내 지방축적이 잘 된다.

▶ **장일성 동물 : 가금류(닭, 오리, 칠면조 등), 조류, 말**
▶ **단일성 동물 : 면양, 염소, 사슴**
▶ **주년성 동물 :소, 돼지(일조량과 관계없이 연중 번식 가능)**

다. 기압과 습도

해발이 높은 지역은 일반적으로 해발 3,000m 이상의 고도를 말하며, 고도가 100m 높아짐에 따라 기온은 0.6℃, 기압은 10 hpa 낮아지므로 이러한 점을 고려하여 동물의 사육조건을 다르게 할 필요가 있다.

젖소, 육우, 한우, 산양은 일반적으로 고지대에서도 적응성이 높아 문제가 없으나 다른 동물의 경우 고지대의 특성인 산소량 부족과 낮은 기압에 의해 호흡수 및 심장박동수가 증가하여 에너지 소모가 높아지게 되고 생산성이 감소하게 된다.

습도는 가축의 사육환경에 중요한 요인으로 작용하는데 적정 습도는 40~70% 수준이며, 80% 이상을 유지할 시 생산량 감소의 요인으로 작용하게 된다. 또한, 높은 습도에 의해 체내 수분 증발을 방해하여 체온조절의 방해요소로 작용하여 동물의 건강 유지에 나쁜 영향을 미친다. 그러나 습도가 너무 낮으면 많은 미세 먼지 발생을 유발하여 호흡기 장애, 안구결막염 등을 일으킬 수도 있다.

라. 유해 생물

동물에게 직간접적으로 피해를 주는 유해 생물(병원 미생물, 병해충, 유해 동물과 곤충, 유독식물 등)은 피해 유무 파악도 어려우며 관리자의 세심한 관심이 필요하다. 이러한 유해 생물 중 쇠파리, 등에, 이, 모기, 진드기 등과 같이 피를 빨아먹는 곤충은 동물의 스트레스를 높여 생산성을 감소시키며, 전염병을 유발하기도 한다. 이러한 유해곤충의 피해를 줄이기 위해서는 유충들이 생활할 수 있는 사육시설 주변의 웅덩이나 분뇨 배설물을 제거해 주어야 한다.

방목하는 가축은 자연환경에서 잘 자라는 독미나리, 고사리, 천남성, 미국자리공, 독말풀, 미나리아재비, 쇠뜨기 등 유독식물에 중독되지 않도록 세심한 관리가 필요하며, 중독 증상에 따른 대비를 해야 한다.

3.2 사회환경

가. 관리인의 관심과 숙련도

농장 경영자와 동물사육 관리자의 동물에 대한 애정과 관심, 근면성은 동물복지를 위한 매우 중요한 사회적 환경 요인이다.

동물에 대한 관리인의 전문적인 사육 기술을 바탕으로 세심한 보살핌을 통해 동물의 생산성을 극대화할 수 있다. 따라서, 농장 경영인과 관리인은 동물사육에 대한 이론적 지식과 현장 실무 능력을 겸비하여야 하며, 동물이 최적의 환경에서 지속적인 건강을 유지하고 있는지를 판단할 수 있어야 한다. 이러한 최적의 사육조건은 지속적인 관찰 때문에 행동 및 습성을 파악하여 이루어지며, 문제점에 대한 대응을 신속히 할 수 있다.

나. 모성애 및 암수 관계

동물의 모성애는 매우 강한 편이며 추후 어미와 새끼의 분리 사육은 스트레스를 최소화하는 방법을 선택해야 한다. 새끼들은 태어나서 부터 어미와 생활하면서 면역, 행동 등 발육에 관련된 것을 물려받게 된다. 또한, 한배 새끼는 어미와 함께 생활하면서 사회적 활동(경쟁성, 우위성, 복종성, 협동성 등)을 통해 위계질서를 습득하게 된다.

그림 V-14 어미 소의 모성애

그림 V-15 어미 닭의 모성애

다. 동물의 사회적 순위

동들은 무리를 지어 사는 사회적 본능을 가지고 있고 힘의 세기에 의해 자연적으로 무리의 서열이 형성된다. 동물은 먹이를 차지하기 위해 서열이 형성되게 되는데, 새로운 개체나 사육군을 바꾸게 되면 경쟁 행동 때문에 모든 개체가 스트레스를 받게 되고 생산성 저해의 요인으로 작용한다. 따라서 동물 사육조건에서 개체 간의 서열경쟁에 의한 스트레스를 최소화할 수 있는 사회적 조건을 유지하는 것이 중요하다.

라. 텃세

동물의 텃세는 일정한 세력권을 형성하고 있는 상태를 유지하려고 하는 동물의 본능이며 포유류를 비롯하여 조류와 관상어에 이르기까지 적용되는 사회적 행동이다.

한우는 기존 무리에 새로운 개체가 들어올 시 집단으로 공격을 가해 외과적 문제뿐 아니라 심한 스트레스에 의해 생산성이 저하되게 된다.

마. 사육밀도

공장형 밀집 사육으로 인한 가장 큰 문제점은 생산성 저하와 전염병 발생의 증가이다. 동물

1두당 사육면적이 늘어나면 성장, 사료 섭취량 및 사료 효율이 개선되어 두당 소득이 증가하게 되나 단위면적당 농가소득은 감소하게 된다.

밀집 사육은 동물 개체의 건강 상태 관찰이 어려워 질병의 조기 발견과 치료가 늦어지게 되고 질병에 감염 및 전파가 쉽게 이루어질 수 있다.

3.3 시설환경

가. 축사의 구조

동물 복지식 축사의 구조는 계류식 보다 동물이 축사 내에서 자유롭게 활동할 수 있는 개방식 축사 구조이어야 한다. 동물복지 증진 및 친환경 축산을 위한 구조를 갖추어야 하며, 특히 농장 관리자의 접근성이 쉬워야 한다. 각 개체에 대한 공간 확보, 채광시설, 바닥 시설 및 외부 환경과의 조화가 필수적이다.

나. 환기 시설 및 보온

우리나라는 계절 특성상 사육동물이 여름철 더위와 겨울철 추위를 잘 이겨낼 수 있는 환기 시설 및 보온을 위한 시설이 필수적이다. 축종별 축사 시설은 지붕, 천장, 벽, 바닥, 축사 내 분뇨처리 및 외부 기온에 대한 영향을 최소화할 수 있어야 한다.

환기는 축사 내 신선한 공기 유입 및 온습도를 조절할 수 있는 기능과 고농도의 미세 먼지를 배출하여 호흡기 질병을 예방하는 기능이 있어야 한다.

그림 V-16 환기 팬

다. 급이 및 급수 시설

모든 동물의 사육에 있어 물의 공급은 급이 사료 급여와 더불어 매우 중요하다. 동물의 체내 수분함량은 70% 수준으로 수분함량이 10% 감소 시 갈증에 의한 심한 고통과 보행장애가 발생하고 15% 이상 감소하게 되면 생명 유지에 문제가 발생한다.

사육 동물에게 급여하는 물의 양은 체중과 생리 조건, 주변 환경, 온도, 급여 사료 종류와 급여량 등에 따라 차이가 난다. 신선한 물을 항상 충분히 섭취할 수 있도록 축사, 운동장, 방목장 등에 급수 시설을 충분히 설치하여야 한다.

그림 V-17 자동 급이기

그림 V-18 자동 급수기

라. 위생 시설

위생 시설은 동물 자체와 축사 시설에 대한 위생관리가 동시에 이루어져야 하며, 또한 관리인에 대한 위생 의식 및 행동도 선행되어야 한다.

이러한 위생관리는 소독으로 유해 요소를 차단하는 것이 우선되어야 하고 동물의 사육 목적, 새로 입식하는 동물에 대한 분리 사육, 축사 간의 간격 등을 고려해야 한다.

참고문헌 및 관련 인터넷사이트

- 국가법령정보센터 www.law.go.kr/.동물보호법
- 안제국 외(2024). 동물자원. 충북교육청.
- 안제국 외(2005). 동물매개치료. 학지사
- 이수기, 안제국(2014). 대가축관리. 충청남도교육청.
- 동물보호관리시스템 https://www.animal.go.kr/)
- 심혜미 외 역자 Aubrey H. Fine. 동물매개치료 핸드북. OKVET. 2024

[사진 및 그림 출처]

- 단원열기 1 https://en.wikipedia.org/wiki/Poultry_farming#/media/File:Battery_hens_-Bastos,_Sao_Paulo,_Brazil-31March2007.jpg
- 단원열기 2 https://www.quora.com/How-are-free-range-chickens-farmed
- 그림 V-1 https://www.worldanimalprotection.ca/education/what-is-animal-welfare
- 그림 V-2 https://religionnews.com/2023/08/11/in-a-new-animal-liberation-peter-singer-consolidates-advances-in-animal-rights/
- 그림 V-3 동물보호관리시스템 https://www.animal.go.kr/)
- 그림 V-4 https://timeskuwait.com/news/human-animal-environment-bond-key-to-global-health/
- 그림 V-5 https://pixabay.com/photos/cow-tongue-nose-cattle-nostrils-2568032/
- 그림 V-6 https://www.thehappychickencoop.com/poultry-cannibalism/
- 그림 V-7 https://easyfix.com/product-range/enrichment-toys/
  https://spca.bc.ca/news/backyard-chickens-enrichment/
  https://watchusgrow.org/2019/06/19/hi-tech-barn-improves-cow-comfort/
- 그림 V-8 https://pig-toys.com/enrichment
  https://www.ckom.com/u-of-s-image-6/
  https://americanminipigassociation.com/enrichment/diy-food-dispenser-mini-pig-enrichment/
- 그림 V-9 https://www.chickensandmore.com/chicken-roost/
- 그림 V-10 https://tussocksedgefarm.com/store/pastured-eggs
- 그림 V-11 https://www.pig-world.co.uk/features/housing-features/new-rspca-free-farrowing-standards-come-into-force.html
- 그림 V-12 https://watchusgrow.org/2019/06/19/hi-tech-barn-improves-cow-comfort/
- 그림 V-13 https://crv4all.com/en/service/crv-new-zealand-grazing
- 그림 V-14 https://www.limousineportugal.com/criadores/joaquimprates

- 그림 V-15 https://www.wolfandthelamb.com/blog/dont-eat-your-mother-or-anyone-elses
- 그림 V-16 https://langeagsystems.com/swine/ventilation-systems/
- 그림 V-17 https://afi.com.ph/poultry-equipment/
- 그림 V-18 https://www.chickencoopguides.com/chicken-coop-watering-systems/

01 https://www.worldanimalprotection.ca/education/what-is-animal-welfare, Fraser, D., Weary, D. M., Pajor, E. A., & Milligan, B. N. (1997). A scientific conception of animal welfare that reflects ethical concerns. Animal welfare, 6, 187-205.

02 Regan, T., 1983. The Case for Animal Rights. University of California Press, Berkeley, California.

03 https://www.worldanimalprotection.ca/blogs/what-difference-between-five-domains-model-and-five-freedoms-animal-welfare/

04 Duncan, I.J H., & Fraser, D. (1997). Understanding animal welfare. In M. C. Applebe, & B. O. Hughes (Eds.), Animal welfare. Wallingford, UK: CAB International.

05 https://www.who.int/news/item/01-12-2021-tripartite-and-unep-support-ohhlep-s-definition-of-one-health

06 http://www.iahaio.org/files/declarationchicago.pdf, IAHAIO 2013 시카고 선언

07 The IAHAIO White Paper(2018). Definitions for Animal Assisted Intervention and Guidelines for Wellness of Animals Involved(AAI 참여 동물의 안녕을 위한 지침)

08 Merriam-Webster. (2022). Animal husbandry. In Merriam-Webster's Dictionary. https://www.merriam-webster.com/dictionary/animal%20husbandry

09 Animal Enrichment. (n.d.). Science of behavior. Retrieved December 13, 2022, from http://www.animalenrichment.org/the-science

10 McKenny, L. et al., 2007. The effects of provided enrichment in the sucker phase on piglet scratch score post-weaning. Animal Production Science, Issue 57, p. 12.

11 국가동물보호정보시스템-농장동물-동물복지인증절차(현장심사) https://www.animal.go.kr/front/community/show.do?boardId=contents&seq=79&menuNo=3000000019

Ⅵ

PART

동물의 훈련과 자격평가

6.1 동물의 행동

6.2 치유동물의 훈련

6.3 치유견의 자격평가와 선발

[단원 학습 소개]

이 단원에서는 동물의 선천적 행동과 학습 행동에는 어떤 행동이 있으며 행동의 발달과 학습 행동은 어떻게 이루어지는지 살펴보고 또한, 교감치유용 동물의 선발과 자격평가 방법을 익혀 장차 동물 교감치유와 관련된 직무를 수행하는 데 필요한 실무 능력을 배양할 수 있도록 한다.

단원 열기

동물 교감치유는 아무 동물이나 하나?

다람쥐가 겨울을 나기 위해 도토리를 땅에 묻는 것을 아시나요? 고양이가 먹이를 줄 때쯤 야옹거리는 것을 본 적이 있나요?

동물은 먹이를 찾는 것부터 짝을 구애하는 것, 라이벌과 싸우는 것에서 새끼를 키우는 것에 이르기까지 모든 것이 종별로 특이한 행동을 하고 있다.

모든 동물의 종은 그 종의 특수한 유전적인 선천적 성향과 행동이 있다. 동물 교감치유에 적합한 동물의 행동과 습성은 어떠할까?

교감치유에 적합한 동물을 어떻게 선택하고 훈련하하는지 알아보자

01 동물의 행동

학습 목표

- ✓ 동물의 선천적 행동과 학습 행동을 설명하고 구분할 수 있다.
- ✓ 동물 행동의 발달과 학습, 사회 행동을 말할 수 있다.

1.1 동물 행동의 이해

가. 동물 행동의 개념과 유형

가. 동물 행동의 개념과 유형

(1) 동물 행동의 개념

동물행동학(ethology)은 20세기 초에 한 연구 분야로 시작되었다. 동물의 행동, 행태, 습성뿐만 아니라 진화, 유전, 학습, 환경 등의 관찰을 통하여 동물 행동에 대해 이해하려 하는 학문이다.

동물은 다양한 원인과 표현 방법으로 신체를 움직인다. 동물의 움직임은 외부로부터의 자극(stimuli)과 이에 대해 반응(responses)하는 동작으로 설명할 수 있다. 다시 말해서 동물들이 외부로부터의 자극에 대응할 때 나타나는 모든 움직임을 동물 행동(animal behavior)이라고 한다.

(2) 동물 행동의 유형

동물 행동에는 여러 가지 유형이 있지만 가장 자주 연구되는 네 가지 주요 유형은 본능, 각인, 조건화, 모방이며 이러한 유형의 동물 행동은 선천적인 행동과 학습된 행동의 두 가지 범주로 나눌 수 있다. 타고난 행동은 통제되지 않고 자동적이지만, 학습된 행동은 가르치거나 스스로 경험에 의해 습득된 행동이다.

(1) 본능

본능(instinct)은 일종의 타고난 행동이다. 동물의 본능은 배우거나 연습할 필요가 없다. 어떤 행동이 본능적이려면, 동물은 처음으로 그 행동을 보여야 하며, 매번 올바른 자극에 노출되어야 한다. 본능적 행동의 예로는 개가 음식에 노출될 때마다 침을 흘리거나 새끼의 울음소리에 본능적으로 반응하는 어미 등을 들 수 있다.

(2) 각인

각인(imprinting)은 동물 발달의 특정 생애 단계에서 발생하는 일종의 학습 행동이다. 각인은 태어날 때 처음 본 동물을 어미로 인식한다는 것이다. 또한, 거위가 태어난 직후 미래의 짝짓기 파트너로 각인한다는 것이다.

(3) 조건화

조건화(conditioning)는 사람이나 동물이 특정 방식으로 행동하고 특정 상황을 받아들이도록 훈련하거나 익숙해지는 과정이다. 이 행동은 다른 동물 또는 인간으로부터 배울 수 있다.

개는 자신이 보여주는 긍정적인 행동을 보상이나 처벌과 연관하여 새로운 행동을 배운다. 예를 들면 개는 '앉아'라는 명령을 따를 때마다 간식을 받을 수 있으므로 사람의 명령을 따라 행동을 하게 된다.

(4) 모방

모방(imitation)은 같은 종의 동물이나 다른 동물의 행동을 따라하는 것을 말한다. 모방의 한 가지 예로 한 침팬지는 다른 침팬지가 막대기를 창으로 사용하여 음식을 잡는 것을 보고 그 행동을 흉내 내는 것 등이 있다.

나. 선천적 행동과 학습 행동

(1) 선천적 행동

선천적 행동이란 동물이 태어나면서부터 하는 행동으로 유전적으로 고정되어 있으며 부모로부터 물려받는다. 즉, 동물이 학습 혹은 경험하지 않고도 유전자 속에 들어 있는 유전정보에 의해 태어나면서부터 본능적으로 하는 행동이다.

포유류의 새끼들은 태어난 후 본능적으로 어미의 젖을 찾고 입술과 혀를 이용해서 독특한 방법으로 유두를 빨아 젖을 먹는다. 이러한 행동은 어미가 가르쳐주지 않고도 태어나면서부터 하는 행동이다. 선천적 행동은 대부분 동물의 기본적인 생존 방식과 관련된 것들이 많다.

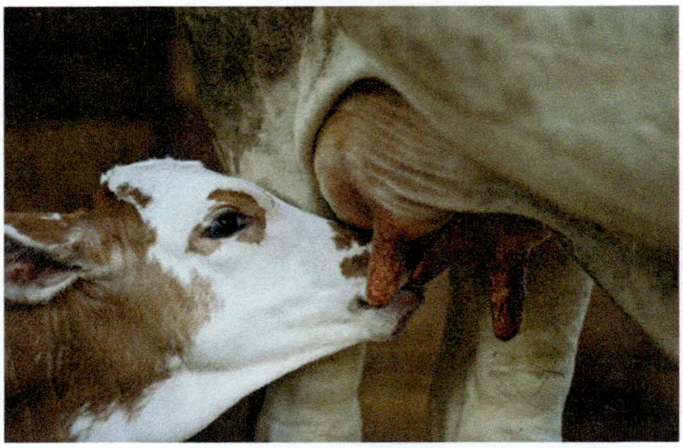

그림 VI-1 송아지의 젖 빠는 선천적 행동

(2) 학습 행동

학습 행동은 태어나서 후천적으로 다른 개체로부터 배워서 하는 행동을 학습 행동이라고 한다. 동물은 태어나 생활하면서 주변의 환경 요인에 의해 많은 영향을 받는다. 생활하면서 부딪치는 상황에 따라 적절한 행동을 어미 혹은 주변의 다른 동물들로부터 배우게 된다. 어떤 행동이 학습된 것이라면 유전되지 않는다.

먹이를 찾는 방법, 위험으로부터 피하는 방법, 잠자리를 만드는 방법 등 다양한 상황별 대처방법을 학습함으로써 평생 살아가는데 필요한 기술이나 방법을 습득한다. 이러한 학습 행동에 있어서 가장 중요한 부분을 차지하는 것이 각각의 동물의 경험이다. 동물들은 다양한 경험을 통해서 각 상황에 맞는 대처법을 터득하게 되고 이러한 방법 및 경험이 쌓여 학습 행동을 형성한다.

1.2 동물 행동의 발달과 학습

가. 동물 행동의 발달

(1) 초기 경험

동물들은 경험을 통해서 행동이 발달하기도 한다. 특히 어렸을 때의 경험(초기 경험)이 일생을 살아가는데 많은 행동에 영향을 주는 경우가 많다.

어려서 어미의 사랑을 받은 동물과 그렇지 못한 동물은 성장 후 자신의 새끼를 돌보는 것이나 혹은 주변의 다른 동물들과의 관계에 있어서 큰 차이를 보이기도 한다. 이는 어렸을 적의 사회화 과정에서의 초기 경험이 성장한 후 행동에 많은 영향을 준다는 것을 의미한다.

(2) 각인

오스트리아의 동물행동학자인 로렌츠(K. Lorenz)는 갓 부화한 회색기러기 새끼가 처음에 본 움직이는 대상을 보고 졸졸 따라다니는 사실을 관찰하였다. 처음 본 대상은 어린 새끼의 기억에 오래 남아 이런 행동을 지속해서 나타내는 현상을 각인(imprinting)이라고 하였다.

갓 태어난 새끼들이 제일 처음 본 대상이 로렌츠였기 때문에 이들 새끼는 로렌츠를 어미로 착각하고 일렬로 줄을 지어 따라다니게 되었다.

각인은 동물의 생애 중 특정 시기 특히, 초기에만 나타나는 활동이다. 각인의 결과 새끼와 부모 사이에는 강한 유대감이 형성된다.

특히 각인의 대상은 주로 새끼의 어미이기 때문에 새끼들은 어미를 따라다니며 보호를 받게 된다. 그러므로 각인은 어린 개체들이 안전을 보장받을 수 있는 매우 중요한 행동이라 할 수 있다.

(3) 놀이

놀이(play)는 동물이 새끼 때부터 상당히 오랜 시간 동안 행하는 다른 개체들과의 친밀한 관계를 나타내는 행동 중의 하나이다. 놀이는 단발성의 짧은 행동이 여러 번에 걸쳐서 반복적으로 나타나며 때로는 과장되어 표현되기도 한다. 동물의 놀이는 특별히 꼭 해야만 하는 필요성이 없는 경우가 많으며 분명한 목적 없이 되풀이하기도 한다.

놀이를 통해서 대부분의 어린 개체들은 상당한 양의 운동을 하게 된다. 즉 어린 개체들은 놀이를 통해서 근력을 키울 수 있으며, 뇌의 성장을 촉진하고 신체적 유연성이 증대된다.

놀이의 또 다른 중요한 역할은 사냥 능력, 싸우는 방법, 다른 개체들을 제압하는 방법 등을 학습하거나 연습할 수 있게 되는 것이다. 사회적 동물들은 놀이를 통해서 다른 개체들과의 협동 방법 혹은 사회적 순위를 결정하는 방법을 자연스럽게 터득할 수 있다.

강아지들끼리 놀이를 하는 과정을 살펴보면, 어떤 강아지가 다른 강아지의 등위에 앞발을 짚고 올라타는(mounting) 행동을 하기도 한다. 이는 성숙한 암컷과 수컷의 짝짓기 행동과 혼동될 수 있으나 강아지들끼리 올라타는 행동은 누가 힘이 센가를 알리기 위한 사회적 순위를 정하기 위한 행동이다.

그 밖에 상대방의 얼굴을 앞발로 쓰다듬기, 상대의 귀를 핥기, 앞발로 상대를 누르고 귀 뒤나 목 혹은 어깨를 가볍게 무는 행동 역시 상대방에 대한 우위성을 나타내는 행동이다. 강아지들끼리 놀이의 과정 중에서 마운팅을 하면서 우위성을 나타낼 수 있는 여러 행동을 익히게 된다.

나. 학습과 사회 행동

(1) 학습의 형태

동물은 경험에 의한 획득된 행동을 비교적 장기간에 걸쳐 유지하는 데 이를 학습이라 한다. 다시 말해 학습은 동물들이 어떤 경험을 하고 그 결과에 적응하기 위해 지속해서 유지되는 행동의 변화를 의미한다.

학습에 관한 능력은 동물의 집단과 종에 따라 매우 다양하게 나타난다. 각 종별로 학습의 형태 및 시기, 정도가 모두 다르다. 지속적인 반복 그 때문에 학습하기도 하며, 의식하지 못하는 동안 특정한 상황에 익숙해짐에 따라 자연스럽게 학습이 일어나기도 한다.

많은 동물이 학습이 잘 되었다면 특정한 목적이나 인간과의 공존에 있어서 전혀 문제가 없으나 반대로 제대로 된 학습이 이루어지지 않아 사회성에 문제가 있는 동물들 역시 쉽게 발견할 수 있다. 또한, 관리상 좋지 못한 버릇이나 습성을 지닌 동물들도 올바른 학습으로 잘못된 행동을 교정할 수 있다. 그 밖에 학습을 통해서 도형, 빛, 음파 등을 구분하거나 지속적인 반복 때문에 학습능력이 증진된다는 사실이 많은 동물실험을 통해서 입증되고 있다.

동물의 학습에는 익숙(habituation), 연상 학습(associate learning), 시행착오(trial and error), 모방(imitation), 혁신(renovation) 등 다양한 형태가 존재하는 것을 알 수 있다.

익숙은 동물들이 반복적인 자극을 받았을 경우 그 자극에 대한 반응이 매우 둔감해지거나 없어지는 것을 의미한다. 또한, 특정 행동을 상 혹은 벌과 연결했을 때 발생하는 동물의 행동 변화를 연상학습이라고 한다.

시행착오는 다양한 경험의 결과 바람직하거나 그렇지 못한 결과를 얻었을 때 일어나는 행동의 변화이다.

모방은 다른 동물의 행동을 흉내 내는 행동이며, 혁신은 전혀 접해 보지 못한 낯선 상황에 부닥쳤을 때 창의적으로 하는 새로운 행동을 말한다.

(2) 사회 행동과 의사전달

동물이 단독으로 행동하지 않고 2개체 이상이 모여 지속적인 상호작용을 하는 상태를 무리(group)라고 한다. 무리에 속한 동물을 개체 간의 상호관계라는 관점에서 보았을 때 사회라고 부른다. 동물의 사회 행동의 예로는 무리 행동, 공간적 행동, 적대적 행동, 성(sexual) 행동, 모성 행동 등을 들 수 있다.

1 무리 행동

야생에서 동물들의 무리 형성은 다양한 장점이 있다. 즉, 포식자의 출현을 빨리 알아챌 수 있거나, 먹이를 쉽게 찾기 위해, 이성을 쉽게 찾아 번식 성공률을 높이기 위해 무리를 이룸으로써 많은 이익을 얻을 수 있다. 그런데 동물들이 무리를 형성하면 그에 따른 개체들 사이의 상호 규칙이 형성된다.

무리 행동의 규범에는 개체들 사이의 순위, 순위가 낮은 개체가 높은 개체에 대한 복종 행동 등을 예로 들 수 있다. 또한, 가족 혹은 대규모의 무리와 같이 무리의 특성에 따라 개체마다 행동 및 역할이 다른 것을 많은 동물의 행동 사례에서 발견할 수 있다.

2 세력권 행동

동물이 자신만의 고유 영역을 방어하려는 세력권 유지 행동을 대표적인 공간적 행동이라 할 수 있다. 공간적 행동 때문에 자신의 영역을 배타적으로 지키거나 다른 개체와의 공동 사용을 허용하기도 한다. 사람과 같이 생활하는 반려견의 경우 특히, 수컷이 새집으로 이사를 하거나 가구를 새롭게 들여왔을 때 벽이나 가구에 소변을 누는 행동을 쉽게 관찰할 수 있다. 이는 개의 조상인 늑대의 세력권 유지 행동과 매우 유사한 행동으로 자신의 세력권임을 표시하기 위한 행동이다.

그림 VI-2 반려견의 영역 표시 행동

3 적대적 행동

동물들은 다른 개체들과의 사회 행동을 지속하면서 정도의 차이는 있으나 마찰이나 갈등이 발생하게 된다. 먹이, 물, 공간, 이성 등 다양한 대상을 서로 차지하기 위해 서로 경쟁하거나 싸움이 있을 수 있다. 동물들 사이의 마찰이나 싸움에 관련된 행동을 적대적 행동이라 한다.

다양한 목적과 환경에 따라 동물들은 다른 종 혹은 개체에게 적대적인 행동을 보인다. 또한, 자신만의 세력권을 유지하고 방어하기 위해, 상대방이 두려워 공포감이 있을 때, 새끼를 보호하기 위함 등 다양한 원인에 의해 적대적 행동을 한다.

4 성 행동

성 행동은 자신의 유전자를 다음 세대에 남기기 위한 행동으로 이성에 대한 탐색, 과시 행동, 짝짓기 등이 포함된다.

탐색 행동은 동물들이 번식을 위해 이성을 찾는 행동이며, 과시 행동은 이성에게 매력적으로 보여 짝짓기로 끌어들이기 위한 행동이다.

성 행동은 동물 종마다 특이한 형태를 가지며 이들 기본 행동들이 연속적으로 일어나며, 성 행동의 발현 양상과 지속 시간 역시 큰 차이가 있다.

예를 들면 소형견은 생후 7~10개월경에, 중·대형견은 8~12개월경에 처음 발정기를 맞게 된다.

발정기의 암컷은 외음부가 부풀고 출혈이 생기며 소변을 보는 횟수가 증가하며 정서적으로 불안정한 행동을 보이기도 한다.

수컷은 생후 11개월경이면 성적으로 성숙하고 암컷과 달리 특별한 발정기는 따로 없다.

발정기의 암컷 소변에 포함된 페로몬(pheromone)의 냄새에 자극이 되면 암컷의 뒤를 따라다니는 행동을 보인다. 암컷이 짝짓기를 위해 수컷을 받아들이는 것은 발정기가 시작된 후 배란이 가까워졌을 무렵이다. 암컷이 준비되지 않았을 때 수컷이 짝짓기 행동을 하면 암컷은 엉덩이를 내리고 앉거나 공격적인 태도를 보인다.

배란이 가까워 지면 때 비로소 암컷은 마음에 드는 수컷을 선택하고 수컷의 앞에서 엉덩이를 보이면서 수컷이 올라타도록 유도하여 짝짓기를 한다.

(3) 모성 행동

동물들은 특히, 포유류는 어미가 새끼를 분만하면 어미와 갓 태어난 새끼 사이에는 매우 중요한 관계가 만들어진다. 이 관계는 갓 태어난 새끼가 어미에게 젖을 달라거나 혹은 돌봐달라고 지속적으로 요구하고 이에 대한 어미의 받아들임에 의해 형성된다. 이러한 어미의 행동을 모성 행동이라 한다.

그림 VI-3 소의 모성 행동

분만 후 어미는 갓 태어난 새끼를 받아들이고 보호하는 등 평소에 하지 않던 특별한 행동을 한다. 어미는 새끼가 잘 성장하도록 관심을 가지고 돌보는 역할을 한다. 새끼를 핥고 다듬는 동안 어미와 새끼 모두 소리를 내는데 이것은 어미와 새끼의 결속에 중요한 역할을 한다.

모성 행동에는 보금자리 혹은 둥지 만들기, 새끼 찾아오기, 새끼 핥기, 젖 먹이기 등이 포함된다.

02 치유동물의 훈련

학습 목표

- ✔ 치유 동물의 훈련 필요성과 기본 원칙을 말할 수 있다.
- ✔ 반려견의 기초 복종 훈련을 할 수 있다.

2.1 동물훈련의 이해

가. 동물훈련의 필요성

동물들이 인간과 같이 생활하는데 필요한 사항을 익히는 과정을 넓은 의미에서 훈련(training)이라고 할 수 있다.

그림 VI-4 동물의 훈련

훈련은 동물이 가지고 있는 본능을 인간과의 생활에 적합하도록 길들이는 기술과 길들이는 일련의 과정을 의미한다. 훈련에는 사람에 대한 기본적인 복종훈련과 더 나아가 경계, 추적, 인명구조, 안내 등과 같은 고난도 기술의 습득과정이 포함된다.

훈련의 목적은 반려견과의 유대를 강화

하여 사람을 신뢰하고 따를 수 있도록 하고 올바른 생활을 습득하게 하여 사람-동물 모두에게 스트레스를 받지 않도록 하는데 있다.

나. 훈련의 기본 원칙

(1) 사회성 발달

반려견의 사회화란 강아지가 자신의 세계를 넓혀가는 과정을 일컫는다. 출생 후 3~12주령을 보통 사회화 시기라고 한다. 사회화 시기는 태어나서 처음 겪는 환경에 대해 점차 적응해가는 시기로 주변 환경을 잘 조성해 주는 것이 필요하다.

사회화 시기 동안 다른 동물이나 사람, 그리고 생활 속에서 일어날 수 있는 소음이나 기타 사항 등 다양한 환경과 상황을 경험할 수 있게 해 주어야 한다. 또한, 다양한 물건을 접하여 냄새를 맡고 탐색 행동도 활발히 할 수 있게 하는 것이 필요하다. 이 시기의 경험이 일생을 살아가면서 사람과 얼마나 친밀하게 지낼 수 있는지를 결정한다.

사회화 시기에 강아지들은 여러 가지 놀이를 통해서 점차 순위가 정해진다. 형제끼리 목덜미를 물거나 싸움을 하고, 이를 드러내고 으르렁거린다. 이런 놀이를 통해서 강하고 약한 개체들의 차이가 생기고 강한 개체에 복종하는 행동을 보인다.

사람과의 관계는 특히 생후 5~6주경에 강해진다. 이때 강아지는 사람의 존재를 인식하기 시작하므로 남녀노소 등 다양한 사람들과 접촉할 수 있게 하는 것이 필요하다.

치유견은 주인 및 가족 구성원과의 놀이를 통한 사회화가 매우 중요하다.

그림 VI-5 동료들과 어울림을 통한 사회화

(2) 친밀한 분위기 유지

동물이 사람에게 복종하도록 훈련할 때 가장 중요한 것은 사람과의 친밀성을 유지하는 것이다. 친밀성을 통해서 동물들은 사람이 신뢰하고 따를 수 있는 존재라는 사실을 인지할 수 있다. 이를 위해서는 훈련자와 동물이 접촉하는 시간이 가능한 한 많아야 한다. 빈번한 접촉을 통해 훈련자는 동물의 심리적, 신체적 상태 및 특성을 파악하고 이해할 수 있다. 또한, 정다운 말을 사용하는 등 동물에게 친절히 대함으로써 훈련을 받는 동물들이 정서적으로 안정되도록 한다.

(3) 짧고 집중적인 훈련

반려견의 집중력은 오래 가지 못하므로 훈련시간은 짧아야 한다. 보통 1회 훈련시간은 10분 내외로 하루에 여러 번 실시한다.

훈련 장소는 주위가 시끄럽거나 번잡한 곳은 피하고 조용하고 반려견이 편안하게 느낄 수 있는 장소에서 훈련받도록 한다.

훈련은 하나의 동작이 완성될 때까지 몇 번이고 계속해서 반복함으로써 그 행동을 인식시켜야 한다. 훈련의 마무리는 함께 놀아 주는 것이 좋다. 사람을 따르는 것이 즐거운 일임을 인식시킬 수 있으며, 독립심이 생기게 할 수도 있다.

동물을 훈련할 때 먼저 훈련자는 동물과 접촉하는 시간을 많이 가져 동물의 심리적, 신체적 상태 및 특성을 파악하고 이해할 수 있도록 한다. 또한, 훈련을 받는 동물은 신체가 건강한 상태로 유지되면서 사람의 지시에 따르는 습관을 형성하며 명랑하고 적극적인 성격을 갖게 한다.

(4) 긍정적 강화

반려견의 훈련에는 반드시 긍정적 강화가 필요하다. 명령에 따라 행동을 수행했을 때 즉각적인 보상을 주어야 한다. 보상의 방법 중 가장 많이 쓰이는 방법은 간식 주기로 반려견의 관심을 유도하기 위해 사용하며 배가 고플 때 효과적이다. 또 한 가지 방법은 칭찬하기가 있다. '잘했어' 하고 칭찬을 하며 몸통을 따라 길게 쓰다듬어 준다. 다른 한 가지 방법은 공, 씹는 장난감, 소리 나는 장난감 등을 주어 보상하는 방법이 있다.

체벌은 오히려 반려견에게 스트레스와 불안을 유발하여 훈련 효과를 떨어뜨린다. 잘못된 행동을 하기 직전 또는 하는 순간을 포착하여 '안돼'라고 큰소리로 강경한 어조로 말하면서 자기의 무릎을 치거나 손뼉을 쳐서 제지한다. 반려견은 명령에 따르면 칭찬을 받는 것이고 해서는 안 되는 일을 했을 때는 질책을 받는 것이 명확할 때 사람에게 쉽게 복종할 수 있다.

(5) 제스처와 명령어 사용

제스처와 명령어는 일관되게 사용해야 한다. 명령어를 사용할 때마다 다른 말을 쓰면 혼란을 주어 훈련의 효과가 작고 훈련 기간이 길어진다. 명령어를 사용할 때는 다른 동작과 발음이 비슷한 명령어를 쓰지 말아야 한다. 예를 들면 '가라'와 '와라'는 발음이 비슷함으로 '가'와 '이리와'로 사용하는 것이 좋으며 정확하고 같은 높이의 억양으로 발음해야 한다.

반려견은 단어의 뜻을 알고 행동하는 것이 아니라 억양을 듣고 이해한다. 될 수 있는 대로 부드러우면서 명료하게 명령어를 주어야 한다.

2.2 반려견 훈련하기

가. 훈련의 기초

(1) 습성 파악하고 교감하기

반려견을 훈련할 때는 우선 반려견의 특성을 잘 파악하고 주인과 반려견 상호 간에 즐기면서 신뢰를 바탕으로 이루어져야 한다.

하루에 최소 30분에서 1시간 정도는 같이 놀이를 하거나 훈련을 하는 등 적극적으로 상호작용하는 시간이 필요하다.

강아지 때부터 적절한 조기교육이 필요하며 사람들과 접촉, 이웃 개들과 어울림, 같이 놀기 등 친화가 중요하다.

(2) 이름 부르기와 눈 맞춤

반려견 훈련의 첫 단계는 반려견 자신의 이름을 인식하고 이름을 부르면 반응하도록 훈련한다. 반려견의 이름을 부르고 반응하면 간식을 주고 칭찬하는 훈련을 반복한다. 이름을 부를 때는 부드럽고 밝은 목소리로 한다.

동물이 사람에게 복종하기 위해서 가장 중요한 것은 훈련자에게 주의를 집중하는 주목(注目)이다. 주목은 훈련자와 반려견 사이에 눈을 마주침으로써 가능하다. 성공적인 훈련은 처벌과 신체적 학대가 아니라 지속적인 반복과 연습을 통해 가능하다.

(3) 목줄 적응 훈련

모든 반려견은 목줄을 매고 걷는 법을 배워야 한다. 우리나라 「동물보호법」에 의거 모든 반려견은 외출 시 목줄을 매도록 의무화하고 있으며, 반려견 목줄을 매는 것은 자신과 타인의 안전을 위해 매우 중요하다. 반려견에게 목줄과 당김 방지 하네스 착용에 익숙하도록 훈련하는 것이 모두에게 더 즐거운 경험을 만든다.

나. 기초 복종 훈련

(1) 앉아

이 명령은 가장 기초적인 훈련이다. '앉아'의 바른 자세는 대퇴부를 가지런히 모아 앉는 자세로서 앞가슴을 약간 앞으로 내밀고 고개를 들고 올려다보는 자세이다. 이 훈련은 점프, 추격, 지배 및 과도하게 짖는 것을 방지한다.

그림 VI-6 앉아

훈련방법은 반려견의 코앞에 간식을 들고 45° 각도 위에서 움직인다. 반려견이 앉아 머리를 뒤로 구부리고 간식을 처다보면 '옳지' 또는 '잘 했어' 라는 칭찬하고 간식을 준다. 또는 목줄을 아주 짧게 잡고 위로 치켜들면서 왼쪽 손으로는 뒤쪽 엉덩이를 누르며 '앉아'를 명령한다.

(2) 기다려

'기다려'는 반려견의 자제력을 키우는 데 필수적 훈련이다. '서' 또는 '앉아, 엎드려' 상태에서 우측 손바닥을 펴서 훈련견의 눈높이에서 아래로 내리치는 듯한 동작을 취하며 '기다려'를 명령한다. 명령을 내린 후 훈련자는 약 15m이상 걸어가 반려견을 마주 보고 부르면 신속하게 훈련자의 좌측에 와서 앉거나 서 있게 한다. 만약 움직이려 든다면 '안돼! 기다려' 명령을 반복한다.

그림 VI-7 기다려

(3) 이리와

'이리와'는 안전과 직결되는 훈련이다. '기다려' 상태에서 오른손 수평으로 올리고(손바닥이 밑으로 향하게) 바지의 옆 봉제선까지 내리면서 '이리와'를 명령한다. 또는 약 10m 정도의 목줄을 놔주었다가 '이리와'라는 지시에 응하지 않을 때는 줄을 잡아당기면서 '이리와'를 명령한다. 이렇게 계속 반복하며 명령에 응하는 정도에 따라 줄의 길이도 짧게 한다. 최후에는 줄 없이도 가능하며 만일 거부할 때는 꾸짖고 지시에 따르면 칭찬을 해준다.

조용한 실내에서 강아지와 거리를 짧게 두고 손에 먹을 것을 쥐고 시선을 집중시킨 후 이름을 부르며 '와'라고 말한다. 걸어오면 칭찬하고 쓰다듬어 주거나 먹을 것을 준다.

(4) 엎드려

'엎드려'는 '앉아'의 자세에서 목줄을 왼손으로 짧게 쥐고 오른손을 아래로 내리면서 '엎드려'라고 명령하면서 왼손에 쥔 줄을 가볍게 당겨 배와 앞 발꿈치가 바닥에 닿도록 한다. 처음 '엎드려'를 시작할 때에는 약 2~3초 정도로 짧게 '엎드려'를 시키며 엎드린 자세에서 시간적 여유를 주면 나쁜 자세가 도출하기 때문에 신속하게 다른 동작으로 변화를 주어야 한다.

(5) 따라(따라와- 산책)

훈련자의 좌측에 훈련견을 서게 한 후 목줄을 채워 짧게 왼손으로 잡고 '따라와' 명령과 함께 앞으로 이동한다. 이동 중 훈련견이 따라오지 않으면 목줄을 이용해 왼손으로 '따라와' 명령과 함께 딱 치듯 순간적 충격을 가하여 따라오게 유도한다. 그리고 훈련자보다 빨리 앞으로 나아가면 반대로 목줄을 뒤쪽으로 충격과 함께 잡아당기고 옆으로 위치를 벗어나면 훈련자 쪽으로 목줄을 당긴다.

그림 VI-8 따라

(6) 서

훈련자는 좌측 손으로 30cm 이내로 줄을 짧게 잡고 우측 손으로는 약 70cm 이상 길게 잡고 걷는 도중에 좌측 손으로 줄을 가볍게 당겨 쇼크를 주면서 '서'를 명령하고 즉시 멈춰 서게 하는 것이다.

수신호의 동작은 손바닥을 펴서 위에서 아래로 45° 대각선을 이루면서 개의 코를 내려치듯한 동작을 취한다. 만약 앉거나 다른 행동을 보일 때는 좌측 엄지손가락으로 하복부를 위로 찌르듯이 충격을 주어 바른 자세로 교정을 하여야 한다.

처음 '서'의 시간은 3~5초부터 시도하여 날이 갈수록 시간을 연장하며 독립적으로 혼자 서 있는 시간을 부여한다.

(7) 먹지 마

음식물을 훈련견의 앞에 놓기 전 '안돼! 기다려'라고 강하게 명령하며 목줄을 가볍게 툭 쳐준다. 훈련견이 잘 기다리는 것을 확인한 후 음식물을 내려놓고 '옳지! 먹어'라고 명령한 후에 반려견이 음식물을 먹을 수 있도록 한다.

03 치유견의 자격평가

학습 목표

- GCDS 자격평가를 실시할 수 있다.
- CGC 자격평가를 실시할 수 있다.
- TDI 자격평가를 실시할 수 있다.
- 펫 파트너 프로그램을 실시할 수 있다.
- 터스키기 행동평가를 실시할 수 있다.
- 에소 테스트 2005를 실시할 수 있다.
- 반려견 행동 평가(C-BARQ)를 실시할 수 있다.
- 치유견의 선발과 관리를 할 수 있다.

1.1 GCDS 자격평가

치유견은 전문가에 의해서 충분한 훈련과정을 거쳐 자격을 평가받은 후 활용되어야 한다. 반려동물이 인간사회의 동반자로 일정한 예의와 자격요건을 갖추어야 함은 물론 반드시 이 표준화된 '평가 치침서'에 의한 평가에서 합격된 것이어야 한다.

가. GCDS 자격평가란?

GCDS(good citizen dog scheme)는 "예의바른 시민이 될 수 있는 개"라는 의미로 영국 케널 클럽(The Kennel Club)에서 주관하여 수여하는 반려견 훈련 자격증 제도이다. 이 제도는 개가 사람과 함께 살아갈 수 있도록 사회적으로 인정받을 수 있는 제도의 필요 때문에 1992년부터 시작되었다. 현재 영국에서 GCDS를 위해 허가를 받고 운영 중인 교육기관은 1,400개 이상이며, 65,000개체 이상의 반려견이 bronze 단계 이상의 자격을 부여받았다. 그 밖에 여러 나라에서 GCDS와 유사한 자격증 부여 제도를 개발했거나 도입하기 위한 노력을 하고 있다. 국내에서는 2004년에 도입되어 일부 반려견에 대한 교육과 자격증 부여가 이루어지고 있다.

나. GCDS의 단계

반려견과 그 주인이 함께 정해진 시간 동안 교육과정의 이수 및 시험을 거쳐 GCDS 자격증을 부여받는다. 자격증은 난이도에 따라 bronze, silver, gold 등의 3단계로 구분되어 있다. 단계가 가장 높은 gold 단계의 자격증을 가지고 있는 반려견은 공공장소의 출입과 공동주택에서의 거주도 가능하다. 단계별 평가항목은 다음과 같다.

(1) 브론즈(Bronze) 단계

표 VI-1 브론즈 단계의 평가 내용

실기평가	이론평가
• 청결 상태 및 명찰 착용 • 목걸이 및 견줄 착용 • 견 줄을 착용한 보행 • 문 앞에서의 통제 • 사람들 사이에서 통제된 보행 • 견 줄을 착용한 채 1분간 기다리기 • 미용 상태 • 건강진단 • 핸들러에게 돌아오기	• 반려견이 필요로 하는 것들 • 질병 • 주인의 책임과 의무

(2) 실버(Silver) 단계

표 VI-2 실버 단계의 평가 내용

실기평가	이론평가
• 반려견과 함께 놀기 • 거리 보행 • 핸들러와 다시 합류하기 • 한 장소에서 기다리기 • 자동차 조심하기 • 먼 거리에서 돌아오기 • 반가운 표현을 자제하기 • 먹이에 대한 태도 • 반려견 검사	• 기타책임 • 어린이에 대한 태도 • 짖기 • 멈추어 있는 자동차에 대한 • 대처 • 달리는 차 안에서의 요령

(3) 골드(Gold) 단계

표 VI-3 골드 단계의 평가 내용

실기평가	이론평가
• 거리 보행 • 핸들러의 옆으로 돌아오기 • 핸들러 옆에서 자유롭게 걷기 • 한 장소에서 앉아서 기다리기 • 반려견을 잠자리로 보내기 • 멈추기 • 편안하게 휴식하기 • 먹이에 대한 태도 • 반려견 검사	• 건강 • 기생충 • 농장에서의 행동 및 규칙 • 기타 사항 • 두려움, 통제 불능, 물기 등에 대한 사항

1.2 CGC 자격평가

가. CGC 자격평가란?

CGC평가(canine good citizen test)는 1989년 미국반려견협회(American Kennel Club, AKC)에서 반려견의 바람직한 행동과 기질을 평가할 목적으로 제정하였다. 즉, 인간의 동반자인 반려견을 훈련하여 예의 바르게 행동하고 관리, 보호하자는 차원에서 실시하는 평가이다.

반려견은 CGC평가를 받는 동안 복종적이고 친절하여야 하며 공격성이나 수줍음, 두려움을 나타내서는 안 된다. 일반적으로 반려견과 고양이는 생후 1년 이상 된 것을 대상으로 실시하며 기타 동물은 성장이 완료된 후에 평가를 받을 수 있다.

나. CGC평가 방법

미국반려견협회(AKC)의 CGC평가 방법은 다음과 같다.

표 VI-4 미국반려견협회의 CGC평가 방법

10개 과제	세부 심사 내용
1. 낯선 사람과 친교	낯선 사람의 접촉을 허용하고 잘 따른다.
2. 신체적인 접촉	낯선 사람이 쓰다듬어도 조용히 앉아 있다.
3. 외모 및 털 손질	외모와 털을 손질할 때 거부 반응이 없다.
4. 산책하기(각측 보행)	산책 시 앞서거나 처지지 않고 옆에 붙어 다닌다.
5. 군중 속에서 따라 걷기	여러 사람이 있는 곳에서도 잘 따라다닌다.
6. 기다리기	"앉아, 엎드려, 기다려"의 명령에 따라 기다릴 줄 안다.
7. 돌아오기(회귀성)	"기다려"의 상태에서 3m 앞에서 부르면 따라온다.
8. 다른 개에 대한 반응	평가 중 다른 개에게 공격하거나 회피하지 않는다.
9. 주위에 대한 반응	시끄러운 소음이나 큰 물체가 나타나도 놀라거나 공격하지 않는다.
10. 분리에 대한 반응	낯선 사람과 같이 있어도 불안하거나 도망가지 않는다.

나. 평가 시 유의점

모든 심사 과정은 목줄을 매고 실시하며 심사 도중에 주인이나 핸들러는 칭찬이나 쓰다듬어 주어 용기를 줄 수 있다. 심사 중 배뇨와 배변을 하거나 사람이나 다른 개를 물면 탈락한다. 미국반려견협회의 CGC평가는 AAA나 AAT를 위한 평가 방법이 아니고 시민과 함께할 수 있는 예의 바른 반려견을 선발하는 방법이다.

1.3 TDI 자격평가

가. TDI 자격평가란

국제치유견협회에서 실시하는 TDI(Therapy Dog International) 평가는 자신감과 통제력을 보여주기 위한 13단계를 완료해야 한다.

이 고급 단계 테스트는 개가 다양한 상황에 어떻게 반응하는지 보여주며 다양한 환경에서 잘 행동하고 순종적인지 확인한다. 이러한 테스트 중 하나라도 실패하면 전체 평가에 탈락한다.

나. TDI 자격평가 방법

표 VI-5 TDI 자격평가 방법

구분		합격	탈락
1단계(기초)	test 1	• 개를 발뒤꿈치 위치에 놓으십시오. • 코디네이터가 개의 목줄, 그루밍, 발을 확인한다.	개가 당기거나, 점프하거나, 공격적이거나 수줍어하거나, 확인에 저항하는 경우.
	test 2	• 앉아서 개를 옆에 위치하도록 한다. • 낯선 사람이 목줄을 잡고 1분 동안 있는다. • 다른 사람과 함께 있는 동안 침착을 유지한다.	개가 낑낑거리거나, 짖거나, 주인을 따라간다.
	test 3	• 군중 속에서 개를 산책시키기 • 개는 친근하고 사람들 주위를 잘 걷는다.	당기기, 점프하기, 수줍음, 공격성 또는 제대로 걷지 않는 경우
	test 4	• '기다려' 명령을 하고 앉아서 기다리게 한다.	개가 앉아서 기다리지 않는다.
	test 5	• '엎드려' 명령으로 엎드리게 한 후 기다리게 한다. • 침착하게 엎드려 기다린다.	가만히 엎드려 있지 않거나 기다리지 않는다.
	test 6	• 개는 20피트의 목줄을 매고 앉아 있게 한다. • 명령 핸들러는 '이리와'를 명령하여 돌아 오도록 한다. • 명령어에 따라 다가온다.	개를 부르면 오지 않는다.
	test 7	• 낯선 사람들과 잘 어울린다. • 개는 쓰다듬고 방문하는 것에 개방적이다.	수줍음, 공격성, 펄쩍펄쩍 뛰거나 방문하지 않을려고 함

2단계 (고급)	test 8	• 핸들러는 개를 일직선으로 걷고, 명령에 따라 앉거나 엎드린다. • 오른쪽, 왼쪽으로 회전한다. • 목발을 짚거나 기타 의료 장비를 착용하는 사람, 시끄러운 소음, 뛰는 사람에 침착하다.	나쁜 행동, 명령에 복종하지 않음.
	test 9	• 낯선 사람이 주는 간식을 거절한다.	개가 간식을 핥거나 먹는 경우.
	test 10	• 땅바닥에 떨어진 음식과 물을 핥거나 먹거나 마시지 않는다.	개가 음식을 핥거나 먹거나 물을 마시는 경우
	test 11	• 다른 개을 만나거나 다른 사람과 대화를 나누어도 침착하다.	개가 공격성을 보이거나 방해가 되는 경우.
	test 12	• 개를 앉거나, 서거나, 엎드린 자세로 눕힌다. • 문을 통해 들어간다.	개가 명령을 따르지 않는다
	test 13	• TDI 테스트의 다른 부분을 통과한 경우에만 마지막으로 실시한다. • 아이들이 달리고, 소리치고, 공놀이하고, 물건을 떨어뜨리면서 놀고 있게 한다. • 핸들러가 놀고 있는 아이들 사이로 개와 함께 걸을 때 침착하다. • 개를 핸들러 옆에 누워있게 한다. • 핸들러는 개가 누워있는 동안 책을 읽는 것을 시뮬레이션한다. • 개는 아이들에게 등을 돌려야 한다.	깜짝 놀라거나(회복 없이), 공격적으로 짖거나, 뛰어오르거나, 으르렁거리거나, 아이들을 향해 돌진하는 반응

1.4 펫 파트너 프로그램

펫 파트너 프로그램(pet partner program)은 미국 델타소사이어티(Delta Society)에서 제정된 것으로 인간과 동물의 상호작용(human animal bond)의 일환으로 실시되는 치유동물을 선발하는 평가 방법이다. 펫 파트너 평가 대상 동물은 개, 고양이, 말, 토끼, 새, 농장동물, 기타 소동물(햄스터 등)로 이 평가에 합격 되면 치유사와 동물 모두에게 자격증을 수여하고 있다.

▶ 델타 협회(Delta Society)

1977년 미국 오리건주 포틀랜드에서 델타 재단(Delta Foundation)이 설립되었고 1981년 델타 소사이어티(Delta Society)로 변경되었으며 2012년 Pet Partners로 변경하였다.

가. 펫 파트너 평가의 특징

펫 파트너 평가는 동물 교감치유의 장면을 고려하여 평가 내용을 선정하였으며 기술 검사와 적성검사로 구분하여 실시하게 되어있다. 이 평가에서는 교감치유사와 동물 모두의 상호작용을 중시하여 모두 평가한다.

평가는 낯선 장소에서 낯선 사람이 실시하며 평가자는 평가 중에 동물에게 칭찬과 지지를 해줄 수 있다. 기초 복종 훈련 상태(앉아, 기다려, 엎드려, 따라와 등)를 필수적으로 평가하고 고양이는 3명이 안아보고 조용히 안기는가를 평가한다.

나. 펫 파트너 기술 검사 방법

펫 파트너 기술 검사는 미국반려견협회의 CGC평가와 비슷하다. 교감치유견으로써 자질과 예의, 기초적인 훈련 상태 등을 검사하는 방법으로 11개 항목으로 구성되어 있다.

- 낯선 사람에게 친절하기
- 다듬을 때 얌전히 앉아 있기
- 외모와 털 손질에 순응하기
- 야외 산책하기
- 사람들 속에서 잘 따라 걷기
- 주의 산만(소음 등)에 대한 반응
- '앉아' 명령에 따르기
- '엎드려' 명령에 따르기
- '기다려' 명령에 따르기
- '이리와' 명령에 따르기
- 다른 개에 대한 반응

다. 펫 파트너 적성검사 방법

펫 파트너 적성검사는 교감치유 현장에서 일어날 수 있는 상황을 가상하여 10개 문항으로 구성되어 있다.

표 VI-6 펫 파트너 적성검사

상황 장면	반응 검사 항목
1. 신체접촉	몸을 만질 때 가만히 있는가?
2. 거칠게 다루기	큰 소리를 내며 거칠게 다룰 때 가만히 있는가?
3. 꽉 껴안아 보기	꽉 껴안았을 때 가만히 있는가?
4. 이상 행동에 대한 반응	비틀거리거나 이상한 몸짓에 침착한가?
5. 싸움 장면에 대한 반응	큰 소리로 싸우는 상황에 침착하고 편안한가?
6. 등 뒤에서 떠밀기	등 뒤에서 떠밀면 바로 바른 자세를 유지하는가?
7. 여러 사람과 접촉	여러 사람이 만지는 것을 견디어 내는가?
8. 동작 멈추기	장난감을 갖고 놀 때 명령에 따라 행동을 멈추는가?
9. 간식 먹기	간식을 먹을 때 서둘거나 할퀴지 않고 얌전히 먹는가?
10. 전체적인 반응	동물의 전체적인 행동과 반응이 긍정적인가?

라. 펫 파트너 팀의 평가 등급

동물 교감치유는 동물과 치유사(핸들러)가 한 팀이 되어 활동하게 된다. 델타 협회의 펫 파트너 팀의 평가는 4등급으로 구분한다.

표 VI-7 펫 파트너 팀의 등급

등급	내용
부적합 (불합격)	동물이 지나치게 공격적이거나 두려움과 수줍음이 있어 치유 동물로써 적합하지 않을 때 탈락하며 재심사를 받을 수도 없다.
준비 부족	훈련 부족 등으로 불합격되었으나 잠재력을 가지고 있어 재훈련 후에 재심사를 받을 수 있다.
중급 (예측 가능한 곳)	합격은 하였으나 한정된 곳에서만 활동할 수 있다. 비교적 시설과 환자의 상태가 양호한 학교, 양로원 등에서만 활동할 수 있다.
고급 (복잡한 곳, 모든 곳)	모든 치유 장면에서 활동이 가능한 가장 우수한 등급이다. 전문적인 AAT를 활동할 수 있는 자질이 있음을 증명한다(병원, 보호 및 교정시설 등).

합격한 동물은 목줄에 다는 펫 파트너 인식표(매달)를 주고 교감치유사는 본인과 동물의 사진과 이름이 기록된 주민등록증과 비슷한 자격증을 받는다. 델타협회에 등록된 모든 팀은 2년마다 재평가를 받아 자격증(신분증)을 갱신하여야 한다.

1.5 터스키기 행동 평가

가. 터스키기 행동 평가란

터스키기(Tuskegee) 행동 평가는 1993년 미국의 터스키기대학교 수의과대학에서 보훈병원의 입원 환자와 양로원에 거주하는 사람들의 교감치유를 위한 치유견을 선발할 목적으로 만들어진 검사로, PUPS(pet's uplifting people's spirit visitation program, 정신적 안정을 위한 방문 프로그램)이라고 부른다(C. B. Schaffer. 1993).

나. 터스키기 행동 평가의 구성

이 행동 검사는 노인 보호시설과 병원의 가상적인 상황을 8개 장면으로 구성하여 실시한다. 가상장면(시뮬레이션)구성은 다음과 같다.

대기실 ☞ 검사실 ☞ 주의 산만실 ☞ 장애물 코스실 ☞ 시끄러운 소음실 ☞ 엘리베이터 시뮬레이션 ☞ 오락실

그림 VI-7 평가 시뮬레이션

각각의 시뮬레이션 평가항목은 다음과 같다.

- 반려동물의 일반적인 상태 및 외모, 행동
- 교감치유사와 동물과의 상호작용
- 다른 동물과의 반응 상태
- 사회적 예의(사람에 대한 행동, 복종상태, 대소변의 배설 등)

이 평가 방법의 긍정적 반응은 수용적, 쾌활함(얌전함, 활동적)이며 부정적 반응은 공격성 피동성(소극적)으로 평가한다. 이 평가 방법은 고양이 에게도 적용한다.

1.6 에소테스트 2005

에소테스트 2005(Ethotest 2005)는 2005년 피아 루시디 외(Pia Lucidi, etc.)가 개발한 치유견 선별 검사이다. 기존의 델타협회(Delta Society)의 표준화된 체크리스트(check list)는 반려견의 나이, 품종, 크기 등에 제한적 요소가 많으며 평가 내용의 구체성이 부족하다는 지적을 받아왔다. 이러한 점을 보완하기 위해 개발된 교감치유견 평가 방법이 에소테스트 2005(Ethotest 2005)이다.[01]

실제로 델타협회의 선별 방법에 의해 선발된 반려견 중에는 에소 테스트 2005 검사에 의해 통과되지 못한 반려견이 있었다. 따라서 현재 주로 사용되고 있는 델타협회의 교감치유견 선별 방법에 대한 개념과 안정성은 다시 고려되어야 하며 특히, 에소테스트 2005검사 방법의 Test C는 델타협회의 치유견의 선발방법에는 고려되지 않은 부분을 많이 가지고 있다.

에소테스트 2005는 채점표상에 기준 점수를 정하여 점수에 미달되는 경우 탈락되는(cut-off)방식으로 되어있으며 자격평가 과정은 다음과 같다.

가. 공격성, 지배적 기질 검사(Test A)

Test A는 공격성과 지배적 기질(우세적 성격)을 가지는 견들의 선발하여 탈락시키는 검사법으로 어느 항목이라도 0점을 받으면 제외된다.

표 VI-8 공격성, 지배적 기질 선발(Test A)

Test	구성	변화	행동표현	점수
A_1 공격성	다른 반려견과의 관계	다른 반려견과 같은 울타리에 5분간 같이 있음	다른 반려견을 공격 또는 으르렁거림	0
			다른 반려견에 대한 공격성 없음	1
	사람과의 관계	울타리 안에서 핸들러와 같이 걷는다.	짖거나 으르렁거림	0
			개가 웅크리는 자세 또는 사람에게 가까이 접근함	1
A_2 기질	물리적 자극주기 (쓰다듬기)	핸들러가 반려견과 가깝게 접근하여 친근감을 표시하거나 몸통을 만진다.(몸, 다리, 귀, 이빨 등)	도망치거나 안절부절 침착하지 못하고 사람에게 뛰어 오른다.	0
			웅크리거나 핸들러의 손을 혀로 핥는 자세 또는 꼬리를 흔든다.	1
	거칠게 다룸	핸들러가 품에 안고 조이듯 안아보거나 밀쳐봄	물거나 저항 또는 도망친다.	0
			불안해하거나 행동이 멈춤이 없고 핸들러의 접근에 반항감이 없음	1
합격점수				**4**

나. 주도성, 사교성 및 두려움 평가(Test B)

이 평가는 Test A를 통과한 치유견을 대상으로 적합한 견들을 선발하는 평가 방법으로 개들의 반응은 고정된 관찰 기간(1분) 동안 평가되며, Test B를 통과하지 못한 개는 즉시 탈락된다.

표 VI-9 주도성, 사교성 및 두려움 평가(Test B)

<table>
<tr><th>Test</th><th>구성</th><th>변화</th><th>행동표현</th><th>점수</th></tr>
<tr><td rowspan="7">B_1
시작/
기본</td><td rowspan="4">(a)
반려견 주위에 반인의 접근</td><td rowspan="4">핸들러가 울타리에 접근하여 5분 동안 울타리에 머문다.</td><td>핸들러에게 가까이 가지 않는다.</td><td>-1</td></tr>
<tr><td>반려견이 반복적으로 울타리 위로 뛰어오르는구나 뒷다리로 울타리에 오랫동안 서 있다.</td><td>0</td></tr>
<tr><td>반려견이 울타리 위로 한번 뛰어 오른다.</td><td>1</td></tr>
<tr><td>반려견이 점프하지 않고 울타리 근처로 간다.</td><td>2</td></tr>
<tr><td rowspan="3">(b)
울타리 문이 열렸을 때 나가려고 시도하는 행동</td><td rowspan="3">5분 동안 울타리 가까이에 머문 후 울타리 문을 연다.</td><td>한 번 이상 나옴</td><td>0</td></tr>
<tr><td>한 번 나옴</td><td>1</td></tr>
<tr><td>전혀 안 나옴</td><td>2</td></tr>
<tr><td rowspan="14">B_2
사교성/
정숙성</td><td rowspan="5">(a)
친분이 있는 사람이 우리에 들어왔을 때</td><td rowspan="5">핸들러가 우리 안으로 들어가 접근한다.</td><td>반려견이 도망감</td><td>-1</td></tr>
<tr><td>핸들러 근처에 오지 않음</td><td>0</td></tr>
<tr><td>핸들러 쪽으로 달려온다.</td><td>1</td></tr>
<tr><td>반려견이 웅크리거나 핸들러에게 접근함</td><td>2</td></tr>
<tr><td>핸들러에게 접근하여 꼬리를 흔들고 핸들러의 손을 핥음</td><td>3</td></tr>
<tr><td rowspan="5">(b)
(a)의 내용과 연계하여</td><td rowspan="5">B_2(a) 이후 침묵한 상태에서 반려견을 부름</td><td>반려견이 도망친다.</td><td>-1</td></tr>
<tr><td>핸들러 근처에 오지 않음</td><td>0</td></tr>
<tr><td>핸들러 쪽으로 달려온다.</td><td>1</td></tr>
<tr><td>개가 웅크리거나 주저하며 핸들러에게 다가간다.</td><td>2</td></tr>
<tr><td>핸들러에게 접근하여 꼬리를 흔듦과 손을 핥음</td><td>3</td></tr>
<tr><td rowspan="4">(c)
반려견이 사람에게 뛰어드는 습성</td><td rowspan="4">핸들러가 개에게 접근하여 두 팔을 벌리며 부름</td><td>핸들러의 근처에 오지 않음</td><td>-1</td></tr>
<tr><td>반려견이 한 번 이상 점프한다.</td><td>0</td></tr>
<tr><td>반려견이 한 번 점프한다.</td><td>1</td></tr>
<tr><td>핸들러 근처에 오지만 점프하지 않는다.</td><td>2</td></tr>
</table>

B_2 사교성/정숙성	(d) 다른 반려견과 만났을 때 습성	핸들러와 같이 우리 안에 있으면서 다른 반려견을 울타리 근처에 접근시킴	으르렁거림	0
			핸들러 뒤로 숨으면서 자신을 보호하려 함	1
			다른 반려견의 접촉을 허락함	2
	(e) 우리 안으로 낯선 사람을 들어오게 함	낯선 사람을 우리 안으로 들어가 부르지 않고 가까이 감	반려견이 도망감.	-1
			반려견이 가까이 오지 않음	0
			반려견이 낯선 사람에게 돌진함	1
			반려견이 웅크리거나 낯선 사람에게 주저하며 다가감	2
			반려견이 핸들러에게 접근하여 꼬리를 흔들고 손을 핥음	3
	(f) a의 내용과 연계하여	낯선 사람이 울타리 안으로 개를 부름	반려견이 도망감	-1
			반려견이 가까이 오지 않음	0
			낯선 사람에게 돌진한다.	1
			반려견이 웅크리거나 낯선 사람에게 주저하며 다가감	2
			반려견이 핸들러에게 다가가 꼬리를 흔들고 낯선 사람의 손을 핥음	3
	(g) 낯선 사람에 대한 뛰어드는 습성	낯선 사람을 반려견에게 직접 다가가 두 팔을 벌려 가까이 오라고 함	반려견이 가까이 가지 않는다.	-1
			반려견의 한 번 이상 점프함	0
			반려견이 한 번 점프함	1
			반려견이 낯선 사람에게 다가감	2
	(h) 다른 반려견과 만났을 때 습성 II	낯선 사람이 우리 안에 있으면서 다른 반려견을 울타리 근처로 접근시킴	반려견이 으르렁거림	0
			반려견이 핸들러 뒤로 숨으면서 자신을 보호하려 함	1
			반려견이 다른 반려견의 접근을 허용함	2
B_3 두려움	(a) 강한 자극에 대한 반응	반려견이 인식하지 못한 상태에서 단단한 물건을 바닥에 떨어뜨려 소음을 유발함	반려견이 으르렁거리며 짖음	-1
			반려견이 겁에 질려 도망친다.	0
			반려견이 공포감을 느끼지만 가만히 있음	1
			반려견이 도망가지 않고 주의를 기울임	2
			반려견이 자극이 있던 방향을 바라보며 자리에 조용히 있음	3
합격점수				**11**

다. 훈련능력과 복종 훈련 평가(Test C)

Test C는 Test B에 합격한 반려견에게 수행하는 평가로 훈련에 대한 적성을 평가한다. 이 평가는 3명의 다른 사람에 의해 시행한다.

표 VI-10 훈련능력과 복종 훈련 평가

Test	구성	변화	행동표현	점수
C_1 낯선 방에 들어가기	(a) 목줄 없이 출입구로 들어가기.	핸들러는 낯선 장소의 문을 연다.(반려견이 들어갈 때까지 걸리는 시간을 측정)	20초 이상 걸림	0
			10~20초 걸림	1
			10초 이내 걸림	2
	(b) 목줄을 매고 출입구로 들어가기	핸들러는 새 방으로 들어간다(핸들러에 대한 개의 위치)..	끌어당기면 들어옴	-1
			반려견이 앞으로 들어감	0
			핸들러와 함께 들어감	1
			핸들러를 좇아 들어감	2
			'들어가'라는 명령어를 듣고 들어감	3
	(b) 낯선 방에 들어가는 동안 불확실성의 징후	특정 행동이나 코를 자주 킁킁거리는 빈도(스니핑 빈도)	눈에 뜨임(계속 킁킁거림)	0
			입장 전후 1회	1
			킁킁거림이 없음	2
C_2 계단 오르기	(a) 핸들러와 함께 계단 올라가기	핸들러가 계단을 올라갈 때 반려견이 자유로운 상태에서 하는 행동	핸들러가 끌어당겨야만 올라감	-1
			핸들러가 가끔 끌어당김	0
			끌어당김 없이 앞으로 나감	1
			핸들러를 따라 올라감	2
			핸들러와 함께 나란히 올라감	3
	(b) 계단을 오르는 동안 불확실한 행동 징후	특정 행동이나 코를 자주 킁킁거림	계단을 오를 때마다 킁킁거림	0
			오르기 전과 후에 킁킁거림	1
			킁킁거림 없이 올라감	2

C_3 목줄을 매고 따라 걷기	(a) 핸들러와 함께 걷기	핸들러와 함께 걷는 모습(반려견의 위치)	목줄을 매고 걷지 않음	-1
			끈질기게 목줄을 당김	0
			가끔 목줄을 당김	1
			목줄을 당김 없이 걸음	2
	(b) 직선 길에서 방향 바꾸기	핸들러가 U-턴을 시도할 때(반려견 위치)	핸들러를 따라 걷지 않음	-1
			핸들러가 몇 번의 명령 후에 따라옴	0
			단 한 번의 명령 후 따라옴	1
			핸들러와 함께 U-턴을 함	2
	(c) 핸들러와 걷기 중 반려견의 관심	함께 걷고 있을 때 다른 반려견의 접근	다른 반려견을 뒤좇아 감	0
			다른 곳으로 가려다 부르면 핸들러와 함께 다시 걸음	1
			반려견은 핸들러에게만 관심을 집중함	2
C_4 '앉아'명령 수행	(a) 명령의 이해	핸들러는 최대 5회까지 '앉아'를 명령한다. 반려견에게 실행을 위해 명령을 반복하는 빈도	실행하지 않는다.	0
			2회 이상 명령 시 실행	1
			2회 명령 시 실행	2
			1회 명령 시 실행	3
	(b) 명령을 빠르게 실행하는 능력	명령 후 실행하는데 걸리는 시간	실행하지 않음	0
			10초	1
			5~10초	2
			5초 이내	3
	(c) 명령에 대한 지속성	명령 후 앉아 있는 시간	실행하지 않음	0
			5초 이내	1
			5초 정도	2
			새로운 명령이 있을 때까지 앉아 있음	3

<table>
<tr><td rowspan="12">C_5
'누워' 명령 수행</td><td rowspan="4">(a)
명령의 이해</td><td rowspan="4">핸들러는 최대 5회까지 '누워'를 명령한다. 반려견에게 실행을 위해 명령을 반복하는 빈도</td><td>실행하지 않는다.</td><td>0</td></tr>
<tr><td>2회 이상 명령 시 실행</td><td>1</td></tr>
<tr><td>2회 명령 시 실행</td><td>2</td></tr>
<tr><td>1회 명령 시 실행</td><td>3</td></tr>
<tr><td rowspan="4">(b)
명령을 빠르게 실행하는 능력</td><td rowspan="4">명령 후 실행하는데 걸리는 시간</td><td>실행하지 않음</td><td>0</td></tr>
<tr><td>10초</td><td>1</td></tr>
<tr><td>5~10초</td><td>2</td></tr>
<tr><td>5초 이내</td><td>3</td></tr>
<tr><td rowspan="4">(c)
명령에 대한 지속성</td><td rowspan="4">명령 후 누워있는 시간</td><td>실행하지 않음</td><td>0</td></tr>
<tr><td>5초 이내</td><td>1</td></tr>
<tr><td>5초 정도</td><td>2</td></tr>
<tr><td>새로운 명령이 있을 때까지 누워있음</td><td>3</td></tr>
<tr><td rowspan="4">C_6
'일어서' 명령 수행</td><td rowspan="4">(a)
명령에 대한 이해</td><td rowspan="4">핸들러는 앉아 있는 반려견에게 '일어서'를 명령한다. 명령을 실행하는데 걸리는 시간</td><td>명령 없이 일어섬</td><td>-1</td></tr>
<tr><td>10초 이내</td><td>0</td></tr>
<tr><td>5~10초</td><td>1</td></tr>
<tr><td>5초 이내</td><td>2</td></tr>
<tr><td rowspan="8">C_7
놀이</td><td rowspan="4">(a)
테니스공을 가지고 노는 사람을 볼 때 행동</td><td rowspan="4">핸들러는 벽에 테니스 공을 던지는 놀이는 할 때 1분 동안 반려견이 취하는 행동</td><td>반려견은 놀지 않음</td><td>−1</td></tr>
<tr><td>반려견은 놀이를 한다.</td><td>1</td></tr>
<tr><td>반려견은 놀지만 불연속적이다.</td><td>2</td></tr>
<tr><td>반려견은 함께 공놀이한다.</td><td>3</td></tr>
<tr><td rowspan="4">(b)
명령에 대해 빠른 행동 능력</td><td rowspan="4">명령 후 얼마 후 자세를 취하는가?</td><td>행동을 취하지 않음</td><td>0</td></tr>
<tr><td>2회 이상</td><td>1</td></tr>
<tr><td>2회 명령 시</td><td>2</td></tr>
<tr><td>1회 명령 시</td><td>3</td></tr>
</table>

	(a) 사람에게 점프	놀이 중 명령 없이 사람에게 점프 빈도	2회 이상	-1
			1~2회	0
			1회	1
			없음	2
C_8 놀이 중 뛰어오르는 행위	사람 위로 뛰어오르는 행동	명령 없이 반려견-인간 놀이 중 점프하는 빈도	2회 이상	-1
			1~2회	0
			1회	1
			뛰어오르지 않음	2
C_9 사회화	(a) 전혀 모르는 사람에게 다가가기	의자에 앉아 있는 사람이 있는 방에 반려견을 10분간 자유롭게 방치 후 10분 후 부름	반려견이 누구에게도 기꺼이 가지 않음	-1
			반려견은 한 번만 또는 부를 때만 다가감	1
			반려견은 한 번 이상 가까이 다가감	2
	(b) 사람에게 뛰어오르는 행동	(a)와 같은 상황	2회 이상	-1
			1회	1
			뛰어오르지 않음	2
합격점수				21
S. D.				≤1.25

1.7 반려견 행동 평가(C-BARQ)

반려견 행동 평가 및 연구 설문지(Canine Behavioral Assessment & Research Questionnaire, C-BARQ)는 반려견 소유자/보호자, 핸들러 및 전문가를 위한 표준화된 행동 평가 도구이다. 2003년 Yuying Hsu와 James Serpell에 의해 개발 및 검증되었다.[02]

표 VI-11 반려견 행동 평가(C-BARQ)

test		행동표현
1	낯선 사람에 의한 공격성	낯선 사람이 개 또는 주인의 개인 공간, 영역 또는 집 범위에 접근하거나 침입하는 것에 대한 위협적이거나 적대적인 반응
2	주인에 대한 공격성	주인이 사람을 만지거나, 쳐다보거나, 음식이나 물건을 가지고 있을 때 또는 개에 접근할 때 주인이나 다른 가족 구성원에 대한 위협적이거나 적대적인 반응
3	다른 개에 대한 공격성	낯선 개가 접근했을 때 위협적이거나 적대적인 반응.
4	친숙한 개와 라이벌 관계	같은 집에 있는 다른 친숙한 개에 대한 위협적이거나 적대적인 반응.
5	낯선 사람에 대한 두려움	낯선 사람이 접근했을 때 두려워하거나 조심스러운 반응
6	낯선 환경의 두려움	갑작스러운 시끄러운 소리, 교통 체증, 낯선 물체와 상황에 두려움 또는 경계심 반응.
7	다른 개에 대한 두려움	낯선 개가 접근했을 때 두려워하거나 조심스러운 반응.
8	분리에 대한 과잉 행동	주인과 떨어졌을 때 짖거나 또는 파괴성 행동, 안절부절못함, 식욕 부진, 떨림, 과도한 타액 분비를 포함한 불안의 행동 및 자율 신경 징후를 동반한다.
9	애착과 관심 추구	주인 또는 다른 가족 구성원과 가까운 거리를 유지하고, 애정이나 관심을 요청하고, 소유자가 제3자 에게 관심을 기울일 때 동요를 나타낸다.
10	훈련 가능성	주인에게 주의를 기울이고, 명령에 복종하고, 빠르게 배우는 등 교정에 긍정적으로 반응함
11	추적	기회가 있으면 고양이, 새, 기타 작은 동물을 쫓는다.
12	흥분성	산책, 자동차 여행, 초인종, 손님의 방문 등 자극적인 사건에 대한 강한 반응
13	터치(촉각) 감도	목욕, 몸단장, 발톱 깎기, 수의학 검진 등 고통스러울 수 있는 시술에 대한 두려움 또는 조심스러운 반응.
14	에너지 수준	활기차고, 항상 바쁘고, 장난기가 많다

사쿠라마 마유(Mayu Sakurama) 등에 의한 C-BARQ 평가서는 다음과 같다.[03]

표 VI-12 치유견 행동평가서(Mayu Sakurama, 2023)

<table>
<tr><th colspan="2" rowspan="2">요인</th><th rowspan="2">평가 항목</th><th colspan="5">수준</th></tr>
<tr><th>5</th><th>4</th><th>3</th><th>2</th><th>1</th></tr>
<tr><td colspan="2" rowspan="3">1. 훈련과 순종</td><td>‘기다려’또는 ‘멈춰’명령에 즉시 복종한다</td><td></td><td></td><td></td><td></td><td></td></tr>
<tr><td>목줄에서 벗어났을 때 호출되면 즉시 돌아온다.</td><td></td><td></td><td></td><td></td><td></td></tr>
<tr><td>새로운 행동이나 기능을 배우는 속도가 느리다.</td><td></td><td></td><td></td><td></td><td></td></tr>
<tr><td rowspan="6">2. 분리 불안</td><td rowspan="3">행동</td><td>안절부절, 초조, 서성거림.</td><td></td><td></td><td></td><td></td><td></td></tr>
<tr><td>징징거림</td><td></td><td></td><td></td><td></td><td></td></tr>
<tr><td>짖음</td><td></td><td></td><td></td><td></td><td></td></tr>
<tr><td rowspan="3">생리적 작용</td><td>과도한 타액 분비.</td><td></td><td></td><td></td><td></td><td></td></tr>
<tr><td>문, 바닥, 창문, 커튼 등을 씹거나 긁는 행위</td><td></td><td></td><td></td><td></td><td></td></tr>
<tr><td>식욕 부진</td><td></td><td></td><td></td><td></td><td></td></tr>
<tr><td colspan="2" rowspan="5">4. 사람에 대한 공격성</td><td>가족 구성원이 밟았을 때.</td><td></td><td></td><td></td><td></td><td></td></tr>
<tr><td>산책 시 낯선 아이가 직접 접근할 때</td><td></td><td></td><td></td><td></td><td></td></tr>
<tr><td>가족 구성원이 쳐다볼 때.</td><td></td><td></td><td></td><td></td><td></td></tr>
<tr><td>산책 시 낯선 어른이 접근하는 경우.</td><td></td><td></td><td></td><td></td><td></td></tr>
<tr><td>낯선 사람이 만지거나 쓰다듬으려고 할 때.</td><td></td><td></td><td></td><td></td><td></td></tr>
<tr><td colspan="2" rowspan="9">5. 낯선 상황에 대한 두려움과 불안</td><td>빈집에 낯선 남성 성인이 접근했을 때.</td><td></td><td></td><td></td><td></td><td></td></tr>
<tr><td>빈집에 낯선 아이가 다가왔을 때.</td><td></td><td></td><td></td><td></td><td></td></tr>
<tr><td>낯선 사람이 만지거나 쓰다듬으려고 할 때.</td><td></td><td></td><td></td><td></td><td></td></tr>
<tr><td>낯선 큰 개가 접근하는 경우.</td><td></td><td></td><td></td><td></td><td></td></tr>
<tr><td>낯선 작은 개가 접근했을 때.</td><td></td><td></td><td></td><td></td><td></td></tr>
<tr><td>낯선 상황에 처음 노출되었을 때(예: 첫차 여행, 엘리베이터 첫 탑승, 첫 수의사 방문 등).</td><td></td><td></td><td></td><td></td><td></td></tr>
<tr><td>바람이나 바람에 날리는 물체에 대한 반응</td><td></td><td></td><td></td><td></td><td></td></tr>
<tr><td>가족 구성원이 손톱을 깎았을 때.</td><td></td><td></td><td></td><td></td><td></td></tr>
<tr><td>낯선 개가 짖거나 으르렁거리거나 달려들 때.</td><td></td><td></td><td></td><td></td><td></td></tr>
</table>

6. 영역 다툼	낯선 사람이 마당을 지나갈 때. 자전거 탄 사람이 마당을 지나갈 때. 주인에게 낯선 사람이 다가갈 때. 마당에 다른 동물(고양이, 주 등)이 지나갈 때					
7. 과잉 행동 (저조 행동)	활동적이고 에너지가 넘쳐 항상 움직인다. 장난기 많고 철부지 강아지 같이 들떠 있다. 과잉 활동, 안절부절 등 침착하지 못하다.					
8. 낯선 개에게 접근하는 공격성	산책할 때 낯선 수캐가 접근하는 경우. 목줄을 매고 운동할 때 암캐가 접근하는 경우.					
9. 소유욕의 공격성	주인이나 가족이 음식을 가져갈 때.					
10. 비정상적인 행동	사람이나 물건을 과도하게 핥는다. 동물의 배설물이나 냄새나는 물질을 굴립니다.					
11. 흥분성	방문자가 집에 도착했을 때. 산책하기 직전. 자동차 여행을 떠나기 직전. 주인이나 가족이 집을 비운 후 돌아왔을 때. 주인이나 가족과 놀 때. 초인종이 울릴 때.					
12. 가족에 대한 애착 행동	가족에게 앉거나 접촉하는 경향 가족에게 주의를 끌기 위해 코를 비비거나, 발로 밟는 경향 가족이 다른 개나 동물에게 애정을 보일 때의 동요 가족의 방을 따라 다니는 경향					
13. 반려견에 대한 경계심 있는 공격성	휴식 중에 다른 개가 접근할 때의 공격성 다른 개가 집을 방문할 때 공격성					
14. 반려견에 대한 자원 보호 관련 공격성	장난감을 가지고 놀 때 다른 개가 접근했을 때. 식사할 때 다른 개가 접근했을 때.					
참고 사항	개가 짖거나, 위험한 행동(공격 행동), 소변 또는 배변을 하면 평가에서 즉시 제외한다.					

참조: https://www.mdpi.com/2076-2615/13/5/834

1.8 치유견의 선발과 관리

가. 치유견의 선발

동물보조중재는(AAI)는 방법에 따라 동물 교감치유(AAT), 동물 보조 교육(AAE), 동물 보조 활동(AAA)로 나눌 수 있다. 그중 AAA가 가장 일반적이고 대중적으로 활용되고 있다.

AAA는 특별히 정해진 치유 목적이 없고 주로 대상자의 삶의 질(quality of life)을 개선하기 위한 개와의 상호 교감작용에 중점을 둔 활동이다.[04]

우리나라는 '한국동물매개심리치료학회' 등 일부 단체에서 치유견(therapy dogs) 인증제를 실시하고 있으나 국가적인 공인 자격증은 없는 실정이다. 대부분 가정견으로 일정한 훈련을 받은 개를 활용하고 있다.

더 알아보기 : 치유견으로 적합한 품종

치유견은 어떤 품종의 개든 될 수 있지만, 국제적으로 인정받는 보조견 인증 기관의 전문가들이 적합하다고 추천한 반려견의 품종은 다음과 같다.
• 골든 리트리버, • 푸들, • 래브라도 리트리버, • 카발리에 킹 찰스 스파니엘, • 퍼그, • 셰퍼드, • 비글, • 그레이하운드 등이다.

(1) 훈련 가능성과 복종

반려견의 훈련과 복종 수준이 낮으면 통제력 부족으로 마음대로 행동하여 치유 활동을 원활하게 수행할 수 없다. 치유동물은 치유사의 명령에 복종하고 지속적인 관심과 집중이 있어야 한다.

(2) 공격성과 환경 적응성

사람에 대한 공격성과 낯선 사람, 다른 개, 낯선 상황에 대한 두려움과 불안의 수준이 낮아야 한다. 또한, 낯선 장소에서 다른 개와 낯선 사람의 접근과 신체를 만지는 사람에게 공격성이나 두려움, 불안을 나타내서는 안 된다.

요양 시설 등 낯선 상황에서 휠체어를 타거나 지팡이를 짚은 사람들에 대해서도 두려움과 불안을 느끼지 않아야 한다. 낯선 상황에 적응하지 못하는 개는 자기방어의 행동으로 사람들을 물어 다치게 할 수도 있다.

(3) 종합 판정

치유견은 다음과 같은 기질을 가져야 한다.[05]

① 침착하고 온화한 태도를 유지할 것

② 사람들 곁에 있는 것을 선호할 것

③ 새로운 장면, 소리, 냄새와 같은 낯선 상황에 적응할 수 있을 것

④ 낯선 사람을 두려움 없이 받아들일 것

⑤ 지나가는 낯선 개에 반응을 보이지 않을 것

⑥ 공격적인 행동을 절대 보이지 않을 것

그림 VI-9 치유견 자질 평가

나. 치유동물의 관리

(1) 치유동물의 선발 가이드 라인

동물 교감치유 프로그램에 주로 이용되는 농장 동물로는 소, 토끼, 염소, 말, 닭 등이 있다.

① 동물 교감치유 동물은 질병에 감염되지 않은 건강하고 활력있는 동물을 이용해야 한다.

② 교감치유에 사용되는 동물은 성격이 온순한 개체를 선발하여 치유자의 안전을 도모해야 한다.

③ 교감치유 전에는 솔질(빗질), 목욕 등을 실시하여 청결을 유지 시켜야 한다.

④ 치유에 활용되는 동물과 생산 동물은 구분되어 관리해야 한다.

⑤ 동물은 정기적인 예방접종을 실시하고 수의사에게 주기적인 진단을 받아야 한다.

⑥ 정기적으로 내외부 기생충을 구제하여 사람에 전염되지 않도록 한다.

⑦ 돌발적인 공격성을 나타내는 동물이나 특별한 전염병을 전파할 수 있는 동물은 제외한다.

더 알아보기 : Pet Partners의 치유동물 준수사항

- 토끼, 기니피그, 마우스는 생후 6개월 이상, 기타 동물은 1세 이상이어야 한다.
- 가정집에서 최소 6개월 이상 함께 살았어야 한다.
- 개는 광견병 예방접종을 받아야 한다.
- 낯선 사람과 상호작용은 물론 환영할 수 있어야 한다.
- 사람 또는 다른 동물에게 공격이나 상처를 입힌 이력이 없어야 한다.
- 급성 또는 만성질환을 앓고 있거나 약물을 투약 중이지 않아야 한다.
- 주인(치유사)의 지시를 따를 수 있어야 한다.
- 기생충 등의 감염을 방지하기 위해 날고기를 먹지 않았어야 한다.
- 하네스를 비롯한 보정기구 등의 착용에 거부하지 않아야 한다.

※ 출처: https://petpartners.org/volunteer/requirements

참고문헌 및 관련 인터넷사이트

- 김양순 역(2007). 동물보조치료와 상담. 학지사
- 농촌진흥청(2016). 치유농업의 이해.
- 안제국 외(2007). 동물매개치료. 학지사.
- 안제국 외(2018). 가축관리실무. 부민문화사.
- 안제국 외(2024). 동물자원. 충청북도교육청.
- https://www.mdpi.com/2076-2615/13/5/834
- https://petpartners.org/volunteer/requirements/

[사진 자료 출처]

- 단원열기 https://betterpet.com/dog-training-101-how-to-set-your-dog-up-for-success/
- 그림 VI-1 https://www.farmhealthonline.com/health-welfare/cattle/calves/
- 그림 VI-2 https://www.petmojo.com/why-do-dogs-mark-their-territory/
- 그림 VI-3 https://www.four-paws.org/campaigns-topics/topics/nutrition/a-bonding-affair
- 그림 VI-4 https://www.animalbehaviourcollege.ca/dog-training-certification/
- 그림 VI-5 https://www.akc.org/expert-advice/dog-breeding/puppy-socialization-preparing-6-8-week-new-homes/
  https://tenlives.com.au/welfare/feeding-stray-cats-cruel-or-kind/
- 그림 VI-6 https://www.petsbest.com/blog/dog-training-basic-commands
- 그림 VI-7 https://www.mundomascotas.info/palabras-dar-ordenes-perro/
- 그림 VI-8 https://www.lawscountrykennel.com/fort-wayne-pet-boarding/walking-your-dog-tips-fort-wayne/
- 그림 VI-9 자작

---

01 Pia Lucidi, Nicola Bernabò, Michela Panunzi, Paolo Dalla Villa, Mauro Mattioli. Ethotest: A new model to identify (shelter) dogs'skills as service animals or adoptable pets. 2005

02 https://vetapps.vet.upenn.edu/cbarq/about.cfm

03 Sakurama, M. Ito, M. Nakanowataru, Y. Kooriyama, T. Selection of Appropriate Dogs to Be Therapy Dogs Using the C-BARQ. Animals 2023, 13, 834. https://doi.org/10.3390/ani13050834

04 IAHAIO. The IAHAIO Definitions for Animal Assisted Intervention and Guidelines for Wellness of Animals Involved in AAI. 2018. Available online: https://iahaio.org/iahaio-white-paper-updated-april-2018/ (accessed on 4 January 2023).

05 10-Incorporating Animal-Assisted Therapy into Psychotherapy: Guidelines and Suggestions for Therapists. In Handbook on Animal-Assisted Therapy: Theoretical Foundations and Guidelines for Practice; Aubrey, H.F. (Ed.) Academic Press: Amsterdam, The Netherlands, 2010; pp. 169-191.

PART VII

동물 교감치유의 과정

[단원 학습 소개]

이 단원에서는 동물 교감치유의 4단계 즉 사정 단계, 계획단계, 실행단계, 평가단계의 실행 기법을 익혀 장차 교감치유와 관련된 직무를 수행하는 데 필요한 실무 능력을 배양할 수 있도록 한다.

단원 열기

동물교감 치유는 어떻게 이루어지는가?

노인요양원 - 동물 교감치유(우송정보대학)

동물 교감치유가 효과적으로 되기를 위해서는 치유사와 치유동물, 대상자 모두가 의식적이고 전략적인 노력을 기울여야 한다. 이러한 의식적이고 전략적인 노력이 적절하게 실행되기 위해서는 농장의 모든 인적 물적 자원이 가장 적합한 상태로 제공되어야 한다.

동물 교감치유는 어떤 단계를 거치며 동물들이 어떻게 활용되고 있는지 알아보자

01 사정 단계

학습 목표

- 대상자의 정보수집을 위한 신청서 접수와 선별검사, 면접을 수행할 수 있다.
- 동물 교감치유를 위한 각종 자원을 점검할 수 있다.

1.1 정보수집

사정이란 대상자의 현재 상황에서의 강점과 취약점을 평가하여 적절한 서비스를 제공하는데 필요한 계획을 세우는 과정이다.

사정의 목적은 대상자의 심신의 건강 상태가 어느 정도인지, 어떤 단위로 접근할 것인지, 어떤 종류의 동물을 개입시킬 것인지, 어떤 변화가 요구되는지 살펴보는 것이다.

가. 신청서

동물 교감치유 신청서를 통해서 다양한 정보를 수집해야 한다. 접수 면접은 상황에 맞추어 실시하되 사전에 제작된 신청서를 이용하는 것이 편리하다. 그러나 자폐 스펙트럼 장애나 고령의 노인, 치매 환자, 무학자, 조현병 환자 등 기록이 불가능할 경우 혹은 방문 치유를 할 때는 치유사가 대신 작성할 수도 있다.

(1) 대상자의 기본정보

대상자의 이름, 생년월일, 성별, 좋아하는 동물, 주소, 연락처, 학력, 결혼상태, 직업, 가족 사항 등을 기록한다.

(2) 대상자의 문제와 상황

대상자가 현재 나타나고 있는 문제, 그 문제의 진행 상황, 과거와 현재의 치유정보 등을 기록한다.

표 Ⅶ-1 동물 교감치유 신청서(예시)

동물 교감치유 신청서								
성 명		나이	세	성별		좋아하는 동물		
주 소						연락처		
교육정도		결혼상태	기혼 미혼 별거		직장(학교)			
가족사항	이 름	나 이	학 년	직 업		관 계	동거 유무	
현재 나타나고 있는 문제들 : (당신이 도움을 청하는 이유를 쓰십시오)								
현재 나타나고 있는 문제들의 진행 및 상황:								
과거 또는 치유 경험:								

나. 대상자 선별검사

모든 대상자는 동물 교감치유에 참여하기 전에 대상자와 동물을 보호하기 위하여 적합성 여부를 검사하여 선별해야 한다. 동물 교감치유에서 심각하게 고려해야 할 대상은 다음과 같다.

- 동물에 대한 폭력 성향이 있거나 폭력 전과자

- 동물 학대(유기) 경력이 있는 자
- 자폐 스펙트럼 장애 아동(동물 학대나 폭력성 있는 경우)
- 동물 기피나 공포증이 심한 자
- 동물 털 알레르기 환자

첸들러(C. K. Chandler)가 개발한 대상자 선별양식은 다음과 같다.

표 Ⅶ-2 대상자 선발 양식(예시)

<table>
<tr><td colspan="8">동물 교감치유 대상자 선발</td></tr>
<tr><td>성 명</td><td></td><td>나이</td><td>세</td><td>성별</td><td></td><td>보호자 성명</td><td></td></tr>
<tr><td>주 소</td><td colspan="5"></td><td>연락처</td><td></td></tr>
<tr><td colspan="8">동물에 대한 행동 양식과 반응</td></tr>
<tr><td colspan="8">· 동물 털 알레르기…………………… □ 없다 □ 있다 어떤 동물:________
· 동물에 대한 공포심………………… □ 없다 □ 있다 어떤 동물:________
· 동물에 대한 학대나 공격 경험…… □ 없다 □ 있다
· 사람에 대한 학대나 공격 경험…… □ 없다 □ 있다
· 환각 증상…………………………… □ 없다 □ 있다
· 치매………………………………… □ 없다 □ 있다
· 심한 정서적 문제…………………… □ 없다 □ 있다
· 주의력 결핍 및 과잉행동 ………… □ 없다 □ 있다
· 심한 발달 장애……………………… □ 없다 □ 있다
· 대상자가 키웠던 애완동물………… □ 없다 □ 있다
· 동물과 관련된 부정적 경험 ……… □ 없다 □ 있다 어떤 동물:________
· 좋아하는 동물은?………………… □ 없다 □ 있다 어떤 일:________
· 싫어하는 동물은? ………………… □ 없다 □ 있다 어떤 동물:________</td></tr>
<tr><td colspan="3" rowspan="2">동물 교감치유를 원하고 있는가?</td><td colspan="3">본인</td><td colspan="2">보호자</td></tr>
<tr><td colspan="3">□ 예 □ 아니오</td><td colspan="2">□ 예 □ 아니오</td></tr>
<tr><td>종합 판정</td><td colspan="5">동물 교감치유에 적합한가? □ 예 □ 아니오</td><td colspan="2">판정자: (인)</td></tr>
</table>

참조: 김양순 역(2007). 동물보조치료와 상담. 학지사

다. 면접

면접(interviewing)은 사정을 위한 가장 기본 방법으로 기본 상담기술을 활용하여 자료를 수집하는 데 초점이 있다. 편안하고 개방된 분위기에서 대상자와 긍정적 관계 형성이 중요하다.

그림 Ⅶ-1 상담 시 좌석 배치는 정면으로 마주 보면 대상자가 압박감이나 긴장감을 느끼게 되므로 L자형으로 옆에 앉는 것이 좋다.

(1) 면접 시 유의사항

면접 시 대상자는 모두 처음 겪는 상황에 대해 막연한 불안과 긴장을 경험한다. 치유사는 사소한 단서나 행동에 민감해야 하며 가능한 바로 대상자를 안심시켜야 한다.

❶ 편안한 분위기를 조성

불안감을 해소하기 위해서 신뢰감과 편안한 분위기를 느끼게 해 주어야 한다. 대상자는 자신이 무능력자나 비정상인으로 비칠지 모른다는 불안감을 가질 수 있다. 따라서 친근감을 주기 위해서 밝은 표정으로 일상적인 대화(날씨, 옷차림, 일상생활 등)로 시작하는 것이 좋다.

그림 Ⅶ-1 상담 시 좌석 배치는 정면으로 마주 보면 대상자가 압박감이나 긴장감을 느끼게 되므로 L자형으로 옆에 앉는 것이 좋다.

❷ 동물에 대한 친근감 고취

대상자의 일부는 동물에 대한 두려움을 나타내는 예도 있다. 동물은 우리의 가장 친근한 친구이며 반려자로 인간에게 주는 혜택에 대하여 설명하고 질병을 전파하거나 공격하지 않는다는 점을 알려주어 친근감을 갖도록 유도한다.

❸ 문제 해결 의지와 희망 고취

동물 교감치유라는 것이 정말 가능한가에 대한 의구심이 있을 수 있다. 면접자는 우선 대상자에게 동물 교감치유의 효과와 발전 가능성에 대해 몇 가지 예를 들어 설명하여 문제 해결 의지와 확신을 심어주어야 한다.

(2) 면접지 작성

❶ 대상자의 일반사항

대상자의 성명, 생년월일, 면접일, 장소, 치유 형태, 치유 회기, 치유 분야 등을 기록한다. 일반적으로 치유 회기는 대상자의 상태에 따라 단기 6회, 중기 12회, 장기 20~50회로 설정한다.

❷ 대상자의 현황

면접자는 객관적인 정보를 수집하여 현재 대상자의 상태를 가늠할 수 있다. 즉 가족 사항, 가계도(친밀한 정도 파악) 직장인은 동료와의 대인관계, 주부일 경우 가정환경 및 양육 태도, 학생의 경우에는 성적과 친구 관계, 시설수용 이유 등을 기록한다.

❸ 호소문제

동물 교감치유를 신청한 이유, 문제의 시작과 경과, 현재 상태 등을 기록한다. 문제의 원인을 개인적인 문제나 가족 또는 타인의 탓으로 돌리며 흥분할 때 적절히 조절해 준다.

4 대상자의 문제 및 관찰 내용

대상자의 스트레스나 압력은 대상자가 현재 가장 힘들어하는 것이 무엇인가에 대한 것으로 대상자의 언어 그대로(표현방식 및 말투)를 적어 놓는 것이 도움이 된다. 외모 및 행동관찰은 대상자의 옷차림이나 위생상태, 표정 또는 말할 때의 특징과 시선 처리 등은 그 사람의 현재 정신 및 심리 상태를 가늠하는데 중요한 단서가 된다. 그러므로 면접자는 이에 주목하고 관찰한 바를 기록하는 것이 좋다.

더 알아보기 : 대상자 행동관찰 요령 5요소

① 대상자의 용모와 복장 상태를 살펴본다.
② 대상자의 자세와 신체적 동작의 특징을 관찰한다.
③ 대상자의 말투와 표현 양식을 점검한다.
④ 대상자의 표정과 태도를 살펴본다.
⑤ 대상자의 의사소통 패턴과 능력을 점검한다.

5 치유목표 설정

현재의 '문제 행동'과 바람직한 '목표 행동'에 대한 대상자의 감정과 행동을 탐색하고 문제 해결을 위한 구체적인 목표를 설정한다. 대상자가 얻고자 하는 것을 구체화한다.

6 개입

동물 교감치유사가 치유과정에서 대상자에게 도움을 줄 수 있는 개입은 지지상담, 정보제공, 긴급구조, 일시 보호, 귀가 지원, 식사 및 간식 제공, 실습복 지원, 구급약 제공, 교육지원, 사후관리 등이다.

7 동물 치유계획 수립

대상자의 새로운 견해나 인식이 실생활에서 실현되도록 대상자의 구체적인 행동절차를 협의하고 세부적인 행동계획을 작성하는 것이다. 즉 치유 목표 달성을 위한 새로운 대안을 모색하고 구체적인 실천계획을 수립한다.

8 동물과 치유사 배정

대상자가 어떤 종류의 동물을 좋아하는가? 어떤 유형의 치유사를 원하는가를 면접자가 파악해야 한다. 이때 기준이 되는 것은 치유사의 주된 전문성과 아울러 종교, 성별, 나이, 결혼 여부 등과 같은 개인적 사정에 따라 달라질 수 있다.

표 Ⅶ-3 동물 교감치유 면접지(예)

동물 교감치유 면접지(예시)

접수번호:__________　　　　면접자:__________

대상자	성 명	○○○	면접일	년 월 일
	생년월일	년 월 일(세)	장 소	가정, 복지시설, 교정시설, 병원
치유 형태	방문/내원 · 개인/집단		치유 회기	총 ○○회기
치유분야 (해당 부분 0표)	① 인생: 성격, 우울증, 고독, 불안, 분노, 각종 중독, 심리적 갈등 ② 의료: 신체장애, 정신 정서장애, 건강생활 ③ 성: 음란, 성폭력, 실연, 임신, 성관계 ④ 사회생활, 가족: 대인관계, 실직, 가족: 가족갈등, 고부갈등, 자녀교육 ⑤ 청소년: 성적, 폭력, 가출, 비행, 친구 관계 ⑥ 위기: 범죄, 자살, 죽음			

1. 대상자 현황

① 대상자 및 가족 사항

막노동하는 부친과 전업주부인 모친 슬하에서 1남 2녀 중 둘째로 출생하였다. 어려서 부터 양친이 경제적인 어려움과 성격 차이 등을 이유로 불화가 심하여 불우한 환경 속에서 성장하였다. 초등학교 4학년 때 모친이 가출하였고 그 후 가정과 학교생활에 흥미를 잃고 중학교를 중퇴한 후 가출을 반복하며 지내왔다. 1996년부터 주유소에서 아르바이트하던 중 통닭을 배달하는 남자친구와 동거했다.

② 가계도 또는 시설입소 이유

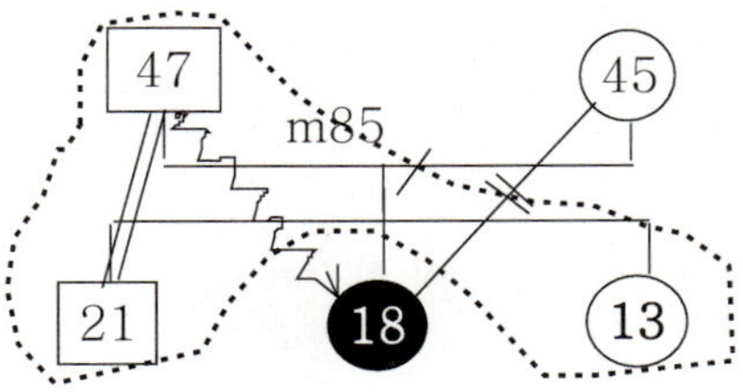

현재 임신 7개월로 자기 집이나 남자친구의 집에서 심한 반대 때문에 돌아갈 수 없어, 천주교 신자인 고모의 주선으로 천주교에서 운영하는 미혼모 숙식보호 시설로 입소하였다.

2. 대상자 호소문제

남자친구의 부모는 남자친구와 헤어질 것과 아기를 입양 보낼 것을 계속 요구하였고 남자친구 역시 무관심한 상태다. 현재 임신 사실에 대하여 심한 불안과 분만 후 입양문제 등으로 갈등을 겪고 있다.

3. 대상자의 문제 및 관찰 내용

원래 활발하고 명랑한 성격으로 모든 일에 긍정적이고 적극적인 성격이었으나 임신 후 대인관계를 회피하고 있다. 또한, 부모에 대한 적개심을 가지고 있다.

4. 목표

단기적으로는 현재의 불안과 갈등, 분노를 완화해 주는 것이고 장기적인 관점에서 대인관계 개선, 입양문제 해결, 자신의 감정을 스스로 치유할 수 있도록 하는 경험과 능력을 배양해 준다.

5. 개입(intervention)

먼저 산모의 정기적인 의료지원을 진행하였고, 산모와의 지속적인 교감치유 활동으로 생명 존중감과 아기를 잘 양육할 수 있게 하려고 남자친구의 부모를 설득한다.

6. 치유계획

· 치유 회기는 주 1회, 총 12회기(3개월)로 하고 상태에 따라 연장할 수 있다.
· 상담 치유 모델은 인간중심 상담기법을 사용한다.
  - 자신의 문제 해결 능력을 스스로 찾고 인간적인 성숙을 할 수 있도록 돕는다.
  - 대상자와 치유사의 개인적인 인간관계를 중시한다.
  - 현재의 순간을 충분히 깨닫는다.
  - 순간순간 상황과 욕망의 도전을 극복하고 최선의 가능성을 선택한다.
  - 자기가 선택한 것에는 끝까지 책임을 지도록 유도한다.

7. 치유동물과 치유사 배정

교감치유사의 배정은 산모의 나이가 어리고 여성인 점을 고려하여 출산 경험이 있는 여성으로 배정하고 명랑하고 활동적인 소형 반려견이 적합할 것으로 판단된다.

1.2 자원의 점검

동물 교감치유 전에 치유사는 동물 교감치유에 대한 전문적인 지식과 기술, 치유사로서의 사명감과 태도, 책임에 대한 마음의 준비가 되어있어야 한다.

동물 교감치유에 필요한 치유동물, 치유 시설, 치유사 등 인적 물적 자원에 대한 확보와 이상 유무를 점검하여 완비해야 한다.

가. 동물자원

동물 교감치유에서 가장 중요한 치유동물을 선택하여 각종 예방접종 및 건강 상태를 점검하여 최상의 상태인가를 확인하는 일이다.

건강 상태가 좋지 않고 스트레스를 받은 동물은 할퀴거나 물을 수 있는 위험이 있다. 동물은 대상자를 맞이하기 전에 운동과 충분한 휴식을 취하도록 해야 한다.

동물의 찰과상, 핫 스폿(hot spots), 귀 감염병, 기타 질병 징후(설사, 구토 등)를 조기 식별하고 이상이 있으면 활동에서 제외해야 한다.

치유동물의 피부 질환 및 내외부 기생충의 유무, 인수공통전염병 검사 등 수의학적 진단과 각종 예방접종을 준수하여 질병에 걸리지 않고 건강해야 한다. 또한, 반려견과 고양이는 목욕과 발톱 자르기를 미리 해야 한다.

(1) 현장 치유실습장과 치유동물의 확보

① 교감치유동물은 농장 내 일반 동물사육사와 분리된 별도의 현장 치유실습장의 구분된 공간에서 사육한다.

② 교감치유 동물은 일반 생산 동물과 구분되어 사육 관리한다.

동물의 신체적, 심리·행동적 특성과 대상자의 심리적 행동적 표현양상에 따른 교감치유 권장 대상 동물은 다음과 같다.

표 Ⅶ-4 대상자 증상에 따른 권장 치유동물

구분		반려 동물				농장 동물						
		반려견	반려묘	반려조	관상어	닭	토끼	염소	면양	돼지	소	말
정서적	분노, 공격성, 폭력, 공포심, 불안정감, 강박감, 파괴, 악몽, 자제력, 인내심 부족, 도벽, 산만, 충동성, 강박감	◎	⊙	△	⊙	△	△	△	⊙	△	⊙	◎
	자존감, 실망감, 우울감, 불안감, 슬픔, 위축, 무기력, 좌절, 초조함, 무능감, 열등감 의존적, 소극적, 외로움	⊙	◇	△	△	⊙	◎	⊙	◎	⊙	◇	⊙
인지적	치매, 기억력, 판단력, 지남력, 집중력, 판단력, 주의력, 지시 수행 능력	⊙	◎	◇	△	◎	◎	◎	◎	△	◎	⊙
사회적	대인관계 능력, 의사소통 능력, 사회적응력, 대화(소통) 능력, 참여도, 협동성, 언어구사력	⊙	◇	◇	△	◎	◎	⊙	⊙	◇	◇	◎

신체적	근력(소근육, 대근육), 지구력, 기동성, 눈·손의 협응력, 미세 운동 능력, 균형감	⊙	◇	△	△	◎	◎	⊙	◎	◎	◎	⊙
	심장박동 수, 호흡수, 혈압, 통증(말기 환자와 수술 환자)	⊙	⊙	◎	◎	△	△	△	△	△	⊙	◇

⊙ 최상 ◎ 상 ◇ 보통 △ 약간

나. 시설자원

(1) 치유 실습실

대상자가 농장 내 일반 동물사육사를 거치지 않고 교감치유실습장으로 출입할 수 있도록 별도의 동선이 확 보된 시설이어야 한다.

동물치유 활동 중 위험 사항에 대비한 각종 장구(포획망, 케이지, 비압기, 차단막, 눈가리개, 저지봉, 밧줄 등)를 비치하여 안전에 대비하여야 한다.

또한, 치유실습장을 탈출한 동물을 유도하는 유도로, 포획장 등이 완비되어야 한다.

(2) 관리 기구

치유에 이용되는 동물과 동물을 관리하는데 필요한 각종 관리 도구를 준비하여야 한다.

교감치유 시 위험 요소를 줄일 수 있도록 2m 이내의 목줄을 반드시 착용해야 한다. 금속성 줄은 상처를 줄 수 있으므로 헝겊이나 나일론, 가죽으로 만든 것을 사용한다.

관리를 위한 간단한 기구(브러시, 빗 등)와 만약의 사태에 대비하여 배설물을 처리할 수 있는 봉투와 종이 수건, 악취제거제 등을 준비하고 치유 중에 동물의 사기를 북돋아 주기 위한 간식이나 장난감 등을 준비한다.

다. 인적자원

(1) 치유팀 구성의 기본

동물 교감치유는 대상자 중심치유를 원칙으로 한다. 이것은 대상자 또는 보호자의 요구에 초점을 맞춰 치유 목표를 설정해야 한다.

대상자 중심치유인지를 확인하기 위해 치유사는 각 AAT 세션의 전체 치유과정이 신중하게 계획되고 치유계획에 필수적인 사전 평가와 맞춤형으로 설계된 세션 계획이 포함되어 있는가를 점검해야 한다.

예를 들어, 자폐 스펙트럼 장애가 있는 어린이는 닭이 날개를 펄럭일 때 화들짝 놀래거나 극심한 거부감을 가질 수 있으므로 동물의 적합성을 사전에 평가해야 한다.

특히, 평가 프로세스는 정서적 지원, 학습, 일반적인 지원 등 고객의 개별 요구에 맞게 세션을 조정하고 대상자와 치유사, 동물의 안전을 같이 고려할 필요가 있으므로 사전 평가가 매우 중요하다.

(2) 팀 구성의 종류

동물교감 치유 서비스를 제공하기 위한 구성원의 수에 따라 다양한 모델을 적용할 수 있다. 어떤 모델을 적용할 것인가는 사전에 대상자에 대한 정밀한 평가가 이루어져야 한다.

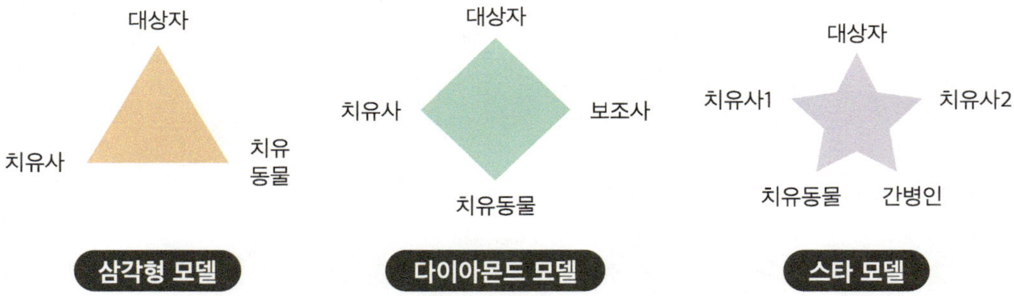

그림 VII-2 동물 교감치유의 팀 구성모델

1 삼각형 모델

삼각형 모델은 대상자, 치유동물, 치유사 3명으로 구성된 일반적인 모델이다.

2 다이아몬드 모델

다이아몬드 모델은 대상자, 치유동물, 치유사 2명 또는 치유동물, 치유사 1명과 보조사 1명 총 4명이 참여하는 모델이다. 대상자의 요구가 있거나 큰 동물, 또는 한 마리 이상의 동물과 함께 교감치유를 할 때 2명의 치유사가 참여하는 모델이다. 다이아몬드 모델의 장점은 두 쌍의 눈으로 보살핌을 받아 안전상 이점이 있으나 다른 한편으로 치유사 간의 조절과 통제의 어려움이 있다.

3 스타 모델

스타 모델은 대상자, 간병인(보호자, 작업치유사, 물리치유가 등), 치유동물, 치유사 2명 총 5명이 참여하는 모델이다. 일반적으로 신체장애로 거동이 불편하거나 자폐 스펙트럼 장애 어린이의 돌발적인 행동에 대비하여 간병인 또는 보호자 등의 협력으로 이루어지는 형태이다.

치유사의 활동 전 손 씻기는 감염의 확산을 예방에 매우 중요한 행위이다. 특히 동물이나 배설물을 만진 후에는 반드시 손 씻기를 해야 한다.

02 계획단계

학습 목표

- ✔ 교감치유 대상자의 문제를 진단할 수 있다.
- ✔ 교감치유의 목표를 대상자와 함께 수립할 수 있다.
- ✔ 교감치유 전체 프로그램과 단위 프로그램을 작성할 수 있다.

2.1 진단하기

가. 문제 진단하기

동물 교감치유를 원활히 수행하기 위한 포괄적이고 체계적인 진단과 평가를 하기 위해 대상자로부터 많은 정보를 끌어내야 한다. 면접지, 관찰과 첫 상담을 통해 대상자의 문제를 치유사가 사용하려는 치유전략과 절차에 맞게 재구성하고, 이를 대상자와 확인하여 치유 목표를 수립하도록 한다.

① 대상자가 자신의 문제나 장애를 무엇이라고 생각하고 있는가를 확인한다.

② 대상자가 도움이 필요한 구체적인 이유를 확인한다.

③ 내적 갈등, 성격적 왜곡, 방어기제, 유전적 문제를 파악한다.

④ 필요한 경우 심리검사를 하여 심리평가를 한다.

나. 심리검사

심리검사를 통해 대상자의 심리적 상태 및 능력을 평가할 수 있지만, 결과를 지나치게 믿지 말고 대상자의 행동을 주의 깊게 관찰하여 심리검사는 보조적인 수단으로 사용하는 것이 바람직하다.

심리평가 방법은 HTP법(house-tree-person) SCT(문장완성검사), 가족화 검사, 지능검사, MBTI성격검사, MMPI검사, 우울증 검사, 자아실현 검사 등이 있다.

표 Ⅶ-5 심리검사 및 관찰 보고서(예시)

심리검사 및 관찰 보고서	
Ⅰ. 인적사항 1. 이 름: 2. 생년월일: 년 월 일 (만 세) Ⅱ. 의뢰 사유 Ⅲ. 검사 및 면접 태도	
심리검사	1. 검사 종류: 2. 검사 일자: 3. 결과해석:
관찰 · 면접	1. 면접 태도 2. 정신적 상태 3. 신체적 상태 4. 기타
보호자 의견	
요약 및 제언	

교감치유사는 면접에서 충분히 이루어지지 않은 대상자를 평가하고 문제를 명료하게 파악한다. 이는 앞으로의 진행을 위해 적절한 사전 준비를 하는 기간으로 이 과정이 제대로 이루어지지 못하면 진행 과정이 느리고 치유 효과가 미약할 수 있다.

2.2 목표 설정하기

가. 치유 목표의 설정

동물 교감치유의 목표는 일반적이고 추상적이며 측정할 수 없는 모호하고 불분명한 목표로 설정되어서는 안 된다. 따라서 치유 목표는 치유를 종결했을 때 나타날 수 있는 심리적, 행동적 변화를 구체적인 행동적 용어로 진술되어야 하고 실행 가능한 목표를 수립해야 한다. 반드시 대상자와 합의로 이루어져야 한다.

(1) Mager의 학습 목표 진술 방식

메이거(Mager)의 진술 방식은 치유 활동을 완료했을 때 대상자가 무엇을 할 수 있는지를 자세하게 진술하는 것이다. 이 진술 방법에는 성취 수준, 조건, 기준이 제시되어야 한다.

① 성취 수준(학습자의 **도착점 행동**-행동적 용어로 진술)

② 조건(도착점 행동이 일어나는 **상황 및 조건**)

③ 기준(도착점 행동의 정도, 즉 **준거(기준, 수준)**

더 알아보기 : 활동 목표 진술하기(Mager의 예시)

표 Ⅶ-6 활동 목표 진술

구분	조건	준거(기준)	도착점 행동(성취 수준)
예시 1	6개월령 몰티즈 반려견을	가위, 트리머, 빗 등의 기구를 이용하여	털을 깎고 빗질할 수 있다.
예시 2	부화 중인 종란 100개를 검란하여	유정란을 90% 이상	선별할 수 있다.

(2) 학습 목표 진술시 유의사항

위의 3가지 조건을 중심으로 고려할 사항은 다음과 같다.

① 동사로 끝을 맺어야 한다.

② 대상자의 관점에서 서술되어야 한다.

③ 활동 과정보다 결과의 관점에서 서술되어야 한다(be able to).

④ 활동 후 변화되는 도착점 행동의 관점에서 서술되어야 한다.

⑤ 한 과정에 1개의 목표로 진술되어야 한다.

⑥ 적절한 수준에서 간단, 명료하게 진술되어야 한다.

⑦ 다른 행동목표와 중복되지 않고 독립적으로 진술되어야 한다.

활동 목포는 '~알 수 있다, ~를 이해할 수 있다' 등의 추상적, 포괄적 용어를 지양하고 '~설명할 수 있다, ~를 식별할 수 있다.' 등과 같이 행동적, 구체적 용어로 진술되어야 한다.

▶ **추상적, 포괄적 용어(×) : 알 수 있다. 이해할 수 있다.**

▶ **행동적, 구체적 용어(○) : 말할 수 있다. 만들 수 있다.**

나. 목표 설정 영역

(1) 심리적 영역

심리적 문제란 심리적 기능과 관련된 영역의 문제로 정서적, 인지적, 행동상, 성격적, 사회적 영역에 관련된 문제로 음과 같이 설정할 수 있다.

예: 한우 껴안기를 통해 심리적 안정을 취할 수 있다.

표 Ⅶ-7 심리적 영역의 활동 목표

영역	설정 가능한 내용	
	증가, 향상	감소, 소거
정서적	심리적 안정, 유쾌감(즐거움), 기분 개선, 흥미 유발, 자존감, 자신감, 행복감, 우호감, 동기 부여, 희망감, 만족감, 의욕 등	우울, 불안, 공포, 죄책감, 강박증, 무기력, 불안정, 분노 공격, 초조, 실망감, 열등감, 긴장감, 상실과 슬픔 등
인지적	기억력, 판단력, 지남력, 주의 집중력, 수행능력, 문제 해결력, 독서력 등	갈등, 학습 의욕부진, 진로 문제, 인지적 왜곡, 오해, 착각, 인지적 결함, 난독증 등
행동적	인내심, 주의력, 적응력, 적극적 행동 등	도벽, 도박, 폭력, 부적응 행동, 주의력 결핍 및 과잉 충동 장애(ADHD), 산만 등
사회적 성격적	이해심, 대인관계 능력, 의사소통 능력, 사회적응 능력, 협동성, 교류기술, 친화력, 공동체 의식, 명랑함, 긍정심, 배려심, 양육능력 등	분리불안, 의존적, 소극적, 유아적, 회피적, 폐쇄적, 편집증, 반사회적, 우유부단, 자기중심적, 성 정체감 문제 등

* 서정근 이상미. 설정 가능한 치유 목적. 재정리함

(2) 신체적 영역

신체적 문제란 첫째 실제로 신체적 원인이 있는 신체 증상과 질병이 있고, 둘째 신체적인 문제가 없는데 신체 증상을 호소하는 신체화 증상으로 나눌 수 있다. 신체적 영역은 다음과 같이 설정할 수 있다.

예: 치유견과의 산책 활동을 통해 다리의 근력과 지구력을 향상할 수 있다.

표 VII-8 신체적 영역의 활동 목표

영역	설정 가능한 내용	
	증가, 향상	감소, 소거
신체적	운동능력 향상, 소근육 및 대근육 기능, 민첩성, 지구력, 기동성, 눈과 손의 협응력, 근력, 균형감, 자세 교정 등	고혈압, 심장박동수, 호흡수, 혈당, 통증(암 환자와 수술 환자), 뇌성마비, 뇌 기능 손상, 근이영양증 등
신체화 증상	• 신체화 증상은 신체적 기능에 아무런 문제가 없음에도 심리적인 문제로 나타나는 증상이다. • 불면증, 악몽, 소화 불량, 피곤, 두통, 마비 등의 감소	

* 서정근 이상미(2004) 원예치료과정의 적용과 실제. 설정 가능한 치유 목적. 재정리함

2.3 계획 수립하기

계획 수립은 사정 단계의 자료를 기초로 이루어지며 대상자에 의한 자료와 치유기관의 인적, 물적 자원을 기초로 원활하게 운영할 수 있도록 수립한다.

먼저 전체계획을 수립하고 전체계획을 기초로 세부적인 단위계획을 수립한다.

가. 전체 활동 프로그램

전체계획은 대상자의 상태에 따라 총 실행 회기를 정하고 치유 목표에 적합한 치유동물을 선택하고 활동 내용을 수립한다.

전체계획의 예시는 다음과 같다.

표 Ⅶ-9 동물 교감치유 프로그램 (전체)

차수	프로그램명	세 부내용	준비물
1주차	멍멍아 반가워	• 치유사, 치유견, 대상자 소개 • 이때 치유사는 대상자 파악 • 강아지 다루는 방법 시연하기 • 강아지와 인사하기, 껴안기	반려견, 이름표 목줄, 간식
2주차	다 같이 놀자	• 치유견 이름 짓고 다루는 방법 시연하기 • 기억을 잘하지 못하는 대상자에게 힌트를 주어 기억하게 한다. • 이때 상품 보상으로 인지 동기를 유발한다. • 공 던지기 놀이 시연 및 실습	놀이 기구(공 등) 간식
3주차	그루밍 하기	• 그루밍에 쓰이는 용품 사용법 시연하기 • 빗질하기, 발톱 깎기 • 칭찬하기, 먹이 주기	발톱깍이, 빗, 슬리커, 간식
4주차	산책하기	• 목줄 잡는 법 시연하기 • 돌발 상황 대처하기 시연하기 • 걷기 시연 및 실습 • 칭찬하기, 먹이 주기	목줄, 간식 배변 봉투

나. 단위 활동 프로그램

동물 교감치유는 회기마다 도입→ 전개→ 정리의 3단계로 진행된다.

(1) 도입 단계

치유사는 대상자에게 오늘의 활동 목적, 내용, 방법을 설명하고 활동의 동기를 유발할 수 있는 치유사의 과거 경험, 최근의 관련 뉴스 등을 설명하거나 학생들의 흥미를 유도하기 위한 간단한 질문을 한다.

보통 5분 내외로 길어지지 않도록 한다.

예: 여러분은 어떤 종류의 가축을 가장 좋아하십니까?
반려견이 사람을 치유한다는 얘기를 들어 본 적 있나요?
가장 최초로 가축화된 동물을 아십니까?

(2) 전개 단계

치유사와 대상자의 치유 활동 관찰 활동, 표현 활동, 실천적 활동 등이 있으나 동물 교감치유는 대부분 동물의 돌봄 작업과 실험, 실습 위주로 진행한다.

예: 소 껴안기, 염소젖 짜기, 닭 모이 주기 등

(3) 정리 단계

오늘의 활동 내용을 요약하여 설명하거나 요약해 보도록 하고 간단한 질문을 받는다. 또한, 활동 목표의 달성 정도를 확인하기 위한 간단한 평가와 다음 시간의 활동 내용을 예고한다.

이때 과제를 부여하기도 한다.

표 Ⅶ-10 단위 활동 지도안 예시1

<table>
<tr><th>활동명</th><th>모계 부화하기</th><th>치유 사명</th><th></th></tr>
<tr><td>일시</td><td>2024. 2. 2</td><td>장소</td><td>닭 사육장</td></tr>
<tr><td>주 대상자</td><td>어린이, 청소년, 외상 후 스트레스 장애인, 우울증 환자, 범법자</td><td>확장 대상자</td><td>모든 사람</td></tr>
<tr><td>치유 목적</td><td colspan="3">생명 존중감, 양육 능력 향상, 관찰력 및 집중력 향상</td></tr>
<tr><td>활동 목표</td><td colspan="3">• 모계 부화에 적합한 닭의 품종을 선택할 수 있다.
• 알을 부화를 위한 둥지를 만들 수 있다.
• 부화 중인 닭의 사양 관리를 할 수 있다.
• 태어난 병아리와 눈 맞춤, 쓰다듬기의 교감 활동으로 각인시킬 수 있다.
• 생명의 탄생에 대해 신비로움을 느끼고 생명 존중감과 양육 능력을 함양한다.</td></tr>
<tr><td>준비물</td><td colspan="3">부화용 닭(실키, 재래종), 둥지 재료(박스, 볏짚 등), 사료통, 사료, 물통</td></tr>
<tr><td>과정</td><td colspan="2">활동 내용</td><td>시간</td></tr>
<tr><td>도입</td><td colspan="2">부화를 위한 닭의 선택, 부화 기간 등 부화와 관련된 내용을 설명한다.
동기 유발을 위해 오늘 활동과 관련된 내용을 소개한다.
이 시간의 활동 목표와 진행 내용을 설명한다.</td><td>5</td></tr>
<tr><td>전개</td><td colspan="2">1) 닭의 둥지 만들기
• 플라스틱 상자나 반려견 케이지 등을 이용하여 둥지를 만든다.
• 둥지의 바닥에 볏짚을 둥글게 깔고 중앙이 오목하게 만든다.
2) 둥지에 알 넣기
• 둥지에 알을 8~10개 정도를 넣는다.
• 둥지에 야생동물(족제비, 너구리 등)이 침입하지 못하도록 철망을 친다.
3) 부화 중인 닭의 관리
• 부화 둥지를 한적하고 조용한 별도의 장소에 마련한다.
• 부화 장소는 약간 어둡게 암막을 설치한다.
• 부화 중인 닭의 모이와 물을 급여한다.</td><td>30</td></tr>
<tr><td>정리</td><td colspan="2">• 활동하면서 느낀 점, 깨달은 점을 말하도록 한다.
• 오늘의 활동 내용을 요약, 정리하여 말한다.
• 차시(다음 시간) 활동 내용을 안내해 준다.</td><td>5</td></tr>
<tr><td>유의사항</td><td colspan="3">• 편안한 분위기를 조성하고 친절하게 대한다.
• 닭은 잘 놀래는 동물로 접근 시 서서히 다가가 놀라지 않게 한다.
• 닭에게 위해를 가하지 않도록 사전에 고지하고 감시한다.
• 대상자가 과제를 수행할 때마다 칭찬과 격려를 해준다.</td></tr>
</table>

표 Ⅶ-11 단위 활동 지도안 예시2

<table>
<tr><td>회 차</td><td>1/12회기</td><td>치유(활동)명</td><td colspan="2">첫 만남과 관계 형성하기</td></tr>
<tr><td rowspan="4">치유(활동)
목 표</td><td>인지적</td><td colspan="3">· 호기심과 관찰력, 기억력을 증진할 수 있다.
· 반려견에 대한 올바른 바른 가치관을 심어 줄 수 있다.</td></tr>
<tr><td>사회적</td><td colspan="3">· 외부에 관한 관심을 증가시킬 수 있다.
· 사랑과 친화력을 배울 수 있다.
· 의사소통과 사회기술향상을 향상한다.</td></tr>
<tr><td>정서적</td><td colspan="3">· 즐거운 마음을 갖게 되어 스트레스를 없앨 수 있다.</td></tr>
<tr><td>신체적</td><td colspan="3">· 놀이를 통한 어린이의 소 근육을 발달시킬 수 있다.</td></tr>
<tr><td>준 비 물</td><td colspan="4">반려견, 이름표, 면접지, 서약서, 기록지, 필기도구, 목줄(2m의 헝겊이나 나일론 제품), 브러시, 빗, 배설물을 처리 봉투, 휴지, 악취제거제, 간식, 장난감 등.</td></tr>
<tr><td>유 의 점</td><td colspan="4">· 편안하고 친밀한 분위기(래포 형성)를 조성한다.
· 치유사는 대상자를 심리적 상태와 태도 등을 파악한다.
· 내적 갈등, 성격적 왜곡, 방어기제, 유전적 문제를 파악한다.</td></tr>
<tr><td rowspan="2">치유(활동)
단 계</td><td colspan="3">수행 절차</td><td>활동유형</td></tr>
<tr><td colspan="3">(1) 동물 교감치유의 의미와 효과에 대하여 안내한다.
(2) 반려견의 소개와 역할, 임무를 안내한다.
· 품종명, 나이, 이름, 품종의 특징 등 호감이 가도록 소개한다.
· 일정한 훈련과 선발 과정을 거쳐 합격한 사항을 소개한다.
· 건강 검진과 예방접종을 실시하여 안전함을 설명한다.
· 도우미견은 우리의 친구라는 것을 인식시킨다.
(3) 치유사와 대상자의 역할과 임무에 대해 안내한다.
· 치유사 약력 소개(자세히)
· 치유사는 교감 동물과 대상자와의 중재자 조정자임을 강조한다.
· 대상자는 합의한 일정에 충실할 것을 다짐받는다.
· 대상자는 자기 발전을 위한 노력과 약속을 이행하도록 한다.
· 반려동물을 아끼고 정성껏 보살필 것을 강조한다.
(4) 진행 과정과 내용을 설명한다.
(5) 서약서 쓰기(생략할 수 있음)
(6) 전체 활동 기간에 대해 의논하고 결정한다.
(7) 강아지 다루는 방법 알려주기
(8) 반려견과 인사: 이름 부르기, 안아주기, 칭찬하기, 먹이 주기</td><td>단체 활동
단체 활동

단체 활동

단체 활동
개별 활동
단체 활동
개별 활동
개별 활동</td></tr>
<tr><td>활동 정리</td><td colspan="4">○ 활동한 사항들을 요약하고 통합하여 준다.
○ 강아지의 이름을 물어보고 가장 좋았던 활동을 발표하도록 한다.
○ 다음 회기에의 날짜와 활동 내용, 준비물 등을 안내한다.</td></tr>
<tr><td rowspan="2">평 가</td><td>평 가 항 목</td><td colspan="2">평 가 관 점</td><td>점 수</td></tr>
<tr><td>○ 관계 형성 하기</td><td colspan="2">○치유사와의 관계가 원만하고 친화적인가?
○반려견과 어울리기를 좋아하고 친화적인가?
○반려견과의 활동에 의욕적이고 적극적인가.?</td><td>상 중 하
상 중 하
상 중 하</td></tr>
</table>

03 실행단계

학습 목표

- ✔ 초기 단계 교감치유 활동을 수행할 수 있다.
- ✔ 중기 단계 교감치유 활동을 수행할 수 있다.
- ✔ 종결 단계 교감치유 활동을 수행할 수 있다.
- ✔ 평가 단계 교감치유 활동을 수행할 수 있다.

실행단계는 AAT의 가장 중요한 핵심 부분으로 치유사의 역량에 따라 성패가 좌우된다. 실행단계는 초기, 중기, 종결 단계로 구분하며 단계별 실행요령과 고려할 사항은 다음과 같다.

3.1 초기 단계

초기 단계는 대상자의 문제 파악, 대상자에 대한 정보 탐색, 치유 목표를 설정 및 합의, 목표 달성을 위한 치유계획 수립, 치유의 구조화, 치유 동맹(래포) 의 형성 단계이다.

초기 치유 기간은 보통 1~3회 정도가 걸리나 길게는 5~6회 걸리는 예도 있다.

문제 파악	⇨	구조화	⇨	목표 설정	⇨	전략 수립
- 정신적, 신체적인 문제		- 치유 기간 - 치유 시간-치유 비용 - 치유과정		- 대상자와 함께 설정 - 구체적인 목표 설정		가용 자원을 활용한 효과적인 치유 방법 선택

그림 VII-3 초기 단계 과정

가. 첫 만남

개인의 동물 교감치유는 접수 면접을 거치지 않은 채 간단한 신청 절차만을 통해 본 치유 활동을 시작하는 경우가 많다.

(1) 신뢰와 협력관계 조성

래포(rapport, 신뢰감)의 형성은 치유사와 대상자 사이에 서로 믿고 존경하는 감정의 교류에서 이루어지는 조화로운 인간관계이며 친근하고 적극적인 협동 관계다. 치유 초기에 무엇보다도 중요한 것은 대상자가 치유사를 신뢰하는 것이며, 치유에 대해 희망적인 생각하고 변화하고자 하는 동기를 갖는 것이다. 그러기 위해서 치유사는 대상자에게 무한한 관심, 존중, 온화함, 유능 감과 진실성을 보여주어야 한다.

① 물리적 환경: 단정하고 정결한 주변 환경, 좌석의 배치, 치유사 온후한 외모 등
② 정서적 환경: 대상자의 불안, 갈등, 평가의 두려움에 대한 공감과 이해 등
③ 치유사 환경: 자연스러운 부드러운 태도, 권위보다는 솔직성과 유능성, 대상자의 나이와 환경에 맞는 용어의 사용, 비판적이지 않은 태도이어야 한다.

(2) 오리엔테이션

오리엔테이션은 처음 동물 교감치유를 시작하는 대상자나 보호자에게 치유과정의 일정과 치유 내용을 사전에 안내하여 대상자가 잘 적응하도록 하는 과정이다.

① 동물 교감치유의 특징과 효과를 안내한다.

> **일정한 훈련을 받은 반려견과의 교감으로 정신적 또는 신체적인 회복과 재활 치유를 지원하고 동반자적 생활을 통하여 삶의 질 향상을 도모하는 활동을 의미한다.**

② 치유 도우미견의 소개와 역할, 임무를 안내하여 신뢰감을 부여한다.

> - **치유견의 품종, 나이, 이름, 특징, 용도 등 호감이 갈 수 있도록 소개한다.**
> - **일정한 훈련과 선발 과정을 거쳐 합격한 사항을 소개한다.(인증 제시).**
> - **건강 검진과 예방접종을 실시하여 안전함을 설명한다(증명서 제시).**
> - **'치유견은 우리의 친구'로서 우리에게 도움을 준다는 사실을 알려준다.**

③ 치유사와 대상자의 역할과 임무에 대해 안내한다.

진행 과정과 내용, 치유사의 역할, 대상자의 책임 등을 알기 쉽게 설명하고 문제 해결 및 변화에 대해 대상자가 희망을 품도록 한다.

- 치유사는 일정한 자격요건을 갖춘 전문가임을 소개한다.
- 치유사는 치유동물과 대상자와의 중재자, 조정자임을 말해 준다.
- 대상자는 합의한 일정에 충실히 참여할 것을 다짐받는다.
- 대상자는 자기 발전을 위한 노력과 치유사와의 약속을 이행하도록 한다.
- 반려동물을 아끼고 정성껏 보살필 것을 강조한다.

④ 서약서를 작성한다.

치유 활동에 전념할 것을 다짐하는 서약서를 쓰게 함으로써 마음가짐을 새롭게 한다. 그러나 자폐 스펙트럼 장애나나 치매 환자 등 일부 대상자는 서약서를 작성할 수 없는 예도 있다.

표 Ⅶ-12 서약서(예시)

서 약 서

1. 나는 치유 기간 성실하게 참여할 것을 다짐합니다.
2. 현재 나의 문제 행동을 하지 않도록 노력할 것입니다.
3. 치유 동안에 제시된 과제나 숙제는 꼭 할 것입니다.
4. 치유사와의 약속을 지키며 나 자신의 발전을 위해 노력하겠습니다.
5. 같이 참가한 다른 사람들에게 피해가 가지 않도록 합니다.
6. 치유동물을 사랑하고 정성껏 관리하겠습니다.

년 월 일

대상자 서명

보호자 서명

⑤ 전체 활동 기간에 대해 의논하고 결정한다.

그림 Ⅶ-4 반려견 교감치유를 위한 오리엔테이션

나. 초기 단계의 주요기법

긍정적인 치유 효과를 나타내기 위해서는 치유사는 여러 가지 치유기술을 익힐 필요가 있다. 기본적이고 구체적인 여러 가지 치유기술을 익혀 이것들을 치유현장에서 자연스럽게 활용해야 한다.

동물 교감치유에서 동물과 대상자의 행동과 표현, 그리고 상호작용과 반응은 대상자의 정서 상태, 태도, 사회적 관계 형성 등 매우 유용한 정보를 제공해 준다. 상담면접에 필요한 기본적인 상담의 핵심기법을 살펴보면 다음과 같다.

(1) 경청과 공감하기

경청은 대상자가 음성언어로 표현하는 말뿐만 아니라 비음성 언어 즉, 몸의 자세, 손발의 동작, 표정, 목소리, 눈빛과 복장 등이 표현하는 것까지 듣는 기술이다.

> SOLER : squarely(마주 바라보기)/openness(개방적 자세)/leaning(몸 기울이기)/eye contact(눈 맞추기)/relaxing(편안한 자세)

공감은 대상자의 감정을 대상자의 수준에서 경험하는 것을 말한다. 이해라는 것이 인지적 요소를 많이 포함하고 있다면 공감은 함께 느끼는 것이다. 타인의 마음으로 들어가 그 느낌을 실제로 느끼며 그와 똑같은 느낌으로 반응하는 기술이다.

(2) 반영하기

치유사가 대상자의 감정 상태를 잘 이해하고 공감하였다면 그것을 상대방에게 정확한 언어 또는 비언어적 방법으로 전달하는 것이다. 즉 대상자가 표현하는 감정에 대하여 잘 이해하고 있음을 표현해 줌으로써 의사소통을 원활히 하고 친밀감을 형성해 준다.

(3) 직면과 해석하기

직면은 대상자가 생각하거나 느끼는 것이 말하는 것과 다를 때, 말하는 것이 행동하는 것과 다를 때 그 차이점을 설명해 주는 기술이다.

해석은 대상자가 보이는 여러 행동 간의 관계와 그 의미에 대한 가설을 세워서 대상자가 생각하는 것과 다른 각도에서 행동과 생각을 파악하도록 돕는 기술이다. 해석할 때는 일단 일정한 준거(기준)을 제시하고 부가적으로 설명해야 한다.

(4) 명료화와 요약하기

명료화는 대상자의 말 중에 애매하거나 혼란스러운 내용을 보다 분명하고 구체적인 용어를 사용하여 명확하게 해 주는 기술이다.

요약은 대상자의 흩어져 있는 생각과 느낌을 한 곳으로 모으고 주제를 정리하여 다른 주제로 넘어갈 때 사용할 수 있는 기술이다.

(5) 환언하기(바꿔 말하기)

환언하기는 대상자가 표현하는 내용의 초점이 적절하지 못할 때 그 내용을 정확하게 치유사의 말로 바꾸어 설명하는 것이다.

(6) 치유사 노출하기(자기 공개)

치유사 자기 생각, 느낌, 가치, 태도, 정보 및 경험을 보여줌으로써 대상자가 자신의 문제를 구체적으로 표현할 수 있게 하는 기술이다.

(7) 칭찬하기

대상자의 말, 행동, 태도, 비언어적 메시지 등을 토대로 대상자에게서 긍정적인 면을 발견하여 그것을 부각하는 기술이다.

(8) 저항 다루기

1 저항의 유형

초기 단계에서 간혹 대상자가 불안정감, 자신의 환경에 대한 분노, 의심 등의 내적 정서를 표현하고 동물을 거칠게 다루거나 치유사에게 대항하거나 시종일관 매우 무기력, 무감동하거나 무관심한 태도로 일관하기도 한다.

어떤 때는 치유 활동과 동떨어진 문제를 끄집어내어 활동을 방해한다. 예를 들면 치유사의 개인적인 것 즉, 나이, 경력, 종교, 결혼 여부 등을 물어보는 경우가 있다. 그리고 침묵하거나 하던 행동을 멈추고 치유사의 질문을 무시하며 관련이 없는 사안으로 이끌고 가려고 한다.

2 저항의 대처

초기 단계에서 저항에 대하여 치유사는 당황하지 말고 시종 안정적이며 동정적인 자세로 대하여야 한다. 오히려 당황하거나 불안해하면 치유를 성공적으로 이끌 수 없게 된다. 이런 경우에는 대상자의 언어적 비언어적 단서를 치유 중에 다루어 대상자가 스스로 자신의 상태를 인식하고 이해시킨다.

치유 활동에 방해가 되거나 도움이 되지 않는 태도를 보이고 심지어는 치유 활동을 중단하려고 할 때는 이를 못 본 척하기보다는 중요한 주제로 다루는 것이 좋다.

다. 초기의 교감치유 활동

(1) 회기 시작하기

회기를 시작할 때 갑자기 시작하면 생산적인 동물 교감치유 활동에 어려움을 겪을 수 있다. 따라서 준비 작업이 필요하다. 다음과 같은 논평은 분위기를 부드럽게 할 수 있다.

- 오늘 처음 오셨는데 당신의 기분은 어떤가요?
- 어떤 동물과 함께하고 싶은가요?
- 오늘 동물과 어떤 일을 하고 싶은가요?

위와 같은 간단한 질문을 하고 오늘의 활동 내용과 취지 그리고 활동 목표를 제시한다.

회기의 시작 요령(예시)

오늘은 여러분과 첫 만남의 시간입니다. 반려동물은 인간의 가장 친근한 동반자로서 복잡한 일상생활에 지친 사람들에게 순수한 우정과 기쁨을 선사할 것입니다.
오늘 소개하는 반려견은 일정한 훈련과 선발 과정을 거쳐 합격한 동물이며 건강검진과 예방접종을 실시하여 안전합니다. 저(교감치유사)는 OOO대학을 졸업하고 동물교감치유사 자격증을 취득한 사람으로 여러분과 반려견과의 활동에 적극적으로 조정하고 중재할 것입니다. 활동 중 불편한 사항이 있으면 언제든지 도움을 요청하시기 바랍니다. 여러분을 성심성의 보살펴드리겠습니다.

오늘 여러분과 활동할 내용은 반려견과 인사하기와 접촉하기 등의 활동을 하겠습니다. 반려견은 여러분의 친구입니다. 여러분과 친밀감과 신뢰감을 쌓는 좋은 시간이 되었으면 좋겠습니다. 끝으로 반려동물을 아끼고 정성껏 보살필 것을 부탁드립니다.

초기의 동물 교감치유 활동은 될 수 있는 대로 동물과 대상자가 친숙해질 수 있는 프로그램을 선택하여 시작한다. 대상자가 흥미를 갖고 치유 활동은 다음과 같다.

표 Ⅶ-13 초기 단계의 동물 교감치유 활동

초기 단계의 동물 교감치유 활동	
• 동물과 교감하기(껴안기, 쓰다듬기)	• 동물의 행동 관찰하기
• 동물과 대화하기	• 동물 먹이(간식) 주기
• 동물 이름 짓기	• 동물 묘기(재롱) 보기와 대화하기

그림 Ⅶ-5 치유견과 첫 만남

그림 Ⅶ-6 치유견과 교감 나누기

(2) 회기의 마무리

회기의 마무리는 오늘 활동한 사항들을 요약하고 통합하거나 특정한 기술을 연습하도록 한다. 그리고 오늘 가장 좋았던 활동을 상기시키고 앞으로 해야 할 일을 말할 기회를 주어야 한다.

회기의 마무리 요령(예시)

오늘은 여러분과 첫(00번째) 만남의 시간이었습니다. 짧은 시간이었지만 반려견을 알게 되었고 친밀감을 가질 수 있었을 것입니다. 지금까지 활동하면서 마음에 와닿는 것이나 느낀 점을 이야기해보는 시간을 가져 보겠습니다.
말씀하실 분 계세요? 말씀해 주신 분께 박수를 보내줍시다(만약 발표할 사람이 없으면 질문을 한다).

- 오늘 동물교감 활동은 어떠했습니까?
- 오늘 배운 것은 무엇이고 가장 기억에 남는 것은 무엇입니까?

앞으로도 여러분을 위해 최선을 다해 도와드리겠습니다. 오늘은 여러분들이 적극적으로 참여하시어 무사히 마칠 수 있었습니다.
다음 시간에는 반려견과 산책하기를 하겠습니다. 다음 주 뵐 때까지 안녕히 계십시오.

표 VII-14 동물 교감치유 일지(예시)

<table>
<tr><td colspan="6">동물 교감치유 일지

대상자:_____ 치유사:______ 교감 동물:_____ 이름_____ 성별: ♀ · ♂</td></tr>
<tr><td colspan="2">회 기</td><td>( ) / 총 회기</td><td>치유일시</td><td colspan="2">200 년 월 일,
시~ 시(시간)</td></tr>
<tr><td colspan="2">활동 내용</td><td colspan="4">1.
2.
3.</td></tr>
<tr><td colspan="2">관찰 내용</td><td colspan="3">행동적</td><td>언어적</td></tr>
<tr><td rowspan="4">구분</td><td>인지</td><td colspan="3"></td><td></td></tr>
<tr><td>행동</td><td colspan="3"></td><td></td></tr>
<tr><td>정서</td><td colspan="3"></td><td></td></tr>
<tr><td>기타</td><td colspan="3"></td><td></td></tr>
<tr><td colspan="2">특이 사항</td><td colspan="4"></td></tr>
<tr><td colspan="2">반성 및
차후 계획</td><td colspan="4"></td></tr>
</table>

3.2 중기 단계

가. 중기 단계의 특성

(1) 변화가 일어나는 시기

중기 단계는 내담자의 문제를 해결하기 위해 구체적인 시도를 실행하는 단계이다. 대상자가 가지고 있는 정신적, 신체적 문제의 유형이나 정도에 따라 구체적인 계획을 세워야 한다.

대상자는 뚜렷한 변화는 일어나지 않았지만 비교적 안정되고 치유사와 효과적인 관계가 성립된 때라고 볼 수 있다. 즉 지금까지 깊은 관심을 두지 않던 주제가 나타나고 자신의 행동, 사고, 태도들에 변화가 생겨 치유 활동에 더 협조적이고 적극적인 의지가 생겼다면 중기에 도달해있다고 볼 수 있다.

이때에는 외부적인 문제에서 내면적인 문제로 옮겨진다. 이 시기에 치유사는 치유의 속도를 조정하는 것이 필요하며 관심의 대상이 되는 목표에 집중해야 한다.

(2) 정서적인 작업

초기의 목표가 관계 형성과 목표 설정이었다면 중기에는 문제의 해결 및 성격의 변화를 목표로 한다. 이를 위해서 대상자는 이제까지와는 다른 새로운 삶의 방식을 배우도록 해야 한다. 이는 과거의 방식을 깨닫고 지적으로 이해하는 것만으로는 부족하고 감정의 변화가 수반되어야 한다.

'지금-여기'에 존재하는 치유사와의 관계를 통해서 과거의 다른 중요한 사람과 가졌던 관계의 정서적 경험을 재경험할 때 비로소 치유적 결과를 기대할 수 있다. 따라서 치유 중기는 어느 시기보다도 치유사가 다양한 치유적 기법들을 동원하여 대상자의 문제를 해결하기 구체적인 시도를 하는 시기이다.

나. 중기 단계의 주요기법

(1) 감정의 이해

치유과정에서 의사소통과 일상적 대화의 차이는 '사실'에 얼마나 관심을 두는가? 혹은 '감정'에 초점을 두는가일 것이다.

아무리 옳고 중요한 말을 해도 어떤 사람이 한다면 들은 척도 하지 않는데, 다른 사람이 이야기하면 상대방의 마음을 달라지게 할 수도 있다면 그도 역시 어느 정도로 상대방의 감정을 이해해 주었는가와 관련이 있을 것이다. 특히 한국문화에서는 감정을 드러낸다는 것은 매우 어렵거나 익숙하지 않을 수 있다.

(2) 질문하기

실제 치유 중에 치유사가 많은 질문을 하고 있으며, 이 질문의 기법이 치유의 성패를 좌우하는가를 알아야 할 것이다.

1 생략 부분 보완하기

대상자의 표현 중 일부분이 생략되었을 때 대상자의 경험 세계를 보다 완전하게 표현할 수 있도록 생략된 부분을 질문한다. 예를 들어 주어나 목적어가 생략된 채 술어가 나온다면 '누가?, 누구를?'하고 묻는다.

2 구체화하기

대상자가 어떤 사람이나 사물에 대한 평가 및 감정 표현을 하고 있을 때 그것이 구체적으로 무엇에 대한 것이고, 얼마나 정확한 것인가를 묻는다. 예를 들어 '엄마는 저를 언제나 싫어해요' 한다면 왜 그렇게 느끼게 되었는지, 어떤 점을 싫어했는지, 언제부터 그랬는지 등을 묻는다.

3 논박하기

대상자의 사고가 매우 경직되어 있어 극단적 사고를 자꾸 표현할 경우 대상자의 사고가 비합리적일 수 있으며 다른 대안적 사고가 있을 수 있다는 것을 증명하기 위한 논박을 한다.

예를 들면 '나 같이 키가 작은 남자를 어떤 여학생이 좋아하겠어요?' 한다면 '누구랑 비교해서 작다는 것인가요? 세상 여학생이 모두가 아무개를 싫어한다는 것을 어떻게 알았나요? 여학생들은 키만 크다면 그다음은 중요하게 여기는 것이 없다는 뜻인가요?' 등을 묻는다.

(3) 효과적인 조언

대상자가 조언을 구할 때 치유사는 현재 치유를 통해서 당면한 과제를 해결하고 싶은 욕구가 강한 상태에 있다는 것을 확인해야 한다.

치유사가 서둘러 조언을 하기보다는 지금까지 대상자가 나름대로 어떤 방법들을 시도했는지, 어떤 생각들을 해 보았는지 확인하는 것이 중요하다. 대상자가 자신의 문제에 대해 오래 고심하고 좋은 방안들을 갖고는 있으나 결단력이 부족하여 실천에 옮기지 못할 때 치유사의 지지가 도움이 된다.

조언은 매우 간단하고 명료하며 구체적으로 제시하면 대상자가 바로 해 볼 수 있는 것을 조언한다. 치유사의 의견을 말한 후에는 대상자가 그것을 치유사처럼 이해하고 있는지, 그 조언에 합의하는가를 확인하고 조언한다.

(4) 지시하기

대상자의 행동을 비교적 빨리 바꾸고자 할 때 대상자의 문제에 따라 구체적인 지시를 직접 주는 경우가 있다.

지시가 올바르게 사용된다면 대상자는 다음 치유까지 그 지시를 실천하면서 치유 관계를 더욱 공고히 할 수 있다는 이점이 있다.

예를 들어 치유견이 밥을 먹고 있을 때 '장난치지 마라' 등의 하지 말라는 지시는 치유사가 대단한 권위를 지니고 있거나 시기적으로 지시가 힘겹지 않을 때를 잘 선택하여 시도하는 것이 좋다.

반대로 뭐를 하라는 지시는 주로 역설적 지시로 치유사가 지시하는 것을 하려면 다른 것을 할 수 없게 되는 상황을 말한다.

예를 들어 컴퓨터 게임에 몰입하는 학생에게 강아지를 관리하는 과제를 부여하고 시간대별로 관리한 내용을 기록해 오라고 하여 이 지시를 따른다면 규칙적으로 생활하고 자신을 조절할 수 있는 것이다.

(5) 과제 부여하기

조언이나 지시와 같은 맥락이지만 그보다 훨씬 구조화되어 있으며 체계적인 개입으로 과제 주기가 있다. 성공적인 과제 수행은 치유 속도를 높이고 성취감을 증가시키며 대상자의 기분을 좋게 한다. 하지만 이 역시 대상자의 상태와 치유 진행 과정에 잘 맞추어 실시해야 한다.

1 시기

치유사의 치유계획에 따른 것이 아니라 대상자가 과제를 할 뜻이 있고, 할 능력도 있다는 것을 90% 이상 확신할 때 실시한다.

2 개인의 능력

과제는 대상자 개인의 능력에 알맞은 것을 선택해야 한다. 과제의 내용뿐만 아니라 양 또한 중요하다. 일단 과제를 선정하였다면 이를 보다 수행하기 쉬운 여러 단계로 나누어 낮은 단계에서부터 조금씩 실시한다.

3 과제를 이해시키기

대상자가 과제를 해야 하는 상황을 이해한 후 지시를 받게 된다면 훨씬 대상자의 협조를 끌어낼 수 있을 것이다.

4 상호 협의

과제는 반드시 대상자와 상호 협의하여 선택해야 한다. 대상자가 조금이라도 못할 것 같다는 주저함을 보인다면, 그 주저함의 배경이 무엇인지 혹은 다르게 해 볼 수는 없는 것인지에 대해 논의한다.

5 실패했을 경우의 대비

대상자가 과제를 하지 못한다면 자칫 본래의 우울감이나 자신에 대한 평가절하 같은 특성이 더욱 두드러질 수 있다. 따라서 과제를 부여할 때에는 못할 수도 있으며 그럴 때 그 문제점은 무엇일까를 예상해 보도록 하는 것도 과제 실패가 대상자에 미치는 영향을 줄일 수 있다.

다. 중기의 교감치유 활동

중기의 동물 교감치유 활동은 동물과 대상자가 친숙한 단계이므로 상호 신체적으로 활동할 수 있는 프로그램을 선택하여 진행한다.

표 VII-15 중기 단계의 동물 교감치유 활동

중기 단계의 동물 교감치유 활동	
• 동물의 털 손질하기 • 동물과 놀이하기 • 동물과 산책하기 • 동물과 달리기 • 동물 그림 그리기	• 동물의 사료, 물 급여하기 • 동물 목욕시키기 • 동물 관리하기(발톱 깍이 등) • 어질리티, 프리스비 하기 • 동물 퍼즐 맞추기

그림 VII-7 치유견 그림 그리기

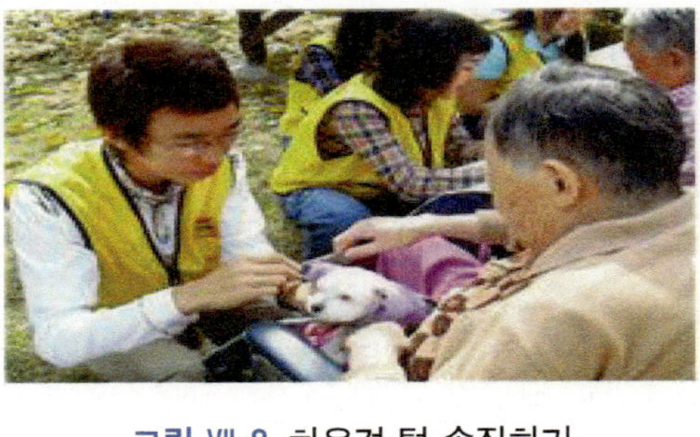

그림 VII-8 치유견 털 손질하기

3.3 종결단계

가. 종결단계의 특성

(1) 종결의 의미와 시기

동물 교감치유에서 끝맺음을 결정하기 위해서 치유사는 대상자가 어디쯤 와 있는가를 예민하게 관찰해야 한다. 또한, 초기 단계에 세웠던 치유 목표에 대해 대상자와 그 달성 여부를 논의할 필요가 있다. 따라서 교감치유 초기에 종결 시기에 대해 대상자와 어떤 때에 종결한다는 것을 미리 언급해 두는 것이 좋다. 그렇게 함으로써 치유사와 대상자가 서로 종결 시기를 예측하고 당황하지 않고 준비할 수 있도록 해야 한다.

(2) 종결의 다양한 모습

동물 교감치유사는 종결단계의 시기를 판판하고 다양한 형태로 종결할 수 있어야 한다.

1 바람직한 종결

성공적으로 치유를 종결하는 경우에는 치유 목표의 달성을 그 기준으로 삼는다. 종결은 대상자가 인격자가 되었다거나 아무 문제가 없는 행복 상태에 도달한 상태에서 하는 것이 아니라 초기에 세웠던 치유 목표가 달성되었을 때 하는 것이다.

때에 따라서는 초기의 치유 목표가 달성되어서 대상자와 종결을 의논한 후 또 다른 문제의 해결하기 위해 종결을 연기할 수도 있다.

대상자의 변화 과정은 증상의 제거, 갈등의 해결, 행동의 변화, 환경의 변화, 현실의 수용, 자기 돌봄의 증대 등으로 나타난다.

2 치유의 중단 사례

동물 교감치유가 언제나 성공하는 것은 아니다. 어느 날 갑자기 예측하지 못한 중단 사례가 생길 수도 있다.

첫 번째, 대상자가 중단하는 사례가 있을 수 있다. 대상자가 일방적으로 중단을 통보하거나 아무 연락도 없이 나오지 않을 때가 있다. 예를 들어 동물 털 알레르기가 생겨 더 지속할 수 없을 때도 있으며 치유사를 시험해 보고자 하는 예도 있을 것이다.

치유사는 최소한 한 번 정도는 대상자와 전화 또는 만나서 중단하는 것과 관련되는 문제들을 논의하고 그 이유를 함께 밝히고 취할 수 있는 다른 방도에 대해 의논하는 것이 필요하다.

두 번째, 치유사가 중단할 때이다. 치유사가 치유가 효과적이지 못하다는 결정을 내릴 때도 있다.

대상자가 치유동물을 학대하거나 지나치게 불성실하게 임할 때 대상자에게 충분한 시간을 주어 여러 가지 감정이나 반응을 표현하고 해결할 수 있도록 해야 한다. 자칫 잘못하면 대상자는 치유사로부터 거부당했다거나 버려졌다는 느낌이 들 수 있으므로 주의해야 한다.

세 번째, 공동으로 중단할 때이다. 대상자와 치유사가 치유 활동을 도중에 중단하는 것이 낫다는 것에 일치를 보는 예도 있다. 이런 때에도 대상자로서는 충분한 시간을 두고 여러 가지 사안을 고려할 수 있도록 해야 한다. 또한, 다른 치유 방법을 소개해 줄 수도 있다.

(3) 실패에 대한 준비

동물 교감치유가 실패할 경우 치유사는 대상자를 비난하거나 책임을 전가할 수 있다. 이럴 때 치유사는 마음을 스스로가 잘 달래야 한다. 만약에 대상자가 치유사에게 책임을 전가하면 미래의 대상자 최대이익을 위해서 받아들여 주고 다른 치유사와는 좋은 결과를 얻을 수 있을 것이라는 가능성을 열어두는 것이 올바른 태도이다.

그림 Ⅶ-9 요양원의 동물 교감치유 활동

나. 종결단계의 주요기법

(1) 종결의 예비 신호

대상자와 치유사가 종결을 직접 언급하지 않더라도 종결단계의 시작을 알리는 많은 행동이 나타난다. 치유의 정서적 강도가 줄어들거나, 지각하거나, 자주 농담을 하고 주지화 하는 모습들이다.

또는 종결을 미리 예감하고 무기력감을 표현하거나 슬픔, 의존감, 버림받았다는 느낌들이 들어올 수 있다. 이러한 행동이나 정서를 보일 때에는 치유사가 대상자를 인도하여 종결에 필요한 논점들을 해결해 나가야 한다.

(2) 종결에 대한 준비

종결은 급격히 이루어지는 것보다 일정한 과정을 거쳐 서서히 이루어지는 것이 바람직하다. 종결을 위한 준비과정으로 대상자의 호소문제나 증상이 어느 정도 줄어들거나 제거되었나를 파악하고 치유 초기에 목표로 세웠던 여러 가지 문제에 관하여 확인할 필요가 있다.

예를 들면 대인관계 능력이라든가 사회적응력 그리고 자기 자신과 타인을 이해하고 가치 있게 여기는 정도가 어느 정도 증진되었나를 확인한다.

신체 재활을 목표로 삼았을 때는 여러 가지 방법으로 신체 재활능력을 평가한다. 실생활에 점진적으로 적응해 보고 그 과정에서 문제점은 없는지 파악한다.

(3) 목표의 달성에 대한 평가

종결을 위해서 치유 목표에 대한 평가에 초점을 맞추어 재구성한다. 초기의 치유기록이나 녹음테이프, 객관적 검사 자료들을 사용하여 초기와 비교한다.

(4) 관계 및 정서적 문제의 해결

이별의 문제를 꺼내어 다룬다는 것은 치유의 종결과 관련된 정서적인 문제 그리고 대상자와 치유사 간의 중요한 관계를 끝내기 위한 절차를 다룬다는 것이다.

종결과정에는 특히 상실감, 슬픔, 버림받는 느낌 등이 동원될 수 있어서 이러한 것들을 무시하거나 억압하지 않고 자유롭게 다룰 수 있도록 도와주어야 한다.

(5) 종결 후의 문제 다루기

대부분 대상자는 치유과정이 끝난 후에 치유 전에 문제가 되었던 환경과 유사한 환경으로 다시 들어가야 한다. 지금까지는 인적, 물리적 환경으로부터 압력을 느낄 때 치유사가 곁에서 해결방안을 함께 고심하여 주었으나 앞으로는 대상자가 해결해야 한다. 아울러 대상자의 문제가 전부 사라진 것이 아니므로 수시로 여러 문제의 발생을 겪을 수도 있다.

따라서 종결단계의 치유사는 대상자가 종결 후의 상황과 문제를 어떻게 다룰 것인가를 미리 상상하고 예측해보도록 한다. 특히 걱정스러운 부분을 미리 연습하고 논의한다.

대상자는 치유 기간이 끝나는 과정에서 치유동물과 헤어짐에 대해 몹시 상실감을 느끼거나 슬픔을 가져올 수 있다. 이에 대한 적절한 대책도 수립해야 한다.

(6) 자신감의 고취

치유사 없이 혼자서도 자신의 삶을 잘 꾸려나갈 수 있으며, 혹시 나쁜 일이 생기더라도 이제는 두렵지 않다는 자신감에 대해 다룬다.

자신감의 고취를 위해서 종결 시점에 이르러 치유 간격을 늘리는 것도 좋은 방법인데 대상자는 치유사 없이 지내는 기간을 늘려도 괜찮다는 것을 학습하게 된다. 아울러 혼자 해결하는 데 어려움을 느낄 때는 언제라도 치유사를 다시 만날 수 있다는 확신을 주어 홀로서기에 자신감을 준다.

그림 Ⅶ-10 치유견과 사진 찍기

그림 Ⅶ-11 치유견과 이별하기

04 평가단계

학습목표

- 교감치유 평가의 개념과 목표를 말할 수 있다.
- 각종 방법을 활용하여 대상자의 성취도를 평가할 수 있다.
- 대상자의 사후관리와 추후평가를 수행할 수 있다.

4.1 평가의 이해

가. 평가의 개념과 목적

(1) 평가의 개념 정의

일반적으로 동물교감 치유의 평가 목적은 치유과정의 결과로써 인지적, 심리 정서적, 사회적, 신체적 안정 및 재활 등의 변화 정도를 파악하는 것이라고 할 수 있다. 타일러(Tyler)는 교육 목표의 달성 여부를 판단하는 행위를 교육 평가라 정의하였다. 비비(Beeby)는 평가에 필요한 정보는 체계적인 방법으로 수집되어야 하고 수집된 정보에 대한 해석이 필요하며 교육 과정 교육 결과에 대한 기술과 해석만이 아니라 가치 판단을 내리는 것이라고 평가에 의미를 부여하였다.

따라서 프로그램의 특성 및 활동과 결과에 관한 정보수집을 통해서 불확실성 제거, 효과성 증진, 프로그램의 진행 상황과 영향에 관한 의사결정을 위한 것이다.

(2) 평가의 목적

1 합리적인 의사결정

평가는 동물교감 치유 활동의 성취도를 평가하여 목표 달성에 대한 정보를 제공하여 치유 프로그램의 작성에 필요한 자료를 제공하는데 있다.

정보는 의사 결정자에게 치유동물의 배정, 직원의 역할, 서비스 제공내용과 여부 등 중요한 이슈에 관한 도움을 제공한다. 즉, 평가는 합리적인 의사결정 하에서 동물교감 치유 활동을 위한 정보와 자료를 제공하는 목적을 수행할 수 있다.

2 치유 프로그램의 개선

평가의 목적은 기획 또는 설계단계에서 마련된 기준에 비추어 진행 중인 프로그램을 비교하는 데 있다. 체계적인 평가 활동을 통하여 기획과 운영 과정상의 문제점을 발견하고 프로그램의 질을 개선할 수 있다.

평가에서 나타난 측정치로 그 원인을 분석하고 개선하는 일이 매우 중요하다. 또한, 치유 결과에 대한 피드백을 제공함으로써 치유사가 자신의 강점과 약점을 파악하고 치유 활동에서 미숙한 부분의 원인을 진단하고 개선함으로써 새로운 치유 활동의 동기가 유발될 수 있다.

3 책임성의 수행

책임성은 특정 업무에 대한 책임 이외에도 집단이나 개인에 대한 책임의 의미를 포함한다. 책임성은 조직뿐 아니라 조직 내 전문 인력도 적용될 수 있다. AAT 조직의 책임성은 프로그램 평가와 서비스 전달과정에 관한 조사를 통해 파악될 수 있다. 평가보고서는 기관의 책임성을 강화하는 역할을 한다.

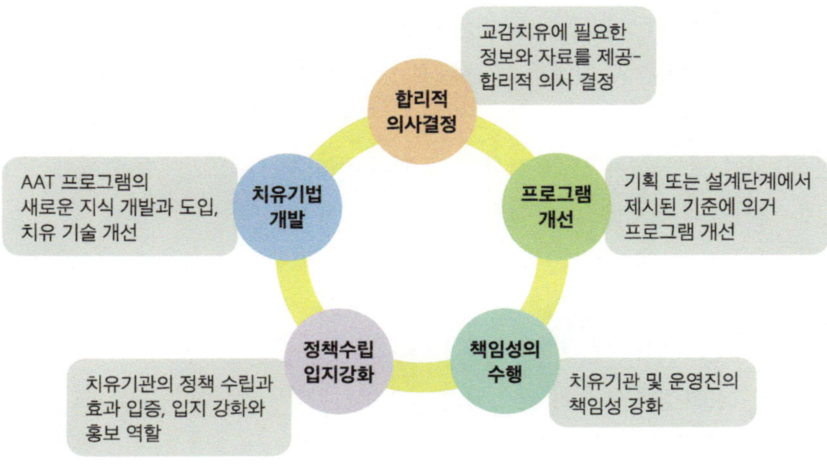

그림 VII-12 평가의 목적

4 치유기관의 정책 수립과 입지 강화

평가는 치유 활동의 제반 문제를 이해하고 올바른 정책을 수립하는 데 도움을 준다. 계획단계에서 제시된 성취 기준에 도달하지 못한 대상자가 많다면 차기 프로그램에서 이러한 문제를 개선하기 위한 주안점으로 둘 수 있다. 또한, 기관의 효과성 등을 입증하고 외부에 홍보자료로 활용함으로써 기관의 입지를 강화할 수 있다. 평가는 지역사회나 정부로부터 지원이나 지지를 얻는 자료로 활용할 수 있다.

5 교감치유 기법 개발

평가는 기관의 활동 실적과 성과에 대한 평가라고 볼 수 있다. 평가 자료는 치유기관의 치유 활동 기법을 개발하고 새로운 지식개발에도 활용된다.

AAT 평가 자료는 대상자를 위한 평가 이외에 치유기법, 교육 과정 및 치유 활동 평가하는 자료로도 활용될 수 있다. 즉, AAT 프로그램의 개발과 치유기술 개선하는데 활용된다.

이와 같이 평가란 단순히 치유 목표에 대한 대상자의 성취 정도를 확인하는 데 그치는 것이 아니라 AAT 수행기관의 정책과 운영 방향에 필요한 자료 수집, 치유 프로그램 및 활동 과정에 대한 가치 판단과 개선 등 궁극적으로 AAT의 질을 향상하기 위한 다양한 역할을 한다.

4.2 평가의 방법

평가는 치유과정의 효과성을 측정하고 개선하기 위한 과정이다. 이 과정에서 치유 목표의 달성도, 대상자의 성취도 수준, 치유 방법의 적절성 등을 평가한다.

따라서 평가는 목표 달성을 위한 동기 부여를 제공하고, 대상자의 성장과 발전을 지속해서 추구할 수 있도록 도와준다. 성장과 발전은 대상자나 치유기관(농장)조직이 지속해서 발전하고 성취를 이루는 과정이다.

주로 면접, 심리 또는 신체 능력 검사, 행동관찰 등의 과학적인 방법을 통해 교감치유 관련 변인에 대한 객관적인 정보를 수집한다.

가. 대상자의 성취도 평가

교감치유 초기에 설정한 목표가 달성되었는지 평가하는 것은 매우 중요하다. 이는 대상자의 자기보고, 행동관찰, 심리검사 등을 통해 확인할 수 있다.

- 자기보고: 내담자가 자신의 문제해결 여부를 주관적으로 평가한다.
- 행동관찰: 상담자가 내담자의 행동 변화를 직접 관찰하고 기록한다.
- 심리검사: 심리검사를 통해 내담자의 심리적 변화를 객관적으로 평가한다.

초기에 수립한 치유 목표와 관련된 성과를 구체적으로 평가한다. 이는 대상자의 생활 전반에 걸친 변화를 종합적으로 분석하는 과정을 포함한다.

(1) 상담 목표 평가

치유사와 대상자가 설정한 상담 목표와 관련된 성과를 구체적으로 평가한다.

예 : 또래와 다툼을 하지 않고 원만한 관계를 유지한다.

반려견과의 산책을 통하여 보행 기능을 향상한다.

위와 같이 단위 활동 목표로 설정된 성과를 평가한다.

치유 목표 외에도 대상자 경험한 전반적인 변화를 평가한다. 이는 대상자의 신체적, 심리적, 사회적, 직무적 변화를 포함한다.

표 VII-16 회기별 평가지(어린이용 예시)

오늘 하루 어땠나요?

프로그램명	1회차 -멍멍아 반가워	
2024년 0월 0일	이름 :	성별 : □ 남 □ 여

1. 오늘 만난 '멍멍이'는 어떠했나요?
   ① 나를 너무 잘 따랐다. ② 잘 따랐다. ③ 보통이다.
   ④ 잘 따르지 않는다. ⑤ 전혀 따르지 않았다.

2. 오늘 프로그램은 어땠나요?
   ① 매우 만족한다. ② 만족한다. ③ 보통이다.
   ④ 만족하지 않는다. ⑤ 매우 만족하지 않는다.

3. 나는 오늘 적극적으로 참여했나요?
① 매우 열심히 참여했다. ② 열심히 참여했다. ③ 보통이다.
④ 열심히 참여하지 않았다. ⑤ 매우 열심히 참여하지 않았다.

4. 가장 좋았던 점이 있다면 무엇인가요?
( )

5. 가장 아쉬웠던 점이 있다면 무엇인가요?
( )

6. 하고 싶은 이야기가 있으면 말해 보세요

표 Ⅶ-17 만족도 평가지(예시)

번호	내용	매우 만족	만족	보통	불만	매우 불만
		⑤	④	③	②	①
프로그램의 내용과 구성	AAT 프로그램 내용에 만족하십니까?					
	프로그램의 구성에 대한 만족하십니까?					
	프로그램 일정, 시간 등에 대해 만족하십니까?					
치유사와 치유동물	프로그램 운영진(농장주, 치유사)에 대해 만족하십니까?					
	농장의 치유동물에 대해 만족하십니까?					
체험장 환경 및 시설	체험시설 및 농장환경에 대한 만족도					
	편의시설에 대한 만족도					
치유효과	AAT가 치유효과에 대해 만족도					
전반적 만족도	전반적인 프로그램 만족도					

기타	좋은 점					
	건의사항 및 개선사항					

(2) 전반적 성과 평가

표 Ⅶ-19 행동관찰 평가 예시(치매 및 우울증 환자용)

행동관찰 기록지(점수 평가)

평가일시: 년 월 일, 대상자:_______ 평가자_______

상황 1. 사람들과 어울리기를 좋아한다. 점수 ______

1------2------3------4------5------6------7------8------9------10

상황 2. 주변에서 일어나는 일에 관심이 많다. 점수 ______

1------2------3------4------5------6------7------8------9------10

상황 3: 상대방에게 감정 표현을 잘 한다. 점수 ______

1------2------3------4------5------6------7------8------9------10

상황 4: 어떤 일에 의욕적이고 활동적이다. 점수 ______

1------2------3------4------5------6------7------8------9------10

상황 5: 명랑하고 기분이 좋아 보인다. 점수 ______

1------2------3------4------5------6------7------8------9------10

상황 6: 여가나 오락 활동에 관심이 많다 점수 ______

1------2------3------4------5------6------7------8------9------10

척도는 "문제가 가장 심각한 때를 1이라고 보고, 그 문제가 완전히 해결된 상태를 10"이라고 설정한다.
이 검사는 첫 회기와 마지막 회기(또는 중간 회기) 2~3번 실시하여 평가한다.

나. 치유사 평가

치유과정 중 대상자가 경험한 긍정적 변화와 부정적 영향을 종합적으로 분석한다. 이를 통해 치유의 효과를 명확히 하고, 필요한 경우 추가적인 개입을 계획할 수 있다.

대상자가 경험한 긍정적인 변화를 구체적으로 탐색한다. 예를 들어, 대상자가 스트레스 관리 기술을 습득하여 생활의 만족도가 높아졌는지 평가한다.

치유과정 중 발생한 부정적 영향을 확인하고, 이를 개선하기 위한 전략을 마련한다.

(1) 프로그램 운영 평가

프로그램 평가(과정평가)는 프로그램이 원래 의도했던 목표를 달성하였는가를 판단하기 위한 효율성 평가이다. 프로그램 진행 중에 프로그램의 원활하고 성공적인 수행을 위해 문제점을 찾아내고 수정·보완할 목적으로 실시하는 평가이다.

항상 변화하는 대상자의 요구 등 "앞으로의 결정을 위하여 알아야만 될 것이 무엇인가?"에 초점을 둔다.

표 Ⅶ-18 프로그램 평가표(예시)

구분	평가 내용	평가				
		5	4	3	2	1
프로그램평가	1. 계획했던 프로그램이 실제로 얼마나 수행되었는가?					
	2. 발생한 프로그램 효과는 프로그램 목표와 대비하여 어느 정도인가?					
	3. 프로그램 적용이 대상자의 치유목적에 적합하였는가?					
	4. 프로그램은 대상자의 흥미를 유발하였는가?					
	5. 프로그램 회기와 활동 시간의 배정은 적절하였는가?					
	6. 실내 치유실 치유환경, 도구 준비가 충실하였는가?					
	7. 대상자의 치유활동에 적극적으로 참여시키는가?					
	8. 대상자의 요구에 적합한 자료 및 매체를 활용하는가?					
	9. 동물의 배정은 적절하였는가?					
	10. 현장 치유실이 일반동물사육시설과 분리 되어 있는가?					
	11. 다양한 치유동물을 활용하였는가.					
	12. 우천 등에 대비한 융합적인 다양한 프로그램을 적용하였는가?					
총점						

평가방법 : 최상 41~50, 상 31~40, 중 16~30 중하 6~15 하 5점 이하

(2) 교감치유사 역량 평가

AAT의 주체는 치유사이다. 따라서 치유사의 평가는 AAT의 발전과 수업의 질을 개선하기 위해 매우 중요하다.

평가는 자기 평가와 타인(동료 및 관리자)의 평가로 구부하여 실시할 수 있다. 이 자료는 치유사의 급료나 승진을 위한 자료로도 활용할 수 있다.

표 VII-18 교감 치유사 평가지(예시)

<table>
<tr><th rowspan="2">구분</th><th rowspan="2">평가 내용</th><th colspan="2">평가자</th></tr>
<tr><th>자기</th><th>타인</th></tr>
<tr><td rowspan="2">근무수행
태도
(20점)</td><td>치유사로서 인품을 갖추고 조직과 프로그램 운영에 충실한가?(10점)</td><td></td><td></td></tr>
<tr><td>치유사로서 사명감과 직무에 관한 책임감을 갖고 솔선수범하는가? (10점)</td><td></td><td></td></tr>
<tr><td rowspan="8">학습지도
(40점)</td><td>1. 치유에 관한 교재 연구를 충실히 하는가?</td><td></td><td></td></tr>
<tr><td>2. 대상자 수준에 적합한 치유계획을 수립하는가?</td><td></td><td></td></tr>
<tr><td>3. 대상자가 적극적으로 참여할 수 있도록 분위기를 조성하는가?</td><td></td><td></td></tr>
<tr><td>4. 대상자의 능력과 수준에 적합한 동기유발을 유도할 수 있는가?</td><td></td><td></td></tr>
<tr><td>5. 대상자의 치유활동에 적극적으로 참여시키는가?</td><td></td><td></td></tr>
<tr><td>6. 대상자의 요구에 적합한 자료 및 매체를 활용하는가?</td><td></td><td></td></tr>
<tr><td>7. 관찰 및 평가 방법이 객관적이고 공정하고 평가 결과를 개선을 위한 자료로 적극 활용하는가?</td><td></td><td></td></tr>
<tr><td>8. 대상자의 눈높이에 맞는 언어 사용과 이해도와 참여도를 수시로 점검하는가?</td><td></td><td></td></tr>
<tr><td rowspan="5">생활지도
및
안전교육
(25점)</td><td>1. 대상자 개개인의 특성을 파악하기 위하여 노력하는가?</td><td></td><td></td></tr>
<tr><td>2. 수시로 상담을 통해 대상자의 당면한 문제를 원만히 해결할 수 있도록 지원하는가?</td><td></td><td></td></tr>
<tr><td>3. 대상자들끼리 잘 어울려 생활하도록 지도하는가?</td><td></td><td></td></tr>
<tr><td>4. 안전사고 및 폭력을 예방하기 위한 사전교육을 실시하는가?</td><td></td><td></td></tr>
<tr><td>5. 대상자가 올바른 기본생활 습관(언어, 행동, 예절, 질서 등)을 기르도록 지도하는가?</td><td></td><td></td></tr>
</table>

전문성 및 일반사무 (15점)	1. 전문성을 높이기 위한 연구 및 연수활동에 적극적인가?		
	2. 담당업무를 정확하고 합리적으로 처리하는가?		
	3. 담당업무를 창의적으로 개선하고 조정하는가		
총점			
평가방법 : 1~10점 또는 1~5점의 배점 중 적당한 평점을 부여한 후 총점으로 환산한다.			

4.3 사후관리와 추후평가

가. 사후관리

(1) 사후관리의 중요성

치유 프로그램은 종결 후에도 대상자가 지속해서 긍정적인 변화를 유지할 수 있도록 사후관리가 필요하다. 이는 대상자가 치유 활동에서 익힌 것을 생활에 적용하고, 새로운 문제 상황에 효과적으로 대처할 수 있도록 돕는 과정이다.

(2) 사후관리 방법

1 추수 지도

추수 지도(followup service)는 치유 활동을 종결한 후 일정 기간이 지나고 대상자가 어느 정도 건전하게 적응하고 있는가를 확인하고, 필요한 경우 상담이나 그 밖의 교육적 조력을 해 준다.

2 지원 체계 연결

대상자가 필요할 때 추가적인 지원을 받을 수 있도록 적절한 지원 체계와 연결해 준다. 대상자가 심리적 어려움을 다시 겪을 경우, 전문가나 관련 기관과 연결하여 지원을 받을 수 있도록 돕는다.

3 자원 활용 지도

대상자가 자신의 문제를 해결할 수 있는 다양한 자원을 활용할 수 있도록 지도한다. 예를 들어, 자기계발 서적, 온라인 상담 프로그램, 지역사회 지원 그룹 등을 활용할 수 있도록 안내한다.

나. 추후평가

추후평가는 전체 대상자에게 교감치유의 전 과정이 끝나고 2~3개월 후에 시행한다. 치유 활동이 일상생활에 어떤 결과를 가져왔는지, 그때의 변화가 어느 정도 계속되고 있으며, 교감치유의 효과가 어느 정도인지 등에 대해 평가해 볼 수 있다.

참고문헌 및 관련 인터넷사이트

- 김계현(2001). 카운슬링의 실제. 학지사
- 김은정, 정연옥 공역(2006). 놀이치료 사례집. 학지사.
- 김충기, 강봉규(2001). 현대 상담이론과 실제. 교육과학사.
- 농촌진흥청(원예특작과)(2016). 치유농업의 이해.
- 농촌진흥청(2023) 2급 치유농업사 양성 교육 길라잡이.
- 서정근 이상미(2004) 원예치료의 적용과 실제. 단국대출판부
- 안제국 외(2007). 동물매개치료. 학지사.
- 안제국 외(2018). 가축관리실무. 부민문화사.
- 안제국 외(2019). 동물자원. 충청북도교육청.
- 오성춘(1993). 목회 상담학 한국장로교출판사.
- 오성춘(2000). 청소년 상담 핸드북. 한국장로교출판사.
- 신경진(2009). 상담과정과 대화기법. 학지사.
- 신현정(2009). 치료놀이의 이해와 적용. 학지사.

[사진 및 그림 출처]

- 단원 열기 그림 Ⅶ-1~그림 Ⅶ-12 자작

VIII

PART

농장 동물 교감치유

8.1 닭 교감치유

8.2 염소 교감치유

8.3 돼지 교감치유

8.4 소 교감치유

8.5 말 교감치유

[단원 학습 소개]

이 단원에서는 농장 동물 중 동물 교감치유에 많이 이용되는 닭, 염소, 돼지, 소(한우, 젖소), 말을 이용한 교감치유에 대한 지식과 전문기술을 익혀 장차 동물치유와 관련된 직무를 수행하는 데 필요한 실무 능력을 배양할 수 있도록 한다.

단원 열기

농장 동물의 새로운 가치- 사람도 치유한다?

네덜란드 파라다이스 케어 팜(Paradise care farm)- 치매 환자 치유

농장 동물은 농장에서 식품(고기, 우유, 계란 등)과 옷감(털, 털가죽, 가죽 등)을 생산하기 위해 사육되는 가축을 말한다. 지금까지 이 동물의 사육목적은 경제적 수입을 창출하는 데 있었다.

이 농장 동물은 20세기에 들면서 복잡한 현대생활에 지친 사람의 마음을 안정시키고 스트레스를 해소하며 심신의 병적 장애를 재활 치유하는 데 활용되고 있다.

과거에는 주로 반려동물이 이용되었으나 유럽이나 미국 등 선진국에서는 농장 동물을 이용한 동물 교감치유가 확산하는 추세이다.

우리나라에서는 2021년 「치유농업 연구개발 및 육성에 관한 법률」이 제정되어 치유농업과 사회복지사업의 제도적 연계를 강화하고 있다. 따라서 앞으로 농장 동물을 이용한 동물 교감치유가 활성화될 것으로 전망된다.

농장 동물을 이용한 동물교감 치유는 어떤 모습일까? 어떤 동물들이 어떻게 활용되고 있는지 알아보자

01 닭 교감치유

학습 목표

- ✔ 닭 교감치유의 역사와 특성을 말할 수 있다.
- ✔ 교감 치유에 적합한 닭의 품종을 선택할 수 있다.
- ✔ 닭 교감치유의 적용 분야를 말할 수 있다.
- ✔ 닭의 사육과 돌봄을 통한 교감치유를 할 수 있다.

1.1 닭 교감치유의 이해

가. 닭 교감치유의 역사

닭은 B.C 8,000년 전 동남아시아의 야생종인 적색 야계에서 유래하여 회색 야계 등과 교배를 통해 다양한 품종이 형성되고 가축화된 시기는 약 BC 4,000년 경으로 추정하고 있으며 반려동물이 아닌 가축으로 사육됐다. 최근에는 여러 단체의 연구를 통해 닭의 교감치유 가능성과 효과가 입증되었다.

1792년에는 영국 요크지방의 퀘이커 요크 리트리트(Quaker York Retreat)에서 정신 질환자의 치유에 토끼와 닭 등 농장 동물을 처음으로 활용하였다.[01]

노섬브리아 대학(University of Northumbria)에서 실시한 최근 연구에 따르면 치유용 닭은 요양원에 거주하는 노인의 우울증과 외로움 증상을 효과적으로 감소시키는 것으로 나타났다. 이 연구가 발표된 이후로 영국에 있는 많은 요양 보호 시설들이 그들의 거주자들을 위한 닭들을 기르기 시작했다.[02]

2013년 미국 매사추세츠의 라이프 케어센터(Life Care Center of Nashoba Valley)는 치매 환자, 정신 질환자 및 치매 노인을 치유하는 닭 교감치유 프로그램을 시행하였다.

영국의 헨 파워(Hen Power)라는 단체는 전국의 요양원, 학교에 닭장을 짓고 노인과 학생들에게 닭 교감치유를 실시하고 있다. 일부 요양원에서는 외부 자원봉사자들이 닭을 데려고 방문하여 실시하기도 하지만 일부에서는 요양원에서는 닭을 사육하면서 수용자들이 항상 교감치유 활동을 할 수 있도록 하고 있다.

그림 Ⅷ-1 미국 Forsyth School의 닭 교감치유

그림 Ⅷ-2 영국 헨파워(Henpower)의 치매 노인 닭 교감치유

우리나라에서는 2016년 국립축산과학원에서 4개 초등학교, 1개 중학교 학생을 대상으로 '꼬꼬 프로그램' 시범학교를 운영하여 많은 성과를 거둔 바 있다.

나. 닭 교감치유의 특성

(1) 닭 교감치유의 장점

① 닭은 일반 포유류보다 몸집이 작아 다루기 쉽고 다칠 위험이 적다.
② 병아리는 특히 어린이가 좋아하는 동물 중의 하나이다.
③ 치유용 닭은 침착하고 놀람이 적어 사람들과 상호교감작용을 한다.
④ 닭은 어린이부터 노인까지 모든 연령대의 사람들이 호감을 느낀다.
⑤ 사육장 설치도 간편하고 적은 비용으로 사육할 수 있다.
⑥ 모성애가 강한 암탉이 병아리를 기르는 모습은 정서를 순화시킨다.
⑦ 외모가 화려하고 활동성이 우수하여 사람에게 친근한 동물이다.

(2) 닭 교감치유의 단점

① 수탉은 이른 새벽에 울기 때문에 시끄럽다.
② 병아리는 어릴 때 쉽게 죽고 전염병 발생의 위험이 많다.
③ 어미 닭의 배설물은 냄새가 심하고 배변 훈련이 어렵다.
④ 조류 인플루엔자 등 인수공통전염병이 있어 세심한 주의가 필요하다.
⑤ 성격이 예민해 쉽게 놀라고 위협을 받으면 멀리 날아간다.
⑥ 부리와 발톱이 날카로워 상해 위험이 있어 손질해 주어야 한다.
⑦ 인간과의 소통과 교감 정도가 낮고 함께 운동하기 어렵다.

다. 치유용 닭의 조건과 선택

닭 교감치유에는 모든 품종의 닭을 사용할 수 있다. 닭이 사람들과 함께 있을 때 불안감을 나타내지 않고 안정적이며 공격적이지 않으면 좋은 치유용 닭이 될 수 있다.

(1) 치유용 닭의 조건

① 천성적으로 사람을 잘 따르고 침착해야 한다.
② 털에 배설물이 없고 윤기가 나며 부드러운 깃털을 가져야 한다.
③ 생존율이 높은 강건한 계통을 선택해야 한다.
④ 깃털 색이 화려하고 갈색 달걀을 낳는 계통의 닭을 선택한다.
⑤ 될 수 있으면 취소성(알 품는 성질)과 모성애가 강한 품종을 선택한다.
⑥ 행동이 둔하고 활동적이지 않으며 털이 지저분한 닭은 제외한다.
⑦ 전문가에 의해 사회화 훈련을 받고 적절한 평가를 통과해야 한다.
⑧ 매년 수의사가 기생충과 살모넬라균의 검사를 받아야 한다.
⑨ 대상자와 상호 교감치유 활동 전에 털 손질을 마쳐야 한다.

(2) 주요 치유용 닭의 품종

치유용 닭으로 권장하는 품종은 로드아일랜드 레드, 실키(오골계), 재래 닭, 브라마, 코친, 햄버그, 폴리시 등이다. 그러나 치유용의 닭의 조건을 갖추었다면 모든 닭을 이용할 수 있다.

1 로드아일랜드 레드(rhode island red)

원산지는 미국이며 호기심이 많고 유순하며 쪼는 성향은 중간이다. 털 색상은 광택이 붉은색에서 거의 검은 색까지 다양하다. 연간 250~300개의 갈색 달걀을 낳는다.

그림 Ⅷ-3 로드아일랜드 레드

2 실키(silkie)

원산지는 중국이며 수명이 7~9년으로 길고 부드러운 털이 매력적이고 성격이 유순하며 차분하다. 인간과의 상호작용을 좋아하여 어린이 교감치유에 적합하다. 실키는 몸집이 작고 기질이 온순하며 털이 풍성하여 사람들이 선호한다.

그림 Ⅷ-4 실키

3 코친(cochin)

원산지는 중국이며 유럽과 미국에서 개량되었다. 특징은 다리와 발을 덮는 깃털이 있고 색상은 검은색, 파란색, 담황색 등 다양하다. 취소성이 강하고 병아리를 잘 기른다.

그림 Ⅷ-5 코친

4 브라마(brahma)

원산지는 중국이며 거대종으로 키가 크고 몸집이 크다. 정강이와 발가락에 깃털이 있고 완두 볏이다. 친근한 성격과 다루기 쉬우므로 치유동물로 많이 이용된다.

그림 Ⅷ-6 브라마

5 재래 닭

2008년 농촌진흥청에서 복원한 재래 닭은 적갈색과 황갈색, 흑색의 외모 특징을 가지고 있다. 성격이 활발하고 부화와 육추를 잘하므로 교감치유용으로 적합하다.

그림 Ⅷ-7 재래 닭

라. 닭 교감치유의 적용 분야

닭은 사회적 동물이며 사람과 공감하는 동물로 사람과 특별한 유대감을 형성할 수 있다. 닭을 껴안고 부드러운 깃털을 쓰다듬으며 '그르렁'거리는 소리를 듣는 것만으로도 기분이 좋아지고 자존감 회복에도 도움이 된다.

닭은 아이들이 무서워하지 않으므로 상호 작용할 수 있으며 자신을 진정시키는 방법을 배우는 데 도움이 될 수 있다. 또한, 입양자가 있거나 재혼한 가정의 식구들을 친밀과 화합을 촉진하는 매개체 역할을 한다.

닭 교감치유는 우울증, 불안, 고립, 외로움 및 치매 환자 등의 강력한 치유 도구이며 아스퍼거 및 다운 증후군, 외상 후 스트레스 장애(PTSD), 자폐 스펙트럼 장애, 고혈압, 치매, 임종 치유, 조현병, 심지어 중독증이나 스트레스로 고생하는 사람들을 도울 수 있다.

① 닭은 대상자의 즐거운 마음을 갖도록 기분을 전환한다.
② 교도소 수용자들의 마음을 진정시키고 즐기면서 관리 기술을 배우게 된다.
③ 치유 닭은 마음을 안정시키고 우울증을 예방하는 효과가 있다.
④ 닭의 사양 관리는 이동성이 증가하여 지구력, 근력, 균형감이 향상된다.
⑤ 어린이들의 탐구력과 창의력이 향상되고, 닭과 야외에서 놀수 있다.
⑥ 내성적인 사람은 닭과의 상호작용으로 사회성이 촉진된다.

그림 Ⅷ-8 미국 Hobby Farms의 닭 교감치유

⑦ 과거에 닭을 키웠던 사람들에게는 행복한 추억을 되살린다.
⑧ 시골 노인에게는 고향의 향수를 느끼고 외로움과 고립감을 해소한다.
⑨ 규칙적인 청소, 먹이 주기 등의 관리로 인지능력이 향상된다.
⑩ 개털 알레르기 환자에게도 적용할 수 있다.

1.2 닭 교감치유의 실제

가. 닭 외부명칭 익히기

(1) 프로그램 개요

활동명	닭의 외부명칭 익히기	치유사명	
일시	2024. 2. 2	장소	양계사 치유실
주 대상자	어린이, 치매 및 독거노인	확장 대상자	모든 사람
치유 목적	인지능력, 관찰력, 기억력, 집중력, 사회성 향상		
활동 목표	• 닭 외모의 각 부위의 명칭을 알고 말할 수 있다. • 치유사가 지적하는 부위의 명칭을 대답할 수 있다. • 닭과 눈 맞춤, 쓰다듬기 등으로 상호 교감할 수 있다.		
준비물	• 닭, 닭의 외부명칭이 명기된 그림, 손 세정제, 수건, 작업복		
과정	활동 내용		
도입	• 닭과 대상자가 마주 보면서 앉게 한다. • 동기유발을 위해 오늘 활동과 관련된 내용을 소개한다. • 이 시간의 활동 목표와 진행 내용을 설명한다.		
전개	1) 외부명칭 익히기 • 닭의 머리에서 꼬리까지의 명칭을 치유사의 말에 따라 말하면서 외우도록 한다. • 치유사가 닭의 외부명칭을 말하면 대상자는 닭의 부위를 손으로 가리키도록 한다. • 틀릴 때는 정정해 주고 다시 가리키도록 한다. 2) 근육 이완하기 • 단계별로 설명하면서 시연하고 보조 치유사는 자세를 교정해 준다 • 준비 단계 시행하기 • 이완 단계 시행하기 • 정리 단계 시행하기		
정리	• 활동하면서 느낀 점, 깨달은 점을 말하도록 한다. • 오늘의 활동 내용을 요약, 정리하여 말한다. • 차시(다음 시간) 활동 내용을 안내해 준다. • 회기별 평가지를 작성한다.		
유의사항	• 편안한 분위기를 조성하고 친절하게 대한다. • 닭에게 접근 시 서서히 다가가 놀라지 않게 한다. • 닭에게 위해를 가하지 않도록 사전에 알리고 감시한다. • 활동이 끝나면 감염병 전염을 예방하기 위해 손을 씻는다. • 대상자가 과제를 수행할 때마다 칭찬과 격려를 해준다.		

(2) 프로그램 진행하기

1) 도입(5분)

- 동기유발을 위해 오늘 활동과 관련된 내용을 소개한다.
- 이 시간의 활동 목표와 진행 내용을 설명한다.
- 대상자에게 닭을 배정한다. 또는 여러 마리가 사육되는 닭 중에서 같이 활동하고 싶은 닭을 선택하도록 한다.
- 배정된(또는 선택한) 닭과 대상자가 마주 보면서 앉게 한다.

이렇게 진행해 보세요.

- 치유사의 왼쪽에는 보조자가 위치하여 구성원을 반원이 되도록 둥글게 둘러앉도록 한다.
- 안녕하세요? 여러분, 저는 1급 동물 교감치유사 000입니다. 오늘은 여러분과 첫 만남의 시간입니다. 오늘 여러분들의 표정을 보니 아주 밝아 보입니다.
  - 오늘 기분은 어떠신가요?
- 다음은 여러분들과 함께할 닭을 소개해 드리겠습니다. 닭의 품종은 '실키'이구요, 나이는 1살, 이름은 '보숭이'입니다. 보숭이는 알에서 깨어나면서 치유용으로 길러온 닭입니다. 그래서 사람을 잘 따르고 쪼지 않습니다. 절대로 무서워 하실 필요는 없습니다.
- 이번 프로그램은 오늘(0월 0일)부터 매주 1회씩 약 3개월간 12회 실시할 계획입니다.
- 동물 교감치유는 무엇보다 여러분들의 적극적인 참여와 의지가 중요합니다. 여러분들의 적극적인 협조를 부탁드립니다.
- 오늘은 앞으로 함께할 닭의 외부명칭과 특징 알아보기, 근육 이완 훈련하기를 해 보도록 하겠습니다. 항상 긍정적인 생각을 가지고 열성적으로 활동하실 것을 당부드립니다. 여러분들은 자신의 문제를 스스로 해결할 수 있는 능력이 있습니다.

2) 전개(40~50분)

치유사는 대상자에게 닭의 부위를 가리키면서 외부명칭을 말하고 기능을 설명한다. 다음으로 대상자가 직접 닭의 부위를 가리키면서 명칭을 말하도록 한다. 대상자가 명칭을 바르게 말하지 못하면 정정해 주며 다시 말하도록 한다. 다음으로 치유사의 시연과 함께 이완훈련을 진행한다.

1 외부명칭 익히기

- 치유용 닭을 중앙에 놓고 대상자와 마주 앉는다.
- 치유사는 닭의 머리에서 꼬리까지의 외부명칭을 가리키면서 말해준다.
- 치유사가 부위를 가리키며 명칭을 알려 주고 따라서 말하도록 한다.
- 명칭을 숙지하지 못하는 어린아이 또는 치매 환자에게는 2~3번 반복하여 실시한다.
- 치유사가 말하는 닭의 외부명칭을 닭의 부위를 손으로 가리키도록 한다.
- 대상자가 틀리면 정정해 주고 다시 말하도록 한다.

2 근육 이완하기

단계별로 설명하면서 시연하고 보조 치유사는 자세를 교정해 준다.

- 준비 단계 시행하기
- 이완 단계 시행하기
- 정리 단계 시행하기

이렇게 진행해 보세요.

- 자 여러분 나누어 드린 '활동자료 1'를 보시기 바랍니다. 우선 외모의 명칭부터 알아볼까요. 우선제가 명칭을 알려드리겠습니다. 제가 명칭을 말하면 다 같이 따라 말하기 바랍니다. (머리에서 꼬리까지 명칭을 알려 준다).
- 이번에는 제가 닭의 외부명칭을 말하면 여러분은 닭의 부위를 손으로 가리켜면서 명칭을 말하기 바랍니다.

- 틀릴 때는 정정해 주고 다시 가리키도록 한다. 예, 아주 잘하셨습니다. 모두 박수 칩시다.(박수)

- 자. 지금부터는 근육 이완훈련을 시작하겠습니다. 편안한 자세를 취하고, 몸에 꼭 끼는 의복은 느슨하게 해줍니다. 두 다리는 약간 벌리고, 두 팔은 편안하게 무릎 위에 내려놓습니다.
- 다음은 양어깨가 귀에 닿도록 세게 추어올립니다. 어깨에 힘을 줬다가, 이제 힘을 빼면서 긴장이 풀리는 것을 느껴 봅니다. 숨을 깊이 들이쉬고, 잠시 참았다가 천천히 내쉬면서 조용하게 "힘이 빠져 편안하다"라고 속삭입니다.
- 자, 이제 두 팔을 쭉 펴고, 주먹을 쥡니다. 팔뚝과 손의 긴장을 느껴 봅니다. 잠시 힘을 줬다가, 이제 힘을 빼면서 무릎 위로 툭 떨어뜨립니다. 긴장이 풀리는 것을 느껴 봅니다. 숨을 깊이 들이쉬고, 잠시 참았다가 천천히 내쉬면서 조용하게 "힘이 빠져 편안하다"라고 속삭입니다.

- 다음은 다리를 앞으로 쭉 펴고 발끝을 밑으로 내려서 엉덩이와 다리에 힘을 줍니다. 다리를 쭉 편 상태에서 무릎에 힘을 주고 발끝을 밑으로 누릅니다. 잠시 힘을 줬다가, 이제 힘을 빼고 다리를 내리면서 조용히 숨을 내쉽니다. 숨을 깊이 들이쉬고, 잠시 참았다가 천천히 내쉬면서 조용하게 "힘이 빠져 편안하다"라고 속삭입니다. 이완이 퍼져나가는 것을 느끼면서 긴장과 이완의 차이를 인식합니다.
- 자, 지금까지 몸의 주요 근육들을 풀어주었습니다. 이제 이완이 점점 더 깊어집니다. 숨을 내쉴 때마다 더욱더 이완이 깊어지는 것을 느낄 수 있습니다. 호흡할 때마다 조용히 "편안하다"라고 속삭입니다. 한 번씩 숨을 내쉴 때마다 몸 전체가 점점 더 깊이 이완되고 있습니다. 일상생활에서 불안하다거나 당황하고 있는 자신을 발견하게 되면, 지금 경험하고 있는 이 이완의 느낌을 기억하십시오. 불안하거나 당황하게 될 것 같다는 생각이 들면, 숨을 깊이 들이쉽니다. 그리고 잠시 참았다가, 천천히 숨을 내쉬면서 조용하게 "힘이 빠져 편안하다"라고 속삭입니다. 이렇게 함으로써 매일의 삶 속에서 스트레스가 찾아오더라도 긴장하지 않게 될 것입니다. 이제 셋을 세면 눈을 뜨고 현실로 돌아옵니다. 하나. 둘. 셋

3) 정리(5분)

- 활동 내용에 대하여 개방적이고 촉진적인 질문을 한다.
- 오늘의 활동 내용을 요약, 정리하여 말한다.
- 차시(다음 시간) 활동 내용을 안내해 준다.
- 회기별 평가지를 작성하도록 한다.

이렇게 진행해 보세요.

- 오늘은 여러분과 첫 만남의 시간이었습니다. 짧은 시간이었지만 닭을 알게 되었고 친밀감을 가질 수 있었을 것입니다. 오늘 활동을 하면서 느낀 점을 이야기해 보는 시간을 갖겠습니다. 말씀하실 분 계세요? 말씀해 주신 분께는 박수를 보내 주시기 바랍니다. (만약 발표할 사람이 없으면 질문을 한다).

  - OOO님 오늘 활동하면서 느낀 점을 말해주시겠습니까?
  - OOO님 오늘 가장 기억에 남는 것은 무엇입니까?
- 예, 모두 만족하신 것 같습니다. 오늘은 닭의 머리에서 꼬리까지의 명칭과 기능을 알아봤습니다. 사람과 매우 다르다는 것을 느끼셨을 겁니다. 저는 앞으로도 여러분을 위해 최선을 다해 도와드리겠습니다. 오늘은 여러분이 적극적으로 참여하시어 무사히 마칠 수 있었습니다.

- 다음 시간에는 0월 0일 00:00 시, 0000 하기를 하겠습니다. 이상으로 오늘 일정을 모두 마칩니다. 수고하셨습니다.
- 마지막으로 회기별 평가지를 작성하는 시간입니다. 나누어 드린 평가지의 질문에 맞게 답하고, 오늘 활동에 대한 느낀 점을 쓰면 돼요. 다 쓰신 분은 나가시면서 저한테 주시고 가시면 됩니다. (설문지 작성)

더 알아보기 : 닭 교감치유 유튜브 시청하기

- https://youtu.be/LDvOitnbvs8
- 4살의 제이제이는 자폐 스펙트럼 장애 진단을 받은 어린이이다. 닭과 지내며 증상이 호전되는 놀라운 일이 일어나는 과정을 시청해 봅시다.
  -자폐 스펙트럼 장애아와 닭의 따뜻한 우정-

읽을거리 : 닭은 왜, 물을 먹고 하늘을 쳐다볼까?

닭은 입술과 이빨이 없으므로 음식을 씹을 수도, 물을 빨아들일 수도 없다.

그림 Ⅷ-9 닭의 물 먹는 모습

동물이 물을 마시기 위해서는 입안에 음압이 형성되어야 하는데 입술이 없어 음압을 형성할 수 없다. 쉽게 말해 우유에 꽂은 빨대를 입술로 다물어 공기가 들어가지 않게 하고 빨대로만 통하도록 해야 우유가 빨아들여 진다. 닭은 입술이 없어 빨아들이지 못한다. 따라서 부리에 물을 찍어 머리를 쳐들어 중력에 의해 식도로 내려가게 하는 것이다.

활동자료

[1] 닭의 외부명칭

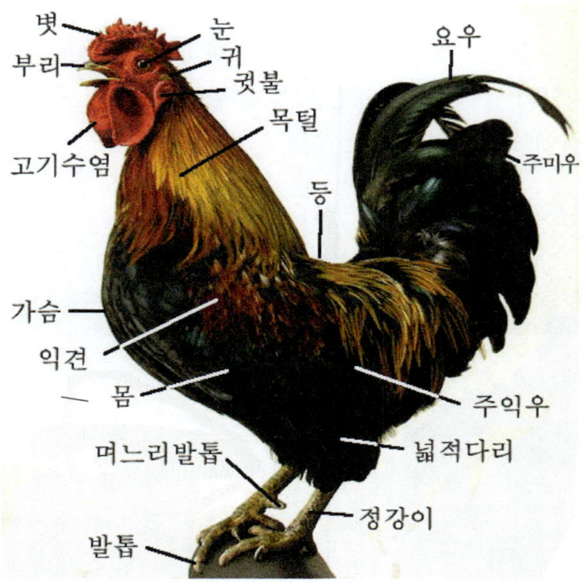

그림 Ⅷ-10 닭의 외부명칭

[2] 회기 평가지

(　　)회기 평가지

오늘 하루 어땠나요?

날자 : 2024.　.　.　　성명 :

1. 오늘 동물과 함께한 활동은 즐거웠나요?

매우 즐거움	즐거움	보통	지루함	매우 지루함

2. 오늘 동물교감 활동은 도움이 되었나요?

매우 도움	도움 됨	보통	도움 안 됨	전혀 도움 안 됨

3. 오늘 나는 열심히 참여했나요?

매우 열심히	열심히	보통	아니다	전혀 아니다

4. 오늘 새롭게 알게 된 것이나 도움이 된 것을 써 주세요

5. 오늘 불편했거나 아쉬운 점이 있다면 써 주세요

6. 치유사 선생님, 치유동물에게 하고 싶은 말이 있으면 써 주세요

수고하셨습니다.

관련 지식

[1] 닭의 형태적 특성

닭의 외부구조는 머리, 목, 몸통, 날개, 꼬리, 다리 등으로 나누며 머리는 볏, 눈, 귀, 귓불, 고기 수염, 부리 등으로 되어있고 볏의 모양에 따라 홑볏, 완두볏, 호두볏, 장미볏, 털볏 등이 있으며 크기는 환경적인 빛의 강도와 성호르몬의 영향을 받는다.

홑볏 장미볏 완두볏 호두볏 털볏

그림 Ⅷ-11 볏의 모양과 명칭

다리의 정강이는 비늘로 덮이고 발가락은 대부분 네 개지만 실키 등 일부 품종은 5개인 품종도 있다.

깃털은 주로 케라틴이라는 단백질로 되어있으며 체온 유지 및 외부의 기계적 손상으로부터 몸을 보호하고 나는 역할을 돕는다.

수컷과 암컷의 차이점에는 볏과 고기 수염의 크기, 며느리발톱의 크기, 꼬리털, 목의 깃털의 크기에 차이가 있다. 수컷의 꼬리털과 목의 깃털은 끝이 뾰쪽하지만, 암컷의 깃털은 끝이 둥글다. 또한, 수컷은 꼬리의 낫 모양의 깃털이 있고 등에 쇠사슬 모양의 깃털이 있다.

[2] 생리적 특성

① 주행성 동물 : 야맹증이 있어 밤에는 활동하지 않고 낮에만 활동한다.
② 이빨, 입술이 없고 부리로 되어있으며 맹장이 발달하였다.
③ 뼛속에 공기가 들어 있는 함기골로 되어있어 나는 데 도움이 된다.
④ 호흡수는 20~30회, 맥박은 250~300회로 매우 빠르며 체온은 41~42℃로 포유동물보다 월등히 높다.
⑤ 정소가 복강 내에 있으며 방광이 없어 오줌은 똥과 섞여 총배설강으로 배출된다.
⑥ 일조시간이 길어지는 봄철에 산란하는 장일성 동물이다.
⑦ 쪼는 습성(식우증; 카니발리즘)과 털갈이 습성이 있다.
⑧ 경계심이 강하고 움직이는 물체나 소음에 민감하여 잘 놀랜다.

나. 병아리와 교감하기

(1) 프로그램 개요

활동명	병아리와 교감하기	치유사명	
일시	2024. 2. 2	장소	병아리 사육장
주 대상자	어린이(5세 이상), 청소년, 외상 후 스트레스 장애, 자폐스펙트럼 장애자	확장 대상자	모든 사람
치유 목적	생명 존중감 향상, 양육능력 향상, 관찰력 및 집중력 향상		
활동 목표	• 태어난 병아리와 눈 맞춤 교감 활동으로 각인시킬 수 있다. • 병아리가 다치지 않게 안전하고 안락하게 잡을 수 있다. • 생명 존중감과 양육능력을 함양할 수 있다.		
준비물	부화 된 병아리, 손 세정제, 수건, 작업복		
과정	활동 내용		
도입	• 병아리 다루는 방법과 주의사항을 설명한다. • 동기유발을 위해 오늘 활동과 관련된 내용을 소개한다. • 이 시간의 활동 목표와 진행 내용을 설명한다.		
전개	1) 병아리 잡기 • 병아리 잡는 방법, 주의점을 설명하고 병아리 잡기를 시연한다. • 대상자가 병아리를 잡아보도록 하고 바르지 않으면 정정해 주고 다시 잡도록 한다. • 병아리 주변에서 많은 시간을 보내 친숙하도록 한다. 2) 병아리와 교감하기 • 병아리를 안고 심장 박동과 체온을 느끼게 하는 것이 매우 중요하다. • 부화 후 하루쯤 지나면 손바닥 위에 올려놓고 먹이를 준다. • 어린아이는 어른이 병아리를 안고 병아리를 부드럽게 쓰다듬도록 한다. • 교감 시간은 하루에 10분 이내로 몇 번의 짧은 세션으로 제한한다. • 육추기에서 한 번에 한 마리씩 꺼내도록 한다.		
정리	• 활동하면서 느낀 점, 깨달은 점을 말하도록 한다. • 오늘의 활동 내용을 요약, 정리하여 말한다. • 차시(다음 시간) 활동 내용을 안내해 준다.		
유의사항	• 다섯 살 미만의 어린이는 병아리를 너무 세게 잡거나 떨어뜨리거나, 밟을 수 있으므로 참여시키지 않는다. • 모든 연령의 어린이는 어른의 감독 없이 병아리를 만지도록 허용해서는 안 된다. • 활동이 끝나면 감염병 전염을 예방하기 위해 손을 씻는다. • 대상자가 과제를 수행할 때마다 칭찬과 격려를 해준다.		

(2) 프로그램 진행하기

1) 도입(5분)

- 부화 직후부터 병아리와 접촉하면 사람과 친근하게 됨을 알려준다.
- 이 시간의 활동 목표와 진행 내용을 설명한다.
- 모든 활동은 치유사와 대상자가 공동으로 협업하면서 진행한다.

2) 전개(25~30분)

치유사는 대상자에게 병아리 잡기와 교감하기 방법과 순서를 설명하면서 시연한 후 대상자가 직접 시행해 보도록 한다. 또한, 대상자의 방법이 올바르지 않으면 수시로 정정해 주며 다시 하도록 한다.

1 병아리 손으로 잡기

- 병아리를 잡기 전에 부드러운 목소리로 말을 걸어 사람을 인식시킨다.

① 한 손으로 잡기

- 한 손으로 몸통을 둥글게 잡고 손가락으로 몸 아래쪽을 느슨하게 감싼다.
- 엄지손가락으로 등을 가로질러 날개를 제자리에 고정한다.

② 두 손으로 잡기

- 병아리를 들어 올려 한 손으로 배를 부드럽게 감싸고 다른 한 손은 등 위에 올려놓는다.

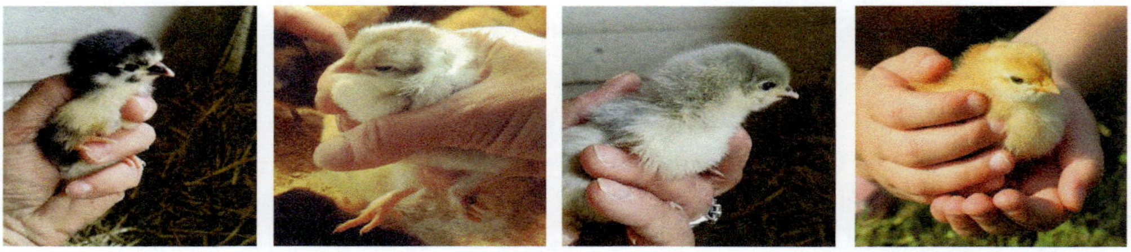

그림 Ⅷ-12 병아리 잡기

2 병아리와 교감하기

- 병아리를 안고 심장 박동과 체온을 느끼도록 한다.
- 병아리는 껴안을 때 아늑한 느낌을 주도록 느슨하게 잡는다.
- 부화 후 하루쯤 지난 병아리는 손바닥 위에 올려놓고 먹이를 준다.
- 손바닥 먹이를 먹으면 무릎 위에 앉게 한다.
- 이때 병아리 똥을 쌀 수 있으므로 무릎에 천이나 수건을 덮는다.

- 병아리가 무릎이나 팔에 올라타고 익숙해지게 한다.
- 어린아이는 어른이 병아리를 안고 병아리를 부드럽게 쓰다듬는다.
- 교감 시간은 하루에 10분 이내로 짧은 세션으로 제한하여 시행한다.
- 병아리가 큰 소리로 울면 추워졌다는 신호이므로 즉시 육추기로 보낸다.
- 병아리를 육추기에서 꺼낼 때는 한 번에 한 마리만 꺼낸다.
- 모계 부화 병아리는 암탉에게 먼저 각인되기 때문에 병아리 주변에서 많은 시간을 보내 친숙하게 한다.

3) 정리(5분)

- 활동 내용에 대하여 개방적이고 촉진적인 질문을 한다.
- 오늘의 활동 내용을 요약, 정리하여 말한다.
- 차시(다음 시간) 활동 내용을 안내해 준다.

읽을거리 : 닭이 먼저냐, 달걀이 먼저냐?

닭이 먼저라는 주장은 달걀 형성에 필요한 단백질의 존재와 생물학적 의존성에 근거하고 있으며 또한, 절대자의 창조에 의한 것이라면, 달걀이 먼저라는 주장은 진화론과 유전학적 관점에서 제기되고 있다.
이 질문의 답은 어떤 관점에서 보느냐에 따라 다르다는 사실이 흥미다. 여러분은 어떤 입장이신가요? 닭과 달걀의 선후 관계는 여전히 진행중입니다.

다. 어린 병아리 기르기

(1) 프로그램 개요

활동명	어린 병아리 기르기	치유사명	
일시	2024. 2. 2	장소	병아리 육추실
주 대상자	어린이, 노인, 외상 후 스트레스 장애, 우울증, 자폐스펙트럼 장애자	확장 대상자	모든 사람
치유 목적	생명 존중감, 양육능력, 관찰력 및 집중력, 인지능력, 소근육 향상		
활동 목표	• 어린 병아리에게 적정한 온도, 습도를 유지해 줄 수 있다. • 어린 병아리에게 적정한 물과 사료를 급수, 급여할 수 있다. • 닭의 건강 상태를 파악하는 관찰력과 집중력을 향상한다. • 생명 존중감과 양육능력을 함양한다.		
준비물	병아리, 보조 급여기, 큰 대야, 주전자, 급수기, 급이기, 온도계, 습도계, 손 세정제, 수건, 작업복		
과정	활동 내용		
도입	• 병아리의 온습도, 환기 조절의 중요성을 설명한다. • 동기유발을 위해 오늘 활동과 관련된 내용을 소개한다. • 이 시간의 활동 목표와 진행 내용을 설명한다.		
전개	1) 온도 조절하기 • 온도 센서 또는 온도계 설치 위치를 설명하고 설치 시연한다. • 병아리 상태에 따라 적정 온도를 설정하는 방법을 설명한다. 2) 병아리와 교감하기 2) 습도 조절하기 • 습도계를 적정 위치에 설치하는 방법을 설명하고 설치 시연을 한다. • 안개 분무의 이점을 설명하고 분무 시연을 한다. 3) 첫 모이 급여하기 • 어린 병아리에 적합한 사료를 선택하는 방법을 설명한다. • 습식사료(반죽 사료) 제조 방법을 설명하면서 반죽을 시연한다. • 반죽 사료를 급여하는 방법을 설명하고 시연한다. 4) 급수하기 • 어린 병아리에 적합한 물통을 설명하고 물통을 보여준다. • 물에 항스트레스제를 희석하는 방법을 시연한다. • 급수기 청소의 중요성과 방법을 설명하고 시연한다.		
정리	• 활동하면서 느낀 점, 깨달은 점을 말하도록 한다. • 오늘의 활동 내용을 요약, 정리하여 말한다. • 차시(다음 시간) 활동 내용을 안내해 준다.		
유의사항	• 어린이는 관찰력이 미약함으로 참여시키지 않는다. • 닭의 건강 상태의 관찰은 매일 실시한다. • 활동이 끝나면 감염병 전염을 예방하기 위해 손을 씻는다. • 대상자가 과제를 수행할 때마다 칭찬과 격려를 해준다.		

(2) 프로그램 진행하기

1) 도입(5분)

- 동기유발을 위해 오늘 활동과 관련된 내용을 소개한다.
- 이 시간의 활동 목표와 진행 내용을 설명한다.
- 모든 활동은 치유사와 대상자가 공동으로 협업하면서 진행한다.

2) 전개(50~120분)

치유사는 대상자에게 어린 병아리를 기르기 위한 각종 기구의 설치 및 조절, 사료와 물의 급여에 대한 방법과 순서를 설명하면서 대상자와 같이 시행하도록 하며 대상자가 시행한 것이 바르지 않으면 수시로 정정해 주며 다시 하도록 한다.

1 온도 조절하기

- 난방기 또는 육추기의 온도계 또는 센서를 병아리 머리 높이에 설치하고 33~35℃로 설정한다.
- 병아리의 상태를 관찰하여 정상적으로 활동하면 그대로 두고, 더워하거나 추워하면 1℃ 간격으로 조절한다.

※ 병아리는 고온 시에 약한 울음소리, 저온 시에 날카로운 울음소리를 낸다.

- 1일령에 설정된 온도를 기준으로 매일 1℃씩 동일 시간에 낮춘다.
- 21℃까지 낮춘 후 외기 온도가 21℃ 이상이면 폐온한다.

그림 Ⅷ-13 병아리 육추

2 습도 조절하기

- 습도계를 병아리 머리 높이에 설치한다.
- 병아리 입추 전에 물뿌리개나 분무기를 이용하여 바닥에 물을 뿌려 가습을 한다.
- 습도가 부족할 때는 배낭식 분무기로 안개 분무하여 습도를 조절한다.
- 입추 후 3일간 상대습도는 70%를 유지하고, 그 후 1주령까지 65%, 그 후 60%로 맞춘다.

3 첫 모이 급여하기

- 병아리 사료는 3주령 이전까지는 단백질 함량이 높은 어린 병아리 사료 또는 육계 전기 사료를 급여하고, 4주령 이후에는 중병아리 사료를 급여한다.

- 초생추 사료를 1수당 100g 정도를 준비하여 용기에 담는다.
- 사료량의 약 50% 정도의 물에 영양제를 타서 사료와 섞어 준다. 이때 사료를 손으로 쥐어서 풀어지지 않을 정도까지 조절한다.
- 병아리가 사료를 쉽게 찾아 먹을 수 있도록 바닥에 종이 포대를 깔거나 병아리 모이 판을 놓고 넓게 뿌려준다.
- 2~3일 경과 후 종이 포대나 모이판(보조 사료기)을 제거한다.
- 급이기(사료통)의 높이는 병아리의 등 높이로 설치한다.
- 급여량은 한 번에 많은 사료를 주면 허실량이 많으므로 여러 번 나누어 준다.

병아리 모이판

급이기와 급수기

그림 Ⅷ-14 병아리 사육기구

4 급수하기

- 첫 급수는 병아리가 쉽게 찾을 수 있는 오뚝이형 급수기나 플라스틱 쟁반을 사용한다.
- 주전자에 물을 미지근하게 데워 항스트레스제를 희석하여 준다.
- 보조 급수기는 사료나 이물질이 혼합되어 병원성 미생물에 오염되기 쉬우니 매일 닦아준 후 급수한다.
- 3~4일령 이후에는 모든 병아리가 이용할 수 있는 급수기를 설치한다.

3) 정리(10분)

- 활동 내용에 대하여 느낀 점을 발표하도록 한다.
- 치유사는 이번 회기의 활동 목적과 의미를 요약하여 되새겨준다.
- 차시(다음 시간) 활동 내용을 안내해 준다.

관련 지식

[1] 병아리의 구분

- 어린 병아리 : 입추~6주령, 중병아리 : 7주령~12주령, 큰병아리 : 12주령~16주 초산

[2] 첫 모이 주기와 물주기

병아리는 부화장에서 농장에 도착하면 3시간 정도 휴식을 취한 후 육추기로 옮긴다. 30시간이 지나면 소화기관이 어느 정도 발달하므로 따뜻한 물을 먼저 급여하고 첫 모이를 준다. 특히 부화 후 2일간의 관리가 가장 중요하다.

첫 모이는 사료에 물을 약간 넣어 반죽한 먹이를 종이를 깔고 뿌려준다. 급여 횟수는 처음 3일간은 반죽 모이를 5~6회 급여하고 그 이후에는 자유 급식한다.

[3] 점등 관리

첫 먹이를 주는 날부터 1주일 동안은 22~23시간 점등하여 병아리가 환경에 익숙하게 한다.

읽을거리 : 달걀은 왜, 타원형일까?

달걀이 타원인 이유는 첫째 암탉의 난소에서 배란되어 여러 생식기관을 거치면서 달걀이 만들어지는데 이때 각 생식관을 통과하기 용이하도록 타원형으로 형성되며, 둘째 원형보다 무게를 더 견뎌낼 수 있고 외부로부터 충격을 완화하여 알 속의 물질을 보호할 수 있게 하기 위함이다. 참으로 생명의 신비로움이 아닐 수 없다.

라. 닭 포옹하기

(1) 프로그램 개요

활동명	닭 포옹하기	치유사명	
일시	2024. 2. 2	장소	양계사 치유실
주 대상자	우울증, 불안증, ADHD어린이, 노인	확장 대상자	모든 사람
치유 목적	심리적 안정, 양육능력, 관찰력 및 집중력, 인지능력, 소근육 향상		
활동 목표	• 닭이 놀라지 않게 안전하게 접근할 수 있다. • 간식을 이용하여 닭을 유인할 수 있다. • 큰 닭을 포옹하고 쓰다듬으며 상호 교감작용을 할 수 있다. • 닭 포옹을 통하여 생명 존중감과 양육능력을 함양할 수 있다.		
준비물	방역복, 병아리, 보조 급여기, 손 세정제, 수건, 작업복		
과정	활동 내용		
도입	• 동기유발을 위해 오늘 활동과 관련된 내용을 소개한다. • 이 시간의 활동 목표와 진행 내용을 설명한다.		
전개	1) 닭에게 다가가기 • 닭에게 다가갈 때는 큰 소리나 소란을 피우지 말고 조용히 한다. • 닭의 뒤쪽에서 접근하여 도망가지 않게 한다. • 닭의 이름을 부르며 접근하여 다가가고 있다는 것을 알린다. • 충분히 가까워지면 닭의 등을 먼저 쓰다듬는다. 2) 간식으로 닭 유인하기 • 닭이 있는 곳에 쪼그리고 앉아 닭의 눈높이에 맞춘다. • 주위에 닭이 좋아하는 간식 사료를 뿌리고 다가올 때까지 기다린다. • 다음은 한 손에 사료나 간식을 들고 손을 완전히 펴서 닭이 먹도록 한다. • 이때 닭이 팔 길이 내에 들어오면 등 부분을 부드럽게 쓰다듬는다. 3) 큰 닭 쓰다듬기 • 닭을 놓치지 않을 정도로만 잡고 너무 꽉 잡지 않는다. • 간식을 먹는 동안 부드럽게 쓰다듬어 준다. • 이것을 반복적으로 하여 간식이 없을 때도 껴안고 쓰다듬어 줄 수 있게 한다.		
정리	• 활동하면서 느낀 점, 깨달은 점을 말하도록 한다. • 오늘의 활동 내용을 요약, 정리하여 말한다. • 차시(다음 시간) 활동 내용을 안내해 준다.		
유의사항	• 닭의 날개를 잡거나 다리를 잡고 거꾸로 들지 않도록 한다. • 가끔 닭은 부리로 쪼거나 발톱으로 할퀼 수 있으므로 조심한다. • 활동이 끝나면 감염병 전염을 예방하기 위해 손을 씻는다. • 대상자가 과제를 수행할 때마다 칭찬과 격려를 해준다.		

(2) 프로그램 진행하기

1) 도입(5분)

- 동기유발을 위해 오늘 활동과 관련된 내용을 소개한다.
- 이 시간의 활동 목표와 진행 내용을 설명한다.
- 모든 활동은 치유사와 대상자가 공동으로 협업하면서 진행한다.

2) 전개(30~40분)

치유사는 대상자에게 닭 쓰다듬기 방법과 순서를 설명하면서 시연한 후 대상자가 직접 시행해 보도록 한다. 또한, 대상자의 방법이 올바르지 않으면 수시로 정정해 주며 다시 하도록 한다.

1 닭에게 다가가기

- 닭 교감치유는 모이를 찾고 활동적인 아침보다는 저녁에 실시하는 것이 좋다.
- 닭에게 다가갈 때는 큰 소리나 소란을 피우지 말고 조용히 한다.
- 닭의 뒤쪽에서 접근하여 도망가지 않도록 한다.

※ 수탉이 짝짓기하려고 다가왔을 때 이런 반응을 보인다.

- 갑작스럽게 움직이면 도망치므로 천천히 침착하게 다가간다.
- 닭에게 접근할 때 부드럽게 이름을 불러 접근하고 있다는 것을 알린다.
- 충분히 가까워지면 닭의 등을 먼저 쓰다듬는다.

2 간식으로 닭 유인하기

- 닭이 있는 곳에 앉거나 웅크리고 있어 닭의 눈높이에 맞춘다.
- 주위에 닭이 좋아하는 간식 사료를 뿌리고 다가올 때까지 기다린다.

※ 간식 : 밀웜, 녹두, 딸기, 바나나, 호박, 해바라기 씨, 밀.

- 다음은 한 손에 사료나 간식을 들고 손을 완전히 펴서 닭이 먹도록 한다.

그림 Ⅷ-15 껴안고 쓰다듬기

- 이때 닭이 팔 길이 내에 들어오면 등 부분을 부드럽게 쓰다듬는다.
- 인내심을 갖고 닭이 다가올 때를 기다려 쓰다듬기를 한다.
- 어린 아동에게는 먼저 시범을 보인 후 따라 하도록 한다.

❸ 큰 닭 포옹하고 쓰다듬기

- 한 번의 빠른 동작으로 닭의 몸 양쪽에 손을 대고 엄지는 날개를 누르고 나머지 4 손가락으로 닭의 배를 감싼다.
- 닭을 놓치지 않을 정도로만 잡고 너무 꽉 잡지 않는다.
- 어린아이의 닭 쓰다듬기는 어른이 닭을 잡고 아이가 쓰다듬게 한다.

3) 정리(5분)

- 활동 내용에 대하여 느낀 점, 깨달은 점을 발표하도록 한다.
- 치유사는 이번 회기의 활동 목적과 의미를 요약하여 되새겨준다.
- 차시(다음 시간) 활동 내용을 안내해 준다.

그림 Ⅷ-16 어린이 쓰다듬기

마. 종란 고르기

(1) 프로그램 개요

활동명	종란 고르기	치유사명	
일시	2024. 2. 2	장소	부화실
주 대상자	치매 노인, ADHD 어린이	확장 대상자	뇌졸중 환자
치유 목적	인지능력, 관찰력, 집중력, 문제 해결력, 손 기능 향상		
활동 목표	• 종란 기준에 따른 우량한 종란을 고를 수 있다. • 종란의 둔단부가 위로 가도록 난좌에 넣고 저장할 수 있다.		
준비물	난칭 또는 접시저울 1대, 검란기 1대, 종란 600개, 온도계 1개, 상대습도계 1개, 달걀 선별기 1대, 손 세정제, 수건, 작업복		
과정	활동 내용		
도입	• 치유사와 대상자가 종란을 중심으로 둥글게 앉게 한다. • 동기유발을 위해 오늘 활동과 관련된 내용을 소개한다. • 이 시간의 활동 목표와 진행 내용을 설명한다.		
전개	• 치유사는 종란을 다루는 방법과 주의점을 설명하면서 시연한 후 대상자가 종란을 고르도록 한다. 1) 신선한 종란 선택하기 • 산란 후 1주일 이내인 종란을 선택한다. 2) 표준 종란 고르기 • 접시저울을 이용하여 무게가 55~60g인 종란을 고른다. • 지나치게 길거나 둥글지 않은 종란을 고른다. 3) 외관이 좋은 종란 고르기 • 알껍데기가 깨끗하고 실금이 없는 종란을 고른다. • 알껍데기에 흠이 없고 오톨도톨하지 않은 종란을 고른다.. 4) 종란 저장하기 • 종란은 깨끗한 난좌에 둔단부가 위로 향하도록 놓는다. • 종란은 깨끗하고 바람이 잘 통하는 곳에 보관한다.		
정리	• 활동하면서 느낀 점, 깨달은 점을 말하도록 한다. • 오늘의 활동 내용을 요약, 정리하여 말한다. • 차시(다음 시간) 활동 내용을 안내해 준다.		
유의사항	• 손을 깨끗이 씻고, 서로 부딪치거나 흔들리지 않도록 주의를 환기 시킨다. • 어린이는 달걀을 깨지 않도록 사전에 충분한 취급 요령을 설명 한다. • 다섯 살 미만의 어린이는 알을 취급하는데 서툴기 때문에 참여시키지 않는다. • 대상자가 과제를 수행할 때마다 칭찬과 격려를 해준다. • 활동이 끝나면 감염병 전염을 예방하기 위해 손을 씻는다.		

(2) 프로그램 진행하기

1) 도입(5분)

- 치유사와 대상자가 종란을 가운데 놓고 둥글게 앉게 한다.
- 동기유발을 위해 오늘 활동과 관련된 내용을 소개한다.
- 이 시간의 활동 목표와 진행 내용을 설명한다.

2) 전개(33~40분)

치유사는 대상자에게 종란 고르는 방법을 설명하면서 시연한 후 대상자가 직접 종란을 고르도록 한다. 또한, 대상자의 방법이 올바르지 않으면 수시로 정정해 주며 다시 하도록 한다.

1 신선한 종란 선택하기

- 산란 후 1주일 이내의 신선한 종란을 선택한다.
- 알의 내용물이 흔들리지 않는 종란을 고른다.

그림 Ⅷ-17 종란 고르기

2 표준 종란 고르기

- 접시저울을 이용하여 무게가 55~60g(대란)인 종란을 고른다.
- 지나치게 길거나 둥글지 않은 종란을 고른다.

3 외관이 좋은 종란 고르기

- 알껍데기가 깨끗하고 실금이 없는 종란을 고른다.
- 알껍데기에 흠이 없고 오톨도톨하지 않은 종란을 고른다.

4 종란 저장하기

- 종란은 깨끗한 난좌에 둔단부가 위로 향하도록 놓는다.
- 종란은 깨끗하고 바람이 잘 통하는 곳에 보관한다.
- 저장실의 온도는 10~13℃를 유지한다.
- 저장실의 습도는 70~80%를 유지한다.
- 저장 기간 중에는 매일 1~2회 알 굴리기를 한다.

3) 정리(5분)

- 활동 내용에 대하여 느낀 점, 깨달은 점을 발표하도록 한다.
- 치유사는 이번 회기의 활동 목적과 의미를 요약하여 되새겨준다.

• 차시(다음 시간) 활동 내용을 안내해 준다.

관련 지식

[1] 달걀의 난형 지수

• 달걀의 모양은 난형 지수에 의해 결정한다.

• $\text{난형 지수} = \dfrac{\text{종란 가로 길이}}{\text{종란 세로 길이}} \times 100$

• 무게가 58g이고 세로가 5.7㎝, 가로가 4.2㎝로서 표준인 정상란의 난형 지수는 4.2/5.7×100= 74이다.
• 난형 지수가 72보다 적으면 종란은 너무 길고, 76보다 크면 너무 둥글다(정상란은 세로 : 가로 =4 : 3 이다).

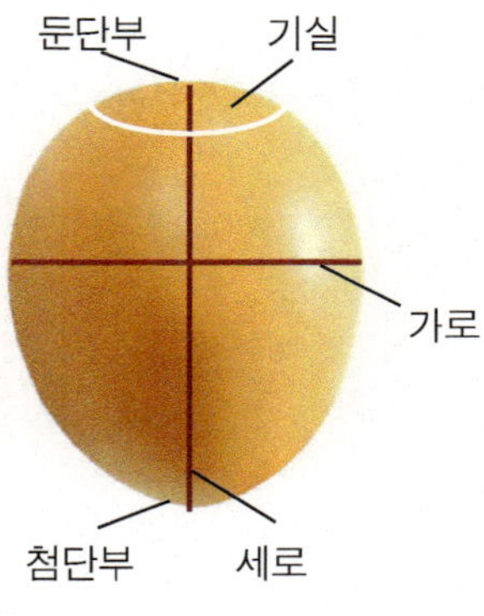

그림 Ⅷ-18 정상란

바. 어미 닭 부화시키기

(1) 프로그램 개요

활동명	어미 닭(모계) 부화하기	치유사명	
일시	2024. 2. 2	장소	자연 양계사
주 대상자	어린이, 청소년, 외상 후 스트레스 장애, 우울증 환자, 범죄자	확장 대상자	모든 사람
치유 목적	생명 존중감, 양육능력 향상, 관찰력 및 집중력 향상		
활동 목표	• 알의 부화를 위한 둥지를 만들 수 있다. • 부화에 적합한 닭을 선별하여 둥지에서 알을 부화할 수 있다. • 부화 과정을 통해서 생명 존중감과 양육능력을 함양할 수 있다.		
준비물	부화용 닭(실키, 재래종), 둥지 재료(박스, 볏짚 등), 사료통, 사료, 물통, 종란, 손 세정제, 수건, 작업복		
과정	활동 내용		
도입	• 치유사는 부화를 위한 닭의 선택, 부화 기간, 온·습도 등 부화와 관련된 내용을 설명한다. • 동기유발을 위해 오늘 활동과 관련된 내용을 소개한다. • 이 시간의 활동 목표와 진행 내용을 설명한다.		
전개	1) 둥지 만들기 • 플라스틱 상자나 반려견 케이지 등을 이용하여 둥지를 만든다. • 둥지의 바닥에 볏짚을 둥글게 깔고 중앙이 오목하게 만든다. 2) 둥지 배치하기 • 부화 둥지는 한적하고 조용한 별도의 장소에 마련한다. • 둥지 앞에 가림막을 쳐 약간 어둡게 하여 안정감이 들게 한다. 3) 암탉 고르기 • 온종일 둥지에 머무르며 알을 품는 암탉을 선택한다. 4) 둥지에 알 넣기 • 둥지에 알을 8~10개 정도를 넣는다. • 둥지에 야생동물이 침입하지 못하도록 철망을 친다. 5) 부화 중인 닭의 관리 • 닭의 모이통과 물통을 둥지와 가까이 위치하게 한다. • 사료와 물을 넉넉히 주고 하고 싶은 이야기를 하도록 한다.		
정리	• 활동하면서 느낀 점, 깨달은 점을 말하도록 한다. • 오늘의 활동 내용을 요약, 정리하여 말한다. • 차시(다음 시간) 활동 내용을 안내해 준다.		
유의사항	• 편안한 분위기를 조성하고 친절하게 대한다. • 닭은 잘 놀래는 동물로 접근 시 서서히 다가가 놀라지 않게 한다. • 닭에게 위해를 가하지 않도록 사전에 알리고 주시한다. • 대상자가 과제를 수행할 때마다 칭찬과 격려를 해준다. • 활동이 끝나면 감염병 전염을 예방하기 위해 손을 씻는다.		

(2) 프로그램 진행하기

1) 도입(5분)

- 동기유발을 위해 오늘 활동과 관련된 내용을 소개한다.
- 이 시간의 활동 목표와 진행 내용을 설명한다.
- 모든 활동은 치유사와 대상자가 공동으로 협업하면서 진행한다.

2) 전개(100~120분)

치유사는 대상자에게 어미 닭의 부화 과정을 설명하면서 함께 작업을 수행한다. 수행과정에서 대상자에게 촉진적 질문을 많이 하고 대답하도록 유도하며 수행방법이 바르지 않으면 수시로 정정해 준다.

❶ 둥지 만들기

- 둥지의 크기는 30×30×30cm 크기의 플라스틱 박스나 반려견 케이지 등올 준비한다.(너무 작거나 큰 것도 좋지 않다).
- 둥지의 바닥에 볏짚 또는 건초, 왕겨, 헌 옷 등을 둥글게 깔고 중앙이 오목하게 만든다.

❷ 둥지 배치하기

- 부화 둥지는 한적하고 조용한 별도의 장소에 마련한다.
- 둥지 앞에 수건이나 천으로 가림막을 쳐 약간 어둡게 하여 안정감이 들게 한다.

그림 Ⅷ-19 상자를 이용한 둥지

그림 Ⅷ-20 모계 부화

❸ 암탉 고르기

- 품종은 취소성이 강한 실키, 오핑턴, 와이언도트, 코친, 브라마, 재래종을 선택한다.
- 온종일 둥지에 머무르며 알을 품는 암탉을 선택한다.

❹ 둥지에 알 넣기

- 부화 둥지에 산란한 지 1주일 이내의 신선한 종란을 고른다.

- 암탉이 잘 품고 있음이 확인되면 6~8개의 알에 연필로 입란 일자를 표기하고 넣어 준다.
- 둥지에 야생동물(족제비, 너구리 등)이 침입하지 못하도록 철망을 친다.

5 암탉 관리하기

- 부화 중인 닭의 모이통과 물통을 둥지와 가까이 위치하게 한다.
- 사료와 물의 넉넉히 주고 하고 싶은 이야기를 하도록 한다.

3) 정리(10분)

- 활동 내용에 대하여 느낀 점, 깨달은 점을 발표하도록 한다.
- 치유사는 이번 회기의 활동 목적과 의미를 요약하여 되새겨준다.
- 차시(다음 시간) 활동 내용을 안내해 준다.

읽을거리 : 달걀의 어느 부분이 병아리가 될까요?

달걀의 수정체는 노른자의 외부에 위치하여 세포 분열을 거듭하면서 흰자에 있는 단백질을 원료로 병아리 신체의 각 조직과 기관을 형성한다. 반면에 노른자는 지방과 기타 영양분들이 풍부하여 부화한 후에 병아리의 먹이로 이용된다. 병아리가 부화한 후 2~3일간 먹이를 주지 않아도 생존하는 비결은 바로 이 노른자에서 영양분을 공급하기 때문이다.

사. 인공 부화하기

(1) 프로그램 개요

활동명	인공 부화하기	치유사명	
일시	2024. 2. 2	장소	부화실
주 대상자	어린이, 청소년, 외상 후 스트레스 장애, 우울증 환자, 범죄자	확장 대상자	모든 사람
치유 목적	생명 존중감 향상, 양육능력 향상, 관찰력 및 집중력 향상		
활동 목표	• 인공 부화기의 온도, 습도, 전란 등을 조절할 수 있다. • 부화 중인 알을 검란하여 발육란을 고를 수 있다. • 태어난 병아리와 눈 맞춤의 교감 활동으로 각인시킬 수 있다. • 생명의 탄생에 대해 신비로움을 느끼고 생명 존중감과 양육능력을 함양할 수 있다.		
준비물	가정용 인공 부화기, 종란, 손 세정제, 수건, 작업복		
과정	활동 내용		
도입	• 인공 부화기의 작동 원리와 취급법을 설명한다. • 동기유발을 위해 오늘 활동과 관련된 내용을 소개한다. • 이 시간의 활동 목표와 진행 내용을 설명한다.		
전개	1) 알 넣기(입란하기) • 부화기 내의 난좌에 종란의 둔단부가 위로 향하게 하여 수직으로 세워 넣는다. • 난좌가 없는 가정용 소형 부화기에는 옆으로 놓는다. 2) 부화기 조절하기 • 습도(65%) 조절을 위해 부화기 내의 수반에 미지근한 물을 넣어준다. • 발육실과 발생실이 구분되지 않은 소형 부화기는 보통 37.5℃로 설정한다. 3) 검란하기 • 검란 시기는 1차 5~7일, 2차 12~13일, 3차 18일 실시한다. • 무정란, 발육 중지란, 부패란은 제거한다. 4) 전란하기(알 굴리기) • 입란 후 18일까지는 1일에 5~6회씩 알 굴리기를 한다. 5) 병아리 꺼내기 • 병아리 털의 물기가 완전히 말랐을 때 꺼낸다.		
정리	• 활동하면서 느낀 점, 깨달은 점을 말하도록 한다. • 오늘의 활동 내용을 요약, 정리하여 말한다. • 차시(다음 시간) 활동 내용을 안내해 준다.		
유의사항	• 편안한 분위기를 조성하고 친절하게 대한다. • 대상자가 과제를 수행할 때마다 칭찬과 격려를 해준다. • 활동이 끝나면 감염병 전염을 예방하기 위해 손을 씻는다.		

(2) 프로그램 진행하기

1) 도입(5분)

- 동기유발을 위해 오늘 활동과 관련된 내용을 소개한다.
- 이 시간의 활동 목표와 진행 내용을 설명한다.
- 모든 활동은 치유사와 대상자가 공동으로 협업하면서 진행한다.

2) 전개

치유사는 대상자에게 인공부화 과정을 설명하면서 함께 작업을 수행한다. 수행과정에서 대상자에게 촉진적 질문으로 대답하도록 유도하며 수행방법이 바르지 않으면 수시로 정정해 준다.

1 부화기의 선택(5~10분)

- 부화 용량에 따라 가정용 소형 부화기를 선택하여 구비한다.
- 부화기 사용 설명서를 숙지하고 순서에 따라 작동한다.

그림 Ⅷ-21 여러 형태의 소형 부화기

2 알 넣기(10~20분)

- 종란은 10℃ 정도의 상온에서 1주일 이내 보관된 종란을 이용한다.
- 냉장고에 보관되었던 종란은 사용하지 않는다.
- 부화기 내의 난좌에 종란의 둔단부가 위로 향하게 하여 수직으로 세워 넣는다. (난좌가 없는 가정용 소형 부화기에는 옆으로 놓는다.)

3 부화기 조절하기(5~10분)

- 가정용 소형 부화기는 각 기종에 따른 사용 설명서를 참조하여 온도, 습도, 환기, 전란 등을 설정한다.

- 습도(65%) 조절을 위해 부화기 내의 수반에 미지근한 물을 넣어준다.
- 발육실과 발생실이 구분되지 않은 소형 부화기는 보통 37.5℃로 설정한다.

4 검란(20~30분)

- 검란 시기는 1차 5~7일, 2차 12~13일, 3차 18일 실시한다.
- 실내 유리창에 암막을 쳐서 빛을 차단하거나 캄캄한 밤에 실시한다.
- 검란기 또는 강력한 손전등으로 종란 둔단부의 기실 부분에 대고 내부를 비춘다.
- 검란등이 부착된 가정용 소형 부화기는 종란을 둔단부에 대고 스위치를 눌러 검란한다.
- 검란등이 없을 때는 핸드폰 후레쉬에 달걀의 둔단부를 대어 검사한다.
- 무정란, 발육 중지란, 부패란은 제거한다.

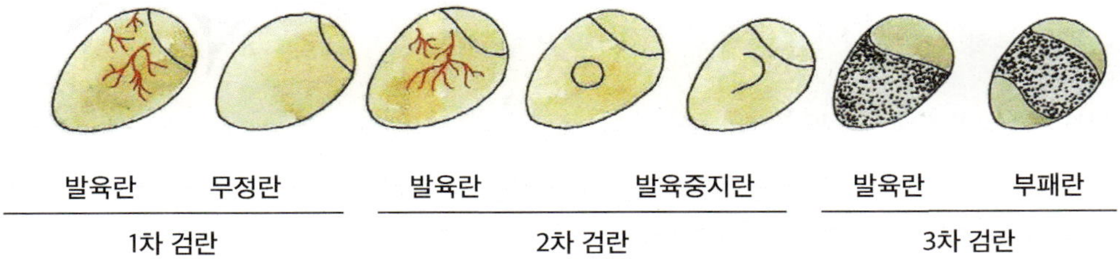

그림 Ⅷ-22 검란

출처: 안제국. 가축관리실무. 부민문화사. 2011

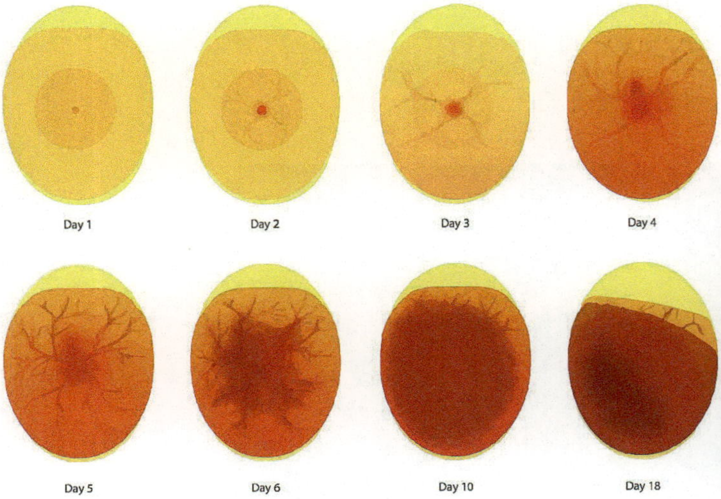

그림 Ⅷ-23 발육란

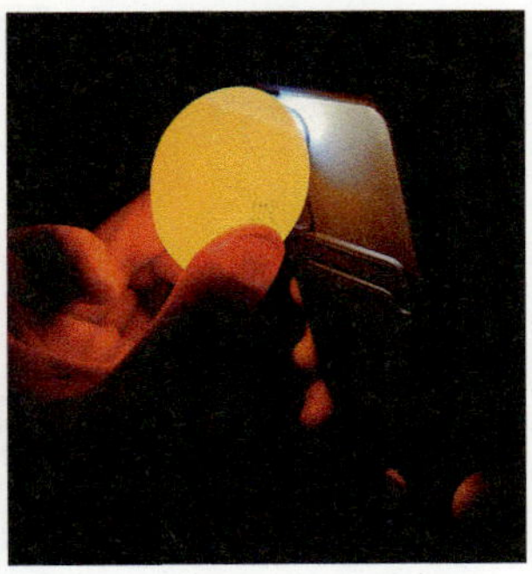

그림 Ⅷ-24 핸드폰을 이용한 종란 검사

- 치유사는 대상자에게 3차 검란 시 발육란은 기실이 커지고 맑으며, 기실을 제외한 나머지 부분은 어둡고 병아리의 체온으로 따뜻하다는 것을 말해주고 만져 보도록 한다.

- **무정란 : 기실과의 경계가 뚜렷하지 않고 전체가 맑게 보인다.**
- **발육 중지란 : 붉은 혈관이 없고 뭉쳐 있으며 검은 점이 떠다닌다.**
- **부패란은 알 전체가 거무스름하고 흐려 보이며 첨단부는 창백하다.**

5 전란(알 굴리기)

- 입란 후 18일까지는 1일에 5~6회씩 알 굴리기를 한다.
- 알 굴리기를 하여 부화 초기에 배자가 난각막에 부착하는 것을 방지하고 노른자와 요막이 서로 붙는 것을 막아 배자가 죽는 것을 예방한다.
- 수동 부화기는 종란을 상하 또는 좌우 90°로 돌려준다.

6 병아리의 발생과 꺼내기(10~20분)

- 병아리 털의 물기가 완전히 말랐을 때 꺼낸다.
- 병아리 상자에 꺼낸 병아리를 넣는다.
- 첫 번째 꺼내기는 병아리가 30~40% 나왔을 때 물기가 마른 것만 꺼낸다.
- 두 번째 꺼내기는 병아리가 완전히 나왔을 때 꺼낸다.

3) 정리(5분)

- 활동 내용에 대하여 느낀 점을 발표하도록 한다.
- 치유사는 이번 회기의 활동 목적과 의미를 요약하여 되새겨준다.
- 차시(다음 시간) 활동 내용을 안내해 준다.

그림 Ⅷ-25 병아리 탄생

관련 지식

[1] 부화 과정

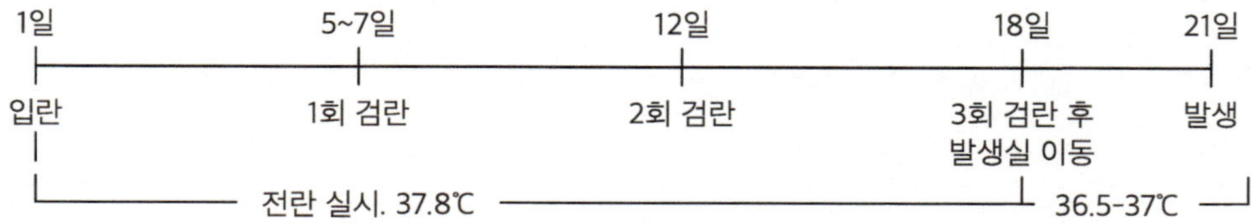

그림 Ⅷ-26 부화 과정

[2] 부화기 소독

- 부화기의 용적을 계산한다.
- 질그릇, 또는 에나멜 그릇을 준비한다.(유리는 과열로 깨어지며, 철 그릇은 부식됨)
- 부화기 용적 2.83m^3당 과망간산 칼륨 20g을 넣고 포르마린 40mL을 붓는다.
- (또는 부화기 용적 1m^3당 과망간산 칼륨 6.3g, 포르마린 12.5mL)
- 부화기를 가동하고 10분 후 가스를 빼낸다.

아. 병아리 고르기와 첫 만남 하기

(1) 프로그램 개요

활동명	병아리 고르기와 교감하기	치유사명	
일시	2024. 2. 2	장소	병아리 사육장
주 대상자	어린이(5세 이상), 청소년, 외상 후 스트레스 장애, 우울증, 자폐 스펙트럼 장애	확장 대상자	모든 사람
치유 목적	생명 존중감 향상, 양육능력 향상, 관찰력 및 집중력 향상		
활동 목표	• 태어난 병아리와 눈 맞춤으로 각인시킬 수 있다. • 부화기에서 발생한 병아리를 적당한 시기에 꺼낼 수 있다. • 건강하고 우량한 병아리를 선별할 수 있다. • 생명의 탄생의 신비로움을 느끼고 생명 존중감과 양육능력을 함양한다.		
준비물	부화 된 병아리, 병아리수용 상자, 저울 1대, 손 세정제, 수건, 작업복		
과정	활동 내용		
도입	• 병아리 다루는 방법과 주의사항을 설명한다. • 동기유발을 위해 오늘 활동과 관련된 내용을 소개한다. • 이 시간의 활동 목표와 진행 내용을 설명한다.		
전개	1) 병아리 고르기 • 병아리 관찰요령을 설명하면서 시연한다. • 불량한 병아리의 외부 상태를 설명하면서 고르기 시연을 한다. • 병아리의 다리의 상태를 보고 고르는 방법을 설명하면서 시연한다. • 배의 상태를 관찰하는 요령을 설명하면서 고르기 시연을 한다. 2) 병아리 교감하기 • 부화한 날부터 사람과 각인될 수 있도록 한다. • 접근하기 전에 낮은 목소리를 내어 접근한다. • 닭은 잘 놀래므로 화려한 옷과 모자, 큰소리를 내는 것을 삼간다. • 갑작스러운 빠른 행동은 놀래므로 늘 느리게 움직인다. • 병아리의 교감작용은 1일 2~3회씩 적어도 3~5일간 계속한다. • 병아리를 손바닥에 올려놓고 사료를 준다.		
정리	• 활동하면서 느낀 점, 깨달은 점을 말하도록 한다. • 오늘의 활동 내용을 요약, 정리하여 말한다. • 차시(다음 시간) 활동 내용을 안내해 준다.		
유의사항	• 다섯 살 미만의 어린이는 병아리를 너무 세게 잡거나 떨어뜨리거나, 밟을 수 있으므로 참여시키지 않는다. • 모든 연령의 어린이는 어른의 감독 없이 병아리를 만지도록 허용해서는 안 된다. • 병아리와 교감 활동은 하루에 여러 번 짧은 세션으로 진행해야 한다. • 대상자가 과제를 수행할 때마다 칭찬과 격려를 해준다. • 활동이 끝나면 감염병 전염을 예방하기 위해 손을 씻는다.		

(2) 프로그램 진행하기

1) 도입(5분)

- 동기유발을 위해 오늘 활동과 관련된 내용을 소개한다.
- 이 시간의 활동 목표와 진행 내용을 설명한다.
- 모든 활동은 치유사와 대상자가 공동으로 협업하면서 진행한다.

2) 전개(40~50분)

치유사는 대상자에게 병아리 고르는 방법을 설명하면서 함께 작업을 수행한다. 수행과정에서 대상자에게 촉진적 질문을 많이 하고 대답하도록 유도하며 수행방법이 바르지 않으면 수시로 정정해 준다.

1 병아리 고르기

- 상자에 담긴 병아리를 1마리씩 자세히 관찰하여 건강한 병아리와 불량한 병아리로 나눈다.
- 병아리를 손바닥에 올려놓고 머리에서 꼬리 끝까지 살펴보고, 다음과 같이 불량한 병아리를 골라낸다.

- 부리가 비틀어진 것.
- 너무 작은 것(35g 미만).
- 몸에 알껍데기가 붙어 있는 것.
- 서는 자세가 불안정한 것.
- 항문 주위에 오물이 묻어 있는 것.

- 병아리를 뒤집어서 다리를 살펴보고, 다음과 같은 병아리를 골라낸다.

- 다리가 휜 것(안짱다리).
- 발가락이 구부러진 것.

- 배의 상태를 보고, 다음과 같은 병아리를 골라낸다.

- 배가 너무 딱딱한 것.
- 배가 너무 처진 것.
- 배꼽이 잘 아물지 않은 것.
- 배꼽주위에 흑갈색 병반이 있는 것.

그림 Ⅷ-27 건강한 병아리 고르기

2 병아리 교감하기

- 병아리와의 친교는 부화한 날부터 사람과 각인될 수 있도록 한다.
- 접근하기 전에 낮은 목소리를 내어 접근한다는 것을 인식시킨다.

  예: 꼬꼬 안녕!

그림 Ⅷ-28 병아리와 교감하기

- 접근할 때마다 같은 목소리를 내어 신뢰를 쌓는다.
- 닭은 잘 놀래므로 화려한 옷과 모자, 큰소리를 내는 것을 삼간다.
- 갑작스러운 빠른 행동은 놀래므로 늘 느리게 움직인다.
- 사료 먹는 모습을 조용히 바라봄으로 닭이 편안함을 느끼게 한다.
- 병아리의 교감작용은 1일 2~3회씩 적어도 3~5일간 계속한다.
- 병아리를 손바닥에 올려놓고 사료를 준다.

3) 정리(5분)

- 활동 내용에 대하여 느낀 점을 발표하도록 한다.

- 치유사는 이번 회기의 활동 목적과 의미를 요약하여 되새겨준다.
- 다음 프로그램을 안내한다.

읽을거리 : 로렌츠의 「각인」 이론

콘라드 로렌츠(Konrad Lorenz)는 오스트리아에서 태어난 동물학자로 어렸을 때부터 많은 동물을 키웠고 동물에 대한 각별한 사랑을 베풀었다.

그러던 중 그가 기르던 기러기의 병아리들이 알에서 깨어나 처음 본 로렌츠를 어미인 양 따라다니는 것을 목격하였다.

그림 Ⅷ-29 로렌츠와 기러기

동물은 태어나서 처음 본 움직이는 물체를 따라갔고, 그 물체가 어미인지 아닌지에 관계없이 자동으로 행동하는 본능을 발견하였다. 이것을 로렌츠는 '각인(imprinting)'이라고 불렀다. 각인은 동물이 출생 후 특정 시기에 어떤 대상에 애착을 갖게 되고 평생 이어나간다는 것이다.

로렌츠의 각인 이론은 인간의 행동과 인간과 동물의 유대에 관한 연구에 많은 영향을 주었다.

사람도 부모와 아동의 어린 시절의 상호작용이 아동의 장기적인 정서적 안정과 사회적 관계 형성에 큰 영향을 미친다는 것을 시사한다.

그는 1973년 노벨 의학상을 받았으며 「동물행동학」이라는 새로운 학문의 이론을 확립한 동물행동학의 아버지로 불린다.

자. 산란계 관리하기

(1) 프로그램 개요

활동명	산란계 관리하기	치유사명	
일시	2024. 2. 2	장소	양계사 치유실
주 대상자	어린이(5세 이상), 청소년, 외상 후 스트레스 장애(PTSD), 성적 학대, 우울증, 알코올 및 약물 중독자	확장 대상자	모든 사람
치유 목적	생명 존중감, 양육능력 향상, 관찰력 및 집중력 향상		
활동 목표	• 적기에 적량의 사료를 급여할 수 있다. • 급수기를 청소하고 적량의 물을 급수할 수 있다. • 닭의 건강 상태를 파악하는 관찰력과 집중력을 향상한다. • 생명 존중감과 양육능력을 함양한다.		
준비물	산란계 사료, 난좌, 바구니, 손 세정제, 수건, 작업복		
과정	활동 내용		
도입	• 동기유발을 위해 오늘 활동과 관련된 내용을 소개한다. • 이 시간의 활동 목표와 진행 내용을 설명한다.		
전개	1) 사료 급여하기 • 사료의 급여량은 무제한 급여를 원칙으로 한다. • 산란이 5%에 도달하면 산란 초기사료로 교체해 준다. • 하루에 아침, 점심, 저녁 3회 주고 중간에 2회 이상 사료를 고루 저어준다. 2) 물 급수하기 • 급수기는 매일 청소 후 급수하고 1주일에 1~2회 소독을 한다. • U자형 급수기는 항상 물의 수면이 2cm 정도가 되도록 유지하게 급수한다. 3) 알 거두기 • 알 거두는 시간은 알 낳는 오전을 피해 오후 2시 이후에 한다. • 난좌 또는 바구니에 너무 많이 쌓아 올려 파란이 생기지 않게 한다. 4) 일반관리 • 먹이 주기, 물주기, 알 꺼내기 등 일반적인 관리는 규칙적으로 실시한다. • 점등할 때는 불을 켜는 시간과 끄는 시간을 철저히 지킨다. • 닭의 취급이나 관리는 산란이 끝난 오후 3~4시 이후에 하도록 한다. • 질병 예방을 위한 청소와 소독을 주기적으로 실시한다.		
정리	• 활동하면서 느낀 점, 깨달은 점을 말하도록 한다. • 오늘의 활동 내용을 요약, 정리하여 말한다. • 차시(다음 시간) 활동 내용을 안내해 준다.		

유의사항	• 닭장에 출입할 때는 화려한 옷을 입거나 갑자기 빠른 행동을 하여 닭이 놀라지 않게 한다. • 모든 연령의 어린이는 어른의 감독 없이 닭에게 접근을 허용해서는 안 된다. • 대상자의 상태, 연령 등을 고려하여 가능성이 있는 항목만 선택하여 진행한다. • 대상자가 과제를 수행할 때마다 칭찬과 격려를 해준다. • 활동이 끝나면 감염병 전염을 예방하기 위해 손을 씻는다.

(2) 프로그램 진행하기

1) 도입(5분)

- 동기유발을 위해 오늘 활동과 관련된 내용을 소개한다.
- 이 시간의 활동 목표와 진행 내용을 설명한다.
- 모든 활동은 치유사와 대상자가 공동으로 협업하면서 진행한다.

2) 전개(100~120분)

치유사는 대상자와 함께 산란계 사육장에서 사료와 물 급여, 알 걷기 작업을 함께 수행한다. 수행과정에서 대상자의 생명 존중감과 애축심을 심어주고 수행방법이 바르지 않으면 수시로 정정해 준다.

1 사료 급여하기

- 사료의 급여량은 무제한 급여를 원칙으로 한다.
- 산란이 5%에 도달하면 산란 초기사료로 교체해 준다.
- 하루에 아침, 점심, 저녁 3회 주고 중간에 2회 이상 사료를 고루 저어준다.

그림 Ⅷ-30 사료 주기

2 물 급수하기

- 급수기는 매일 청소 후 급수하고 1주일에 1~2회 소독을 한다.
- U자형 급수기는 항상 물의 수면이 2cm 정도가 되도록 유지하게 급수한다.

3 알 거두기

- 알 거두는 시간은 알 낳는 오전을 피해 오후 2시 이후에 한다.
- 난좌 또는 바구니에 너무 많이 쌓아 올리지 않는다.
- 계란 저장실의 온도는 12℃, 상대습도는 70~75% 정도로 유지한다.

그림 Ⅷ-31 알 거두기

4 일반관리

- 먹이 주기, 물주기, 알 꺼내기 등 일반적인 관리는 규칙적으로 실시한다.
- 점등할 때는 불을 켜는 시간과 끄는 시간을 철저히 지킨다.
- 닭의 취급이나 관리는 산란이 끝난 오후 3~4시 이후에 하도록 한다.
- 아침에는 닭똥과 닭의 상태 및 먹는 상태를 관찰한다.
- 저녁에는 채식량과 산란 수를 조사하여 산란 상태를 파악한다.
- 밤에는 닭의 숨소리와 잠을 자는 상태를 관찰하여 건강 상태를 점검한다.
- 질병 예방을 위한 청소과 소독을 주기적으로 실시한다.

3) 정리(5분)

- 활동 내용에 대하여 느낀 점을 발표하도록 한다.
- 치유사는 이번 회기의 활동 목적과 의미를 요약하여 되새겨준다.
- 다음 프로그램을 안내한다.

차. 다산계 고르기

(1) 프로그램 개요

활동명	다산계 고르기	치유사명	
일시	2024. 2. 2	장소	양계사 치유실
주 대상자	치매, 외상 후 스트레스 장애, 우울증	확장 대상자	모든 사람
치유 목적	생명 존중감 향상, 양육능력 향상, 관찰력 및 집중력 향상 소근육(손 기능)		
활동 목표	• 노란 색소의 퇴색 정도를 보고 다산계를 감별할 수 있다. • 닭의 외모를 관찰하여 다산계를 감별할 수 있다. • 다상계 고르기를 통해 관찰력과 집중력을 향상한다.		
준비물	다산계(알 많이 낳는 닭), 과산계(알 적게 낳는 닭), 손 세정제, 수건, 작업복		
과정	활동 내용		
도입	• 닭을 관찰하는 방법과 주의사항을 설명한다. • 동기유발을 위해 오늘 활동과 관련된 내용을 소개한다. • 이 시간의 활동 목표와 진행 내용을 설명한다.		
전개	1) 노란색 색소의 퇴색에 의한 감별 • 항문→ 눈 주위→ 귓불→ 부리→ 정강이 등의 순서로 노란색 색소의 침착 정도를 관찰하는 방법을 설명한다. • 다산계와 과산계를 비교하여 노란색 색소의 차이점을 설명하고 고르도록 한다. 2) 외모와 체형에 의한 감별 • 볏, 눈, 항문, 부리, 치골 간 간격, 가슴뼈와 치골과의 간격, 배의 지방 부착 상태, 발톱의 상태 등을 다산계와 과산계를 비교하여 차이점을 설명하고 고르도록 한다.		
정리	• 활동하면서 느낀 점, 깨달은 점을 말하도록 한다. • 오늘의 활동 내용을 요약, 정리하여 말한다. • 차시(다음 시간) 활동 내용을 안내해 준다.		
유의사항	• 다섯 살 미만의 어린이는 가능한 한 참여시키지 않는다. • 모든 연령의 어린이는 어른의 감독 없이 닭에게 접근을 허용해서는 안 된다. • 대상자의 상태, 연령 등을 고려하여 가능성이 있는 항목만 선택하여 진행한다. • 대상자가 과제를 수행할 때마다 칭찬과 격려를 해준다. • 활동이 끝나면 감염병 전염을 예방하기 위해 손을 씻는다.		

(2) 프로그램 진행하기

1) 도입(5분)

- 동기유발을 위해 오늘 활동과 관련된 내용을 소개한다.
- 이 시간의 활동 목표와 진행 내용을 설명한다.
- 모든 활동은 치유사와 대상자가 공동으로 협업하면서 진행한다.

2) 전개(40~50분)

치유사는 대상자에게 다산계 고르는 방법을 설명하면서 함께 작업을 수행한다. 수행과정에서 대상자에게 촉진적 질문을 많이 하고 대답하도록 유도하며 수행방법이 바르지 않으면 수시로 정정해 준다.

■1 노란색 색소의 퇴색에 의한 감별하기

- 모든 활동은 수행 전에 방법을 충분히 설명하고 시연 후 실시한다.
- 관찰 순서는 항문(1~2주) → 눈 주위(2~3주) → 귓불(3~4주) → 부리(6주) → 정강이 (4~6개월) 순으로 퇴색 정도를 관찰하도록 한다.
- 다산계와 과산계를 비교하여 노란색 색소의 차이점을 설명하고 다산계와 과산계를 고르도록 한다.

그림 Ⅷ-32 노란 색소의 퇴색 순서

출처: 안제국(2008). 가축관리실무. 부민문화사.

2 외모와 체형에 의한 감별하기

- 치유사는 다산계와 과산계를 각각 1수씩 골라 몸의 각 부위를 차이점을 설명하며 대상자가 직접 비교하도록 한 후 닭장의 닭을 고르도록 한다.
- 이 방법은 대상자의 연령이나 질병의 정도에 따라 생략하거나 볏, 눈, 부리의 차이점만 진행할 수도 있다.
- 다음의 표에 의거 다산계를 고르도록 한다.

표 Ⅷ-1 다산계와 과산계의 식별

구분	다산계	과산계
볏	• 선홍색으로 팽팽하며 잘 발달되어있다.	• 위축, 퇴색되어 있고, 비듬으로 덮여 있다.
눈	• 맑고 활기가 있다.	• 흐리고 활기가 없다.
항문	• 습윤하고 탄력이 있으며, 희게 퇴색되어 있다.	• 건조하고 주름살이 많으며 노란색이다.
부리	• 닳아서 짧고 희게 퇴색되어 있다.	• 길고, 노란색이다.
치골 간 간격	• 손가락이 3개 이상 들어가고 탄력이 있다.	• 손가락이 3개 이하로 들어가고, 굳어있다.
가슴뼈와 치골의 간격	• 손가락 3~5개가 들어간다.	• 손가락이 3개 이하로 들어간다.
배의 지방	• 지방 축적이 적다.	• 지방 축적이 많다.
발톱	• 닳아서 짧다.	• 길다.

3) 정리(5분)

- 활동 내용에 대하여 느낀 점을 발표하도록 한다.
- 치유사는 이번 회기의 활동 목적과 의미를 요약하여 되새겨준다.
- 다음 프로그램 안내한다.

읽을거리 : 갈색란과 백색란은 차이가 있을까?

달걀 껍질의 색은 영양소 함량에 아무런 영향을 미치지 않는다. 흰 달걀과 갈색 달걀 사이에는 영양적 차이가 없다.

그림 Ⅷ-33 백색란과 유색란

현재 우리나라에서 유통되는 계란의 99%는 갈색란이다. 70년대만 해도 90%가 백색란 이었는데 왜 백색란이 사라졌을까? 여러 설이 있지만 가장 유력한 것은 소비자들이 갈색란을 토종닭이 낳은 알로 여겨서 더 선호하기 때문에 백색란이 사라졌다는 것이다.

달걀의 색은 암탉의 품종에 따라 결정된다. 레그혼, 코니시와 같은 닭은 백색란을 낳고, 로드아일랜드 레드, 뉴햄프셔 및 플리머스 록은 갈색란을 낳는다. 미국에서는 산란율이 높은 레그혼 계통의 닭을 사육함으로 백색란이 더 많이 유통되고 있다. 남아메리카 칠레가 원산지인 아라우카나(Araucana, 일명 청계) 닭은 파란색에서 녹색까지 다양한 색상의 알을 낳는다. 아라우카나 달걀의 콜레스테롤(1,315mg/100g당) 함량이 적은 것으로 알려져 있으나 오히려 레그혼의 백색란(1,163mg/100g당)과 플리머스 록의 갈색란(1,255mg/100g)보다 많다. 그러나 그 차이는 크지 않고 거의 비슷하다.

카. 달걀 고르기

(1) 프로그램 개요

활동명	달걀 고르기	치유사명	
일시	2024. 2. 2	장소	양계사 치유실
주 대상자	치매 환자, 자폐 스팩트럼 장애 어린이, 외상 후 스트레스 장애, 우울증환자	확장 대상자	모든 사람
치유 목적	관찰력 및 집중력 향상, 소근육 발달(눈-손 기능 협응 능력)		
활동 목표	• 달걀의 외관을 보고 정상란을 판별할 수 있다. • 달걀의 무게에 따른 등급을 구분할 수 있다. • 달걀 고르기를 통해 관찰력과 집중력을 향상하고 소근육(손가락)기능을 향상한다.		
준비물	검란기 1대, 달걀 선별기 1대. 할란용 유리판 1장, 난좌 6장, 달걀 20개, 작업복		
과정	활동 내용		
도입	• 알을 다루는 방법과 주의사항을 설명한다. • 동기유발을 위해 오늘 활동과 관련된 내용을 소개한다. • 이 시간의 활동 목표와 진행 내용을 설명한다.		
전개	1) 외관검사 • 난각의 청결도 검사방법을 설명하고 오염란을 제시한다. • 여러 형태의 외형의 알을 설명하고 제시한다. • 치유사의 설명을 듣고 대상자가 직접 고르도록 한다. 2) 알의 크기별로 분류하기 • 알의 크기별 기준을 설명하고 저울 사용법을 시연한다. • 측정된 알을 크기별로 구분하고 대상자가 익히도록 한다. • 대상자는 여러 종류(크기)의 알을 분류하여 난좌에 담는다. • 알 구분하여 옮기는 작업을 통해 관찰력, 인지력, 손 기능을 향상한다..		
정리	• 활동하면서 느낀 점, 깨달은 점을 말하도록 한다. • 오늘의 활동 내용을 요약, 정리하여 말한다. • 차시(다음 시간) 활동 내용을 안내해 준다.		
유의사항	• 다섯 살 미만의 어린이는 알을 깨트릴 수 있으므로 참여시키지 않는다. • 모든 연령의 어린이는 어른의 감독 없이 알을 만지도록 허용해서는 안 된다. • 대상자의 상태, 연령 등을 고려하여 가능성이 있는 항목만 선택하여 진행한다. • 대상자가 과제를 수행할 때마다 칭찬과 격려를 해준다. • 활동이 끝나면 감염병 전염을 예방하기 위해 손을 씻는다.		

(2) 프로그램 진행하기

1) 도입(5분)

- 동기유발을 위해 오늘 활동과 관련된 내용을 소개한다.
- 이 시간의 활동 목표와 진행 내용을 설명한다.
- 모든 활동은 치유사와 대상자가 공동으로 협업하면서 진행한다.

2) 전개(100~120분)

치유사는 대상자에게 알 고르는 방법을 설명하면서 함께 작업을 수행한다. 수행과정에서 방법이 바르지 않으면 수시로 정정해 준다.

1 외관 검사하기

- 치유사는 수행 전에 검사방법을 설명하고 시연 후 대상자가 고르도록 한다.
- 난각 표면에 계분, 혈액, 기타 오물이 있는 알을 골라낸다.
- 기형란, 너무 긴 것, 둥근것, 일부가 일그러진 알을 골라낸다(정산란은 길이와 폭이 4:3정도의 알이다).
- 파란(깨진 알), 알껍데기의 손상(금이 간 알)을 골라낸다.

그림 Ⅷ-34 노인의 손 기능 향상

- 석회란, 얇은 난각인 알을 골라낸다.
- 알의 무게가 20g 이하이거나 80g 이상인 알, 쌍란을 골라 낸다.

정상(타원형) 둥근 알 긴 알 석회란 쌍란

그림 Ⅷ-35 알의 모양

- 정상란과 이상란을 난좌에 무작위로 섞어 놓고 고르기를 반복해 인지력, 관찰력, 손 기능을 향상하도록 한다.

2 알의 크기 분류하기

• 산란 된 알을 저울로 측정하는 방법을 설명하고 분류하는 시연을 한다.

소란	중란	대란	특란	왕란

44g 미만	44g ~ 51g	52g ~ 59g	60g ~ 67g	68g 이상

그림 Ⅷ-36 계란의 등급 기준(농림축산식품부고시 제2007-40호)

• 바구니에 담긴 여러 크기의 알을 눈으로 구별하여 크기에 따라 난좌에 담는다.
• 난좌에 담긴 알을 다른 난좌로 옮기는 작업을 반복 수행하여 노인의 손기능을 향상한다.

3) 정리(5분)

• 활동 내용에 대하여 느낀 점을 발표하도록 한다.
• 치유사는 이번 회기의 활동 목적과 의미를 요약하여 설명한다.
• 다음 프로그램을 안내한다.

타. 질병 조기 발견하기

(1) 프로그램 개요

활동명	질병 조기 발견하기	치유사명	
일시	2024. 2. 2	장소	양계사 치유실
주 대상자	청소년, 외상 후 스트레스 장애, 우울증 환자	확장 대상자	모든 사람
치유 목적	인지능력, 관찰력 및 집중력 향상		
활동 목표	• 닭의 외형과 분변 상태, 호흡 상태, 사료 섭취량, 음수량 등을 점검하여 질병을 조기 발견할 수 있다. • 닭의 건강 상태를 파악하는 관찰력과 집중력을 향상한다. • 생명 존중감과 양육능력을 함양한다.		
준비물	닭, 방역복, 마스크, 장화, 보안경, 위생장갑, 손전등		
과정	활동 내용		
도입	• 닭을 관찰하는 방법과 순서를 설명한다. • 동기유발을 위해 오늘 활동과 관련된 내용을 소개한다. • 이 시간의 활동 목표와 진행 내용을 설명한다.		
전개	1) 정상적인 닭의 외부 형태 관찰하기 • 정상적인 닭을 관찰하는 방법과 점검 순서를 설명 • 다음과 같은 정상적인 닭의 상태를 설명하고 제시한다. • 볏, 콧구멍, 눈, 깃털, 걸음걸이 및 자세, 항문 등 2) 활동 및 건강 상태 점검하기 • 점검항목별로 비정상적인 계군이나 닭의 상태 점검 • 체중, 사료 섭취량과 음수량, 산란계는 산란율의 감소, 연란과 파란의 발생 등, 육계에서는 일령별 정상 체중, 밤에 닭의 호흡 상태(호흡 횟수, 호흡 모양, 이상음 발생 등) 등 3)병계의 조기 발견하기 • 활기, 눈물 • 깃털의 광택, 볏이나 고기 수염이 위축과 변색 • 휴산과 식욕 • 코나 부리에 분비물, 기침이나 '골골'소리 • 똥이 굳어 있어나 혈변, 설사하는 닭 • 일찍 홰에 오르고 아침 늦게 내려오는 닭		
정리	• 활동하면서 느낀 점, 깨달은 점을 말하도록 한다. • 오늘의 활동 내용을 요약, 정리하여 말한다. • 차시(다음 시간) 활동 내용을 안내해 준다.		
유의사항	• 어린이는 관찰력이 약하므로 참여시키지 않는다. • 질병 예찰은 사양 관리의 일부분으로 취급하여 매일 실시되어야 한다. • 대상자가 과제를 수행할 때마다 칭찬과 격려를 해준다. • 활동이 끝나면 감염병 전염을 예방하기 위해 손을 씻는다.		

(2) 프로그램 진행하기

1) 도입(5분)

- 동기유발을 위해 오늘 활동과 관련된 내용을 소개한다.
- 이 시간의 활동 목표와 진행 내용을 설명한다.
- 모든 활동은 치유사와 대상자가 공동으로 협업하면서 진행한다.

2) 전개(40~50분)

치유사는 대상자에게 병아리 고르는 방법을 설명하면서 함께 작업을 수행한다. 수행과정에서 대상자에게 촉진적 질문을 많이 하고 대답하도록 유도하며 수행방법이 바르지 않으면 수시로 정정해 준다.

1 정상적인 닭의 외부 형태 관찰하기

① 정상적인 닭을 관찰하는 방법과 점검 순서를 설명한다.

② 다음과 같은 정상적인 닭의 상태를 설명하고 제시한다.

- 볏: 크고 선홍색이다.
- 콧구멍: 분비물이 없이 깨끗하다.
- 눈: 총명하고 맑고 분비물이 없다.
- 깃털: 윤기가 나고 깨끗하다.
- 걸음걸이 자세가 바르고 걸음걸이가 바르다.
- 항문: 주변이 깨끗하고 촉촉하다.

2 활동 및 건강 상태 점검하기

- 점검항목별로 비정상적인 계군이나 닭의 상태를 점검한다.
- 체중을 측정하여 발육상태를 점검한다.
- 사료 섭취량과 음수량의 급격한 감소가 있는가를 관찰한다.
- 산란계는 산란율의 감소, 연란과 파란의 발생 등이 있는지 관찰한다.
- 육계에서는 일령별 정상 체중을 파악한다.
- 밤에 닭의 호흡 상태(호흡 횟수, 호흡 모양, 이상음 발생 등)를 파악한다.
- 정상적인 닭의 외형과 색깔, 상태 및 행동 등을 파악한다.
- 닭의 분변을 세심하게 관찰하여 설사, 녹색 변, 백색 변, 혈변 등의 유무를 관찰한다.
- 입을 벌려 호흡하거나 호흡 시 이상한 소리를 내는가를 점검한다.
- 몸을 떨거나, 사경(목이 돌아가는 것), 다리 마비 등의 신경 증상이 있는가를 점검한다.

- 털이 거칠고 날개를 늘어뜨리는가를 관찰한다.
- 닭의 활동량이 적거나 몸을 웅크리고 경계심이 있는지를 점검한다.
- 볏이나 안면 피부 등의 수두 발진이나 가피의 유무 등을 관찰한다.

3 병계의 조기 발견하기

- 다음과 같은 증상을 가진 닭의 조기 발견하여 격리하여 적절한 간호와 치료를 한다.
- 활기가 없고 움츠리고 앉아 졸고 있는 닭
- 눈물이 고이고 눈가에 분비물이 묻어 있는 닭
- 깃털이 광택이 없고 볏이나 고기 수염이 위축되고 변색되어 있는 닭
- 갑자기 휴산하고 식욕이 부진한 닭
- 코나 부리에 분비물이 묻어 있고 기침이나 '골골' 소리를 내는 닭
- 똥이 굳어 있거나 혈변, 설사하는 닭
- 일찍 홰에 오르고 아침 늦게 내려오는 닭

3) 정리(5분)

- 활동 내용에 대하여 느낀 점을 발표하도록 한다.
- 치유사는 이번 회기의 활동 목적과 의미를 요약하여 되새겨준다.
- 다음 프로그램을 안내한다.

관련 지식

[1] 닭의 생리

① 체온 : 닭의 체온은 부화 직후 39℃, 10일령 이후 41℃(40.6~41.7℃)

② 호흡수 : 닭의 호흡수는 분당 20~30회

③ 심장 박동 수 : 250~300회/분

[2] 사료 섭취량과 음수량

① 사료 섭취량과 음수량의 비율은 1: 1.7(사료 100g 섭취 시 물 170mL섭취)

② 성계의 음수량 1~5L/1일

읽을거리 : 우리집 닭은 어떤 색의 알을 낳을까요?

그림 Ⅷ-37 귓불

달걀의 색은 크게 갈색란과 흰색란으로 구분한다. 어떤 닭이 흰색란을 낳고 어떤 닭이 갈색란을 낳을까?

달걀의 색은 귓불의 색에 따라 달라진다. 닭은 인간처럼 외부 귓바퀴가 없고 귓구멍이 있는데 그 아래쪽에 원형 또는 타원형의 귓불이라는 피부가 있다. 이 귓불의 색이 흰색이면 흰색 알을 낳고 빨간색이나 기타 유색이면 갈색란(유색란)을 낳는다. 갈색의 정도는 차이가 있다. 그러나 흰색란과 갈색란의 맛과 영양가의 차이는 전혀 없다.

02 염소 교감치유

학습 목표

- ✔ 염소 교감치유의 역사, 특징을 말할 수 있다.
- ✔ 치유용 염소를 선택할 수 있다.
- ✔ 염소의 사양 관리, 돌봄을 통한 교감치유를 할 수 있다.
- ✔ 염소의 교감치유 프로그램을 적용할 수 있다.

2.1 염소 교감치유의 이해

가. 염소 교감치유의 역사

염소는 우제목 솟과 염소속에 속하며, 머리에 뿔이 있고 수염이 난 우제류 가축으로 기원전 8,500년경에 이란과 이라크 국경 지대인 자그로스 산악지대에서 가축화된 농장 동물이다.

그림 Ⅷ-38 미국 올버니의 염소 요가 창시자 모스((Lainey Morse)와 염소농장

염소는 나뭇잎, 나뭇가지 등 다른 가축이 이용하지 못하는 수엽류 등을 잘 소화하므로 조사료의 이용성이 높다. 체질이 강건하고 풍토에 대한 적응성이 뛰어나다.

최근에는 염소와 함께 하는 염소 요가(goat yoga)가 선풍적인 인기를 끌고 있다. 염소 요가는 2016년 미국 오리건주 염소농장주 레이니 모스(Lainey Morse)의 우연한 아이디어로 시작되었다.

모스는 이혼과 자가면역질환 진단으로 우울증을 겪은 후 염소와 함께 시간을 보내는 데 위안을 찾았고 이를 '염소 해피 아워(Goat Happy Hour)'라고 부른다. 이 요가는 미국 전역에 폭발적으로 증가하였으며 전 세계로 퍼져, 현재 500개 이상의 염소 요가 사업체가 운영되고 있다.[03]

고대 요가 관행과 사랑스러운 염소와의 장난스러운 상호작용을 결합한 요가가 웃음과 휴식으로 이어질 수 있다는 사실이 알려지면서 점점 더 인기 있는 동물 교감치유로 자리매김하고 있다.

> ▶ **우제류: 발굽이 2개로 갈라진 소, 돼지, 염소, 양, 사슴 등**
> ▶ **단제류: 발굽이 하나인 말, 당나귀 낙타 등**

나. 염소 교감치유의 특징

(1) 신체적 건강증진

염소는 영리하고 재치있으며 호기심이 많아 배우기를 좋아하는 동물로 사람과의 강한 유대감이 있다. 그뿐만 아니라 사람을 잘 따르고, 수용적이며 위협적이거나 비판적이지 않아 사람들의 마음을 쉽게 열 수 있게 하는 동물로 농장 동물 교감치유용으로 적합한 동물이다.

염소는 풍부한 감정이 있고 특히 인간의 감정을 인식한다는 놀라운 사실이 있으며 다른 동물과 달리 애정으로 보상받는 사회화된 동물이다. 염소 교감치유의 장점은 다음과 같다.

- 순환계(심장과 혈관) 건강을 개선한다.
- 불안하거나 긴장할 때 호흡수를 낮춰 준다.
- 혈압을 낮춰 안정시킨다.
- 페닐에틸아민 호르몬을 방출하여 통증을 감소시킨다.
- 염소와 함께하는 운동은 더 즐겁고 재미있게 한다.
- 자폐 스펙트럼 장애 어린이는 염소와의 유대감이 쉽게 형성한다.

(2) 정신적 건강증진

염소 쓰다듬기는 행복 호르몬이라 부르는 옥시토신이 방출하여 심리적인 안정과 즐거움을 준다는 것은 과학적으로 입증된 사실이다. 염소의 귀여운 외모와 자연스럽고 경쾌한 행동을 관찰하거나, 한가롭게 앉아 새김질하는 모습을 '멍하니' 바라만 보고 있어도 심신이 안정되고 평온해진다.

- 고립과 우울증을 감소시킨다.
- 평온함을 느끼도록 한다.
- 사회적 대인관계를 원활하게 한다.
- 불안과 외로움을 감소시킨다.
- 노인의 정신적 자극과 기억력을 증가시킨다.

다. 치유용 염소의 조건과 선택

모든 품종의 염소가 훌륭한 교감치유용으로 이용될 수 있으나 비교적 몸집이 작은 아메리칸 피그미(American pygmy), 나이지리아 드워프(Nigerian dwarf), 파이고라(pygora), 킨더(kinder), 보어(boer), 재래흑염소 등을 선택하는 것이 좋다.

아메리칸 피그미

나이지리아 드워프

파이고라

킨더

보어

흑염소

그림 Ⅷ-39 치유용 염소의 품종

치유용 염소는 친절하고 잘 사회화되어야 하며 시끄러운 소리에 민감한 반응을 보이지 않아야 한다. 어릴 때부터 인간의 상호작용에 익숙해지고 사회화된 염소가 교감치유용으로 적합하다.

피그미 염소는 체구가 적어 앙증맞고 온순하며 사교적이어서 교감 반응이 매우 좋다. 또한, 우호적이고 활동적이며 놀이를 좋아해 치유용으로 널리 이용되고 있다.

읽을거리 : 염소는 행복한 사람의 얼굴에 이끌린다?

2018년 런던대학교 앨런 맥엘리고트(Alan McElligott) 박사는 염소들에게 같은 사람의 사진 한 쌍을 보여줬는데, 그중 하나는 화난 표정을 짓고 있었고, 다른 하나는 행복한 웃는 표정을 담고 있었다.

그림 Ⅷ-40 염소 교감치유

이 두 사진을 본 염소들은 행복한 얼굴들을 향해 곧장 달려갔다고 왕립학회 오픈 사이언스(Royal Society Open Science) 저널에 보고했다.

인간의 표정을 인식하는 동물은 개와 말뿐만 아니라 염소도 인간의 얼굴 신호를 해독한다는 것이다.

동물을 대할 때 웃는 얼굴, 부드러운 목소리는 상호 교감 활동에 매우 중요하다.

(출처: https://www.bbc.com/news/science-environment-45336330)

라. 염소 교감치유의 적용 분야

① 어린이의 정서 함양과 자폐 스펙트럼 장애, 우울증과 같은 정신 질환의 완화와 학습장애가 있는 저학년 학생의 교육에 효과적이다.

② 좌절, 성적 학대, 외상 후 스트레스 장애(PTSD), 수술 후 통증, 임종 치유, 스트레스에 이르기까지 다양한 문제로 어려움을 겪는 사람들에게 유대감을 형성하여 증상을 완화하는 역할을 한다.

③ 동물은 알코올이나 약물 중독과 같은 낙인된 환자에게 비판적이지 않고 애정과 관심을 주고 조건 없는 수용과 지지를 하여 마음의 문을 열고 치유에 집중할 수 있다.

④ 신체적 또는 정신적으로 불안정하거나 결함이 있는 사람은 말로 자신을 표현하거나 쉽게 어울리는 것을 꺼린다. 이때 염소는 비언어적으로 의사소통이 가능하도록 한다.

⑤ 염소는 다른 동물과 달리 놀이를 좋아하고 장난기가 많아 새로운 사람을 만났을 때 어색하고 서먹서먹한 분위기를 깨뜨리고(Ice breaking) 친밀하게 만든다.

⑥ 교도소의 장기 수형자, 말기 암 환자 등과 같이 삶을 거의 포기하고 절망감을 느끼는 사람들에게 동반자 관계와 조건 없는 사랑을 베푼다.

마. 염소 교감치유 활동

미국의 질병통제예방센터(Center for Disease Control and Prevention)에서는 스트레스와 콜레스테롤을 낮추는 데 도움이 될 수 있는 동물 교감치유를 장려하고 있다. 특히 자폐 스펙트럼 장애아의 관계 형성 촉진과 우울증과 불안, 외로움으로 고통받는 사람들에 염소 치유법을 권장하고 있다.[04]

염소 교감치유(goat therapy)의 활동으로는 새끼 염소 껴안기(hug), 염소 쓰다듬기, 염소 요가(goat yoga), 염소 그리기, 염소와 산책하기(놀이), 무릎에 올려놓기, 방석(매트)에 눕히기, 새끼 염소 이름짓기와 이름표 걸어주기, 사료 주기, 물주기, 풀 시렁 만들기, 풀(건초) 주기, 젖 짜기, 털 손질하기, 요구르트 만들기, 치즈 만들기, 등을 활용할 수 있다.

그림 Ⅷ-41 염소와 요가 하기

그림 Ⅷ-42 염소 껴안기

특히 염소 껴안기, 쓰다듬기 활동은 깊은 평온함과 안락함을 주어 신체적, 정신적, 정서적 안정과 재활을 촉진하는 자연 치유의 하나이다.

여자 어린이는 사료와 건초 주기를 좋아하고 남자 어린이는 안고, 쓰다듬는 활동을 좋아하는 경향이 있다.

2.2 염소 교감치유의 실제

가. 염소의 외부명칭 익히기

(1) 프로그램 개요

활동명	염소의 외부명칭 익히기	치유사명	
일시	2024. 2. 2	장소	치유실
주 대상자	어린이(5세 이상), 청소년, 외상 후 스트레스 장애(PTSD)자, 성적 학대 경험자, 우울증 환자, 알코올 및 약물 중독자	확장 대상자	뇌졸중 환자
치유 목적	생명 존중감 향상, 양육능력 향상, 관찰력 및 집중력 향상		
활동 목표	• 염소 외부의 각 부위의 명칭을 알고 말할 수 있다. • 치유사가 지적하는 부위의 외부명칭을 말할 수 있다. • 염소 외부명칭을 암기하여 인지능력을 향상시킬수 수 있다.		
준비물	활동자료 1, 2, 3, 4, 작업복, 수건, 세정제		
과정	활동 내용		
도입	• 염소와 대상자가 마주 보면서 앉게 한다. • 동기유발을 위해 오늘 활동과 관련된 내용을 소개한다. • 이 시간의 활동 목표와 진행 내용을 설명한다.		
전개	1) 외부명칭 익히기 ① 염소의 머리에서 꼬리까지의 명칭을 치유사의 말에 따라 말하면서 외우도록 한다. ② 치유사가 말하는 외부명칭을 손으로 가리키도록 한다. 2) 심리 검사하기 ① 우울 검사(활동자료 3) ② 불안 검사(활동자료 4) 3) 쓰다듬기와 포옹하기 • 염소의 머리와 몸을 쓰다듬고 포옹하면서 상호 교감작용을 하도록 한다.		
정리	• 활동하면서 느낀 점, 깨달은 점을 말하도록 한다. • 오늘의 활동 내용을 요약, 정리하여 말한다. • 차시(다음 시간) 활동 내용을 안내해 준다.		
유의사항	• 편안한 분위기를 조성하고 친절하게 대한다. • 염소는 뿔을 가진 동물로 접근 시 서서히 다가가 놀라지 않게 한다. • 염소에게 위해를 가하지 않도록 사전에 알리고 주시한다. • 대상자가 과제를 수행할 때마다 칭찬과 격려를 해준다.		

(2) 프로그램 진행하기

1) 도입(5분)

- 동기유발을 위해 오늘 활동과 관련된 내용을 소개한다.
- 이 시간의 활동 목표와 진행 내용을 설명한다.
- 대상자에게 염소를 배정한다. 또는 여러 마리가 사육되는 염소 중에서 같이 활동하고 싶은 염소를 선택하도록 한다.
- 배정된(또는 선택한) 염소와 대상자가 마주 보면서 앉게 한다.

2) 전개(50~60분)

치유사는 대상자에게 염소의 외부를 가리키면서 명칭을 알려주고 대상자가 부위 명칭을 따라 말하도록 한다. 외부명칭을 모두 알려준 후 대상자가 지적하면서 말하도록 하고 틀릴 때는 바르게 알려주고 다시 외우도록 한다.

1 외부명칭 익히기(20~30분)

- 염소의 머리에서 꼬리까지의 외부명칭을 가리키면서 설명해 준다.
- 치유사가 부위를 가리키며 명칭을 알려 주고 따라서 말하도록 한다.
- 명칭에 숙지하지 못한 어린아이 또는 치매 환자에게는 2~3번 반복하여 실시한다.
- 치유사가 말하는 염소의 외부명칭의 부위를 손으로 가리키도록 한다.
- 틀리는 경우는 정정해 주고 다시 가리키도록 한다.

2 심리 검사하기(20~30분)

- 대상자의 특성에 따라 우울 검사와 불안 검사 중 선택하여 실시하거나 2종류 모두 실시할 수 있다.
- 국립정신건강센터에 접속하여 국가트라우마센터→자가진단→우울 증상, 불안 증상을 검사한다.
- 치유사는 국립정신건강센터에 접속하여 대상자가 원활하게 검사를 하도록 친절하게 안내한다.

① 우울증 검사하기(활동자료 3 참조)
② 불안증 검사하기(활동자료 4 참조)

3 쓰다듬기와 포옹하기

- 염소의 머리와 몸을 쓰다듬고 포옹하면서 상호 교감작용을 하도록 한다.

3) 정리(5분)

- 활동 내용에 대하여 개방적이고 촉진적인 질문을 한다.

- 여러분과 함께한 염소에게 칭찬을 해주시겠습니까?
- 염소의 어떤 행동이 마음에 들던가요?.

• 다음 프로그램을 안내한다.

활동자료

[1] 염소의 심리적 · 행동적 특성

① 높고 건조한 곳을 좋아하고 성격이 활발하고 민첩하다.
② 무리 생활하기를 좋아하며 낙엽 등 조사료 이용성이 대단히 높다.
③ 집단 내 서열이 뚜렷하고 침입자에게 저항하는 습성이 있다.
④ 유용종은 젖 짜기, 치즈 제조 등 체험 활동에 적합하다.
⑤ 방목, 우리 사육, 매어 기르기 등 다양한 방법으로 사양할 수 있다.
⑥ 행동이 거칠 때가 있고 울음소리가 종종 약간 시끄럽다.
⑦ 염소가 인간의 감정을 인식하는 놀라운 사실이 있다.
⑧ 실내에서 사육 시 발굽에 의한 가구와 카펫을 손상할 수 있다.

[2] 염소의 외부명칭

염소는 위가 4개인 반추 가축으로 발굽은 2개를 가지고 있는 우제류이며 면양과 달리 턱수염과 고기 수염이 있다. 염소는 암수 모두 뿔을 가지고 있으나 암염소 뿔은 수컷보다 작다.

그림 Ⅷ-43 염소의 외부명칭

[3] 우울 증상 검사지

우울 증상 검사 본 검사는 국립정신건강센터(https://www.nct.go.kr/distMental/rating/rating02_2.do)에서 무료로 검사받을 수 있습니다.					
지난 2주일 동안 당신은 다음의 문제들로 인해서 얼마나 자주 방해를 받았습니까?		전혀방해받지않았다 (0)	며칠동안방해받았다 (1)	7일이상방해받았다 (2)	거의매일방해받았다 (3)
1	일 또는 여가 활동을 하는데 흥미나 즐거움을 느끼지 못함				
2	기분이 가라앉거나, 우울하거나, 희망이 없음				
3	잠이 들거나 계속 잠을 자는 것이 어려움, 또는 잠을 너무 많이 잠				
4	피곤하다고 느끼거나 기운이 거의 없음				
5	입맛이 없거나 과식을 함				
6	자신을 부정적으로 봄 - 혹은 자신이 실패자라고 느끼거나 자신 또는 가족을 실망하게 함				
7	신문을 읽거나 텔레비전 보는 것과 같은 일에 집중하는 것이 어려움				
8	다른 사람들이 주목할 정도로 너무 느리게 움직이거나 말을 함, 또는 반대로 평상시보다 많이 움직여서, 너무 안절부절못하거나 들떠 있음				
9	자신이 죽는 것이 더 낫다고 생각하거나 어떤 식으로든 자신을 해칠 그것으로 생각함				
계					
합계		점			

정서검사 결과 해석

구분	해석
정상 (총점 0~4점)	적응상의 지장을 초래할만한 우울 관련 증상을 거의 보고하지 않았습니다.
경미한 수준 (총점 5~9점)	경미한 수준의 우울감이 있으나 일상생활에 지장을 줄 정도는 아닙니다.
중간 수준 (총점 10~14점)	중간 수준의 우울감을 비교적 자주 경험하는 것으로 보고하였습니다. 직업적·사회적 적응에 일부 영향을 미칠 수 있어 주의 깊은 관찰과 관심이 필요합니다.
약간 심한 수준 (총점 15~19점)	약간 심한 수준의 우울감을 자주 경험하는 것으로 보고하였습니다. 직업적·사회적 적응에 일부 영향을 미칠 경우, 정신건강 전문가의 도움을 받아 보시기를 권해 드립니다.
심한 수준 (총점 20~27점)	광범위한 우울 증상을 매우 자주, 심한 수준에서 경험하는 것으로 보고하였습니다. 일상생활의 다양한 영역에서 어려움이 초래될 경우 추가적인 평가나 정신건강 전문가의 도움을 받아보시기를 권해 드립니다.
결과는 자기보고 형식으로 측정되며, 정신과적 진단을 의미하는 것은 아닙니다.	

〈출처: 국립정신건강센터 국가트라우마센터〉

[4] 불안 증상 검사지

<table>
<tr><td colspan="6">불안 증상 검사
본 검사는 국립정신건강센터(https://www.nct.go.kr/distMental/rating/rating02_2.do)에서 무료로 검사받을 수 있습니다.</td></tr>
<tr><td colspan="2">지난 2주일 동안 당신은 다음의 문제들로 인해서 얼마나 자주 방해를 받았습니까?</td><td>전혀방해받지 않았다 (0)</td><td>며칠동안방해 받았다 (1)</td><td>2주중 절반이방해 받았다 (2)</td><td>거의매일방해 받았다 (3)</td></tr>
<tr><td>1</td><td>초조하거나 불안하거나 조마조마하게 느낀다.</td><td></td><td></td><td></td><td></td></tr>
<tr><td>2</td><td>걱정하는 것을 멈추거나 조절할 수가 없다.</td><td></td><td></td><td></td><td></td></tr>
<tr><td>3</td><td>여러 가지 것들에 대해 걱정을 너무 많이 한다.</td><td></td><td></td><td></td><td></td></tr>
<tr><td>4</td><td>편하게 있기가 어렵다.</td><td></td><td></td><td></td><td></td></tr>
<tr><td>5</td><td>쉽게 짜증이 나거나 쉽게 성을 내게 된다.</td><td></td><td></td><td></td><td></td></tr>
<tr><td>6</td><td>너무 안절부절못해서 가만히 있기가 힘들다.</td><td></td><td></td><td></td><td></td></tr>
<tr><td>7</td><td>마치 끔찍한 일이 생길 것처럼 두렵게 느껴진다.</td><td></td><td></td><td></td><td></td></tr>
<tr><td colspan="2">계</td><td></td><td></td><td></td><td></td></tr>
<tr><td colspan="2">합계</td><td colspan="4">점</td></tr>
</table>

불안 증상 검사 결과 해석

구분	해석
정상 (총점 0~4점)	주의가 필요할 정도의 과도한 걱정이나 불안을 보고하지 않았습니다.
경미한 수준 (총점 5~9점)	다소 경미한 수준의 걱정과 불안을 보고하였습니다. 주의 깊은 관찰과 관심이 필요합니다.
중간 수준 (총점 10~14점)	주의가 필요한 수준의 과도한 걱정과 불안을 보고하였습니다. 추가적인 평가나 정신건강 전문가의 도움을 받아 보시기 바랍니다.
심한 수준 (총점 15~21점)	일상생활에 지장을 초래할 정도의 과도하고 심한 걱정과 불안을 보고하였습니다. 추가적인 평가나 정신건강 문가의 도움을 받아 보시기를 권해 드립니다.

* 결과는 자기보고 형식으로 측정되며, 정신과적 진단을 의미하는 것은 아닙니다.

출처: 국립정신건강센터 국가트라우마센터

나. 새끼 염소 기르기

(1) 프로그램 개요

<table>
<tr><th>활동명</th><th>새끼 염소 기르기</th><th>치유사명</th><th></th></tr>
<tr><td>일시</td><td>2024. 2. 2</td><td>장소</td><td>염소 사육장</td></tr>
<tr><td>주 대상자</td><td>어린이(5세 이상), 청소년, 외상 후 스트레스 장애, 우울증 환자</td><td>확장 대상자</td><td>모든 사람</td></tr>
<tr><td>치유 목적</td><td colspan="3">보행 능력과 근력 향상, 생명 존중감 향상, 양육능력 및 주의력 향상</td></tr>
<tr><td>활동 목표</td><td colspan="3">• 갓 태어난 염소의 탯줄을 처치하고 초유를 급여할 수 있다.
• 새끼 염소에게 포유병을 사용하여 인공 포유를 할 수 있다.
• 새끼 염소에게 사료와 건초를 급여할 수 있다.
• 신체기능 향상, 생명 존중감과 양육능력을 함양한다.</td></tr>
<tr><td>준비물</td><td colspan="3">소독약(요오드팅크), 방역복, 마스크, 장화, 보안경, 위생장갑, 손 세정제, 수건, 가위, 포유병, 우유, 사료, 건초</td></tr>
<tr><td>과정</td><td colspan="3">활동 내용</td></tr>
<tr><td>도입</td><td colspan="3">• 동기유발을 위해 오늘 활동과 관련된 내용을 소개한다.
• 이 시간의 활동 목표와 진행 내용을 설명한다.</td></tr>
<tr><td>전개</td><td colspan="3">1) 갓 태어난 새끼 염소 관리하기
① 탯줄 처치하기
② 초유 급여하기
• 처음 24시간 이내에 체중의 10% 이상 급여한다.
2) 새끼 염소젖 먹이기
① 젖 급여 횟수와 급여량
• 생후 1일령에는 2시간마다 젖을 먹인다.
② 포유 순서와 방법
• 어미 염소의 젖꼭지와 비슷한 위치와 각도를 유지한다.
③ 사료와 건초 급여하기
• 생후 1주령이 되면 반추위 발달을 촉진하기 위해 소량의 곡물 사료를 급여한다.
• 생후 1개월령이 되면 건초, 소량의 곡물 사료, 신선한 물을 급여한다.
3) 이유 후 염소의 관리하기
• 새끼의 체중이 생시의 2~2.5배로 증가하고 상당량의 사료를 섭취하면 이유시킨다.</td></tr>
<tr><td>정리</td><td colspan="3">• 활동하면서 느낀 점, 깨달은 점을 말하도록 한다.
• 오늘의 활동 내용을 요약, 정리하여 말한다.
• 차시(다음 시간) 활동 내용을 안내해 준다.</td></tr>
<tr><td>유의사항</td><td colspan="3">• 염소 관리에 편한 작업복을 입는다.
• 유모차는 입장할 수 없으며 아동은 성인을 동반해야 한다.
• 대상자가 과제를 수행할 때마다 칭찬과 격려를 해준다.
• 활동이 끝나면 감염병 전염을 예방하기 위해 손을 씻는다.</td></tr>
</table>

(2) 프로그램 진행하기

1) 도입(5분)

- 동기유발을 위해 오늘 활동과 관련된 내용을 소개한다.
- 이 시간의 활동 목표와 진행 내용을 설명한다.
- 모든 활동은 치유사와 대상자가 공동으로 협업하면서 진행한다.

2) 전개(100~120분)

치유사는 대상자에게 새끼 염소 관리 방법을 설명하면서 함께 작업을 수행한다. 수행과정에서 대상자에게 촉진적 질문을 많이 하고 수행방법이 바르지 않으면 수시로 정정해 준다.

1 갓 태어난 새끼 염소 관리하기

① 탯줄 처치하기

- 탯줄에 요오드 용액을 발라 소독한다.
- 탯줄은 자연 건조되어 저절로 떨어지도록 한다.
- 탯줄이 10cm 이상일 때는 약 7~10cm를 남기고 자른다.

② 초유 급여하기

- 새끼 염소가 태어난 후 바로 어미의 초유를 충분히 먹인다.

초유의 기능: 면역 항체 및 풍부한 영양소 공급, 태분 배출

- 처음 24시간 이내에 체중의 10% 이상 급여한다.

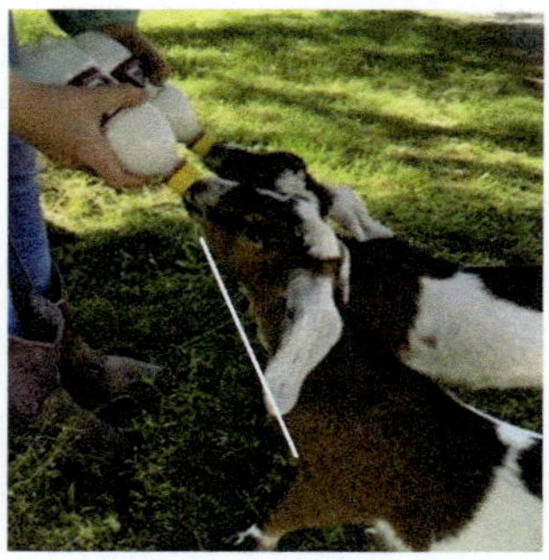

그림 Ⅷ-44 새끼 염소 포유

2 새끼 젖 먹이기

① 젖 급여 횟수와 급여량

- 생후 1일령에는 2시간마다 젖을 먹인다.
- 1주차 하루 4~5회 포유, 체중의 10~15%를 먹인다.
- 2~6주차 하루 3회 포유, 체중의 15~20%를 먹인다.
- 6~8주차 하루 3회 포유, 체중의 20%를 먹인다.

② 포유 순서와 방법

- 유아용 포유병을 사용한다.
- 염소의 입을 부드럽게 벌리고 젖꼭지를 밀어 넣는다.
- 어미 염소의 젖꼭지와 비슷한 위치와 각도를 유지한다.

③ 사료와 건초 급여하기

- 생후 1주령이 되면 반추위 발달을 촉진하기 위해 소량의 곡물 사료를 급여한다.
- 생후 1개월령이 되면 건초, 소량의 곡물 사료, 신선한 물을 급여한다.

3 이유 후 염소의 관리하기

- 이유 시기는 일반적으로 6주령~8주령에 한다.
- 새끼의 체중이 생시의 2~2.5배로 증가하고 상당량의 사료를 섭취하면 이유시킨다.
- 급여하는 사료의 구성은 건초 80%, 건초 펠릿 15%, 곡물 사료 5%의 비율로 급여한다.
- 생후 4~5주령에 구충, 6~8주령에 콕시듐 예방약을 투여한다.
- 염소 우리는 외풍을 막고 따뜻하며 건조 환경을 유지해 준다.

3) 정리(5분)

- 활동하면서 느낀 점, 깨달은 점을 말하도록 한다.
- 오늘의 활동 내용을 요약, 정리하여 말한다.
- 차시(다음 시간) 활동 내용을 안내해 준다.

읽을거리 : 산양유는 염소젖이다.

우리는 흔히 주변에서 '산양유'또는 '산양 분유'라는 제품 판매 광고를 볼 수 있다. 과연 이 젖은 산양유일까?

우리나라의 서식하는 산양은 소과(양아과)→ 산양속에 속하는 동물로 영어로는 'gora' 이라고 한다. 멸종위기 1급 종이며 천연기념물 제217호로 지정되어 있다. 물론 외국의 산양 품종과도 다르다.

그러면 염소는 어떤 동물일까?

염소는 소과(양아과)→ 염소속에 속하는 동물로 영어로는 'goat'라고 한다. 이와 같이 산양과 염소는 계통 분류와 영명도 다른 동물이다. 그런데 우리나라에서는 중국에서 면양과 구분하여 부르던 산양(山羊)으로도 통용되고 있다. 또는 육용종 염소인 흑염소와 구분하기 위해 유용종 염소를 '유산양'이라고 부른다. 우리나라에서 판매되고 있는 '산양유'는 정확히 유용종 염소인 자넨종이나 토겐부르크종의 젖이다.

다. 염소젖 짜기

(1) 프로그램 개요

<table>
<tr><th>활동명</th><th>염소젖 짜기</th><th>치유사명</th><th></th></tr>
<tr><td>일시</td><td>2024. 2. 2</td><td>장소</td><td>착유장</td></tr>
<tr><td>주 대상자</td><td>청소년, 노인</td><td>확장 대상자</td><td>모든 사람</td></tr>
<tr><td>치유 목적</td><td colspan="3">근력 향상, 양육능력 향상, 관찰력 및 집중력 향상</td></tr>
<tr><td>활동 목표</td><td colspan="3">• 정해진 시간에 규칙적으로 착유할 수 있다.
• 손가락으로 유두를 바르게 잡고 순서대로 짤 수 있다.
• 착유 된 젖을 거르고 냉각시킬 수 있다.
• 생명 존중감과 양육능력을 함양한다.</td></tr>
<tr><td>준비물</td><td colspan="3">염소, 우유 스탠드, 아기 물티슈, 양동이, 필터(거즈) 손 세정제, 수건, 작업복</td></tr>
<tr><td>과정</td><td colspan="3">활동 내용</td></tr>
<tr><td>도입</td><td colspan="3">• 동기유발을 위해 오늘 활동과 관련된 내용을 소개한다.
• 이 시간의 활동 목표와 진행 내용을 설명한다.</td></tr>
<tr><td>전개</td><td colspan="3">1) 준비하기
• 보통 1일 2회, 아침과 저녁 정해진 시간에 규칙적으로 짠다.
• 젖 짜는 나무틀에 염소를 몰아넣고 고정한다..
• 더운물로 유방을 씻어 먼지, 털, 분뇨 등을 제거한다.
• 유방과 유두를 부드럽게 마사지한 후 마른 수건으로 닦는다.
2) 젖 짜기(손 착유하기)
• 치유사와 대상자는 세정제를 이용하여 손을 깨끗이 씻는다.
• 유두를 엄지손가락과 집게손가락으로 잡고 다음으로 가운뎃손가락, 약손가락, 새끼손가락 순으로 잡아 젖을 짜 내린다.
• 유두를 잡아당기지 말고 손가락 끝에 힘을 주어 짠다
3) 우유를 걸러내고 식히기
• 짠 젖은 우유통에 거즈 또는 거름망을 이용하여 거른다.
• 우유통의 뚜껑을 덮고 식힌 후 5℃의 냉장고에 보관한다.
4) 착유실 및 기구 세척하기
• 착유 기구 및 수건을 세정제로 세척하고 햇빛 소독한다.</td></tr>
<tr><td>정리</td><td colspan="3">• 활동하면서 느낀 점, 깨달은 점을 말하도록 한다.
• 오늘의 활동 내용을 요약, 정리하여 말한다.
• 차시(다음 시간) 활동 내용을 안내해 준다.</td></tr>
<tr><td>유의사항</td><td colspan="3">• 위생적인 취급과 관리를 하도록 한다.
• 대상자가 과제를 수행할 때마다 칭찬과 격려를 해준다.
• 활동이 끝나면 감염병 전염을 예방하기 위해 손을 씻는다.</td></tr>
</table>

(2) 프로그램 진행하기

1) 도입(5분)

- 동기유발을 위해 오늘 활동과 관련된 내용을 소개한다.
- 이 시간의 활동 목표와 진행 내용을 설명한다.
- 모든 활동은 치유사와 대상자가 공동으로 협업하면서 진행한다.

2) 전개(100~120분)

치유사는 대상자와 함께 염소 착유장에서 손 착유 작업을 함께 수행한다. 수행과정에서 대상자의 생명 존중감과 애축심을 심어주고 수행방법이 바르지 않으면 수시로 정정해 준다.

1 준비하기

- 보통 1일 2회, 아침과 저녁 정해진 시간에 규칙적으로 짠다.
- 젖 짜는 나무틀에 염소를 몰아넣고 고정한다.
- 착유 동안 먹이를 주는 습관이 있다면 먹이를 준다.
- 더운물로 유방을 씻어 먼지, 털, 분뇨 등을 제거한다.
- 마른 수건으로 유방과 유두를 닦으면서 마사지한다.
- 유두에 고여 있는 젖은 오염되어 있으므로 컵에 젖을 2~3회 짜서 버린다.

2 젖 짜기(손 착유하기)

- 치유사와 대상자는 세정제를 이용하여 손을 깨끗이 씻는다.
- 유두를 엄지손가락과 집게손가락으로 잡고 다음으로 가운뎃손가락, 약손가락, 새끼손가락 순으로 잡아 젖을 짜 내린다.
- 유두를 잡아당기지 말고 손가락 끝에 힘을 주어 짠다(1분간 90~120회).
- 젖을 짠 후 유방과 유두를 마사지한 후 다시 한번 끝까지 짠다.
- 소독약(포비딘)을 담은 컵에 젖꼭지를 담그거나 소독제 스프레이로 뿌려 준다.
- 대상자가 젖을 짜낼 때 우유가 젖꼭지로 방출되는 것을 느끼도록 한다.

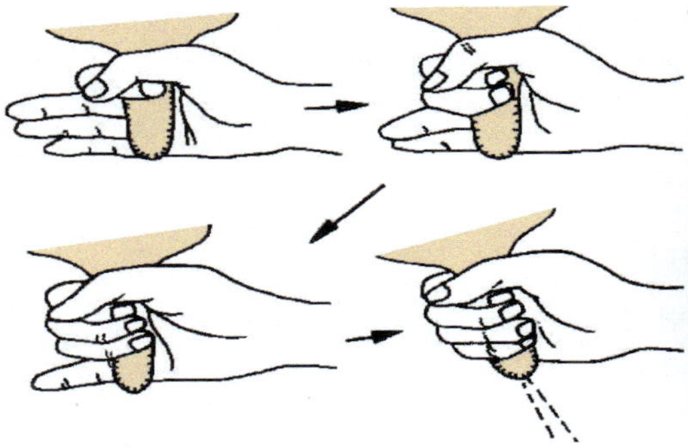

그림 Ⅷ-45 젖 짜는 순서

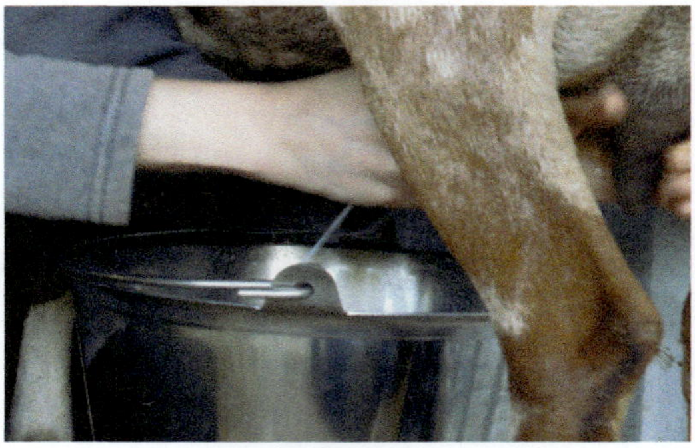

그림 Ⅷ-46 젖 짜기

3 우유를 걸러내고 식히기

- 짠 젖은 우유통에 거즈 또는 거름망을 이용하여 털이나 먼지를 거른다.
- 우유통의 뚜껑을 덮고 식힌 후 5℃의 냉장고에 보관한다.

4 착유실 및 기구 세척하기

- 착유대 주변을 쓸어내고 물로 세척한다.
- 착유에 사용된 기구 및 수건을 세정제로 세척하고 햇빛에 널어 말린다.

3) 정리(5분)

- 활동하면서 느낀 점, 깨달은 점을 말하도록 한다.
- 오늘의 활동 내용을 요약, 정리하여 말한다.
- 차시(다음 시간) 활동 내용을 안내해 준다.

라. 염소 요가 하기

(1) 프로그램 개요

활동명	염소 요가 하기	치유사명	
일시	2024. 2. 2	장소	염소 요가장
주 대상자	청소년, 성인, 외상 후 스트레스 장애, 우울, 불안 및 무기력자	확장 대상자	모든 사람
치유 목적	무기력, 우울, 불안 등 감소, 근력 향상, 기분, 흥미, 대인관계 개선		
활동 목표	• 염소와 함께 요가 할 수 있다. • 염소를 껴안고 쓰다듬으면서 상호 교감할 수 있다. • 심리적 안정을 취하고 유쾌한 감정으로 전환할 수 있다.		
준비물	염소, 요가 매트, 자외선 차단제, 물, 요가 수건, 모자, 편안한 옷 카메라, 손 세정제, 수건		
과정	활동 내용		
도입	• 동기유발을 위해 오늘 활동과 관련된 내용을 소개한다. • 이 시간의 활동 목표와 진행 내용을 설명한다. • 염소 에티켓(염소 인식/행동)에 대하여 설명해 준다.		
전개	1) 염소와 함께 요가 하기(10~20분) • 실내 헛간(밀짚 바닥 헛간) 또는 야외 잔디밭을 선택한다. • 요가 매트를 일정 간격을 유지하여 편다. • 요가 참여자는 요가복을 착용하도록 한다. • 경쾌한 요가 음악에 맞춰 요가를 시작하거나 치유사의 안내로 요가를 한다. • 요가 장소에 염소를 풀어 놓고 자유롭게 행동하도록 한다. • 요가 중 다가온 염소와 상호작용(만지기, 쓰다듬기 등)을 한다. 2) 염소 쓰다듬고 껴안기(30~40분) • 요가가 끝난 후 옆에 다가온 염소에게 먹이를 준다. • 염소의 머리 등을 쓰다듬는다. • 염소의 목을 껴안기를 한다. • 놀아준 염소에게 고마운 말을 전하면서 간식을 준다.		
정리	• 활동하면서 느낀 점, 깨달은 점을 말하도록 한다. • 오늘의 활동 내용을 요약, 정리하여 말한다. • 차시(다음 시간) 활동 내용을 안내해 준다.		
유의사항	• 염소가 물어 찢어도 되는 옷을 입는다. • 대상자가 과제를 수행할 때마다 칭찬과 격려를 해준다. • 활동이 끝나면 감염병 전염을 예방하기 위해 손을 씻는다.		

(2) 프로그램 진행하기

1) 도입(5분)

- 동기유발을 위해 오늘 활동과 관련된 내용을 소개한다.
- 이 시간의 활동 목표와 진행 내용을 설명한다.
- 염소 인식과 행동에 대하여 설명해 준다.

- **염소는 낯선 사람이 회피하지 않고 누구든 잘 따른다.**
- **염소는 차분하고 사교적이고 사랑스러운 동물이다.**
- **필요한 사람들에게 이상적인 동반자이다.**
- **염소 요가는 모든 생명에 대한 존중감과 감각을 촉진한다.**

2) 전개(50~60분)

치유사는 대상자에게 염소 요가 방법을 충분히 설명하고 시연하면서 대상자가 수행하도록 한다. 수행과정에서 방법이 바르지 않으면 수시로 정정해 준다.

1 염소와 함께 요가 하기(15~20분)

- 염소 요가 스튜디오(장소)는 실내 헛간(밀짚 바닥 헛간) 또는 야외 잔디밭을 선택한다.
- 요가 매트를 일정 간격을 유지하여 편다.
- 요가 참여자는 요가복(유연하고 편안한 옷)을 착용하도록 한다.
- 경쾌한 요가 음악에 맞춰 요가를 시작하거나 치유사의 안내로 요가를 한다.
- 요가 장소에 염소를 풀어 놓고 자유롭게 행동하도록 한다.

그림 Ⅷ-47 염소 요가

- 요가 중 염소의 천방지축 행동에 마음껏 웃고 재미를 느낀다.
- 요가 중 다가온 염소와 상호작용(만지기, 쓰다듬기 등)을 한다.
- 요가 중 염소는 사람 등에 뛰어오르기, 옷 물어 잡아당기기, 배 위로 올라가기, 이리저리 돌아다니기 등의 행동을 한다.
- 요가 중 염소가 곁에 다가오고 머리카락을 물어뜯고, 등에 올라타고, 귀여운 소리를 내는 것을 함께 공유한다.
- 대상자는 요가 중 긴장을 풀고 즐거운 마음으로 염소와 교감한다.

2 염소 쓰다듬고 껴안기(30~40분)

- 요가가 끝난 후 옆에 다가온 염소에게 먹이(생초, 건초, 펠릿 사료 등)를 준다.
- 염소의 머리 등을 쓰다듬는다.
- 염소의 목을 껴안기를 한다.
- 새끼 염소는 안고 다닐 수도 있다.
- 귀엽고 장난기 많은 염소와 충분히 논다.
- 놀아준 염소에게 고마운 말을 전하면서 간식을 준다.

그림 Ⅷ-48 Corvallis농장의 염소 요가

3) 정리(5분)

- 활동하면서 느낀 점, 깨달은 점을 말하도록 한다.
- 오늘의 활동 내용을 요약, 정리하여 말한다.
- 차시(다음 시간) 활동 내용을 안내해 준다.

마. 염소와 산책하기

(1) 프로그램 개요

활동명	염소와 산책하기	치유사명	
일시	2024. 2. 2	장소	농장 내
주 대상자	무기력자 외상 후 스트레스 장애, 우울증 환자	확장 대상자	모든 사람
치유 목적	대근육 발달, 지구력 및 보행력 향상, 무기력, 우울, 불안 등 감소, 기분, 흥미, 대인관계 개선		
활동 목표	• 염소에게 적절한 목줄을 착용하여 같이 걷기를 할 수 있다. • 염소 무리를 지어 산책할 수 있다. • 염소 산책을 통해 보행 능력과 근력을 향상할 수 있다.		
준비물	염소, 목줄, 리드 줄, 방울 또는 호루라기, 간식, 편안한 옷, 워킹화, 카메라, 손 세정제, 수건		
과정	활동 내용		
도입	• 동기유발을 위해 오늘 활동과 관련된 내용을 소개한다. • 이 시간의 활동 목표와 진행 내용을 설명한다.		
전개	1) 염소와 친해지기 • 염소를 부르면서(예: 모여라) 먹이를 준다. • 먹이를 줄 때마다 호루라기를 불거나 방울을 흔들어 소리를 내고 먹이를 준다 • 나중에는 방울만 흔들면 모이도록 훈련한다. 2) 목줄 채우기 • 염소에게 목걸이를 씌우고 리드 줄을 부착한다. 3) 걷기 연습하기 • 리드 줄을 약간 당기면서 몇 걸음 앞으로 걸어간다. • 이때 염소가 따라오면 계속 걷는다. • 몇 걸음 걷다 멈추면 간식이나 칭찬으로 보상한다. • 염소가 간식을 얻기 위해 걷는 거리를 점차 늘린다. 4) 염소와 산책하기 • 산책 시 최소 2마리의 염소와 무리를 이루어 함께 걷는다. • 어린이는 12세 이상이어야 하며, 8세에서 12세 사이의 어린이는 보호자와 동행한다. • 노인은 건강 상태에 따라 거리를 조정한다.		
정리	• 활동하면서 느낀 점, 깨달은 점을 말하도록 한다. • 오늘의 활동 내용을 요약, 정리하여 말한다. • 차시(다음 시간) 활동 내용을 안내해 준다.		
유의사항	• 염소는 무리를 짓는 동물이므로 최소 2마리의 염소와 함께 걷는다. • 어린이는 12세 이상이어야 하며, 8세에서 12세 사이의 어린이는 보호자와 동행한다. • 노인은 건강 상태에 따라 거리를 조정한다. • 만 7세 미만의 어린이는 참여시키지 않는다. • 워킹화와 간편복, 긴 바지를 착용한다.		

(2) 프로그램 진행하기

1) 도입(5분)

- 동기유발을 위해 오늘 활동과 관련된 내용을 소개한다.
- 이 시간의 활동 목표와 진행 내용을 설명한다.

2) 전개(60~90분)

치유사는 대상자에게 염소 산책 방법을 충분히 설명하고 시연하면서 대상자와 함께 수행하도록 한다. 수행과정에서 방법이 바르지 않으면 수시로 정정해 준다.

❶ 염소와 친해지기

- 염소를 부르면서(예: 모여라) 먹이를 준다.
- 염소는 특정 사람과 깊은 유대감을 갖지 않으므로 처음에 보는 사람도 다가가서 간식(크래커 또는 건초)을 주고 사랑과 관심을 보이고 잘 따른다.
- 먹이를 줄 때마다 호루라기를 불거나 방울을 흔들어 소리를 내고 먹이를 준다
- 나중에는 방울만 흔들면 모이도록 훈련한다.

그림 Ⅷ-49 염소 목줄 채운 모습

❷ 목줄 채우기

- 염소에게 목걸이를 씌운다.
- 너무 꽉 조이거나 너무 헐거워서 염소의 머리 위로 빠지지 않도록 크기를 조절한다.
- 목줄의 크기는 염소의 턱 부분 상단과 머리 꼭대기 뒤에 맞도록 조절한다.
- 리드 줄을 부착한다.

❸ 걷기 연습하기

- 리드 줄을 약간 당기면서 몇 걸음 앞으로 걸어간다.
- 이때 염소가 따라오면 계속 걷는다.
- 몇 걸음 걷다 멈추면 간식이나 칭찬으로 보상한다.
- 이때 보조자가 염소의 엉덩이를 밀어준다.
- 염소가 간식을 얻기 위해 걷는 거리를 점차 늘린다.
- 염소를 끌거나 목줄을 너무 세게 당기면 기관이 막혀 염소가 쓰러질 수 있으므로 무리하지 않는다.

- 염소가 너무 앞으로 나가면 "멈춰"라고 말하면서 리드 줄을 당기고 멈추면 반대 방향으로 돌아서 걷는다.
- 이런 훈련을 반복적으로 실시한다.

4 염소와 산책하기

- 염소는 무리를 짓는 동물이므로 산책 시 최소 2마리의 염소와 함께 걷는다.
- 어린이는 12세 이상이어야 하며, 8세에서 12세 사이의 어린이는 보호자와 동행한다.
- 노인은 건강 상태에 따라 거리를 조정한다.
- 워킹화와 간편복, 긴 바지를 착용한다.
- 산책 시간은 보통 60분~ 90분 정도 실시한다.

그림 Ⅷ-50 염소 산책 프로그램

3) 정리(5분)

- 활동하면서 느낀 점, 깨달은 점을 말하도록 한다.
- 오늘의 활동 내용을 요약, 정리하여 말한다.
- 차시(다음 시간) 활동 내용을 안내해 준다.

03 돼지 교감치유

학습 목표

- ✔ 돼지의 일반적인 형태와 특징을 말할 수 있다.
- ✔ 돼지의 품종별 특징과 설명하면서 식별할 수 있다.
- ✔ 돼지의 사양 관리, 돌봄을 통한 교감치유를 할 수 있다.
- ✔ 돼지의 교감치유 프로그램을 적용할 수 있다.

3.1 돼지 교감치유의 이해

가. 돼지 교감치유의 역사와 특성

(1) 돼지 교감치유의 역사

돼지는 BC 8,300년경 중동, 중국 등에서 가축화된 동물이다.

그림 Ⅷ-51 샌프란시스코 공항의 치유용 돼지

돼지 보조 요법(Pig therapy)은 2019년 10월 4일 미국 샌프란시스코 국제공항에서 조종사 모자를 쓰고 빨간색 물감으로 발톱을 칠한 치유용 돼지가 출발 게이트에서 여행객에게 발을 들어 인사하고, 셀카를 위한 포즈를 취해 즐거움을 주면서 주목받기 시작하였다. 최근에는 병원, 요양원 및

특수 학교에서 자폐스펙트럼 장애나 불안 증상이 있는 대상자를 위한 동물보조 요법에 사용되고 있다.[05]

(2) 돼지의 형태와 특성

1 외부의 형태

돼지의 털은 거친 털, 곱슬 털이 있고 백색, 적색, 흑색, 반점 등이 있다. 귀는 직립형, 처진형, 접힌형 등 다양하며 정맥주사 부위이기도 하다. 어금니와 송곳니가 모두 발달한 잡식성으로 위가 1개인 단위동물이다. 또한, 위턱과 연결된 코 연골은 땅을 파기 쉬운 구조로 되어있다.

2 돼지의 생리적 특성

① 잡식성: 동물성과 식물성사료, 농후사료와 조사료 등 모두 섭취한다.
② 다산성: 한배에 8~12마리의 새끼를 1년에 2~2.5회 분만한다.
③ 다육성: 사료 요구율이 낮고 5~6개월이면 100~110kg이 된다.
④ 후각, 청각 발달: 자신의 새끼를 구별하고 주인 발걸음 소리도 기억한다.

3 돼지의 심리적 특성

① 굴토성 : 코로 땅을 파서 풀뿌리, 벌레, 미량 원소 등을 섭취한다.
② 청결성 : 잠자는 곳과 배설하는 장소를 구별하는 청결성이 있다.
③ 마찰성 : 피부 기생충이나 가려움증이 있으면 몸을 비비는 성질이 있다.
④ 후퇴성 : 위턱을 묶어 당기면 뒤로 가는 후퇴성이 있다.
⑤ 군거성 : 무리를 지어 생활하는 군거성이 있다.

나. 치유용 돼지의 품종과 선택

(1) 돼지의 주요 품종

전 세계적으로 가장 많이 사육되는 품종은 대요크셔, 랜드레이스, 듀록, 햄프셔이며 주요 품종의 특징은 다음과 같다.

표 VIII-2 돼지의 주요 품종별 특징

품 종 명	원산지	모색	산자수	특징
대요크셔 (라지 화이트)	영국	흰색	10~12	• 얼굴이 곧고 귀가 직립 • 번식 능력과 포유능력이 우수 • 3원 교잡 시 부계로 사용
랜드레이스	덴마크	흰색	11~12	• 얼굴이 곧고 귀가 밑으로 처짐 • 베이컨형, 산자수가 가장 많음 • 비유능력이 우수, 모계용 • 후구, 다리, 피부가 약함
듀록	미국	담홍색 농적색	10	• 귀는 직립이나 끝이 처짐. • 체질과 적응성이 강함 • 방목에 적합, 부계용
햄프셔	미국	흑색에 흰색 어 깨 띠	8~10	• 귀가 곧음. 체질이 강건 • 등 지방층이 얇음. 부계용 • 방목에 적합, 부계용

그림 VIII-52 돼지의 주요 품종

(2) 치유용 미니돼지(mini pig)

돼지 교감치유용으로 이용되는 미니돼지(mini pig)는 베트남 배불뚝이 돼지(Vietnamese

Potbellied Pig), 랜드레이스, 미네소타 미니돼지 등과 교배되어 탄생하였다. 독일의 괴팅겐(Gottingen) 미니돼지, 미국의 핸포드(Hanford), 유타칸(Yucatan) 등 14종 이상의 품종이 있다.

아메리칸 미니돼지는 전 세계의 다양한 품종을 결합하여 수년에 걸쳐 개발된 품종으로 체고(지면에서 어깨 끝 길이)가 50cm, 체중은 약 30~60kg 정도가 된다. 털의 색은 단색, 반점, 줄무늬 등 다양하며 기질이 온순하고 친절하며 지능적이어서 훈련이 용이하다.

쿠네쿠네(KuneKune) 돼지는 뉴질랜드 마오리 제도가 원산지로 작은 체구, 유순한 기질, 보살핌의 용이성, 온순한 성격으로 인해 점차 치유 동물로 주목과 사랑을 받고 있다.

그림 Ⅷ-53 베트남 배불뚝이

그림 Ⅷ-54 쿠네쿠네

그림 Ⅷ-55 영국 미니돼지

그림 Ⅷ-56 미국 미니돼지

그림 Ⅷ-57 KuneKune 테라피 피그

돼지의 IQ는 보통 3~4세 아이와 비슷한 70정도이며 산책이 가능하고 부르면 잘 달려오고 애교도 곧잘 부린다.

다. 치유용 돼지의 관리와 훈련

(1) 돼지의 안전한 취급 관리

교감치유용 돼지를 안전하게 취급하기 위해서는 심리적 특성을 고려하여 다음과 같이 실시한다.

① 교감치유용 돼지는 격리 사육장에 항상 분리되어 있어야 한다.

② 돼지를 옮길 때는 합판 등을 사용하여 몰이한다.

③ 필요한 경우 돼지를 제지하기 위해 위턱 보정기를 사용한다.

④ 돼지를 들어 올리는 것은 피해야 하지만, 부득이하게 들어올려야 할 때는 몸 반대쪽을 향하게 앉히고 몸 가까이 끌어당겨 뒷다리를 잡고 허벅지로 들어 올린다.

(2) 교감치유용 돼지의 관리와 훈련

교감치유용으로 미니돼지는 태어난 날부터 순종적이고 친절하기 위한 사회화 훈련 프로그램을 거쳐야 한다.

미국의 미니돼지 협회에서 실시하는 테라피 펫 프로그램(AMPA Therapy Pig Training & Certification Program)은 다음과 같다.[06]

1 필요한 기술

앉아, 와(이리와), 멈춰, 앞으로 가/뒤로, 먹어(간식), 하네스/가죽끈 매기, 계단 오르기, 걷기(군중 속으로), 접촉 수용 등

2 돼지의 필요조건

중성화 수술을 받아야 한다.

훈련과정을 이수하고 인증 자격을 얻어야 한다.

1세 이전에 훈련을 마치면 1세가 되어야 인증 자격을 수여한다.

라. 돼지 교감치유의 적용 분야

영국 런던의 피그파더(The Pigfather Ltd)에서는 미니돼지를 이용하여 학교와 보육원, 요양원, 노인 요양원, 기타 단체 등을 방문하여 치유 활동을 하고 있다. 연구에 따르면 동물과의 긍정적인 상호작용은 어린이, 특히 자폐스펙트럼 장애 어린이의 자신감과 집중력 향상하고 평범한 사람들의 건강 및 정서적 안정을 촉진할 수 있으며, 감정 이입을 촉진하고 혈액을 낮추는 데 도움이 되는 것으로 나타났다.

인간과 동물 유대 연구소(HABR)에 의하면 암 환자의 스트레스, 통증 감소 및 자존감이 증가하였으며 대학생과 병원 환자의 스트레스와 불안을 줄이고, 외상 후 스트레스 장애(PTSD) 환자의 참살이를 개선하고, 장기 요양원 거주자의 우울증을 줄이는 것으로 나타났다.

마. 돼지 교감치유 활동

치유 활동으로는 쓰다듬기, 빗질하기, 껴안기, 배 문지르기, 돼지 먹이 주기, 산책하기, 눈 맞추기, 목욕시키기, 돼지방 청소하기, 돼지 얼굴 그리기, 돼지의 외부명칭 알기, 돼지 이름짓기, 이름표 걸어주기 등을 활용할 수 있다.

더 알아보기 : 동물 쓰다듬기- 호르몬의 변화

동물을 쓰다듬는 촉각 자극은 아기 담요와 같은 포근함을 느끼게 한다. (Winnicott, 1953). 동물을 안고 쓰다듬는 행동은 스트레스 호르몬인 코르티솔 수치를 낮추고 옥시토신(사랑 호르몬)과 엔도르핀(이완 호르몬)분비를 증가시킨다. 따라서 우울증을 완화하고 차분한 안정감을 주어 치유 활동을 효과적으로 진행할 수 있다. (Chandler, 2017)

그림 Ⅷ-58 돼지 쓰다듬기

돼지는 불안 수준을 낮추는 데 도움이 되는 동물이다. 그들은 매우 지능적이고 사회적인 동물이기 때문에 이 역할을 잘 수행한다. 많은 사람이 돼지의 사랑스러운 성격 때문에 돼지를 "다른 개"라고 부른다.

3.2 돼지 교감치유의 실제

가. 돼지 외부명칭 익히기

(1) 프로그램 개요

활동명	돼지의 외부명칭 익히기	치유사명	
일시	2024. 2. 2	장소	돼지 사육실
주 대상자	어린이(5세 이상), 청소년, 외상 후 스트레스 장애(PTSD), 우울증 환자	확장 대상자	뇌졸중 환자
치유 목적	인지력, 관찰력 및 집중력 향상, 생명 존중감 및 양육능력 향상		
활동 목표	• 돼지 외모의 각 부위의 명칭을 알고 말할 수 있다. • 치유사가 지적하는 부위의 명칭을 말할 수 있다. • 돼지와 눈 맞춤, 쓰다듬기 등으로 상호 교감할 수 있다.		
준비물	돼지, 돼지의 외부명칭이 명기된 그림, 손 세정제, 수건, 작업복		
과정	활동 내용		
도입	• 돼지와 대상자가 마주 보면서 앉게 한다. • 동기유발을 위해 오늘 활동과 관련된 내용을 소개한다. • 이 시간의 활동 목표와 진행 내용을 설명한다.		
전개	1) 외부명칭 익히기 ① 돼지의 머리에서 꼬리까지의 명칭을 치유사의 말에 따라 말하면서 외우도록 한다. ② 치유사가 말하는 외부명칭을 손으로 가리키도록 한다. 2) 쓰다듬기와 포옹하기 • 돼지의 머리와 등, 배를 쓰다듬고 상호 교감작용을 하도록 한다.		
정리	• 활동하면서 느낀 점, 깨달은 점을 말하도록 한다. • 오늘의 활동 내용을 요약, 정리하여 말한다. • 차시(다음 시간) 활동 내용을 안내해 준다.		
유의사항	• 편안한 분위기를 조성하고 친절하게 대한다. • 돼지에게 위해를 가하지 않도록 사전에 알리고 주시한다. • 대상자가 과제를 수행할 때마다 칭찬과 격려를 해준다. • 활동이 끝나면 감염병 전염을 예방하기 위해 손을 씻는다.		

(2) 프로그램 진행하기

1) 도입(5분)

- 동기유발을 위해 오늘 활동과 관련된 내용을 소개한다.
- 이 시간의 활동 목표와 진행 내용을 설명한다.
- 돼지와 대상자가 마주 보면서 앉게 한다.

2) 전개(40~50분)

치유사는 대상자에게 돼지의 부위를 가리키면서 외부명칭을 설명하고 대상자가 명칭을 말하도록 한다. 부위 명칭이 바르지 않으면 수시로 정정해 준다.

1 외부명칭 익히기

- 치유사는 돼지의 머리에서 꼬리까지의 외부명칭을 가리키면서 설명해 준다.
- 치유사가 부위를 가리키며 명칭을 알려 주고 따라서 말하도록 한다.
- 명칭을 숙지하지 못하는 어린아이 또는 치매 환자에게는 2~3번 반복하여 실시한다.
- 치유사가 말하는 돼지의 외부명칭을 대상자가 돼지 부위를 손으로 가리키도록 한다.
- 틀리는 경우는 정정해 주고 다시 가리키도록 한다.

2 쓰다듬기와 포옹하기

- 돼지의 머리와 등, 배를 쓰다듬고 상호 교감작용을 하도록 한다.

3) 정리(5분)

- 오늘의 활동 내용을 요약, 정리하여 말한다.
- 활동하면서 느낀 점, 깨달은 점을 말하도록 한다.
  - 여러분과 함께한 돼지에게 칭찬을 해주시겠습니까?
  - 돼지의 어떤 행동이 마음에 들던가요?.
- 다음 프로그램을 안내한다.

활동자료

[1] 돼지의 외부명칭

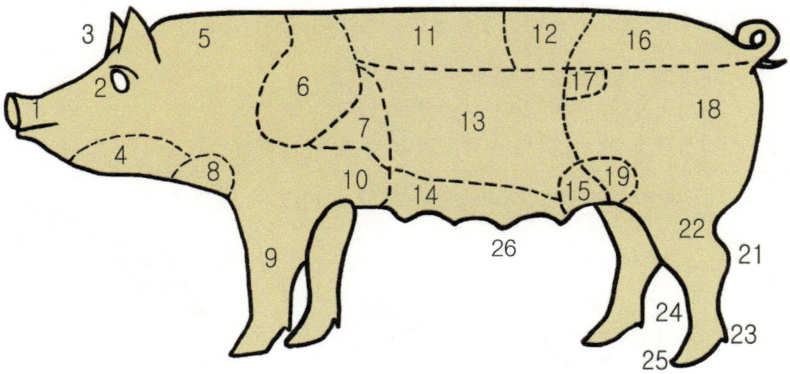

1. 코 2. 눈 3. 귀 4. 빰 5. 목 6. 어깨 7. 가슴 8. 앞가슴 9. 앞다리 10.앞 겨드랑
11. 등 12. 허리 13. 갈비(옆구리) 14. 아랫배 15. 뒷 겨드랑 16. 엉덩이 17. 요각 18. 넓적다리
19. 뒷 무릎 20. 꼬리 21. 비절 22. 뒷다리 23. 며느리 발톱 24. 발목 25. 발톱 26. 유두

그림 Ⅷ-59 돼지의 외부명칭

나. 돼지의 배변 훈련하기

(1) 프로그램 개요

활동명	돼지의 배변 훈련하기	치유사명	
일시	2024. 2. 2	장소	사육실, 방사장
주 대상자	청소년, 노인	확장 대상자	뇌졸중 환자
치유 목적	관찰력 및 집중력 향상, 생명 존중감 및 양육능력 향상		
활동 목표	• 돼지의 실내 배변 훈련을 시킬 수 있다. • 돼지의 실외 배변 훈련을 시킬 수 있다. • 돼지와 눈 맞춤, 쓰다듬기 등으로 상호 교감할 수 있다.		
준비물	돼지, 배변기, 간식, 신문지, 소나무 펠릿, 식초나 냄새 제거제, 손 세정제, 수건, 작업복		
과정	활동 내용		
도입	• 돼지와 대상자가 마주 보면서 앉게 한다. • 동기유발을 위해 오늘 활동과 관련된 내용을 소개한다. • 이 시간의 활동 목표와 진행 내용을 설명한다.		
전개	1) 실내 배변 훈련하기 • 배변 장소는 세탁실이나 욕실 등 작은 공간을 선택한다. • 일단 배변 장소가 정해지면 계속 영구적으로 사용한다. • 배변 시기(아침잠에서 깬 직후, 채식 후)를 포착하여 배변기로 데려간다. • 배변 명령어 '배변'또는 '똥 싸'등을 알아듣도록 반복한다. • 성공적으로 배변할 경우 간식으로 보상하고 칭찬한다. • 혹 실수를 해도 체벌을 가하거나 야단치지 않는다. • 배변 훈련을 성공적으로 수행하면 집을 마음대로 돌아다니도록 한다. 2) 실외 배변 훈련하기 • 돼지가 잠에서 깨어났을 때와 식사 후에 밖으로 나간다. • 돼지가 소변을 보거나 배변을 할 때 '배변'또는 '똥싸'등의 용어를 일관성 있게 사용한다. • 소변을 보거나 배변을 할 때, 칭찬하고 간식을 준다.		
정리	• 활동하면서 느낀 점, 깨달은 점을 말하도록 한다. • 오늘의 활동 내용을 요약, 정리하여 말한다. • 차시(다음 시간) 활동 내용을 안내해 준다.		
유의사항	• 편안한 분위기를 조성하고 친절하게 대한다. • 돼지에게 위해를 가하지 않도록 사전에 알리고 주시한다. • 대상자가 과제를 수행할 때마다 칭찬과 격려를 해준다. • 활동이 끝나면 감염병 전염을 예방하기 위해 손을 씻는다.		

(2) 프로그램 진행하기

1) 도입(5분)

- 동기유발을 위해 오늘 활동과 관련된 내용을 소개한다.
- 이 시간의 활동 목표와 진행 내용을 설명한다.
- 돼지와 대상자가 마주 보면서 앉게 한다.

2) 전개(50~60분)

치유사는 대상자에게 돼지의 배변 훈련과정을 설명하면서 시연하고 대상자가 따라 하도록 한다. 수행과정이 바르지 않으면 수시로 정정해 준다.

1 실내 배변 훈련하기

- 배변 훈련은 새끼 돼지일 때부터 실시한다.
- 배변 장소는 세탁실이나 욕실 등 작은 공간을 선택한다.
- 먹는 곳의 반대편 구석에 있는 우리 안에 상자를 놓는다.
- 일단 배변 장소가 정해지면 계속 영구적으로 화장실로 사용한다.
- 충분한 나이가 들어 훈련될 때까지 배변기를 이용한다.
- 배변기는 작은 돼지의 경우 플라스틱 보관 상자나 측면이 낮은 일반 고양이 화장실을 사용할 수 있다.
- 변기 상자 안에 신문지 펠릿 또는 소나무 펠릿이나 부스러기, 신문 또는 강아지 오줌 패드를 사용한다.
- 배변 시기(아침잠에서 깬 직후, 채식 후)를 포착하여 배변기로 데려간다.
  (보통 2시간마다 화장실로 데려가 화장실을 상기시켜 준다)
- 배변 명령어 '배변' 또는 '똥싸' 등 명령어를 알아듣도록 반복한다.
- 성공적으로 배변할 경우 간식으로 보상하고 '잘했어'라고 칭찬한다.
- 처음 훈련할 때는 배변을 완전히 청소하지 않고 약간 남겨 두어 냄새가 나도록 한다. 그래야 다음에 그곳에서 배변하게 된다.
- 혹 실수를 해도 체벌을 가하거나 야단치지 않는다.
- 실수로 다른 곳에 배변하면 즉시 치우고 정화 스프레이를 뿌려 냄새를 제거한다.
- 상자 바로 밖에서 배변하면 변기 상자 둘레에 수건이나 강아지 패드를 두르고 더 잘 통제할 수 있을 때까지 놓는다
- 새끼 돼지를 안거나 돌보지 않을 때는 작은 공간에 가두고 배변기를 넣어 준다.
- 돼지는 깨끗한 동물로 잠을 자거나 먹는 곳을 더럽히지 않는다.

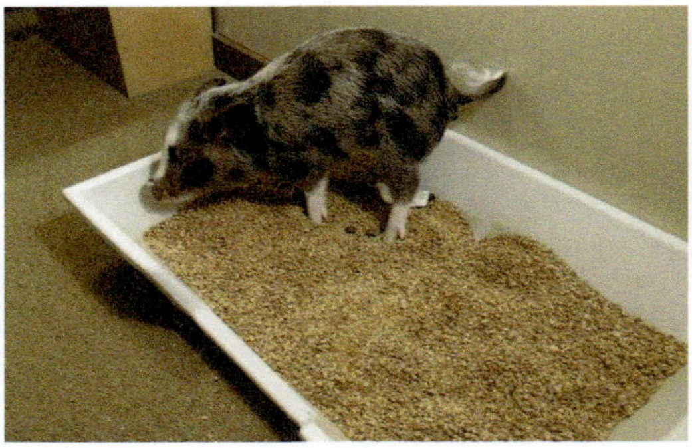

배변기

간식 보상

그림 Ⅷ-60 돼지 배변기와 보상하기

- 배변 훈련을 성공적으로 수행하면 집을 마음대로 돌아다니도록 한다.

2 실외 배변 훈련하기

- 돼지가 잠에서 깨어났을 때와 식사 후에 밖으로 데리고 나간다.
- 돼지가 소변을 보거나 배변을 할 때 '배변' 또는 '똥싸' 등의 용어를 일관성 있게 사용한다.
- 소변을 보거나 배변을 할 때, 칭찬하고 간식을 준다.
- 집안에서 배변하면 '안돼!'라고 말하고 즉시 밖으로 데리고 나간다.
- 외출할 때는 돼지를 작은 방에 신문지를 바닥에 깔고 가둔다.
- 돼지가 집에서 배변하면 식초나 냄새 제거제로 더러워진 부분을 잘 청소한다.

3) 정리(5분)

- 오늘의 활동 내용을 요약, 정리하여 말한다.
- 활동하면서 느낀 점, 깨달은 점을 말하도록 한다.
- 다음 프로그램을 안내한다.

관련 지식

[1] 배변 문제의 해결

① 배변 구역의 지정

돼지가 지정된 배변 구역을 사용하기를 꺼리는 경우 배설물 중 일부를 해당 구역에 놓아 배변 냄새가 나도록 한다.

② 일관성 없는 배변

돼지가 지정된 배변 구역 밖에서 배변할 경우 안에서 자유롭게 돌아다닐 수 있는 공간을 줄인다. 자유롭게 돌아다닐 공간이 너무 많으면 어디로 가야 할지 모를 수 있다.

③ 마킹 행동 방지

돼지 중성화 수술을 한다.

[2] 배변 훈련의 기본

① 긍정적인 태도 유지

돼지는 긍정적 강화에 가장 잘 반응한다. 칭찬, 간식, 배 문지르기 등을 사용하여 좋은 행동에 보상한다.

② 인내심

배변 훈련에는 시간이 걸린다. 인내심을 갖고 일관성 있게 훈련해야 한다. 돼지가 적어도 6개월이 될 때까지 집에서 자유롭게 뛰놀게 하지 말아야 한다.

③ 변기 구역의 청결

돼지가 다른 장소에 배변하는 것을 방지하기 위해 지정된 변기 구역을 정기적으로 청소한다.

④ 음식과 물 섭취 시기 체크

돼지가 언제 먹고 마시는지 점검하면 돼지가 언제 배변하는지를 미리 알 수 있다.

다. 돼지 긁어 주기

(1) 프로그램 개요

활동명	돼지 긁어 주기	치유사명	
일시	2024. 2. 2	장소	돼지 사육실
주 대상자	어린이(5세 이상), 청소년, 노인	확장 대상자	뇌졸중 환자
치유 목적	기억력, 주의 집중력 향상, 생명 존중감 및 양육능력 향상		
활동 목표	• 간식 등으로 돼지를 유인할 수 있다. • 손가락, 효자손으로 돼지가 좋아하는 부위를 긁어 줄 수 있다. • 돼지와 눈 맞춤, 쓰다듬기 등으로 상호 교감할 수 있다.		
준비물	돼지, 빗자루, 솔, 효자손, 간식, 손 세정제, 수건, 작업복		
과정	활동 내용		
도입	• 동기유발을 위해 오늘 활동과 관련된 내용을 소개한다. • 이 시간의 활동 목표와 진행 내용을 설명한다.		
전개	1) 준비하기 • 먹이(간식)로 돼지를 유인한다. • 효자손 또는 나무 막대기 등으로 등을 살짝 긁어 주어 옆으로 눕게 한다. 2) 긁어 주기 • 손가락을 약간 타원형으로 하여 손톱으로 긁어 준다. • 손으로 긁는 것이 부담스러운 대상자는 효자손을 사용하도록 한다. (빗자루, 솔 등으로 사용할 수 있다.) • 긁어 주는 부위는 얼굴, 겨드랑이, 배, 엉덩이, 허벅지, 턱, 뺨, 겨드랑이 등을 긁어 준다. • 대부분 돼지는 배 잘 문지르는 것을 좋아하므로 중점적으로 긁어 준다.		
정리	• 활동하면서 느낀 점, 깨달은 점을 말하도록 한다. • 오늘의 활동 내용을 요약, 정리하여 말한다. • 차시(다음 시간) 활동 내용을 안내해 준다.		
유의사항	• 편안한 분위기를 조성하고 친절하게 대한다. • 대상자가 과제를 수행할 때마다 칭찬과 격려를 해준다. • 활동이 끝나면 감염병 전염을 예방하기 위해 손을 씻는다.		

(2) 프로그램 진행하기

1) 도입(5분)

- 동기유발을 위해 오늘 활동과 관련된 내용을 소개한다.
- 이 시간의 활동 목표와 진행 내용을 설명한다.

2) 전개(40~50분)

치유사는 대상자에게 돼지의 긁어 주는 방법을 설명하면서 시연하고 대상자가 따라 하도록 한다. 수행과정이 바르지 않으면 수시로 정정해 준다.

1 준비하기

- 먹이(간식)로 돼지를 유인한다.
- 효자손 또는 나무 막대기 등으로 등을 살짝 긁어 주어 옆으로 눕게 한다.

2 긁어 주기

- 손가락을 약간 타원형으로 하여 손톱으로 긁어 준다.
- 손으로 긁는 것을 부담스러운 대상자는 효자손을 사용하도록 한다.
- (빗자루, 솔 등으로 사용할 수 있다.)
- 긁어 주는 부위는 얼굴, 겨드랑이, 배, 엉덩이, 허벅지, 턱, 뺨, 겨드랑이 등을 긁어 준다.
- 대부분 돼지는 배 잘 문지르는 것을 좋아하므로 중점적으로 긁어 준다.

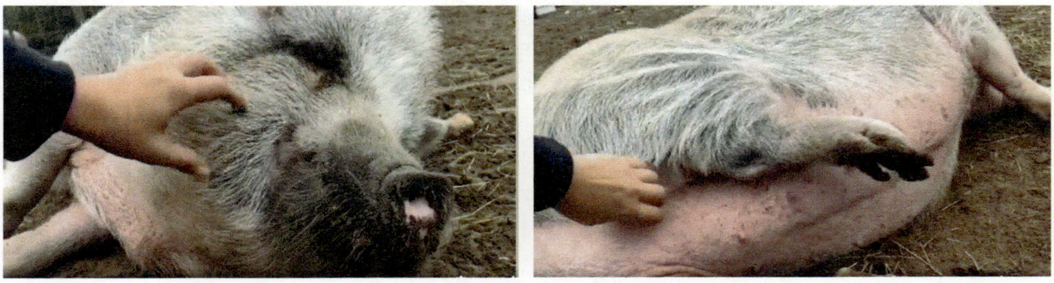

그림 Ⅷ-61 돼지 긁어 주기

3) 정리(5분)

- 오늘의 활동 내용을 요약, 정리하여 말한다.
- 활동하면서 느낀 점, 깨달은 점을 말하도록 한다.
- 다음 프로그램을 안내한다.

라. 돼지와 산책하기

(1) 프로그램 개요

활동명	돼지와 산책하기	치유사명	
일시	2024. 2. 2	장소	농장 내 방사장
주 대상자	어린이, 청소년, 성인	확장 대상자	모든 사람
치유 목적	운동능력, 소근육 및 대근육 기능, 민첩성, 지구력, 기동성 향상		
활동 목표	• 돼지의 목에 하네스를 착용할 수 있다. • 돼지와 함께 안전하게 산책할 수 있다. • 돼지와 눈 맞춤, 쓰다듬기 등으로 상호 교감할 수 있다.		
준비물	돼지, 하네스, 리드 줄, 간식, 손 세정제, 수건, 작업복		
과정	활동 내용		
도입	• 동기유발을 위해 오늘 활동과 관련된 내용을 소개한다. • 이 시간의 활동 목표와 진행 내용을 설명한다.		
전개	1) 하네스의 선택과 조절하기 • 줄자를 사용하여 돼지의 목과 가슴(앞다리 바로 뒤)의 둘레 길이를 측정한다. • 측정치를 기준으로 하네스의 크기를 적절히 조절한다. 2) 하네스 착용하기 • 돼지에게 하네스를 보여주고, 냄새를 맡고 맛을 보게 한 후 몸 전체에 문질러 익숙하게 한다. • 하네스 착용은 작은 방이나 울타리가 쳐진 제한된 공간에서 실시한다. • 간식을 먹는 동안 하네스를 등에 놓고 목 버클을 천천히 끼웁니다. • 다음 단계는 돼지 앞다리 뒤의 두 번째 고리를 채운다. • 하네스 끈을 돼지 몸에 맞도록 다시 한번 조정한다. 3) 산책하기 • 돼지가 하네스에 연결된 리드 줄을 마음대로 끌고 다니게 한다. • 그런 다음 리드 줄을 잡고 돼지가 원하는 곳으로 가게한다. • 그런 다음 몇 걸음 떨어진 곳에 서서 목줄을 당기면서 돼지를 불러 되돌아오면 '옳지' 칭찬을 한 후 간식을 준다. • 돼지와 산책할 때는 '가자' 등과 같은 명령어를 반복하여 사용한다.		
정리	• 활동하면서 느낀 점, 깨달은 점을 말하도록 한다. • 오늘의 활동 내용을 요약, 정리하여 말한다. • 차시(다음 시간) 활동 내용을 안내해 준다.		
유의사항	• 편안한 분위기를 조성하고 친절하게 대한다. • 긴 소매 & 바지를 착복하고 장화 또는 운동화를 신는다. • 대상자가 과제를 수행할 때마다 칭찬과 격려를 해준다. • 개는 돼지에게 스트레스를 줄 수 있으므로 동행하지 않는다.		

(2) 프로그램 진행하기

1) 도입(5분)

- 동기유발을 위해 오늘 활동과 관련된 내용을 소개한다.
- 이 시간의 활동 목표와 진행 내용을 설명한다.

2) 전개(50~60분)

치유사는 대상자에게 돼지와 산책하는 방법을 설명하면서 시연하고 대상자가 따라 하도록 한다. 수행과정이 바르지 않으면 수시로 정정해 준다.

1 하네스 착용 안내하기

- 치유사는 대상자에게 하네스가 의사소통과 보호하는 기구임을 말해 준다.
- 하네스를 착용하기 전에 돼지를 만지고 긁을 수 있을 정도의 친밀감을 형성해야 거부감이 없이 착용할 수 있다.
- 돼지에게 장시간 사용하지 않도록 해야 한다.

2 하네스의 선택과 조절하기

- 치유사는 2가지 유형의 하네스를 제시하고 특징을 설명해 준다.

A 스타일 : 2개의 스냅이 어깨에서 합쳐져 착용이 편리하다.
H 스타일 : 목과 가슴을 H자로 감싸 리드 줄에 연결된다.

그림 Ⅷ-62 하네스(좌: A스타일, 우: H스타일)

- 줄자를 사용하여 돼지의 목과 가슴(앞다리 바로 뒤)의 둘레 길이를 측정한다.
- 측정치를 기준으로 하네스의 크기를 적절히 조절한다.

3 하네스 착용하기

- 돼지에게 하네스를 보여주고, 냄새를 맡고 맛을 보게 한 후 몸 전체에 문질러 익숙하게

한다.

- 하네스 착용은 작은 방이나 울타리가 쳐진 제한된 공간에서 실시한다.
- A 스타일 : 돼지머리를 고리를 통해 밀어 넣고 클립을 채운다.
- H 스타일 : 첫 번째 고리를 돼지의 목에 두 번째 고리는 가슴에 고정한다.
- 간식을 바닥에 놓고 새끼 돼지가 먹는 동안 하네스를 등에 놓고 목 버클을 천천히 끼운다.
- 돼지가 거부 반응을 일으키면 간식을 주어 진정시킨다.
- 다음 단계는 돼지 앞다리 뒤의 두 번째 고리를 채운다.
- 하네스 끈을 돼지 몸에 맞도록 다시 한번 조정한다.

4 산책하기

- 돼지가 하네스에 연결된 리드 줄을 마음대로 끌고 다니게 한다.
- 그런 다음 리드 줄을 잡고 돼지가 원하는 곳으로 가게 한다.
- 그런 다음 목줄에 약간의 압력을 가하며 이름을 부르고, 돼지가 고개를 돌리는 순간 간식을 준다.
- 그런 다음 몇 걸음 떨어진 곳에 서서 목줄을 당기면서 돼지를 불러 되돌아오면 '옳지' 칭찬을 한 후 간식을 준다.
- 이런 과정을 몇 번 반복하면 목줄을 매고 같이 산책할 수 있다.
- 돼지와 산책할 때는 '가자' 등과 같은 명령어를 반복하여 사용한다.

그림 Ⅷ-63 돼지 산책

3) 정리(5분)

- 오늘의 활동 내용을 요약, 정리하여 말한다.
- 활동하면서 느낀 점, 깨달은 점을 말하도록 한다.
- 다음 프로그램을 안내한다.

마. 새끼 돼지 기르기

(1) 프로그램 개요

활동명	새끼돼지 기르기	치유사명	
일시	2024. 2. 2	장소	자돈 사육실
주 대상자	어린이(5세 이상), 산만한 청소년, 치매 노인	확장 대상자	범법자
치유 목적	긍정심, 배려심, 양육능력 향상, 관찰력 및 집중력 향상		
활동 목표	• 새끼 돼지의 탯줄을 자르고 보온할 수 있다. • 허약한 새끼 돼지를 어미의 앞 젖꼭지에 젖 먹이기 시킬 수 있다. • 철분 주사를 적기에 적량을 주사할 수 있다.		
준비물	돼지, 보온등, 보온 매트, 철분주사액, 주사기, 탈지면, 소독용 알코올, 손 세정제, 수건, 작업복		
과정	활동 내용		
도입	• 동기유발을 위해 오늘 활동과 관련된 내용을 소개한다. • 이 시간의 활동 목표와 진행 내용을 설명한다.		
전개	1) 분만 조력 및 새끼 돼지 관리하기(30~40분) • 탯줄은 3cm 정도에서 동여매고 자른 후 소독한다. • 보온상자에 넣어 30℃로 보온한다. • 후산이 되면 어미가 먹지 못하도록 치운다. 2) 자돈의 온도 및 포유 관리하기 • 보온 매트 또는 보온등을 이용하여 보온해 준다. • 분만 후 바로 초유를 급여하여 3일 정도 충분히 먹인다. • 허약한 새끼 돼지는 젖량이 많은 앞쪽 젖꼭지에 포유시킨다. 3) 자돈의 철분 주사하기 • 철분 주사는 1차 생후 1~3일, 2차 생후 10~14일에 주사한다. • 대퇴부나 목 부위 근육 1~2mL를 주사한다.		
정리	• 활동하면서 느낀 점, 깨달은 점을 말하도록 한다. • 오늘의 활동 내용을 요약, 정리하여 말한다. • 차시(다음 시간) 활동 내용을 안내해 준다.		
유의사항	• 편안한 분위기를 조성하고 친절하게 대한다. • 대상자가 과제를 수행할 때마다 칭찬과 격려를 해준다. • 활동이 끝나면 감염병 전염을 예방하기 위해 손을 씻는다.		

(2) 프로그램 진행하기

1) 도입(5분)

- 동기유발을 위해 오늘 활동과 관련된 내용을 소개한다.
- 이 시간의 활동 목표와 진행 내용을 설명한다.

2) 전개(30~40분)

치유사는 대상자에게 새끼 돼지 기르기에 대한 각종 작업 내용을 설명하면서 시연하고 대상자가 따라 하도록 한다. 수행과정이 바르지 않으면 수시로 정정해 준다.

1 분만 조력 및 새끼 돼지 관리하기(30~40분)

- 진통과 함께 양막이 파열되고 새끼가 나온다.
- 새끼를 싸고 있는 태막을 벗기고 마른 수건으로 코와 입을 닦아 호흡을 돕고 몸의 점액을 닦는다.
- 탯줄은 3cm 정도에서 동여매고 자른 후 요오드팅크로 소독한다.
- 보온상자에 넣어 30℃로 보온한다.
- 가사 상태의 새끼는 알코올을 솜에 묻혀 코 주위에 바르고 인공호흡을 한다.
- 후산이 되면 어미가 먹지 못하도록 치운다.

2 자돈의 온도 및 포유 관리하기(30~40분)

- 보온 매트 또는 보온등을 이용하여 적당한 온도를 유지해 준다.
  (생후 1~3일: 30~32℃, 4~7일: 28~30℃, 8~30일: 22~25℃)
- 분만 후 바로 초유를 급여하기 시작하고 3일 정도 충분히 먹인다.
- 허약한 새끼 돼지는 젖량이 많은 어미의 앞쪽 젖꼭지에 포유시킨다.
- 자기 젖꼭지가 결정될 때까지 2~3일간 잘 관리한다.
- 이유 시기는 생후 3~4주령에 체중이 6.0kg(5.6~6.4kg) 도달했을 때 실시한다.

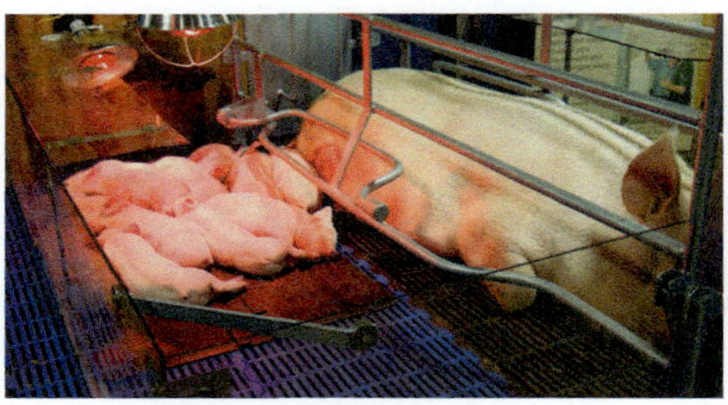

그림 Ⅷ-64 보온등을 이용한 보온

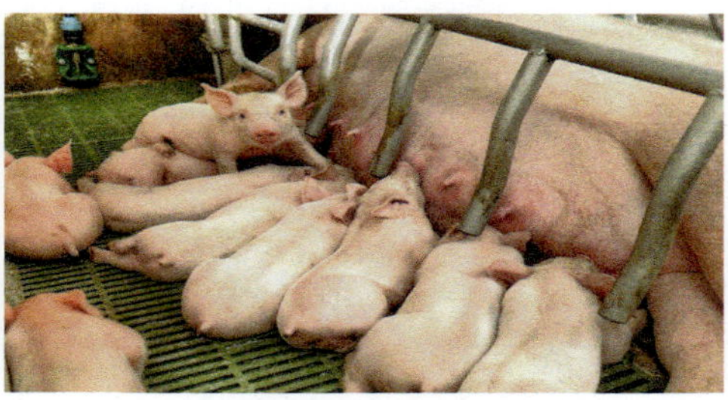

그림 Ⅷ-65 새끼돼지 포유

3 자돈의 철분 주사하기(20~30분)

- 주사 시기 및 주사량은 생후 1~3일령과 10~14일령 2차에 걸쳐 100㎎/1mL을 주사한다.
- 새끼돼지의 주사 부위(대퇴부나 목)를 소독한다.
- 1회용 주사기로 약제를 뽑아 거꾸로 들어 공기를 빼낸다.
- 대퇴부나 목 부위 근육에 1~2mL를 주사한다.
- 주사 부위를 지압하여 주사액이 빠져나오는 것을 막는다.
- 주사가 완료된 것은 색깔이 있는 마커로 표시한다.

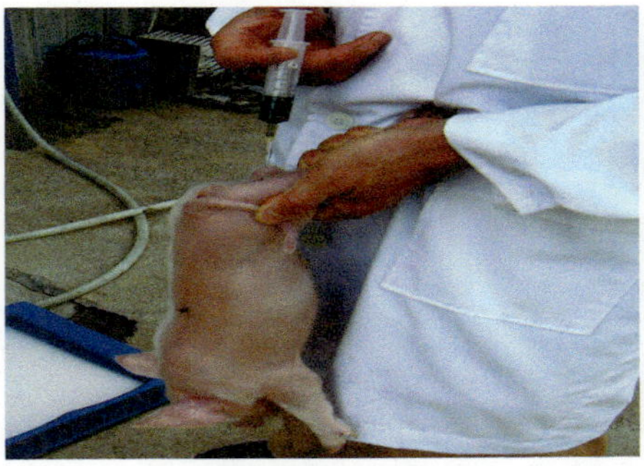

그림 Ⅷ-66 철분주사

그림 Ⅷ-67 쿠네쿠네 미니돼지 포유

3) 정리(5분)

- 오늘의 활동 내용을 요약, 정리하여 말한다.
- 활동하면서 느낀 점, 깨달은 점을 말하도록 한다.
- 다음 프로그램을 안내한다.

04 소 교감치유

학습 목표

- ✓ 한우의 일반적인 형태와 특징을 말할 수 있다.
- ✓ 한우의 품종별 특징과 설명하면서 식별할 수 있다.
- ✓ 한우의 사양 관리, 돌봄을 통한 교감치유를 할 수 있다.
- ✓ 한우의 교감치유 프로그램을 적용할 수 있다.

4.1 소 교감치유의 이해

가. 소 교감치유의 역사

소는 오랜 옛날부터 인간과 밀접한 관계를 맺으면서 주요 식량 자원, 교통수단, 농경 수단으로 이용되었고 숭배의 대상이 되기도 하였다.

최근에는 인간과의 공존 동물로 인식되면서 동물복지에 관한 관심이 높아지고 있다.

소 껴안기(hugging cows)는 2007년 네덜란드의 시골 마을 루베르(Reuver)에서 유래하였으며, 네덜란드어로 코 크누펠렌(koe knuffelen)이라고 한다.

그림 Ⅷ-68 미국 The Gentle Barn의 설립자 Ellie Laks, 소 포용 요법(Cow Hugging Therapy)

소 포용 요법이 새로운 웰빙 트렌드로 부상하고 있다. 정신건강에 많은 이점이 있는 이 요법은 전 세계적으로 점점 더 많은 관심을 끌고 있다. 이제 사람들은 자연과 시골 생활에 더 가까이 다가가게 하기 위한 운동의 일부가 되었고 유럽, 미국 등으로 전파되었다.

소를 안아주는 세션을 통해 즐거움을 유발하고 스트레스를 해소하는 것으로 세계적으로 인기를 얻고 있다.

미국의 마운틴 호스 팜(Mountain Horse Farm)을 비롯한 여러 농장에서 소와 유대감을 경험하면서 쓰다듬기, 빗질하기, 껴안기 등으로 상호교감과 애정을 교환하는 치유 프로그램을 운영하고 있다.

소를 이용한 동물 교감치유가 심신의 안정과 재활에 탁월한 효과가 있는 것으로 입증되면서 많이 이용되고 있다.

나. 소의 특성과 교감치유의 특징

(1) 소의 심리적·생리적 특성

① 성질이 온순하고 명령에 잘 복종하여 치유에 적합한 동물이다.
② 행동은 느리지만, 인내력이 강하고 부지런한 동물이다.
③ 순박하고 유순한 눈동자는 평화롭고 여유로운 느낌을 준다.
④ 위가 4개인 반추동물로 조사료의 이용성이 좋다.
⑤ 시야는 330°로 매우 넓고 노란색, 녹색, 파란색은 보지만 빨간색은 보지 못한다.
⑥ '울부짖는' 소들은 의사소통을 위해 머리, 팔다리, 꼬리의 위치, 표정과 같은 몸짓 언어를 사용한다.[07]
⑦ 기억력이 좋아 관리인, 착유 시간, 사료 섭취시간을 잘 알고 자기 집을 잘 찾는다.

(2) 소 교감치유의 특징

소는 단순하면서 차분하고 온화한 성격의 동물이다. 소에게 사료를 주고 빗질을 하며, 방목장에서 휴식을 취하면서 되새김질하는 평온한 모습을 바라보는 것만으로도 스트레스와 긴장이 해소되고 안정을 취하게 된다.

소는 사람의 말과 행동을 비판하거나 충고하지 않고 무조건 수용하고 경청한다. 소와 함께라면 마냥 편안해진다.

연구에 따르면 소 교감치유는 다음과 같은 정신적, 신체적 건강에 긍정적인 영향을 준다.

- 스트레스 및 불안 감소
- 기분과 수면의 질 향상
- 공감 능력과 생명 존중감 증가

그림 Ⅷ-69 미국 ROSE Therapeutic Farm 소 교감치유

- 혈압 및 심박수 감소
- 면역 체계 강화

다. 소의 품종과 선택

(1) 젖소의 품종

전 세계적으로 가장 많이 사육되는 품종은 유량이 가장 많은 홀스타인이며, 유지율이 가장 높은 품종은 저지이다. 우리나라에서는 홀스타인을 사육한다.

홀스타인(holstein)

브라운스위스(brown swiss)

에어셔(ayrshire)

건지(guernsey)

저지(jersey)

유용쇼트혼(dairy shorthorn)

그림 Ⅷ-70 젖소의 품종

(2) 한우의 품종

한우의 품종은 황우, 칡한우(칡소), 제주 흑우(흑소) 등이 있다.

일반 한우(황우)

칡우(칡소)

제주흑우(흑소)

그림 Ⅷ-71 한우의 품종

라. 소의 안전한 취급과 유의사항

(1) 안전한 취급

소는 온순하고 침착한 동물이나 체격이 크고 겁이 많으며 잘 놀래는 동물이라 때로는 돌발적인 위험 상황에 직면할 수도 있다. 따라서 소를 다룰 때는 항상 조심하여야 한다.

- 접근할 때는 사람이 다가온다는 것을 알 수 있도록 낮은 소리로 부른다.
- 송아지가 딸린 소는 새끼를 보호하기 위한 본능이 있어 돌진할 수 있으니 더욱 조심해야 한다.
- 짝짓기 시기에는 황소를 위해 별도의 격리된 장소에서 실시한다.
- 소가 움직일 수 있는 충분한 공간이 확보되어 있는지 확인한다.
- 소가 발로 차는 범위를 벗어나거나 몸 가까이 바짝 붙어 작업한다.
- (뒤쪽 45。방향이 가장 위험하므로 이곳에 서 있지 않은 것이 좋다)
- 필요한 경우 보정 밧줄, 보정틀 및 포획망을 사용하여 동물을 제압한다.
- 치유축 소는 뿔을 제거한다.

(2) 교감치유 시 유의 사항

소는 매우 사회적인 동물로 20~30마리의 작은 무리에서 살며 무리의 다른 동물들과 친밀한 우정을 형성한다. 서로를 핥는 것은 동물들 사이의 관계를 강화하고 긴장을 완화하기 위한 행동이다.[08]

소는 몸집이 커서 대상자가 두려움을 느낄 수 있으며 과도한 스트레스를 받으면 공격이 있을 수 있으므로 적절한 활동과 사전 행동을 잘 살펴 대처해야 한다.

1 일반 사항

① 농장 동물을 돌보는 동안 자신을 보호하는 것을 최우선으로 한다.
② 동물이 건강하고 깨끗해 보이더라도 전염성 세균을 전파할 수 있다는 점에 유의한다.
③ 동물을 관리할 때는 항상 마스크, 장갑, 부츠와 같은 보호 장비를 착용한다.
④ 동물과 접촉할 때는 전용 신발(장화)과 장갑을 착용한다.
⑤ 전용 관리복으로 갈아입고 모자를 쓴다.

2 물림과 발차기 방지

① 젖소의 갑작스러운 공격에 대비하여 탈출 경로로 숙지한다.
② 젖소의 뒤에서 접근하거나 뒤에 서 있는 경우 발차임을 당할 수 있으므로 일정한 거리

를 유지하거나 바짝 붙어 있어야 한다.

③ 특히 어린이가 다치지 않도록 소 주변에서 감독한다.

④ 교감 활동 후에는 반드시 비눗물로 손 씻기를 한다.

마. 소 교감치유의 적용 분야

소의 심장 박동수는 48~70회로 사람보다 느려 껴안기를 할 때 심신의 안정과 이완, 평온함을 느끼게 한다.

한우 교감치유는 다음과 같은 이점이 있다.

- 불안과 스트레스를 줄인다.
- 우울증과 외로움을 줄인다.
- 혈압을 낮춘다.
- 옥시토신(사랑 호르몬) 분비를 촉진한다.

특히 소 교감치유는 정신 질환, 지적 장애가 있는 사람들 또는 기분 좋고 편안한 경험을 원하는 사람을 달래고 편안함을 느낄 수 있게 한다.

더 알아보기 : 소 껴안기(Hug Cow) 치유 효과 [09]

▶ 행복 호르몬 증가 옥시토신, 엔도르핀, 세로토닌, 도파민 ▶ 스트레스 호르몬 감소 코르티솔	→	- 혈압 하강(안정) - 혈관 질환의 예방 - 불안, 우울 감소 - 즐거움, 기분전환

바. 소 교감치유의 활동

젖소를 이용한 동물 교감치유가 심신의 안정과 재활에 탁월한 효과가 있는 것으로 입증되면서 가장 많이 이용되고 있다.

교감치유 활동으로는 어린 송아지 포유하기(포유병 이용), 송아지에게 손가락 빨리기, 소 껴안기, 쓰다듬기, 눈 맞추기, 털 손질하기, 큰소 사료 주기, 송아지 건초 주기, 송아지 방 만들기, 송아지 이름짓기, 이름표 걸어주기, 소와 함께 걷기, 젖 짜기, 요구르트 만들기 등을 활용할 수 있다.

읽을거리 : 얼룩송아지와 얼룩빼기 황소

동요 '송아지'(박목월 작사)에 나오는 얼룩송아지나, 시인 정지용의 '향수'에 등장하는 얼룩빼기 황소, 그리고 이중섭 화가의'황소' 그림에 나오는 소의 품종은 무엇일까? 일부에서는 젖소의 홀스타인종이라고도 하나 실은 우리나라 고유품종인 칡소이다.

그림 Ⅷ-72 이중섭의 황소

시 '향수'는 1927년에, 동요 '송아지'는 1948년에 발표되었다. 우리나라에 홀스타인종이 최초로 도입된 것은 1902년 20두가 도입되었고 전국적으로 보급되기 시작한 것은 1971년부터 10여 년간 7,000여 두가 도입되었으므로 그 시절에는 일반 대중들에게는 알려지지 않은 품종이다.

따라서 황소(황백이)는 누런 소를 의미하는 것이 아니고 수소(ox)를 의미하고 얼룩빼기 황소, 얼룩송아지는 젖소가 아닌 칡소를 일컫는 말이다.

4.2 소 교감치유의 실제

가. 소의 외부명칭 익히기

(1) 프로그램 개요

활동명	소의 외부명칭 익히기	치유사명	
일시	2024. 2. 2	장소	소 사육장
주 대상자	어린이(5세 이상), 청소년, 노인	확장 대상자	모든 사람
치유 목적	기억력, 판단력, 지남력, 주의 집중력 향상		
활동 목표	• 소 외부 각 부위의 명칭을 알고 말할 수 있다. • 치유사가 지적하는 부위의 명칭을 말할 수 있다. • 외부명칭을 암기하여 인지능력을 향상할 수 있다.		
준비물	소, 소의 외부명칭이 명기된 그림, 손 세정제, 수건, 작업복		
과정	활동 내용		
도입	• 동기유발을 위해 오늘 활동과 관련된 내용을 소개한다. • 이 시간의 활동 목표와 진행 내용을 설명한다.		
전개	1) 외부명칭 익히기 • 소의 머리에서 꼬리까지의 외부명칭을 가리키면서 설명해 준다. • 치유사가 부위를 가리키며 명칭을 알려 주고 따라서 말하도록 한다. • 명칭을 숙지하지 못하는 어린아이 또는 치매 환자에게는 2~3번 반복하여 실시한다. • 치유사가 말하는 소의 외부명칭의 부위를 대상자가 손으로 가리키도록 한다. • 틀리는 경우는 정정해 주고 다시 가리키도록 한다. 2) 쓰다듬기와 포옹하기 • 소의 머리와 몸을 쓰다듬고 포옹하면서 상호 교감작용을 하도록 한다.		
정리	• 활동하면서 느낀 점, 깨달은 점을 말하도록 한다. • 오늘의 활동 내용을 요약, 정리하여 말한다. • 차시(다음 시간) 활동 내용을 안내해 준다.		
유의사항	• 편안한 분위기를 조성하고 친절하게 대한다. • 소는 뿔을 가진 동물로 접근 시 서서히 다가가 놀라지 않게 한다. • 대상자가 과제를 수행할 때마다 칭찬과 격려를 해준다.		

(2) 프로그램 진행하기

1) 도입(5분)

- 동기유발을 위해 오늘 활동과 관련된 내용을 소개한다.
- 이 시간의 활동 목표와 진행 내용을 설명한다.
- 교감치유용 소와 대상자가 마주 보면서 서게 한다.

2) 전개(30~40분)

치유사는 대상자에게 소 외부를 가리키면서 명칭을 알려주고 대상자가 부위 명칭을 따라 말하도록 한다. 외부명칭을 모두 알려준 후 대상자가 지적하면서 말하도록 하고 틀릴 때는 바르게 알려주고 다시 외우도록 한다.

1 외부명칭 익히기

- 소의 머리에서 꼬리까지의 외부명칭을 가리키면서 설명해 준다.
- 치유사가 부위를 가리키며 명칭을 알려 주고 따라서 말하도록 한다.
- 명칭에 숙지하지 못한 어린아이 또는 치매 환자에게는 2~3번 반복하여 실시한다.
- 치유사가 말하는 소의 외부명칭의 부위를 대상자가 손으로 가리키도록 한다.
- 틀리는 경우는 정정해 주고 다시 가리키도록 한다.

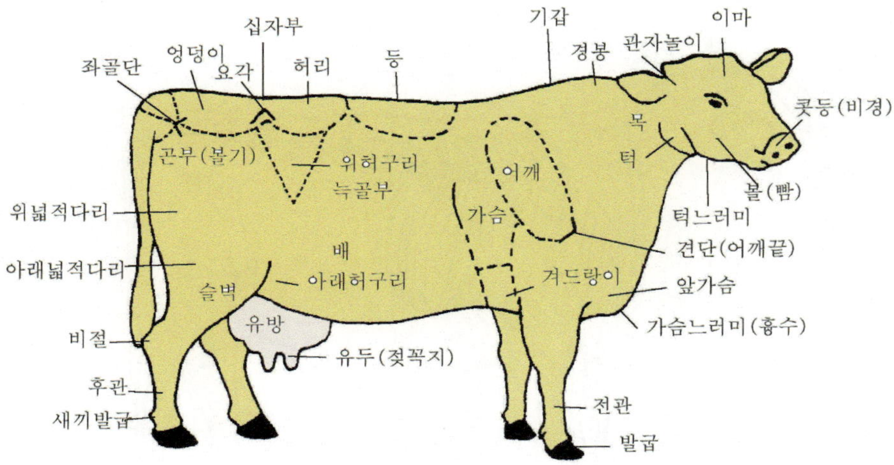

그림 VIII-73 소의 외부명칭

2 쓰다듬기와 포옹하기

- 소의 머리와 몸을 쓰다듬고 포옹하면서 상호 교감작용을 하도록 한다
- 소를 포옹하고 하고 싶은 얘기를 나누도록 한다.

3) 정리(5分)

- 오늘의 활동 내용을 요약, 정리하여 말한다.
- 활동하면서 느낀 점, 깨달은 점을 말하도록 한다.
- 다음 프로그램을 안내한다.

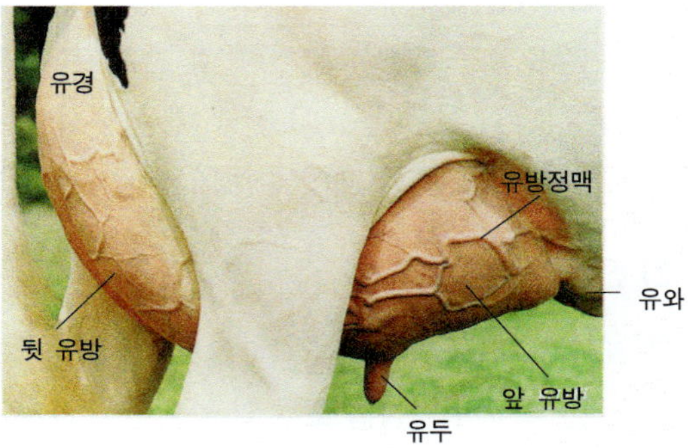

그림 Ⅷ-74 유방의 구조와 명칭

관련 지식

[1] 소의 골격명칭

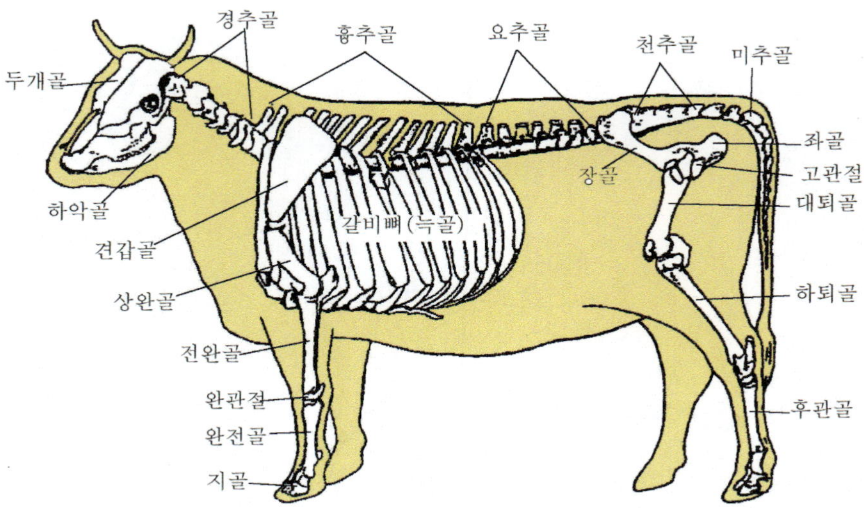

그림 Ⅷ-75 소의 골격명칭

나. 어린 송아지 기르기

(1) 프로그램 개요

활동명	어린 송아지 기르기	치유사명	
일시	2024. 2. 2	장소	송아지 축사
주 대상자	어린이(5세 이상), 청소년, 외상 후 스트레스 장애(PTSD)자, 성적 학대자, 우울증 환자, 알코올 및 약물 중독자	확장 대상자	모든 사람
치유 목적	생명 존중감 및 양육능력 향상, 관찰력 및 집중력 향상		
활동 목표	• 분만된 송아지에게 적기에 충분한 초유를 먹일 수 있다. • 대용유 분말을 물과 적당한 비율로 혼합하여 먹일 수 있다. • 기타 송아지 관리를 적기에 안전한 방법으로 관리할 수 있다. • 송아지와 눈 맞춤, 껴안기 등으로 상호 교감할 수 있다.		
준비물	포유병, 초유, 대용유(분말), 어린 송아지 사료, 건초, 온수기, 손 세정제, 수건, 작업복		
과정	활동 내용		
도입	• 동기유발을 위해 오늘 활동과 관련된 내용을 소개한다. • 이 시간의 활동 목표와 진행 내용을 설명한다.		
전개	1) 초유의 급여하기 • 초유는 가급적 빨리 15~30분 이내에 먹이도록 한다. • 분만 후 4시간 이내에 충분한 양(1.2~1.5L)의 초유를 먹인다. • 포유 기구는 세제로 세척하고 열탕 소독하여 사용한다. 2) 대용유 급여하기 • 대용유와 물의 혼합은 첫 주에는 1:9, 둘째 주부터는 1:7~8 비율로 한다. • 급여 시 온도는 38~40℃ 가 되도록 하여 급여한다. • 1일 3~4회, 체중의 10~15%를 급여한다. 3) 기타 송아지 관리하기 • 조사료 급여 시작 : 7일령 이후 • 이유 사료 급여 : 14일령~3개월령 • 운동 : 1개월령 이후		
정리	• 활동하면서 느낀 점, 깨달은 점을 말하도록 한다. • 오늘의 활동 내용을 요약, 정리하여 말한다. • 차시(다음 시간) 활동 내용을 안내해 준다.		
유의사항	• 편안한 분위기를 조성하고 친절하게 대한다. • 송아지에게 위해를 가하지 않도록 사전에 알리고 주시한다. • 대상자가 과제를 수행할 때마다 칭찬과 격려를 해준다.		

(2) 프로그램 진행하기

1) 도입(5분)

- 동기유발을 위해 오늘 활동과 관련된 내용을 소개한다.
- 이 시간의 활동 목표와 진행 내용을 설명한다.

2) 전개(100~120분)

치유사는 대상자에게 초유와 대용유 급여 방법과 순서를 설명하면서 시연한 후 대상자가 직접 급여해 보도록 한다. 또한, 대상자의 방법이 올바르지 않으면 수시로 정정해 주며 다시 하도록 한다.

1 초유의 급여하기

- 초유 급여 시기는 빠를수록 좋으므로 출생 후 15~30분 이내에 먹이도록 한다.
- 분만 후 4시간 이내에 충분한 양(1.2~1.5L)의 초유를 먹인다.
- 1회에 1.5L 이상 먹이지 않는다. (송아지 제1위의 용적이 1.5L 이하)
- 초유 급여 시 온도는 체온 정도인 38~40℃로 데워서 급여한다.
- 냉동 초유는 해동시킨 후 초유와 물을 3 : 1의 비율로 혼합하여 4일령 이후의 송아지에게 급여한다.
- 포유 기구는 세제로 세척하고 열탕 소독하여 사용한다.

2 대용유 급여하기

- 전유에서 대용유로 교체할 때에는 3~4일의 서서히 바꾸어 급여한다.
- 대용유와 물의 혼합은 첫 주에는 1:9, 둘째 주부터는 1:7~8 비율로 한다.
- 포유병에 40~50℃의 적당량의 물을 넣고 적량의 대용유 분말을 넣는다.
- 대용유 분말이 잘 용해되도록 1~3분간 흔들어 준다.
- 급여 시 온도는 38~40℃ 가 되도록 하여 급여한다.
- 먹다 남은 것은 폐기하고 급여 용기는 세척 후 소독하여 사용한다.
- 1일 급여 횟수는 3~4회로 한다.
- 포유량은 송아지 체중의 10~15%를 급여한다.

그림 Ⅷ-76 송아지 포유

3 기타 송아지 관리하기

- 기타 송아지 관리는 다음 표와 같이 관리한다.

표 Ⅷ-3 어린 송아지 사양 관리

연령	관리 내용
분만 직후 5일령	초유 급여
5일령~이유까지	전유 또는 대용유
7일령 이후	조사료 급여 시작
7일령~14일령	제각
14일령~3개월령	이유 사료 급여
1개월령 이후	운동
3개월령 이후	사일리지 급여, 방목

3) 정리(5분)

- 오늘의 활동 내용을 요약, 정리하여 말한다.
- 활동하면서 느낀 점, 깨달은 점을 말하도록 한다.
- 다음 프로그램을 안내한다.

관련 지식

[1] 초유의 기능

- 분만 후 5~7일간 분비되는 짙은 황갈색의 젖을 말한다.
- 어미 소의 면역 항체(면역 글로불린)를 전달하여 질병의 저항성을 높여 준다.
- 어린 송아지에게 영양분을 공급해 준다(단백질 6배, 지방과 무기물 3배, 비타민 A, 철분은 10배).
- 내분(태어나기 전 뱃속의 똥)을 배출해 주는 기능이 있다.

[2] 초유의 급여 시간과 흡수율

초유 중 면역 항체의 역가는 분만 후 3일까지 현저하다가 그 후는 급격하게 감소한다.

초유 중의 항체 흡수는 대부분 분만 후 24시간 이내에 이루어지며, 시간이 경과함에 따라 소장의 흡수력이 급격히 떨어지게 되므로 분만 직후 빨리 급여할수록 좋다,

[3] 포유의 자세

송아지에게 젖을 먹일 때 목이 위쪽 앞으로 곧게 일직선으로 펴지게 해야 젖이 1위나 2위로 가지 않고 3위를 거쳐 4위로 넘어간다.

만약 바가지나 그릇에 담아 젖을 먹이면 식도가 구부러져 1위로 넘어가게 된다. 송아지 1위는 발달이 안되어 소화 능력이 없으므로 가스 발생과 소화 불량, 설사 등을 일으킨다.

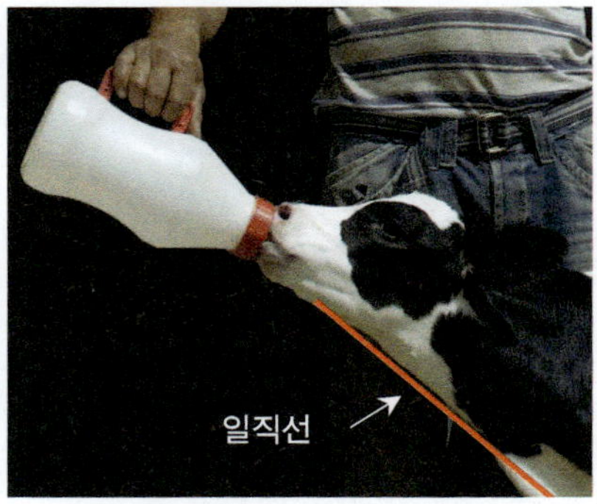

그림 Ⅷ-77 포유 방법

다. 소 솔질하기

(1) 프로그램 개요

활동명	소 솔질하기	치유사명	
일시	2024. 2. 2	장소	소 사육장
주 대상자	어린이, 청소년, 외상 후 스트레스 장애(PTSD)자, 우울증 및 ASD환자	확장 대상자	모든 사람
치유 목적	손 기능 향상, 생명 존중감, 양육능력, 관찰력 및 집중력, 인지능력, 소근육 향상, 스트레스 및 불안 감소		
활동 목표	• 솔을 바르게 잡고 순서에 따라 솔질할 수 있다. • 솔질을 통하여 손 기능을 향상할 수 있다. • 소를 손질하고 쓰다듬고 상호 교감작용을 할 수 있다. • 소 솔질하면서 생명 존중감과 양육능력을 함양할 수 있다.		
준비물	소, 거친 솔, 쇠 긁게, 싸리비, 스펀지 솔, 손 세정제, 수건, 작업복		
과정	활동 내용		
도입	• 동기유발을 위해 오늘 활동과 관련된 내용을 소개한다. • 이 시간의 활동 목표와 진행 내용을 설명한다.		
전개	1) 솔 사용법 익히기 • 왼손에 빗, 오른손에 솔을 잡는다. • 털이 누운 방향을 따라 빗고 쓸어내린다. • 솔을 빗에 빗겨 비듬을 털어가면서 계속 쓸 수 있게 한다. 2) 솔질하기 • 큰 소는 거친 솔, 쇠 긁게, 싸리비 등을 사용한다. • 솔질의 순서 : 왼쪽 볼 ➡ 목 ➡ 등 ➡ 배 ➡ 뒷다리 ➡ 돌아서 ➡ 꼬리 ➡ 오른쪽 뒷다리 ➡ 배 ➡ 등 ➡ 목 ➡ 머리에서 마친다. • 뒷다리와 엉덩이의 말라붙은 오물은 물에 불려 긁고 싸리비로 쓸어 준다. • 뒷다리와 엉덩이의 말라붙은 오물은 물에 불려 쇠 긁개로 긁고 싸리비로 쓸어 준다. • 헝겊으로 털의 방향으로 문질러 광택을 내고 끝낸다.		
정리	• 활동하면서 느낀 점, 깨달은 점을 말하도록 한다. • 오늘의 활동 내용을 요약, 정리하여 말한다. • 차시(다음 시간) 활동 내용을 안내해 준다.		
유의사항	• 소는 뿔을 가진 동물로 접근 시 서서히 다가가 놀라지 않게 한다. • 활동이 끝나면 감염병 전염을 예방하기 위해 손을 씻는다. • 대상자가 과제를 수행할 때마다 칭찬과 격려를 해준다.		

(2) 프로그램 진행하기

1) 도입(5분)

- 동기유발을 위해 오늘 활동과 관련된 내용을 소개한다.
- 이 시간의 활동 목표와 진행 내용을 설명한다.
- 모든 활동은 치유사와 대상자가 공동으로 협업하면서 진행한다.

2) 전개(25~30분)

치유사는 대상자에게 소 솔질하기 방법과 순서를 설명하면서 시연한 후 대상자가 직접 시행해 보도록 한다. 또한, 대상자의 방법이 올바르지 않으면 수시로 정정해 주며 다시 하도록 한다.

1 솔 사용법 익히기

- 왼손에 빗, 오른손에 솔을 잡는다.
- 털이 누운 방향을 따라 빗고 쓸어내린다.
- 솔질은 털이나 비듬 등의 이물질을 계속 털어가면서 실시한다.

쇠긁개(카레그루머) 거친 솔 고무솔

그림 Ⅷ-78 손질 관리 기구

그림 Ⅷ-79 소 손질하기

1 솔질하기

- 소에게 부드러운 목소리를 내면서 서서히 조심스럽게 접근한다.
- 송아지는 부드러운 털 솔이나 스펀지 솔을 사용하여 피부가 상하지 않도록 한다.
- 큰 소는 거친 솔, 쇠 긁게, 싸리비 등을 사용한다.
- 솔질의 순서 : 왼쪽 볼 ➡ 목 ➡ 등 ➡ 배 ➡ 뒷다리 ➡ 돌아서 ➡ 꼬리 ➡ 오른쪽 뒷다리 ➡ 배 ➡ 등 ➡ 목 ➡ 머리에서 마친다.
- 뒷다리와 엉덩이의 말라붙은 오물은 물에 불려 긁고 싸리비로 쓸어 준다.
- 헝겊으로 털의 방향으로 문질러 광택을 내고 끝낸다.

3) 정리(5분)

- 오늘의 활동 내용을 요약, 정리하여 말한다.
- 활동하면서 느낀 점, 깨달은 점을 말하도록 한다.
- 다음 프로그램을 안내한다.

읽을거리 : 소 손질하기

소는 왜, 되새길질을 할까?

넓은 초원은 초식동물의 먹이 창고이자 포식자들의 사냥터이다. 따라서 소는 포식자들의 눈에 띄지 않게 짧은 시간에 많은 풀을 먹어야 한다. 그래서 씹지 않고 삼킨 후 안전한 곳에 휴식을 취하면서 삼켰던 풀을 다시 꺼내 되새김질(반추)을 한다.
소는 채식후 약 30분이나 1시간후부터 시작하며 보통 하루에 6~8회정도 하는데, 1회에 40~50분간정도 되새김질을 하고 되새김질량은 약 50~60kg정도다.

라. 소 방목시키기

(1) 프로그램 개요

<table>
<tr><th>활동명</th><th>소 방목시키기</th><th>치유사명</th><th></th></tr>
<tr><td>일시</td><td>2024. 2. 2</td><td>장소</td><td>방목 초지</td></tr>
<tr><td>주 대상자</td><td>청소년, 성인(노인)</td><td>확장 대상자</td><td>모든 사람</td></tr>
<tr><td>치유 목적</td><td colspan="3">혈압 및 심박수 감소, 심리적 안정, 존중감 및 양육능력 향상</td></tr>
<tr><td>활동 목표</td><td colspan="3">• 소를 적기에 초지에 방목시킬 수 있다.
• 방목지의 복구를 절절히 나누고 방목시킬 수 있다.
• 방목지의 소몰이를 통해 대근육 발달과 보행 능력을 향상시킬 수 있다.</td></tr>
<tr><td>준비물</td><td colspan="3">손 세정제, 수건, 목줄, 리드 줄, 작업복</td></tr>
<tr><td>과정</td><td colspan="3">활동 내용</td></tr>
<tr><td>도입</td><td colspan="3">• 동기유발을 위해 오늘 활동과 관련된 내용을 소개한다.
• 이 시간의 활동 목표와 진행 내용을 설명한다.</td></tr>
<tr><td>전개</td><td colspan="3">1) 방목 준비하기
• 방목 전에 예방 접종과 내외부 기생충 구제한다.
• 최초 방목 시에는 1~2시간씩, 점차 방목 시간을 늘린다.

2) 방목 설계하기
• ha당 생초 수량이 3t이 되는 시기부터 방목을 시작한다.
• 초지의 방목 적기는 주 초종의 초장을 기준으로 하여 20~25㎝일 때 시작한다.
• 보통 채식률은 평균 12~17% 정도로 계산하며 초지 이용률은 약 60% 정도로 하여 목구 내의 방목 가능 두수를 결정한다.

3) 목구 나누기
• 경사가 심한 초지는 등고선 방향으로 목구를 나눈다.
• 목구 수를 많게 하고 목구의 넓이를 좁게 한다.

4) 마지막 방목 시기 결정하기
• 우리나라 중부 지방에서는 10월 하순경에 마지막 방목을 한다.

5) 방목지의 소 관리하기
• 모든 방목 지역에 시원하고 깨끗한 물을 충분히 제공한다.
• 낮에는 충분한 그늘막을 설치한다.</td></tr>
<tr><td>정리</td><td colspan="3">• 활동하면서 느낀 점, 깨달은 점을 말하도록 한다.
• 오늘의 활동 내용을 요약, 정리하여 말한다.
• 차시(다음 시간) 활동 내용을 안내해 준다.</td></tr>
<tr><td>유의사항</td><td colspan="3">• 편안한 분위기를 조성하고 친절하게 대한다.
• 소에 접근 시 서서히 다가가 놀라지 않게 한다.
• 활동이 끝나면 감염병 전염을 예방하기 위해 손을 씻는다.
• 대상자가 과제를 수행할 때마다 칭찬과 격려를 해준다.</td></tr>
</table>

(2) 프로그램 진행하기

1) 도입(5분)

- 동기유발을 위해 오늘 활동과 관련된 내용을 소개한다.
- 이 시간의 활동 목표와 진행 내용을 설명한다.

2) 전개(30~40분)

치유사는 대상자에게 소 방목시키는 방법과 순서를 설명하면서 시연한 후 대상자가 직접 시행해 보도록 한다. 또한, 대상자의 방법이 올바르지 않으면 수시로 정정해 주며 다시 하도록 한다.

1 방목 준비하기

- 방목 전에 반드시 예방 접종과 내외부 기생충 구제한다.
- 최초 방목 시에는 1~2시간씩 방목하여 점차 방목 시간을 늘려 적응력을 기른다.

2 방목 설계하기

① 방목 시작 시기 결정하기

- ha당 생초 수량이 3톤이 되는 시기부터 방목을 시작한다.
- 초지의 방목 적기는 주 초종의 초장을 기준으로 하여 20~25㎝일 때 시작한다.

② 방목 두수의 결정하기

- 초지에서의 목초 생산량과 채식률 그리고 초지 이용률 등을 고려하여 가축 두수를 결정한다.
- 우리나라는 목초 이용률은 봄철 50%, 여름철 30%, 가을철 20% 정도이다.
- 보통 채식률은 평균 12~17% 정도로 계산하며 초지 이용률은 약 60% 정도로 하여 목구 내의 방목 가능 두수를 결정한다.

그림 Ⅷ-80 젖소 방목

그림 Ⅷ-81 한우 방목(대관령 한우시험장)

3 목구 나누기

- 방목 초지에서 목구의 수, 모양, 크기 등은 땅의 모양과 초지 이용의 집약도에 따라 결정한다.
- 경사가 심한 초지는 등고선 방향으로 목구를 나눈다.
- 목구 수를 많게 하고 목구의 넓이를 좁게 하여 이용 시간을 짧게 한다.
- 보통 1ha당 6~15개의 목구로 나눈다.

4 마지막 방목 시기 결정하기

- 목초가 월동에 필요한 양분 축적 기간을 고려한다.
- 마지막 방목 후 목초의 생육이 정지될 때까지의 일수를 25~30일로 계산한다.
- 우리나라 중부 지방에서는 10월 하순경에 마지막 방목을 한다.
- 월동을 위한 목초의 초장은 적어도 10~12㎝가 되도록 한다.

5 방목지의 소 관리하기

- 1일 8시간 정도의 방목을 하며 주로 이른 아침과 저녁에 방목한다.
- 수단글라스나 수수 교배종은 청산배당체 중독을 방지하기 위해 최소 60cm 이상일 때 방목시킨다.
- 모든 방목 지역에 시원하고 깨끗한 물을 충분히 제공한다.
- 낮에는 충분한 그늘막을 설치하거나 축사로 돌아갈 수 있도록 한다.
- 방목 가축은 소금을 별도로 급여한다.

3) 정리(5분)

- 오늘의 활동 내용을 요약, 정리하여 말한다.
- 활동하면서 느낀 점, 깨달은 점을 말하도록 한다.
- 다음 프로그램을 안내한다.

마. 소 젖 짜기

(1) 프로그램 개요

활동명	소 젖 짜기	치유사명	
일시	2024. 2. 2	장소	착유장
주 대상자	어린이(5세 이상), 청소년, 외상 후 스트레스 장애(PTSD)자	확장 대상자	모든 사람
치유 목적	민첩성, 지구력, 기동성, 눈과 손의 협응력, 집중력 향상		
활동 목표	• 착유에 필요한 각종 기구와 재료를 준비할 수 있다. • 젖소의 손 착유를 할 수 있다. • 착유를 통한 손 기능의 향상과 대근육을 발달시킨다. • 착유를 통한 생명 존중감과 애축심을 함양할 수 있다.		
준비물	젖 짜기 할 소, 착유기, 착유복, 모자, 마스크, 착유 양동이, 우유통, 우유 여과기, 여과용 거즈, 수건, 착유 의자, 우유 저울, 유두 침지 소독병, 손 세정제, 수건		
과정	활동 내용		
도입	• 동기유발을 위해 오늘 활동과 관련된 내용을 소개한다. • 이 시간의 활동 목표와 진행 내용을 설명한다.		
전개	1) 착유 준비하기 • 착유자는 착유 옷, 모자, 마스크를 착용한다. • 착유에 필요한 양동이, 거름망, 착유 의자 등을 비치한다. 2) 손 착유 하기 • 착유자는 손을 깨끗이 씻는다. • 소의 유방과 유두를 물수건으로 깨끗이 닦으면서 마사지하고, 마른 헝겊으로 물기를 닦아 낸다. • 소의 오른쪽 뒷다리 앞에 낮은 의자를 놓고 유방을 향해 앉는다. • 착유 양동이를 두 무릎 사이에 끼운다. • 유두를 엄지손가락과 집게손가락으로 잡고 다음으로 가운뎃손가락, 약손가락, 새끼손가락 순으로 잡아 우유를 짜 내린다. • 유방을 마사지한 후 최후 한 방울까지 짠다. • 다 짜면 짠 우유를 거름망을 대고 털 등 오물을 거른다. • 거른 우유는 병에 담아 냉장고에 보관한다.		
정리	• 활동하면서 느낀 점, 깨달은 점을 말하도록 한다. • 오늘의 활동 내용을 요약, 정리하여 말한다. • 차시(다음 시간) 활동 내용을 안내해 준다.		
유의사항	• 편안한 분위기를 조성하고 친절하게 대한다. • 착유 시 뒷발에 차이지 않게 바짝 붙어있어야 한다. • 착유 시 위생적인 취급을 해야 한다. • 소에 접근 시 서서히 다가가 놀라지 않게 한다. • 대상자가 과제를 수행할 때마다 칭찬과 격려를 해준다.		

(2) 프로그램 진행하기

1) 도입(5분)

- 동기유발을 위해 오늘 활동과 관련된 내용을 소개한다.
- 이 시간의 활동 목표와 진행 내용을 설명한다.

2) 전개(30~40분)

치유사는 대상자에게 젖 짜기 방법과 순서를 설명하면서 시연한 후 대상자가 직접 시행해 보도록 한다. 또한, 대상자의 방법이 올바르지 않으면 수시로 정정해 주며 다시 하도록 한다.

1 착유 준비하기

- 착유할 소를 우리에 가두거나 말뚝에 맨다.
- 이때 소에게 건초나 사료w를 급여하면 착유가 수월하다.
- 착유자는 착유 옷, 모자, 마스크를 착용한다.
- 착유에 필요한 양동이, 거름망, 착유 의자 등을 비치한다.

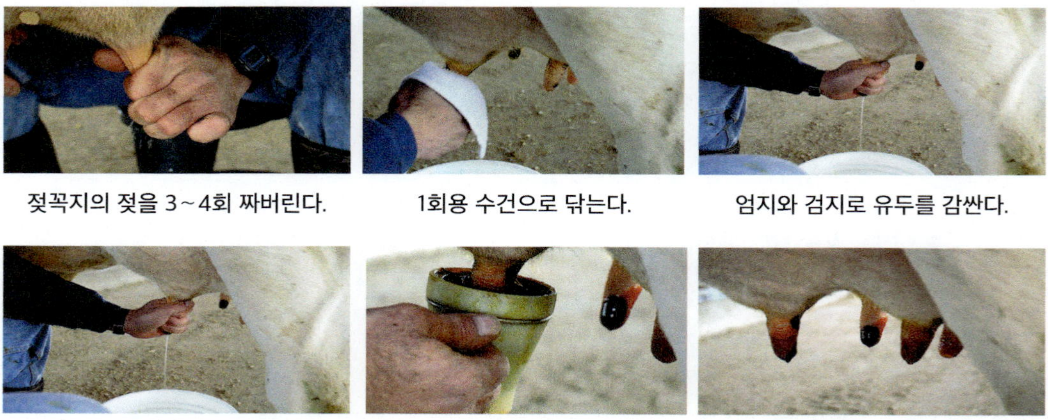

젖꼭지의 젖을 3~4회 짜버린다. / 1회용 수건으로 닦는다. / 엄지와 검지로 유두를 감싼다.

나머지 손가락으로 감싸 쥔다. / 베타딘으로 유두 침지 소독 / 유두 침지 소독 후 모습

그림 Ⅷ-82 손 착유 과정

2 손 착유 하기

- 착유자는 손을 깨끗이 씻는다.
- 소의 유방과 유두를 물수건으로 깨끗이 닦으면서 마사지하고, 마른 헝겊으로 물기를 닦아 낸다.

- 소의 오른쪽 뒷다리 앞에 낮은 의자를 놓고 유방을 향해 앉는다.
- 착유 양동이를 두 무릎 사이에 끼운다.
- 착유자의 왼쪽 무릎을 젖소의 비절 앞에 붙여 뒷다리를 들거나 차는 것을 막는다.
- 착유자의 자세는 등과 허리를 펴고 두 손을 수평으로 뻗어 유두를 잡는다.
- 유두를 엄지손가락과 집게손가락으로 잡고 다음으로 가운뎃손가락, 약손가락, 새끼손가락 순으로 잡아 우유를 짜 내린다.
- 유두를 잡아당기지 말고 손가락 끝에 힘을 주어 짠다(1분간 90~120회).

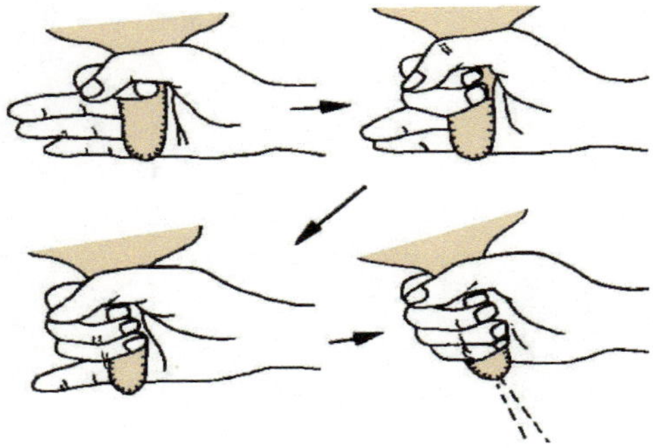
그림 Ⅷ-83 유두 잡는 법

- 유방을 마사지한 후 최후 한 방울까지 짠다.
- 다 짜면 짠 우유를 거름망을 대고 털 등 오물을 거른다.
- 거른 우유는 병에 담아 냉장고에 보관한다.

3) 정리(5분)

- 오늘의 활동 내용을 요약, 정리하여 말한다.
- 활동하면서 느낀 점, 깨달은 점을 말하도록 한다.
- 다음 프로그램을 안내한다.

관련 지식

[1] 젖의 배출

- 유방은 4개의 유구와 4개의 유두로 되어있다.
- 젖 배출 순서는 유선(유선 세포→ 유선포→ 유선소엽→ 유선엽) → 소유관 → 대유관→유선조→ 유두조 순이다.

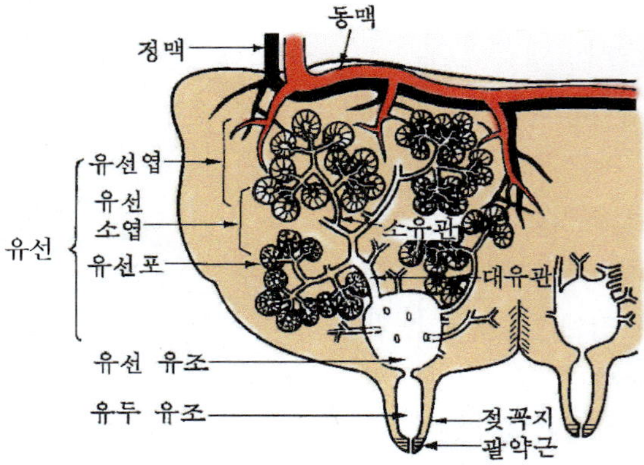

그림 Ⅷ-84 유방의 구조

출처: 안제국 외(2007). 가축관리실무. 부민문화사

- 분만 후 비유는 뇌하수체 전엽의 비유 호르몬(프로락틴)의 증가와 황체 호르몬(프로게스테론)의 감소에 의한다.
- 우유의 배출은 뇌하수체 후엽에서 분비되는 옥시토신의 작용이며 7~8분간 분비된다.
- 착유 시 스트레스를 받으면 부신수질 호르몬인 아드레날린이 분비되어 유즙 분비가 감소한다.

바. 요구르트 만들기

(1) 프로그램 개요

활동명	요구르트 만들기	치유사명	
일시	2024. 2. 2	장소	실내 치유실
주 대상자	어린이(5세 이상), 청소년, 성인	확장 대상자	모든사람
치유 목적	흥미 유발, 자신감, 협동성, 교류기술, 친화력, 공동체 의식 향상		
활동 목표	• 시판용 요구르트를 이용하여 우유를 발효시킬 수 있다. • 요구르트 제조 작업을 통하여 기억력 및 인지력을 향상한다.		
준비물	전기밥솥, 믹서, 1L용 유리 주스병, 우유 1L, 시판 요구르트, 설탕, 제철 과일, 손 세정제, 수건, 실습복		
과정	활동 내용		
도입	• 동기유발을 위해 오늘 활동과 관련된 내용을 소개한다. • 이 시간의 활동 목표와 진행 내용을 설명한다.		
전개	1) 요구르트 만들기 • 주스 병에 시판 우유 930mL를 넣는다(200mL팩 우유 5개). • 여기에 드링크 요구르트 50mL 또는 떠먹는 요구르트 2숟가락 정도를 넣는다. • 병마개를 잠근 뒤 3~4회 흔들고 주스 병을 밥솥 가운데 세워 놓는다. • 물을 병의 우유 라인 정도까지 채운다. • 전기밥솥의 뚜껑은 열어 둔 채 스위치를 '보온'위치에 둔다. • 그 상태에서 우유가 굳을 때까지 발효시킨다 (보통 8시간) 2) 숙성 및 믹싱 • 우유가 순두부처럼 굳었으면 냉장고에 넣어서 12시간 정도 숙성시킨다. • 믹서에 굳은 요구르트를 500mL정도 넣고, 설탕 30g(3숟가락 정도)과 제철 과일(복숭아, 파인애플, 토마토, 바나나 등)을 적당량 넣고 갈아준다. • 믹서 작업이 끝난 것은 냉장고에 보관하고 7일 이내에 마신다. • 제조한 요구르트를 다 같이 시식한다.		
정리	• 활동하면서 느낀 점, 깨달은 점을 말하도록 한다. • 오늘의 활동 내용을 요약, 정리하여 말한다. • 차시(다음 시간) 활동 내용을 안내해 준다.		
유의사항	• 편안한 분위기를 조성하고 친절하게 대한다. • 일반 우유보다 멸균우유를 사용하는 것이 발효가 더 잘 된다. • 유리 기구의 파손으로 상해를 입지 않도록 조심한다. • 대상자가 과제를 수행할 때마다 칭찬과 격려를 해준다.		

(2) 프로그램 진행하기

1) 도입(5분)

- 동기유발을 위해 오늘 활동과 관련된 내용을 소개한다.
- 이 시간의 활동 목표와 진행 내용을 설명한다.

2) 전개(30~40분)

치유사는 대상자에게 요구르트 만드는 방법과 순서를 설명하면서 시연한 후 대상자가 직접 시행해 보도록 한다. 또한, 대상자의 방법이 올바르지 않으면 수시로 정정해 주며 다시 하도록 한다.

1 준비하기

- 전기밥솥, 1L 유리 주스병. 우유 1L, 시판 요구르트, 설탕, 제철 과일, 손 세정제, 수건 등을 준비한다.
- 유리 주스 병을 중탕 소독해서 건조한다.

재료 및 기구

전기밥솥을 이용한 젖산 발효

그림 Ⅷ-85 요구르트 만들기

2 유산균 접종과 발효

- 주스 병에 시판 우유 930mL를 넣는다(200mL팩 우유 약 5개).
  (주스병 대신 우유팩을 그대로 사용해도 됨)
- 우유에 드링크 요구르트 50mL 또는 떠먹는 요구르트 2숟가락 정도를 넣는다.
- 병마개를 잠근 뒤 3~4회 흔들고 주스 병을 밥솥 가운데 세워 놓는다.
- 물을 병의 우유 라인 정도까지 채운다.

- 전기밥솥의 뚜껑은 열어 둔 채 스위치를 '보온'위치에 둔다.
- 그 상태에서 우유가 굳을 때까지 발효시킨다 (보통 8시간 소요)

3 숙성 및 믹싱

- 우유가 순두부처럼 굳었으면 냉장고에 넣어서 12시간 정도 숙성시킨다.
- 믹서에 굳은 요구르트를 500mL정도 넣고, 설탕 30g(3순가락 정도)과 제철 과일(복숭아, 파인애플, 토마토, 바나나 등)을 적당량 넣고 갈아준다.
- 믹서 작업이 끝난 것은 냉장고에 보관하고 7일 이내에 마신다.
- 제조한 요구르트를 다 같이 시식한다.

3) 정리(5분)

- 오늘의 활동 내용을 요약, 정리하여 말한다.
- 활동하면서 느낀 점, 깨달은 점을 말하도록 한다.
- 다음 프로그램을 안내한다.

관련 지식

[1] 요구르트

요구르트(yogurt)는 우유에 유산균을 발효시킨 발효 우유이다. 유산균은 우유의 이당류인 유당을 분해하여 단당류(포도당, 갈락토스)로 분해하기 때문에 '유당 불내증'을 가진 사람에게는 좋은 영양 공급원이며 정장 식품이다. 장수에 도움되는 건강식품으로 잘 알려져 있다.

[2] 젖의 영양적 가치

인간을 포함한 포유류 암컷의 유선에서 만들어지는 젖은 소화기관이 제대로 발달하지 않은 새끼에게 효율적으로 양분을 공급하여 생명 유지와 성장을 돕는다. 젖에는 단백질과 지방, 탄수화물 및 기타 영양소가 풍부하다. 그래서 흔히 우유를 '완전식품'이라고 한다.

[3] 젖의 성분과 성장 관계

동물이 생시 체중(태어날 당시의 체중)의 2배가 되는데 걸리는 기간(나이)이 가장 짧은 동물은 개다. 개는 태어나 1주일이면 2배로 자란다. 개는 다른 동물보다 왜 그렇게 빨리 자라나?

개 젖은 다른 동물 젖보다 지방과 단백질 함유량이 매우 높기 때문이다. 신체의 성장 속도는 젖의 영양분에 비례한다. 젖의 성분은 동물의 성장 속도뿐만 아니라 활동 정도나 체표면적, 뇌와 신경조직의 발달과도 아주 밀접한 관계가 있다.

표 Ⅷ-4 동물별 젖의 영양 성분

동물의 종	지방	단백질	유당	총 고형분
개	9.5	7.5	3.8	22.7
돼지	8.2	5.8	6.8	19.9
양	5.3	5.5	4.6	16.3
젖소	3.5	3.1	4.9	12.2
사람	4.5	1.1	6.8	12.6

읽을거리 : 요구르트가 장수의 비결이라고?

불가리아의 산악 지역의 특정 마을은 100세 이상 장수하는 노인들이 많이 거주하는 것으로 알려져 '장수촌'이라 불린다. 흥미롭게도 이들 장수촌 사람들이 먹는 요구르트가 건강 비결로 알려지면서 그 효능에 대한 관심은 더욱 높아졌다. 락토바실러스 불가리쿠스(Lactobacillus bulgaricus)는 불가리아의 요구르트에서 발견된 유산균으로 붙여진 이름이다. 연구자들은 요구르트가 장 건강을 증진시키고 면역력을 강화하여 노화 방지 및 수명 연장에 기여할 수 있다고 가설을 세웠다.

사. 소 껴안기

(1) 프로그램 개요

활동명	소 껴안기	치유사명	
일시	2024. 2. 2	장소	소 사육장
주 대상자	외상 후 스트레스 장애(PTSD), 우울 및 불안장애인, 자폐스펙트럼장애(ASD)자	확장 대상자	모든 사람
치유 목적	스트레스 및 불안 감소, 기분과 수면의 질 향상, 혈압 및 심박수 감소, 심리적 안정		
활동 목표	• 소의 껌벅이는 눈과 마주하여 눈 맞춤을 할 수 있다. • 소가 놀라지 않게 부드럽게 껴안기를 할 수 있다. • 소의 따뜻한 체온을 느끼며 마음을 안정시킬 수 있다.		
준비물	치유용 소, 간식, 건초, 굴레, 리드 줄, 손 세정제, 수건, 작업복		
과정	활동 내용		
도입	• 동기유발을 위해 오늘 활동과 관련된 내용을 소개한다. • 이 시간의 활동 목표와 진행 내용을 설명한다.		
전개	1) 소와 눈 맞춤하기 • 서 있거나 누워있는 소에게 조심스럽게 천천히 다가간다. • 소의 껌벅이는 눈과 마주하고 응시한다. • 이때 소는 대상자와 시간을 보내며 고요하고 평온한 상태로 유도한다. 2) 소 껴안기 • 소가 놀라지 않도록 천천히 다가가 건초나 목초를 준다. • 소의 목덜미 이마, 머리 목, 등을 쓰다듬어 준다. • 소의 왼쪽에서 오른팔로 목 부위를 감고 왼팔로는 아래 목덜미 쪽을 감는다. • 오랫동안 포옹할 것이므로 가장 편안한 자세를 취한다. • 소의 어깨 또는 뺨에 얼굴을 대고 눈을 감고 명상에 잠긴다. • 가장 이상적인 껴안는 자세는 서로 얼굴을 맞대고 있을 때입니다. • 소의 따뜻한 체온을 느끼며 느린 호흡에 맞춰 숨을 천천히, 깊이 쉰다. • 심박동수가 낮아지면서 고요함을 느끼고 아주 평온한 상태가 된다. • 편안한 마음을 경험을 하면서 소에게 하고 싶은 말을 한다.		
정리	• 활동하면서 느낀 점, 깨달은 점을 말하도록 한다. • 오늘의 활동 내용을 요약, 정리하여 말한다. • 차시(다음 시간) 활동 내용을 안내해 준다.		
유의사항	• 6세 미만의 어린이는 보호자와 동반한다. • 활동이 끝나면 감염병 전염을 예방하기 위해 손을 씻는다. • 대상자가 과제를 수행할 때마다 칭찬과 격려를 해준다.		

(2) 프로그램 진행하기

1) 도입(5분)

- 동기유발을 위해 오늘 활동과 관련된 내용을 소개한다.
- 이 시간의 활동 목표와 진행 내용을 설명한다.
- 모든 활동은 치유사와 대상자가 공동으로 협업하면서 진행한다.

2) 전개(25~30분)

치유사는 대상자에게 소 껴안기 방법과 순서를 설명하면서 시연한 후 대상자가 직접 시행해 보도록 한다. 또한, 대상자의 방법이 올바르지 않으면 수시로 정정해 주며 다시 하도록 한다.

1 소와 눈 맞춤하기

- 서 있거나 누워있는 소에게 조심스럽게 천천히 다가간다.
- 소의 껌벅이는 눈과 마주하고 응시한다.
- 소의 행동은 느리지만, 인내력이 있다. 유순하고 순박한 눈동자는 보는 사람에게 평화롭고 여유로운 느낌을 주며 감정을 이완시켜 안정킨다.
- 이때 소는 대상자와 시간을 보내며 고요하고 평온한 상태로 유도한다.

그림 Ⅷ-86 미국 Rose Therapeutic Farm의 소 포용 요법 프로그램

그림 Ⅷ-87 미국 젠틀반(Gentle Barn)의 Cow Hugging Therapy

2 소 껴안기(포옹하기)

- 소가 놀라지 않도록 천천히 다가가 건초나 목초를 준다.
- 소의 목덜미 이마, 머리 목, 등을 손(또는 부드러운 솔)으로 쓰다듬어 준다.
- 소의 왼쪽에서 오른팔로 목 부위를 감고 왼팔로는 아래 목덜미 쪽을 감는다. 또는 편안한 자세로 앉아 무릎 위에 포근한 담요를 올려놓고 소머리를 얹어 올린 후 포옹한다.
- 이 자세는 말하고 싶을 때 적합하며 눈을 더 쉽게 마주칠 수 있다.

- 오랫동안 포옹할 것이므로 가장 편안한 자세를 취한다.
- 소의 어깨 또는 뺨에 얼굴을 대고 눈을 감고 명상에 잠긴다.
- 소와 얼굴을 맞대고 가장 이상적인 껴안는 자세를 취한다.
- 소가 반원을 그리고 누워있을 때 그 속에 몸을 기대어 누워 소파 같은 아늑한 감정을 느껴본다.
- 소의 따뜻한 체온을 느끼며 느린 호흡에 맞춰 숨을 천천히, 깊이 쉰다.
- 심박동수가 낮아지면서 고요함과 아주 평온한 상태를 느껴본다.
- 편안하고 마음 챙김 경험을 하는 동안 소와 나누고 싶은 말을 한다.
- 대상자와 소, 모두 안락함과 희망, 영감을 느껴본다.

3) 정리(5분)

- 활동하면서 느낀 점, 깨달은 점을 말하도록 한다.
- 오늘의 활동 내용을 요약, 정리하여 말한다.
- 차시(다음 시간) 활동 내용을 안내해 준다.

더 알아보기 : 소 포옹 요법(Cow Hugging Therapy)

소 쓰다듬기를 하면 사랑 호르몬으로도 알려진 옥시토신(oxitocin)이 분비된다. 옥시토신은 사회적 유대감, 모성 행동 및 신뢰에 중요한 역할을 하는 신경 전달 물질로 사람이 동물을 만지거나 쓰다듬으면 분비되어 스트레스, 혈압 및 심박수를 낮출 수 있다.

따라서 동물과의 상호작용으로 인한 옥시토신의 분비는 사람들에게 편안함을 제공하고 불안을 진정시키고 우울증 발병률이 낮아지고, 심혈관 건강이 좋아지며, 인간관계가 돈독해진다.

한 연구에 따르면 인간이 소를 단 10분 동안 부드럽게 쓰다듬었을 때 옥시토신 수치가 130% 증가했다고 한다. 옥시토신이 많이 분비될수록 코르티솔 수치가 낮아져 스트레스가 감소한다는 것을 나타낸다(Melissa Thornberry. 2024)10

인간과 동물의 유대감은 강력하며 소를 쓰다듬는 것은 인간의 웰빙에 놀라운 이점이 있다.

아. 소와 함께 산책하기

(1) 프로그램 개요

활동명	소와 함께 산책하기	치유사명	
일시	2024. 2. 2	장소	농장 산책길
주 대상자	어린이, 청소년, 뇌병변 장애, 우울증, ASD환자	확장 대상자	모든 사람
치유 목적	생명 존중감, 양육능력, 관찰력 및 집중력, 인지능력, 소근육 향상		
활동 목표	• 송아지를 잡아 굴레를 씌우고 고삐를 맬 수 있다. • 송아지의 리드 줄을 잡고 안전하게 산책할 수 있다. • 산책을 통해 보행 능력과 근력을 강화할 수 있다.		
준비물	굴레, 리드 줄, 간식, 사료, 손 세정제, 수건, 작업복		
과정	활동 내용		
도입	• 동기유발을 위해 오늘 활동과 관련된 내용을 소개한다. • 이 시간의 활동 목표와 진행 내용을 설명한다.		
전개	1) 준비하기 ① 송아지 잡기 • 송아지를 좁은 방에 몰아넣고 밧줄 올가미를 던져 잡는다. • 송아지를 울타리 옆이나 고삐를 씌우고 싶은 곳으로 이끈다. ② 고삐 씌우기 • 고삐를 귀와 머리 뒤쪽에 먼저 끼운다 • 코 둘레로 둥근 밧줄을 끼우고 주둥이에 맞게 조여 준다. • 턱 아래의 고삐에 부착된 금속 링에 리드 줄을 끼운다. 2) 송아지와 산책하기 • 기둥에서 리드 줄을 풀고 우리 안에서만 이끌기 시작한다. • 밧줄은 손에 감지 말고 밧줄을 접어 손바닥 안에 넣어 잡는다. • 소의 왼쪽 앞에 서서 리드 줄을 당겨 소를 이끈다. • 송아지가 앞으로 뛰어나가면 밧줄을 당겨 멈추어 서도록 한다. • 항상 송아지가 옆에서 같이 걷도록 훈련한다. • 산책 중에 간식을 주고 쓰다듬으면서 많은 대화로 상호 교감한다.		
정리	• 활동하면서 느낀 점, 깨달은 점을 말하도록 한다. • 오늘의 활동 내용을 요약, 정리하여 말한다. • 차시(다음 시간) 활동 내용을 안내해 준다.		
유의사항	• 리드 줄을 절대로 밧줄을 손에 감지 않도록 한다. • 소에 다가갈 때는 뒤쪽으로 접근하지 않는다. • 활동이 끝나면 감염병 전염을 예방하기 위해 손을 씻는다. • 대상자가 과제를 수행할 때마다 칭찬과 격려를 해준다.		

(2) 프로그램 진행하기

1) 도입(5분)

동기유발을 위해 7와 대상자가 공동으로 협업하면서 진행한다.

2) 전개(25~30분)

치유사는 대상자에게 소 고삐 씌우기의 순서와 산책하는 방법을 설명하면서 시연한 후 대상자가 직접 시행해 보도록 한다. 또한, 대상자의 방법이 올바르지 않으면 수시로 정정해 주며 다시 하도록 한다.

1 준비하기

① 송아지 잡기

- 송아지를 좁은 방에 몰아넣고 밧줄 올가미를 던져 잡는다.
- 밧줄의 올가미를 목에 감는다.
- 송아지를 울타리 옆이나 보정틀로 이끈다.

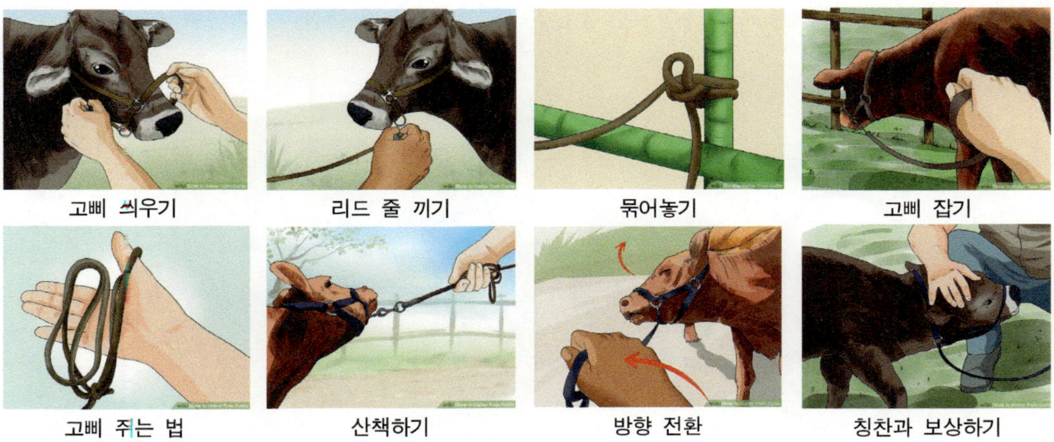

그림 Ⅷ-88 소와 함께 산책하기

② 고삐 씌우기

- 고삐를 귀와 머리 뒤쪽에 먼저 끼운다
- 코 둘레로 둥근 로프를 끼우고 주둥이에 맞게 적정하게 조여 준다.
- 턱 아래의 고삐에 부착된 금속 링에 리드 줄을 끼운다.
- 고삐와 리드 줄을 익숙해지도록 1~2주일 정도 그대로 착용해 둔다.

- 이때 건초 큐브나 곡물을 자주 주고 곁에 있어 준다.
- 리드 줄을 튼튼한 기둥에 송아지 머리 높이에 30분 정도 묶어 둔다.
- 날짜가 지남에 따라 묶어놓는 시간을 점차로 늘린다.
- 묶여 있는 동안 빗질하고 문지르기를 자주 해준다.

2 송아지와 산책하기

- 기둥에서 리드 줄을 풀고 우리 안에서만 이끌기 시작한다.
- 긴 밧줄은 손에 감지 말고 밧줄을 접어 손바닥 안에 넣어 잡는다.
- 소의 왼쪽 앞에 서서 리드 줄을 당겨 소를 이끈다.
- 송아지가 앞으로 뛰어나가면 밧줄을 당겨 멈추어 서도록 한다.
- 항상 송아지가 옆에서 같이 걷도록 훈련한다.
- 왼쪽으로 방향을 바꿀 때는 밧줄을 왼쪽으로 당겨 머리가 왼쪽으로 오도록 하고 오른쪽 일 경우는 반대로 한다.
- 매일 20분~60분간 이 단계를 반복하여 익숙해지도록 한다.
- 시멘트나 아스팔트 길보다 비포장도로, 목초지 등에서 산책한다.
- 산책 중에 간식을 주고 쓰다듬으면서 많은 대화로 상호 교감한다.

그림 Ⅷ-89 소 굴레

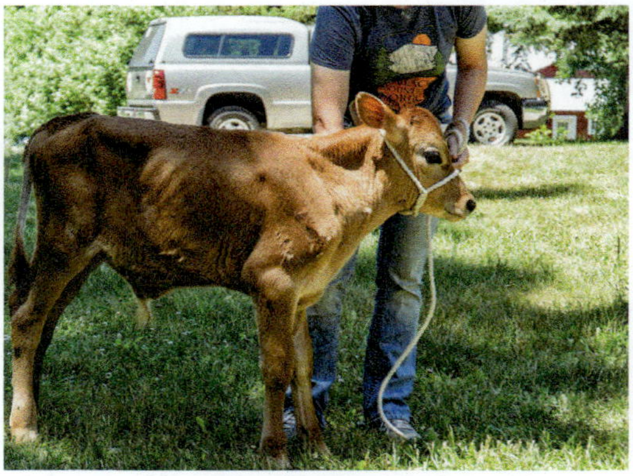

그림 Ⅷ-90 소와 산책하기

3) 정리(5분)

- 활동하면서 느낀 점, 깨달은 점을 말하도록 한다.
- 오늘의 활동 내용을 요약, 정리하여 말한다.
- 차시(다음 시간) 활동 내용을 안내해 준다.

자. 소 쓰다듬기

(1) 프로그램 개요

<table>
<tr><th>활동명</th><th>소 쓰다듬기</th><th>치유사명</th><th></th></tr>
<tr><td>일시</td><td>2024. 2. 2</td><td>장소</td><td>소 방사장</td></tr>
<tr><td>주 대상자</td><td>어린이, 청소년, 노인</td><td>확장 대상자</td><td>모든 사람</td></tr>
<tr><td>치유 목적</td><td colspan="3">우울증, 불안 감소, 기분 개선, 흥미 유발, 소근육 향상</td></tr>
<tr><td>활동 목표</td><td colspan="3">• 소가 놀라지 않게 다가가 쓰다듬을 수 있다.
• 소에게 편안한 자세로 기대어 휴식을 취할 수 있다.
• 소의 따뜻한 체온, 느린 박동을 느끼며 안식을 취할 수 있다.</td></tr>
<tr><td>준비물</td><td colspan="3">방역복, 굴레, 간식, 사료, 손 세정제, 수건, 작업복</td></tr>
<tr><td>과정</td><td colspan="3">활동 내용</td></tr>
<tr><td>도입</td><td colspan="3">• 동기유발을 위해 오늘 활동과 관련된 내용을 소개한다.
• 이 시간의 활동 목표와 진행 내용을 설명한다.</td></tr>
<tr><td>전개</td><td colspan="3">1) 시간과 장소 선택하기
• 소가 한가로이 누워있는 시간을 선택한다.
• 목초지나 헛간과 같은 친숙한 장소를 택한다.

2) 소에게 다가가기
• 소에게 접근할 때는 놀라지 않도록 천천히 측면으로 다가간다.
• 소가 사람이 접근하는 것을 볼 수 있게 눈높이로 몸을 숙인다.
• 소가 스스로 올 때까지 가까이에서 서서 기다린다.

3) 쓰다듬기
• 소가 가까이 오면 부드러운 목소리로 '옳지' 말을 걸면서 옆으로 접근한다.
• 목 부위를 손 전체를 사용하여 털의 결을 따라 쓸어내린다.
• 이어서 소의 턱 아래, 목, 어깨, 등 위쪽, 귀 뒤 등을 부드럽게 손으로 긁고 쓸어 준다.
• 소에게 가장 편안한 자세로 기대어 1~2시간 휴식을 취한다.
• 소의 따뜻한 체온, 느린 심장 박동을 느끼며 안식을 취한다.</td></tr>
<tr><td>정리</td><td colspan="3">• 활동하면서 느낀 점, 깨달은 점을 말하도록 한다.
• 오늘의 활동 내용을 요약, 정리하여 말한다.
• 차시(다음 시간) 활동 내용을 안내해 준다.</td></tr>
<tr><td>유의사항</td><td colspan="3">• 소에 다가갈 때는 뒤쪽으로 접근하지 않는다.
• 눈, 콧구멍, 꼬리, 유방 부위, 뒷다리 등은 절대로 쓰다듬지 않는다.
• 활동이 끝나면 감염병 전염을 예방하기 위해 손을 씻는다.
• 대상자가 과제를 수행할 때마다 칭찬과 격려를 해준다.</td></tr>
</table>

(2) 프로그램 진행하기

1) 도입(5분)

- 동기유발을 위해 오늘 활동과 관련된 내용을 소개한다.
- 이 시간의 활동 목표와 진행 내용을 설명한다.
- 모든 활동은 치유사와 대상자가 공동으로 협업하면서 진행한다.

2) 전개(60~120분)

치유사는 대상자에게 소 쓰다듬기 방법과 순서를 설명하면서 시연한 후 대상자가 직접 시행해 보도록 한다. 또한, 대상자의 방법이 올바르지 않으면 수시로 정정해 주며 다시 하도록 한다.

1 시간과 장소 선택하기

- 사료 먹거나 착유 시간을 피해 한가로이 누워있는 시간을 선택한다.
- 목초지나 헛간과 같은 친숙한 장소를 택한다.
- 소는 갇혀 있다고 느끼는 밀폐된 공간보다 개방된 공간, 목초지 등을 선택한다.

그림 Ⅷ-91 미국 Ahimsa우유재단의 소껴안기 및 브러싱

2 소에게 다가가기

- 소에게 접근할 때는 놀라지 않도록 천천히 약간 측면으로 다가간다.
- 소가 사람이 접근하는 것을 볼 수 있게 하고 눈높이로 몸을 숙인다.
- 소의 코앞으로 손을 천천히 내밀어 소가 냄새를 맡으러 오도록 한다.
- 소가 스스로 올 때까지 가까이에서 서서 기다린다.

- **소에게 몰래 다가가다 들키면 발길질을 당한다.**
- **소는 뒷다리로 뒷발 차기를 하므로 뒤에서 다가가지 않는다.**
- **소가 다가오지 않으면 접촉을 원치 않는 것이므로 다른 소에게 다가간다.**

3 쓰다듬기

- 소가 가까이 오면 부드러운 목소리로 '옳지' 말을 걸면서 옆으로 접근한다.
- 소의 목(옆부분) 부위로 한쪽 팔을 천천히(10cm/s) 뻗어 접촉한다.

- 목 브위를 손 전체를 사용하여 털의 결을 따라 쓸어내린다.
- 이어서 소의 턱 아래, 목, 어깨, 등 위쪽, 귀 뒤 등을 부드럽게 손으로 긁고 쓸어준다.

쓰다듬기 금지 부위

- **눈, 콧구멍, 꼬리, 유방 부위, 뒷다리 등 민감한 부위**
- **민감 부위를 만지면 머리 흔들기, 꼬리 휘젓기, 발 구르기 등 증상을 보인다.**

- 소에게 가장 편안한 자세로 기대어 1~2시간 동안 휴식을 취한다.
- 이때 소의 따뜻한 체온, 느린 심장 박동을 느끼며 안식을 취한다.

3) 정리(5분)

- 활동하면서 느낀 점, 깨달은 점을 말하도록 한다.
- 오늘의 활동 내용을 요약, 정리하여 말한다.
- 차시(다음 시간) 활동 내용을 안내해 준다.

05 말 교감치유

학습 목표

- ✔ 말 교감치유의 역사, 정의를 말할 수 있다.
- ✔ 말 교감치유의 특성과 효과를 말할 수 있다.
- ✔ 말의 사양 관리, 돌봄을 통한 교감치유를 할 수 있다.
- ✔ 각종 기구를 이용하여 말의 개체관리를 할 수 있다.
- ✔ 말을 이용한 교감치유 프로그램을 적용할 수 있다.

5.1 말 교감치유의 이해

가. 말 교감치유의 역사

말이 어떻게 그리고 언제 길들었는지는 여러 학설이 있으나 가장 유력한 학설은 기원전 4,000~3,500년경에 현재의 우크라이나와 카자흐스탄 서부에서 우유와 고기로 이용하고자 말을 길들였다는 학설이다. 그 후 말은 운송, 교통, 전쟁 수행에 이용되었으며 현재는 반려용, 레저 스포츠용 등 다양하게 이용되고 있다.

기원전 460년 히포크라테스(Hippocrates)는 그의 저서 자연 운동(Natural Exercise, Riede. 1987)에서 '말 치료(Horse treatment)' 또는 '히포테라피(hippotherapy)'에 대해 기술하였다. 히포크라테스는 말 보조 치유가 인간에게 신체적, 정서적, 정신적 유익한 영향을 준다고 하였다.[11]

1901년 영국의 헌트(Dame Agnes Hunt)는 오스웨스트리(Oswestry)에 최초의 정형외과

병원을 설립하고 말을 이용하여 환자들을 치유하였으며, 1918년 물리치료사인 올리브 샌즈(Olive Sands)는 제1차 세계대전 중 장애를 입은 군인들을 위한 승마 프로그램을 제공하였다.

덴마크의 승마선수 리스 하르텔(Lis Hartel)은 소아마비로 인한 신체적 장애에도 불구하고 1952년 핀란드 헬싱키에서 열린 올림픽에서 그랑프리 마장 마술에서 은메달을 획득했다. 이 놀라운 사건 이후, 의료 및 말 전문가들은 물리 치료의 한 형태(치유 승마)로 유럽의 시설에서 승마 프로그램을 시행하기 시작했다.

그림Ⅷ-92 영국 RDA- 재활 승마

1950년대 이후에는 노르웨이, 덴마크, 영국 등에서 소아마비 환자들에게 재활 승마를 시작하였으며 이후 미국과 캐나다로 빠르게 퍼졌고 치유 승마 센터가 북미에 문을 열기 시작했다.

1969년 영국에서 장애인 승마협회(Riding for the Disabled Association, RDA)가 창립되어 2024년 현재 13,000명 자원봉사자, 1,500명의 자격을 갖춘 코치, 2,700마리의 말, 400개 이상의 RDA 센터가 있다.

나. 말 교감치유의 정의

말 보조 치유(Equine-assisted therapy, EAT)는 인간의 신체적, 정신적 건강을 증진하기 위해 승마 및 기타 말과 함께하는 활동을 포함하는 다양한 치유를 포함한다.[12] 이 분야의 명확한 정의는 없으나 일반적으로 사용되는 정의는 다음과 같다.

(1) 치유 승마

치유 승마(Therapeutic Riding)는 장애가 있는 사람들에게 승마 기술을 가르치는 것을 포함한다. 기수는 치유 효과를 얻을 수 있지만, 더 적극적으로 말을 타게 되고 이것은 자신감과 자존감을 향상할 수 있을 뿐만 아니라 일반적인 히포 요법의 신체적 이점도 향상할 수 있다.

치유적 승마는 장애인을 위한 적응력과 레크리에이션 스포츠 활동이며 치유가 목적이 아니다.

승마 강사와 2명 이상의 보조사, 말이 한 팀을 구성하여 진행된다. 장애인이 말을 타면서 긴장을 풀고 근력과 조정력 향상, 자신감 및 웰빙을 누리기 위해 사용한다.

(2) 히포테라피

히포테라피(Hippotherapy)는 걷는 말의 움직임을 이용한 물리 치료의 한 형태이다. 외국에서는 특별히 훈련된 물리치료사, 작업치료사, 언어 치료사가 환자의 손상 및 기능의 제한 등의 장애를 치유하기 위해 말을 사용하는 것이다.

히포테라피는 근육을 강화하고 스트레칭하며 균형을 잡는 데 도움이 될 수 있다. 다발성 경화증, 소아 ADHD, 뇌성마비, 치매, 자폐 스펙트럼 장애, 다운 증후군, 척추 손상 등 다양한 질환에 사용되며, 연구에 따르면 경련, 자세, 보행 및 삶의 질이 개선되는 것으로 나타났다.

우리나라에서는「말산업 육성법」에 의거 재활승마 지도사가 업무를 담당한다. 이 법에서 재활승마 지도사는 '승마를 통하여 신체적·정신적 장애를 치유하도록 지도하는 업무를 수행하는 사람'으로 정하고 있다. 즉, 재활승마 지도사는 강습을 총체적으로 운영하는 구심점으로 말 평가/선정, 대상자 평가, 봉사자 평가/모집, 강의 계획서 작성, 말 배정, 말 관리, 말 운동, 자원봉사자 배정, 강습 운영, 강습 후 평가 등을 하는 구성원이다.

(3) 말 보조 치유

말 보조 치유(말 보조 요법, Equine-Assisted Therapy)은 말의 사육과 관리, 승마 등 모든 형태의 말을 보조로 치유하는 포괄적인 용어이다.

말에게 먹이를 주고, 빗질을 해주면서 동물과 교감하는 돌봄 프로그램은 자신감과 인내심을 키워줄 수 있으며 자존감, 자기 인식, 공감 능력을 향상하는 데 도움이 된다.

또한, 승마 프로그램은 뇌성마비, 운동 장애 또는 균형 문제와 같은 신경 질환 또는 장애가 있는 개인을 치유하는 데 사용된다. 말의 율동적인 걸음걸이는 회전과 좌우 움직임이 균형, 조정력, 유연성, 자세 및 이동성을 촉진한다.

말의 관리와 승마를 통한 상호 교감작용은 신체적, 인지적, 정서적 문제가 있는 사람은 물론 없는 사람도 심신의 건강을 유지하기 위해 실시하는 유용한 프로그램이다.

다. 말과 말 교감치유의 특성

(1) 인간과의 공존

말은 수천 년간 사람과 함께 생활해오며 경주, 농업, 전쟁 등 다양한 인간 활동에 깊이 관여해 왔다. 이 과정에서 사람과 말은 상호 신뢰와 협력 관계를 형성하게 되었고, 현대 승마에서도 이러한 관계는 계속해서 이어가고 있다.

(2) 사회적 동물

말은 본래 무리 생활을 하는 사회적 동물로 다른 말뿐만 아니라 사람과도 깊은 유대관계를 형성하는 능력을 지니고 있다.

말은 무리 내에서 서열과 역할을 명확히 이해하고, 이를 바탕으로 다른 구성원들과 협력하고 의사소통하는 데 능숙하다. 사람과 함께 있을 때도 이런 사회적 관계를 바탕으로 상호작용을 하며, 사람을 리더로 인식하거나 신뢰 관계를 형성할 수 있다.

(3) 감정 인식 능력

연구에 따르면, 말은 인간의 표정, 목소리, 몸짓 등을 통해 사람의 감정을 인식하고 반응하는 능력이 뛰어나다고 밝혀졌다.

말은 특히 행복하거나 평온한 상태의 사람에게 더 가까이 다가가며, 긴장하거나 불안한 사람에게는 거리를 두는 경향이 있다고 한다.

(4) 학습 능력

말은 고전적 조건 형성과 조작적 조건 형성을 통해 학습하는 능력이 있다. 즉, 말은 반복된 경험을 통해 특정 행동이 긍정적인 결과를 가져오는지 학습하며, 이를 바탕으로 사람과 더 깊은 관계를 형성한다. 사람과의 교감을 통해 음식, 칭찬, 휴식을 얻게 된다면 말을 다루는 방식에 따라 사람을 신뢰하고 가까이하려는 경향이 강해진다.

(5) 공감 능력과 의사소통

말은 몸짓, 자세, 귀의 움직임, 꼬리의 위치 등으로 의사소통을 하며, 사람의 몸짓 언어도 이해하고 이에 반응한다. 승마나 말과의 교감 활동이 도파민과 옥시토신 같은 호르몬 분비를 촉진하여 사람과 말 모두에게 스트레스를 완화하고 한다는 연구 결과가 있다.

라. 말 교감치유의 효과

말 교감치유는 말과의 상호작용, 승마 등을 통해 대상자의 감각 운동, 인지적, 행동적, 정서적 또는 심리적 기능을 개선하여 건강과 웰빙 향상을 목표로 한다.

(1) 신체적 효과

재활 승마는 전신운동으로 관절과 대근육 운동 능력 향상, 자세를 조절하는 능력, 각각의 신체 부위별 협응력 향상, 향상된 자세 대칭, 비정상적인 근육 긴장도 감소, 혈액 순환과 대사기능을 원활, 호흡과 폐활량의 증가를 가져온다.

(2) 심리 · 사회적 효과

말은 판단하거나 비판하지 않고 인간의 감정과 행동을 반영하여 대상자가 자신의 감정과 행동에 대한 통찰력을 얻을 수 있도록 한다.

사회적으로 고립되거나 위축된 아이들을 더 개방적이고 긍정적이며 적절한 사회적 플랫폼으로 이끄는 데 매우 강력하다.

또한, 새로운 경험과 도전을 통한 성취감과 자신감, 독립심과 자부심이 향상되고 의사소통 기술이나 사회성의 향상을 가져온다.

(3) 인지 · 정서적인 효과

말의 돌봄을 통한 교감 활동으로 얻어지는 자신감은 대인기피증에 효과가 있고, 승마 활동을 통해 질서를 배우며 인내력을 배양할 수 있다. 말과 사람이 함께 하는 것은 생명체와 교감이라는 점에서 정서적 효과가 뛰어나 특히 청소년의 심리 정서적 측면으로 상당한 효과가 있다.

또한, 주의 집중력과 정서적인 안정과 큰 동물을 다루는 성취감과 생명의 존엄성, 적극성이 향상된다.

최근에는 외상 후 스트레스 장애(post traumatic stress disorder) 고위험 직군 종사자, 비행 청소년, 인터넷 게임중독, ADHD 등의 심리적 어려움을 겪는 사람들에게 효과가 있는 것으로 나타나고 있다.

마. 말 교감치유의 활동

승마는 낙마 등의 위험성 매우 크고 큰 사고를 유발할 수 있으므로 3명 이상의 치유사 또는 관리자가 1조가 되어 활동할 것을 권장한다. 또한, 대상자는 필수적으로 안전 장구를 착용해야 한다.

승마는 일반 승마, 체험 승마, 재활 승마로 구분하며 교감치유 활동은 다음과 같다.

① 기승 활동(riding activity)

말의 감각 및 습성 익히기, 평보, 속보, 구보, 습보, 장애물 및 마장 마술, 마상체조 등

② 비기승 지상 활동(ground activity)

사람이 기승하지 않고 과업을 수행하는 활동- 말과 걷기, 쓰다듬기, 사료 주기, 풀(건초 또는 당근 등) 주기, 털 손질하기, 발굽 관리하기, 목욕시키기, 운동시키기 등으로 말과 긴밀한 상호작용이 요구된다.

5.2 말 교감치유의 실제

가. 말과 함께 걷기(말 끌기)

(1) 프로그램 개요

활동명	말과 함께 걷기(말 산책)	치유사명	
일시	2024. 2. 2	장소	원형 마장
주 대상자	어린이, 청소년, 성인 (자폐스펙트럼 장애, 소아마비, 뇌병변장애)	확장 대상자	모든 사람
치유 목적	심리적 안정, 기분 개선, 흥미 유발, 운동능력 및 지구력 향상		
활동 목표	• 말에게 놀라지 않게 안전하게 접근할 수 있다. • 말과 함께 산책하면서 상호 교감작용을 할 수 있다. • 말을 쓰다듬으며 생명 존중감과 양육능력을 함양할 수 있다.		
준비물	말, 관리 도구 세트, 마구간 굴레, 재갈 굴레, 리드, 손 세정제, 수건, 승마복		
과정	활동 내용		
도입	• 동기유발을 위해 오늘 활동과 관련된 내용을 소개한다. • 이 시간의 활동 목표와 진행 내용을 설명한다.		
전개	1) 말에 다가가기 • 먼 거리에서부터 말을 걸면서 접근하여 허용 여부를 확인한다. • 말이 침착해지면 말의 왼쪽 어깨 주위로 조용히 다가간다. 2) 말의 상태 점검하기 • 이동 시의 걸음걸이, 외상 여부 등을 파악한다. • 솔로 말을 쓸어주면서 말의 반응을 살피고 서로 친숙해진다. 3) 말 끌기 • 말의 좌측 어깨 옆쪽에 위치한다. • 리드 로프는 오른손으로 적당히 내려온 곳을 잡고 왼손으로 나머지 끈을 잡는다. • 음성 부조와 함께 말과 출발한다. • 몇 보를 걸은 후 음성 부조와 함께 정지한다.		
정리	• 활동하면서 느낀 점, 깨달은 점을 말하도록 한다. • 오늘의 활동 내용을 요약, 정리하여 말한다. • 차시(다음 시간) 활동 내용을 안내해 준다.		
유의사항	• 리드 로프를 손에 감지 않는다. • 말을 이끄는 동안 장신구를 착용하지 않는다. • 대상자가 과제를 수행할 때마다 칭찬과 격려를 해준다.		

(2) 프로그램 진행하기

1) 도입(5분)

- 동기유발을 위해 오늘 활동과 관련된 내용을 소개한다.
- 이 시간의 활동 목표와 진행 내용을 설명한다.
- 모든 활동은 치유사와 대상자가 공동으로 협업하면서 진행한다.

2) 전개(60~120분)

치유사는 대상자에게 말과 함께 산책하는 방법과 순서를 설명하면서 시연한 후 대상자가 직접 시행해 보도록 한다. 또한, 대상자의 방법이 올바르지 않으면 수시로 정정해 주며 다시 하도록 한다.

1 말에 다가가기

- 먼 거리에서부터 말의 정면 45° 방향에서 부드럽게 말을 걸면서 접근하여 2m 정도 거리에서 사람의 접근 허용 여부를 확인한다.
- 얼굴을 보고 부드러운 소리 "오라 오라"를 내면서 접근하며, 말이 침착해지면 말의 왼쪽 어깨 주위로 조용히 다가간다.
- 말이 사람의 접근을 허용하면 말의 목을 가볍게 애무하여 적의가 없음을 확인한다.

2 말의 상태 점검하기

- 이동 시의 걸음걸이, 외상 여부 등을 파악한다.
- 솔로 말을 쓸어주면서 말의 반응을 살피고 서로 친숙해진다.

3 말 끌기

- 말의 좌측 어깨 옆쪽에 위치한다.
- 리드 로프는 오른손으로 적당히 내려온 곳을 잡고 왼손으로 나머지 끈은 잘 정리하여 잡으며 말아 쥐지 않도록 지도한다.
- 음성 부조(이랴!)와 함께 말과 출발한다.
- 몇 보를 걸은 후 음성 부조(워-!)와 함께 정지한다.

그림 Ⅷ-93 리드 로프 잡기

- 정지 시 수 보 내에 정확하게 멈추고 말이 정지하였을 때에는 칭찬하도록 안내한다.
- 과정 전체의 잘된 점과 개선이 필요한 부분을 면밀히 파악한다.

<참조 : NCS 학습모듈, 24.농림어업>02.축산>01.축산자원개발>07.말이용>기본승마 강습지도>

3) 정리(5분)

활동하면서 느낀 점, 깨달은 점을 말하도록 한다.

오늘의 활동 내용을 요약, 정리하여 말한다.

차시(다음 시간) 활동 내용을 안내해 준다.

읽을거리 : 말이 각설탕을 좋아하는 이유?

말들이 가장 선호하는 간식은 예상과 달리 달달한 각설탕이다. 말은 쓴맛과 단맛에 반응하는 미각세포가 발달해 단맛이 나는 과일이나 야채를 좋아하는데, 단맛을 가장 잘 느낄 수 있는 간식이 바로 각설탕인 것이다.

각설탕의 당분은 말의 에너지원과 식욕을 증진시키는 효과까지 있어 훈련 시 각설탕을 간식으로 제공한다. 그러나 과도한 설탕 급여는 체중 증가, 치아 문제, 신진대사 문제와 같은 건강 문제로 이어질 수 있으므로 적정량을 주어야 한다.

나. 승마 기본자세 익히기

(1) 프로그램 개요

활동명	승마 기본자세 익히기	치유사명	
일시	2024. 2. 2	장소	실내 승마장
주 대상자	어린이, 청소년, 성인, (자폐스펙트럼 장애, 소아마비, 뇌병변장애)	확장 대상자	모든 사람
치유 목적	지구력, 균형감, 자세 교정, 대·소 근육 근력 향상		
활동 목표	• 주부조와 부부조를 사용하여 말을 조종할 수 있다. • 말을 쓰다듬고 상호 교감작용을 할 수 있다. • 승마를 통하여 생명 존중감과 양육능력을 함양할 수 있다.		
준비물	안장, 복대, 안장깔개, 가슴걸이 끈, 조마용 줄, 고삐, 재갈, 굴레, 발목 보호대, 다리 보호용 붕대, 채찍, 박차, 기승 장비(승마복, 안전화(부츠), 안전 조끼, 헬멧, 장갑, 다리 보호대 등), 초보자용 안장 손잡이, 손 세정제, 수건		
과정	활동 내용		
도입	• 동기유발을 위해 오늘 활동과 관련된 내용을 소개한다. • 이 시간의 활동 목표와 진행 내용을 설명한다.		
전개	1) 승마의 기본자세 익히기 • 머리에서 발뒤꿈치를 연결한 선이 수직이 되는 자세를 취한다. • 머리는 똑바로 앞을 향하게 하고 턱을 적당히 당긴다. • 눈은 항상 앞을 주시하고, 다른 말의 상황 등 주위를 관찰한다. • 기좌는 허리를 펴고 안장에 닿는 모든 부위가 밀착되도록 힘을 빼고 좌우 무게 중심이 같도록 앉는다. • 다리(무릎 아래~ 발)는 자연스럽게 내리고 종아리를 마체에 가볍게 접속한다. 2) 주부조 사용하기 • 체중 부조 사용하기 • 종아리 부조 사용하기 • 고삐(주먹) 부조 사용하기 3) 부 부조(채찍, 박차, 음성) 사용하기 • 음성 부조(출발; 이랴!, 멈춤; 워-!, 격려; 굿!)을 사용한다. • 채찍을 가볍게 접촉하여 앞으로 나아가게 한다. • 박차를 이용해 말의 옆구리를 살짝 자극해 앞으로 가게 한다.		
정리	• 활동하면서 느낀 점, 깨달은 점을 말하도록 한다. • 오늘의 활동 내용을 요약, 정리하여 말한다. • 차시(다음 시간) 활동 내용을 안내해 준다.		
유의사항	• 안전 수칙을 습득하고 준수한다. • 승마와 관련된 작업 시 반드시 헬멧과 안전 조끼를 착용한다. • 긴장하지 않는 자세를 유지할 수 있도록 승마 전 마상체조를 실시한다. • 활동이 끝나면 감염병 전염을 예방하기 위해 손을 씻는다. • 대상자가 과제를 수행할 때마다 칭찬과 격려를 해준다.		

(2) 프로그램 진행하기

1) 도입(5분)

- 동기유발을 위해 오늘 활동과 관련된 내용을 소개한다.

- **기승자는 유연, 신체 각 부위의 독립, 허리 펴기, 허리 움직이지 않기의 기본 기본자세를 설명한다.**
- **몸 전체에 힘을 뺀 상태가 아닌 바른 자세를 유지하면서도 힘을 강하게 주지 않으면서 말의 움직임과 함께 움직이는 자세의 중요성을 설명한다.**
- **승마 기본자세는 허리를 곧게 편 상태에서 정지하거나 전진하는 것을 설명한다.**

- 이 시간의 활동 목표와 진행 내용을 설명한다.
- 모든 활동은 치유사와 대상자가 공동으로 협업하면서 진행한다.

2) 전개(60~120분)

치유사는 대상자에게 승마의 기본자세를 설명하면서 시범을 보인 후 대상자가 직접 승마 자세를 취하도록 한다. 또한, 대상자의 방법이 올바르지 않으면 수시로 정정해 주며 다시 하도록 한다.

1 승마의 기본자세 익히기

- 기본자세는 머리에서 발뒤꿈치를 연결한 선이 수직이 되는 자세이다.
- 머리는 똑바로 앞을 향하게 하고 턱을 적당히 당긴다.
- 눈은 항상 앞을 주시하고, 다른 말의 상황 등 주위를 관찰한다.
- 귀는 주변의 소리에도 주의를 기울인다.
- 어깨는 힘을 빼고 내린다.
- 팔은 힘을 뺀 상태에서 자연스럽게 내리고, 팔꿈치를 상체에 가볍게 붙인다.
- 상체는 힘을 빼고 가슴과 등을 편다.
- 기좌는 허리를 곧게 펴고 안장에 밀착되도록 힘을 빼고 좌우 무게 중심이 같도록 앉는다.
- 다리(무릎 아래~ 발)는 자연스럽게 내리고 종아리를 마체에 가볍게 접속한다.
- 등자는 발볼의 가장 넓은 곳으로 밟아 뒤꿈치를 가볍게 뒤로 내린다. 등자를 뺀 경우도 같은 자세를 유지한다

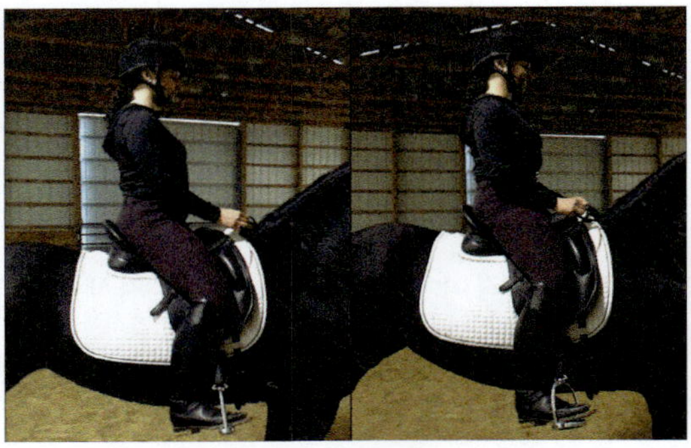

그림 Ⅷ-94 기승 자세(왼쪽 ×, 오른쪽 ○)

그림 Ⅷ-95 기본자세

2 주 부조 사용하기

① 체중 부조 사용하기

- 속도 변화 : 몸을 앞으로 기울이면 말이 속도를 높이고, 몸을 뒤로 젖히면 속도를 줄이거나 멈추게 한다.
- 방향 전환 : 기승자가 몸을 좌우로 기울여 말이 해당 방향으로 움직이게 한다.

② 종아리 부조 사용하기

- 출발 신호 : 양쪽 종아리로 말의 옆구리를 가볍게 압박해서 앞으로 나아가게 한다.
- 속도 조절 : 종아리를 더 강하게 압박하여 말이 더 빠르게 이동하고, 종아리의 압력을 줄여 말이 속도를 줄이게 한다.
- 방향 전환 : 한쪽 종아리를 더 강하게 사용해서 말이 그 방향으로 회전하도록 한다.

③ 고삐(주먹) 부조 사용하기

- 멈춤 신호 : 어깨를 젖히면서 고삐를 뒤로 당겨 말이 속도를 줄이거나 멈추게 한다.
- 방향 전환 : 한쪽 고삐를 살짝 당겨 말이 그 방향으로 고개를 돌리며 이동하게 한다.

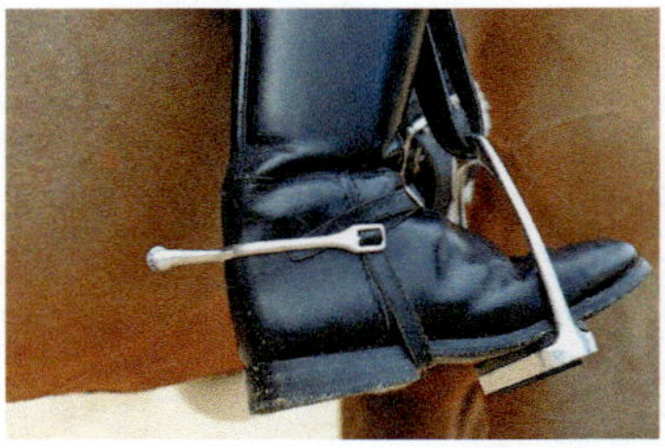

그림 Ⅷ-96 박차

3 부 부조(채찍, 박차, 음성) 사용하기

- 음성 부조(출발; 이랴!, 멈춤; 워-!, 격려; 굿!)을 사용한다.
- 채찍을 가볍게 접촉하여 앞으로 나아가게 한다.
- 박차를 이용해 말의 옆구리를 살짝 자극해 앞으로 나아가게 한다.

<참조 : NCS 학습모듈, 24. 농림어업>02. 축산>01. 축산자원개발>07. 말이용>기본승마 강습지도>

3) 정리(5분)

- 활동하면서 느낀 점, 깨달은 점을 말하도록 한다.
- 오늘의 활동 내용을 요약, 정리하여 말한다.
- 차시(다음 시간) 활동 내용을 안내해 준다.

읽을거리 : 동물 사랑 이야기

이 세상의 주인은 사람이 아닙니다.
자연 모두가 주인입니다.
그래서 혼자만 살라고 하지 말자구요

사람과 동물- 작은 존재들끼리
다툼하지 말자구요
마음을 나누고 의미를 만들고
그리고 사랑하자구요

다. 라이딩(승마) 하기

(1) 프로그램 개요

활동명	라이딩(승마)하기	치유사명	
일시	2024. 2. 2	장소	승마장
주 대상자	어린이, 청소년, 성인, (자폐스펙트럼 장애, 소아마비, 뇌병변장애)	확장 대상자	모든 사람
치유 목적	근력, 균형감, 자세 교정, 소근육 향상		
활동 목표	• 안전하게 말을 올라타고 내릴 수 있다. • 주 부조와 부 부조를 사용하여 말을 조종할 수 있다. • 승마하면서 상호 교감작용을 할 수 있다.		
준비물	말, 마체 관리 도구 세트, 마구간 굴레, 재갈 굴레, 리드 끈, 기승자와 말에 알맞은 안장, 다리 보호대, 손 세정제, 수건, 승마복		
과정	활동 내용		
도입	• 동기유발을 위해 오늘 활동과 관련된 내용을 소개한다. • 이 시간의 활동 목표와 진행 내용을 설명한다.		
전개	1) 말 올라타기(기승 하기) • 말에 가깝게 붙어 왼손으로 양쪽 고삐와 갈기를 함께 쥔다. • 오른손으로 안장 꼬리를 잡고 오른발로 땅을 박차고 뛰어오른다. • 오른쪽 다리가 말의 등을 지나가는 순간 오른손으로 안장 앞부분을 짚으며 지탱한다. • 이때 엉덩이가 가볍게 안장에 닿도록 한다. • 고삐를 양손으로 잡고 양쪽 등자를 확인한다. 2) 말 조종하기 • 체중 부조 사용하기 • 종아리 부조 사용하기 • 고삐 부조(주먹 부조) 사용하기 • 음성 부조 사용하기 • 기승 시간은 40분 정도로 말이 지치지 않게 하는 것이 좋다. • 다른 말과 나란히 운동할 때에는 좌우 2m, 전후 4m이상의 거리를 유지하여야 한다. 3) 말 내리기(하마 하기) • 오른발을 등자에서 빼고 발이 말 엉덩이에 닿지 않게 돌아선다. • 배를 안장에 기대어 몸의 중심을 잡으며 왼발을 등자에서 뺀다. • 몸의 중심이 잡히면 말에서 미끄러져 내려온다.		
정리	• 활동하면서 느낀 점, 깨달은 점을 말하도록 한다. • 오늘의 활동 내용을 요약, 정리하여 말한다. • 차시(다음 시간) 활동 내용을 안내해 준다.		
유의사항	• 말의 부상 여부를 반드시 확인해야 한다. • 모든 과정에서 안전에 유의하도록 지도한다. • 활동이 끝나면 감염병 전염을 예방하기 위해 손을 씻는다. • 대상자가 과제를 수행할 때마다 칭찬과 격려를 해준다.		

(2) 프로그램 진행하기

1) 도입(5분)

- 동기유발을 위해 오늘 활동과 관련된 내용을 소개한다.
- 이 시간의 활동 목표와 진행 내용을 설명한다.
- 모든 활동은 치유사와 대상자가 공동으로 협업하면서 진행한다.

2) 전개(60~120분)

치유사는 대상자에게 말타기, 조종하기, 내리기 방법과 순서를 설명하면서 시범을 보인 후 대상자가 직접 시행해 보도록 한다. 또한, 대상자의 방법이 올바르지 않으면 수시로 정정해 주며 다시 하도록 한다.

1 말 올라타기(기승 하기)

그림 Ⅷ-97 말 올라타기

- 말의 왼쪽에 다가간다.
- 복대의 조임을 확인하고 조절한다.
- 등자 끈 길이를 조절한다.
- 오른손으로 등자쇠를 내린다.
- 말에 가깝게 붙어 왼손으로 양쪽 고삐와 갈기를 함께 쥔다.
- 오른손으로 등자쇠를 잡고 기승자 쪽으로 돌린다.
- 등자쇠에 왼쪽 발을 건다.
- 오른손으로 안장 꼬리를 잡고 오른발로 땅을 박차고 뛰어오른다.
- 오른쪽 다리가 말의 등을 지나가는 순간 오른손으로 안장 앞부분을 짚으며 지탱한다.
- 이때 엉덩이가 가볍게 안장에 닿도록 한다.
- 오른발을 등자쇠에 끼운다. 무릎은 말의 어깨 쪽을 향하도록 하여 안장 날개에 붙어 있게 한다.
- 고삐를 양손으로 잡고 양쪽 등자를 확인한다.
- 승마 시 두려운 마음을 버리고 즐거운 마음을 갖는다.

2 말 조종하기

① 체중 부조

- 속도 변화: 몸을 앞으로 기울여 말이 속도를 높이고, 몸을 뒤로 젖혀 속도를 줄이거나 멈추게 한다.

- 방향 전환 : 기승자가 원하는 방향으로 몸을 기울여 말이 해당 방향으로 움직이게 한다.

② 종아리 부조

- 출발 신호 : 양쪽 종아리로 말의 옆구리를 가볍게 압박해서 앞으로 나아가게 한다.
- 속도 조절 : 종아리를 더 강하게 압박하여 말이 더 빠르게 이동하고, 종아리의 압력을 줄여 말이 속도를 줄이게 한다.
- 말이 갑작스레 뛰면 당황하지 말고 부드럽고 태연하게 속도를 줄이며 균형을 유지한다.
- 방향 전환 : 한쪽 종아리를 더 강하게 사용해서 말이 그 방향으로 회전하도록 유도한다.

③ 고삐 부조(주먹 부조)

- 멈춤 신호 : 어깨를 젖히면서 고삐를 뒤로 당겨 말이 속도를 줄이거나 멈추게 한다.
- 방향 전환 : 한쪽 고삐를 살짝 당겨 말이 그 방향으로 고개를 돌리며 이동하게 한다.

④ 음성 부조

- 출발 신호 : "이랴!" 같은 음성으로 출발 신호를 보낸다.
- 멈춤 신호 : "워-!" 같은 음성으로 멈추라는 신호를 보낸다.

⑤ 기승 시간은 40분 정도로 말이 지치지 않게 하는 것이 좋다.

⑥ 다른 말과 나란히 운동할 때에는 좌우 2m, 전후 4m 이상의 거리를 유지하여야 한다.

3 말 내리기(하마 하기)

- '워'라는 강한 어조의 음성 부조를 사용하여 멈추도록 한다.
- 하마 하는 동안 말이 움직이지 않도록 말을 정지시킨다.
- 왼손으로 고삐를 모아 쥐고 오른손은 안장 머리에 둔다.
- 오른발을 등자에서 빼고 발이 말 엉덩이에 닿지 않게 돌아선다.
- 돌아선 직후 오른손으로 안장 끝쪽을 잡는다.
- 배를 안장에 기대어 몸의 중심을 잡으며 왼발을 등자에서 뺀다.
- 몸의 중심이 잡히면 말에서 미끄러져 내려온다.

그림 Ⅷ-98 말 내리기

<참조 : NCS 학습모듈, 24. 농림어업>02. 축산>01. 축산자원개발>07. 말이용>기본승마 강습지도>

3) 정리(5분)

- 활동하면서 느낀 점, 깨달은 점을 말하도록 한다.
- 오늘의 활동 내용을 요약, 정리하여 말한다.
- 차시(다음 시간) 활동 내용을 안내해 준다.

라. 장애인 승마

(1) 프로그램 개요

<table>
<tr><th>활동명</th><th>장애인의 승마</th><th>치유사명</th><th></th></tr>
<tr><td>일시</td><td>2024. 2. 2</td><td>장소</td><td>실내 승마장</td></tr>
<tr><td>주 대상자</td><td>어린이, 청소년, 성인,
(자폐스펙트럼 장애, 소아마비, 뇌병변장애)</td><td>확장 대상자</td><td>모든 사람</td></tr>
<tr><td>치유 목적</td><td colspan="3">균형감 및 자세 교정, 대근육 및 소근육 향상</td></tr>
<tr><td>활동 목표</td><td colspan="3">• 경증 장애인의 일반 기승을 보조할 수 있다.
• 체중이 가벼운 기승자를 재활승마 지도사가 단독으로 기승 시킬 수 있다.
• 중등 장애인을 재활승마 지도사와 봉사자의 보조로 기승 시킬 수 있다.</td></tr>
<tr><td>준비물</td><td colspan="3">재활 승마용 말, 재활 승마용 마구, 재활 승마용 교구(소품), 기승대/기승, 손 세정제, 수건, 승마복</td></tr>
<tr><td>과정</td><td colspan="3">활동 내용</td></tr>
<tr><td>도입</td><td colspan="3">• 동기유발을 위해 오늘 활동과 관련된 내용을 소개한다.
• 이 시간의 활동 목표와 진행 내용을 설명한다.</td></tr>
<tr><td>전개</td><td colspan="3">1) 일반 기승 하기
• 오른쪽 사이드 워커는 오른쪽 등자를 눌러 안장이 돌아가지 않게 해주고 리더는 말이 움직이지 않게 잡아 준다.
• 오른발로 지면을 차고 올라 말 엉덩이 부분으로 넘긴다.
• 기승자의 균형감, 통증 여부를 확인한 후 출발한다.
2) 재활승마 지도사 단독 보조 기승하기
• 몸무게가 가벼운 기승자를 재활승마 지도사가 안는다.
• 기승자의 엉덩이를 안장 위에 올린다. 이때 우측 봉사자는 기승자의 허리 또는 골반 부위를 지지해 준다.
3) 재활승마 지도사와 봉사자의 보조 기승하기
• 재활승마 지도사는 기승자의 몸통, 좌측 봉사자는 기승자의 다리를 잡아 동시에 들어 올리거나 '가마 타기'처럼 기승자의 양옆에서 동시에 들어 올려 안장에 앉힌다.
• 기승자의 엉덩이를 안장 위에 올린다. 이때 우측 봉사자는 기승자의 허리 또는 골반 부위를 지지해준다
• 기승자와 오른쪽 사이드 워커가 기승자의 다리를 내린다.
• 기승자의 다리가 완전히 내려지면 등자에 발을 넣게 하고 기승자가 균형을 유지하면 출발한다.</td></tr>
<tr><td>정리</td><td colspan="3">• 활동하면서 느낀 점, 깨달은 점을 말하도록 한다.
• 오늘의 활동 내용을 요약, 정리하여 말한다.
• 차시(다음 시간) 활동 내용을 안내해 준다.</td></tr>
<tr><td>유의사항</td><td colspan="3">• 안전 수칙을 습득하고 준수한다.
• 승마와 관련된 작업 시 반드시 헬멧과 안전 조끼를 착용한다.
• 긴장하지 않는 자세를 유지할 수 있도록 승마 전 마상체조를 실시한다.
• 활동이 끝나면 감염병 전염을 예방하기 위해 손을 씻는다.
• 대상자가 과제를 수행할 때마다 칭찬과 격려를 해준다.</td></tr>
</table>

(2) 프로그램 진행하기

1) 도입(5분)

- 동기유발을 위해 오늘 활동과 관련된 내용을 소개한다.
- 이 시간의 활동 목표와 진행 내용을 설명한다.
- 모든 활동은 치유사와 대상자가 공동으로 협업하면서 진행한다.

2) 전개(60~120분)

치유사는 대상자의 장애 정도와 체중에 따라 일반 기승, 재활승마 지도사 보조 기승, 재활승마 지도사와 봉사자의 보조 기승하기 등을 실시하도록 조력한다.

1 일반 기승 하기

- 기승자는 말과의 친화감을 가지기 위해 말 이름을 부르며 접근한다.
- 말이 기승이 가능한 상태인가를 점검하다.
- 기승단의 리더, 사이드 워커와 인사한다.
- 왼손은 안장 머리를, 오른손은 안장 꼬리 부분을 잡는다.
- 왼발을 등자에 끼우고 체중을 왼발에 주고, 균형을 잡을 수 있도록 한다.
- 이때 오른쪽 사이드 워커는 오른쪽 등자를 눌러 안장이 돌아가지 않게 해주고 리더는 말이 움직이지 않게 잡아 준다.
- 오른발로 지면을 차고 올라 말 엉덩이 부분으로 넘긴다.
- 이때 기승자는 발이 말 엉덩이를 차지 않게 조심해야 한다.
- 기승자는 안장에 살짝 앉는다.
- 기승자가 안장에 앉은 후에 오른쪽 등자를 끼운다.
- 기승자의 균형감, 통증 여부를 확인한 후 출발한다.

2 재활승마 지도사 보조 기승하기

- 몸무게가 가벼운 기승자를 재활승마 지도사가 안는다.
- 기승자의 엉덩이를 안장 위에 올린다. 이때 우측 봉사자는 기승자의 허리 또는 골반 부위를 지지해 준다.
- 재활승마 지도사가 기승자의 다리를 들어 말 목 방향으로 서서히 이동한다.

그림 Ⅷ-99 영국 RDA 재활 승마팀

- 기승자와 오른쪽 사이드 워커가 기승자의 다리를 천천히 내린다.
- 재활승마 지도사는 기승자의 다리가 완전히 내려지면 등자에 발을 넣게 하고 기승자가 균형을 유지하고 있는지, 출발 준비가 완료되었는지 확인한다.

❸ 재활승마 지도사와 봉사자의 보조 기승하기

- 재활승마 지도사는 기승자의 몸통, 좌측 봉사자는 기승자의 다리를 잡아 동시에 들어 올리거나 '가마타기'처럼 기승자의 양옆에서 동시에 들어 올려 안장에 앉힌다.
- 기승자의 엉덩이를 안장 위에 올린다. 이때 우측 봉사자는 기승자의 허리 또는 골반 부위를 지지해준다
- 재활승마 지도사가 기승자의 다리를 들어 말 목 방향으로 서서히 이동한다.
- 기승자와 오른쪽 사이드 워커가 기승자의 다리를 천천히 내린다.
- 재활승마 지도사는 기승자의 다리가 완전히 내려지면 등자에 발을 넣게 하고 기승자가 균형을 유지하고 있는지, 출발 준비가 완료되었는지 확인한다.

3) 정리(5분)

- 활동하면서 느낀 점, 깨달은 점을 말하도록 한다.
- 오늘의 활동 내용을 요약, 정리하여 말한다.
- 차시(다음 시간) 활동 내용을 안내해 준다.

〈참조 : NCS 학습모듈, 24.농림어업〉02.축산〉01.축산자원개발〉07.말이용〉재활승마 강습관리〉

마. 망아지 각인 순치하기

(1) 프로그램 개요

활동명	망아지 각인 순치하기	치유사명	
일시	2024. 2. 2	장소	망아지사
주 대상자	어린이, 청소년, 성인	확장 대상자	모든 사람
치유 목적	생명 존중감, 양육능력, 관찰력 및 집중력, 인지능력, 소근육 향상		
활동 목표	• 망아지와 상호 얼굴 익히기를 통한 각인 순치를 할 수 있다. • 굴레, 안장, 복대 순치 작업을 바르게 할 수 있다. • 망아지와의 교감 활동을 통해 생명 존중감을 향상할 수 있다.		
준비물	헬멧, 안전화, 안전 조끼, 손 세정제, 수건, 복대, 굴레, 작업복		
과정	활동 내용		
도입	• 동기유발을 위해 오늘 활동과 관련된 내용을 소개한다. • 이 시간의 활동 목표와 진행 내용을 설명한다.		
전개	1) 얼굴과 머리 각인 순치하기 • 망아지의 얼굴, 귀, 코, 입 등을 마사지하면서 자극한다. • 쓰다듬으면서 상호 친숙해지고 접촉의 두려움이 사라지도록 한다. 2) 몸통 및 다리 각인 순치하기 • 갈기를 포함하여 양쪽의 목을 충분히 마사지해 준다. • 어깨와 엉덩이, 복부와 사타구니를 쓰다듬고 만져 준다. • 이 과정을 반복적으로 실시하여 충분히 둔감화되도록 한다. 3) 굴레 순치하기 • 망아지에게 적당한 크기의 굴레를 선택한다. • 망아지의 왼쪽에서 한 손으로 턱에서 코를 감싼다. • 다른 한 손에 들고 있는 굴레를 천천히 망아지에게 씌운다. • 여러 반복 훈련하여 굴레 씌우기에 익숙해지도록 한다. 4) 안장 적응 순치하기 • 2인 1조로 하여 한 명은 말을 잡고 한 명은 말의 왼쪽 등에 위치한다. • 말의 등에 있는 사람은 손바닥으로 서 있는 망아지의 등에 무게를 충분히 느낄 수 있을 만큼 압박한다. 5) 복대 설치 순치하기 • 2인 1조로 하여 한 명은 말을 잡고 한 명은 말의 왼쪽 가슴 옆에 선다. • 양팔로 망아지의 가슴을 껴안고 가슴 밑에서 양손을 깍지낀 후 팔에 힘을 주어 망아지의 가슴을 '조였다 풀었다'를 한다. • 이 과정을 반복적으로 실시하여 둔감화되도록 한다.		
정리	• 활동하면서 느낀 점, 깨달은 점을 말하도록 한다. • 오늘의 활동 내용을 요약, 정리하여 말한다. • 차시(다음 시간) 활동 내용을 안내해 준다.		

유의사항	• 말에게 다가갈 때는 안전 장구를 반드시 착용한다. • 망아지를 출산한 어미 말은 예민하므로 주의해야 한다. • 될 수 있는 대로 15분 이내에 끝내되, 더 필요한 경우 쉬었다가 실시한다. • 대상자가 과제를 수행할 때마다 칭찬과 격려를 해준다.

(2) 프로그램 진행하기

1) 도입(5분)

- 동기유발을 위해 오늘 활동과 관련된 내용을 소개한다.
- 이 시간의 활동 목표와 진행 내용을 설명한다.
- 모든 활동은 치유사와 대상자가 공동으로 협업하면서 진행한다.

2) 전개(60~120분)

치유사는 대상자에게 각인 순치, 굴레 순치, 안장 순치, 복대 순치 방법과 순서를 설명하면서 시범을 보인 후 대상자가 직접 시행해 보도록 한다. 또한, 대상자의 방법이 올바르지 않으면 수시로 정정해 주며 다시 하도록 한다.

❶ 얼굴과 머리 각인 순치하기

- 망아지의 상체를 보며 머리 전체를 가볍게 마사지한다.
- 다음으로 귀, 코, 입 등을 마사지하면서 자극한다.
- 삭모기(전모기)를 작동시켜 진동 소음을 들려주어 익숙해지도록 한다.
- 얼굴과 머리를 쓰다듬으면서 상호 친숙해지고 접촉의 두려움이 사라지도록 한다.

❷ 몸통 및 다리 각인 순치하기

- 갈기를 포함하여 양쪽의 목을 충분히 마사지해 준다.
- 다음으로 어깨와 엉덩이, 복부와 사타구니를 쓰다듬고 만져 준다.
- 앞다리를 먼저하고 뒷다리를 나중에 실시한다.
- 이 과정을 반복적으로 실시하여 충분히 둔감화되도록 한다.

❸ 굴레 순치하기

- 망아지에게 적당한 크기의 굴레를 선택한다.

※ 굴레의 크기는 말의 광대뼈와 굴레의 간격이 손가락 2개 정도의 간격이 적당하다.

- 망아지의 왼쪽에서 한 손으로 턱에서 코를 감싼다.
- 다른 한 손에 들고 있는 굴레를 천천히 망아지에게 씌운다.
- 여러 번에 걸친 반복 훈련하여 굴레 씌우기에 익숙해지도록 한다.

• 될 수 있는 대로 15분 이내에 끝내되, 더 필요하면 쉬었다가 실시한다.

그림 Ⅷ-100 각인 순치

그림 Ⅷ-101 굴레 순치

4 안장 적응 순치하기

• 2인 1조로 하여 한 명은 말을 잡고 한 명은 말의 왼쪽 등에 위치한다.
• 말의 등에 있는 사람은 손바닥으로 서 있는 망아지의 등에 무게를 충분히 느낄 수 있을 만큼 압박한다.
• 압박에 익숙하게 될 때까지 여러 번 규칙적으로 반복 시행한다.

5 복대 설치 순치하기

• 2인 1조로 하여 한 명은 말을 잡고 한 명은 말의 왼쪽 가슴 옆에 선다.
• 양팔로 망아지의 가슴을 껴안고 가슴 밑에서 양손을 깍지낀 후 팔에 힘을 주어 망아지의 가슴을 '조였다 풀었다'를 한다.
• 로프를 이용하여 가슴을 조였다 풀기를 반복한다.
• 이 과정을 반복적으로 실시하여 둔감화되도록 한다

그림 Ⅷ-102 복대 순치

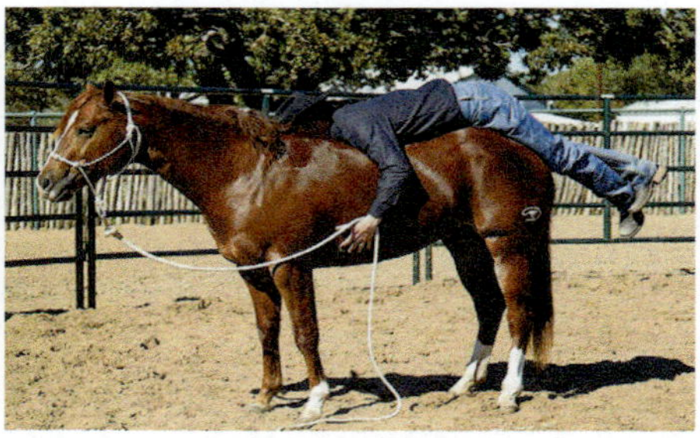

그림 Ⅷ-103 안장 순치

참조 : NCS 학습모듈, 24.농림어업>02.축산>02.사육관리>05.말사육>02 망아지 관리

3) 정리(5분)

- 활동하면서 느낀 점, 깨달은 점을 말하도록 한다.
- 오늘의 활동 내용을 요약, 정리하여 말한다.
- 차시(다음 시간) 활동 내용을 안내해 준다.

관련 지식

[1] 각인 기전

각인과 애착을 촉진하는 행동 기전은 태어난 동물과 돌보는 사람(어미 또는 인간) 사이의 관계 발달에 영향을 미칠 수 있다.

콘라드 로렌츠(Konrad Lorenz)의 각인 이론은 생후 초기에 어떤 대상과의 소통을 통해 그 대상에 애착이 생기는 것을 말한다. 그 대상이 보통은 어미가 되는데 이때 관리자와의 빈번한 접촉이 장차 사람을 잘 따르게 된다.

존 볼비(John Bowlby)의 애착 이론은 영아기 애착 형성이 인간 본성의 가장 중요한 기본이 되고, 애착 형성이 잘되지 않으면 아동기뿐 아니라 성인기의 여러 가지 정신질환의 원인이 될 수 있다는 것이다.

따라서 각인과 애착은 어린 동물의 초기에 형성됨으로 어릴 때부터 자주 눈에 보이고, 접촉하는 상호작용이 매우 중요하다.

바. 말 손질과 목욕시키기

(1) 프로그램 개요

활동명	말 손질과 목욕시키기	치유사명	
일시	2024. 2. 2	장소	말 목욕장
주 대상자	어린이, 청소년, 성인	확장 대상자	모든 사람
치유 목적	생명 존중감, 양육능력, 관찰력 및 집중력, 인지능력, 소근육 향상		
활동 목표	• 각종 손질 기구를 사용하여 말의 털을 손질할 수 있다. • 말에게 물을 뿌리고 적량의 샴푸를 사용하여 목욕시킬 수 있다. • 말의 손질을 통하여 상호 교감작용을 할 수 있다.		
준비물	고무 빗, 땀 긁개 스펀지 브러시 고무 브러시, 거친 브러시, 쇠 빗, 손 세정제, 수건, 작업복		
과정	활동 내용		
도입	• 동기유발을 위해 오늘 활동과 관련된 내용을 소개한다. • 이 시간의 활동 목표와 진행 내용을 설명한다.		
전개	1) 말 손질하기 • 빗으로 갈기를 결을 따라 빗는다. • 피모에 말라붙어 있는 흙은 '다열 쇠 빗'으로 긁는다. • 너무 예민한 말에는 부드러운 솔을 사용한다. • 머리와 얼굴을 피부 솔로 부드럽게 솔질한다. • 전신 손질(체표 손질)은 보통 20~30분 정도 실시한다. • 발굽은 발굽 파개를 이용하여 왼쪽 앞다리, 왼쪽 뒷다리, 오른쪽 앞다리, 오른쪽 뒷다리 순으로 발굽을 파 준다. 2) 목욕시키기 • 낮은 수압으로 심장에서 먼 곳인 뒷다리부터 → 앞다리 → 엉덩이 → 허구리 → 등 → 옆구리 →앞가슴 → 어깨 → 목 → 머리 순으로 물을 충분히 뿌려 준다. • 솔이나 스펀지에 샴푸를 묻힌 후 털의 결과 반대 방향으로 문지르며 왼쪽 위부터 왼쪽 엉덩이, 다리 방향으로 진행한다. • 물을 뿌려 샴푸가 완전히 없어질 때까지 충분히 헹구어 준다. • 땀 긁개로 물기를 제거해 준다. • 수건을 이용하여 얼굴과 다리의 물기를 제거해 준다.		
정리	• 활동하면서 느낀 점, 깨달은 점을 말하도록 한다. • 오늘의 활동 내용을 요약, 정리하여 말한다. • 차시(다음 시간) 활동 내용을 안내해 준다.		
유의사항	• 말에게 다가갈 때는 안전 장구를 반드시 착용한다. • 망아지를 출산한 어미 말은 예민하므로 주의해야 한다. • 될 수 있는 대로 20분 이내에 끝내되, 더 필요한 경우 쉬었다가 실시한다. • 활동이 끝나면 감염병 전염을 예방하기 위해 손을 씻는다. • 대상자가 과제를 수행할 때마다 칭찬과 격려를 해준다.		

(2) 프로그램 진행하기

1) 도입(5분)

동기유발을 위해 오늘 활동과 관련된 내용을 소개한다.
이 시간의 활동 목표와 진행 내용을 설명한다.
모든 활동은 치유사와 대상자가 공동으로 협업하면서 진행한다.

2) 전개(60~120분)

치유사는 대상자에게 말 손질과 목욕시키는 방법과 순서를 설명하면서 시범을 보이고 대상자가 직접 시행해 보도록 한다. 또한, 대상자의 방법이 올바르지 않으면 수시로 정정해 주며 다시 하도록 한다.

1 말 손질하기

- 수장 굴레를 씌운 말을 수장대로 끌고 와 묶어놓는다.
- 손질의 순서는 왼쪽 귀밑의 목에서부터 시작하여 뒤로 옮겨가면서 엉덩이 부위까지 마치면 우측도 마찬가지 방법으로 실시한다.
- 빗으로 갈기를 결을 따라 빗겨 준다.
- 피모에 말라붙어 있는 흙은 '다열 쇠 빗'으로 긁어내고, 말라붙어 있는 땀은 땀 긁개로 긁어낸다.

그림 Ⅷ-104 손질 기구 세트

- 너무 예민한 말에는 부드러운 솔을 사용한다.
- 솔질은 건친 솔을 오른손, 다열 빗은 왼손에 쥐고 거친 솔은 피모의 흐름과 반대 방향으로 쓸어 올렸다가 다시 쓸어내리는 식으로 반복하여 때를 쓸어낸다.
- 사지를 피부 솔로 솔질한다.
- 머리와 얼굴을 부드러운 솔로 가볍게 솔질한다. 장모는 약간 물기가 있는 솔로 솔질하고 물을 묻힌 큰 빗으로 순하게 빗겨준다.
- 전신 손질(체표 손질)은 보통 20~30분 정도 실시한다.
- 발굽은 발굽 파개를 이용하여 왼쪽 앞다리, 왼쪽 뒷다리, 오른쪽 앞다리, 오른쪽 뒷다리 순으로 발굽을 파 준다.

그림 Ⅷ-105 브러시 솔질하기

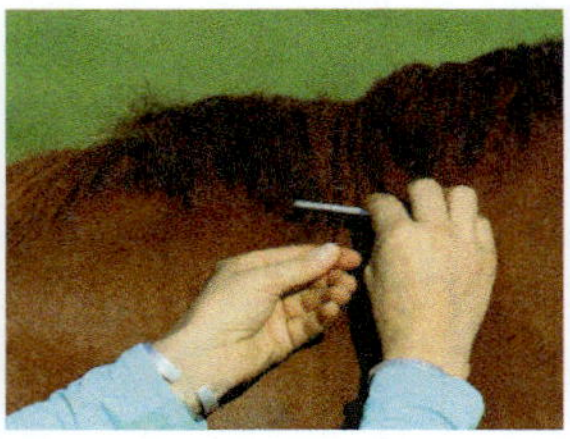

그림 Ⅷ-106 갈기털 관리

그림 Ⅷ-107 발굽 파기

2 목욕시키기

- 말에게 수장 굴레를 씌우고 수장대에 묶어놓는다.
- 낮은 수압으로 심장에서 먼 곳인 뒷다리부터 → 앞다리 → 엉덩이 → 하구리 → 등 → 옆구리 → 앞가슴 → 어깨 → 목 → 머리 순으로 물을 충분히 뿌려 준다.
- 솔이나 스펀지에 샴푸를 묻힌 후 털의 결과 반대 방향으로 문지르며 왼쪽 위부터 왼쪽 엉덩이, 다리 방향으로 진행한다.
- 오른쪽도 같은 방법으로 진행한다.

그림 Ⅷ-108 물 뿌리기

그림 Ⅷ-109 샴푸 하기

- 물을 뿌려 샴푸가 완전히 없어질 때까지 충분히 헹구어 준다.
- 땀 긁개로 물기를 제거해 준다.
- 수건을 이용하여 얼굴과 다리의 물기를 제거해 준다.
- 드라이어를 이용하여 몸의 털을 완전히 말린다.
- 부드러운 솔로 솔질을 한 후 발굽에 발굽 보호 기름을 발라 준다.
- 마방에 넣은 후 수장 굴레를 벗긴다.

3) 정리(5분)

- 활동하면서 느낀 점, 깨달은 점을 말하도록 한다.
- 오늘의 활동 내용을 요약, 정리하여 말한다.
- 차시(다음 시간) 활동 내용을 안내해 준다.

〈참조 : NCS 학습모듈, 24. 농림어업〉02. 축산〉02. 사육관리〉05. 말사육〉17. 18말 운동관리〉

참고문헌 및 관련 인터넷사이트

- 고영두 외(2006). 한우학. 선진문화사.
- 교육부(1996). 가축 영양·사료. 교육부.
- 교육부(1996). 낙농경영실습. 교육부.
- 교육부(1992). 축산기초실습. 교육부.
- 김병선 외(2012). 말 조련 실무. 대한미디어.
- 김연희 외(2012). 재활 승마. 대한미디어.
- 안제국(2005). 애완동물사육. 부민문화사.
- 안제국 외(2018). 가축 관리 실무. 부민문화사.
- 안제국 외(2019). 동물자원. 충북교육청.
- 이수기. 안제국(2014). 대가축관리. 충남교육청.
- 교육부(2019). NCS 학습모듈 재활승마 강습관리.
- 교육부(2019). NCS 학습모듈 망아지 관리.
- 교육부(2019). NCS 학습모듈 기본승마 강습지도.
- 교육부(2019). NCS 학습모듈 말 운동관리.
- https://health.howstuffworks.com/wellness/stress-management/cow-cuddling.htm
- https://abcnews.go.com/Lifestyle/meet-lilou-san-francisco-airports-therapy-pig-helps/story?id=44033936
- https://www.therapeuticranch.com/what-is-animal-assisted-therapy
- https://ecohappinessproject.com/farm-animal-therapy/
- https://www.communitychickens.com/aat-beginner-guide-zw02001ztil/
- https://rabbit.org/wp-content/uploads/2013/01/CESRabbit2.jpg
- https://stringfixer.com/files/58142778.jpg

[그림 및 사진 출처]

- 단원열기 https://alzheimersnewstoday.com/news/dutch-care-farms-enrich-lives-of-people-with-dementia-alzheimers/
- 그림 Ⅷ-1 https://www.forsythschool.org/p/~board/school-news/post/spring-chickens
- 그림 Ⅷ-2 https://www.theguardian.com/society/2015/jul/28/hen-keeping-therapy-older-people
- 그림 Ⅷ-3 위키피디아 https://en.wikipedia.org/wiki/Rhode_Island_Red
- 그림 Ⅷ-4 위키피디아 https://en.wikipedia.org/wiki/Silkie#/media/File:A_fuzzy_baby_chicken_and_its_mom.jpg
  https://en.wikipedia.org/wiki/Silkie#/media/File:Male_Silkie.png

- 그림 Ⅷ-5 http://www.oldgloryfarmwisconsin.com/Products/StandardCochinChickens
- 그림 Ⅷ-6 https://www.somerzby.com.au/blog/brahma-chicken-breed/
- 그림 Ⅷ-7 농촌진흥청
- 그림 Ⅷ-8 https://www.hobbyfarms.com/3-reasons-wild-bird-feed-isnt-good-for-chickens/
- 그림 Ⅷ-9 https://www.pamsbackyardchickens.com/2014/09/how-do-chickens-drink.html
- 그림 Ⅷ-10 자작
- 그림 Ⅷ-11 https://starmilling.com/cool-kinds-of-chicken-combs/
  https://www.researchgate.net/figure/Four-comb-phenotypes-in-chickens-explained-by-segregation-at-the-Rose-comb-and-Pea-comb_fig7_228116327
  https://grubblyfarms.com/blogs/the-flyer/how-to-identify-a-rooster-vs-hen
- 그림 Ⅷ-12 https://www.fresheggsdaily.blog/2016/05/how-to-pick-up-chicks-and-handle-them.html
  https://chookmanor.co.nz/blogs/news/how-to-bond-with-your-chicken
- 그림 Ⅷ-13 https://dovecotefamilyfarmstead.com/dovecote-family-blog/chick-rearing-101
- 그림 Ⅷ-14 https://www.kenpoly.com/product/chick-feeding-tray/
  https://www.amazon.com/Waterer-Hanging-Poultry-Drinker-Chicken/dp/B09J848JSD?th=1
- 그림 Ⅷ-15 https://www.fresheggsdaily.blog/2016/05/how-to-pick-up-chicks-and-handle-them.html
  https://chickenandchicksinfo.com/do-chickens-like-to-be-pet/
- 그림 Ⅷ-16 https://organicfeeds.coM/how-to-get-chickens-to-like-you/
- 그림 Ⅷ-17 https://www.alternet.org/price-eggs-higher/
- 그림 Ⅷ-18 자작
- 그림 Ⅷ-19 자작
- 그림 Ⅷ-20 https://www.backyardchickencoops.com.au/blogs/learning-centre/how-to-deal-with-a-broody-hen
- 그림 Ⅷ-21 https://shoppinghow.kakao.com/siso/p/product/A5111019094/
  https://shoppinghow.kakao.com/siso/p/product/E5116817740/
  https://shoppinghow.kakao.com/siso/p/product/D5112847216/
- 그림 Ⅷ-22 자작 가축관리실무. 부민문화사. 2011
- 그림 Ⅷ-23 https://www.higheroakfarm.co.uk/blog1/2020/3/4/how-to-tell-if-your-eggs-are-fertile.
- 그림 Ⅷ-24 자작
- 그림 Ⅷ-25 https://cluckin.net/incubation-and-hatching.html
- 그림 Ⅷ-26 자작
- 그림 Ⅷ-27 자작
- 그림 Ⅷ-28 https://www.sweetwaternow.com/cute-baby-chicks-can-spread-germs-illness/
- 그림 Ⅷ-29 https://caspar.bgsu.edu/~lobsterman/Page/Images/KZL.jpg

- 그림 Ⅷ-30 https://www.welcomehomenature.com/en/be/chickens/feed/how-to-choose-the-best-chicken-feed
- 그림 Ⅷ-31 https://www.sciencephoto.com/media/929032/view/woman-in-chicken-house-with-basket-collecting-fresh-eggs
- 그림 Ⅷ-32 자작
- 그림 Ⅷ-33 https://www.seriouseats.com/cocktail-101-how-to-use-eggs-in-cocktails-part-1-egg-safety-salmonella
- 그림 Ⅷ-34 자작
- 그림 Ⅷ-35 자작
- 그림 Ⅷ-36 자작
- 그림 Ⅷ-37 https://layinghens.hendrix-genetics.com/en/articles/what-does-earlobe-tell-you-about-egg-shell-color/
- 그림 Ⅷ-38 https://eugenemagazine.com/community-pulse/the-inception-of-goat-yoga/
- 그림 Ⅷ-39 https://pixabay.com/photos/american-pygmy-goat-animals-kid-7042964/
  https://www.greendays.farm/goats.html
  https://texasgoat.com/pygora-goat/
  https://www.breedslist.com/kinder-goat.htm#google_vignette
  https://www.indiamart.com/proddetail/michiana-boer-goat-16893323873.html
  한경뉴스(연합뉴스)https://www.hankyung.com/article/202309135331Y
- 그림 Ⅷ-40 https://greenvillejournal.com/news/baaaa-goat-farming/
- 그림 Ⅷ-41 https://www.goatshine.com/goat-yoga
- 그림 Ⅷ-42 https://bradleymountainfarm.com/barn-blog/f/is-goat-cuddling-therapeutic
- 그림 Ⅷ-43 자작
- 그림 Ⅷ-44 https://extension.umd.edu/resource/bottle-feeding-kids-and-lambs-fs-1157/
- 그림 Ⅷ-45 자작
- 그림 Ⅷ-46 https://www.nourishingdays.com/2011/12/should-we-get-a-goat-or-a-cow-one-homesteaders-experience-with-both/
- 그림 Ⅷ-47 https://www.getyourguide.com/kula-hawaii-l170203/maui-goat-yoga-with-miniature-goats-t482246/
- 그림 Ⅷ-48 https://www.visitcorvallis.com/get-happy-with-original-goat-yoga
- 그림 Ⅷ-49 https://www.sullivansupply.com/product/soft-braid-sheep-halter/
- 그림 Ⅷ-50 https://www.kitzbueheler-alpen.com/en/bri/news/events/goat-fun-in-nicos-herb-kitchen.html
- 그림 Ⅷ-51 https://www.kidsnews.com.au/animals/therapy-pigs-are-here-to-help-humans/news-story/f7a3136711d0a0f2be3fa06d65719d0a
- 그림 Ⅷ-52 https://porkcheckoff.org/pork-branding/facts-statistics/major-swine-breeds/
- 한경신문 https://www.hankyung.com/economy/article/202009151480i
- 그림 Ⅷ-53 https://genetic.by/en/vietnamese-pigs-description-of-the-breed-breeding-

maintenance-and-care

- 그림 Ⅷ-54 https://www.iamcountryside.com/pigs/kunekunes-pigs/
- 그림 Ⅷ-55 https://www.theguardian.com/world/2010/aug/18/micro-pig-advertising-ban-asa
- 그림 Ⅷ-56 https://americanminipigassociation.com/american-mini-pig-standard-colors/
- 그림 Ⅷ-57 https://kunekunepigsforsale.net/kunekune-pigs/breeding/farrowing/
- 그림 Ⅷ-58 https://www.freepik.com/premium-ai-image/farmer-scratching-pigs-belly-as-it-lies-content_145714128.htm
- 그림 Ⅷ-59 자작
- 그림 Ⅷ-60 https://kr.pinterest.com/pin/412783122074100059/
  https://www.cedarglen.com.au/farmstay-accommodation/
- 그림 Ⅷ-61 https://www.facebook.com/centraltexaspigrescue/videos/a-step-by-step-guide-to-pro-pig-scratching-priscilla-was-an-eager-participant-to/477774689503110/
- 그림 Ⅷ-62 https://www.ubuy.kr/en/product/1CFJ3UAL8-frienda-2-pieces-adjustable-mini-pig-harness-leash-mini-pig-walking-harness-and-leash-for-hog-piggy-ferret-rabbit-dog-cat-and-other-small-animals?ref=hm-google-redirect#gallery-6
  -https://americanminipigassociation.com/wp-content/uploads/2017/07/2f5a4c_449fd0cd106e4ef8aacbc69eef9a0d37.jpg.png
- 그림 Ⅷ-63 https://americanminipigassociation.com/mini-pig-harness-leash-training/
- 그림 Ⅷ-64 https://slaughterhouse9844.wordpress.com/wp-content/uploads/2011/01/p1070660.jpg
- 그림 Ⅷ-65 https://worldanimalnews.com/wp-content/uploads/2021/05/4B0E4ADB-7E6A-4626-AC22-2658AEA9D6CE-scaled.jpeg
- 그림 Ⅷ-66 자작
- 그림 Ⅷ-67 https://kunekunepigsforsale.net/kunekune-pigs/breeding/farrowing/
- 그림 Ⅷ-68 https://www.outsideonline.com/health/wellness/feeling-anxious-hug-a-cow-it-might-help/
- 그림 Ⅷ-69 https://www.goatyogakaty.com/cow-cuddles
- 그림 Ⅷ-70 https://www.australiaslivestockexporters.com/holstein-fresians-dairy-cattle/
  https://www.embryosale.com/en/addition/de-beste-brown-swiss-fembryos/
  https://breedslist.com/wp-content/uploads/2022/06/Ayrshire-Cattle-Breed.jpg
  https://kisamen.nl/nieuws/koe-in-balans-tonnie72/
  https://jerseymarketingservice.com/
  https://www.fwi.co.uk/livestock/first-ever-balmoral-interbreed-title-dairy-shorthorn
- 그림 Ⅷ-71 한국농촌경제신문 http://www.kenews.co.kr/news/article.html?no=11657
  제주도민일보 https://www.jejudomin.co.kr/news/articleView.html?idxno=67053
  제주일보 https://www.jejunews.com/news/articleView.html?idxno=2171678
- 그림 Ⅷ-72 머니투데이 https://v.daum.net/v/20121006065104284

- 그림 Ⅷ-73 자작
- 그림 Ⅷ-74 자작
- 그림 Ⅷ-75 자작
- 그림 Ⅷ-76 https://www.provicorural.com.au/bottle-feeding-calf-basics-how-often-to-feed/
- 그림 Ⅷ-77 https://www.outdoorhappens.com/bottle-feeding-with-calf-milk-replacer/
- 그림 Ⅷ-78 https://smartstore.naver.com/fititem11/products/10936995659?&frm=NVSCIMG
  https://smartstore.naver.com/withhorse/products/9649625918
- 그림 Ⅷ-79 https://www.kitchencoosandewes.com/
- 그림 Ⅷ-80https://www.alltech.com/en-ie/blog/guide-great-grazing
- 그림 Ⅷ-81 농촌진흥청 사진마당
- 그림 Ⅷ-82 https://www.hobbyfarms.com/how-to-milk-a-cow-5/
- 그림 Ⅷ-83 자작
- 그림 Ⅷ-84 자작
- 그림 Ⅷ-85 자작
- 그림 Ⅷ-86 https://www.goatyogakaty.com/cow-cuddles
- 그림 Ⅷ-87 https://www.greenmatters.com/p/cow-hugging-therapy
- 그림 Ⅷ-88출처: https://www.wikihow.com/Halter-Train-Cattle
- 그림 Ⅷ-89 https://www.weaverlivestock.com/products/poly-rope-breaking-halter
- 그림 Ⅷ-90 https://smallfarmersjournal.com/thoughts-on-training-oxen-part-1/
- 그림 Ⅷ-91 https://www.ahimsamilk.org/ahimsa-online-shop/cow-cuddling-brushing-90-minutes/
- 그림 Ⅷ-92 https://rda.org.uk/volunteer/
- 그림 Ⅷ-93 https://horsesandpeople.com.au/first-horse-training-principles-in-hand/
- 그림 Ⅷ-94 https://naturalhorsemansaddles.com/pro-tip-on-posture-for-horse-and-rider/
- 그림 Ⅷ-95 https://www.killegarstables.com/riding-techniques/
- 그림 Ⅷ-96 https://www.horseandhound.co.uk/features/best-spurs-dressage-534763
- 그림 Ⅷ-97 https://www.youngrider.com/how-to-mount-and-dismount-a-horse/
- 그림 Ⅷ-98 https://rda.org.uk/impact/
- 그림 Ⅷ-99 https://www.prda.ca/prdablog/volunteer-schedule-coordinator
- 그림 Ⅷ-100 https://www.ruralheritage.com/new_rh_website/resources/horse_health/early_foal_training.shtml
- 그림 Ⅷ-101 https://downunderhorsemanship.com/young-horse-development/
- 그림 Ⅷ-102https://downunderhorsemanship.com/young-horse-development/
- 그림 Ⅷ-103 https://downunderhorsemanship.com/young-horse-development/
- 그림 Ⅷ-104 https://www.cart2india.com/brushes/awagas-10pcs-horse-cleaning-tool-set-horse-brushes-kit-horse-brush-kit-horse-grooming-brush-set-horse-grooming-tools-set-horse-grooming-set-horse-grooming-body-brush-kit-for-horse-cleaning/00000000004380114049

- 그림 Ⅷ-105 https://www.farnam.com/stable-talk/grooming-tools
- 그림 Ⅷ-106 자작
- 그림 Ⅷ-107 https://s4bed.co.uk/winter-hoof-conditions-in-horses-the-benefits-of-high-absorbency-bedding/?_gl=1*o9us2j*_up*MQ..*_ga*MTMxMTk4NjY2MS4xNzM4MjE5MzAx*_ga_MC8EZC31EF*MTczODIxOTI5OS4xLjAuMTczODIxOTI5OS4wLjAuMjE0NTE2NzMzMg..
- 그림 Ⅷ-108 https://piperepair.co.uk/2023/01/04/horse-shower-repair-fix-a-leaking-pipe-quickly-and-easily/
- 그림 Ⅷ-109 https://www.farnam.com/stable-talk/grooming-more-than-just-a-pre-ride-ritual

---

01 McCulloch M.J. Animal-facilitated therapy: Overview and future direction. In: Katcher A.H., Beck A.M., editors. New Perspectives on Our Lives with Companion Animals. University of Pennsylvania Press; Philadelphia, PA, USA: 1983. pp. 410-426. [Google Scholar

02 https://www.cacklehatchery.com/more-places-using-chickens-as-therapy-animals/

03 https://eugenemagazine.com/community-pulse/the-inception-of-goat-yoga/

04 https://goatyoga.com/2020/02/27/what-is-goat-yoga/

05 "Therapy pigs are here to help humans". KidsNews. 2020-01-29. Retrieved 2021-01-30

06 https://americanminipigassociation.com/ampa-mini-pig-therapy-pet-program/

07 https://www.slu.se/en/ew-news/2018/5/cows-body-language-may-tell-us-what-they-are-feeling/

08 http://www.milkproduction.com/Library/Scientific-articles/Housing/Cow-comfort-5/

09 Gentle Barn의 cow hugging therapy(Santa Clarita, USA)

10 https://www.berrypatchfarms.net/do-cows-like-to-be-pet/

11 Riede D. 1987. The relationship between man and horse with reference to medicine, through the ages. People-Animals-Environment5:26-28.
Google ScholarWorldCat

12 Smith, Cher. "Equine-Facilitated Psychotherapy". Archived from the original on 26 January 2021. Retrieved 16 January 2016.

IX

PART

반려동물 교감치유

[단원 학습 소개]

이 단원에서는 주요 반려동물인 반려견, 반려묘, 반려 토끼의 사육과 돌봄 관리를 통한 교감치유에 대한 기초 지식과 실무적 기술을 익혀 장차 동물치유와 관련된 직무를 수행하는 데 필요한 실무 능력을 배양할 수 있도록 한다.

단원 열기

반려동물, 또 하나의 우리 가족입니다.

동물 교감치유는 사람과 동물 사이의 깊은 유대감에 뿌리를 두고 있다. 이제 반려동물은 친구, 가족을 넘어 주치의이다. 삶에 지친 인간을 깊은 애정으로 위로해주고 무조건적 사랑으로 소외된 사람, 아픈 사람, 문제가 있는 가족, 중독으로 어려움을 겪는 사람, 지적 및 발달 장애가 있는 사람, 어린이, 노인, 독신자에게 아무 대가를 바라지 않고 마냥 웃음과 희망을 주는 훌륭한 치유사이다.

2011년 미국 보건복지부가 발표한 보고서에 따르면 보완 및 대체 요법을 제공하는 호스피스 의료 제공자의 60%가 환자에게 반려동물 치유를 제공하고 있는 것으로 나타났다.

치유동물, 그들이 어떻게 인간을 치유하는지 알아보자

01 반려견 교감치유

학습 목표

- ✔ 반려견 교감치유의 역사와 적용 분야를 말할 수 있다.
- ✔ 교감치유에 적합한 반려견을 선발할 수 있다.
- ✔ 반려견을 이용하여 다양한 치유 활동을 할 수 있다.

1.1 반려견 교감치유의 이해

가. 반려견 교감치유의 역사와 품종

(1) 반려견 교감치유의 역사

반려견은 BC. 15,000~13,000년경 야생동물 중에서 가장 먼저 가축화된 동물이며 전 세계적으로 동물교감 치유에 가장 많이 활용되는 치유동물이다.

반려견은 인간과 가장 오랫동안 친근한 관계를 맺어온 동물로 모든 사람을 잘 따르고, 활동적이며 사교적인 성격을 가지고 있어 어린이에서부터 노인까지 남녀노소 모두에게 활용할 수 있는 동물이다.

그림 IX-1 프로이트와 애견 '조피'(1937년)

반려견은 인간의 비언어적인 행동과 표정을 읽을 수 있는 능력이 있고 인간을 선호하는 경향이 있다.[01] 개는 주인과 다른 사람의 차이를 구별하고 주인이 있을 때 새로운 자극에 대해 더 큰 자신감을 보인다.[02]

정신분석학의 시조인 프로이트(Freud, Sigmund)는 심리치유 중에 반려견 조피(차우차우)를 옆에 지켜보도록 하여 환자의 심리가 안정을 취하도록 치유 세션에 이용하였고, 1960년대 미국의 소아정신과 의사인 보리스 레빈슨(Boris Levinson)은 대기실에서 진료받기 위해 기다리던 아이가 개와 놀면서 치유를 받지 않아도 회복되는 놀라운 사실을 목격하고 '동물보조 치유'라는 책을 편찬하였다. 이처럼 반려견은 친절하고 동정심이 많으며 순종적이고 장난기 많아 어린이와 성인 모두에게 선호되는 동물로 가장 많이 이용되는 동물이다.

2020년 미국 동물 교감치유 통계에 따르면 현재 4만 명의 노동 인구가 있으며 AKC(American Kennel Club)는 180개의 치유견 단체를 인정하고 있으며 보완 및 대체 요법을 제공하는 호스피스 의료 제공자의 60%의 환자에게 반려동물 교감치유를 제공하는 것으로 나타났다.[03]

(2) 교감 치유견의 품종

교감 치유견의 품종에 관한 특별한 제한은 없다. 어떤 품종이든 치유견이 될 수 있으나 치유견으로 가장 중요한 요건은 예의 바르고 사람들과 친화력이 있고 공격성이 없어야 한다는 것이다.

일반적으로 가정에서 1세 이상자란 품종으로 특정한 자격 심사과정을 통과한 후 교감치유견으로 활동한다. 미국에서는 AKC(American Kennel Club)의 Canine Good Citizen 테스트를 비롯한 몇몇 단체의 심사과정을 통과해야 한다. 전문가들이 추천하는 교감 치유견의 품종은 다음과 같다.[04 05 06]

1 중 · 대형견

① 래브라도 리트리버(Labrador Retriever)

치유견으로 가장 인기 있는 품으로 털이 짧고 색깔은 검정색과 노란색이 있다. 장난기 많으며 충성스럽고, 활기가 있다. 사람과 함께 어울리고 밖에 나가 산책과 탐험을 즐긴다. 특히 불안증 치유에 최고의 품종으로 꼽힌다.

② 골든 리트리버(Golden Retriever)

이 품종은 지능이 높아 훈련하기 쉬우며 온화하고 사랑스러운 성격으로 아이들과 잘 어울리는 이상적인 정서적 지원견이다.

③ 그레이하운드(Greyhound)

그레이하운드는 경주용 품종으로 영리하고 충성스러우며 차분한 기질을 가지고 있다. 불안이나 외상 후 스트레스 장애(PTSD)로 어려움을 겪는 사람들을 돕는 데 유용하다.

④ 저먼 셰퍼드(German Shepherd)

저먼 셰퍼드는 치유견으로 쉽게 훈련할 수 있다. 치유 환경에서 자연스러운 순종과 충성심은 다양한 치유 상황과 환경에서 훌륭한 동반자 역할을 한다.

그림 IX-2 중대형 치유견

⑤ 비글(Beagle)

비글은 축 늘어진 귀가 특징인 중소형 견종이다. 선천적으로 활발하고, 장난기 많으며 애정이 넘치는 외향적인 품종이다. 따라서 방이 크고 사람이 많이 모이는 학교와 요양원 등에서 활동하기 적합하다.

⑥ 퍼그(Pug)

퍼그는 사람과 친화력이 강하고 낯선 사람들과 함께 어울리는 것도 좋아한다. 본능적으로 사람들을 편안하고 기쁘게 하는데 탁월한 능력 있다. 특히 자폐 스펙트럼 장애와 같은 다양한 신경 발달 장애아의 치유견으로 적합하다.

⑦ 카발리에 킹 찰스 스패니얼(Cavalier King Charles Spaniel)

왕실 반려견으로 사육되었던 품종으로 부드럽고 다정하며, 침착하고 온화한 성격을 가지고 있어 모든 연령대의 사람들이 접근하기 쉽다. 특히 외상 후 스트레스 장애(PTSD)가 있는 환자에게 가장 적합한 품종이다.

⑧ 보더 콜리(Border Collie)

콜리는 애정이 넘치고, 친절하며 활기차고, 매우 지능적이서 훈련이 쉽다. 주인의 감정에 공감 잘 공감하고 위기에 빠르게 대응할 줄 안다. 가장 지능적인 개 품종 중 하나로 감성 지능 회복을 위한 최고의 품종이다.

❷ 소형견 품종

① 푸들(Poodle)

푸들은 적응력이 뛰어나고 활력이 넘치며 지능이 높아 훈련을 잘한다. 또한, 인간의 감정에 민감하여 불안이나 기분 장애를 겪는 사람들의 치유에 적합하다. 또한, 털갈이를 하지 않기 때문에 알러르기가 있는 환자에게 적합한 품종이다.

② 시추(Shih tzu)

시추는 장난기 많고 외향적이며 애정이 넘치는 품종이다. 특히 어린 아이들과 잘 어울리고 다른 개들과도 잘 지낸다. 사람들과 강한 유대감을 형성하고 스트레스와 불안을 완화하고는 데 탁월한 능력이 있다.

③ 요크셔 테리어(Yorkshire Terrier)

이 품종은 활기차고, 장난기가 많으며 열정적이고 애정이 많다. 사람과 강한 유대감을 형성함으로 우울증 환자의 치유에 적합한 품종이다.

프들

시추

요크셔 테리어

비숑 프리제

포메라니안

닥스 훈트

펨브록 웰시 코기

그림 IX-3 소형견 치유견

④ 비숑 프리제(Bichon Frise)

이 품종은 평소 장난기 많고 온화한 기질을 가지고 있다. 따라서 요양원, 병원, 학교 또는 호스피스 등 필요한 곳이면 어디든 적응할 수 있다.

⑤ 포메라니안(Pomeranian)

포메라니안은 솜털이 공처럼 부풀어 있어 매우 부드러우며 다정한 성격을 가지고 있다. 또한, 장난스럽고 재치가 있어 꼭 껴안고 싶은 견종으로 불안과 스트레스를 겪는 사람들을 돕는데 적합하며, 특히 침대에 누워있는 환자에게 즐거운 동반자 역할을 한다.

⑥ 닥스훈트(Dachshund)

닥스훈트는 활력이 넘치고 독립적이고 고집이 세지만, 적절한 사회화 훈련을 받으면 스트레스와 질병에 시달리는 사람들을 잘 지원할 수 있다.

⑦ 펨브룩 웰시 코기(Pembroke Welsh corgi)

웰시 코기는 양몰이 반려견으로 자신감이 넘치고, 지능이 높아 훈련을 잘 소화한다. 장난기가 많고 쾌활하며 낙천적인 성격으로 사람들에게 위안과 기쁨을 준다.

나. 교감 치유견의 자격 조건

일반적으로 교감 활동과 치유에 적합한 반려견은 품종, 성별, 크기, 순종과 잡종에 상관없으나 사람이나 다른 개에게 공격적이거나 난폭한 과잉행동을 하는 습성이 없어야 한다.

또한, 모든 연령과 다양한 피부색을 가진 인종, 남녀의 성별, 신체장애 등을 초월하여 친화력이 있어야 한다. 또한, 공격적이거나 두려움이 없이 사람에게 순종적이고 온화한 성품을 가져야 한다.

항상 명랑하며 활동적이어야 하고 변화된 환경에 잘 적응할 수 있어야 한다. 즉 차를 타거나 낯선 장소, 낯선 사람을 만나는 등 스트레스에 잘 적응해야 한다.

교감치유를 위한 훈련에 잘 따르고 익힐 줄 알아야 하며 교감치유를 위한 장소의 이동과 각종 소음, 대상자(환자)의 지나친 접촉이나 시달림을 잘 견딜 수 있는 인내력이 있어야 한다.

같은 품종이라도 공격성, 과잉행동, 두려움, 과민성 등이 심하거나 사람과 친화적이지 못한 기질과 성격을 가진 반려견은 적합하지 않다.

다. 반려견 교감치유의 적용 분야와 활동

(1) 반려견 교감치유의 적용 분야

반려견 교감치유는 다양한 분야에서 적용할 수 있으나 그중 자폐 스펙트럼 장애 및 뇌성마비 어린이, 노인 및 치매 환자, 조현병, 우울증 등에 효과가 크게 나타나고 기타 스트레스 해소, 불안 감소 및 기분 개선, 어린이의 학습 동기부여 및 독서 치유 등에 적용할 수 있다.

▶조현병(정신분열증)

현실 인식, 사고 과정, 감정 조절에 심각한 장애를 일으키는 만성 정신 질환으로 일반적으로 청소년기 말기나 성인 초기에 많이 발병함

(2) 반려견 교감치유 활동

교감치유 활동으로는 반려견 껴안기, 눈 맞춤하기, 동물과 대화(이야기)하기, 쓰다듬기, 묘기 가르치기, 묘기(재롱) 관람하기, 복종 훈련시키기, 털 손질하기, 목욕시키기, 산책하기, 함께 달리기, 프리스비, 어질리티, 썰매 타기, 사료 주기 및 간식 주기 등을 활용할 수 있다.

읽을거리 : '강아지의 날'을 아시나요?

국제 강아지의 날은 매년 3월 23일이다. 이날은 2006년 미국의 반려동물학자인 콜린 페이지(Colleen Paige)에 의해 강아지에 대한 사랑과 보호를 촉진하고, 유기견 입양 문화를 장려하기 위해 만들어졌다. 우리나라에서도 반려동물 단체가 행사를 거행하고 있다.

1.2 반려견 교감치유의 실제

가. 반려견과 친교(별칭 짓기)

(1) 프로그램 개요

활동명	반려견과 친교(별칭 짓기)	치유사명	
일시	2024. 2. 2	장소	실내 치유실
주 대상자	어린이, 청소년, 성인 (자폐 스펙트럼 장애, 치매, 우울증)	확장 대상자	모든 사람
치유 목적	대화기술, 의사소통 능력, 사회적응 능력 향상 생명 존중감, 양육능력 향상, 우울 및 불안 감소		
활동 목표	• 대상자가 반려견과 친밀감과 신뢰감을 형성할 수 있다. • 반려견 교감치유 활동에 적극적으로 참여할 수 있다.		
준비물	반려견, 명함 종이, 비닐 명찰, 크레파스 또는 사인펜, 필기구, 매직, 유의사항 유인물, 간식, 사전 검사, 활동지 1, 활동지 2		
과정	활동 내용		
도입	• 동물 교감치유가 무엇인가를 안내한다. • 반려견, 치유사와 보조 치유사 등을 소개한다. • 동기유발을 위해 오늘 활동 목표와 진행 내용을 설명한다.		
전개	1) 대상자 별칭 짓기 • 명함 종이와 비닐 명찰을 나누어주고 원하는 크레파스를 고르게 한다. • 별칭은 자신을 상징하는 별명 또는 자신이 좋아하는 별명을 지어서 명찰 만들어 가슴에 달게 한다. • 별칭을 짓게 된 이유나 동기를 이야기하게 한다. • 별칭을 소개하면 손뼉을 쳐주고 격려해 준다. 2) 반려견 별칭 짓기 • 자기가 가장 호감이 가는 반려견을 선택하게 한다. • 반려견의 외모와 특징을 살펴보고 별칭을 짓도록 한다. • 별칭을 짓게 된 이유나 동기를 이야기하게 한다. • 자기가 선택한 반려견과 상호 접촉하면서 친밀감을 형성한다. 3) 서약서 쓰기 • 교감치유에 전념할 것을 다짐하는 '나의 약속'을 작성한다. • '나의 약속'지는 잘 보이는 곳에 붙여 두고 마음에 다짐하도록 한다.		
정리	• 반려견의 머리와 몸을 쓰다듬고 포옹하도록 한다. • 활동하면서 느낀 점, 깨달은 점을 말하도록 한다. • 오늘의 활동 내용을 요약, 정리하여 말한다. • 차시(다음 시간) 활동 내용을 안내해 준다.		
유의사항	• 편안한 분위기를 조성하고 친절하게 대하도록 한다. • 반려견에게 위해를 가하지 않도록 사전에 고지하고 감시한다. • 활동이 끝나면 감염병 전염을 예방하기 위해 손을 씻는다.		

(2) 프로그램 진행하기

1) 도입(5분)

- 배정된 반려견과 대상자가 마주 보면서 앉게 한다.
- 동물 교감치유가 무엇인가를 설명한다.
- 반려견, 치유사와 보조 치유사 등을 소개한다.
- 동기유발을 위해 오늘 활동 목표와 진행 내용을 설명한다.

이렇게 진행해 보세요.

- 치유사의 양옆으로 왼쪽이 보조자, 오른쪽으로 반려견 그리고 구성원을 반원이 되도록 둥글게 둘러앉도록 한다.
- 안녕하세요? 여러분, 저는 1급 동물 교감치유사 000입니다. 오늘은 여러분과 첫 만남의 시간입니다. 먼저 여러분과 함께할 선생님과 반려견을 소개해 드리겠습니다. 저는 전체 프로그램을 운영하게 될 것이고요. 그리고 저와 함께 프로그램을 진행을 보조 치유사 000 선생님이십니다. 0 선생님은 여러분과 반려견과의 활동에 적극적으로 조정하고 중재할 것입니다.
- 다음은 여러분들과 함께할 반려견을 소개해 드리겠습니다. 반려견 품종은 '푸들'이고요, 나이는 7살, 이름은 '아롱이'입니다. 아롱이는 1년의 치유견 훈련을 받고 치유견 자격평가를 통과한 공인 치유견입니다.
- 다음은 여러분들의 이해를 돕기 위해 동물 교감치유에 대하여 간략히 설명하겠습니다.
- 동물 교감치유는 일정한 훈련과 자격요건을 갖춘 반려견을 매개로 대상자의 신적, 정신적 건강 회복과 재활을 목적으로 하는 전문적인 치유행위입니다.
- 우리나라에서는 다소 생소한 분야이나 최근에 대체의학으로 주목받고 있는 분야로 미국에서는 약 600여 개의 병원에서 수행하고 있습니다. 저희가 실시하는 이 동물 교감치유가 여러분의 심신 재활과 건강을 회복하는데 크게 이바지할 것으로 믿습니다.
- 이번 프로그램은 오늘(0월 0일)부터 매주 1회씩 약 3개월간 12회 실시할 계획이며 사정에 따라 증감될 것입니다. 동물 교감치유는 무엇보다 여러분들의 적극적인 참여와 의지가 중요합니다. 여러분들의 협조를 부탁드립니다.

2) 전개(50~60분)

치유사는 반려견 및 동료 대상자와 친교 맺는 방법과 순서를 설명하면서 시연한 후 대상자가 시행하도록 한다. 또한, 대상자의 수행 행동을 수시로 정정해 주며 칭찬해 준다.

별칭 짓기

- 명함 종이와 비닐 명찰을 나누어주고 원하는 색의 크레파스를 고르게 한다.
- 별칭은 자신을 상징하는 별칭이나 자신이 좋아하는 별칭을 지어 명찰 만들고 가슴에 달게 한다.
- 별칭을 짓게 된 이유나 동기를 이야기하게 한다.
- 별칭을 소개하면 손뼉을 쳐주고 격려해 준다.

이렇게 진행해 보세요.

- 자 지금부터 별칭을 짓는 시간을 갖겠습니다. 가운데 크레파스가 놓여 있습니다. 자기가 가장 맘에 드는 색깔을 골라 나누어준 명찰 종이에 별칭을 쓰시기 바랍니다.
- 별칭은 자기가 좋아하는 식물이나 꽃, 동물 등의 이름으로 현재의 나를 나타낼 수 있는 것으로 지으면 됩니다. 예를 들어 새벽하늘의 별처럼 반짝이는 사람이 되고 싶다면 '새벽 별'또는 '초록 별'이라고 지으면 되겠죠
- 별칭을 왜 짓느냐 하면, 별칭은 자신의 모습을 자연스럽게 나타내고 친구들과 서로 친밀감을 느낄 수 있기 때문입니다.
- (별칭을 다 지었으면) 별칭을 다 지은 사람은 비닐 명찰에 넣고 왼쪽 가슴에 명찰을 달아주시기 바랍니다. 앞으로 이 시간에는 서로가 별칭을 부르도록 하겠습니다.
- 자, 이제 별칭을 짓게 된 동기와 이유를 들어 볼까요? 옆 사람이 별칭에 관해 설명을 하면 박수로 환영해 주시기 바랍니다. (치유사가 별칭에 대한 설명을 시범적으로 보여주면 진행이 수월해진다.)

반려견 별칭 짓기

- 자기가 가장 호감이 가는 반려견을 선택하게 한다.
- 반려견의 외모와 특징을 살펴보고 별칭을 짓도록 한다.
- 별칭을 짓게 된 이유나 동기를 이야기하게 한다.
- 자기가 선택한 반려견과 상호 접촉하면서 친밀감을 형성한다.

이렇게 진행해 보세요.

- 이제는 여러분과 함께할 반려견의 별칭을 짓는 시간을 갖겠습니다. 반려견의 외모와 특징을 살펴보고 아름다운 별칭을 지어 나누어준 명찰 종이에 별칭을 쓰시기 바랍니다.
- (별칭을 다 지었으면) 별칭을 다 지은 사람은 비닐 명찰에 넣고 반려견의 목에 달아주고 쓰다듬어 주기 바랍니다. 이름표를 달아주는 모습은 기념사진으로 찍어 드리겠습니다.
- 자 이제 반려견의 별칭을 짓게 된 동기와 이유를 발표해 보도록 하겠습니다. 옆 사람이 별칭에 관해 설명을 하면 박수로 환영해 주시기 바랍니다.
- (모두 발표가 끝나면) 여러분 모두가 참으로 아름답고 귀여운 별칭을 지어 주셨습니다. 앞으로 여러분들과 함께할 반려견과 더욱 친밀한 관계가 되길 바랍니다. 수고하셨습니다.

서약서 쓰기

- 교감치유에 전념할 것을 다짐하는 '나의 약속'을 작성한다.
- '나의 약속'지는 잘 보이는 곳에 붙여 두고 마음에 다짐하도록 한다.
- 동물 교감치유에 전념할 것을 다짐하는 '나의 약속'에 서명하게 한다.
- '나의 약속'지를 모두 낭독하고 마음 다짐을 하도록 한다.

이렇게 진행해 보세요.

- '나의 약속'(활동자료 1)을 배부하고
- 여러분, 지금 우리는 이 프로그램을 하는 동안 꼭 지켜야 할 약속들을 서약서에 적고 다짐하는 시간을 갖고자 합니다.
- 이 서약서는 여러분이 동물 교감치유 과정을 수행하면서 본인과 스스로 하는 약속입니다. 동물 교감치유를 성공적으로 수행하기 위해서는 우리가 함께 지켜야 할 규칙이 필요합니다. 나누어드린 '나의 약속'잘 읽어 보시고 마지막 항목을 더 쓰고 싶은 사람은 쓰시고 서명해주시기 바랍니다.
- (다 쓴 것을 확인하고) 자, 이제 우리 모두 약속을 다짐하는 서약서를 큰 소리로 읽어 보겠습니다. 시-작!, 서약서~~….
- 모두 박수 ~~, 이 '나의 약속'은 여러분 모두가 공개적으로 서약한 것이니 잘 지켜주시리 믿습니다. 잘할 수 있겠죠? 수고하셨습니다.

3) 정리(5분)

- 활동하면서 느낀 점, 재미있었던 점을 말하도록 한다.
- 오늘의 활동 내용을 요약, 정리하여 말한다.
- 차시(다음 시간) 활동 내용을 안내해 준다.
- 반려견의 머리에 손을 얹고 명상의 시간을 갖는다.

이렇게 진행해 보세요.

- 오늘은 여러분과 첫 만남의 시간이었습니다. 짧은 시간이었지만 반려견을 알게 되었고 친밀감을 가질 수 있었을 것입니다. 지금까지 활동하면서 마음에 와닿는 것이나 느낀 점을 이야기해 보는 시간을 가져 보겠습니다. 말씀하실 분 계세요? 말씀해 주신 분께는 박수를 보내 줍시다(만약 발표할 사람이 없으면 질문을 한다.).
  - 오늘 동물교감 활동은 어떠했습니까?
  - 오늘 가장 기억에 남는 것은 무엇입니까?
- 앞으로도 여러분을 위해 최선을 다해 도와드리겠습니다. 오늘은 여러분이 적극적으로 참여하시어 무사히 마칠 수 있었습니다. 오늘 우리와 함께한 나의 친구(반려견)의 머리에 손을 얹고 눈을 감아 주시기 바랍니다.
- 명상의 시간을 갖도록 하겠습니다.

(명상 멘트) 오늘 우리가 함께한 시간은 참으로 행복했습니다.
나에 대해서 생각해 볼 수 있었고, 나의 친절하고 든든한 내 친구(반려견)가 새로 생겼기 때문입니다.
말은 통하지 않지만, 차별과 편견 없이 누구에게나 순수한 우정과 기쁨을 선사하는 동물을 열린 마음으로 내가 품에 껴안을 때 나는 이 세상 무엇으로도 얻을 수 없는 무한한 감동과 사랑이 존재함을 알게 되었습니다.
이제 나는 나 자신을 더욱 존중하고 용기 있고 자신감 있는 삶을 위해 열심히 살아갈 것입니다.

- 이상으로 오늘 일정을 모두 마칩니다. 다음 시간에는 0000 하기를 하겠습니다. 다음 주 뵐 때까지 안녕히 계십시오. 수고하셨습니다.

활동자료

[1] 나의 약속지

나의 약속

1. 나는 동물 교감치유에 성실하게 참여할 것을 다짐합니다.
2. 나는 항상 즐거운 마음을 갖고 긍정적인 생활을 할 것입니다.
3. 나는 약속을 지키며 나 자신의 발전을 위해 노력하겠습니다.
4. 나는 000(반려견 이름)을 사랑하고 정성껏 보살피겠습니다.
5. ____

202 년 월 일

대상자 성명 서명

사람과 동물이 함께하는 세상은 아름답습니다

나. 반려견 외부명칭 익히기

(1) 프로그램 개요

활동명	반려견 외부명칭 익히기	치유사명	
일시	2024. 2. 2	장소	실내 치유실
주대상자	아동, 독거 또는 치매 노인	확장 대상자	모든 사람
치유 목적	인지능력, 관찰력, 주의 집중력, 기억력 향상 손-시각 협응 능력, 발표력, 사회성, 대인관계 능력 향상		
활동 목표	• 반려견의 각 부위의 명칭을 말할 수 있다. • 사람과 다른 반려견의 신체 부위를 가리킬 수 있다. • 반려견과 눈 맞춤, 쓰다듬기 등으로 상호 교감할 수 있다.		
준비물	반려견 3~4종(리트리버, 푸들, 시추 등), 손 세정제, 수건		
과정	활동 내용		
도입	• 동기유발을 위해 오늘 활동과 관련된 내용을 소개한다. • 이 시간의 활동 목표와 진행 내용을 설명한다. • 배정된 반려견과 대상자가 마주 보면서 앉게 한다.		
전개	1) 외부명칭 익히기 • 반려견의 머리에서 꼬리까지의 명칭을 치유사의 말에 따라 말하면서 외우도록 한다. • 치유사가 말하는 외부명칭을 손으로 가리키도록 한다. 2) 눈 감고 반려견 부위 맞추기 • 대상자가 반려견의 코에서부터 머리, 몸통, 꼬리 순으로 신체 각 부위를 만져 보도록 한다. • 치유사는 각 부위를 만질 때마다 촉감과 모양, 느낌을 말하도록 한다. • 대상자가 눈가리개를 착용하게 하고 치유사가 대상자의 손을 잡고 반려견의 신체 부위에 대 주면 어느 부위인지 대답하도록 한다. 3) 머리 쓰다듬기와 포옹하기 • 반려견의 머리와 몸을 쓰다듬고 포옹하면서 상호 교감작용을 하도록 한다.		
정리	• 활동하면서 느낀 점, 깨달은 점을 말하도록 한다. • 오늘의 활동 내용을 요약, 정리하여 말한다. • 차시(다음 시간) 활동 내용을 안내해 준다.		
유의사항	• 편안한 분위기를 조성하고 친절하게 대하도록 한다. • 반려견과 접근 시 서서히 다가가 놀라지 않게 한다. • 반려견에게 위해를 가하지 않도록 사전에 고지하고 감시한다. • 활동이 끝나면 감염병 전염을 예방하기 위해 손을 씻는다. • 대상자가 과제를 수행할 때마다 칭찬과 격려를 해준다.		

(2) 프로그램 진행하기

1) 도입(5분)

- 동기유발을 위해 오늘 활동과 관련된 내용을 소개한다.
  (외부명칭 알기, 쓰다듬고 포옹하기 등)
- 이 시간의 활동 목표와 진행 내용을 설명한다.
- 대상자에게 반려견을 배정한다. 또는 여러 마리의 반려견 중 같이 활동하고 싶은 반려견을 선택하도록 한다.
- 배정된(또는 선택한) 반려견과 대상자가 마주 보면서 앉게 한다.

2) 전개(30~40분)

치유사는 반려견의 외부명칭을 부위를 지적하면서 설명하고 대상자가 명칭을 말해 보도록 한다. 또한, 대상자의 오류를 수시로 정정해 주며 격려해 준다.

1 외부명칭 익히기

- 반려견의 머리에서 꼬리까지의 외부명칭을 설명해 준다.
- 치유사가 신체 각 부위를 가리키며 명칭을 알려주고 따라서 말하도록 한다. 명칭에 숙지하지 못하는 어린아이 또는 치매 환자에게는 2~3번 반복하여 실시한다.
- 치유사가 외부명칭을 말하면 대상자는 반려견의 부위를 손으로 가리키도록 하고 우리 몸에 해당하는 부위를 짚어 보도록 한다.
- 틀릴 때는 정정해 주고 다시 가리키도록 한다.
- 꼬리와 같이 우리 몸에는 없는 부분, 손과 같이 반려견에만 있는 부분을 찾아내도록 하고 그 기능을 이야기하도록 한다.

2 눈 감고 반려견 부위 맞추기

- 대상자가 반려견의 코에서부터 머리, 몸통, 꼬리 순으로 신체 각 부위를 만져 보도록 한다.
- 치유사는 각 부위를 만질 때마다 촉감과 모양, 느낌을 말하도록 한다.
- 대상자가 눈가리개를 착용하게 하고 치유사가 대상자의 손을 잡고 반려견의 신체 부위에 대 주면 어느 부위인지 대답하도록 한다.

3 머리 쓰다듬기와 포옹하기

- 반려견의 머리와 몸을 쓰다듬고 포옹하면서 하고 싶은 이야기를 하도록 한다.

• 기타 상호 교감작용을 하도록 한다.

3) 정리(5분)

• 활동 내용에 대하여 개방적이고 촉진적인 질문을 한다.

- 여러분과 함께한 반려견에게 칭찬을 해 주시겠습니까?

- 반려견의 어떤 행동이 마음에 들던가요?.

• 오늘의 활동 내용을 요약, 정리하여 말한다.

• 다음 프로그램 안내한다.

• 마지막으로 반려견의 머리와 몸을 쓰다듬고 포옹하면서 상호 교감작용을 하도록 한다.

활동자료

[1] 외부 명칭

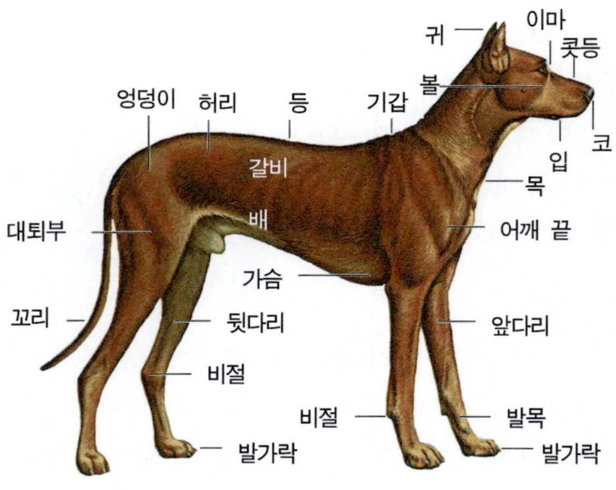

그림 IX-4 반려견의 외부 명칭

관련 지식

[1] 반려견의 외부 특징

반려견은 용도에 따라 품종이 개량되어 왔기 때문에 매우 다양한 형태를 가지고 있다.

① 체구에 비하여 큰 눈과 큰 머리를 가지고 있으며 감각기관이 발달되어 있다.

② 꼬리는 긴 것과 짧은 것이 있으며 귓바퀴는 거의 삼각형으로 크다. 동공은 원형이며, 입술이 두툼하며 코에서 눈 사이까지 뚜렷이 구분된다.

③ 발가락은 앞발에 5개, 뒷발에 4개이며 털은 긴 것, 중간 것, 짧은 것이 있으며 빛깔과 무늬의 종류가 다양하다.

[2] 반려견도 언어가 있다.

▶ 멍멍: 본능에 의한 경계음, 즐거움, 흥분을 나타낼 때 짖는 소리

▶ 깨갱깨갱: 공포와 고통, 무서움을 느낄 때의 비명 소리.

▶ 으르릉: 적을 위협하거나 공격할 때 내는 소리이다.

▶ 와~웅: 지루하거나 심심할 때 내는 소리이다.

▶ 왕왕: 연속적으로 짖으면 경계심을 가질 때 짖는 소리.

▶ 낑낑: 무엇인가 요구할 때, 응석을 부릴 때 내는 소리이다.

다. 반려견 특성 파악하기

(1) 프로그램 개요

활동명	반려견 특성 파악하기	치유사명	
일시	2024. 2. 2	장소	실내 치유실
주 대상자	아동, 청소년, 독거노인	확장 대상자	모든 사람
치유 목적	인지능력, 관찰력, 집중력 향상		
활동 목표	• 반려견의 시각, 청각, 후각의 특성을 파악할 수 있다. • 반려견과 눈 맞춤, 쓰다듬기 등으로 상호 교감할 수 있다.		
준비물	반려견, 장난감, 간식, 목줄, 손 세정제, 수건, 배변 봉투		
과정	활동 내용		
도입	• 동기 유발을 위해 오늘 활동과 관련된 내용을 소개한다. • 이 시간의 활동 목표와 진행 내용을 설명한다. • 함께할 반려 반려견을 소개하고 대상자와 마주 보며 앉게 한다.		
전개	1) 시각 특성 파악하기 • 반려견 앞에 정구공을 놓아두고 어떤 반응을 나타내는지 관찰한다. • 다음은 정구공이나 털실 뭉치를 굴려 움직이는 물체를 좇아가는 행동 반응을 관찰한다. • 이때 치유사는 반려견은 시력이 좋지 않고 색을 구별하지 못하나 움직이는 물체에 민감하게 반응한다는 것을 설명해 준다. 2) 청각 특성 파악하기 • 종이를 구기는 소리, 또는 비닐을 부스럭거리는 작은 소리부터 작은 종소리나 스테인리스 그릇을 두드리는 큰 소리를 들려주고 반려견이 반응 행동을 관찰한다. 3) 후각 특성 파악하기 • 간식, 또는 냄새나는 생선고기 등을 보이지 않는 곳에 놓아두고 냄새나는 곳에 다가가 찾아내는 행동을 관찰하게 한다. • 다음은 대상자가 직접 숨기고 찾아내는가를 직접 관찰하도록 한다. • 치유사는 반려견은 후각이 발달하여 사냥감을 찾아내고 좇는 본능이 있음을 말해 주고 반려견과 대상자 모두에게 칭찬을 해 준다. 4) 반려견과 교감하기 • 반려견의 머리와 몸을 쓰다듬고 포옹하면서 상호 교감작용을 하도록 한다.		
정리	• 활동하면서 느낀 점, 깨달은 점을 말하도록 한다. • 오늘의 활동 내용을 요약, 정리하여 말한다. • 차시(다음 시간) 활동 내용을 안내해 준다.		
유의사항	• 편안한 분위기를 조성하고 친절하게 대한다. • 반려견과 접근 시 서서히 다가가 놀라지 않게 한다. • 활동이 끝나면 감염병 전염을 예방하기 위해 손을 씻는다. • 대상자가 과제를 수행할 때마다 칭찬과 격려를 해준다.		

(2) 프로그램 진행하기

1) 도입(5분)

- 동기유발을 위해 오늘 활동과 관련된 내용을 소개한다.
- 이 시간의 활동 목표와 진행 내용을 설명한다.
- 함께할 반려 반려견을 소개하고 대상자와 마주 보며 앉게 한다.

2) 전개(40~50분)

치유사는 반려견의 특성을 설명하고 치유사의 질문에 대답하도록 한다. 대상자의 수행 행동을 수시로 정정해 주며 칭찬해 준다.

1 시각 특성 파악하기

- 반려견 앞에 정구공을 놓아두고 어떤 반응을 나타내는지 관찰한다. 이때 사용하는 공은 딱하지 않은 공이나 털실 뭉치 등을 사용하는 것이 좋다. 움직이지 않는 물체에는 별다른 반응을 나타내지 않음을 확인시킨다.
- 다음은 반려견의 이름을 불러 시선을 집중시킨 후 정구공이나 털실 뭉치를 굴려 움직이는 물체를 쫓아가는 행동 반응을 관찰한다.
- 이때 치유사는 반려견은 시력이 좋지 않고 색을 구별하지 못하나 움직이는 물체에 민감하게 반응한다는 것을 설명해 준다.
- 다음은 대상자가 직접 공을 굴리게 하여 반응하는 행동을 직접 관찰하게 한다.
- 치유사는 반려견과 대상자 모두에게 칭찬한다.

2 청각 특성 파악하기

- 종이를 구기는 소리, 또는 비닐을 부스럭거리는 작은 소리부터 작은 종소리나 스테인리스 그릇을 두드리는 큰 소리를 들려주고 반려견이 반응 행동을 관찰한다.
- 이때 반려견이 귀를 쫑긋하게 세우고 소리 나는 곳을 집중하는 모습을 보여주고 반려견이 사람보다 작은 소리를 들을 수 있고 예민하게 반응한다는 것을 말해준다.
- 다음은 대상자가 직접 소리를 내게 하여 반려견의 반응 행동을 직접 관찰하게 한다.
- 치유사는 반려견과 대상자 모두에게 칭찬한다.

3 후각 특성 파악하기

- 간식, 또는 냄새나는 생선고기 등을 가져다 수건 등으로 덮어 놓거나 보이지 않는 곳에 놓아두고 냄새나는 곳에 다가가 찾아내는 행동을 관찰하게 한다.

- 다음은 대상자가 직접 숨기고 찾아내는가를 직접 관찰하도록 한다.
- 치유사는 반려견은 후각이 발달하여 사냥감을 찾아내고 쫓는 본능이 있음을 말해주고 반려견과 대상자 모두에게 칭찬을 해 준다.

4 반려견과 교감하기

- 반려견의 머리와 몸을 쓰다듬고 포옹하면서 상호 교감작용을 하도록 한다.

3) 정리(5분)

- 반려견의 시각, 청각, 후각이 사람과 비교하여 누가 더 뛰어난지, 느낀 점은 무엇인지를 발표하도록 한다.
- 치유사는 이번 회기의 활동 목적과 의미를 요약하여 되새겨준다.
- 다음 프로그램을 안내한다.

관련 지식

[1] 반려견의 감각적 특성

반려견은 가까운 곳에 시각의 초점을 맞추기 어려우나 시야가 넓고 움직이는 물체에 대해서는 예민하다. 적색은 거의 보이지 않고 청색, 초록색 또는 혼합색으로 보이는 약한 색맹이다. 또한, 망막의 바로 밑에 반사판이 있으므로 밤에는 황록색으로 반사하여 눈에서 빛이 난다.

청각은 65~50,000HZ로서 사람보다 약 6배나 높은 주파수를 들을 수 있다. 비공이 크고 후각세포가 발달하여 냄새를 맡는 능력이 뛰어나다. 예민한 후각으로 사냥감을 쫓고 먹이, 암수와 동료, 자기 새끼를 구별하고 발정기 암컷의 냄새(페로몬)를 잘 맡는다.

[2] 반려견의 행동 표현

반려견은 다양한 감정을 전달하는 다양한 버릇, 행동 및 짖는 소리를 가진 동물이다. 몸짓 언어는 감정과 의도를 전달하는 독특한 방법이다.

1 꼬리 흔들기

반려견의 꼬리 흔들기는 꼬리의 위치와 속도와 방향을 살펴봐야 한다. 흔들기가 빠를수록 흥분한 상태이며 느리고, 좌우로 몸 전체를 흔드는 유형은 편안한 상태이다.

반려견이 꼬리가 꼬리를 내리거나 가랑이 밑으로 숨기는 것은 두려움이나 불안은 느끼고 복종하는 것을 표현하거나 자신이 위협적이지 않다는 것을 나타내는 것이다.

2 자세

반려견이 땅을 향해 웅크리고 있는 자세는 두려움이나 스트레스의 신호이며 무언가로부터 도망치려고 할 때의 자세이다.

반려견이 체중을 앞으로 옮기고 더 가까이 다가가려고 할 때는 공격적인 의도를 나타낼 수도 있으며, 특히 꼬리를 높이 치켜드는 것은 다른 공격적인 신체 언어 신호와 짝을 이룰 수도 있다.

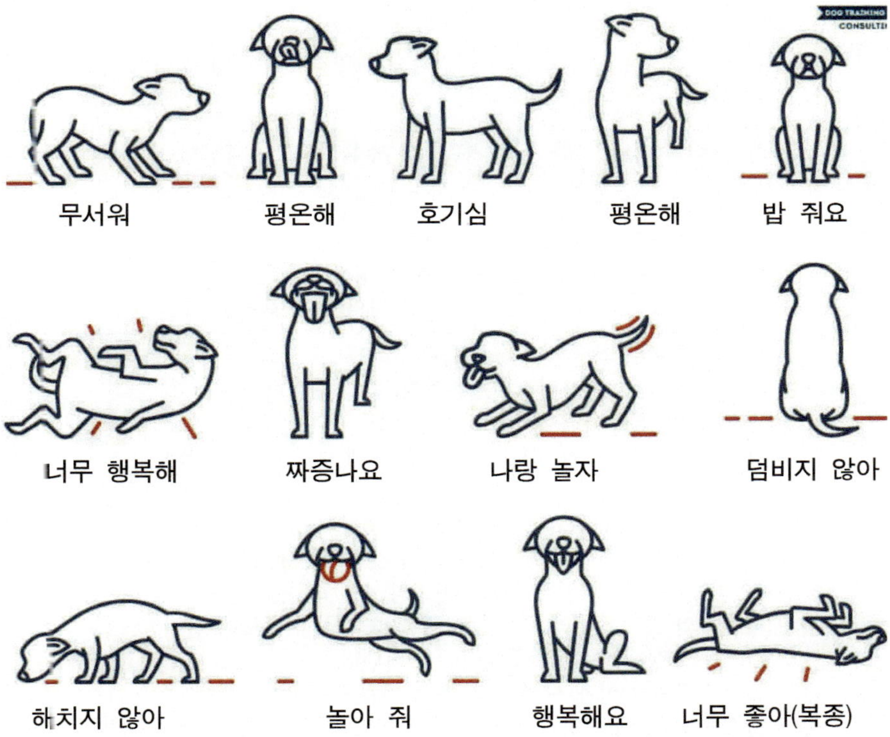

그림 IX-5 반려견의 행동 표현

라. 반려견 간식 주기

(1) 프로그램 개요

활동명	반려견과 간식 주기	치유사명	
일시	2024. 2. 2	장소	실내 치유실
주 대상자	어린이~노인까지	확장 대상자	모든 사람
치유 목적	• 기분 개선, 흥미 유발, 행복감, 우호감 향상 및 동기 부여 • 대인관계 능력, 배려심, 양육능력, 생명 존중감 향상		
활동 목표	• 손바닥 간식 주기를 할 수 있다. • 간식 주기의 적당한 시기를 포착할 수 있다. • 간식 주기를 통한 훈련과 반려견과의 친밀감을 형성하고 생명 존중감을 함양할 수 있다.		
준비물	간식, 간식 주머니, 목줄, 배변 봉투, 식수, 물티슈, 손 세정제, 수건		
과정	활동 내용		
도입	• 동기유발을 위해 오늘 활동과 관련된 내용을 소개한다. • 이 시간의 활동 목표와 진행 내용을 설명한다. • 함께할 반려 반려견을 소개하고 대상자와 마주 보며 앉게 한다.		
전개	• 1) 간식 준비하기 • 간식은 바삭한 건조 비스킷, 바, 쿠키 등을 준비한다. • 큰 간식은 작게 여러 조각으로 잘라 이용한다. • 한 줌 정도(약 20~30개)를 간식 주머니에 넣고 허리에 찬다. • 2) 간식 주기 • 치유사가 먼저 간식을 주는 방법을 시연한다. • 대상자는 반려견에게 다가가 다음과 같은 명령을 하도록 한다. • "앉아", "엎드려", "기다려라", "이리와", "안 돼" 등 • 대상자의 명령을 완벽하게 수행했을 때 간식을 주도록 한다. • 간식은 보상 시에 간식 주머니에서 꺼낸다. • 반려견의 눈높이에 시선을 끌게 한 후 주도록 한다. • 간식을 준 후에는 칭찬과 함께 머리를 쓰다듬어 상호 유대감을 형성한다.		
정리	• 간식 주기가 끝나면 대상자의 손을 비누로 닦도록 한다. • 반려견이 간식을 맛있게 먹을 때의 느낌을 발표하도록 한다. • 오늘의 활동 내용을 요약, 정리하여 말한다. • 차시(다음 시간) 활동 내용을 안내해 준다.		
안전 및 유의사항	• 간식을 너무 많은 주면 비만과 위장 장애가 생길 수 있다는 것 을 고지한다. • 엄지와 중지로 간식을 줄 때 물릴 수 있으므로 주의한다. • 활동이 끝나면 감염병 전염을 예방하기 위해 손을 씻는다. • 비가 오거나 너무 춥고 더울 때는 실내에서 진행한다.		

(2) 프로그램 진행하기

1) 도입(5분)

- 동기유발을 위해 오늘 활동과 관련된 내용을 소개한다.
- 이 시간의 활동 목표와 진행 내용을 설명한다.
- 대상자에게 활동하고 싶은 반려견을 선택하고 인사하도록 한다.
- 치유견을 대상자에게 이름을 알려주고 소개한다.

※ 치유견은 훈련되고 인증을 받았음을 알린다

2) 전개(20~30분)

치유사는 반려견에게 간식 주는 방법과 순서를 설명하면서 시연한 후 대상자가 시행하도록 한다. 또한, 대상자의 수행 행동을 수시로 정정해 주며 칭찬해 준다.

1 간식 준비하기

- 간식은 바삭한 건조 비스킷, 바, 쿠키 등을 준비한다.
- 간식은 작게 여러 조각으로 잘라 이용한다.
- 간식량은 반려견의 크기, 건강, 나이 등에 따라 다르나 1일 칼로리의 약 10%로 제한하는 것이 좋다.
- 한 줌 정도(약 20~30개)를 간식 주머니에 넣고 허리에 찬다.

2 간식 주기

- 치유사는 반려견에게 어떤 행동의 명령을 내리고, 반려견이 완벽하게 수행할 때 간식을 주는 것을 시연한다.
- 대상자는 반려견에게 다가가 다음과 같은 명령을 하도록 한다.
  "앉아", "엎드려", "기다려라", "이리와", "안 돼" 등
- 대상자의 명령을 완벽하게 수행했을 때 즉시 간식을 주도록 한다.
- 간식은 항상 손에 들고 있지 말고 보상 시에 간식 주머니에서 꺼낸다.
- 개의 눈높이에 간식을 들고 반려견의 시선을 끌게 한 후 주도록 한다.
- 간식을 준 후에는 칭찬과 함께 머리를 쓰다듬어 상호 유대감을 형성한다.
- 주의: 검지와 검지로 간식을 줄 때 간혹 물리는 경우가 있으니 간식 주기에 두려움이 있거나 서툰 어린이는 손바닥으로 주기나 얇은 면장갑을 끼고 주도록 한다.

그림 IX-6 손가락 주기

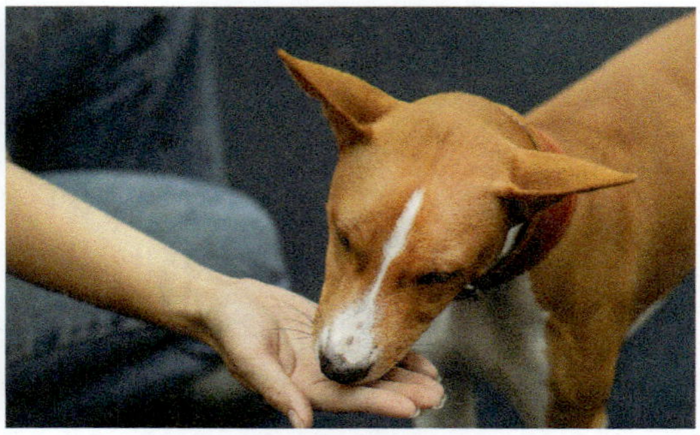
그림 IX-7 손바닥 주기

3) 정리(5분)

- 반려견 간식 주기의 활동내용에 대하여 느낀 점을 발표하도록 한다.
- 치유사는 이번 회기의 활동 목적과 의미를 요약하여 되새겨준다.
- 다음 프로그램을 안내한다.

관련 지식

[1] 반려견 간식의 종류

1) 건조 간식(바삭한 간식)

비스킷, 바, 쿠키, 키블 등의 간식은 다양한 맛, 모양 및 크기가 있으며 일반적으로 수분 함량이 10~12% 사이로 낮다.

2) 부드럽고 쫄깃한 간식

부드럽고 쫄깃한 간식도 다양하게 나오며 반려견 간식으로 이용된다. 수분 함량이 최대 25%로 보습제(간식을 부드럽고 쫄깃하게 유지하는 항균 보습제)가 포함되어 있다. 부드러운 질감으로 인해 작은 조각으로 쉽게 나눌 수 있으며, 이는 훈련에 대한 제공할 때 이용한다.

3) 동결 건조 제품

닭고기, 돼지고기 등의 육포 간식은 반려견의 식욕을 돋우는 훌륭한 훈련 간식이다. 다만 다량 급여 시 비만의 우려가 있다.

그림 IX-8 비스킷

그림 IX-9 부드러운 간식

그림 IX-10 건조 육포

[2] 간식 급여 시 주의점

일반적으로 반려견은 음식에 대한 동기가 높으므로 간식은 훈련에 매우 효과적이다.

좋은 간식은 작고(완두콩 크기) 부드러운 음식 조각이어야 빨리 먹고 더 많은 것을 찾을 수 있다.

개가 씹어야 하는 육포 등이나 바닥에 떨어지는 작은 부스러기 간식은 주지 않으며 매번 같은 간식에 지루해하지 않도록 다양한 간식으로 교체해 준다.

간식 보상을 사용할 때마다 구두 보상(칭찬)과 결합해야 한다. 명령을 수행 했을 때마다 “잘했어” 등의 칭찬과 함께 간식을 주도록 한다.

마. 반려견과 책 읽기(독서 프로그램)

(1) 프로그램 개요

활동명	반려견과 책 읽기(독서 프로그램)	치유사명	
일시	2024. 2. 2	장소	실내 치유실
주 대상자	난독증 어린이, ADHD 어린이	확장 대상자	노인
치유 목적	독서력 향상, 동기 부여, 심리적 안정, 집중력 향상, 열등감 감소		
활동 목표	• 대상자가 긴장을 풀고 차분하게 읽기에 열중할 수 있다. • 대상자의 읽기 능력을 12~50% 정도 향상할 수 있다. • 문해력과 의사소통 기술, 자존감, 자신감을 향상할 수 있다. • 동물을 사랑하는 마음과 생명 존중감을 함양할 수 있다.		
준비물	반려견, 방석, 간식, 동화책, 손 세정제, 수건		
과정	활동 내용		
도입	• 동기유발을 위해 오늘 활동과 관련된 내용을 소개한다. • 이 시간의 활동 목표와 진행 내용을 설명한다. • 함께할 반려 반려견을 소개하고 대상자와 마주 보며 앉게 한다.		
전개	1). 반려견과 친밀감 형성하기 • 치유견을 쓰다듬고 간식 주기 • 반려견 고깔모자 씌우기, 이름표 달아주기 2) 읽을 책의 선택하기 • 흥미를 가질 수 있는 책 소개 • 대상자가 책을 선택 3) 장소의 선정하기 4) 대상자와 치유견의 자리 배치하기 • 치유견을 대상자의 앞에 또는 옆에 앉아 있도록 한다. 5) 치유견 앞에서 큰소리로 책 읽기 6) 책 읽기 시간 조절 • 보통 10~15분 실시(연령에 학습능력에 따라 조정)		
정리	• 활동하면서 느낀 점, 깨달은 점을 말하도록 한다. • 오늘의 활동 내용을 요약, 정리하여 말한다. • 차시(다음 시간) 활동 내용을 안내해 준다.		
안전 및 유의사항	• 처음에는 작은 소리로 읽다가 점점 큰소리로 읽는다. • 책 읽기에 흥미가 없거나 지루해하면 즉시 중단한다. • 활동이 끝나면 감염병 전염을 예방하기 위해 손을 씻는다. • 대상자가 과제를 수행할 때마다 칭찬과 격려를 해준다.		

(2) 프로그램 진행하기

1) 도입(5분)

- 동기유발을 위해 오늘 활동과 관련된 내용을 소개한다.
- 이 시간의 활동 목표와 진행 내용을 설명한다.
- 함께할 반려 반려견을 소개하고 대상자와 마주 보며 앉게 한다.

2) 전개(20~30분)

치유사는 반려견과 책 읽기 하는 방법과 순서를 설명하면서 시연한 후 대상자가 시행하도록 한다. 또한, 대상자의 수행 행동을 수시로 정정해 주며 칭찬해 준다.

1 반려견과 친밀감 형성하기

- 치유사는 대상자가 치유견과 친밀감을 형성하기 위해 치유견을 쓰다듬고 간식을 주도록 한다.
- 반려견 고깔모자 씌우기, 이름표 달아주기 등으로 유대감을 갖도록 한다.

2 읽을 책 선택하기

- 대상자가 흥미를 느낄만한 몇 종류의 책을 소개한다.
- 대상자가 읽고 싶어 하는 책을 선택하도록 한다.

3 장소 선정하기

- 치유견, 대상자, 치유사 모두 방바닥에 앉기를 권장한다.
- 대상자와 치유견의 상호작용이 편안하게 이루어질 수 있는 방바닥이 좋다.

4 자리 배치하기

- 치유견을 대상자의 앞에 또는 옆에 앉아 있도록 한다.
- 대상자의 앞에 앉을 때는 대상자가 읽는 책에 시선을 두도록 한다.
- 대상자의 옆에 앉게 할 때는 조용히 엎드려 경청하도록 한다.

그림 IX-11 독서 치유

5 책 읽어주기

- 치유견에게 책을 읽어주도록 한다.
- 처음에는 작은 소리로 읽다 점점 큰소리로 읽게 하여 자신감을 느끼도록 한다.
- 책을 읽을 때 발음이 틀리거나 잘 못 읽어도 된다는 것을 알려준다.
- 대상자는 처음에는 망설이다가 책을 읽기 시작하게 되고 또한 읽기의 실수가 있더라도 치유견이 비웃거나 찡그리지 않는다는 것을 곧 깨닫게 되어 자신감이 생기게 된다.
- 책을 읽다가 가끔 치유견을 쓰다듬거나 질문을 할 수 있게 한다.

6 읽어주는 시간 조절하기

- 대상자가 책을 읽는 시간은 연령과 학습능력에 따라 조정한다.
- 보통 10~15분 정도 진행한다.
- 대상자가 책 읽기에 지루하지 않도록 하고 흥미가 없을 때는 즉시 중단한다.
- 흥미를 느끼게 되면 점점 시간을 늘린다.
- 성공적으로 마무리되면 대상자 치유견 모두에게 칭찬한다.
- 반려견을 포옹하고 하고 싶은 이야기를 하도록 한다.

3) 정리(5분)

- 혼자 책을 읽을 때와 반려견이 지켜보는 데서 읽을 때와의 차이점에 대하여 발표하도록 한다.
- 치유사는 이번 회기의 활동 목적과 의미를 요약하여 되새겨준다.
- 다음 프로그램을 안내한다.

관련 지식

[1] 반려견 독서 치유의 효과

많은 어린이와 청소년이 책 읽기를 꺼리거나 난독증의 증상이 있다. 독서 교육 보조견(reading education assistance dogs, READ) 프로그램은 대상자가 치유견에게 책 읽기를 하는 프로그램으로 치유견에게 큰 소리로 책을 읽게 함으로써 어린이의 읽기 능력과 문해력의 향상은 물론이고 의사소통 기술, 자존감, 자신감을 향상한다.

그림 IX-12 반려견 독서 치료(American Speech-Language-Hearing Association)

든든한 치유견이 옆에서 지켜보고 있는 자체가 어린이에게 불안을 줄여주고 편안함을 제공한다. 따라서 대상자의 긍정적인 사회 행동을 촉진하며, 자존감을 높이고 동기를 부여하여 어린이가 독서를 즐기도록 한다.

이 프로그램은 주로 어린이에게 적용되나 노인까지 다양한 계층이 적용할 수 있다.

특히 학습 또는 읽기 문제가 있는 어린이와 다른 사람에게 앞에서 책을 읽는 데 어려움을 겪거나 읽기에 관심이 없는 일반 어린이에게 유용하다.

동물 + 독서 = 재미

[2] 그런데, 왜 하필 반려견일까요?[07]

반려견은 다음과 같은 이유로 이상적인 독서 동반자이다.

- 대상자가 긴장을 풀고 혈압을 안정시키는 데 도움이 된다.
- 대상자의 읽기 능력이 향상(12~50%)된다.
- 반려견은 대상자의 잘못된 발음에도 판단하거나, 비웃거나, 비판하지 않는다
- 아이들이 자신의 속도에 맞춰 읽기를 할 수 있게 한다.
- 대상자는 큰 소리로 읽는 부끄러움과 불안이 줄어들고 자신감이 생긴다.

바. 반려견과 산책하기

(1) 프로그램 개요

활동명	반려견과 산책하기	치유사명	
일시	2024. 2. 2	장소	야외(공원 등)
주 대상자	지체 장애인, 어린이~노인	확장 대상자	모든 사람
치유 목적	대퇴부 근육 발달, 보행 능력 및 지구력 향상, 기분 개선		
활동 목표	• 반려견의 목줄과 리드 줄을 바르게 잡을 수 있다. • 반려견을 왼쪽에 위치하여 속도를 통제하며 산책할 수 있다. • 적기에 휴식과 간식을 제공할 수 있다. • 동물을 사랑하는 마음과 생명 존중감을 함양할 수 있다.		
준비물	목줄, 배변 봉투, 간식, 물 한 병, 장난감, 손 세정제, 수건 등		
과정	활동 내용		
도입	• 동기유발을 위해 오늘 활동과 관련된 내용을 소개한다. • 이 시간의 활동 목표와 진행 내용을 설명한다. • 함께할 반려 반려견을 소개하고 대상자와 마주 보며 앉게 한다.		
전개	1) 목줄 선택하기 • 전통적 목줄을 매거나 하네스를 착용하도록 한다. 2) 산책 시간과 장소 선택 • 오전 10시경, 오후 4시경에 실시한다. • 한적한 공원, 숲길, 강변도로 등에서 실시한다. 3) 그립 잡기 • 리드 줄을 채우는 방법을 알려주면서 시연한다. • 그립 잡는 방법을 시연하고 따라 하도록 한다. 4) 목줄 잡고 걷기 • 반려견이 대상자의 왼쪽 위치하여 걷게 한다. • 목줄은 느슨하게 J자 모양으로 늘어뜨려 잡는다. 5) 반려견의 걷는 속도 통제하기 6) 산책 지속 시간과 물 급여 • 성숙한 반려견은 매일 30분 ~1시간 정도, 강아지와는 약 20분 정도가 적당하다. 7) 반려견과 상호 교감하기 • 대상자는 반려견에게 주의를 기울이고, 상호 교감작용을 한다.		
정리	• 혼자 걸을 때와 반려견과 함께 걸을 때의 차이점에 관하여 이야기한다. • 오늘의 활동 내용을 요약, 정리하여 말한다. • 차시(다음 시간) 활동 내용을 안내해 준다.		
안전 및 유의사항	• 산책 시에는 반드시 목줄을 매야 한다. • 용변을 대비하여 배변 봉투를 준비해야 한다. • 비가 오거나 너무 춥고 더울 때는 실내에서 진행한다. • 활동이 끝나면 감염병 전염을 예방하기 위해 손을 씻는다.		

(2) 프로그램 진행하기

1) 도입(5분)

- 동기유발을 위해 오늘 활동과 관련된 내용을 소개한다.
- 이 시간의 활동 목표와 진행 내용을 설명한다.
- 함께할 반려 반려견을 소개하고 대상자와 마주 보며 앉게 한다.
- 치유사는 치유견이 훈련되고 인증을 받았음을 알린다.

2) 전개(30~40분)

치유사는 반려견과 산책하는 방법과 순서를 설명하면서 시연한 후 대상자가 시행하도록 한다. 또한, 대상자의 수행 행동을 수시로 정정해 주며 칭찬해 준다.

❶ 목줄 선택하기

- 목줄은 1.2~1.8m 길이의 전통적 목줄을 매거나 하네스를 착용하도록 한다.
- 개폐식 자동 목줄은 교통량이 많거나 사람의 왕래가 잦은 곳에서의 돌발적인 행동을 통제하기 어려우므로 사용하지 않는다.

❷ 산책 시간과 장소 선택

- 산책 시간은 사람의 왕래가 적고 햇볕이 적은 오전 10시경, 오후 4시경에 실시한다.
- 장소는 번잡한 도심 거리보다 한적한 공원, 숲길, 강변도로 등에서 실시한다.
- 한낮의 뜨거운 아스팔트 길은 피하도록 한다.

❸ 목줄(리드 줄) 잡기

치유사는 대상자에게 리드 줄 잡는 방법을 알려주면서 시연한다.

엄지 그립: 리드 줄의 고리를 오른손 엄지손가락에 넣고 늘어트려 나머지 목줄은 모든 손가락으로 잡는다.

손가락 그립: 엄지손가락으로 리드 줄의 고리에 넣고 U자형으로 늘어트려 집게손가락 위에 놓고 모든 손가락으로 목줄의 나머지 부분을 잡는다.

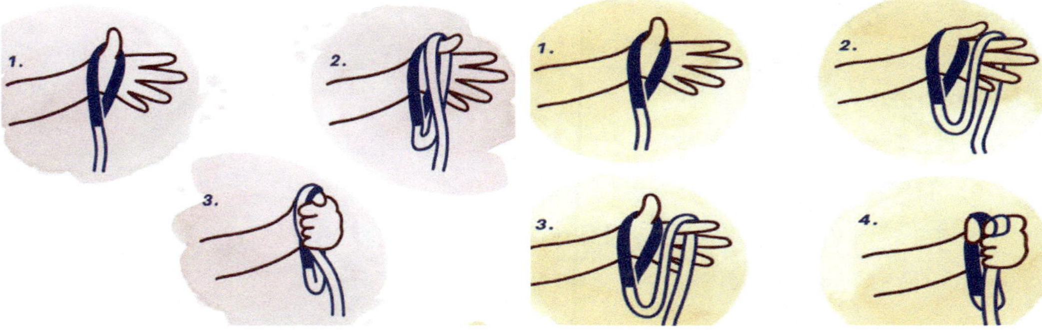

엄지 그립 손가락 그립

그림 IX-13 리드 줄 잡는 법

출처 : https://www.k9ofmine.com/how-to-hold-dog-leash/

4 목줄 잡고 걷기

- 반려견은 될 수 있는 대로 대상자의 왼쪽 위치하여 나란히 걷거나 한 걸음 뒤쪽에 걷는 방법을 시연하고 대상자가 따라 하도록 한다(이 방법은 계속 일관성 있게 유지하여 습관이 되도록 한다).
- 목줄은 느슨하게 J자 모양으로 늘어뜨려 잡는다.
- 처음에는 치유견과 함께 좁은 공간에서 사람, 사물을 피해 함께 움직이며 걷는 연습을 한다.
- 군중 속을 걷거나 붐비는 장소에서는 더 짧은 목줄을 사용해 옆으로 걷도록 한다.

그림 IX-14 반려견과 산책하기

- 공원이나 탁 트인 공간에 들어가면 반려견에게 냄새를 맡고 탐색할 기회를 준다.

5 반려견의 걷는 속도 통제하기

- 반려견이 대상자 보다 앞서갈 때는 걸음을 멈추고 완전히 가만히 서 있는다.
- 만약 앞으로 먼저 나가면 리드 줄을 당겨 원점에서 다시 시작하여 걷도록 한다.
- 휘파람 소리나 클리커로 '딸깍' 소리를 내거나 반려견 이름을 부르거나 "멈춰" 라고 명령을 한다.

6 산책 지속 시간과 물 급여

- 성숙한 반려견은 매일 30분 ~1시간 정도, 강아지와는 약 20분 정도가 적당하다.
- 30분 이상 걷거나 더운 날씨에는 충분한 양의 물을 준비하여 급여한다.
- 반려견은 땀샘이 없어 헐떡임으로 체온을 조절하므로 더운 날씨에는 탈수증상이 나타날 수 있다.

7 반려견과 상호 교감하기

- 대상자는 반려견에게 간식을 주어 좋은 기억을 주고 집중할 수 있도록 한다.
- 반려견에게 주의를 기울이며 걷고 서로 대화하는 상호 교감작용을 한다.
- 산책 중 적당한 장소를 택해 놀고 훈련하여 흥미를 더하도록 한다.

3) 정리(5분)

- 혼자 걸을 때와 반려견과 함께 걸을 때의 차이점에 대하여 이야기한다.
- 치유사는 이번 회기의 활동 목적과 의미를 요약하여 되새겨준다.
- 다음 프로그램을 안내한다.

관련 지식

반려견과 산책의 놀라운 이점

1 건강상 이점

- 반려견과 함께 매일 10분만 산책해도 동물과 사람 모두 근력이 강화되고 혈당과 혈압이 하강하며 즐거움을 준다.

2 유대감 형성

- 반려견과 함께 정기적으로 산책 또는 조깅을 하면 가족 사이에 신뢰를 쌓고 유대감이 커지며 서로 더 가까워진다.

3 사회화

- 반려견은 산책로에서 만난 다른 반려견을 사귈 기회를 얻게 되므로 사회화가 촉진된다. 또한, 스트레스 감소 효과를 얻게 된다.

사. 반려견과 명상하기

(1) 프로그램 개요

활동명	반려견과 명상하기	치유사명	
일시	2024. 2. 2	장소	실내 치유실
주 대상자	독신자와 독거노인, 불안 및 우울증 환자, 혼자 명상하는 것이 불편한 사람	확장 대상자	모든 사람
치유 목적	• 명상으로 스트레스를 해소하고 정서적 안정을 찾을 수 있다 • 불안 및 우울증을 해소하고 깊은 수면을 할 수 있다. • 마음을 진정시키고 더 평화로움을 찾을 수 있다.		
활동 목표	• 명상을 통해 긴장을 완화하고 불안을 감소시킬 수 있다. • 반려견과 더 깊은 유대 관계를 형성할 수 있다. • 동물을 사랑하는 마음과 생명 존중감을 함양할 수 있다.		
준비물	명상 음악 CD 및 음향기, 치유견, 간식, 쿠션, 담요나 바구니, 손 세정제, 수건		
과정	활동 내용		
도입	• 동기유발을 위해 오늘 활동과 관련된 내용을 소개한다. • 이 시간의 활동 목표와 진행 내용을 설명한다. • 함께할 반려견을 소개하고 대상자와 마주 보며 앉게 한다.		
전개	1) 명상의 장소 선정과 준비하기 • 명상 장소는 조용한 곳이라면 어떤 곳이든 괜찮다. • 주로 편안한 장소나 방의 구석을 선정한다. 2) 명상의 자세 잡기 • 어깨, 목, 턱 및 기타 신체적 긴장을 풀고 등을 곧게 편 자세로 앉는다. • 지그시 눈을 감고 두 손이 바닥이 위로 향하게 하여 무릎 위에 편안하게 놓는다. 3) 호흡하기 • 입을 다물고 마음속으로 4를 셀 때까지 조용히 숨을 들이마신다. • 마음속으로 7을 셀 때까지 숨을 참는다. • 입으로 숨을 8을 셀 때까지 '쉭쉭'거리는 소리를 내며 완전히 내 쉰다. • 명상이 익숙하게 되면 최소 10분, 되도록 20~30분 동안 실시한다. 4) 반려동물과 교감하기 • 명상 중에 기분이 좋다면 반려견에게 손을 얹거나 쓰다듬어 준다. • 자신의 호흡을 반려동물의 호흡 리듬과 동기화함으로써 더 깊은 수련을 경험한다.		
정리	• 활동하면서 느낀 점, 깨달은 점을 말하도록 한다. • 오늘의 활동 내용을 요약, 정리하여 말한다. • 차시(다음 시간) 활동 내용을 안내해 준다.		
안전 및 유의사항	• 비가 오거나 너무 춥고 더울 때는 실내에서 진행한다. • 활동이 끝나면 감염병 전염을 예방하기 위해 손을 씻는다.		

(2) 프로그램 진행하기

1) 도입(5분)

- 동기유발을 위해 오늘 활동과 관련된 내용을 소개한다.
- 이 시간의 활동 목표와 진행 내용을 설명한다.
- 함께할 반려견을 소개하고 대상자와 마주 보며 앉게 한다.
- 치유사는 치유견이 훈련되고 인증을 받았음을 알린다

2) 전개(30~40분)

치유사는 반려견과 명상하는 방법과 순서를 설명하면서 시연한 후 대상자가 시행하도록 한다. 또한, 대상자의 수행 행동을 수시로 정정해 주며 칭찬해 준다.

1 명상의 장소 선정과 준비하기

- 명상 장소는 조용한 곳이라면 어떤 곳이든 괜찮다.
- 쿠션, 담요 등을 놓을 수 있는 편안한 장소나 방의 구석을 선정한다.
- 반려동물은 대상자의 옆에 눕거나 앉을 수 있고 때로는 무릎에 앉을 수 있다.

2 명상의 자세 잡기

- 쉽게 숨을 쉴 수 있는 편안한 옷을 입는다.
- 허리를 곧게 펴고 어깨, 팔, 다리가 편안한 자세로 앉는다.
- 손바닥을 위로 향하게 하여 무릎 위에 편안하게 놓는다.
- 지그시 눈을 감고 두 손이 바닥이 위로 향하게 하여 무릎 위에 편안하게 놓는다.

그림 IX-15 반려견 명상

3 호흡하기

- 치유사는 대상자에게 호흡하기 방법과 주의점을 설명하면서 시법을 보인 후 대상자가 실시하도록 한다.
- 눈을 지그시 감는다.
- 코로 숨을 들이쉴 때 빛과 에너지가 몸 안으로 들어와 가득 찬다는 상상을 한다.
- 입으로 숨을 내쉴 때는 모든 스트레스가 흘러나간다는 상상을 한다.
- 입을 다물고 코로 마음속으로 4를 셀 때까지 조용히 숨을 들이마신다.
- 마음속으로 7을 셀 때까지 숨을 참는다.

- 입으로 숨을 쉴 때는 8까지 셀 때까지 천천히 완전히 내 쉰다.
- 여러 생각, 욕망 또는 증오가 떠오를 때, 그것을 인식하되 그것들을 놓아주고 호흡과 반려견에만 집중한다.
- 마음이 방황하고 있다면, 숨의 숫자와 소리에 집중한다.
- 처음 몇 번은 1회에 몇 분 동안 명상을 시도한다.
- 명상이 익숙하게 되면 최소 10분 이상, 보통 20~30분 동안 실시한다.
- 눈을 뜨기 전에 잠시 그 에너지 속에서 쉬어본다.

4 반려동물과 교감하기

- 명상 중에 기분이 좋다면 반려견에게 손을 얹거나 쓰다듬어 준다.
- 자신의 호흡을 반려동물의 호흡 리듬과 동기화함으로써 더 깊은 수련을 경험한다.
- 반려동물의 존재와 반려동물이 가져다주는 기쁨에 사랑과 감사를 느낀다.
- "내 친구 멍멍이 고마워" 같은 구절 마음속으로 읊조리면 반려동물과의 유대감에 더 집중하게 된다.

3) 정리(5분)

- 활동 내용에 대하여 느낀 점을 발표하도록 한다.
- 치유사는 이번 회기의 활동 목적과 의미를 요약하여 되새겨준다.
- 다음 프로그램을 안내한다.
- 마지막으로 반려견의 머리와 몸을 쓰다듬고 포옹하면서 상호 교감작용을 하도록 한다.

관련 지식

반려견 명상의 이점

- 스트레스와 불안 감소
- 정서적 웰빙 향상
- 수면의 질 향상
- 기억력과 집중력 향상
- 통증 완화
- 동물과의 신뢰와 유대

아. 반려견 빗질하기

(1) 프로그램 개요

활동명	반려견 빗질하기	치유사명	
일시	2024. 2. 2	장소	실내 치유실
주 대상자	어린이, 청소년, 비행 및 범법자	확장 대상자	모든 사람
치유 목적	소근육 발달, 시각-근육 협응 능력, 양육능력, 생명 존중감 향상		
활동 목표	• 반려견을 안전하게 다룰 수 있다. • 각종 기구를 사용하여 빗질할 수 있다. • 동물을 사랑하는 마음과 양육 태도를 함양한다. • 자신의 스트레스를 해소하고 마음에 안정을 취할 수 있다.		
준비물	• 반려견, 콤(외날 빗, 양날 빗, 꼬리 빗), 슬리커, 핀 브러시, 미용 테이블, 테이블 고정용 암, 손 세정제, 수건		
과정	활동 내용		
도입	• 동기유발을 위해 오늘 활동과 관련된 내용을 소개한다. • 이 시간의 활동 목표와 진행 내용을 설명한다. • 함께할 반려견을 소개하고 대상자와 마주 보며 앉게 한다.		
전개	1) 빗질하기 • 개체의 체형의 특징과 빗질 순서를 숙지한다. • 브러싱의 순서를 숙지한다. • 핀 브러시로 빗질한다. • 슬리커 브러시로 빗질한다. • 콤으로 빗질한다. 2) 머리 쓰다듬기와 포옹하기 • 반려견의 머리와 몸을 쓰다듬고 포옹하면서 상호 교감작용을 하도록 한다.		
정리	• 활동하면서 느낀 점, 깨달은 점을 말하도록 한다. • 오늘의 활동 내용을 요약, 정리하여 말한다. • 차시(다음 시간) 활동 내용을 안내해 준다.		
안전 및 유의사항	• 반려견과 접근 시 서서히 다가가 놀라지 않게 한다. • 피부의 면과 각도 강도를 조절하며 피부에 상처를 주지 않도록 한다. • 애완동물의 도주와 낙상 방지를 위해 고정 장치를 사용한다. • 작업 장소는 애완동물의 탈출 경로가 차단되어 있어야 한다. • 미용 도구와 장비는 질병 감염 예방을 위해 소독을 해야 한다. • 슬리커 브러시의 뾰족한 핀에 찔리지 않도록 주의한다. • 활동이 끝나면 감염병 전염을 예방하기 위해 손을 씻는다.		

(2) 프로그램 진행하기

1) 도입(5분)

- 동기유발을 위해 오늘 활동과 관련된 내용을 소개한다.
- 이 시간의 활동 목표와 진행 내용을 설명한다.
- 함께할 반려견을 소개하고 대상자와 마주 보며 앉게 한다.
- 배정된(또는 선택한) 반려견을 안전하게 미용 테이블에 올려놓는다.

2) 전개(50~60분)

치유사는 반려견 빗질하기 방법과 순서를 설명하면서 시연한 후 대상자가 시행하도록 한다. 또한, 대상자의 수행 행동을 수시로 정정해 주며 칭찬해 준다.

1 개체의 특징과 기구 사용법 숙지하기

- 대상자가 빗질하기 전에 치유견의 외모의 특징, 성격 등을 설명해 주고 반려견이 스트레스를 받지 않고 원활히 빗질하도록 한다.
- 다양한 빗의 종류별로 사용하는 방법을 설명하고 시연한다.
- 슬리커 브러시, 빗에 너무 강한 힘을 주면 반려견이 스트레스나 통증을 느끼므로 예행연습을 충분히 하여야 한다.

출처: NCS학습모듈(애완동물미용) 04 애완동물 목욕. p.11

2 브러싱 하기

- 치유사는 대상자에게 브러싱 방법과 순서, 주의점을 설명하면서 시범을 보인 후 대상자가 실시하도록 한다.
- 순서 : 머리와 귀→ 몸통과 사지→ -배와 엉덩이→ 꼬리 순
- 방법 : 털의 흐름에 따라 차례대로 빗질한다.
- 엉킨 털은 칸이 넓은 콤으로 빗질하여 풀어 준다.
- 빗질은 반드시 털끝부터 빗고 얽힌 털을 빗을 땐 아프지 않도록 한다.

그림 IX-18 핀 브러시 잡기

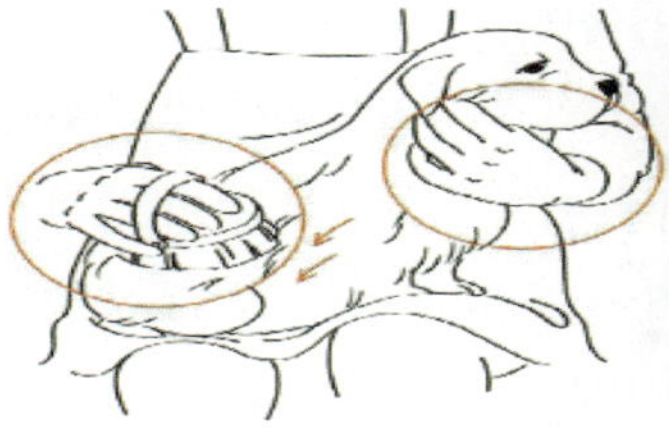

그림 IX-16 털의 방향

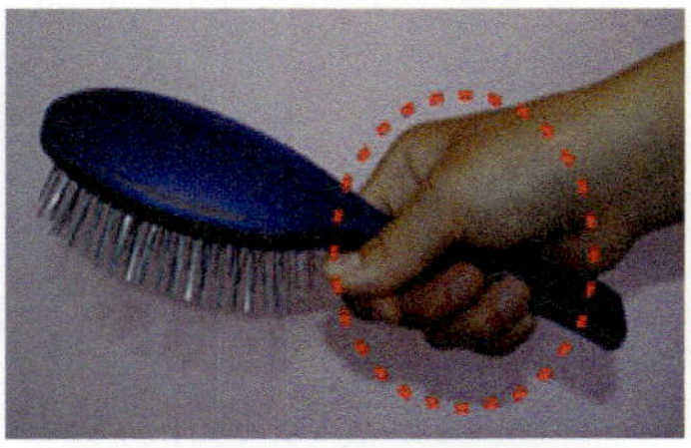

그림 IX-17 보정하기

출처: NCS학습모듈(애완동물미용) 04 애완동물 목욕. p.11

3 핀 브러시 빗질하기

- 치유사가 한 손으로 개체를 보정하고 핀 브러시를 가볍게 쥐고 원을 그리듯 빗질하기를 시연하고 관찰하도록 한다.
- 다음은 대상자가 직접 핀 브러시로 빗질을 하도록 한다.
- 치유사는 반려견과 대상자 모두에게 칭찬한다.

4 슬리커 브러시 빗질하기

- 치유사는 슬리커 블러시는 죽은 털과 엉킨 털을 제거하는 데 사용한다는 것을 안내해 주고 시연을 먼저 한 후 대상자가 실시하도록 한다.
- 엄지손가락과 집게손가락으로 손잡이를 움켜쥐고 나머지 손가락으로 손잡이를 받치고 빗질하기를 시연하고 관찰하도록 한다.
- 슬리커 블러시를 가볍게 쥐고 핀이 피부에 닿지 않게 부드럽게 빗질하는 것을 말해 준다.
- 다음은 대상자가 직접 슬리커 브러시로 빗질을 하도록 한다.
- 치유사는 반려견과 대상자 모두에게 칭찬을 해 준다.

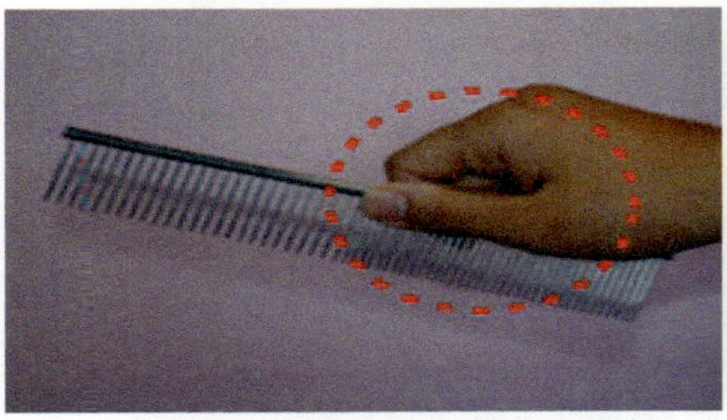

그림 IX-19 빗 잡기

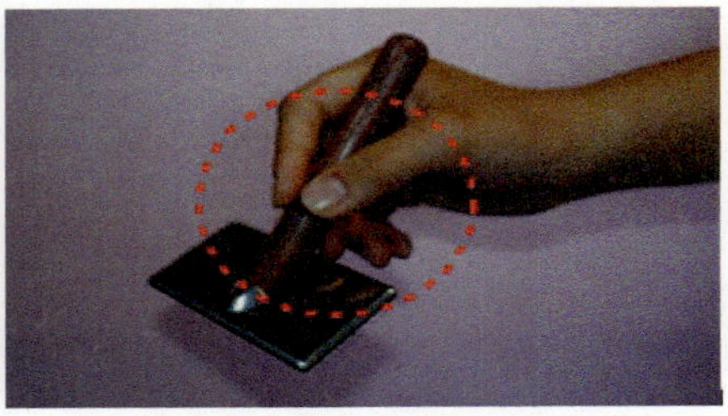

그림 IX-20 슬리커 잡기

5 콤 빗질하기

- 콤(빗)을 엄지와 검지로 빗 윗면의 1/3지점을 감싸 쥐고 털의 결과 수직이 되도록 빗질하

는 것을 시연하고 관찰하도록 한다.

- 이때 팔에 힘을 주지 않고 손목의 움직임으로만 빗질하는 것을 말해준다.
- 털이 가늘고 긴 견종은 털이 끊어지지 않도록 먼저 성긴 빗으로 빗는다.
- 등의 중심선을 따라 조금씩 등을 가른다(빗으로 한 번에 일직선을 긋지 않도록 한다. 5mm씩 좌우로 빗질해 매만지면서 가르마를 낸다).
- 머리는 털이 밀집해 있으므로 피모가 긴 경우 손으로 잡아 조금씩 빗어 준다.
- 귀는 끝쪽부터 빗질하기 시작해 점점 뿌리쪽으로 해 나간다.
- 눈이나 코가 긁히지 않도록 주의하여 턱 아래를 잘 잡고 눈 밑에서 바깥쪽으로 빗는다.
- 다음은 대상자가 직접 빗질을 하도록 하고 서툴 때는 치유사가 도와준다.
- 치유사는 반려견과 대상자 모두에게 칭찬을 해 준다.

3) 정리(5분)

- 활동 내용에 대하여 느낀 점을 발표하도록 한다.
- 치유사는 이번 회기의 활동 목적과 의미를 요약하여 되새겨준다.
- 다음 프로그램을 안내한다.
- 마지막으로 반려견의 머리와 몸을 쓰다듬고 포옹하면서 상호 교감작용을 하도록 한다.

읽을거리 : 세계에서 가장 많이 기르는 반려동물은?

2025년 AVMA(미국수의협회)에 따르면 2024년 현재 미국 가구의 66%(8,690만 가구)가 반려동물을 소유하고 있는 것으로 나타났다. 반려견은 미국 가정의 약 45%인 6,510만 가구가 기르고 있으며 다음으로 고양이로 25%인 4,650만 가구에서 기르는 것으로 추산하고 있다. 우리나라에서도 반려견을 가장 많이 기르고 있다.

자. 반려견 목욕(샴푸)하기

(1) 프로그램 개요

활동명	반려견 목욕(샴푸)하기	치유사명	
일시	2024. 2. 2	장소	실내 목욕실
주 대상자	어린이, 청소년, 비행 및 범법자	확장 대상자	모든 사람
치유 목적	소근육 발달, 시각-근육 협응 능력, 양육능력, 생명 존중감 부여		
활동 목표	• 반려견을 안전하게 다룰 수 있다. • 각종 기구와 재료를 이용하여 샴핑, 린싱, 드라잉을 할 수 있다. • 동물을 사랑하는 마음과 양육 태도를 함양한다. • 자신의 스트레스를 해소하고 마음에 안정을 취할 수 있다.		
준비물	반려견, 샴푸, 린스, 건조기(드라이어), 수건, 온수기, 미용 테이블, 테이블 고정 암, 물림 방지 도구(엘리자베스 칼라, 입마개), 콤, 손 세정제, 수건		
과정	활동 내용		
도입	• 동기유발을 위해 오늘 활동과 관련된 내용을 소개한다. • 이 시간의 활동 목표와 진행 내용을 설명한다. • 함께할 반려견을 소개하고 대상자와 마주 보며 앉게 한다.		
전개	1) 샴푸 하기 • 모든 방법은 치유사가 순서대로 시연한 후 대상자가 실시하도록 한다. 2) 항문낭 짜기 • 항문낭은 4시와 8시 방향에서 엄지와 집게손가락으로 집어 부드럽게 배출시킨다. 3) 린스 하기 • 적당한 용기에 린스와 물을 사용법에 따라 희석한다. • 핀 브러시로 빗질한다. 4) 드라이 하기 • 1차로 타월을 사용하여 수분을 제거하고 2차로 드라이어를 사용하여 건조 시킨다. • 콤으로 빗질한다. 5) 머리 쓰다듬기와 포옹하기 • 반려견의 머리와 몸을 쓰다듬고 포옹하면서 상호 교감작용을 하도록 한다.		
정리	• 활동하면서 느낀 점, 깨달은 점을 말하도록 한다. • 오늘의 활동 내용을 요약, 정리하여 말한다. • 차시(다음 시간) 활동 내용을 안내해 준다.		

안전 및 유의사항	• 반려견과 접근 시 서서히 다가가 놀라지 않게 한다. • 반려견에게 위해를 가하지 않도록 사전에 고지하고 감시한다. • 작업하기 전에 반드시 동물의 건강 상태 등을 파악한다. • 작업 도구와 장비의 사용 방법을 숙지한다. • 작업장은 동물의 탈출 경로가 차단되어야 한다. • 동물 전용 샴푸와 린스를 선택하고 사용 방법을 숙지한다. • 대상자가 과제를 수행할 때마다 칭찬과 격려를 해준다. • 활동이 끝나면 감염병 전염을 예방하기 위해 손을 씻는다.

(2) 프로그램 진행하기

1) 도입(5분)

- 동기유발을 위해 오늘 활동과 관련된 내용을 소개한다.
- 이 시간의 활동 목표와 진행 내용을 설명한다.
- 함께할 반려견을 소개하고 대상자와 마주 보며 앉게 한다.
- 샴핑, 린싱, 드라잉의 종류에 대해 설명한다.

2) 전개(50~60분)

치유사는 반려견 샴푸 하는 방법과 순서를 설명하면서 시연한 후 대상자가 시행하도록 한다. 또한, 대상자의 수행 행동을 수시로 정정해 주며 칭찬해 준다.

1 샴푸 하기

- 샴푸 하기는 치유사가 순서대로 시연한 후 대상자가 실시하도록 한다.
- 반려견이 욕조 안에서 뛰어나오거나 도주하는 등의 사고를 방지하기 위해 목줄을 맨다.
- 욕조 안에 미끄럼 방지용 매트를 깔아 미끄러지지 않도록 한다.
- 천천히 뒷발부터 시작하여 앞발, 몸통, 얼굴 순으로 물을 뿌린다.
- 물의 온도를 따뜻한 정도(39~40℃)로 유지하고 천천히 틀어 놀라지 않도록 한다.
- 코와 귀에 물지 들어가지 않도록 하고 털 깊숙이 스며들도록 적셔준다.

그림 IX-22 반려견 샴푸

2 항문낭 짜기

- 치유사는 대상자에게 방법과 순서, 주의점을 설명하고 시범을 보인 후 대상자가 실시하도록 한다.

- 반려견이 긴장하지 않고 편한 자세로 서 있게 한다.
- 한쪽 손으로 꼬리를 들어 올리고 다른 손으로 항문낭을 돌출시킨다.

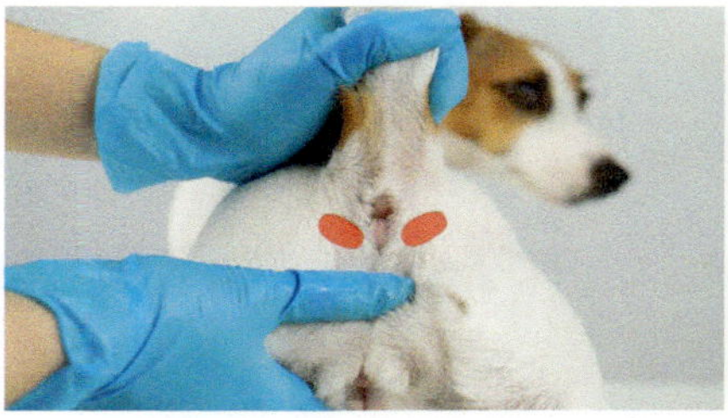

그림 IX-23 항문낭 위치

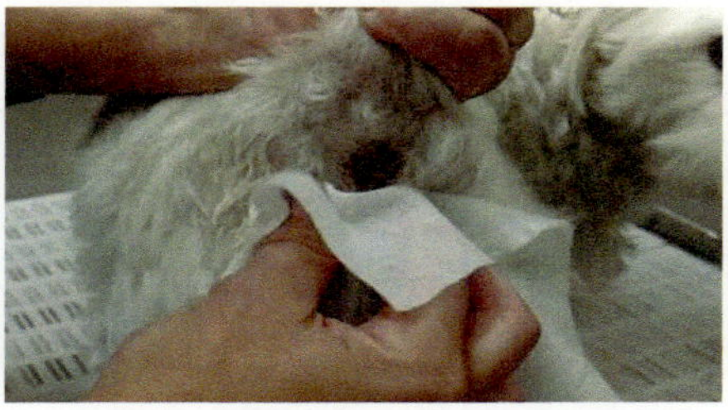

IX-24 항문낭 짜기

- 항문낭의 위치는 항문의 4시와 8시 방향에서 완두콩처럼 느껴지는 곳을 엄지와 집게손가락으로 집어 부드럽게 짠다. 세게 쥐어짜지 않도록 한다.
- 배출된 항문낭액을 휴지로 닦고 온수로 세척한다.

3 린스 하기

- 치유사는 대상자에게 린싱의 방법과 순서, 주의점과 린스 사용법을 설명하고 시범을 보인 후 대상자가 실시하도록 한다.
- 적당한 용기에 린스와 물을 사용법에 따라 희석한다.
- 희석액을 동물의 전신에 골고루 도포한다.
- 털 깊숙이 린스 성분이 스며들도록 전신을 충분히 마사지한다.
- 턱을 잡아 머리를 뒤로 젖혀 눈에 들어가지 않게 머리부터 서서히 아래쪽으로 완전히 씻어 낸다.
- 핀 브러시로 빗질한다.

4 드라이 하기

- 치유사는 대상자에게 드라잉의 방법과 순서, 주의점과 기구 사용법을 설명하고 시범을 보인 후 대상자가 실시하도록 한다.
- 목욕 후 몸에 남아 있는 수분을 손으로 눌러 짜 준다.
- 타월을 사용하여 몸통과 머리 다리와 꼬리 부분을 눌러 가며 수분을 제거한다.
- 드라잉 순서를 정하여 빗질하면서 드라이어로 건조한다. 이때 드라이어의 풍량과 온도를 적당히 조절하고 너무 바짝 대면 털의 손상을 가져오므로 적당한 간격을 유지한다.
- 드라잉 순서는 머리와 귀→ 몸통과 사지→ 배와 엉덩이→ 꼬리→ 발가락 순으로 한다.
- 마른 털은 결을 따라 콤으로 빗질하여 말끔히 정리해 준다.

- 치유사는 반려견, 대상자 모두에게 격려와 칭찬을 한다.

3) 정리(5분)

- 활동 내용에 대하여 느낀 점을 발표하도록 한다.
- 치유사는 이번 회기의 활동 목적과 의미를 요약하여 되새겨준다.
- 다음 프로그램을 안내한다.
- 마지막으로 반려견의 머리와 몸을 쓰다듬고 포옹하면서 상호 교감작용을 하도록 한다.

관련 지식

[1] 샴푸

1) 목적과 기능

- 오염된 피부와 피모를 청결하고 아름답게 한다.
- 피부 및 모발의 건강을 위해서 필요하다.
- 과도한 피지의 제거와 세정은 피부 보호막의 기능을 약화시킨다.

2) 시기

- 생후 7주령부터 시작하며 보통 10일에 1회가 적당하다.
- 털 길이, 털의 질, 털의 양, 털의 상태, 계절에 따라 차이가 있다.

[2] 항문낭의 관리

- 항문낭은 개체마다 특색 있는 체취를 담은 주머니로 항문의 양쪽에 있으며 항문낭액은 냄새가 나는 끈적한 타르 형태이다.
- 주기적으로 짜주어야 냄새와 항문낭염을 예방할 수 있다.

차. 반려견 발톱 깎기

(1) 프로그램 개요

활동명	반려견 발톱 깎기	치유사명	
일시	2024. 2. 2	장소	실내 치유실
주 대상자	어린이, 청소년, 노인	확장 대상자	모든 사람
치유 목적	소근육 발달, 시각-근육 협응 능력, 양육능력, 생명 존중감 부여		
활동 목표	• 반려견의 발톱을 적당한 길이로 안전하게 깍을 수 있다. • 동물을 사랑하는 마음과 양육 태도를 함양한다. • 자신의 스트레스를 해소하고 마음에 안정을 취할 수 있다.		
준비물	반려견, 반려견용 발톱깎이, 발톱갈이(그라인더), 지혈제, 손 세정제, 수건		
과정	활동 내용		
도입	• 동기유발을 위해 오늘 활동과 관련된 내용을 소개한다. • 이 시간의 활동 목표와 진행 내용을 설명한다. • 함께할 반려견을 소개하고 대상자와 마주 보며 앉게 한다.		
전개	1) 발톱 돌출시키기 2) 발톱 깎이로 발톱 자르기 3) 발톱 다듬기 4) 머리 쓰다듬기와 포옹하기 반려견과 포옹하면서 상호 교감작용을 하도록 한다.		
정리	• 활동하면서 느낀 점, 깨달은 점을 말하도록 한다. • 오늘의 활동 내용을 요약, 정리하여 말한다. • 차시(다음 시간) 활동 내용을 안내해 준다.		
안전 및 유의사항	• 작업 도구와 장비의 사용 방법을 숙지한다. • 발톱을 너무 많이 자르거나 잘못 자르면 통증과 출혈이 생기므로 주의한다. • 발톱 깎는 습관은 강아지 때부터 실시하는 것이 좋다. • 발톱 깎기는 목욕 후 발톱이 부드러워졌을 때 자르면 쉽게 자를 수 있다. • 대상자가 과제를 수행할 때마다 칭찬과 격려를 해준다. • 활동이 끝나면 감염병 전염을 예방하기 위해 손을 씻는다.		

(2) 프로그램 진행하기

1) 도입(5분)

- 동기유발을 위해 오늘 활동과 관련된 내용을 소개한다.
- 이 시간의 활동 목표와 진행 내용을 설명한다.
- 함께할 반려견을 소개하고 대상자와 마주 보며 앉게 한다.
- 발톱깎이, 그라인더 사용법을 설명한다.

2) 전개(30~40분)

치유사는 반려견 발톱 깎기 방법과 순서를 설명하면서 시연한 후 대상자가 시행하도록 한다. 또한, 대상자의 수행 행동을 수시로 정정해 주며 칭찬해 준다.

1 발톱 깎기

- 치유사는 대상자에게 깎는 방법과 순서, 주의점과 기구 사용법을 설명하고 시범을 보인 후 대상자가 실시하도록 한다.
- 엄지와 검지로 발톱의 근원을 강하게 돌출시킨다.
- 반려견 전용 발톱깎이를 사용하여 발톱 끝을 45°로 짧게 자른다.
- 상하로 90°로 자른다. 이때 혈관이나 신경이 통하고 있는 부위를 자르지 않도록 주의한다.

> ▶ 발톱깍이: 발톱깎는 기구(손톱깍이)
> ▶ 발톱깍기: 발톱을 깍는 행위

그림 IX-25 발톱 자르는 지점과 각도

- 검정색의 발톱은 조금씩 자르며 혈관을 확인하면서 자른다.

그림 IX-26 발톱깍이(좌). 발톱깍기(중앙). 발톱 다듬기(우).

2 발톱 다듬기

- 치유사는 대상자에게 깎는 방법과 순서, 주의점과 기구 사용법을 설명하고 시범을 보인 후 대상자가 실시하도록 한다.
- 자른 발톱의 각진 부분을 그라인더 또는 줄로 표면을 매끄럽게 다듬는다.
- 실내 반려견은 2개월에 1회씩 잘라 주고 실외견은 자르지 않는다.

3) 정리(5분)

- 활동 내용에 대하여 느낀 점을 발표하도록 한다.
- 치유사는 이번 회기의 활동 목적과 의미를 요약하여 되새겨준다.
- 다음 프로그램을 안내한다.
- 마지막으로 반려견의 머리와 몸을 쓰다듬고 포옹하면서 상호 교감작용을 하도록 한다.

읽을거리 : 사람과 반려견 나이 비교

애완견의 일생을 사람과 비교해보면 매우 짧다는 것을 알 수 있다. 개의 수명은 견종에 따라 차이가 있으나 평균 15년 정도이며 대형견보다 소형견이 더 오래 산다.

강아지 나이 (중형견 기준)	1년	2년	3년	4년	5년	6년	8년	10년	12년	15년
사람 나이	15	24세	28	32세	36	42세	51세	60세	69	80세

카. 반려견과 공놀이하기

(1) 프로그램 개요

활동명	공놀이하기	치유사명	
일시	2024. 2. 2	장소	실내 또는 공원
주 대상자	모든 사람	확장 대상자	모든 사람
치유 목적	• 기분 개선, 스트레스 해소 주의력 향상, 보행 능력과 지구력 향상, • 무기력감 해소		
활동 목표	• 반려견과 놀이를 통해 상호 즐거움과 느낄 수 있다. • 각종 놀이 기구를 사용하여 다양한 놀이를 즐길 수 있다. • 동물과 자신의 스트레스 해소와 양육 태도를 함양할 수 있다.		
준비물	반려견, 각종 놀이 기수, 간식, 손 세정제, 수건		
과정	활동 내용		
도입	• 동기유발을 위해 오늘 활동과 관련된 내용을 소개한다. • 이 시간의 활동 목표와 진행 내용을 설명한다. • 함께할 반려견을 소개하고 대상자와 마주 보며 앉게 한다.		
전개	1) 장난감 선택하기 • 장난감은 반려견의 나이, 크기 및 능력에 따라 선택한다. 2) 반려견 준비 운동 • 놀이하기 전에 개의 관절과 근육을 마사지해 준다. • 먼저 걷기로 스트레칭을 한다. 3) 놀이하기 • 처음에는 밀폐된 작은 방에서 가까운 거리에서 시작한다. • 장난감을 던질 때는 항상 명령어를 사용한다. • 장난감을 잡아당기거나 억지로 빼앗거나 하지 않는다. • 게임 시간은 5~10분간(15분 이내 권장)으로 반복한다. • 반려견이 너무 피곤해지기 전에 멈춘다. 4) 보상하기 • 원하는 행동을 수행할 때마다 간식과 포옹, 칭찬으로 격려해 준다.		
정리	• 활동하면서 느낀 점, 깨달은 점을 말하도록 한다. • 오늘의 활동 내용을 요약, 정리하여 말한다. • 차시(다음 시간) 활동 내용을 안내해 준다.		
안전 및 유의사항	• 활동은 15분 이내로 실시하여 피로가 쌓이지 않도록 한다. • 재질이 너무 단단한 것은 이빨의 손상을 가져올 수 있다. • 큰 개에서 작은 공(탁구공 등)은 질식의 위험성이 있다. • 놀이 중간에 휴식을 취하여 피로에서 회복시켜야 한다. • 활동이 끝나면 감염병 전염을 예방하기 위해 손을 씻는다.		

(2) 프로그램 진행하기

1) 도입(5분)

- 동기유발을 위해 오늘 활동과 관련된 내용을 소개한다.
- 이 시간의 활동 목표와 진행 내용을 설명한다.
- 함께할 반려견을 소개하고 대상자와 마주 보며 앉게 한다.
- 여러 가지 가져오기 장난감을 소개하고 주의사항을 안내한다.

2) 전개(60~100분)

치유사는 반려견과 친교 맺는 방법과 순서를 설명하면서 시연한 후 대상자가 시행하도록 한다. 또한, 대상자의 수행 행동을 수시로 정정해 주며 칭찬해 준다.

1 장난감 선택하기

- 장난감은 반려견의 나이, 크기 및 능력에 따라 선택한다.
- 나이가 많거나 어리다면 이빨로 잡기 쉬운 장난감을 선택한다.
- 인기 있는 장난감은 테니스공, 미니 축구공, 고무 범퍼, 부드럽고 유연한 고무로 만든 디스크, 고무 부착물이 있는 로프 장난감, 동물 모양의 봉제 인형 장난감 등이 있다.

그림 IX-27 여러 형태의 장난감 공

2 반려견 준비 운동

- 물어오기 놀이를 하기 전에 개의 관절과 근육을 따뜻하게 마사지해 준다.
- 먼저 걷기로 스트레칭을 한다.

3 놀이하기 순서 및 요령

- 치유사는 대상자에게 놀이하는 방법과 주의점을 설명하면서 시범을 보인 후 대상자가 실시하도록 한다.
- 처음에는 밀폐된 작은 방에서 시작하여 놀이에 집중할 수 있도록 한다.
- 처음에는 1~2m의 가까운 거리에 장난감을 던지는 것으로 시작한다.
- 장난감은 항상 강아지의 시야에 두어 흥미를 잃지 않도록 한다.
- 반려견이 쫓는 재미를 느끼면 던지는 거리를 점차 늘린다.
- 장난감을 던질 때는 항상 "가져와"라고 명령한다.

- 장난감을 가지고 오면 '옳지', "잘했어" 등의 칭찬과 쓰다듬기, 간식으로 보상한다.
- 물고 온 장난감을 놓지 않으면 "줘' 또는 "떨어트려" 명령을 놓을 때까지 반복적으로 한다.
- 장난감을 잡아당기거나 억지로 빼앗거나 하지 않는다.
- 만약 놓지 않으면 다른 장난감을 다시 던져 물고 있던 장난감을 놓도록 한다.
- 또는 장난감 두 개를 손에 들고 첫 번째 것을 던진 후 반려견이 장난감에 도달하면 두 번째 장난감을 다른 방향으로 던진다.
- 이 게임을 5~10분간(15분 이내 권장) 반복하면서 물고 온 장난감을 "떨어트려", "줘"와 같은 명령어를 사용하여 익숙해지도록 한다.
- 게임을 하면서 '물어 와', '떨어트려', '줘' 등의 명령어를 일관되게 함께 사용하면 각 명령으로 원하는 행동을 하게 한다.

그림 IX- 28 공놀이

- 반려견이 너무 피곤해지기 전에 멈춘다(반려견의 혀가 가장자리에서 말리거나 끝이 더 넓으면(혀 숟가락) 피곤하다는 증거이다).

4 보상하기

- 대상자는 반려견이 원하는 행동을 수행할 때마다 간식과 포옹, 칭찬으로 격려해 주도록 한다.
- 강아지를 안아주고 쓰다듬어, 물어오기 놀이를 즐기도록 한다.

3) 정리(5분)

① 활동 내용에 대하여 느낀 점을 발표하도록 한다.

② 치유사는 이번 회기의 활동 목적과 의미를 요약하여 되새겨준다.

③ 다음 프로그램을 안내한다.

④ 마지막으로 반려견의 머리와 몸을 쓰다듬고 포옹하면서 상호 교감작용을 하도록 한다.

차. 반려견 사료 물주기

(1) 프로그램 개요

활동명	반려견 사료·물주기	치유사명	
일시	2024. 2. 2	장소	실내 치유실
주 대상자	모든 사람	확장 대상자	모든 사람
치유 목적	양육능력 및 생명 존중감 향상, 기억력 증진, 수행능력 및 주의력 향상, 무기력감 해소,		
활동 목표	• 정해진 시간에 규칙적으로 사료를 급여할 수 있다. • 급수기를 점검하여 신선한 물을 보충해 줄 수 있다. • 적당한 크기기의 급이기와 급수기를 선택할 수 있다.		
준비물	시중 상품화 사료, 식기와 물병, 저울, 손 세정제, 수건		
과정	활동 내용		
도입	• 동기유발을 위해 오늘 활동과 관련된 내용을 소개한다. • 이 시간의 활동 목표와 진행 내용을 설명한다. • 여러 종류의 사료와 형태를 보여주고 장단점에 대해 설명한다		
전개	1) 반려견의 상태 파악하기 • 반려견의 연령 및 체중, 성별, 운동량 등을 파악하여 기록한다. 2) 적합한 급이기 선택하기 • 위생적이고 견고한 스테인리스 제품을 주로 사용한다. • 사료 급여량에 따른 적합한 크기의 급이기를 선택한다. 3) 사료의 선택과 급여량 정하기 • 일반적으로 보관과 급이가 간편한 건식사료를 주로 급여한다. • 급여량은 연령, 체중, 활동 수준, 건강 상태에 따라 다르게 급여한다. • 사료 포장지에 기재된 권장량을 기준으로 급여량을 정한다. 4) 사료 급여하기 • 강아지는 1일 3~4회, 성장에 따라 급여량은 늘이고 횟수를 줄인다. • 성견은 1일 1~2회 급여하되 급여시간을 정해 규칙적으로 준다. 5) 물 주기 • 급수기는 엎어지지 않도록 무거운 재질의 그릇을 선택한다. • 동물의 크기에 따라 물그릇의 높이를 조절한다.		
정리	• 활동하면서 느낀 점, 깨달은 점을 말하도록 한다. • 오늘의 활동 내용을 요약, 정리하여 말한다. • 차시(다음 시간) 활동 내용을 안내해 준다.		
안전 및 유의사항	• 사료 급여 후 급여 공간 및 식기를 깨끗이 청소하도록 한다. • 반려견이 편안하게 섭취할 수 있는 환경 제공을 제공한다. • 정해진 시간에 일정량의 사료를 급여한다. • 활동이 끝나면 감염병 전염을 예방하기 위해 손을 씻는다.		

(2) 프로그램 진행하기

1) 도입(5분)

- 동기유발을 위해 오늘 활동과 관련된 내용을 소개한다.
- 이 시간의 활동 목표와 진행 내용을 설명한다.
- 여러 종류의 사료와 형태를 보여주고 장단점에 관해 설명한다.

2) 전개(40~50분)

치유사는 반려견에게 사료 물 급여 방법과 순서를 설명하면서 시연한 후 대상자가 시행하도록 한다. 또한, 대상자의 수행 행동을 수시로 정정해 주며 칭찬해 준다.

1 반려견의 상태 파악하기

- 반려견의 연령 및 체중, 성별, 운동량 등을 파악하여 기록한다.

2 적합한 급이기 선택하기

- 사료 급여량에 따른 적합한 크기의 급이기를 준비한다.
- 될 수 있는 대로 위생적이고 견고한 스테인리스 제품을 주로 사용한다.
- 급이기의 모양은 원형 또는 타원형의 형태가 적합하다.
- 귀가 늘어진 코커스패니얼과 바셋하운드는 귀가 젖지 않고 입만 들어갈 수 있도록 직경이 작은 것을 선택한다.

그림 IX-29 여러 형태의 급이기

3 사료의 선택과 급여량 정하기

- 유통기한을 넘기지 않은 사료를 급여한다.
- 일반적으로 보관과 급이가 간편한 건식사료를 주로 급여한다.
- 급여량은 연령, 체중, 활동 수준, 건강 상태에 따라 다르게 급여한다.
- 사료 포장지에 기재된 권장량을 기준으로 급여량을 정한다.
- 대상자에게 급여량을 기억하도록 하여 다음에도 같은 양을 주도록 한다.

그림 IX-30 반려견 사료 급여

4 사료 급여하기

- 강아지는 1일 3~4회, 성장에 따라 급여량은 늘이고 횟수를 줄인다.
- 견은 1일 1~2회 급여하되 급여시간을 정해 규칙적으로 준다.
- 200g을 1일 2회 급여할 경우 100g씩 아침과 저녁에 준다.
- 1회 급여량은 남김없이 섭취하는 양으로 약간 부족한 듯 준다.

표 IX-1 사료 급여량과 급여 횟수

구 분	급여량	급여횟수
3개월 미만	체중의 4%	4~5회 (아침, 점심, 저녁, 밤)
3개월~6개월	체중의 3%	3~4회 (아침, 점심, 저녁)
6개월 이상	체중의 2%	2회 (아침, 저녁)
1년 이상	체중의 2%	1회 (저녁)

5 물 주기

- 급수기는 엎어지지 않도록 무거운 재질의 그릇을 선택한다.
- 동물의 크기에 따라 물그릇의 높이를 조절한다.
- 급수기는 물의 섭취량에 따라 적당한 용량의 급수기를 선택한다.
- 급수기는 수시로 점검하여 부족하면 신선한 물을 채워준다.

스텐드식

반자동

자동(정수)

그림 IX-31 급수기의 종류

- 물의 요구량은 품종, 체중, 사료의 종류, 외기 온도에 따라 다르다.
- 보통 1일 체중 1kg당 50~70mL다(체중 5kg이면 250~350mL). 자동 급수기를 이용하여 항상 먹을 수 있도록 하는 것이 좋다.

3) 정리(5분)

- 활동내용에 대하여 느낀 점을 발표하도록 한다.
- 치유사는 이번 회기의 활동 목적과 의미를 요약하여 되새겨준다.
- 다음 프로그램을 안내한다.
- 마지막으로 반려견의 머리와 몸을 쓰다듬고 포옹하면서 상호 교감작용을 하도록 한다.

관련 지식

[1] 반려견의 성장과 영양

- 강아지의 성장은 초기에 급속히 이루어지며 대부분 1년 안에 완료되기 때문에 이 시기에 영양공급은 매우 중요하다.
- 성장 초기에는 골격 형성, 근육 형성, 모질 개선, 질병에 대한 저항성을 갖추게 되며 강아지는 성견보다 체중 대비 2배 정도의 영양이 필요하다.
- 초소형 견종은 6개월, 소형 견종은 10개월, 중·대형 견종은 12~24개월에 발육이 완성된다.
- 임신견, 포유견, 성장기 강아지, 운동을 많이 하는 반려견은 평소보다 더 많은 영양이 요구되며 2~3회 나누어 급여하는 것이 좋다.

[2] 에너지 요구량에 따른 급여량 산출하기

- 휴식기 에너지 요구량(RER)= 30 × 체중(kg) + 70
- 1일 에너지 요구량(DER)=2 × RER
- 1일 에너지 요구량은 기초 대사량의 2배이다.

성견의 체중 10㎏, 급여 사료 1g의 칼로리 3.7일 때 1일 사료 급여량

- RER = 30 × 10kg + 70 = 370(kcal)
- DER = 2 × 370 = 740(kcal)
- 1일 사료급여량은 740 ÷ 3.7 = 200g/일

읽을거리 : 반려견을 안정시키는 음악

「Through a Dog's Ear(개의 귀를 통해)」
이 음악은 개의 신경계가 소리에 어떻게 반응하는지에 대한 연구를 바탕으로 생체 음향 전문가 조슈아 리즈(Joshua Leeds)와 피아니스트 리사 스펙터(Lisa Spector)가 개의 불안 행동을 줄이기 위해 만든 음악이다. 기존의 클래식 선곡보다 두 배 더 효과적이다. 다음 유튜브에서 들을 수 있다
(https://www.youtube.com/watch?v=f-szLQy7JHg)

그림 IX-32 「Through a Dog's Ear」 포스터

파. 반려견 마사지하기

(1) 프로그램 개요

활동명	반려견 마사지하기	치유사명	
일시	2024. 2. 2	장소	실내 치유실
주 대상자	청소년~ 노인	확장 대상자	아동, 노인
치유 목적	• 인내심, 주의력, 적극적 행동, 양육능력, 생명 존중감 향상 • 우울증, 불안, 무기력, ADHD 등의 저하		
활동 목표	• 반려견 마사지를 위한 마사지 환경 조성과 준비를 할 수 있다. • 8단계의 마사지를 순서대로 바르게 수행할 수 있다. • 활동을 통해 스트레스를 해소하고 마음에 안정을 취할 수 있다.		
준비물	반려견, 간식, 목줄, 물, 손 세정제, 수건		
과정	활동 내용		
도입	• 동기유발을 위해 오늘 활동과 관련된 내용을 소개한다. • 이 시간의 활동 목표와 진행 내용을 설명한다. • 마사지의 효과와 마사지 순서, 방법에 관해 설명한다		
전개	1) 마사지 환경 조성과 준비 ① 편안한 분위기 연출하기 ② 반려견 체온 확인하기 ③ 음악 들려주기 ④ 마사지 시간 엄수하기 2) 8단계 마사지하기 • 모든 진행은 치유사가 시연 후 대상자가 따라 하도록 한다. ① 1단계: 반려견 마사지 준비하기 ② 2단계: 머리와 귀 마사지하기 ③ 3단계: 목과 가슴 마사지하기 ④ 4단계: 어깨와 등 마사지하기 ⑤ 5단계: 발과 발가락 마사지하기 ⑥ 6단계: 옆구리와 배 마사지하기 ⑦ 7단계: 엉덩이와 다리 마사지하기 ⑧ 8단계: 마무리하기		
정리	• 활동하면서 느낀 점, 깨달은 점을 말하도록 한다. • 오늘의 활동 내용을 요약, 정리하여 말한다. • 차시(다음 시간) 활동 내용을 안내해 준다. • 반려견을 쓰다듬고 포옹하면서 상호 교감작용을 하도록 한다.		

유의사항	• 치유 활동은 편안한 분위기를 조성하고 친절하게 대한다. • 으르렁거리거나 몸부림치거나 하품을 하는지 살핀다. • 불편한 신호가 있으면 즉시 마사지를 중단한다. • 대상자가 과제를 수행할 때마다 칭찬과 격려를 해준다. • 활동이 끝나면 감염병 전염을 예방하기 위해 손을 씻는다.

(2) 프로그램 진행하기

1) 도입(5분)

- 동기유발을 위해 오늘 활동과 관련된 내용을 소개한다.
- 이 시간의 활동 목표와 진행 내용을 설명한다.
- 마사지의 효과와 마사지 순서, 방법을 설명한다.

2) 전개(50~60분)

치유사는 반려견 마사지 방법과 순서를 설명하면서 시연한 후 대상자가 시행하도록 한다. 또한, 대상자의 수행 행동을 수시로 정정해 주며 칭찬해 준다.

1 마사지 환경 조성과 준비

① 편안한 분위기 연출하기
- 시작하기 전에 차분하고 편안한 상태에 있는지 점검한다.
- 소파나 매트 등 아늑한 장소에 있는지 확인한다.
- 말할 때는 낮고 부드러운 목소리로 한다.

② 반려견의 체온 확인하기
- 산책 후 근육이 따뜻해지면 마사지가 더 효과적이다.
- 동물 전용 보온 담요나 패드는 더욱 편안하게 한다.

③ 음악 들려주기
- 'Through a Dog's Ear'와 같은 음악은 신경계를 편안하게 한다.

④ 마사지 시간 엄수하기
- 마사지 시간은 강아지는 1일 최대 5분, 성견은 10분~20분 정도 한다.
- 매일 같은 시간에 규칙적으로 하는 것이 효과적이다.

2 8단계 마사지하기

- 치유사는 대상자에게 마사지하는 순서와 방법을 설명하면서 시범을 보인 후 대상자가 실

시하도록 한다.

① 1단계: 반려견 마사지 준비하기

- 평평한 손을 사용하여 개의 척추 양쪽, 목에서 꼬리 바닥까지 10~15를 셀 때까지 천천히 부드럽게 쓰다듬는다.
- 2~3분 동안 계속하여 완전히 긴장을 풀도록 한다.

그림 IX-33 주요 마지지의 8개 부위

② 2단계: 머리와 귀 마사지하기

- 손과 손가락을 평평하게 펴서 개의 코 위에서 시작하여 털 방향을 따라 눈 사이, 머리 꼭대기 위로 손을 부드럽게 밀어준다. (1분간)
- 머리의 민감한 부분에 너무 많은 압력을 가하지 않고 부드럽게 한다.
- 엄지손가락으로 귀 안쪽, 귀 덮개 바닥에 대고 집게손가락은 귀 바깥쪽에 대어 부드러운 압력을 사용하여 귀 끝쪽으로 천천히 부드럽게 당긴다.
- 귀 덮개를 돌려 외이도를 열고 공기 순환을 증가시킨다.

③ 3단계: 목과 가슴 마사지하기

- 양손을 약간 구부려 C형으로 하여 양쪽 목 부위를 시계 방향으로 가볍게 원을 그리며 움직인다.
- 크고 작은 원으로 실험하여 무엇을 좋아하는지 확인한다.
- 1~2분 동안 계속한 후 목의 다른 쪽에도 이 동작을 반복한다.

④ 4단계: 어깨와 등 마사지하기

- 천천히 목을 따라 어깨 사이로 내려가 천천히 원을 그리며 양쪽 견갑골 부위를 마사지한다.
- 목 뒤쪽에서 꼬리 쪽으로 척추를 따라 가볍게 쓰다듬는다.

• 1분 동안 하고 반대쪽도 동일하게 한다.

그림 IX-34 마사지 단계(1)

출처: https://zamipet.com.au/blogs/pet-health-hub/dog-massage

⑤ 5단계: 발과 발가락 마사지하기

• 개가 눕거나 앉을 때 한 손으로 발을 잡고 엄지와 집게손가락으로 발목의 관절과 발가락을 부드럽게 마사지한다.
• 1분 동안 계속하고 다른 앞발에도 반복한다.

⑥ 6단계: 옆구리와 배 마사지하기

• 개를 옆으로 눕힌 상태에서 손가락을 사용하여 갈비뼈 사이의 틈을 찾아 늑간 근육을 위와 아래로 마사지한다.
• 배를 시계 방향으로 원을 그리며 부드럽게 움직여 마사지하여 결장을 자극한다.
• 1~2분 동안 실시하고 반대쪽도 동일하게 한다.

⑦ 7단계: 엉덩이와 다리 마사지하기

• 개가 옆으로 누워있게 하고 위쪽 뒷다리를 부드럽게 구부렸다가 펴서 고관절을 찾는다.
• 엉덩이를 찾으면 손가락 끝으로 해당 부위를 원형으로 마사지한다.
• 다리는 두 손을 C형태(엄지 서클)로 감싸서 마사지한다.
• 이 과정을 1~2분 동안 계속한 다음 반대쪽도 실시한다.

그림 IX-35 마사지 단계(2)

출처: https://zamipet.com.au/blogs/pet-health-hub/dog-massage

⑧ 8단계: 마무리하기

- 개를 옆으로 눕혀 부드럽게 마사지를 마친다.
- 손바닥을 평편하게 펴서 손가락으로 (1) 등을 쓰다듬은 다음 (2) 엉덩이에서 뒷발까지, 마지막으로 (3) 어깨에서 앞발까지 쓰다듬는다.
- 마사지를 마치면서 부드러운 목소리로 칭찬의 말을 해 준다.

3) 정리(5분)

- 활동내용에 대하여 느낀 점을 발표하도록 한다.
- 치유사는 이번 회기의 활동 목적과 의미를 요약하여 되새겨준다.
- 다음 프로그램을 안내한다.
- 마지막으로 반려견의 머리와 몸을 쓰다듬고 포옹하면서 상호 교감작용을 하도록 한다.

관련 지식

[1] 마사지 요법의 이점[08]

- 움직임과 유연성 회복, 근육 경직을 해소한다.
- 활동적인 개의 민첩성을 유지한다.
- 불안과 스트레스를 낮추고 편안한 상태를 유지한다.
- 관절염 및 고관절 이형성증의 진행을 늦춘다.
- 부상 또는 수술 후 회복 시간을 단축한다.
- 노련견은 관절이 강하고 유연하게 유지되도록 한다.
- 혈액 순환을 촉진한다.

[2] 마사지 주의사항

- 동물이 쇼크에 빠져 저혈압일 경우 마사지는 혈압을 더 낮출 수 있다
- 열이 있는 반려견은 감염의 징후일 수 있다.
- 동물이 열린 상처, 백선 및 피부병에 걸린 동물은 제외한다.
- 근육, 힘줄, 인대의 파열, 인플루엔자 감염, 감기 등 급성 질환 동물은 제외한다.

하. 반려견 간식 만들기

(1) 프로그램 개요

활동명	반려견 간식 만들기(닭가슴살 머핀)	치유사명	
일시	2024. 2. 2	장소	주방
주 대상자	아동, 청소년, 노인, 독신자	확장 대상자	모든 사람
치유 목적	• 스트레스, 고독감, 트라우마 감소 • 양육능력, 생명 존중감, 자존감, 대인관계, 사회성(말하기) 향상		
활동 목표	• 닭가슴살을 이용한 머핀을 만들 수 있다. • 반려견에게 머핀을 급여하면서 양육능력을 기를 수 있다. • 자신의 스트레스를 해소하고 마음에 안정을 취할 수 있다.		
준비물	달걀 2개, 올리고당 30g, 쌀가루 70g, 오트밀 가루 35g, 오일 30g, 락토프리우유 130mL, 삶은 닭가슴살 100g, 스테인리스 양푼, 거품기, 오븐, 짤주머니, 머핀 컵, 손 세정제, 수건		
과정	활동 내용		
도입	• 이 시간의 활동 목표와 진행 내용을 설명한다. • 동기유발을 위해 오늘 활동과 관련된 내용을 소개한다. • 닭가슴살 머핀의 영양 가치에 대하여 설명한다.		
전개	• 치유사는 대상자와 함께 다음과 같이 닭가슴살 머핀을 만든다. ① 노른자에 락토프리 우유 130mL를 넣고 거품기로 잘 섞는다. ② ①에 오일 30mL을 넣는다. ③ ②에 쌀가루 70g, 오트밀 가루 35g을 각각 체로 쳐서 넣어준다. ④ 삶은 닭가슴살 100g을 믹서로 갈아 ③에 넣고 섞어준다. ⑤ 흰자 2알에 올리고당 30mL을 넣고 거품기(휘핑기)로 저어 머랭을 만든다. ⑥ ④의 반죽에 머랭이 꺼지지 않게 3번에 나누어 넣는다. ⑦ 완성된 반죽을 짤주머니에 넣고 머핀컵에 가득 차도록 짜준다. ⑧ 170℃로 예열한 오븐에 머핀을 넣고 25분 구워준다. ⑨ 닭가슴살 머핀을 반려견에게 주면서 상호 교감활동을 하도록 한다.		
정리	• 활동하면서 느낀 점, 깨달은 점을 말하도록 한다. • 오늘의 활동 내용을 요약, 정리하여 되새겨준다. • 차시(다음 시간) 활동 내용을 안내해 준다.		
안전 및 유의사항	• 편안한 분위기를 조성하고 친절하게 대한다. • 기계, 기구 취급 시 상처나 부상당하지 않도록 사전 안전 교육을 한다. • 단계마다 정확한 배합비율에 맞도록 계량을 철저히 한다. • 대상자가 과제를 수행할 때마다 칭찬과 격려를 해준다. • 활동이 끝나면 감염병 전염을 예방하기 위해 손을 씻는다.		

(2) 프로그램 진행하기

1) 도입(5분)

① 이 시간의 활동 목표와 진행 내용을 설명한다.

② 동기유발을 위해 오늘 활동과 관련된 내용을 소개한다.

③ 닭가슴살 머핀의 영양 가치에 대하여 설명한다.

2) 전개(60~100분)

치유사는 닭가슴살 머핀 만드는 방법과 순서를 설명하면서 시연한 후 대상자가 시행하도록 한다. 또한, 대상자의 수행 행동을 수시로 정정해 주며 격려해 준다.

① 달걀 2개를 깨어 흰자와 노른자를 분리하고 노른자에 락토프리 우유 130mL를 넣고 거품기로 잘 섞어준다.

② ①에 오일 30mL을 넣는다.

③ ②에 쌀가루 70g, 오트밀 가루 35g을 각각 체로 쳐서 넣어준다.

④ 삶은 닭가슴살 100g을 믹서로 갈아 ③에 넣고 섞어준다.

⑤ 처음 분리한 흰자 2알에 올리고당 30mL을 넣고 거품기(휘핑기)로 저어 머랭을 만든다.

①~②

③~④

⑤~⑥

⑥ ④의 반죽에 머랭이 꺼지지 않게 3번에 나누어 넣는다.

⑦ 완성된 반죽을 짤주머니에 넣고 머핀컵에 가득 차도록 짜준다.

⑧ 170℃로 예열한 오븐에 머핀을 넣고 25분 굽는다.

⑨ 닭가슴살 머핀을 반려견에게 급여하면서 상호 교감 활동을 하도록 한다.

⑦ ⑧ 완성된 머핀 간식 주기

그림 IX-36 닭가슴살 머핀 만들기

〈자료제공〉: 대전 올리브독 대표 권혜영

3) 정리(5분)

- 활동내용에 대하여 느낀 점을 발표하도록 한다.
- 치유사는 이번 회기의 활동 목적과 의미를 요약하여 되새겨준다.
- 다음 회기의 프로그램을 안내한다.

02 반려묘 교감치유

학습 목표

- ✔ 반려묘 교감치유의 역사와 적용 분야를 말할 수 있다.
- ✔ 교감치유에 적합한 반려묘를 선발할 수 있다.
- ✔ 반려묘를 이용하여 다양한 치유 활동을 할 수 있다.

2.1 반려묘 교감치유의 이해

가. 반려묘 교감치유의 역사와 품종

(1) 반려묘 교감치유의 역사

반려묘와 인간의 공존은 초기 인류 정착지의 화석 기록에서 분명하게 드러나지만, 최근의 유전적, 고고학적, 지질학적 증거에 따르면 반려묘 가축화는 B.C 7,500경에 중동의 이스라엘 지역에서 발생했을 것으로 추정하고 있다.

B.C 7,500년경의 지중해 키프로스 섬에서 고양이가 인간과 함께 묻힌 채 발견되었으며 BC 3,000년경의 고대 이집트 그림에는 쥐 사냥하는 집고양이가 묘사되어 있다.

고양이는 이집트에서 신성시되었으며 많은 동상에 묘사되어 있다. 이는 인간과 개, 고양이가 특별한 유대감을 공유하고 있다는 명백한 증거이다.[09]

고양이 교감치유의 잠재력은 1,800년대 후반 현대 간호학의 창시자로 여겨지는 플로렌스 나이팅게일(Florence Nightingale)이 AAT에 관한 실질적인 발견을 하면서 처음으로 인식되었다. 그녀는 많은 고양이와 작은 애완동물을 기르면서 정신병원에 있는 어린이와 성인의 불안을 줄이는 데 도움이 된다는 것을 관찰했으며, 그녀의 책 '간호에 관한 노트'에서 작은 동물과 함께 있는 것이 환자의 회복에 도움이 된다고 기록되었다.

그 후, 개, 고양이를 비롯한 많은 동물이 AAT에 이용하였고 심신의 안정과 회복, 재활에 대체 요법으로 성장하게 되었다.

그림 IX-37 Florence Nightingale

반려묘 교감치유는 반려묘 보조 요법(Feline-assisted therapy) 또는 펠리노 요법(Felinotherapy)이라고 한다.

다양한 이유(알레르기, 두려움)로 인해 재활 승마 또는 반려견 교감치유를 받을 수 없는 환자에게 적용된다. 또한, 반려묘는 교도소나 요양원에서 보살핌을 받는 사람에게 접촉을 촉진하여 외로움과 스트레스를 줄이고, 웰빙에 긍정적인 영향을 미친다. (Goleman 외. 2012, Kokocińska 2017).

(2) 교감치유용 반려묘의 품종

반려묘 품종은 2023년 현재 국제 반려묘 협회(TICA)는 73종을, 반려묘 애호가 협회(CFA)는 45종을 표준 품종으로 인정하고 있다.

우리나라에서 주로 사육되는 반려묘 품종은 러시안블루, 페르시안, 샴, 터키시 앙고라, 아비시니안, 아메리칸 쇼트헤어, 노르웨이숲, 랙돌, 스코틀랜드폴드 등을 주로 사육한다.

고양이는 사람의 심신 치유 및 정서적 동물로 점점 더 인기 있는 동물이다. 차분한 존재감과 다정한 성격의 고양이는 정서적 편안함을 제공하고 기쁨을 주는데 탁월한 능력을 발휘한다.

치유용 반려묘는 인간의 심신 안정과 재활 치유를 목적으로 특별히 훈련된 반려묘로 인간과 동물의 상호 작용에 활용하기에 적합한 성격과 기질을 가진 품종은 다음과 같다.

1 장모종 반려묘

① 랙돌(Ragdolls)

랙돌은 파란 눈과 부드러운 털을 가진 귀여운 동물이다. 특히 어린이와 다른 애완동물과도 잘 어울리며 안고 쓰다듬는 것을 좋아한다.

② 메인 쿤(Maine Coons)

메인 쿤은 거대한 몸집과 풍성한 털을 자랑한다. 체격이 크지만 온순하고 친화적인 동물이다. 풍성한 털과 큰 눈을 가지고 있어 고양이를 안으면 정서적 안정감을 느끼게 한다. 정기적인 털 손질로 강한 유대감을 형성할 수 있다.

③ 페르시안(Persians)

이 품종은 위엄이 있으며 온화한 성격을 가진 아름다운 품종이다. 얼굴의 표현력이 풍부하고 매우 온순하며 무릎에 놓고 쓰다듬는 것을 즐긴다.

④ 발리니즈(Balinese)

발리니즈는 매우 사교적이고 장난기 많으며 수다스러운 고양이이다. 긴 털과 사파이어 푸른 눈이 특징이다. 발리니즈의 털은 저자극성이므로 털 알레르기가 있는 정서적 장애인에게 적합하다.

랙돌

메인 쿤

페르시안

발리니즈

그림 IX-38 장모종 반려묘

2 단모종 반려묘의 품종

① 샴(Siamese)

샴은 크림색의 털끝이 어두운 색으로 독특하며 매우 활발하고 장난기가 많고 게임을 좋아한다. 또한, 사람과 강하게 유대감을 형성하는 경향이 있어 정서적 지원 이 필요한 사람에게 매우 도움이 된다.

② 아비시니안(Abyssinian)

아비시니안은 총명하고 애정이 넘치는 고양이로 퓨마처럼 보인다. 감정을 감지하는 데 능숙하여 정서적 지원 동물(ESA)로 적합하다. 기분이 우울할 때 곁에 두고 그르렁거림을 듣는 것은 많은 위안이 될 수 있다.

③ 버미즈(Burmese)

버미즈는 애정과 충성심이 많아 사람을 잘 따른다. 기분이 우울할 때 털이 복슬복슬한 고양이를 껴안고 가르랑거리는 소리를 들으면 마음에 위안을 얻을 수 있다.

④ 러시안 블루(Russian Blue)

러시안 블루는 회청색 털과 보석 같은 녹색 눈을 가진 품종으로 조용하고 충성스러우며 영리한 품종이다. 우울증을 앓고 있는 사람들을 위해 선택되는 정서적 지원 고양이 품종이다.

그림 IX-39 단모종 반려묘

⑤ 스코티시 폴드(Scottish Fold)

스코티시 폴드는 귀가 앞쪽으로 접혀져 있는 특징을 가지고 있어 귀여운 외모로 사랑받는다. 일반적으로 친근하고 차분한 성격을 가지고 있으며 사람과의 교감을 잘한다. 주인의 곁에서 편안히 시간을 보내는 것을 좋아한다.

⑥ 벵갈(Bengal)

벵갈은 호기심 많고 활발하며 사랑스러운 성격과 눈에 띄는 외모로 가장 인기 있는 품종 중 하나이다. 대우 지능적이고 애정과 호기심 많은 고양이이다. 노인과 함께 놀거나 산책을 좋아하고 아이들과 장난감 게임을 좋아한다. 사회 불안이 있는 사람들에게 권장되는 품종이다.

⑦ 맹크스(Manx)

맹크스는 온순하면서도 장난기 많으며 목소리가 작다. 이 품종은 매우 충성스러운 품종으로 한 명의 가족 구성원과 강한 유대감을 형성하므로 지속적인 정서적 지원이 필요한 사람에게 적합하다.

나. 치유용 반려묘의 자격 조건과 관리

(1) 치유용 반려묘의 자격 조건

치유용 반려묘의 선택은 동물의 기질과 성격에 따라 결정된다. 반려묘는 쓰다듬고, 빗질하고, 껴안는 사람과의 접촉에 대해 긍정적인 행동과 태도를 보여야 한다. 또한, 중성화 수술을 하는 것이 좋으며 만 1세 이상이어야 한다.

어린 반려묘를 사회화할 수 있는 가장 좋은 방법은 매주 5시간씩 반려묘를 돌보는 것이다. 치유사는 반려묘의 신체 언어와 선호도를 파악할 수 있어야 한다. 치유용 반려묘는 다음과 같은 자격 조건을 갖추어야 한다.

① 새로운 장소에서 낯선 사람들을 만나는 데 익숙해야 한다.

② 하네스를 착용하거나 목줄을 장착하는 데 익숙해야 한다.

③ 안전을 위해 정기적인 목욕과 털 관리에 익숙해야 한다.

④ 주기적인 예방 접종을 받고 건강해야 한다.

⑤ 음식, 장난감, 쓰레기통 등과 같은 유혹적인 물건에 무관심해야 한다.

⑥ 사람의 무릎에 앉았을 때 편안하게 머물러야 한다.

⑦ 1세 이상이어야 하고 중성화 수술받기를 권장한다.

(2) 반려묘 관리의 유의점

1 응시

반려묘들 사이에서 다른 반려묘의 눈을 똑바로 바라보는 것은 위협적인 몸짓이다. 따라서 반려묘를 대할 때 눈을 똑바로 바라보는 위협적인 메시지를 보내지 않도록 피해야 한다. 가끔 반복적으로 눈을 깜박이는 것은 진정 효과가 있다.

2 시끄럽고 날카로운 소리

반려묘의 청력은 특히 고주파에 발달하여 있다. 따라서 고음에 훨씬 더 민감하다는 것을 염두에 두어야 한다.

3 격렬하고 빠른 움직임

일반적으로 반려묘는 매우 조용하고 조심스럽게 움직인다. 빠른 움직임은 신경질적이거나 두려움으로 반응하게 만든다.

4 반려묘를 꽉 안는 것

반려묘가 인간과 깊은 유대감을 가지고 있더라도 꽉 안는 것은 반려묘에게 심한 스트레스를 준다. 따라서 자연스럽게 살포시 껴안아 주어야 한다.

5 반려묘의 은신처 철거

반려묘가 구석이나 빈 곳 또는 가구 밑으로 들어가는 것은 그냥 놔둬야 한다. 반려묘를 보호할 목적으로 의도적으로 은신처를 제거하는 것은 오히려 스트레스를 유발할 수 있다.

다. 반려묘 교감치유의 적용 분야와 활동

(1) 반려묘 교감치유의 적용 분야

반려묘 교감치유는 가정, 요양원, 교도소, 호스피스 병동, 병원, 유치원 및 각급 학교 등에서 광범위하게 수행할 수 있다.

반려묘의 교감치유 적용 분야는 다음과 같다.

표 IX-2 반려묘 교감치유의 적용 분야

증상	치유 효과
우울증	상호 교감작용으로 엔도르핀 분비, 우울증 감소하고 사교성이 증진
고립감	노인, 독신자의 외로움 완화
치매	알츠하이머병 환자는 우울증과 초조함이 감소, 주의 집중력 향상
심혈관 건강	혈압을 낮추고 장기간 노출되면 심장 질환을 예방
불안	10분 동안 쓰다듬어 주면 스트레스 감소
뼈 건강	"가르랑"거리는 소리의 주파수는 25Hz~150Hz로 이 진동의 주파수가 뼈 성장과 골절, 관절 세포의 재생을 촉진
ADHD 자폐스펙트럼	주의력 결핍 및 과잉 충동 장애 어린이는 집중력 향상, 자폐 또는 발달 장애 환자의 사교성 증가

▶ **정서적 지원 고양이**

사람의 스트레스와 불안을 줄이는 데 도움이 되는 보조 동물이나 특정한 자격 훈련을 받은 적이 없는 집고양이

▶ **치유용 고양이**

심신의 재활과 치유를 위해 일정한 훈련을 받고 평가를 통해 자격을 인증 받은 고양이

(2) 반려묘 교감치유 활동

반려묘는 어린이에서부터 노인까지 남녀 모두 좋아하는 동물로 교감치유에 활용할 수 있는 동물이다.

인간·동물 유대 연구소(HABRI)의 연구에 의하면 반려묘 쓰다듬기는 도파민, 엔도르핀, 옥시토신 및 세로토닌과 같은 '기분 좋은 호르몬'이 분비되고, 스트레스 호르몬인 코르티솔이 낮아지는 것으로 나타났다.

반려묘는 조용한 성격으로 인간과 상호 작용이 원만하여 감각적, 정서적 도움을 주어 개인의 웰빙과 삶의 질에 긍정적인 영향을 미친다. 또한, 개인의 생활 공간뿐만 아니라 어디서나 쉽게 이용할 수 있어 AAA와 AAT 모두에서 선호하는 동물이다.

교감치유 활동으로는 반려묘 껴안기, '가르랑'거리는 소리 듣기, 눈 맞춤하기, 털 손질하기, 목욕시키기, 산책하기, 달리기, 묘기(재롱) 관람하기, 사료 주기 및 간식 주기, 훈련하기 등을 활용할 수 있다.

▶ **감정 호르몬**

도파민은 쾌락, 긍정적인 마음, 성욕과 식욕 등을 담당하고 노르아드레날린은 불안, 부정적 마음, 스트레스 반응 등을 담당한다. 세로토닌은 도파민과 노르아드레날린을 적정 수준으로 유지한다.

Pets Are the Best Medicine(애완 동물은 최고의 약입니다)

- Leah Lopez Cardenas(저널리즘 발행인) -

2.2 반려묘 교감치유의 실제

가. 반려묘와 소통하기

(1) 프로그램 개요

활동명	반려묘와 소통하기	치유사명	
일시	2024. 2. 2	장소	실내 치유실
주 대상자	ADHD 아동, 청소년, 독신자	확장 대상자	모든 사람
치유 목적	• 불안, 우울, 고립감, 스트레스, 트라우마 감소 • 주의력, 대인관계, 사회성(말하기) 향상		
활동 목표	• 반려묘의 신체적 움직임을 보고 기분 상태를 파악할 수 있다. • 반려묘와 언어적 대화를 나눌 수 있다. • 반려묘와 비언어적 행동으로 의사를 소통할 수 있다. • 활동을 통해 스트레스를 해소하고 마음에 안정을 취할 수 있다.		
준비물	세정제, 반려묘 간식, 반려묘 장난감, 배변 봉투, 목줄, 손 세정제, 수건		
과정	활동 내용		
도입	• 이 시간의 활동 목표와 진행 내용을 설명한다. • 대상자에게 함께할 반려묘의 품종, 이름, 나이 등을 소개한다. • 동기유발을 위해 오늘 활동과 관련된 내용을 소개한다.		
전개	1) 반려묘 몸짓 언어 읽기 ① 반려묘 꼬리의 위치와 움직임 알아차리기 • 꼬리의 형태, 경련, 털의 상태를 보고 감정을 알아차린다. • 꼬리의 위치를 보고 감정을 알아차린다. ② 반려묘 눈 바라보기 • 반려묘의 눈을 바라보는 요령을 습득한다. • 동공의 확장 상태로 보고 감정을 알아차린다. 2) 반려묘와 의사소통하기 • 반려묘와 서로 대화를 통해 의사소통한다. • 비언어적 방법으로 의사소통한다.		
정리	• 오늘 활동하면서 느낀 점, 깨달은 점을 말하도록 한다. • 오늘의 활동 내용을 요약, 정리하여 되새겨준다. • 차시(다음 시간) 활동 내용을 안내해 준다. • 반려묘를 쓰다듬고 포옹하면서 상호 교감작용을 하도록 한다.		
안전 및 유의사항	• 편안한 분위기를 조성하고 친절하게 대한다. • 반려묘와 접근 시 서서히 다가가 놀라지 않게 한다. • 반려묘에게 위해를 가하지 않도록 사전에 고지하고 감시한다. • 대상자가 과제를 수행할 때마다 칭찬과 격려를 해준다. • 활동이 끝나면 감염병 전염을 예방하기 위해 손을 씻는다.		

(2) 프로그램 진행하기

1) 도입(5분)

① 반려묘를 안전하게 소파 또는 테이블에 올려놓는다.

② 이 시간의 활동 목표와 진행 내용을 설명한다.

③ 대상자에게 함께할 반려묘의 품종, 이름, 나이 등을 소개한다.

④ 동기유발을 위해 오늘 활동과 관련된 내용을 소개한다.

2) 전개(30~40분)

치유사는 소통 방법과 순서를 설명하면서 시연한 후 대상자가 시행하도록 한다. 또한, 대상자의 수행 행동을 수시로 정정해 주며 칭찬해 준다.

1 반려묘 몸짓 언어 읽기

치유사는 대상자에게 반려묘의 기분 상태에 따라 꼬리 위치와 움직임에 대하여 구체적으로 설명한다.

① 반려묘 꼬리의 위치와 움직임 관찰하기

㉮ 꼬리의 경련 : 조심, 불안, 흥분

㉯ 꼬리가 곧게 서고 끝이 말림(?표) : 친밀, 호기심

㉰ 꼬리가 곧게 서다 : 자신감, 친밀, 행복

㉱ 꼬리를 낮게 유지 : 공포, 불안/ 경계, 공격, 사냥

㉲ 꼬리를 좌우로 흔듬 : 무언가에 집중, 관심

㉳ 꼬리 감싸기 : 상호 교감하려는 의지

그림 IX-40 꼬리의 의사 표시

② 의사소통 행동 관찰하기

- 반려묘가 다가와 문지른다 : 소유물로 표시하는 행동
- 코 키스를 한다 : 편안하고 당신을 좋아한다는 표현
- 머리, 옆구리, 꼬리를 사람에게 문지른다 : 인사하는 것
- 장난스럽게 머리를 부딪친다 : 친근감과 애정의 표현
- 오른발과 왼발을 번갈아 가며 주무른다 : 행복, 만족 또는 장난기의 표시
- 반려묘가 당신을 핥는다 : 신뢰의 표시

③ 기타 신체 언어 관찰하기

- 반려묘가 코를 들어 올리고 머리를 약간 뒤로 젖힌다: 인정
- 반려묘가 귀를 뒤로 눕힌다: 두렵거나 불안할 때, 냄새를 맡을 때
- 혀를 살짝 내밀어 아랫입술을 핥는다: 걱정 또는 불안할 때

④ 반려묘의 눈 바라보기

- 눈을 천천히 깜빡이며 바라보아야 반려묘와 유대감을 형성한다.

그림 IX-41 눈의 의사 표시
(행복, 편안→분노, 공포)

- 눈을 깜빡이지 않고 똑바로 바라보면 공격 자세로 인식한다.
- 반려묘의 동공 확장: 장난, 흥분, 두려움, 공격적일 때
- 반려묘가 대상자 눈을 쳐다봄 : 대상자를 신뢰하고 편안함을 느낄 때
- 반려묘가 천천히 눈을 깜박임: 애정과 편안함을 느낄 때

2 반려묘와 의사소통하기

① 반려묘와 대화하기

- 친근감을 나타내려면 약간 높은 어조를 사용한다.

  예 : "우리 묘순이 참 잘했어! "

- 불쾌감을 나타내려면 낮은 어조를 사용한다.
- 반려묘는 일관된 어조를 반복하여 사용하면 알아차리고 원하는 행동을 하게 된다.

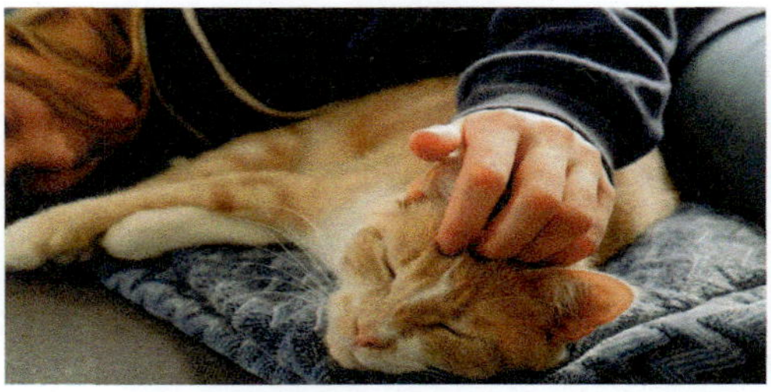

그림 IX-42 대화하기

② 비언어적 의사소통하기

- 반려묘와 눈을 마주칠 때 천천히 눈을 깜빡이면 다가와 반응한다.
- 반려묘의 눈을 똑바로 보면 불친절이나 공격적이라고 느끼므로 똑바로 바라보지 않는다.
- 소파를 두드리며 부드러운 목소리로 부르면 다가온다.
- 의도와 표현에 일관성을 유지해야 한다.

  예 : "안 돼"라고 말하면서 동시에 반려묘를 쓰다듬는 행동

- 반려묘에게 소리를 지르거나 체벌로 훈육하면 역효과가 나므로 삼간다.

3) 정리(5분)

- 오늘 활동하면서 느낀 점, 깨달은 점을 말하도록 한다.
- 오늘의 활동 내용을 요약, 정리하여 되새겨준다.
- 차시(다음 시간) 활동 내용을 안내해 준다.
- 반려묘를 쓰다듬고 포옹하면서 상호 교감작용을 하도록 한다.

관련 지식

[1] 외모적 형태

반려묘의 몸길이는 47~51cm이고, 꼬리 길이 22~38cm, 몸무게 3.5~8.0kg이다. 귀는 삼각형이며 등에 살쾡이에서 볼 수 있는 흰 무늬가 없다.

반려묘의 몸이 매우 유연한 것은 해부학적인 특성 때문이다. 반려묘는 등뼈가 매우 유연하여 등을 둥그렇게 구부릴 수도 있고 몸을 반대 방향으로 돌릴 수 있다. 또한, 목뼈와 등뼈는 머리를 최대한 자유롭게 움직일 수 있도록 해주며 자기 키의 5배가 넘는 높이를 뛰어넘을 수 있고 네 발을 동시에 사용하여 사뿐히 뛰어내릴 수 있다.

발가락은 앞발에 5개 뒷발에 4개가 있으며 발톱이 예리하고 속에 감출 수 있다. 발바닥은 연한 육구(肉球)가 있어 소리를 내지 않고 걸을 수 있으며 뒷발이 비교적 길어서 도약력이 뛰어나다. 반려묘는 육식동물로 고기를 물어 찢는 열육치가 예리하다.

[2] 심리·행동적 특성

반려묘는 야행성으로서 주로 밤 11시경에 행동이 활발하고 단독으로 사냥을 한다. 잠꾸러기로 하루에 16시간 정도를 잔다. 감정표현의 행동은 다음과 같다.

① 어리광: 꼬리를 꼿꼿이 세우고 머리를 비빈다.

② 위협: 몸을 크게 보이기 위해 등을 둥글게 하고 꼬리를 부풀려 털을 세운다.

③ 공포: 실제보다 작게 보이기 위해 몸을 움츠린다.

④ 불안: 몸을 핥는다.

⑤ 기분이 나쁠 때: 꼬리를 휘휘 돌린다.

세력권은 생활영역과 사냥영역으로 나누며 자기의 세력권에 자신의 냄새를 묻혀 영역 표시를 한다.

나. 반려묘 쓰다듬기

(1) 프로그램 개요

활동명	반려묘 쓰다듬기	치유사명	
일시	2024. 2. 2	장소	실내 치유실
주 대상자	독신자, 노인, 어린이(ADHD, 자폐스펙트럼), 우울증 환자	확장 대상자	모든 사람
치유 목적	• 불안, 우울, 고립감, 스트레스, 트라우마 감소 • 주의력, 대인관계, 사회성(말하기) 향상 • 소근육, 시각-근육 협응 능력 발달, 양육 능력, 존중감 향상		
활동 목표	• 반려묘가 놀라지 않게 안전하게 다가갈 수 있다. • 반려묘를 바르고 정확하게 쓰다듬기를 할 수 있다. • 반려묘의 쓰다듬기 중단 시점을 파악할 수 있다. • 동물을 사랑하는 마음과 양육 태도를 함양할 수 있다.		
준비물	세정제, 반려묘 간식, 반려묘 장난감, 배변 봉투, 목줄, 수건		
과정	활동 내용		
도입	• 이 시간의 활동 목표와 진행 내용을 설명한다. • 대상자에게 함께할 반려묘의 품종, 이름, 나이 등을 소개한다. • 동기유발을 위해 오늘 활동과 관련된 내용을 소개한다.		
전개	1) 사전 행동하기(준비하기) ① 다가가기 • 천천히 그들의 눈높이에 맞춰 접근한다. • 가까운 거리를 유지하면 조용히 낮은 볼륨으로 이름을 부른다. ② 손 내밀기 • 천천히 반려묘 쪽으로 손을 내밀고 가만히 기다린다. • 반려묘가 무릎에 올라오거나 옆에 누우면 쓰다듬기 시작한다. 2) 쓰다듬기 • 치유사는 쓰다듬기의 순서와 방법, 주의사항을 설명하면서 시연하고 난 후에 대상자가 시행하도록 한다. • 털 만져주기→ 귀 사이와 귀 뒤쪽 긁어주기→ 등 긁어주기 3) 반려묘 기분 파악하기 • 반려묘가 곁에 머물며 편안한 표정인가를 늘 파악한다. • '가르랑' 소리를 내거나 앞발로 쿡쿡 찌른다면 좋다는 표시이다. 4) 중단 시점 파악하기 • 반려묘가 멀어지거나, 스트레스를 받은 것처럼 보일 때 • '쉿쉿' 소리를 내거나, 으르렁거릴 때		
정리	• 활동하면서 느낀 점, 깨달은 점을 말하도록 한다. • 오늘의 활동 내용을 요약, 정리하여 되새겨준다. • 차시(다음 시간) 활동 내용을 안내해 준다. • 반려묘를 쓰다듬고 포옹하면서 상호 교감작용을 하도록 한다.		

안전 및 유의사항	• 반려묘에 의해 상처를 입으면 즉시 적절한 조치를 한다. • 반려묘가 불편해하면 쓰다듬기를 즉시 중지하도록 한다. • 어린이가 반려묘를 쓰다듬을 때는 가까이서 감독해야 한다. • 대상자가 과제를 수행할 때마다 칭찬과 격려를 해준다. • 활동이 끝나면 감염병 전염을 예방하기 위해 손을 씻는다.

(2) 프로그램 진행하기

1) 도입(5분)

- 이 시간의 활동 목표와 진행 내용을 설명한다.
- 대상자에게 함께할 반려묘의 품종, 이름, 나이 등을 소개한다.
- 동기유발을 위해 오늘 활동과 관련된 내용을 소개한다.

2) 전개(30~40분)

치유사는 반려묘 쓰다듬기 방법과 순서를 설명하면서 시연한 후 대상자가 시행하도록 한다. 또한, 대상자의 수행 행동을 수시로 정정해 주며 칭찬해 준다.

1 사전 행동하기(준비하기)

① 다가가기

- 천천히 그들의 눈높이에 맞춰 접근한다.
- 가까운 거리를 유지하면서 조용히 낮은 볼륨으로 이름을 부른다.
- 반려묘가 자거나 숨어 있을 때 몰래 다가가서 쓰다듬기를 하지 않는다.
- 몰래 살금살금 다가가면 반려묘가 무서워하거나 놀랠 수 있으므로 어렴풋이 보이지 않도록 한다.

② 손 내밀기

- 천천히 반려묘 쪽으로 손을 내밀고 가만히 기다린다.
- 반려묘가 다가와 손과 옷의 냄새를 맡고 야옹거리며 턱이나 머리를 문지르면 만져도 된다는 신호이다.
- 반려묘가 무릎에 올라오거나 옆에 누우면 쓰다듬기 시작한다.
- 반려묘가 1~2분 후에도 다가오지 않는다면 쓰다듬기를 중지한다.
- 억지로 쓰다듬기를 해서는 안 된다.

2 쓰다듬기

- 치유사는 쓰다듬기의 순서와 방법, 주의사항을 설명하면서 시연하고 난 후에 대상자가

시행하도록 한다.

① 털 만져주기

- 손가락 끝이나 손톱으로 털, 특히 턱뼈와 두개골이 연결되는 부분을 부드럽게 만져준다.
- 반려묘가 다가오거나 털을 내미는 행동은 즐겁다는 신호이다.

② 귀 사이와 귀 뒤쪽 긁어주기

- 손가락을 사용하여 부드러운 압력으로 귀 사이와 귀 뒤쪽을 긁어준다.
- 귀 밑부분(관자놀이)은 반려묘가 냄새를 내는 지점이다.

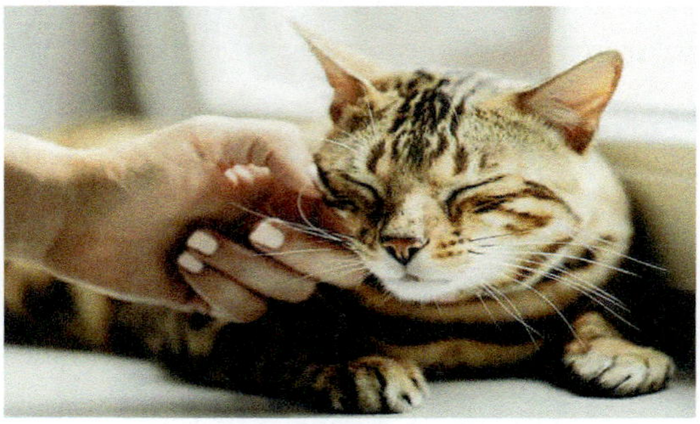

그림 IX-43 반려묘 쓰다듬기

③ 뺨(얼굴) 긁어주기

- 손가락으로 뺨을 간지럽히듯 긁어주고 손바닥으로 가볍게 쓰다듬는다.
- 손등으로 얼굴 옆을 따라 부드럽게 문지른다.

④ 등 긁어주기

- 이마에서 등을 타고 꼬리까지 긁어준다.
- 손바닥과 손가락 전체에 부드러운 압력으로 느리게 연속적으로 긁어준다.

※ 꼬리에서 머리로 역순으로 쓰다듬는 것을 좋아하지 않는다.

3 반려묘 기분 파악하기

- 반려묘가 계속해서 곁에 머물며 편안한 표정인가를 늘 파악한다.
- '가르랑' 소리를 내거나 앞발로 쿡쿡 찌른다면 좋다는 표시이다.

4 중단 시점 파악하기

치유사는 다음과 같은 증상이 나타나면 쓰다듬기를 즉각 중단하도록 한다.

- 반려묘가 멀어지거나, 스트레스를 받은 것처럼 보일 때
- '쉿쉿' 소리를 내거나, 으르렁거릴 때
- 안절부절못하고 손을 공격하거나 물려고 할 때
- 귀가 앞뒤로 번쩍이거나, 동공이 커지거나 꼬리에 경련이 있을 때질 때

3) 정리(5분)

- 오늘 활동하면서 느낀 점, 깨달은 점을 말하도록 한다.

- 오늘의 활동 내용을 요약, 정리하여 되새겨준다.
- 차시(다음 시간) 활동 내용을 안내해 준다.
- 반려묘를 쓰다듬고 포옹하면서 상호 교감작용을 하도록 한다.

관련 지식

[1] 반려묘 쓰다듬는 부위

반려묘가 싫어하는 곳을 쓰다듬거나 너무 센 힘이나 속도로 만지게 되면 물리거나 할퀌을 당한다.

반려묘는 냄새샘이 있는 부위의 쓰다듬기를 좋아한다.

표 IX-3 반려묘의 쓰다듬는 부위

좋아하는 부위	싫어하는 부위
향기샘이 있는 부위: 털, 뺨, 머리(정수리 부위), 목, 어깨	배꼽/배, 꼬리, 다리와 발, 눈, 코, 입, 귀, 엉덩이

그림 IX-44 반려묘의 부위별 쓰다듬기 선호도

좋아하는 부위 순서 : 털(목덜미) → 뺨, 이마 → 어깨 → 등 부위

싫어하는 부위 순서 : 엉덩이 → 꼬리 → 배 → 발바닥 → 발 → 허벅지 → 가슴

다. 반려묘 껴안기

(1) 프로그램 개요

활동명	반려묘 껴안기	치유사명	
일시	2024. 2. 2	장소	실내 치유실
주 대상자	ADHD 아동, 청소년, 독신자	확장 대상자	모든 사람
치유 목적	• 불안, 우울, 고립감, 스트레스, 트라우마 감소 • 양육 능력, 존중감, 주의력, 대인관계, 사회성(말하기) 향상		
활동 목표	• 반려묘에게 안전하게 다가갈 수 있다. • 두 손을 이용하여 안정된 자세로 껴안을 수 있다. • 껴안은 반려묘의 내려놓을 시기를 포착하여 안전하게 내려놓을 수 있다. • 자신의 스트레스를 해소하고 마음에 안정을 취할 수 있다.		
준비물	세정제, 반려묘 간식, 반려묘 장난감, 배변 봉투, 목줄, 수건		
과정	활동 내용		
도입	• 동기유발을 위해 오늘 활동과 관련된 내용을 소개한다. • 이 시간의 활동 목표와 진행 내용을 설명한다. • 대상자에게 함께할 반려묘의 품종, 이름, 나이 등을 소개한다.		
전개	1) 반려묘 다가가기 • 먼저 반려묘 이름을 부드럽게 부르며 다가간다. • 정면으로 다가가는 것보다 약간 옆으로 다가가면 위협을 느끼지 않는다. 2) 반려묘 껴안기 • 한 손을 반려묘의 몸 아래, 앞다리 뒤에 놓습니다 • 다른 손으로 반려묘의 뒷다리 아래에 놓고 엉덩이를 받쳐준다. 3) 반려묘 내려놓기 • 반려묘가 이리저리 움직이거나 벗어나려고 하면 반려묘를 내려놓을 때이다. • 반려묘의 네 발이 모두 땅에 닿을 때 놀라지 않게 천천히 내려놓는다.		
정리	• 활동하면서 느낀 점, 깨달은 점을 말하도록 한다. • 오늘의 활동 내용을 요약, 정리하여 되새겨준다. • 차시(다음 시간) 활동 내용을 안내해 준다. • 반려묘를 쓰다듬고 포옹하면서 상호 교감작용을 하도록 한다.		
안전 및 유의사항	• 반려묘가 할퀴거나 물려고 할 때는 껴안기를 하지 않는다. • 어린 아동은 할큄에 대비하여 장갑 착용을 권장한다. • 반려묘를 안을 때 꽉 조이지 말고 조심스럽게 안아준다. • 대상자가 과제를 수행할 때마다 칭찬과 격려를 해준다. • 활동이 끝나면 감염병 전염을 예방하기 위해 손을 씻는다.		

(2) 프로그램 진행하기

1) 도입(5분)

- 동기유발을 위해 오늘 활동과 관련된 내용을 소개한다.
- 이 시간의 활동 목표와 진행 내용을 설명한다.
- 대상자에게 함께할 반려묘의 품종, 이름, 나이 등을 소개한다.

2) 전개(30~40분)

치유사는 반려묘 쓰다듬기 방법과 순서를 설명하면서 시연한 후 대상자가 시행하도록 한다. 또한, 대상자의 수행 행동을 수시로 정정해 주며 칭찬해 준다.

1 반려묘 다가가기

- 먼저 반려묘 이름을 부드럽게 부르며 다가간다.
- 정면으로 다가가는 것보다 약간 옆으로 다가가면 위협을 느끼지 않는다.
- 반려묘가 다가오면 뺨, 이마, 귀 뒤, 턱을 부드럽게 쓰다듬어 준다.
- 반려묘가 도망치려고 하거나, 물거나 할퀴려고 하면 다가가지 않아야 한다.

2 반려묘 껴안기

- 한 손을 반려묘의 몸 아래, 앞다리 뒤에 놓는다
- 다른 손으로 반려묘의 뒷다리 아래에 놓고 엉덩이를 받쳐준다.

그림 IX-45 고양이 포옹하기

그림 IX-46 고양이 안아주기

- 이제 두 손으로 가슴 쪽으로 부드럽게 들어 올려 몸과 가볍게 밀착하게 안는다.
- 반려묘의 자세는 머리를 약간 아래로 숙이고 아래로 일직선에 가깝게 안는다.

3 반려묘 내려놓기

- 반려묘가 이리저리 움직이거나 벗어나려고 하면 내려놓을 때이다.

- 반려묘의 네 발이 모두 땅에 닿을 때 놀라지 않게 천천히 내려놓는다.
- 생후 3개월 이후에는 반려묘의 목덜미를 잡고 들어 올리지 않아야 한다.

3) 정리(5분)

- 오늘 활동하면서 느낀 점, 깨달은 점을 말하도록 한다.
- 오늘의 활동 내용을 요약, 정리하여 되새겨준다.
- 차시(다음 시간) 활동 내용을 안내해 준다.
- 반려묘를 쓰다듬고 포옹하면서 상호 교감작용을 하도록 한다.

읽을거리 : 왜, 고양이의 눈은 어둠 속에서 빛이 날까?

야행성 동물들은 어두운 곳에서는 눈에 빛이 나는데 이 현상은 어둠 속에서 좋은 시각을 유지하기 위해 동공이 사람보다 50% 더 확장되고 눈의 망막에 있는 거울 같은 세포층에서 빛이 반사되기 때문이다. 이런 기능은 어떤 물체의 정확한 모양이나 움직임을 판단하는데 인간이 필요로 하는 빛의 1/6 만으로도 능력을 발휘할 수 있다.

라. 새끼 반려묘 기르기

(1) 프로그램 개요

활동명	새끼 반려묘 기르기	치유사명	
일시	2024. 2. 2	장소	실내 치유실
주 대상자	ADHD 아동, 청소년, 독신자	확장 대상자	모든 사람
치유 목적	• 스트레스, 고독감, 트라우마 감소 • 양육 능력, 생명 존중감, 자존감, 대인관계, 사회성(말하기) 향상		
활동 목표	• 포유기 구를 소독하고 위생적으로 취급할 수 있다. • 가열 패드를 깔아 새끼 반려묘의 보온을 유지해 줄 수 있다. • 대용 젖의 적량을 적기에 적온을 유지하여 포유할 수 있다. • 자신의 스트레스를 해소하고 마음에 안정을 취할 수 있다.		
준비물	반려묘 포유기구, 가열 패드, 반려묘 대용유, 수건 2장, 손 세정제		
과정	활동 내용		
도입	• 이 시간의 활동 목표와 진행 내용을 설명한다. • 대상자에게 함께할 반려묘의 품종, 이름 나이 등을 소개한다. • 동기유발을 위해 오늘 활동과 관련된 내용을 소개한다.		
전개	1) 양육 환경 조성하기 • 새끼 반려묘를 다루기 전과 후에는 항상 손을 씻는다 • 새끼 반려묘를 데리러 갈 때는 조심스럽게 집어 올린다. • 가열 패드에 수건을 깔아 새끼 반려묘가 직접 닿지 않게 한다. • 반려묘의 생활 장소는 조용한 외딴곳에 마련해 준다. 2) 젖 먹이기(포유하기) • 젖병과 젖꼭지를 물에 끓여 소독한 다음 완전히 식힌다. • 물을 끓여 체온 정도(38℃)로 식혀 반려묘용 분유를 희석한다. • 새끼 반려묘의 발을 아래로 곧게 편 상태에서 젖을 먹인다 • 수유 후 새끼 반려묘를 무릎에 올려놓고 트림이 나올 때까지 손가락 2개로 등을 부드럽게 문지르고 두드려 준다. • 새끼 반려묘는 생후 첫 2주 동안 2~3시간마다 먹이를 준다. • 2주 후에는 3~4시간마다, 6시간 정도의 간격을 두고 수유한다.		
정리	• 활동하면서 느낀 점, 깨달은 점을 말하도록 한다. • 오늘의 활동 내용을 요약, 정리하여 되새겨준다. • 차시(다음 시간) 활동 내용을 안내해 준다. • 반려묘를 쓰다듬고 포옹하면서 상호 교감작용을 하도록 한다.		
안전 및 유의사항	• 새끼 반려묘에게 우유나 요구르트를 급여하지 않는다. • 어미 반려묘의 젖이나 반려묘 젖 대체품을 급여한다. • 반려묘를 안을 때 꽉 조이지 말고 조심스럽게 안아준다. • 대상자가 과제를 수행할 때마다 칭찬과 격려를 해준다. • 활동이 끝나면 감염병 전염을 예방하기 위해 손을 씻는다.		

(2) 프로그램 진행하기

1) 도입(5분)

- 동기유발을 위해 오늘 활동과 관련된 내용을 소개한다.
- 이 시간의 활동 목표와 진행 내용을 설명한다.
- 대상자에게 함께할 반려묘의 품종, 이름, 나이 등을 소개한다.

2) 전개(50~60분)

치유사는 새끼 반려묘 기르기 방법과 순서를 설명하면서 시연한 후 대상자가 시행하도록 한다. 또한, 대상자의 수행 행동을 수시로 정정해 주며 칭찬해 준다.

1 양육 환경 조성하기

① 새끼 반려묘 다루기

- 새끼 반려묘를 다루기 전과 후에는 항상 손을 씻는다
- 새끼 반려묘를 데리러 갈 때는 조심스럽게 집어 올린다.
- 다른 반려동물과 화장실, 식기, 물그릇을 공유하지 못하도록 한다.

그림 IX-47 보온 패드

② 보온해 주기

- 신생 새끼 반려묘(생후 2주 미만)는 체온을 조절 능력이 없으므로 보온을 유지해 주도록 한다.
- 가열 패드에 수건을 깔아 새끼 반려묘가 직접 닿지 않게 한다.
- 가열 패드가 없으면 수건으로 감싼 뜨거운 물병을 사용한다.

③ 침구 깔아주기

- 반려묘의 생활 장소는 조용한 외딴곳에 마련해 준다.
- 방은 따뜻하고 외풍이 없어야 하며 다른 애완동물과 접촉이 없도록 한다.

2 먹이 주기

- 젖병과 젖꼭지를 물에 끓여 소독한 다음 완전히 식힌다.
- 물을 끓인 후 체온 정도(38℃)로 식혀 고양이용 분유를 희석한다.
- 새끼 반려묘의 발을 아래로 내려 곧게 편 상태에서 젖을 먹인다.

- 사람처럼 안고 먹이지 않도록 한다.
- 수유 후 새끼 반려묘를 무릎에 올려놓고 트림이 나올 때까지 손가락 2개로 등을 부드럽게 문지르고 두드려 준다.
- 새끼 반려묘는 생후 첫 2주 동안 2~3시간마다 먹이를 준다.
- 2주 후에는 3~4시간마다, 6시간 정도의 간격을 두고 수유한다.

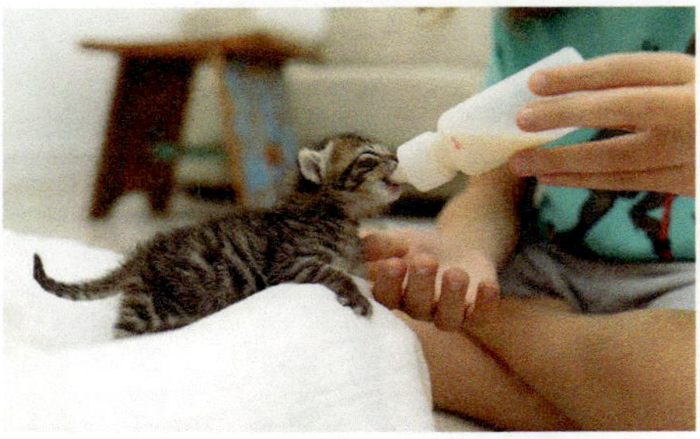

그림 IX-48 젖 먹이기

3) 정리(5분)

- 오늘 활동하면서 느낀 점, 깨달은 점을 말하도록 한다.
- 오늘의 활동 내용을 요약, 정리하여 되새겨 준다.
- 차시(다음 시간) 활동 내용을 안내해 준다.
- 반려묘를 쓰다듬고 포옹하면서 상호 교감작용을 하도록 한다.

다. 반려묘 간식 만들기

(1) 프로그램 개요

활동명	반려묘 간식 만들기	치유사명	
일시	2024. 2. 2	장소	주방
주 대상자	아동, 청소년, 노인, 독신자	확장 대상자	모든 사람
치유 목적	• 스트레스, 고독감, 트라우마 감소 • 양육 능력, 생명 존중감, 자존감, 대인관계, 사회성(말하기) 향상		
활동 목표	• 닭고기를 이용한 쿠키를 만들 수 있다. • 참치 캔과 달걀흰자를 이용한 쿠키를 만들 수 있다. • 자신의 스트레스를 해소하고 마음에 안정을 취할 수 있다.		
준비물	잘게 썬 조리된 닭가슴살 1/2컵, 해바라기 기름 1큰술, 닭고기 육수 1/2컵, 통밀가루 1컵, 폴렌타 또는 옥수숫가루 1/3 컵, 손 세정제, 수건		
	달걀 1개, 물기를 완전히 뺀 참치 통조림 1개 (약 120g), 오일(선택 사항), 믹서, 베이킹 페이퍼		
과정	활동 내용		
도입	• 이 시간의 활동 목표와 진행 내용을 설명한다. • 대상자에게 함께할 반려묘의 품종, 이름 나이 등을 소개한다. • 동기유발을 위해 오늘 활동과 관련된 내용을 소개한다. • 닭고기, 참치의 영양 가치에 대하여 설명한다.		
전개	1) 닭고기 쿠키 만들기 • 완전히 익은 닭가슴살을 잘게 썬다. • 닭고기와 기름 및 육수를 섞는다. • 반죽을 롤링 핀으로 0.5-1cm 두께로 밀어준다. • 반죽을 적당한 크기로 잘라 오븐에 넣고 20분간 굽는다. 2) 참치 쿠키 만들기 • 블렌더에 참치 캔과 달걀흰자 2큰술을 넣는다. • 두 혼합물이 부드러운 반죽이 될 때까지 섞어준다. • 혼합된 반죽을 짤주머니에 담는다. • 짤주머니의 혼합물을 베이킹 시트에 작은 원형으로 짠다. • 오븐에 20~25분 동안 넣어 굽는다.		
정리	• 활동하면서 느낀 점, 깨달은 점을 말하도록 한다. • 오늘의 활동 내용을 요약, 정리하여 되새겨준다. • 차시(다음 시간) 활동 내용을 안내해 준다. • 반려묘를 쓰다듬고 포옹하면서 상호 교감작용을 하도록 한다.		
안전 및 유의사항	• 편안한 분위기를 조성하고 친절하게 대한다. • 반려묘와 접근 시 서서히 다가가 놀라지 않게 한다. • 반려묘에게 위해를 가하지 않도록 사전에 고지하고 감시한다. • 대상자가 과제를 수행할 때마다 칭찬과 격려를 해준다. • 활동이 끝나면 감염병 전염을 예방하기 위해 손을 씻는다.		

(2) 프로그램 진행하기

1) 도입(5분)

- 이 시간의 활동 목표와 진행 내용을 설명한다.
- 대상자에게 함께할 반려묘의 품종, 이름 나이 등을 소개한다.
- 동기 유발을 위해 오늘 활동과 관련된 내용을 소개한다.
- 닭고기, 참치의 영양 가치에 대하여 설명한다.

2) 전개(50~60분)

치유사는 간식 만드는 방법과 순서를 설명하면서 시연한 후 대상자가 시행하도록 한다. 또한, 대상자의 수행 행동을 수시로 정정해 주며 칭찬해 준다.

❶ 닭고기 쿠키 만들기

- 닭가슴살을 냄비에 넣고 삶는다.
- 완전히 익은 닭가슴살을 잘게 썬다.
- 중간 크기의 그릇에 잘게 썬 닭고기와 기름 및 육수를 섞는다.
- 밀가루와 폴렌타 또는 옥수숫가루를 넣고 반죽을 한다.
- 작업대에 밀가루를 뿌리고 반죽을 롤링 핀으로 0.5-1cm 두께로 밀어준다
- 오븐을 175°C로 예열시킨다.
- 베이킹 트레이에 베이킹 페이퍼를 깐다.
- 원하는 모양으로 잘라 베이킹 시트에 놓는다.
- 오븐에서 20분 동안 굽는다.
- 오븐에서 간식을 꺼내 10~15분 동안 식힌 후 반려묘에게 준다.
- 나머지 간식은 냉장고에 보관한다.

❷ 참치 쿠키 만들기

- 오븐을 170°C로 예열하고 베이킹 트레이에 베이킹 페이퍼를 깐다.
- 달걀을 깨서 노른자와 흰자를 분리한 다음 흰자만 큰 믹싱 볼에 넣는다.

그림 IX-49 참치 쿠키 만들기

- 거품기를 사용하여 한쪽으로만 흰자를 저어 준다.
- 블렌더에 참치 캔과 휘저은 달걀흰자 2큰술을 넣는다.
- 두 혼합물이 부드러운 반죽이 될 때까지 섞어준다.
- 생성된 혼합물 반죽을 작은 별 노즐이 부착된 짤주머니에 담는다.
- 짤주머니의 혼합물을 베이킹 시트에 작은 원형으로 짠다.
- 쿠키를 오븐에 넣고 20~25분 동안 굽는다.
- 구워진 쿠키를 꺼내어 식힌 다음 밀폐 용기에 넣어 보관한다.

❸ 간식 주기

- 새로 만든 쿠키를 대상자가 직접 반려묘에게 주도록 한다.
- 반려묘가 맛있게 먹는 모습을 관찰하고 느낀 점을 말하도록 한다.

그림 IX-50 쿠키 간식

3) 정리(5분)

- 오늘 활동하면서 느낀 점, 깨달은 점을 말하도록 한다.
- 오늘의 활동 내용을 요약, 정리하여 되새겨준다.
- 차시(다음 시간) 활동 내용을 안내해 준다.
- 반려묘를 쓰다듬고 포옹하면서 상호 교감작용을 하도록 한다.

관련 지식

[1] 고양이의 사료

고기류는 전체 급여량의 1/3 정도를 급여하는 것이 비만을 예방할 수 있다. 고양이는 개와 달리 타우린이 필수 아미노산으로 필요하다. 사료 급여 횟수는 어린 고양이는 1일 3~4회, 큰 고양이는 2회 정도 규칙적으로 준다.

[2] 주어서는 안 되는 사료

표 IX-4 주어서는 안 되는 사료

종류	증상
파, 양파, 부추, 마늘	적혈구 파괴, 빈혈과 설사, 혈뇨, 구토, 발열 등
참치 캔	첨가물 다량 함유, 고양이 전용 캔 권장
초콜릿, 카페인 음료	구토와 설사, 고온, 경련, 갈증, 발작
우유, 치즈(유제품)	유당 분해효소 부족, 설사, 장 출혈 유발
날달걀, 생고기, 생선	살모넬라균, 대장균 중독, 식욕 저하, 바이오틴 결핍
포도, 건포도, 체리	구토, 신부전증
아이스크림, 요플레	당분은 신장에 부담을 줌
과자, 소시지	가공품의 첨가물 다량 함유
어패류	구토 경련 식욕부진 마비
알코올, 빵 반죽	구토, 설사, 떨림, 방향 감각 상실, 호흡곤란
개 사료	영양 불균형

바. 반려묘와 은신처 만들기

(1) 프로그램 개요

활동명	반려묘 은신처 만들기	치유사명	
일시	2024. 2. 2	장소	실내 치유실
주 대상자	아동, 청소년, 노인, 독신자	확장 대상자	모든 사람
치유 목적	• 스트레스, 고독감, 트라우마 감소 • 양육 능력, 생명 존중감, 자존감, 대인관계 향상, 소근육 발달		
활동 목표	• 종이 상자와 헌 옷을 이용하여 은신처를 만들 수 있다. • 동물을 사랑하는 마음과 양육 태도를 함양할 수 있다. • 자신의 스트레스를 해소하고 마음에 안정을 취할 수 있다.		
준비물	골판지 상자, 낡은 티셔츠, 접착테이프, 손 세정제, 수건		
과정	활동 내용		
도입	• 이 시간의 활동 목표와 진행 내용을 설명한다. • 동기유발을 위해 오늘 활동과 관련된 내용을 소개한다. • 대상자에게 함께할 반려묘의 품종, 이름 나이 등을 소개한다.		
전개	• 1 단계 : 상자의 윗면의 덮개를 안으로 밀어 넣고 테이프로 붙인다. • 2단계 : 티셔츠를 목구멍 부분이 상자의 열린 면에 오도록 위치하여 넣는다. • 3단계 : 티셔츠의 아래쪽 모서리 두 개를 잡고 이중 매듭으로 묶어 제자리에 고정한다. • 4단계 : 티셔츠 소매를 헐렁하지 않게 밀어 넣는다. • 5단계 : 완성된 은신처에 침구를 넣고 익숙한 냄새가 나게 한다.		
정리	• 활동하면서 느낀 점, 깨달은 점을 말하도록 한다. • 오늘의 활동 내용을 요약, 정리하여 되새겨준다. • 차시(다음 시간) 활동 내용을 안내해 준다. • 반려묘를 쓰다듬고 포옹하면서 상호 교감작용을 하도록 한다.		
안전 및 유의사항	• 편안한 분위기를 조성하고 친절하게 대한다. • 반려묘와 접근 시 서서히 다가가 놀라지 않게 한다. • 반려묘에게 위해를 가하지 않도록 사전에 고지하고 감시한다. • 대상자가 과제를 수행할 때마다 칭찬과 격려를 해준다. • 활동이 끝나면 감염병 전염을 예방하기 위해 손을 씻는다.		

나. 프로그램 진행하기

1) 도입(5분)

- 동기유발을 위해 오늘 활동과 관련된 내용을 소개한다.
- 이 시간의 활동 목표와 진행 내용을 설명한다.
- 대상자에게 함께할 반려묘의 품종, 이름 나이 등을 소개한다.

2) 전개(30~40분)

치유사는 반려묘 은신처 만드는 방법과 순서를 설명하면서 시연한 후 대상자가 시행하도록 한다. 또한, 대상자의 수행 행동을 수시로 정정해 주며 칭찬해 준다.

1 1단계 : 상자의 윗면의 덮개를 안으로 밀어 넣고 테이프로 붙인다.

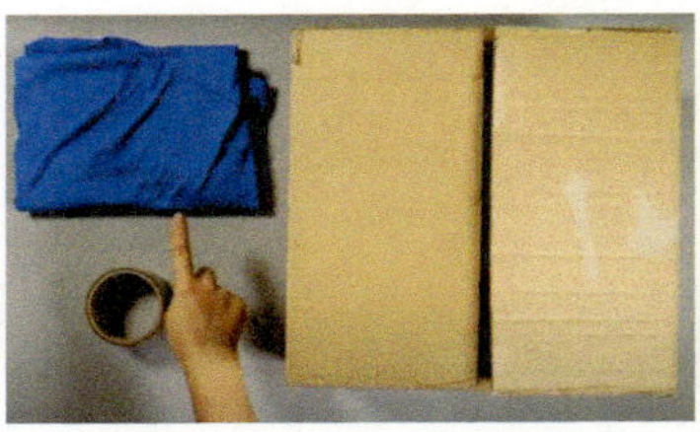

2 2단계 : 티셔츠를 목구멍 부분이 상자의 열린 면에 오도록 하고 티셔츠 아래쪽 모서리 두 곳을 잡고 묶어 고정한다.

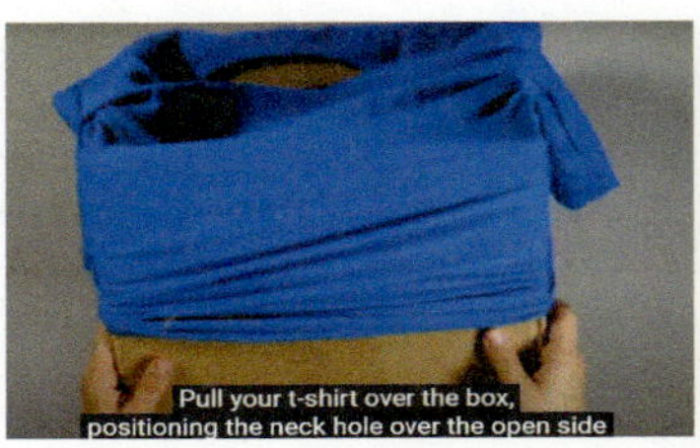

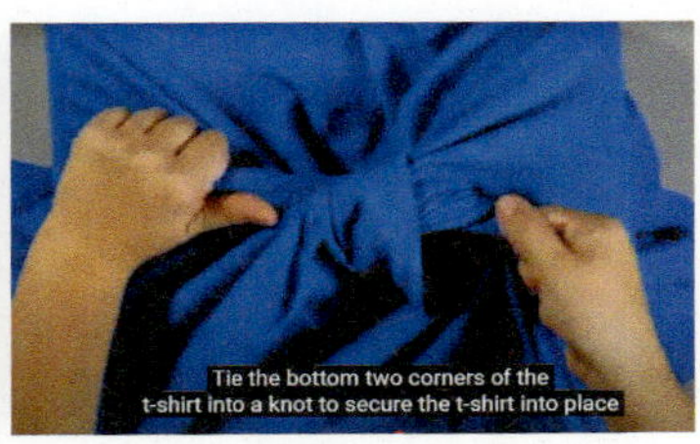

3 3단계 : 티셔츠 소매를 헐렁하지 않게 밀어 넣는다.

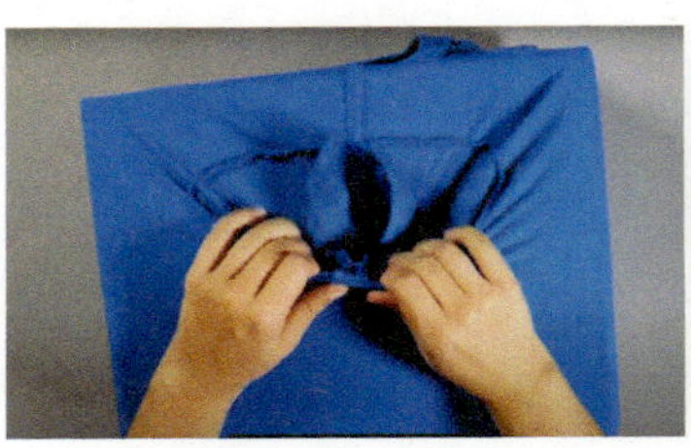

4 4단계 : 완성된 은신처에 침구를 넣고 익숙한 냄새가 나게 한다.

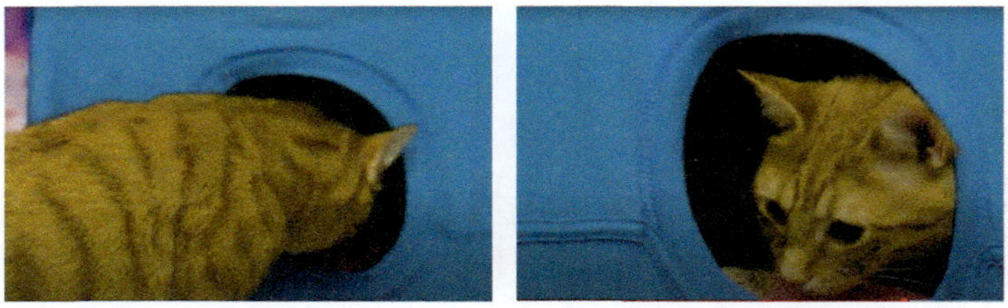

그림 IX-51 반려묘 은신처 만들기

3) 정리(5분)

- 오늘 활동하면서 느낀 점, 깨달은 점을 말하도록 한다.
- 오늘의 활동 내용을 요약, 정리하여 되새겨준다.
- 차시(다음 시간) 활동 내용을 안내해 준다.
- 반려묘를 쓰다듬고 포옹하면서 상호 교감작용을 하도록 한다.

읽을거리 : 반려묘의 '가르랑'거리는 소리의 비밀

반려묘는 행복하고 편안할 때 가르랑거리지만, 고통스럽거나 불안하거나 두려울 때도 가르랑거린다. 흥미롭게도, 반려묘의 가르랑거리는 소리가 치유 효과가 있을 수 있다는 연구 결과가 있다.

반려묘의 그르렁거리는 소리의 주파수는 25Hz~150Hz로 이 진동의 주파수는 뼈의 성장과 골절, 관절 세포의 재생 등의 치유를 촉진하며(뉴질랜드 수의학 저널), 반려묘를 쓰다듬고 그르렁거리는 소리를 들을 때 천연 진통제이자 기분 조절제인 엔도르핀이 생성되어 스트레스와 불안 수준을 줄이는 데 도움이 된다는 것이다.

많은 반려묘는 주인이 껴안고 함께 시간을 보내는 것을 즐기는 사랑스러운 동반자이며 그들의 익살스러움은 당신의 마음을 맑고 밝게 할 것이다.

사. 반려묘 발톱 자르기

(1) 프로그램 개요

활동명	반려묘 발톱 자르기	치유사명	
일시	2024. 2. 2	장소	실내 치유실
주 대상자	어린이, 청소년, 노인	확장 대상자	모든 사람
치유 목적	• 소근육 발달, 시각-근육 협응 능력 향상 • 불안, 우울, 고립감, 스트레스, 트라우마 감소 • 양육 능력, 존중감, 주의력, 대인관계, 사회성 향상		
활동 목표	• 발톱깍이를 사용하여 발톱을 자를 수 있다. • 발톱을 자르고 그라인더로 다듬기를 할 수 있다. • 자신의 스트레스를 해소하고 마음에 안정을 취할 수 있다.		
준비물	발톱깍이, 그라인더, 지혈제(분말), 수건, 간식, 손 세정제		
과정	활동 내용		
도입	• 이 시간의 활동 목표와 진행 내용을 설명한다. • 동기유발을 위해 오늘 활동과 관련된 내용을 소개한다. • 대상자에게 함께할 반려묘의 품종, 이름 나이 등을 소개한다.		
전개	1) 준비하기 • 반려묘가 탈출하지 못하도록 모든 문과 창문을 닫는다. • 바닥에 담요나 수건을 깔다. 2) 반려묘 발톱 자르기 • 반려묘를 무릎에 앉히고 한쪽의 발을 손으로 잡는다. • 반려묘의 발을 부드럽게 눌러 발가락이 나오도록 한다. • 먼저 발톱 끝부분만 자른 후 더 안쪽을 자른다. • 45° 각도로 자르고 각진 모서리를 다듬어 준다. • 반려묘에게 간식을 주고 칭찬해 준다.		
정리	• 활동하면서 느낀 점, 깨달은 점을 말하도록 한다. • 오늘의 활동 내용을 요약, 정리하여 되새겨준다. • 차시(다음 시간) 활동 내용을 안내해 준다. • 반려묘를 쓰다듬고 포옹하면서 상호 교감작용을 하도록 한다.		
안전 및 유의사항	• 사람용 손톱깎이나 가위를 사용해서는 안 된다. • 너무 뒤로 잘라 발톱에 피가 나지 않도록 한다. • 발톱에 출혈이 있을 때는 즉시 소독 후 지혈해야 한다. • 활동이 끝나면 감염병 전염을 예방하기 위해 손을 씻는다.		

(2) 프로그램 진행하기

1) 도입(5분)

- 동기유발을 위해 오늘 활동과 관련된 내용을 소개한다.
- 이 시간의 활동 목표와 진행 내용을 설명한다.
- 대상자에게 함께할 반려묘의 품종, 이름 나이 등을 소개한다.

2) 전개(30~40분)

치유사는 반려묘 발톱 자르는 방법과 순서를 설명하면서 시연한 후 대상자가 시행하도록 한다. 또한, 대상자의 수행 행동을 수시로 정정해 주며 칭찬해 준다.

1 준비하기

- 발톱깍이, 간식 등을 점검한다.
- 반려묘가 탈출하지 못하도록 모든 문과 창문을 닫는다.
- 바닥에 담요나 수건을 깔다.

2 반려묘 발톱 자르기

- 반려묘가 차분하고 편안한 시간을 선택한다.
  (반려묘가 음식을 먹고 만족감을 느낄 때 선택하는 것이 좋음)
- 반려견(반려묘)용 발톱깍이를 선택한다.
- 반려묘를 무릎에 앉히고 한쪽의 발을 손으로 잡는다.
- 반려묘의 발 등을 부드럽게 눌러 발톱이 튀어나오게 한다.
- 먼저 발톱 끝부분만 자른 후 더 안쪽을 자른다.
- 자를 때는 45° 각도로 잘라 발톱이 바닥에 편안하게 닫게 한다.

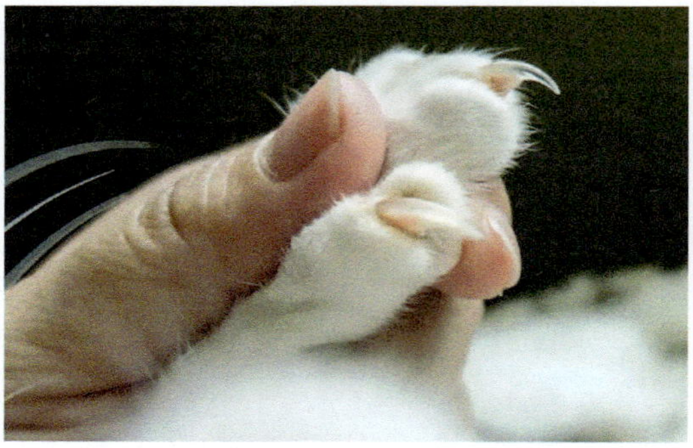

그림 IX-52 발톱 돌출시키기

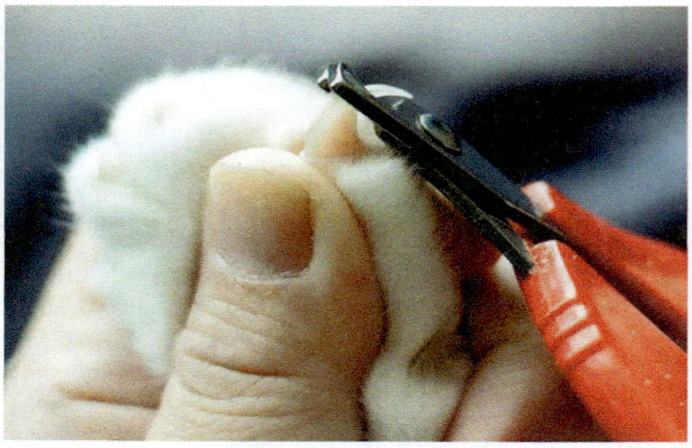

그림 IX-53 발톱 자르기

- 자른 부위의 각진 모서리를 다듬어 준다.
- 반려묘에게 간식을 주고 칭찬해 준다.
- 2~4주에 한 번씩 반려묘의 발톱을 확인한다.

3) 정리(5분)

- 오늘 활동하면서 느낀 점, 깨달은 점을 말하도록 한다.
- 오늘의 활동 내용을 요약, 정리하여 되새겨준다.
- 차시(다음 시간) 활동 내용을 안내해 준다.
- 반려묘를 쓰다듬고 포옹하면서 상호 교감작용을 하도록 한다.

읽을거리 : 잠꾸러기 고양이, 하루에 몇 시간이나 잘까?

고양이를 기르다 보면 종일 자는 것처럼 보인다. 고양이는 하루에 몇 시간이나 잘까? 고양이는 야행성 동물로 밤에 활동하고 낮에 주로 자는데 보통 12~18시간 동안 잠을 잔다. 새끼 고양이와 늙은 고양이는 더 많이 잔다. 고양이는 인간처럼 한 번의 긴 수면보다 여러 번 짧게 낮잠을 자는 경우가 많다.

아. 반려묘 목욕시키기

(1) 프로그램 개요

활동명	반려묘 목욕시키기	치유사명	
일시	2024. 2. 2	장소	목욕실
주 대상자	어린이, 청소년, 노인	확장 대상자	모든 사람
치유 목적	• 소근육 발달, 시각-근육 협응 능력 향상 • 불안, 우울, 고립감, 스트레스, 트라우마 감소 • 양육 능력, 존중감, 주의력, 대인관계, 사회성 향상		
활동 목표	• 각종 기구와 재료를 사용하여 목욕을 시킬 수 있다. • 동물을 사랑하는 마음과 양육 태도를 함양할 수 있다. • 자신의 스트레스를 해소하고 마음에 안정을 취할 수 있다.		
준비물	• 반려묘 샴푸, 반려묘 컨디셔너(선택사양), 목욕 수건 2장, 반려묘 브러시 또는 빗, 욕조 또는 세면대, 반려묘 귀 클리너(선택사양) • 애완동물 물티슈 (선택 사항), 컵 또는 피처, 긴 팔 셔츠, 스웨트셔츠 또는 고무장갑, 반려묘 간식, 반려묘 장난감 (선택 사항)		
과정	활동 내용		
도입	• 동기유발을 위해 오늘 활동과 관련된 내용을 소개한다. • 이 시간의 활동 목표와 진행 내용을 설명한다. • 대상자에게 함께할 반려묘의 품종, 이름 나이 등을 소개한다.		
전개	1) 목욕 준비하기 • 처음 목욕을 시킬 때는 며칠 전부터 천천히 물에 익숙해지도록 한다. • 낮잠이나 식사 후에 편안한 시간을 선택하는 것이 좋다. 2) 빗질하기 • 미리 빗질하면 털의 매듭이나 엉킴을 제거한다. • 이때 발톱을 깎거나 양치질을 할 수도 있다. 3) 욕조에 적응시키기 • 욕조에 물을 조금 넣어 물에 익숙해지도록 한다. • 욕조 수위가 편안하게 서 있을 정도로 유지한다. 4) 욕조 설정하기 • 미끄러지지 않도록 욕조 바닥에 고무 매트나 수건을 깔아준다. • 물의 온도를 체온과 비슷하게, 물흐름이 세지 않도록 한다. 5) 샤워하기 • 반려묘의 몸에 약간의 물을 붓고 샴푸로 거품을 낸다. • 눈, 귀, 코, 머리를 절대 적시지 말아야 한다. • 목부터 몸→ 다리→ 배→ 꼬리 순서로 씻는다. • 푹신한 수건으로 반려묘의 털을 닦아 말린다.		

정리	• 활동하면서 느낀 점, 깨달은 점을 말하도록 한다. • 오늘의 활동 내용을 요약, 정리하여 되새겨준다. • 차시(다음 시간) 활동 내용을 안내해 준다.
안전 및 유의사항	• 반려묘가 물에 젖는 것에 익숙해 지면 목욕을 시키도록 한다. • 반려묘가 극도로 무서워하거나 스트레스를 받을 때는 즉시 중단한다. • 과도한 목욕은 털 보호 오일을 제거함으로 1달에 한 번만 한다. • 목욕 후 12시간 동안 따뜻하게 해준다. • 활동이 끝나면 감염병 전염을 예방하기 위해 손을 씻는다.

(2) 프로그램 진행하기

1) 도입(5분)

- 동기유발을 위해 오늘 활동과 관련된 내용을 소개한다.
- 이 시간의 활동 목표와 진행 내용을 설명한다.
- 대상자에게 함께할 반려묘의 품종, 이름 나이 등을 소개한다.

2) 전개(50~60분)

치유사는 반려묘 목욕시키는 방법과 순서를 설명하면서 시연한 후 대상자가 시행하도록 한다. 또한, 대상자의 수행 행동을 수시로 정정해 주며 칭찬해 준다.

1 목욕 준비하기

- 처음 목욕을 시킬 때는 며칠 전부터 천천히 물에 익숙해지도록 한다.
- 몸에 물을 떨어뜨리거나 다리에 젖은 천을 대봐 불편해하는가를 관찰한다.
- 목욕을 시작하기 전에 고양이가 침착하고 편안한지 확인한다.
- 낮잠이나 식사 후에 편안한 시간을 선택하는 것이 좋다.

2 빗질하기

- 미리 빗질하면 털의 매듭이나 엉킴을 제거한다.
- 이때 발톱을 깎거나 양치질을 할 수도 있다.

3 욕조에 적응시키기

- 빈 욕조에 장난감을 넣고 반려묘가 몇 분 동안 놀 수 있도록 한다.
- 욕조에 물을 조금 넣어 물에 익숙해지도록 한다.
- 욕조 수위가 편안하게 서 있을 정도로 유지한다.
- 고양이는 부드럽게 다루고 놀랄 수 있는 갑작스러운 행동을 삼간다.

4 욕조 설정하기

- 미끄러지지 않도록 욕조 바닥에 고무 매트나 수건을 깔아준다.
- 물의 온도를 체온과 비슷하게 설정하고 샤워기의 물흐름이 너무 세지 않도록 조절한다.

5 샤워하기

- 반려묘를 달래고 도망가지 않도록 가만히 안아 육조에 넣는다.
- 반려묘의 몸에 약간의 물을 붓고 샴푸로 거품을 내면서 마사지한다.
- 눈, 귀, 코, 머리를 절대 적시지 말아야 한다.
- 목부터 몸→ 다리→ 배→ 꼬리 순서로 씻는다.
- 욕조에 있는 물로 헹구고 샤워기의 물로 2번 더 헹군다.
- 젖은 수건으로 눈과 코, 머리, 얼굴, 귀를 깨끗이 닦아준다.
- 푹신한 마른 수건으로 반려묘의 털을 닦아 말린다.
- 반려묘에게 필수적으로 간식을 보상하면서 칭찬해 준다.

그림 IX-54 샤워하기

3) 정리(5분)

- 오늘 활동하면서 느낀 점, 깨달은 점을 말하도록 한다.
- 오늘의 활동 내용을 요약, 정리하여 되새겨준다.
- 차시(다음 시간) 활동 내용을 안내해 준다.
- 반려묘를 쓰다듬고 포옹하면서 상호 교감작용을 하도록 한다.

관련 지식

[1] 반려묘 목욕

목욕은 생후 3~4개월부터 시작하며 처음에는 목욕을 싫어하므로 칭찬과 간식 주기를 반복하면서 길들려야 한다.

목욕 횟수는 한 달에 1~2회 정도가 적당하다. 너무 자주 해주면 피부가 건조해져 피부병의 원인이 될 수 있다.

사람용 샴푸의 사용은 피부병의 원인이 되므로 반려묘 전용 샴푸를 사용해야 한다. 목욕 후에는 털을 완전히 건조 시킨다.

[2] 반려묘를 목욕 시기

반려묘는 자신을 깨끗하게 유지하고 가다듬는 일을 잘한다. 따라서 목욕을 자주 할 필요는 없으나 다음과 같은 사유가 발생하면 목욕을 시켜야 한다.

- 운동성에 제약이 있는 반려묘 : 노령묘(8세 이상)는 종종 관절염, 관절통으로 반려묘 자신이 손질하지 못할 때 목욕이 필요하다.
- 독성이 물질이 묻었을 때 : 반려묘는 자신을 핥으면서 목욕을 하므로 페인트, 모터오일 또는 부동액과 같은 독성 화학 물질이나 기름이 묻었을 때 목욕시켜야 한다.
- 반려묘의 털에는 배설물이 묻었을 때
- 장모종의 반려묘 털이 많이 헝클어졌을 때
- 반려묘가 알레르기, 벼룩, 백선 또는 기타 피부 질환이 있는 경우 약용 목욕을 통해 피부 질환을 치료할 때
- 반려묘가 매우 과체중이면 신체의 특정 부분에 도달하는 데 어려움을 겪을 때
- 털이 없는 스핑크스 반려묘는 피부 유분이 과도하게 분비하는 유전적 특성이 있으므로 정기적인 목욕(1~2주에 한 번)을 해야한다.

차. 반려묘 털 손질하기

(1) 프로그램 개요

활동명	반려묘 털 손질하기	치유사명	
일시	2024. 2. 2	장소	실내 치유실
주 대상자	어린이, 청소년, 노인	확장 대상자	모든 사람
치유 목적	• 소근육 발달, 시각-근육 협응 능력 향상 • 불안, 우울, 고립감, 스트레스, 트라우마 감소 • 양육 능력, 존중감, 주의력, 대인관계, 사회성 향상		
활동 목표	• 반려묘의 종류에 따라 털 손질 적기를 판단할 수 있다 • 각종 빗과 브러시를 사용하여 털 손질을 할 수 있다. • 동물을 사랑하는 마음과 양육 태도를 함양할 수 있다. • 자신의 스트레스를 해소하고 마음에 안정을 취할 수 있다.		
준비물	털갈이 빗(핀 길이가 서로 다른 빗), 그루밍 빗, 핀 브러시, 고무브러시, 칫솔모(강모) 브러시, 간식, 손 세정제, 수건		
과정	활동 내용		
도입	• 동기유발을 위해 오늘 활동과 관련된 내용을 소개한다. • 이 시간의 활동 목표와 진행 내용을 설명한다. • 대상자에게 함께할 반려묘의 품종, 이름 나이 등을 소개한다.		
전개	1) 빗질하기 • 단모종은 매주 1회, 장모종은 일주일에 2~3회 빗질한다. • 손목을 부드럽게 움직여 털 방향에 따라 빗질 한다. • 털이 엉켰으면 빗을 세워 빗의 끝부분으로 빗는다. 2) 브러시 빗질하기 • 브러시는 반드시 손목만을 움직여 빗어내려야 한다. • 장모종은 구역을 나누어 아래부터 완전히 빗고 위쪽으로 빗으며 올라간다. • 얼굴 주위를 쓰다듬는 것을 좋아하므로 머리와 뺨 부위를 시작으로 신체의 다른 부분으로 이동한다.		
정리	• 활동하면서 느낀 점, 깨달은 점을 말하도록 한다. • 오늘의 활동 내용을 요약, 정리하여 되새겨준다. • 차시(다음 시간) 활동 내용을 안내해 준다. • 반려묘를 쓰다듬고 포옹하면서 상호 교감작용을 하도록 한다.		
안전 및 유의사항	• 반려묘의 목덜미를 잡을 때 질식하지 않도록 주의 해야 한다. • 배 부분은 민감한 부위이므로 만지지 않도록 한다. • 활동이 끝나면 감염병 전염을 예방하기 위해 손을 씻는다.		

(2) 프로그램 진행하기

1) 도입(5분)

- 동기유발을 위해 오늘 활동과 관련된 내용을 소개한다.
- 이 시간의 활동 목표와 진행 내용을 설명한다.
- 대상자에게 함께할 반려묘의 품종, 이름 나이 등을 소개한다.

2) 전개(50~60분)

치유사는 반려묘 털 손질하는 방법과 순서를 설명하면서 시연한 후 대상자가 시행하도록 한다. 또한, 대상자의 수행 행동을 수시로 정정해 주며 칭찬해 준다.

1 반려모의 털 손질 주기

- 단모종 고양이는 매주 1회, 장모종 고양이는 일주일에 2~3회 빗질한다.
- 털 빠짐 정도는 단모종이 장모종 더 많이 빠진다.

2 빗질하기

- 빗을 잡아서 어깨와 팔목의 힘을 뺀다.
- 손목을 부드럽게 움직여 털 방향에 따라 옆으로 빗질 한다(장모종은 털이 끊어지지 않도록 주의).
- 털이 엉켰으면 빗을 세워 빗의 끝부분으로 빗는다.
- 빗질 전에 고양이에게 빗을 내밀어 빗 냄새를 맡고 친숙하게 만든다.
- 배 부분은 민감한 부위이므로 만지지 않도록 한다.

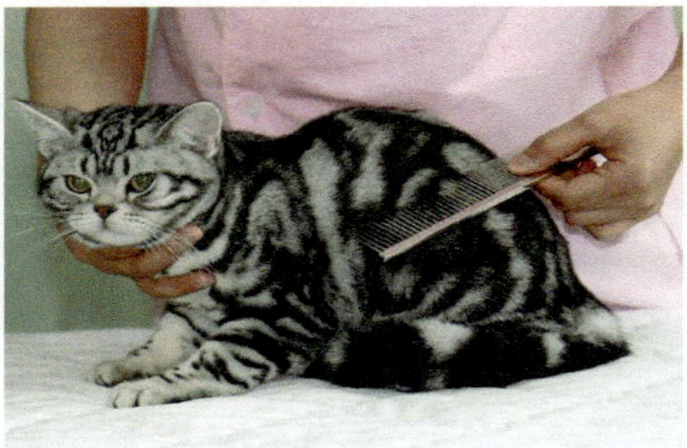

그림 IX-55 빗질하기

3 브러시 빗질하기

- 브러시는 어떠한 방법으로 잡든 반드시 손목만을 움직여 빗어내려야 한다.
- 장모종은 구역을 나누어 아래부터 완전히 빗고 위쪽으로 빗으며 올라간다.
- 얼굴 주위를 쓰다듬는 것을 좋아하므로 머리와 뺨 부위를 시작으로 신체의 다른 부분으로 이동한다.
- 항상 털 방향으로 빗는다.

• 단모종은 털의 윤기가 나도록 오일을 바른 수건으로 쓸어내린다.

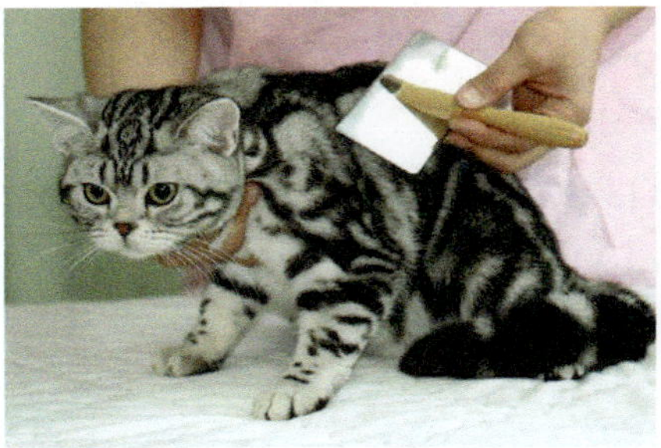

슬리커로 털 방향을 따라 빗는다.

코트 오일을 수건에 발라 쓸어내린다.

그림 IX-56 털 손질하기

3) 정리(5분)

• 오늘 활동하면서 느낀 점, 깨달은 점을 말하도록 한다.
• 오늘의 활동 내용을 요약, 정리하여 되새겨준다.
• 차시(다음 시간) 활동 내용을 안내해 준다.
• 반려묘를 쓰다듬고 포옹하면서 상호 교감작용을 하도록 한다.

카. 반려묘 악수하기(훈련 시키기)

(1) 프로그램 개요

활동명	반려묘 악수 훈련하기	치유사명	
일시	2024. 2. 2	장소	실내 치유실
주 대상자	어린이, 청소년, 노인	확장 대상자	모든 사람
치유 목적	• 불안, 우울, 고립감, 스트레스, 트라우마 감소 • 양육 능력, 존중감, 주의력, 대인관계, 사회성 향상		
활동 목표	• 적합한 훈련 시기를 포착할 수 있다. • 클리커를 사용하여 훈련할 수 있다. • 반려묘와의 악수 훈련을 시킬 수 있다. • 자신의 스트레스를 해소하고 마음에 안정을 취할 수 있다.		
준비물	반려묘, 클리커, 간식, 손 세정제, 수건		
과정	활동 내용		
도입	• 이 시간의 활동 목표와 진행 내용을 설명한다. • 대상자에게 반려묘의 품종, 이름 나이 등을 소개한다. • 동기유발을 위해 오늘 활동과 관련된 내용을 소개한다.		
전개	1) 훈련 시간 선택하기 • 반려묘가 잠들지 않고 편안하게 근처에 앉아 있을 때를 한다. 2) 클리커 반응 훈련하기 • 클리커의 소리와 보상을 연결하도록 훈련한다. • 경계심을 가질 때 클리커를 누르고 간식을 준다. • 대부분은 5분씩 두세 번 반복한다. 3) 악수 훈련하기 • 반려묘의 앞발 중 하나를 부드럽게 들어 올린다. • 발을 잡아 손에 들고 “악수”라는 명령을 한다. • 반려묘가 스스로 발을 들어 올리기 시작하면 딸깍 소리 없이 “악수”라는 명령을 내린다. 손에서 발을 내려놓으면 보상과 칭찬을 한다. • 시간이 지남에 따라 간식을 줄이면 나중에는 간식 없이도 수행하게 된다.		
정리	• 활동하면서 느낀 점, 깨달은 점을 말하도록 한다. • 오늘의 활동 내용을 요약, 정리하여 되새겨준다. • 차시(다음 시간) 활동 내용을 안내해 준다. • 반려묘를 쓰다듬고 포옹하면서 상호 교감작용을 하도록 한다.		
안전 및 유의사항	• 3개월 이상의 반려묘에게 클리커 훈련을 시작한다. • 반려묘는 집중력이 없어 클리커 훈련은 5분 이내로 한다. • 큰소리로 혼내거나 체벌을 가하면 유대감이 깨진다. • 반려묘에게 위해를 가하지 않도록 사전에 고지하고 감시한다. • 대상자가 과제를 수행할 때마다 칭찬과 격려를 해준다. • 활동이 끝나면 감염병 전염을 예방하기 위해 손을 씻는다.		

(2) 프로그램 진행하기

1) 도입(5분)

- 동기유발을 위해 오늘 활동과 관련된 내용을 소개한다.
- 이 시간의 활동 목표와 진행 내용을 설명한다.
- 대상자에게 함께할 반려묘의 품종, 이름 나이 등을 소개한다.

2) 전개(30~40분)

치유사는 반려묘와 악수하는 방법과 순서를 설명하면서 시연한 후 대상자가 시행하도록 한다. 또한, 대상자의 수행 행동을 수시로 정정해 주며 칭찬해 준다.

1 훈련 시간 선택하기

- 반려묘가 잠들지 않고 편안하게 근처에 앉아 있을 때를 한다.

2 클리커 반응 훈련하기

- 클리커의 소리(딸깍 소리)와 보상(간식)을 연결하도록 훈련한다.
- 여러 간식 중 반려묘가 가장 좋아하는 것을 선택하여 준비한다.
- 경계심을 가질 때 클리커를 누르고 간식을 준다.(5분 이내로 반복한다).
- 대부분은 5분씩 두세 번 반복하여 클리커와 간식의 연관성을 알게 한다. (딸깍 - 간식 주기, 다시 클릭 - 다시 간식 주기)

그림 IX-57 클리커 훈련

3 악수 훈련하기

- 반려묘가 집중할 수 있고 방해요소가 없는 장소를 선택한다.
- 클리커를 누르고 간식을 주어 클리커와 음식을 상기시킨다.
- 반려묘의 앞발 중 하나를 부드럽게 들어 올린다.
  (매번 같은 발을 들어 올리는 것이 좋다.)
- 발을 잡아 손에 들고 다른 손으로 클리커를 누른 다음 "악수"라는 명령을 하고 그런 다음

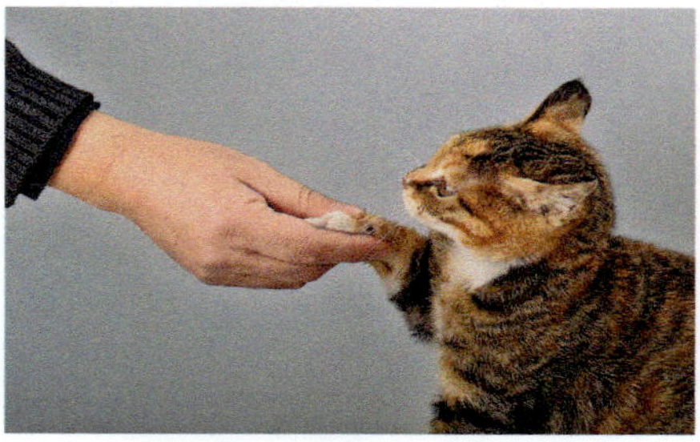

그림 IX-58 악수하기

반려묘에게 간식을 준다.
- 발을 내려놓고 반려묘를 쓰다듬는다.
- 이 과정을 약 5분 동안 반려묘가 원하는 만큼 이 과정을 반복한다.
- 그날 늦은 시간이나 다음 날에 전체 과정을 반복한다.
- 반려묘가 스스로 발을 들어 올리기 시작하면 딸깍 소리 없이 "악수"라는 명령을 내린다. 손에서 발을 내려놓으면 보상과 칭찬을 한다.
- 시간이 지남에 따라 간식을 줄이면 나중에는 간식 없이도 수행하게 된다.

3) 정리(5분)

- 오늘 활동하면서 느낀 점, 깨달은 점을 말하도록 한다.
- 오늘의 활동 내용을 요약, 정리하여 되새겨준다.
- 차시(다음 시간) 활동 내용을 안내해 준다.

읽을거리 : 높은 곳에서 뛰어 내려도 멀쩡한 고양이

고양이는 점프력은 대단하고 높은 곳에서 자연스럽게 뛰어내릴 수 있다. 그 이유는 뭘까? 고양이는 공중에서 떨어질 때 본능적으로 몸을 회전시켜 발을 아래로 향하게 하고 어떤 방향에서 떨어지더라도 자세를 빠르게 바로잡을 수 있으며 또한 척추가 매우 유연하여 착지 시 몸을 부드럽게 구부려 충격을 흡수한다.
고양이는 자기 몸길이의 약 5배 정도의 높이까지는 안전하나 이보다 높은 곳에서는 위험할 수 있다.

타. 반려묘와 놀이하기(사냥놀이)

(1) 프로그램 개요

활동명	반려묘와 놀이하기(사냥놀이)	치유사명	
일시	2024. 2. 2	장소	실내 치유실
주 대상자	어린이, 청소년, 노인	확장 대상자	모든 사람
치유 목적	• 불안, 우울, 고립감, 스트레스, 트라우마 감소 • 양육능력, 존중감, 주의력, 대인관계, 사회성 향상		
활동 목표	• 반려묘의 놀이 성향을 파악할 수 있다. • 각종 놀이 기구를 이용하여 사냥놀이를 할 수 있다. • 반려묘와 유대감을 형성하여 자신의 스트레스를 해소하고 마음에 안정을 취할 수 있다.		
준비물	장난감(쥐, 새, 물고기 모양), 간식, 지팡이(낚싯대), 나일론 끈, 손 세정제, 수건		
과정	활동 내용		
도입	• 이 시간의 활동 목표와 진행 내용을 설명한다. • 대상자에게 함께할 반려묘의 품종, 이름 나이 등을 소개한다. • 동기유발을 위해 오늘 활동과 관련된 내용을 소개한다.		
전개	1) 반려묘 놀이 성향 파악하기 • 반려묘가 좋아하는 놀이와 시간, 성향을 파악한다. • 반려묘가 항상 이기거나 항상 지게 하는 놀이는 하지 않는다. 2) 사냥놀이 하기 • 1.5m 내외의 막대기 끝에 60~70cm의 줄을 맨다. • 지팡이 끝의 줄에 실제 먹잇감처럼 보이는 장난감을 매단다. • 막대기 끝에 달린 장난감을 움직이고 반려묘가 추적하도록 한다. • 막대기 끝에 달린 장난감을 실제 먹잇감이 움직이듯 흉내 낸다. • 어떤 시점에서는 반려묘가 장난감을 잡고, 죽일 수 있게 해준다. • 놀이 중에 장난감이 심하게 훼손됐을 경우 다른 것으로 교체한다.		
정리	• 오늘 활동하면서 느낀 점, 깨달은 점을 말하도록 한다. • 오늘의 활동 내용을 요약, 정리하여 되새겨준다. • 차시(다음 시간) 활동 내용을 안내해 준다. • 반려묘를 쓰다듬고 포옹하면서 상호 교감작용을 하도록 한다.		
안전 및 유의사항	• 최소 3개월 이상의 반려묘에게 사냥놀이를 시작한다. • 하루에 두세 번씩 10분~ 15분씩 놀아준다. • 반려묘에게 위해를 가하지 않도록 사전에 고지하고 감시한다. • 대상자가 과제를 수행할 때마다 칭찬과 격려를 해준다. • 활동이 끝나면 감염병 전염을 예방하기 위해 손을 씻는다.		

(2) 프로그램 진행하기

1) 도입(5분)

- 동기유발을 위해 오늘 활동과 관련된 내용을 소개한다.
- 이 시간의 활동 목표와 진행 내용을 설명한다.
- 대상자에게 함께할 반려묘의 품종, 이름 나이 등을 소개한다.

2) 전개(40~50분)

치유사는 반려묘 장난감을 소개하고 사냥놀이 하는 방법과 순서를 설명하면서 시연한 후 대상자가 시행하도록 한다. 또한, 대상자의 수행 행동을 수시로 정정해 주며 칭찬해 준다.

1 반려모 놀이 성향 파악하기

- 반려묘가 좋아하는 놀이와 시간, 성향을 파악한다.
- 반려묘가 항상 이기거나 항상 지게 하는 놀이는 하지 않는다.
- 반려묘가 비정상적이고 공격적으로 변하면 게임을 중단한다.

그림 IX-59 반려묘 장난감

2 사냥놀이 하기

- 1.5m 내외의 막대기 끝에 60~70cm의 줄을 맨다.
- 반려묘가 사냥 행동을 모방할 수 있는 장난감을 선택한다.
(예: 쫓거나, 달려들거나, 잡을 수 있는 쥐, 새, 물고기 등)
- 지팡이 끝의 줄에 실제 먹잇감처럼 보이는 장난감을 매단다.
- 장난감의 재질은 털실이나 면, 스펀지로 제작된 것을 선택한다.

※ 장난감이 없을 때는 천 조각을 여러 겹으로 묶어서 만들어 사용한다.

- 반려묘가 자연스러운 포식 활동(추적, 추격, 잡기, 때리기, 물어뜯기)을 하는 훈련을 한다.
- 막대기 끝에 달린 장난감을 실제 먹잇감이 움직이듯 흉내 낸다.
(높이 올려다가 낮추고, 때로는 바닥에 기어 다니

그림 IX-60 반려묘 사냥놀이

게 하는 등 불규칙하게 움직이고, 잠시 활동이 없는 것처럼 다양한 흉내를 낸다.)

- 어떤 시점에서는 반려묘가 장난감을 잡고, 죽일 수 있게 해준다.
- 놀이 중에 장난감이 심하게 훼손됐을 경우 다른 것으로 교체한다.
- 보통 하루에 두세 번씩 10분~ 15분씩 놀아준다.
- 반려묘의 사냥놀이는 정원에서도 실시할 수 있다.

3) 정리(5분)

- 오늘 활동하면서 느낀 점, 깨달은 점을 말하도록 한다.
- 오늘의 활동 내용을 요약, 정리하여 되새겨준다.
- 차시(다음 시간) 활동 내용을 안내해 준다.
- 반려묘를 쓰다듬고 포옹하면서 상호 교감작용을 하도록 한다.

읽을거리 : 왜, 발정 난 암고양이에게 수고양이가 몰려들까?

고양이가 늦은 시간에 아기 울음소리를 내고 시끄럽게 우는 소리를 들어 본 적이 있나요? 이 소리는 발정한 암고양이가 수고양이 짝을 부르는 소리이다. 또한, 암고양이는 페로몬이라는 성호르몬을 분비하여 후각이 발달한 수고양이가 그 냄새를 맡고 먼 곳에서도 몰려오게 된다.

03 반려 토끼 교감치유

학습 목표

- ✔ 반려 토끼 교감치유의 역사와 적용 분야를 말할 수 있다.
- ✔ 교감치유에 적합한 반려토끼를 선발할 수 있다.
- ✔ 반려 토끼를 이용하여 다양한 치유 활동을 할 수 있다.

3.1 반려 토끼 교감치유의 이해

가. 반려 토끼 교감치유의 역사와 품종

(1) 반려 토끼 교감치유의 역사

인간은 가축과 오랜 관계를 맺어왔으며 오늘날 반려동물은 유대감을 통해 "사회적 대체물"로 이용하는 경우가 많다. 반려동물과 함께 생활하는 어린이는 사회성 발달을 촉진하고, 성인들은 삶의 웰빙에 이바지한다는 것이 과학적으로 입증되었다.

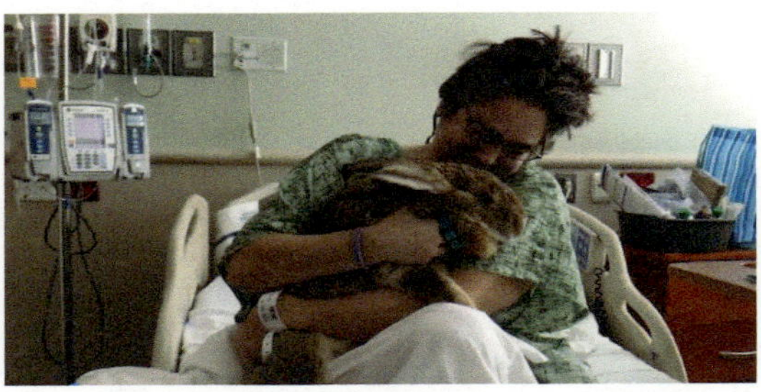

그림 IX-61 미국 Los Robles Hospital & Medical Center의 토끼 교감치유

동물의 가축화는 개 B.C. 15,000~13,000

년, 고양이 B.C. 6000년이며 동물을 치유적 자원으로 의도적으로 사용한 최초의 사례는 9세기 벨기에의 길(Gheel)에서 장애인을 위한 치유에 동물을 사용한 사례이다.

1792년 영국의 요크 리트리트(York Retreat)에서는 정신 이상자의 심리치유에 새와 토끼를 사용하기도 하였다.

(2) 반려 토끼의 품종

미국 토끼 사육자 협회(American Rabbit Breeders Association)는 50가지 토끼 품종을 인정하고 있다. 치유용 토끼는 사회화가 잘 되어야 하고, 차분한 태도를 지녀야 하며, 쓰다듬는 것을 즐기고, 사람들과 함께 있는 것을 좋아해야 한다. 일반적으로 교감치유용으로 적합한 기질의 주요 품종은 다음과 같다.

❶ 렉스(Rax)

렉스의 털은 짧고 밀도가 높아 푹신한 벨벳과 같은 느낌을 준다. 이 토끼는 매우 유순하고 느긋하며 어린아이들에게 인기가 높다. 털색은 검정색, 파란색, 친칠라, 초콜릿, 히말라야, 라일락 등 다양한 색상이 있다.

❷ 아메리칸 퍼지 롭(American Fuzzy Lop)

롭은 미니 롭(Mini Lop), 아메리칸 퍼지 롭(American Fuzzy Lop) 등이 있다. 큰 귀가 아래로 늘어져 있어서 항상 땅을 스친다. 성격은 매우 침착하고 친절하며 장난기가 있으며 훈련하기 쉬운 토끼로 간주된다.

❸ 플랑드르 자이언트(Flemish Giants)

자이언트는 반려 토끼 중 가장 큰 품종 중 하나이다. 몸집이 큰 만큼 풍만하여 껴안는 느낌이 좋다. 털 색은 검정색, 파란색, 옅은 황갈색, 밝은 회색, 모래색, 회색 또는 흰색 등 다양하다. 성격이 온화하고 케이지 밖에서 사람과 함께 시간을 보내는 것을 좋아한다.

❹ 앙고라(Angora)

앙고라는 매우 부드럽고 풍성한 털을 가지고 있으며 성격이 유순하고 지능이 높은 사회적 동물이다. 자주 털 손질을 해야하는 단점이 있다.

렉스 롭 이어 플랑드르 자이언트 앙고라

그림 IX-62 주요 교감치유 토끼의 품종(1)

5 할리퀸(Harlequin)

할리퀸은 두세 가지 색상이 몸 전체에 줄무늬로 분포되어 있다. 장난기 많고 사교적인 성격으로도 유명하다. 사람들 및 다른 토끼들과 상호 작용하는 것을 즐기고 지능이 높아 기본 명령을 쉽게 배운다.

6 친칠라(Chinchilla)

친칠라는 매우 수줍음이 많고 조용한 동물로 쓰다듬는 것을 좋아하지 않는다. 따라서 어린이보다 성인에게 더 적합하며 동물을 다루는 대신 관찰하는 것을 즐기는 소유자에게도 적합하다.

7 네덜란드 드워프(Netherland Dwarf)

드워프는 작은 크기, 다양한 색상 및 작은 머리가 특징이다. 인기 있는 반려동물로 조용하고 순종적이어서 기본 규칙을 잘 훈련시킬 수 있다.

8 라이언 헤드(Lionhead)

라이언 헤드(사자머리 토끼)는 머리 주위의 독특한 갈기가 수컷 사자의 모습을 하고 있다. 이 토끼는 지능이 높고, 성격이 좋으며 활력이 넘치고, 매우 사교적이어서 사람들과 긴밀한 유대감을 형성한다.

할리퀸 친칠라 네덜란드 드워프 라이언 헤드

그림 IX-63 주요 교감치유 토끼의 품종(2)

나. 반려 토끼의 자격 조건

(1) 반려 토끼의 관리

① 암토끼는 번식을 원하지 않으면 중성화 수술을 해야 한다. (중성화 수술을 하지 않으면 자궁암에 걸릴 확률이 높다.)

② 토끼는 농후사료 외에 건초와 신선한 생초를 주어야 한다.

③ 치유용 토끼는 안전과 건강을 위해 실내에서 생활해야 한다.

④ 케이지 사육 시에는 1일 2~4시간의 운동을 시켜야 한다.

⑤ 수의사의 정기적인 검진과 구충제를 투약한다.

⑥ 매년 RHDV2(토끼 바이러스성 출혈병) 백신을 주사한다.

(2) 반려 토끼 교감치유의 장점

① 체구가 작아 다루기 수월하다.

② 토끼는 아이들이 좋아하고 해를 끼치지 않는다.

③ 좋아하는 것과 싫어하는 것을 행동으로 명확하게 표현한다.

④ 동화책의 동물로 어린이의 상상력을 향상시킨다.

⑤ 개와 달리 특별한 훈련이 필요하지 않다.

⑥ 토끼는 쉽게 사회화될 수 있고 행동이 우호적이다.

다. 반려 토끼 교감치유의 적용 분야

토끼는 정서적 안정과 편안함을 제공하고 자신과 다른 사람들과의 관계에 대한 이해를 심화시키는 능력을 가지고 있다.

토끼와 신뢰를 쌓는 데는 시간이 걸리기 때문에 인내심을 갖고 상호 대인 관계를 구축하는 과정이 필요하다.

토끼와의 상호 관계를 통해서 자신의 한계와 정서적 장애를 성찰하고 다른 생명체를 돌보는

그림 IX-64 자폐 스펙트럼 장애 아동의 토끼 교감치유

법을 배우고, 또한 자신의 일상생활에서 자발적인 활동을 하게 되고 자신을 돌보는 방법을 배울 수 있다.

(1) 병리적 분야

병리적 분야로는 혈압 감소, 우울증, PTSD(외상 후 스트레스 장애), 조현병, 중독, 자폐 스펙트럼 장애, 치매, 다발성 경화증, 심장마비 및 뇌졸중, 척수 손상 등의 환자에게 적용할 수 있다.

(2) 정신적 건강 분야

정신적, 심리적 분야로는 사회적 발달, 자존감 증가, 집중력과 주의력 증가, 자존감 향상과 자신을 돌보는 능력 향상, 불안, 슬픔 및 고립 감소, 사회적 기술 향상, 공감 및 경청 기술을 향상시킨다.

(3) 신체적 건강 분야

신체적, 기능적 적용 분야로는 근육과 관절의 유연성, 이동성, 근력 향상, 균형감 증진 등에 적용할 수 있다. 토끼를 쓰다듬거나 빗질은 심리적 평온과 근육의 재활에 효과적이다.

(4) 기타

어린이가 토끼에게 책 읽어주기, 이름을 부르기 등은 언어발달과 학습능력이 향상되고 토끼 돌봄을 통해 생명의 존중감과 양육 능력을 기르게 된다. 또한 토끼는 사람에게 안전과 안심을 제공함으로써 수면의 질을 크게 향상시킬 수 있다.

라. 반려 토끼 교감치유 활동

반려 토끼 교감 활동으로는 토끼 쓰다듬기, 토끼 껴안기, 털 손질하기, 털깎기, 토끼와 명상하기, 토끼에게 책 읽어주기, 사료 주기, 물주기, 풀 주기, 우리 청소하기 등을 활용할 수 있다.

읽을거리 : 반려 토끼 요법과 호르몬 분비

토끼와의 상호 작용을 포함하는 쓰다듬기, 안아주기 등의 토끼 요법은 기분 및 스트레스와 관련된 호르몬과 신경 전달 물질의 생산 및 조절에 긍정적인 영향을 준다.

- 옥시토신 분비 : 기분 전환, 행복감, 즐거움과 기쁨 유발
- 코르티솔 억제 : 스트레스 반응 감소, 진정 효과
- 세르트닌, 도파민 분비 : 긍정적인 기분 전환과 행복감 만긱
- 엔도르핀 분비 : 통증 완화, 기분 전환

3.2 반려 토끼 교감치유의 실제

가. 토끼와 유대감 형성하기

(1) 프로그램 개요

활동명	반려 토끼와 유대감 형성하기	치유사명	
일시	2024. 2. 2	장소	치유실, 토끼 사육장
주 대상자	아동, 청소년, 노인	확장 대상자	모든 사람
치유 목적	• 혈압 감소, 우울증 및 PTSD(외상 후 스트레스 장애) 완화		
활동 목표	• 반려 토끼와 유대감을 형성하기 위한 행동을 취할 수 있다. • 반려 토끼와 장난감 놀이, 안아주기 등으로 상호 교감할 수 있다. • 자신의 스트레스를 해소하고 마음에 안정을 취할 수 있다.		
준비물	반려 토끼, 장난감, 간식(당근, 사과, 귀리), 손 세정제, 수건		
과정	활동 내용		
도입	• 동기유발을 위해 오늘 활동과 관련된 내용을 소개한다. • 이 시간의 활동 목표와 진행 내용을 설명한다. • 함께할 반려 토끼를 소개하고 대상자가 마주 보며 앉게 한다.		
전개	1) 토끼의 눈높이에 맞추기 • 바닥에 앉거나 엎드려 키 높이를 낮추거나 토끼를 소파나 침대 위로 올려놓는다. 2) 인내심을 갖고 서두르지 않기 • 토끼는 천성적으로 호기심이 많아 조용히 기다리면 다가와 탐색하게 한다. 3) 부드럽게 말하기 • 토끼의 큰 귀는 소리를 잘 듣는다. 따라서 사람의 부드러운 목소리를 좋아한다. 4) 간식 주기 • 토끼가 좋아하는 당근, 사과, 귀리 등의 간식으로 보상을 하면서 서로 신뢰를 쌓는다. 5) 장난감 놀이하기 • 토끼는 장난을 좋아하므로 씹는 장난감을 흔들어 호기심을 자극하고 컵, 나무 블록을 넘어뜨리는 놀이를 한다. 6) 토끼 행동 흉내 내기 • 대상자가 토끼의 그루밍이나 행동을 따라 하여 몸짓 언어와 의사소통 방법을 배우게 한다.		
정리	• 활동하면서 느낀 점, 깨달은 점을 말하도록 한다. • 오늘의 활동 내용을 요약, 정리하여 말한다. • 차시(다음 시간) 활동 내용을 안내해 준다.		

유의사항	• 편안한 분위기를 조성하고 친절하게 대한다. • 토끼와 접근 시 서서히 다가가 놀라지 않게 한다. • 토끼에게 위해를 가하지 않도록 사전에 고지하고 감시한다. • 대상자가 과제를 수행할 때마다 칭찬과 격려를 해준다. • 활동이 끝나면 감염병 전염을 예방하기 위해 손을 씻는다.

(2) 프로그램 진행하기

1) 도입(5분)

- 동기유발을 위해 오늘 활동과 관련된 내용을 소개한다.
- 이 시간의 활동 목표와 진행 내용을 설명한다.
- 함께할 반려 토끼를 소개하고 대상자가 마주 보며 앉게 한다.

2) 전개(40~50분)

치유사는 반려 토끼와 유대감을 형성하는 방법과 순서를 설명하면서 시연한 후 대상자가 시행하도록 한다. 또한, 대상자의 수행 행동을 수시로 정정해 주며 격려한다.

1 토끼와 눈높이 맞추기

- 바닥에 앉거나 엎드려 키 높이를 낮추거나 토끼를 소파나 침대 위로 올려놓는다. (토끼는 같은 높이에 있으면 덜 위협을 느끼고 기분이 좋아진다.)

2 서두르지 않기

- 당장 토끼를 길 들이려 하지 말고 토끼 울타리 안에서 많은 시간을 같이 보내 친숙하게 한다.
- 토끼는 새로운 집과 새로운 사람들에 적응하는 데 몇 달이 걸릴 수 있다.
- 토끼는 천성적으로 호기심이 많아 조용히 기다리면 다가와 탐색한다.
- 이때 쓰다듬고 싶은 충동을 억제하여 위협이 아니라는 것을 느끼게 한다.

3 부드럽게 말하기

- 토끼의 큰 귀는 소리를 잘 듣는다. 따라서 사람의 부드러운 목소리를 좋아한다.

껴안기

간식 주기

그림 IX-65 토끼와 유대감 형성하기

4 간식 주기

- 토끼가 좋아하는 당근, 사과, 귀리 등의 간식으로 보상을 하면서 서로 신뢰를 쌓는다.

5 장난감 놀이하기

- 토끼는 장난을 좋아하므로 씹는 장난감을 흔들어 호기심을 자극하고 컵, 나무 블록을 넘어뜨리는 놀이를 한다.

6 토끼 행동 흉내 내기

- 대상자가 토끼의 그루밍이나 행동을 따라 하여 몸짓 언어와 의사소통 방법을 배우게 한다.

3) 정리(5분)

- 오늘 활동하면서 느낀 점, 깨달은 점을 말하도록 한다.
- 오늘의 활동 내용을 요약, 정리하여 되새겨준다.
- 차시(다음 시간) 활동 내용을 안내해 준다.
- 반려 토끼에게 간식을 주며 상호 교감작용을 하도록 한다.

나. 토끼 몸짓 언어 익히기

(1) 프로그램 개요

활동명	반려 토끼 몸짓 언어 익히기	치유사명	
일시	2024. 2. 2	장소	실내 치유실
주 대상자	아동, 청소년, 노인	확장 대상자	모든 사람
치유 목적	• 인지능력, 관찰력, 집중력 향상 • 고립감 감소, 사회적 기술 향상, 공감 및 경청 기술 향상		
활동 목표	• 반려 토끼와 유대감을 형성하기 위한 행동을 취할 수 있다. • 반려 토끼와 장난감 놀이, 안아주기 등으로 상호 교감할 수 있다. • 자신의 스트레스를 해소하고 마음에 안정을 취할 수 있다.		
준비물	반려 토끼, 장난감, 간식(당근, 사과, 귀리), 손 세정제, 수건		
과정	활동 내용		
도입	• 동기유발을 위해 오늘 활동과 관련된 내용을 소개한다. • 이 시간의 활동 목표와 진행 내용을 설명한다. • 함께할 반려 토끼를 소개하고 대상자가 마주 보며 앉게 한다.		
전개	1) 경계(alert) • 토끼가 귀를 세우고 뒷다리로 서 있는다. 2) 빙키(binky) • 공중 점프, 비틀기 하는 것은 매우 행복하다는 표현이다. 3) 권투(boxing) • 토끼가 뒷다리로 서서 앞발을 들어 때리는 권투 행동 4) 엉덩이 떨기(butt twitch) • 간식을 먹을 때 엉덩이 경련-행복하고 즐겁다는 표현 5) 달려들기(lunging) • 토끼는 영역을 다툼이나 겁을 먹으면 달려들거나 때린다. 6) 손등 물기(nipping) • 토끼가 주의를 끌기 위해 또는 '비켜'라고 할 때의 행동 7) 전망(periscope; 상황 파악하기) • 토끼가 뒷다리로 서 있을 때는 주변을 탐색할 때의 자세 8) 무서워(scared) • 겁에 질린 토끼는 귀와 꼬리를 내리고 눈의 흰자위가 보인다. 9) 냄새 맡기(sniffing) • 토끼가 코를 씰룩거리며 킁킁대며 바닥 냄새를 맡는다 10) 눕기(sprawl) • 토끼가 편안하고 신뢰한다는 표시이다.		
정리	• 활동하면서 느낀 점, 깨달은 점을 말하도록 한다. • 오늘의 활동 내용을 요약, 정리하여 말한다. • 차시(다음 시간) 활동 내용을 안내해 준다.		

유의사항	• 토끼와 접근 시 서서히 다가가 놀라지 않게 한다. • 토끼에게 위해를 가하지 않도록 사전에 고지하고 감시한다. • 대상자가 과제를 수행할 때마다 칭찬과 격려를 해준다. • 활동이 끝나면 감염병 전염을 예방하기 위해 손을 씻는다.

(2) 프로그램 진행하기

1) 도입(5분)

- 동기유발을 위해 오늘 활동과 관련된 내용을 소개한다.
- 이 시간의 활동 목표와 진행 내용을 설명한다.
- 함께할 반려 토끼를 소개하고 대상자가 마주 보며 앉게 한다.

2) 전개(40~50분)

치유사는 반려 토끼 몸짓 언어를 익히고 흉내내는 방법과 순서를 설명하고 토끼의 몸짓를 보고 대상자가 알아 맞추도록 한다. 또한, 대상자의 오류는 수시로 정정해 주며 격려한다.

1 경계(alert)

- 토끼가 귀를 세우고 뒷다리로 서 있거나 네 발을 모두 땅에 대고 특정 방향을 주시한다.

2 빙키(binky)

- 토끼가 공중에서 점프하고 비틀기 하는 것은 매우 행복하다는 표현이다.

3 권투(boxing)

- 토끼가 뒷다리로 서서 앞발을 들어 때리는 권투 행동은 공격적인 행동이다.

4 엉덩이 떨기(butt twitch)

- 토끼에게 간식을 주면 엉덩이가 경련한다. 이것은 행복하고 즐겁다는 표현이다.

5 발 주위 돌기

- 발 주위를 빙빙 돌 때는 흥분과 사랑의 신호이다. 대부분은 간식을 기대할 때 이러한 행동을 한다.

6 달려들기(lunging)

- 토끼는 영역을 다툼이나 겁을 먹으면 달려들거나 때린다. 귀를 뒤로 젖히고 꼬리를 치켜들면서 앞으로 빠르게 돌진한다.

경계심 빙키(binky) 복싱 엉덩이 떨기 발 주위 돌기 달려들기

그림 IX-66 토끼 몸짓 언어1

참고 https://bunnylady.com/rabbit-body-language/

7 경주

- 토끼가 원 또는 8자 모양으로 방 주위를 계속해서 경주할 때는 매우 행복하고 흥분하고 에너지가 넘친다는 것을 의미한다.

8 손등 물기(nipping)

- 토끼가 주의를 끌기 위해 또는 '비켜'라고 할 때 아프지 않게 살짝 물기를 한다.

9 전망(periscope; 상황 파악하기)

- 토끼가 뒷다리로 서 있을 때는 주변을 탐색하고 좋은 자리를 찾거나 먹이를 구할 때 하는 자세이다.

10 무서워(scared)

- 겁에 질린 토끼는 귀와 꼬리를 내리고 눈의 흰자위를 볼 수 있다. 가구 밑이나 상자 은신처로 숨기 전의 자세이다.

11 이빨 갈이/가르랑 거림(purring)

- 토끼를 쓰다듬을 때 부드럽게 이빨 가는 소리를 들을 수 있다. 이것은 토끼가 행복하고 만족할 때 내는 소리이다.

12 뒷발 구르기(thumping)

- 토끼가 뒷다리로 바닥을 쿵쿵 구르는 시끄러운 소리를 낸다. 이것은 화가 날 때, 상대방에게 경고할 때 하는 행동이다.

그림 IX-67 토끼 몸짓 언어2

참고 https://bunnylady.com/rabbit-body-language/

3) 정리(5분)

- 오늘 활동하면서 느낀 점, 깨달은 점을 말하도록 한다.
- 오늘의 활동 내용을 요약, 정리하여 되새겨준다.
- 차시(다음 시간) 활동 내용을 안내해 준다.
- 반려 토끼에게 간식을 주며 상호 교감작용을 하도록 한다.

관련 지식

토끼의 기질

- 잠복성 : 토끼는 숨는 것을 좋아한다. 숨을 수 있는 터널 등 공간을 만들어 준다.
- 굴토성 : 집토끼의 조상은 굴토끼이다. 선천적으로 굴을 파는 습성이 있다.
- 던지는 성질 : 모든 종류의 토끼는 물건을 던지는 것을 좋아한다.
- 오르기(등산) : 산을 오르듯 가구를 기어오르는 것을 좋아한다. 오를 수 있는 계단을 만들어 주는 것이 좋다.
- 씹는 성질 :토끼의 이빨은 계속 자란다. 따라서는 신체적, 심리적 이유로 씹어야 한다. 단단하지 않은 나무토막 등을 넣어 준다.
- 타격성 :토끼가 공격할 때는 뒷다리를 들고 앞 다리로 권투경기를 하듯 때린다. 공격성을 해소할 수 있는 장난감을 넣어 준다.

다. 건강 이상 징후 발견하기

(1) 프로그램 개요

활동명	건강 이상 징후 발견하기	치유사명	
일시	2024. 2. 2	장소	토끼 사육장
주 대상자	노인, ADHD 청소년	확장 대상자	모든 사람
치유 목적	• 인지능력 및 기억력, 관찰력 및 집중력 향상 • 양육 능력 및 생명 존중감 향상		
활동 목표	• 토끼의 외모 상태를 보고 건강 이상 징후를 발견할 수 있다. • 토끼의 자세와 행동을 보고 이상 징후를 발견할 수 있다. • 토끼의 침 흘림, 기침, 콧물 등을 보고 이상 징후를 발견할 수 있다.		
준비물	청진기, 반려 토끼, 점검치, 손 세정제, 수건		
과정	활동 내용		
도입	• 동기유발을 위해 오늘 활동과 관련된 내용을 소개한다. • 이 시간의 활동 목표와 진행 내용을 설명한다. • 건강 상태를 눈으로 점검하는 순서와 방법에 관해 설명한다		
전개	1) 식욕의 변화 • 토끼가 섭취하는 사료의 양이 급격히 줄어들었는가? 2) 똥의 변화 • 똥의 크기, 모양, 색상이 균일하고 일정한가? 3) 자세와 행동 • 토끼가 구부정한 자세(등이 둥근 빵 모양)로 앉는가? • 에너지가 급격히 감소하여 움직임이 적고 활기가 없는가? 4) 이 갈이 • 고통스러워서 시끄럽고 삐걱거리는 이빨 갈이는 없는가? 5) 침 흘림 • 토끼가 침을 흘려 턱 아래가 축축하지는 않은가? 6) 귀의 열감 또는 냉감 • 토끼의 귀를 잡았을 때 열감이나 냉감은 없는가? 7) 콧물 • 콧물을 흘리고 있지 않은가? 8) 호흡 상태 • 토끼가 헐떡이거나 입으로 숨을 쉬려고 안간힘을 쓰는가? 9) 복부 팽만 • 토끼의 배가 둥글게 부풀어 오르지 않았는가? • 복부의 팽대는 장에 가스가 축적되는 고창증일 수 있다. 10) 털 빠짐		

정리	• 활동하면서 느낀 점, 깨달은 점을 말하도록 한다. • 오늘의 활동 내용을 요약, 정리하여 말한다. • 차시(다음 시간) 활동 내용을 안내해 준다. • 반려 토끼를 쓰다듬고 포옹하면서 상호 교감작용을 하도록 한다.
유의사항	• 치유 활동은 편안한 분위기를 조성하고 친절하게 대한다. • 토끼와 접근 시 서서히 다가가 놀라지 않게 한다. • 활동이 끝나면 감염병 전염을 예방하기 위해 손을 씻는다.

(2) 프로그램 진행하기

1) 도입(5분)

- 동기유발을 위해 오늘 활동과 관련된 내용을 소개한다.
- 이 시간의 활동 목표와 진행 내용을 설명한다.
- 건강 상태를 눈으로 점검하는 순서와 방법에 관해 설명한다.

2) 전개(30~40분)

치유사는 반려 토끼의 신체 부위를 지적하면서 구체적인 이상 증상을 설명한 후 대상자가 직접 점검하여 이상 징후를 발표하도록 한다. 또한, 대상자의 오류가 있을 때는 정정해 주며 칭찬해 준다.

1 식욕의 변화

- 토끼가 섭취하는 사료의 양이 급격히 줄어들었는가?
- 갑자기 건초를 먹지 않고 펠릿만 먹거나 그 반대로 섭취하는가?

2 똥의 변화

- 정상적인 토끼 똥은 병아리콩~완두콩 크기의 둥근 형태이다.
- 똥의 크기, 모양, 색상이 균일하고 일정한가?
- 작은 똥, 변형된 똥, 뭉친 똥, 설사, 점액 똥 등은 없는가?
- 위와 같은 똥의 변화는 소화기 계통의 질병이 의심된다.

3 자세와 행동

- 토끼가 구부정한 자세(등이 둥근 빵 모양)로 앉는가?
- 눈을 가늘게 실눈을 뜨고 불편해 보이지는 않는가?
- 에너지가 급격히 급격히 감소하여 움직임이 적고 활기가 없는가?
- 고개를 갸우뚱하는 기울어져 있지는 않은가?

4 이빨 갈이

- 고통스러워서 시끄럽고 삐걱거리는 이빨 갈이는 없는가?

5 침 흘림

- 토끼가 침을 흘려 턱 아래가 축축하지는 않은가?
- 침 흘림은 이빨이나 호흡기 문제의 징후일 수 있다.

6 귀의 열감 또는 냉감

- 토끼는 귀의 혈관을 통해 체온 조절을 한다.
- 토끼의 귀를 잡았을 때 뜨거운 열감이나 차가운 냉감은 없는가?
- 귀가 붉은색이면 체온 상승이고 창백한 백색이면 저체온증이다.

7 콧물

- 콧물을 흘리고 있지 않은가?
- 콧물은 스너플병(토끼 감기)일 수 있는 중대한 질병이다.

8 호흡 상태

- 토끼가 헐떡이거나 입으로 숨을 쉬려고 안간힘을 쓰는가?
- 이는 결사병 또는 호흡기 질병에 걸렸을 수 있다.

9 복부 팽만

- 토끼의 배가 둥글게 부풀어 오르지 않았는가?
- 복부의 팽대는 장에 가스가 축적되는 고창증일 수 있다.

10 털 빠짐

- 토끼의 털 빠짐으로 피부가 노출되고 붉게 된 부분은 없는가?
- 발진, 외부기생충, 피부병 등의 감염이 우려된다.

3) 정리(5분)

- 오늘 활동하면서 느낀 점, 깨달은 점을 말하도록 한다.
- 오늘의 활동내용을 요약, 정리하여 되새겨준다.
- 차시(다음 시간) 활동내용을 안내해 준다.
- 반려 토끼에게 간식을 주며 상호 교감작용을 하도록 한다.

참조: https://bunnylady.com/is-your-rabbit-sick/

관련 지식

[1] 토끼의 생태와 특징

토끼는 한자로 卯(묘), 兎(토), 영어로는 Rabbit, Bunny, Hare라고 한다.

동물학적 분류는 척삭동물문, 포유강, 토끼목, 토끼과, 굴토끼속에 속하는 동물이다. 긴 귀가 특징으로 앞다리보다 훨씬 긴 뒷다리를 이용하여 깡충깡충 뛰어다닌다. 입과 코는 작으며, 입 모양이 'ㅅ' 모양. 얼굴은 약간 달걀형에 가깝다. 눈의 색은 검은색이나 갈색, 푸른색 등이 있으며 시력은 좋지 않으나 360°의 넓은 시야를 가지고 있다.

중치류(重齒類)인 토끼는 쥐처럼 위아래 각각 1쌍의 크고 긴 앞니가 있고, 위턱의 윗니 안쪽에 작고 짧은 이가 2개 더 있는 것이 다른 설치류와 달라 중치류라고 하며 앞니가 6개다.

[2] 토끼의 생리

토끼의 생리는 품종, 사육환경, 영양 상태, 체중 등에 따라 다르나 일반적인 신체적 생리와 번식 생리는 다음과 같다.

표 IX-6 토끼의 생리

신체 생리		번식 생리	
심박수	130~325회/분	번식적령기	♀7, ♂8개월령
호흡수	30~60회/분	번식주기	교미 후 배란
체온	38.5~39.5℃	임신 기간	31일
수명	7~10년	분만 새끼 수	7~8마리

[3] 토끼는 발정 주기가 없다?

토끼는 발정 주기가 없다. 따라서 연중 번식이 가능하다. 토끼는 다른 동물과 달리 수컷과의 교미 자극으로 배란이 일어나는 교미 후 배란 동물이기 때문이다. 배란은 교미 후 약 10시간에 일어난다.

라. 토끼 안아주기

(1) 프로그램 개요

활동명	반려 토끼 안아주기	치유사명	
일시	2024. 2. 2	장소	실내 치유실
주 대상자	아동, 청소년, 노인	확장 대상자	모든 사람
치유 목적	• 인지능력 및 기억력, 관찰력 및 집중력 향상 • 양육 능력 및 생명 존중감 향상 • 근육과 관절의 유연성 향상		
활동 목표	• 반려 토끼와 유대감을 형성하기 위한 행동을 취할 수 있다. • 반려 토끼와 장난감 놀이, 안아주기 등으로 상호 교감할 수 있다. • 자신의 스트레스를 해소하고 마음에 안정을 취할 수 있다.		
준비물	반려 토끼, 장난감, 간식(당근, 사과, 귀리), 손 세정제, 수건		
과정	활동 내용		
도입	• 동기유발을 위해 오늘 활동과 관련된 내용을 소개한다. • 이 시간의 활동 목표와 진행 내용을 설명한다. • 함께할 반려 토끼를 소개하고 대상자가 마주 보며 앉게 한다.		
전개	1) 안전하게 잡기 • 한 손으로 토끼의 가슴 아래 두 앞발을 손으로 감싸 잡는다. • 다른 손은 토끼의 엉덩이 아래에 놓고 토끼의 무게가 손에 얹히게 해야 떨어트리지 않는다. • 토끼를 들어 올려 몸에 부드럽게 밀착시켜 팔로 감싸 안는다. 2) 안아주기 • 토끼의 앞발을 가슴이나 어깨에 올리고 한쪽 팔로 토끼의 발과 엉덩이를 지지하고 다른 팔로 토끼를 가볍게 감싸 안정을 유지한다. • 한쪽 손으로 토끼의 아래쪽을 감싸고 다른 손으로 중간 지점을 잡고 안는다. • 토끼의 앞쪽 반쪽을 잡아 몸에 대고 다른 팔로 다시 감싼다. • 토끼를 너무 오래 안고 있지 않도록 한다. 3) 내려놓기 • 토끼를 내려놓을 때 너무 일찍 뛰어내리지 않도록 단단히 잡는다. • 무릎을 꿇어 자세를 천천히 낮춘다. • 팔을 내려 땅에 가까워 지면 뛰어내리도록 놓아 준다.		
정리	• 활동하면서 느낀 점, 깨달은 점을 말하도록 한다. • 오늘의 활동 내용을 요약, 정리하여 말한다. • 차시(다음 시간) 활동 내용을 안내해 준다.		
유의사항	• 토끼와 접근 시 서서히 다가가 놀라지 않게 한다. • 토끼에게 위해를 가하지 않도록 사전에 고지하고 감시한다. • 대상자가 과제를 수행할 때마다 칭찬과 격려를 해준다. • 활동이 끝나면 감염병 전염을 예방하기 위해 손을 씻는다.		

(2) 프로그램 진행하기

1) 도입(5분)

- 동기유발을 위해 오늘 활동과 관련된 내용을 소개한다.
- 이 시간의 활동 목표와 진행 내용을 설명한다.
- 함께할 반려 토끼를 소개하고 대상자가 마주 보며 앉게 한다.

2) 전개(30~40분)

치유사는 반려 토끼를 안아주는 방법과 순서를 설명하면서 시연한 후 대상자가 시행하도록 한다. 또한, 대상자의 수행 행동을 수시로 정정해 주며 격려한다.

1 안전하게 잡기

※ 치유사는 대상자에게 토끼를 잡을 때는 서서 잡지 말고 토끼 옆에 무릎을 꿇고 잡으면 몸의 균형을 유지하기도 좋으며 토끼도 덜 위협을 느낀다는 것을 알려준다.

① 한 손으로 토끼의 가슴 아래 두 앞발을 손으로 감싸 잡는다.

① ② ③

그림 IX-68 토끼 잡는 순서

출처: https://bunnylady.com/how-to-handle-a-rabbit/

② 다른 손은 토끼의 엉덩이 아래에 놓고 토끼의 무게가 손에 얹히게 해야 떨어트리지 않는다.

③ 토끼를 들어 올려 몸에 부드럽게 밀착시켜 팔로 감싸 안는다.

※ 절대로 토끼의 귀를 잡지 않는다.

2 안아주는 3가지 방법

① 토끼의 앞발을 가슴이나 어깨에 올리고 한쪽 팔로 토끼의 발과 엉덩이를 지지하고 다른 팔로 토끼를 가볍게 감싸 안정을 유지한다.

①　　②　　③

그림 IX-69 토끼 안는 방법

출처: https://bunnylady.com/how-to-handle-a-rabbit/

② 한쪽 손으로 토끼의 아래쪽을 감싸고 다른 손으로 중간 지점을 잡고 안는다. 이때 토끼를 완전히 거꾸로 뒤집지 않도록 하고 머리를 들고 있도록 한다.

③ 토끼의 앞쪽 반쪽을 잡아 몸에 대고 다른 팔로 다시 감싼다. 몸통을 지지대로 삼아 토끼가 팔에서 튀어나오지 않도록 한다.

④ 토끼를 너무 오래 안고 있지 않도록 한다.

3 내려놓기

① 토끼를 내려놓을 때 너무 일찍 뛰어내리지 않도록 단단히 잡는다.

② 무릎을 꿇어 자세를 천천히 낮춘다.

③ 팔을 내려 땅에 가까워 지면 뛰어내리도록 놓아 준다.

※ 바닥이 미끄러울 때는 수건이나 매트를 깔아 다치지 않도록 한다.

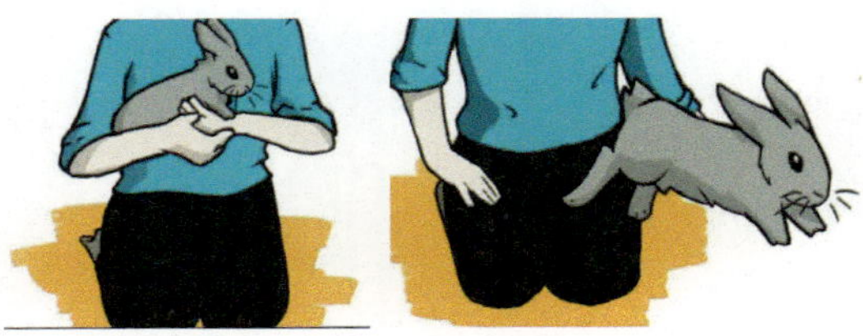

무릎을 꿇는다　　바닥에 내려놓는다

그림 IX-70 토끼 내려놓기

출처: https://bunnylady.com/how-to-handle-a-rabbit/

3) 정리(5분)

- 오늘 활동하면서 느낀 점, 깨달은 점을 말하도록 한다.
- 오늘의 활동 내용을 요약, 정리하여 되새겨 준다.
- 차시(다음 시간) 활동 내용을 안내해 준다.
- 반려 토끼에게 간식을 주며 상호 교감작용을 하도록 한다.

관련 지식

안아주기 Tip

- 생후 10일 이후 일찍 사회화를 시키는 것이 유리하다.
- 새끼 토끼는 부드럽게 다루어 사람의 손길에 익숙해지도록 한다.
- 매일 몇 분 동안 긍정적으로 상호작용의 경험을 갖도록 한다.
- 토끼를 놀라게 하지 않도록 천천히 움직이고 조용히 이야기한다.
- 수건으로 눈을 가리거나 팔의 구부러진 부분으로 머리를 넣으면 편안해 한다.

읽을거리 : 설화 속의 토끼는 어떤 모습일까?

토끼는 초식동물로 생태계 먹이사슬의 하위 구조에 속하는 토끼의 생태적 특성과 연약해 보이는 외형에 근거를 둔 속담의 형성 및 전승이 대부분이다.
설화에서 토끼는 지혜의 상징, 악의 퇴치자, 정의를 수호하는 심판관 등으로 형상화되고 있으나 속담에서는 여우와 함께 교활한 성정을 지닌 인간을 대표하고 있다. '호랑이 없는 골에 토끼가 왕 노릇 한다'등이 대표적인 사례이다.
이솝 우화의 토끼와 거북이에서는 교만한 모습을 보이다 거북이와의 시합에서 패배하기도 했다.

마. 토끼와 게임하기

(1) 프로그램 개요

활동명	반려 토끼와 게임하기	치유사명	
일시	2024. 2. 2	장소	치유실
주 대상자	아동, 청소년, 노인	확장 대상자	모든 사람
치유 목적	• 스트레스 해소, 불안, 슬픔 및 고립 감소, 사회적 기술 향상 • 근육과 관절의 유연성, 이동성, 근력 향상		
활동 목표	• 반려 토끼와 게임을 수행하며 상호 교감할 수 있다. • 자신의 스트레스를 해소하고 마음의 안정과 즐거움을 찾을 수 있다.		
준비물	파슬리 또는 당근 클로버 잎, 아까시나무잎, 간식, 투명 플라스틱 컵, 플라스틱 장난감 볼링 핀, 장난감(공, 화장지 튜브, 병뚜껑 등), 손 세정제, 수건		
과정	활동 내용		
도입	• 동기유발을 위해 오늘 활동과 관련된 내용을 소개한다. • 이 시간의 활동 목표와 진행 내용을 설명한다. • 함께할 반려 토끼를 소개하고 대상자가 마주 보며 앉게 한다.		
전개	1) 니블 앤 런(Nibble and Run) • 파슬리 채소를 토끼 근처로 가져가 다가오면 파슬리 간식으로 보상한다. • 토끼가 잘 수행하면 다른 곳으로 토끼가 따라오도록 한다. 2) 마법 컵(magic cup) • 투명한 플라스틱 컵 2~3개를 뒤집어 놓는다. • 컵 사이에 간식을 넣고 탐색하고 간식을 꺼내도록 한다. 3) 토끼 볼링(bunny bowling) • 플라스틱 볼링 핀을 세워 놓고 통과하면서 코로 밀어 넘어뜨리게 한다. • 다시 볼링 핀을 세우고 넘어뜨리도록 몇 차례 반복한다. 4) 역방향 가져오기(reverse fetch) • 토끼가 장난감을 물어 던지면 즉시 주워 토끼에게 다시 준다. • 다시 토끼가 장난감을 던져 버리면 다시 주워 토끼 앞에 놓는다.		
정리	• 활동하면서 느낀 점, 깨달은 점을 말하도록 한다. • 오늘의 활동 내용을 요약, 정리하여 말한다. • 차시(다음 시간) 활동 내용을 안내해 준다.		
유의사항	• 플레이 세션을 짧게 유지한다(10분~20분). • 게임을 할 때는 자세를 낮춰 토끼가 안전하다고 느끼게 한다. • 대상자가 과제를 수행할 때마다 칭찬과 격려를 해준다. • 활동이 끝나면 감염병 전염을 예방하기 위해 손을 씻는다.		

(2) 프로그램 진행하기

1) 도입(5분)

- 동기유발을 위해 오늘 활동과 관련된 내용을 소개한다.
- 이 시간의 활동 목표와 진행 내용을 설명한다.
- 함께할 반려 토끼를 소개하고 대상자가 마주 보며 앉게 한다.

2) 전개(각 게임당 15분 내외)

- 치유사는 반려 토끼와 게임하는 방법과 규칙을 설명하면서 시연한 후 대상자가 시행하도록 한다. 또한, 대상자의 실습 행동을 수시로 정정해 주며 격려한다.
- 다음의 4개 게임은 치유실의 환경조건에 맞춰 1회기에 1~2개임을 선택하여 30분 이내로 실시하고 나머지 게임은 차기 회기에 나누어 실시할 것을 권장한다.

1 니블 앤 런(nibble and run)

- 파슬리와 같은 맛있고 향긋한 채소를 토끼 근처로 가져간다.
- 토끼의 이름을 부르고 다가올 때까지 기다린다.
- 토끼가 다가오면 파슬리 간식으로 보상한다.
- 다음은 다른 장소로 이동하여 토끼의 이름을 부르고 토끼가 따라오면 또 다른 맛있는 간식을 준다.
- 토끼가 잘 수행하면 다른 곳으로 토끼가 따라오도록 한다.
- 보통 게임은 5~10라운드 정도 한다.

그림 IX-71 니블 앤 런

그림 IX-72 마법 컵

2 마법 컵(magic cup)

- 투명한 플라스틱 컵 2~3개를 뒤집어 놓는다.
- 토끼가 가장 좋아하는 간식을 뒤집힌 컵 중 하나에 놓고 토끼를 부른다.

- 토끼들이 와서 탐색하고 간식을 꺼내도록 도와준다.
- 토끼가 컵에 숨긴 간식을 찾아 먹을 때 칭찬을 한다.
- 더 많은 음식을 추가하고 반복하여 실시한다.

3 토끼 볼링(bunny bowling)

- 토끼는 물건을 탐색하고 넘어뜨리는 것을 좋아한다.
- 플라스틱 볼링 핀을 세워 놓고 통과하면서 코로 밀어 넘어뜨리게 한다.
- 다시 볼링 핀을 세우고 넘어뜨리도록 몇 차례 반복한다.

4 역방향 가져오기(reverse fetch)

- 토끼는 이빨로 장난감을 물어 들고 머리로 튕기는 것을 좋아한다.
(장난감 종류 : 버드나무 공, 화장지 튜브, 병뚜껑, 나무 블록 등)
- 토끼가 좋아하는 장난감을 앞에 놓아둔다.
- 토끼가 장난감을 물어 던지면 즉시 주워 토끼에게 다시 준다.
- 다시 토끼가 장난감을 던져 버리면 다시 주워 토끼 앞에 놓는다.
- 이 게임은 토끼와 대상자 모두 상호 작용을 하는데 재미를 갖는다.

그림 IX-73 토끼 볼링

그림 IX-74 역방향 가져오기

3) 정리(5분)

- 오늘 활동하면서 느낀 점, 깨달은 점을 말하도록 한다.
- 오늘의 활동 내용을 요약, 정리하여 되새겨준다.
- 차시(다음 시간) 활동 내용을 안내해 준다.
- 반려 토끼에게 간식을 주며 상호 교감작용을 하도록 한다.

바. 토끼 사료 · 물 급여하기

(1) 프로그램 개요

활동명	사료 · 물 급여하기	치유사명	
일시	2024. 2. 2	장소	토끼 사육장
주 대상자	아동, 청소년, 노인	확장 대상자	모든 사람
치유 목적	• 인지능력 및 기억력, 관찰력 및 집중력 향상 • 양육 능력 및 생명 존중감 향상		
활동 목표	• 반려 토끼와 유대감을 형성하기 위한 행동을 취할 수 있다. • 토끼에게 적합한 건초와 생초, 펠릿을 선택하여 급여할 수 있다. • 토끼 사육장에 적합한 급수기에 신선한 물을 줄 수 있다. • 자신의 스트레스를 해소하고 마음에 안정을 취할 수 있다.		
준비물	펠릿 사료, 급이기, 급수기, 티머시 건초, 야채, 과일, 손 세정제		
과정	활동 내용		
도입	• 동기유발을 위해 오늘 활동과 관련된 내용을 소개한다. • 이 시간의 활동 목표와 진행 내용을 설명한다. • 함께할 반려 토끼를 소개하고 대상자가 마주 보며 앉게 한다.		
전개	1) 건초 및 생초 급여하기 • 티머시나 잔디 건초는 항상 먹을 수 있도록 무제한으로 준다. • 생초 및 녹색 채소는 매일 1/4에서 1/2컵 분량을 준다. 2) 펠릿 사료 급여하기 • 1세 이상의 토끼는 티머시 펠릿 사료를 급여한다. • 어린 토끼는 단백질 함량이 많은 알팔파 펠릿을 급여한다. 3) 야채 급여하기 • 신선한 야채는 매일 적절한 양을 아침과 저녁으로 나누어 준다. • 야채 급여량은 건강한 토끼는 체중 1.8kg당 약 1컵, 최대 2컵까지 준다. 4) 과일 급여하기 • 과일은 1주일에 한두 번 소량으로 드물게 제공한다. • 과일 급여량은 체중 2.3kg당 과일 1~2큰술 정도로 준다. • 과일의 종류는 다음과 같은 과일 중에서 선택하여 급여한다. 5) 물 급여하기 • 케이지 사육에는 걸이용 물통을 사용한다. • 하루에 한 번은 물그릇을 닦고 신선한 물을 충분히 공급한다.		
정리	• 활동하면서 느낀 점, 깨달은 점을 말하도록 한다. • 오늘의 활동 내용을 요약, 정리하여 말한다. • 차시(다음 시간) 활동 내용을 안내해 준다.		
유의사항	• 토끼와 접근 시 서서히 다가가 놀라지 않게 한다. • 토끼에게 급여해서는 안 되는 음식을 주지 않도록 한다. • 대상자가 과제를 수행할 때마다 칭찬과 격려를 해준다. • 활동이 끝나면 감염병 전염을 예방하기 위해 손을 씻는다.		

(2) 프로그램 진행하기

1) 도입(5분)

- 동기유발을 위해 오늘 활동과 관련된 내용을 소개한다.
- 이 시간의 활동 목표와 진행 내용을 설명한다.
- 함께할 반려 토끼를 소개하고 대상자가 마주 보며 앉게 한다.

2) 전개(40~50분)

치유사는 반려 토끼에게 사료와 물을 급여하는 방법과 순서를 설명하면서 시연한 후 대상자가 시행하도록 한다. 또한, 대상자의 수행 행동을 수시로 정정해 주며 격려한다.

1 건초 및 생초 급여하기

- 토끼는 초식동물이므로 총 먹이 중 약 85%는 건초와 생풀을 준다.
- 티머시나 잔디 건초는 항상 먹을 수 있도록 무제한으로 넣어 준다.
- 생초 및 녹색 채소는 매일 1/4~1/2컵 분량을 준다.

2 펠릿 사료 급여하기

- 1세 이상의 토끼는 티머시 펠릿 사료를 급여한다.
- 어린 토끼는 단백질 함량이 많은 알팔파 펠릿 사료를 급여한다.
- 생후 8개월 이상의 토끼는 다음과 같은 사료량을 급여한다.

> - 체중 0.9~1.8kg : 매일 1/8 컵
> - 체중 2.2~3.1kg : 매일 1/4 컵
> - 체중 3.6 -4.5kg : 매일 1/2 컵
> - 체중 5.0 -6.8 : 매일 3/4 컵

- 토끼 체중에 의한 급여량은 다음과 같이 계산하여 급여한다.
  (25g × 토끼 체중(kg) = 1일 급여량g)

그림 IX-75 토끼의 사료 급여

3 녹색 채소 급여하기

- 신선한 야채는 매일 적절한 양을 아침과 저녁으로 나누어 준다.
- 야채 급여량은 건강한 토끼는 체중 1.8kg당 약 1컵, 최대 2컵까지 준다.
- 드워프 토끼와 같은 작은 품종은 1컵 이내로 준다.
- 토끼가 즐겨 먹는 다음과 같은 야채 중에서 선택하여 급여한다.

피망, 청경채, 당근 잎, 오이, 허브(바질, 고수, 민트, 파슬리, 로즈마리 등), 양상추, 무 잎, 알팔파 새싹, 클로버, 밀싹, 호박 등

4 과일 급여하기

- 과일은 1주일에 한두 번 소량으로 드물게 제공한다.
- 과일 급여량은 체중 2.3kg당 과일 1~2큰술 정도로 준다.
- 과일의 종류는 다음과 같은 과일 중에서 선택하여 급여한다.

사과, 바나나, 블루베리, 체리, 포도, 멜론, 오렌지, 파파야, 복숭아, 배, 파인애플, 자두, 수박 등

5 물 급여하기

- 물그릇은 뒤집히지 않는 무거운 세라믹 그릇을 이용한다.
- 케이지 사육에는 걸이용 물통을 사용한다.
- 하루에 한 번은 물그릇을 닦고 신선한 물을 충분히 공급한다.

그림 IX-76 걸이용 급수기

3) 정리(5분)

- 오늘 활동하면서 느낀 점, 깨달은 점을 말하도록 한다.
- 오늘의 활동내용을 요약, 정리하여 되새겨준다.
- 차시(다음 시간) 활동내용을 안내해 준다.
- 반려 토끼에게 간식을 주며 상호 교감작용을 하도록 한다.

관련 지식

[1] 제공해서는 안 되는 음식

- 비트, 양배추, 겨자잎, 시리얼, 초콜릿, 옥수수, 크래커, 콩류, 견과류, 파스타, 설탕, 요구르트, 빵
- 콩류, 옥수수, 감자는 심각한 소화기 장애를 일으킬 수 있다.
- 쿠키, 견과류, 씨앗, 곡물, 빵은 절대로 토끼에게 먹여서는 안 된다.
- 당근은 당분과 칼슘이 많아 매일 제공해서는 안 된다.
- 토끼는 약 85%는 풀과 양질의 건초, 10%는 녹색 채소, 5%는 펠릿 사료의 비율로 급여하는 것이 이상적이다.

[2] 토끼는 자기 똥을 먹는다?

토끼는 자신의 똥을 먹는 '식분증'이 있다. 밤에서 새벽 사이 생산되어 먹는 변을 식변이라고 한다. 식변은 항문에서 나오는 즉시 섭취하여 실제로 보기는 어렵다.

식변에는 주요한 영양분이 포함되어 있어 맹장 건강을 유지하고 생존에 필요한 영양소를 공급하므로 식변을 섭취하는 행위는 매우 중요하고 자연스러운 현상으로 토끼의 생명 활동에 필수적이다.

식변을 먹는 것은 큰 문제는 없으나 예방하는 방법은 사료를 과다급여하지 않고 특히 토끼가 먹어서는 안 되는 견과류 등을 주지 않도록 해야 한다.

참고문헌 및 관련 인터넷사이트

- 안제국(2005). 애완동물사육. 부민문화사.
- 안제국 외(2005) 동물매개치료. 학지사
- 안제국 외(2018). 가축 관리 실무. 부민문화사.
- 안제국 외(2018). 동물자원. 충북교육청.
- 국제 고양이 협회(The International Cat Association)
- 미국케널클럽(American Kennel Club)

[그림 및 사진 출처]

- 단원열기 https://carolinadogtraining.com/best-job-for-dogs-that-fit-their-personalities/
- 그림 IX-1 https://www.wien.info/en/see-do/discover-vienna/freud/freud-his-life-in-pictures-346418
- 그림 IX-2 https://www.alkc.org.br/en
- 그림 IX-3 https://www.alkc.org.br/en
  https://www.chewy.com/education/dog-breeds/pomeranian
- 그림 IX-4 자작
- 그림 IX-5 https://www.shutterstock.com/image-vector/dog-behavior-icons-set-domestic-animal-1578943891
- 그림 IX-6 https://animalkind.ca/kind-corner-how-to-use-treats-in-dog-training-part-2-avoid-bribery/
- 그림 IX-7 https://www.dogster.com/dog-training/how-to-give-a-dog-a-treat
- 그림 IX-8 https://www.thesprucepets.com/dog-treat-varieties-1118462
- 그림 IX-9 https://www.thesprucepets.com/dog-treat-varieties-1118462
- 그림 IX-10 https://www.nomnomnow.com/learn/article/choose-the-best-treats-for-your-dog
- 그림 IX-11 https://www.halifaxpubliclibraries.ca/blogs/post/tell-me-about-it-children-reading-to-dogs-for-paws-to-read/
  https://pigeon605.com/dogs-allowed-in-the-library-they-are-when-theyre-readers/
  https://newyorktherapyanimals.org/wp-content/uploads/2015/08/Melodie-2.jpg
- 그림 IX-12 https://blog.indypl.org/kids/paws-to-read/
- 그림 IX-13 https://www.k9ofmine.com/how-to-hold-dog-leash/
- 그림 IX-14 https://www.akc.org/expert-advice/health/how-often-should-you-walk-your-dog/
- 그림 IX-15 https://timeqube.com/blog/meditation-with-pets/

- 그림 IX-16 NCS학습모듈(애완동물미용) 04 애완동물 목욕. p.11
- 그림 IX-17 NCS학습모듈(애완동물미용) 04 애완동물 목욕. p.11
- 그림 IX-18 NCS학습모듈(애완동물미용) 04 애완동물 목욕. p.11
- 그림 IX-19 NCS학습모듈(애완동물미용) 04 애완동물 목욕. p.11
- 그림 IX-20 NCS학습모듈(애완동물미용) 04 애완동물 목욕. p.11
- 그림 IX-21 자작
- 그림 IX-22 https://www.nbcnews.com/select/shopping/how-often-to-bathe-your-dog-rcna148001
- 그림 IX-23 https://toegrips.com/dog-anal-gland-issues/
- 그림 IX-24 https://www.doggroomingtutorial.com/how-to-clean-anal-glands-of-a-poodle/
- 그림 IX-25 https://weliveinaflat.com/blog/how-to-cut-dogs-black-nails/
- 그림 IX-26 https://www.amazon.com/Epica-Best-Professional-Clipper-Large/dp/B00FU6PDLU?th=1
  https://pangovet.com/pet-health-wellness/dogs/how-to-trim-dogs-nails-at-home/
  https://www.insidedogsworld.com/how-to-clip-dog-nails/
- 그림 IX-27 https://www.amazon.com/LLSPET-Squeaky-Sports-Durable-Interactive/dp/B0D7MFR6LH?th=1
- 그림 IX-28 https://www.pdsa.org.uk/what-we-do/blog/how-to-play-safe-ball-games-with-your-dog
  https://www.hypropremium.com.au/teach-your-dog-to-play-fetch/
- 그림 IX-29 https://www.fidosavvy.com/dog-food.html
- 그림 IX-30 https://news.uoguelph.ca/2019/07/expert-offers-tips-to-feeding-your-dog-a-nutritious-diet/
- 그림 IX-31 https://smartstore.naver.com/ts_shopping/products/8515100317?nl-query=%EA%B0%95%EC%95%84%EC%A7%80+%EC%9E%90%EB%8F%99+%EA%B8%89%EC%88%98%EA%B8%B0&nl-ts-pid=iHIxIlqVOsVsscEpRBssssss%2Bo-319929&NaPm=ct%3Dm6mujik8%7Cci%3D1b108f422e5c91114653aecb17e30d7da1b6593d%7Ctr%3Dimg%7Csn%3D3725039%7Chk%3D6e583b77833b718a680659591e84962ecf2652c9
  https://blog.naver.com/petcome2003/20202882677?photoView=0
  https://smartstore.naver.com/rojeco/products/7460100344?&frm=NVSCIMG
- 그림 IX-32 https://www.youtube.com/watch?v=f-szLQy7JHg
- 그림 IX-33 https://brightside.me/articles/8-areas-of-your-dog-that-are-crucial-to-massage-your-dog-will-thank-you-656210/
- 그림 IX-34 https://zamipet.com.au/blogs/pet-health-hub/dog-massage
- 그림 IX-35 https://zamipet.com.au/blogs/pet-health-hub/dog-massage
- 그림 IX-36 대전 올리브독 대표 권혜영 제공
- 그림 IX-37 https://www.kinship.com/cat-lifestyle/iconic-cat-ladies

- 그림 IX-38. 1 https://en. wikipedia. org/wiki/Ragdoll#/media/File:Ragdoll_from_Gatil_Ragbelas. jpg
- 그림 IX-38. 2 https://www. woofblankets. com/blogs/woof-diaries/maine-coon-cat-a-journey-from-history-to-health
- 그림 IX-38. 3 https://en. wikipedia. org/wiki/Persian_cat#/media/File:Persian_silver_dollface. jpg
- 그림 IX-38. 4 https://www. zooplus. co. uk/magazine/cat/cat-breeds/balinese
- 그림 IX-39. 1 https://pangovet. com/pet-breeds/cats/cat-breeds-that-look-like-siamese-cats/
- 그림 IX-39. 2 https://pets4life. com. au/abyssinian-cat-breed-profile/
- 그림 IX-39. 3 https://www. yourcat. co. uk/types-of-cats/burmese-cat-breed-information/
- 그림 IX-39. 4 https://www. pumpkin. care/cat-breeds/russian-blue/
- 그림 IX-39. 5 https://www. petful. com/cat-breeds/scottish-fold-cat-breed-profile/
- 그림 IX-39. 6 https://www. purina. co. uk/find-a-pet/cat-breeds/bengal
- 그림 IX-39. 7 https://www. purina. co. nz/find-a-pet/cat-breeds/manx
- 그림 IX-40 미상
- 그림 IX-41 https://spcanevada. org/services/pet-education/animal-ally/cat-communication/
- 그림 IX-42 https://www. trustedhousesitters. com/blog/pets/how-to-talk-to-cats/
- 그림 IX-43 https://www. fveap. org/where-do-cats-like-to-be-pet/
- 그림 IX-44 https://www. meowingtons. com/blogs/lolcats/where-cats-actually-want-to-be-pet
- 그림 IX-45 https://www. catster. com/cat-behavior/what-do-cats-really-think-about-hugs/
- 그림 IX-46 https://nepapetsitting. com/do-cats-like-to-be-hugged/
- 그림 IX-47 https://clawsable. com/products/heated-pet-pad-16x28
- 그림 IX-48 https://www. dailystar. co. uk/news/weird-news/woman-breastfed-cat-plane-refused-25559021
- 그림 IX-49 https://supakit. co/blogs/cat-guides/homemade-tuna-cat-treats-your-cat-will-go-crazy-for?srsltid=AfmBOorDKuTYYdGCwXYJZIRLhzB1W4m6iJhibuDLbh6bfa8SoYWlXdTB
- 그림 IX-50 https://www. meowsnpaws. com/diy/homemade-cat-treats/
- 그림 IX-51 https://www. google. co. kr/search?sca_esv=14c7ad4c2a572616&q=Making+a+Cat+Hideout&source=lnms&fbs=ABzOT_CZsxZeNKUEEOfuRMhc2yCI6hbTw9MNVwGCzBkHjFwaK53DgNHTMxn53_XGiUHS2MvCJOyRBFAs1hn9fBmZ19LY37CP1T2Mfgwmm1XPDV5Ig3B2hnK5Is6PlQ6OuHr_WYX2qZ-HwfUV0NByTh3RtjzahSJXm3JOn4KcDlWNnTYXSbJ_jXG3AHPs-0VRiar8_ArfONcI&sa=X&ved=2ahUKEwjrgduTqaaLAxVsja8BHXr7Ds8Q0pQJegQIBxAB&biw=1206&bih=740&dpr=1#fpstate=ive&vld=cid:eb3d1599,vid:v9irfr1LbMI,st:0
- 그림 IX-52 https://www. dailypaws. com/cats-kittens/cat-grooming/how-to-trim-cats-nails
- 그림 IX-53 https://www. dailypaws. com/cats-kittens/cat-grooming/how-to-trim-cats-nails
- 그림 IX-54 자작

- 그림 IX-55 자작
- 그림 IX-56 자작
- 그림 IX-57 https://www.servicedogtrainingschool.org/blog/cat-clicker-training
- 그림 IX-58 https://www.cuteness.com/13716052/how-to-train-your-cat-to-shake-hands/
- 그림 IX-59 https://www.indiamart.com/proddetail/cat-kitten-toys-feathers-wand-interactive-toys-set-with-mouse-balls-and-bells-games-20-pcs-red-2853437092597.html
- 그림 IX-60 https://www.katkin.com/articles/cat-hunting-behaviour-guide?query=kitten&data-elevio-article=30
- 그림 IX-61 https://www.vcstar.com/story/news/local/communities/conejo-valley/2018/03/07/big-rabbit-brings-big-smiles-los-robles-hospital-thousand-oaks/317071002/
- 그림 IX-62 https://andy.pet/blogs/all/which-rabbit-breed-makes-the-best-pet
- 그림 IX-63 https://andy.pet/blogs/all/which-rabbit-breed-makes-the-best-pet
  https://www.petplan.co.uk/pet-information/rabbit/breed/netherland-dwarf/
  https://www.zooplus.co.uk/magazine/small-pet/small-pet-breeds/lionhead-rabbit
- 그림 IX-64 https://www.boredpanda.com/therapy-rabbits-jenn-eckert/
- 그림 IX-65 https://myanimals.com/animals/domestic-animals-animals/rabbits/what-does-therapy-with-rabbits-consist-of/
- 그림 IX-66 https://bunnylady.com/rabbit-body-language/
- 그림 IX-67 https://bunnylady.com/rabbit-body-language/
- 그림 IX-68 https://bunnylady.com/how-to-handle-a-rabbit/
- 그림 IX-69 https://bunnylady.com/how-to-handle-a-rabbit/
- 그림 IX-70 https://bunnylady.com/how-to-handle-a-rabbit/
- 그림 IX-71 https://www.petmojo.com/best-games-to-play-with-rabbit/
- 그림 IX-72 https://www.petmojo.com/best-games-to-play-with-rabbit/
- 그림 IX-73 https://www.petmojo.com/best-games-to-play-with-rabbit/
- 그림 IX-74 https://www.petmojo.com/best-games-to-play-with-rabbit/
- 그림 IX-75.1 https://www.vets4pets.com/pet-health-advice/rabbit-advice/feeding-your-rabbit/
- 그림 IX-75.2 https://www.wideopenspaces.com/can-rabbits-eat-spinach/
- 그림 IX-75.3 https://feedsafenz.org.nz/feeding-rabbits/
- 그림 IX-76 https://www.amazon.com/Oncpcare-Rabbit-Waterer-Hamster-Chinchilla/dp/B09C22HTZG?th=1

01 Meyer, I.; Forkman, B. Nonverbal Communication and Human-Dog Interaction. Anthrozoös 2014, 27, 553-568. [Google Scholar] [CrossRef]

02 Prato-Previde, E.; Nicotra, V.; Fusar Poli, S.; Pelosi, A.; Valsecchi, P. Do dogs exhibit jealous behaviors when their owner attends to their companion dog? Anim. Cogn. 2018, 21, 703-713. [Google Scholar] [CrossRef] [PubMed]

03 https://www.thezebra.com/resources/research/animal-therapy-statistics/

04 https://focuscare.com.au/blog/the-10-best-dog-breeds-for-pet-therapy

05 https://usserviceanimals.org/blog/best-therapy-dog-breeds/?srsltid=AfmBOorC_ape25Y1zDfSSbPnQnFEhBvyZgXVlLbCjE-TZ6MFvges2-R7

06 https://www.purina.co.uk/find-a-pet/articles/dog-types/breed-guides/therapy-dogs

07 https://dogsoncall.org/read-with-animals/

08 The information in this article was checked by ZamiPet Veterinarian and General Manager Dr Andrew McKay, BVSc, University of Melbourne, 2000. Vet Registration No: V3985 https://zamipet.com.au/blogs/pet-health-hub/dog-massage?srsltid=AfmBOop46JIIxjXB_HnqG4sVT07mZ6qJFP7Hj5687g2EmgEA9Z74infR

09 Rachel Hajar. Animal-Assisted Therapy. Heart Views. 2015 Apr-Jun; 16(2): 70-71.

X

PART

동물 교감치유의 평가와 연구

[단원 학습 소개]

이 단원에서는 동물 교감치유의 정신적 영역의 평가와 신체적인 영역의 평가 도구를 선정하여 평가하고 연구 보고서를 작성하는 지식과 기술을 익혀 장차 동물치유와 관련된 직무를 수행하는 데 필요한 실무 능력을 배양할 수 있도록 한다.

단원 열기

사람의 마음을 어떻게 읽을 수 있을까?

동물 교감치유의 평가는 프로그램 시행 전과 후의 대상자의 사고, 감정, 태도 및 행동의 변화를 식별하기 위해 사용하며 또한, 평가 자료를 통하여 치유사와 수행기관의 발전 역량을 촉진하고 동물 교감치유의 질을 제고하여 확산하기 위한 것이다.
동물 교감치유의 평가, 그것이 무엇이며 왜 중요한가? 그리고 동물 교감치유의 과학적 검증을 위한 평가는 어떻게 하고 체계적인 연구 보고서는 어떻게 작성하는지 알아보자.

01 동물 교감치유의 평가

학습 목표

- ✔ 정신적 영역의 평가를 위한 적정한 측정 도구를 선정하여 평가할 수 있다.
- ✔ 신체적 영역의 평가를 위한 적정한 측정 도구를 선정하여 평가할 수 있다.

1.1 정신적 영역의 평가

가. 심리평가와 심리검사

(1) 심리평가

심리평가는(psychological assessment)는 정신건강 전문가가 개인의 심리적 웰빙, 인지기능, 감정 상태 및 행동 패턴에 대한 포괄적인 이해를 얻기 위해 사용하는 다면적인 프로세스이다.

개인의 정신건강 및 행동 기능을 평가하는 과정은 주로 심리검사, 면담, 행동관찰 등 다양한 방법으로 이루어진다.

따라서 심리평가는 대상자의 정신건강 상태를 진단하고 적절한 치료 옵션을 결정하며 치료 진행 상황을 측정하는 데 사용된다.

(2) 심리검사

심리검사(psychological test)란 개인의 능력, 성격, 흥미, 태도 등과 같은 심리적 구성개념을 수량화하기 위해서 표준화된 측정 도구를 말한다. 한편 심리검사는 개인 또는 집단의 심리적 특성이나 이슈를 측정하는 도구로 심리평가 도구로 볼 수도 있다. 전체적 인격적, 행동적 측면을 이해하기 위한 측정 과정으로 지능, 성격, 진로, 적성, 흥미, 자기개념 등의 모든 검사를 통칭하는 용어이다.

즉, 인간의 성격, 능력 및 기타 사람이 가지고 있는 심리적 특성의 내용과 수준을 밝힐 목적으로 일정한 조건에 이미 표준화된 검사지나 작업을 제시한 다음 그 사람의 행동을 표준적 관점에 비추어 수량화하는 절차이다.

나. 심리검사의 종류

심리검사(psychological test)는 심리평가의 가장 기본이 되는 방법으로 심리적 현상에서 개인차를 비교하고 개인의 전체적, 인격적, 행동적 측면을 이해하기 위한 심리학적 측정 과정을 말한다. 관찰과 면담보다 절차와 결과의 해석방법이 객관적이고 구조화되어 있어 객관적이고 과학적인 가치를 추구하는 방법이라고 할 수 있다.

(1) 지능검사

지능검사는 훈련이나 학습의 영향을 받지 않고, 나이가 들어감에 따라 일반적인 경험으로 형성되는 지적 능력을 측정하기 위하여 만들어진 검사이다. 검사를 통해 같은 연령의 전체집단과 비교하여, 개인의 지능 수준과 인지적 잠재력, 신경 심리적 특성을 파악할 수 있다. 국내에서 사용 가능한 주요 검사들은 다음과 같다.

표 X-1 지능검사의 종류

검사명	대상	구성 내용
웩슬러 지능검사	유아용, 아동용, 성인용	언어적 이해, 지각적 추론, 작업 기억과 처리 속도
한국판 웩슬러 아동용 지능검사(K-WISC-V)	6세~16세	지적 능력(IQ)과 특징인지 영역(언어이해, 시공간, 유동 추론 등) 검사
한국판 웩슬러 성인용 지능검사(K-WAIS-IV)	16세~69세	언어성 검사+동작성 검사=전체 IQ IQ 40~160으로 확장하여 산출
다중지능 검사(MIT-C)	아동용-성인용	언어적 지능, 논리·수학적 지능, 시·공간적 지능, 신체·감각 운동 지능, 대인 관계적 지능, 성찰적 지능, 음악적 지능, 자연 친화적 지능
ABC	2세~12세	아동이 문제 또는 과제를 순차적이냐 동시적이냐를 분리하여 측정
K-ABC-II	3세~18세	순차적 정보처리, 학습능력과 계획능력 측정

읽을거리 : 단체 지능 검사의 해프닝

60~70년대 초등학교에서는 소위 IQ검사라고 해서 단체로 지능검사를 했다. 그리고 이 점수는 아주 절대적으로 신봉한 때가 있었다. 하지만 지금은 자신의 지능 지수를 알게 되면 자만심이나 열등감이 생길 수 있으며, 지능이 낮은 학생을 놀리고 따돌리는 등 부작용이 있어 현재는 필요한 사람만 실시한다.

(2) 성격검사

성격검사는 태어날 때부터 가진 개인의 고유한 성향인 기질과 부모와 환경적 영향을 토대로 형성된 성격을 통합적으로 평가하는 검사이다. 즉 개인의 특징적인 행동 패턴, 생각 및 감정을 측정하는 데 사용된다. 개인의 성격적 특징이 인간의 사회생활 및 적응과 가장 밀접한 관계가 있으므로 이 검사를 수행한다. 성격검사는 정상-비정상, 성숙-미성숙, 도덕-비도덕이라는 차원으로 해석해서는 안 된다.

성격검사는 검사의 구성, 해석을 기준으로 투사적 성격검사와 객관적 성격검사로 구분한다.

1 투사적 성격검사

투사적 성격검사는 로르샤흐(Rorschach)의 잉크 반점 검사(Ink-Blot Test)와 머레이(Murray, Henry Alexander)와 모건(Morgan, C. D.)의 주제 통각 검사(Thematic Apperception Test), 로터(Rotter, Julian Bernard)의 문장 완성 검사(Sentence Completion Test), 로젠즈바이크(Rosenzweig, S.)의 회화 단절 검사(Picture Frustration Test), 그림 검사(HTP, 집·나무·사람 그림검사), 가족화 검사(KFD: Kinetic Family Drawing) 등이 있다.

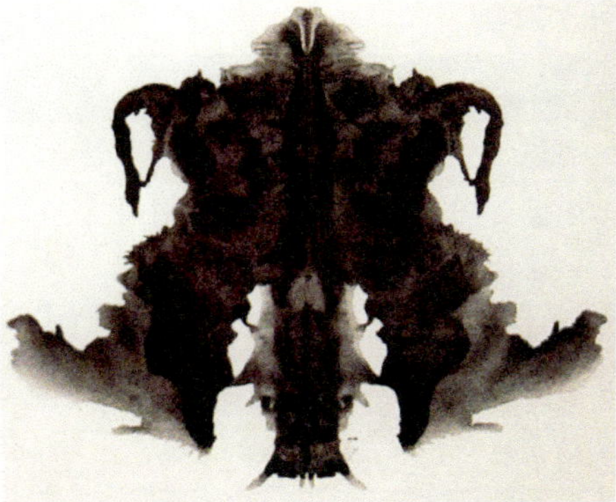

그림 X-1 로르샤흐 잉크 반점 테스트

그림 X-2 회화 단절검사

그림 X-3 HTP 검사(집·나무·사람)

그림 X-4 가족화 검사(KFD)

투사적 성격검사는 해석과 채점과정이 복잡하고 검사자의 주관적인 측면이 있어 검사의 신뢰도와 타당도가 낮다는 단점이 있다.

더 알아보기 : 회화 단절검사

이 검사는 한 사람이 다른 사람에게 좌절감을 주는 말을 하는 상황을 나타내는 24개의 만화 같은 그림을 보여주고 개인이 나타내는 공격성의 방향과 유형을 식별하는 검사이다.

표 X-2 투사적 성격검사

검사명	대상	저자	발행처
TAT검사(주제통각검사)	아동	전용신	고려대행동과학연구소
TAT검사(주제통각검사)	중등, 성인	이상로 외	중앙적성출판사
Rorschach잉크 반점 검사	중-성인	전용신	문천사
Rorschach잉크 반점 검사	중-성인	이상로 외	중앙적성출판사
아동용 회화통각 검사	4-12	김태련 외	한국가이던스
문장 완성형 검사	아동, 성인	이우경	학지사

일반적으로 많이 활용되는 문장완성검사(SCT)는 미완성 문장을 제시하고 완성하도록 하는 검사로 대상자의 내적갈등이나 욕구, 환상, 주관적 감정, 가치관, 자아 구조, 정서적 성숙도 등을 효과적으로 파악할 수 있다. 그러나 언어발달이 미숙한 어린 아동이나 지적 발달 장애인에게는 적용하기 어렵다.

문장완성검사(SCT)의 예시는 다음과 같다.

표 X-3 문장완성검사지(청소년용) 예시

문장완성검사 (청소년용)

이름:__________ 성별: 남 / 여 연령: ____세 실시일: ____년 ____월 ____일

__________학교 ______학년 ______반

아래에 제시된 문장은 완성되지 않은 상태입니다. 각 문장을 읽으면서 맨 먼저 떠오르는 생각을 뒷부분에 기록하여 문장이 완성되도록 해 주십시오. 시간제한은 없으나 될 수 있는 대로 빨리 작성해 주십시오. 만약 문장을 완성할 수 없으면 표시를 해두었다가 나중에 완성하도록 하십시오.

1. 내가 가장 좋아하는 사람은 ______________________________
2. 내가 백만장자라면 ______________________________
3. 이번 방학에 꼭 하고 싶은 것은
4. · · · · · · ______________________________

·

34. 내가 만약 외딴곳에 혼자 살게 된다면,__________와 제일 같이 살고 싶다.
35. 현재 나의 큰 즐거움은 ______________________________
36. 나의 학교생활은 ______________________________
37. 무엇보다도 좋지 않게 생각하는 것은 ______________________________
38. 내 소원이 마음대로 이루어진다면,

    첫째 소원은 ______________________________

    둘째 소원은 ______________________________

    셋째 소원은 ______________________________

출처: https://blog.naver.com/iemya/223485586739

표 X-4 문장완성검사지(청소년용) 해석표

청소년용 SCT 해석 분류표

이름:________ 성별: 남 / 여 연령: ____세 실시일: ____년 ____월 ____일

________학교 ____학년 ____반

구분	제시 문구	작성 내용
① 어머니에 대한 태도	15. 엄마와 나는	
	23. 우리 엄마는	
해석적 요약		
② 아버지에 대한 태도	14. 아빠와 나는	
	27. 우리 아빠는	
해석적 요약		
③ 대인 지각 및 관계	1. 내가 가장 좋아하는 사람은	
	8. 다른 사람들은 나를	
	11. 내가 가장 싫어하는 사람은	
	12. 나를 가장 화나게 하는 사람은	
	16. 친구들과 나는	
	18. 내가 가장 따뜻하게 느끼는 사람은	
	22. 집에 혼자 있을 때, 나는	
	34. 내가 만약 외딴곳에 혼자 살게 된다면,	______와 제일 같이 살고 싶다.
해석적 요약		
·	·	
	·	
	·	
⑬ 목표에 대한 태도	3. 이번 방학에 꼭 하고 싶은 것은	
	5. 내가 앞으로 하고 싶은 일은	
	19. 아무도 모르게 내가 원하는 것은	
	26. 언젠가 나는	
해석적 요약		
일반적 요약	1. 주된 갈등과 혼란 영역: 2. 태도 간의 상호 관계: 3. 성격 구조 1) 내적 충동과 외적 자극에 대한 피검자의 반응 정도 2) 정서적 적응 3) 성숙도 4) 현실검증 수준 5) 갈등을 표현하는 방법	

표 X-5 문장완성검사지(성인용) 예시

문장완성검사(성인용)

이름:__________ 성별: 남 / 여 연령: ____세 실시일: ____년 ____월 ____일

다음 기술된 문장은 뒷부분이 빠져 있습니다. 각 문장을 읽으면서 맨 먼저 떠오르는 생각을 뒷부분에 기록하여 문장이 완성되도록 해주십시오. 시간제한은 없으나 될 수 있는 대로 빨리해 주십시오. 만약 문장을 완성할 수 없으면 표시를 해 두었다가 나중에 완성하도록 하십시오.

1. 나에게 이상한 일이 생겼을 때
2. 내 생각에 가끔 아버지는
3. 우리 윗사람들은
4. 나의 장래는

. . . .

. . . .

48. 내가 어렸을 때 우리 가족은
49. 나는 어머니를 좋아했지만
50. 아버지와 나는

출처: 언택트 심리학의 방 https://blog.naver.com/iemya/223485586739

표 X-6 문장완성검사지(성인용) 해석표

성인용 SCT 해석 분류표

피검자:__________ 성별: 남 / 여 연령: ____세

실시일: ____년 ____월 ____일 상담자:__________

* 부적절한 반응이나 발현된 갈등 등의 요소를 고려하고 검사자의 판단에 근거하여 다음 척도에 따라 아래 범주에 대해서 평점 한다.

2. 심한 손상: 이 영역의 정서적 갈등을 다루기 위해서 치료적 도움이 있다고 보임

1. 경미한 손상: 이 영역에 정서적 갈등이 있는 것으로 보이지만 치료적 도움 없이 이를 다룰 수 있을 것으로 보임

0. 이 영역에서 유의한 손상이 발견되지 않음

x. 확인 불능: 충분한 증거가 부족함

구분	번호	제시 문구	작성 내용	평점
① 어머니에 대한 태도	13	나의 어머니는		
	26	어머니와 나는		
	39	대개 어머니들이란		
	49	나는 어머니를 좋아했지만		
해석요약				
② 아버지에 대한 태도	2	내 생각에 가끔 아버지는		
	19	대개 아버지들이란		
	29	내가 바라기에 아버지는		
	50	아버지와 나는		

해석요약				
⑬	.			
	.			
	.			
	.			
⑭ 목표에 대한 태도	30	나의 야망은		
	41	내가 평생 가장하고 싶은 일은		
	42	내가 늙으면		
해석요약				
일반적 요약				

2 객관적 성격검사

객관적 성격검사는 표준화, 신뢰도, 타당도가 갖춰진 검사로 검사자의 주관성이 배제되고 양적 측정에 따라 개인 간, 개인 내 차이를 비교할 수 있는 장점이 있다. 우리나라에서 사용되고 있는 성격 및 인성검사들은 다음과 같다.

표 X-7 성격검사 및 인성검사 목록

검 사 명	대 상	출판 기관
MBTI 성격유형 검사	고교생, 성인	4가지의 성격유형으로 구분(외향성과 내향성, 감각과 직관, 사고와 감정, 판단과 인식)
MMPI 다면적 인성검사	중학생~성인	개인의 성격 특성 및 정신 병리적 상태를 평가
TCI 기질 · 성격검사	성인	기질(자극 추구, 위험회피, 사회적 민감성, 인내력)과 성격(자율성, 연대감, 자기 초월) 평가
표준화 성격진단 검사	중, 고, 성인	청소년과 성인의 긍정적인 측면 평가와 일반 성격 특성을 파악하는 198문항으로 구성됨
16PF 다요인인성검사 II	초등용~일반용	14개의 성격을 종합하여 객관적인 성격의 파악과 성격과 관련된 직업 적성군 파악

더 알아보기 : 무료 성격 테스트 사이트

- ▶ https://www.16personalities.com/ko/%EB%AC%B4%EB%A3%8C-%EC%84%B1%EA%B2%A9-%EC%9C%A0%ED%98%95-%EA%B2%80%EC%82%AC
- ▶ https://trost.co.kr/ - 트로스트
- ▶ https://egogramtest.kr/ - 에고그램 테스트
- ▶ https://together.kakao.com/big-five - 카카오 같이가치
- ▶ https://www.16personalities.com/free-personality-test

(3) 홍미 · 적성검사

홍미는 개인적인 선호도에 따라 달라지며 개인의 취향과 성향을 반영하고 홍미를 추구할 때 즐거움과 자발적 참여를 유발한다. 홍미가 있는 것을 직업이나 취미로 가지게 된다면 삶의 만족도가 올라간다.

표 X-8 진로 및 직업 흥미 검사

검 사 명	특징
스트롱 직업 홍미 검사	개인의 전반적인 홍미를 파악하여 직업과 연결 구체적인 직업에 연결
잭슨 직업 홍미 검사	업무 역할과 업무 스타일의 관점에서 직업 홍미를 측정, 남녀 모두에게 적용
쿠더 직업 홍미 검사	특정 직업군에 나타나는 동질적 내용을 하여 직업 선호도 판단
진로 성숙도 검사	비슷한 연령대와 비교하여 진로 발달 정도를 측정
직업 선호도 검사	160여개의 직업목록에 홍미 정도를 표시하도록 함 (S형과 L형으로 구분 함)
직업 선호도 L형	홍미 검사, 성격검사, 생활사 검사
적성진단검사	일반 분류, 특정 직무의 적합성 판단
생애진로 검사	진로 유형 7개 하위척도로 구성하여 직업이나 진로 상담에 활용

적성검사는 특정한 재능이 어느 정도인지, 새로운 기술이나 지식을 얼마나 잘 배울 수 있는지 예측하는 검사이다. 이 검사를 통하여 복잡한 업무를 얼마나 정확하고 빠르게 습득할 수 있는지를 판별할 수 있다. 평가하는 요소는 논리력(추론 능력)과 분석력(판단력)이다.

고용노동부의 고용24 홈페이지(https://www.work.go.kr)에 접속하여 회원가입→ 취업 지원→ 취업가이드→직업심리검사에서 무료검사를 받을 수 있으며 한국직업능력연구원의 커리어넷(https://www.career.go.kr)에서도 흥미 및 진로적성 검사를 무료로 받을 수 있다.

그림 X-5 커리어넷 홈페이지

표 X-9 커리어넷의 진로·직업 흥미 검사

기관명	대상	무료검사 내용
한국직업능력연구원 커리어넷	중·고생	직업적성검사 진로성숙도검사 직업가치관검사 직업흥미검사(K) 직업흥미검사(H) 진로개발 역량검사
	대학생·일반	진로개발준비도 검사 주요능력효능검사 이공계적합도 검사 직업가치관검사
	초등학생용	진로개발역량검사(고학년용) 진로흥미탐색(저학년용·고학년용)

(4) 인지 및 기억검사

인지란 어떤 자극을 받아들이고, 저장하고, 인출하는 일련의 정신 과정. 지각, 기억, 상상, 개념, 판단, 추리를 포함하여 무엇을 안다는 것을 나타내는 포괄적인 용어이다.

인지 및 기억검사는 주의력, 기억력, 언어 능력, 실행 가능, 시공간 구성 능력, 계산 능력 등 인간의 정신적 활동에 관여되는 문제해결력 등 제반 기능을 평가하는 검사이다.

표 X-10 인지 및 기억 영역 측정 도구

구분	측정 변인	주요 측정 도구
인지적 영역	지적 기능, 인간의 학습영역, 즉 지식과 정보의 동화(주의력, 기억력, 언어 능력, 실행 가능, 시공간 구성 능력, 계산 등)	한국판 간이정신상태 검사(K-MMSE)
		한국형 치매 선별검사(KDSQ)
		인지 선별검사(CIST)
		주관적 기억문제 호소 평가척도 (Subjective Memory Complaints; SMCQ)
		알츠하이머 평가척도
		한국판 기억평가 척도(K-MAS)

참조 : 농촌진흥청. 2급 치유농업사 길라잡이(2023) p.235

노인의 인지기능 장애 유무 및 치매 여부를 평가하기 위한 MMSE-K 검사, 뇌 손상 환자 또는 치매 환자의 전반적인 인지 능력을 쉽고 객관적으로 측정하는 한국판 치매 평가 검사(K-DRS) 등이 있다.

보건복지부에서 개발한 인지선별검사(Cognitive Impairment Screening Test; CIST)는 2021년 1월 1일부터 지자체의 보건소 치매안심센터 등에서 치매 선별 용도로 활용하고 있다. CIST는 기존 선별 도구인 MMSE-DS보다 문항 수가 많고 국내 실정을 반영하여 변별력이 우수한 검사로 중앙치매센터 홈페이지(www.nid.or.kr)에서 확인이 가능하다.

표 X-11 노인 인구와 치매 환자 수(2023년)

구분	노인 인구(명)	추정치매환자(명)	유병률(%)
60세 이상	13,652,453	1,010,400	7.4
65세 이상	9,462,269	984,601	10.4

■ 한국판 간이정신상태 검사(Mini-Mental State Examination-Korean)

한국판 간이정신상태 검사는 Folstein 등이 개발한 MMSE(mini-mental state examination)를 권용철과 박종한이 한국 실정에 적합하도록 번안한 검사이다.

이 검사는 지남력, 기억등록, 기억회상, 주의집중 및 계산, 언어기능, 이해 및 판단 등 6개 영역, 12문항으로 구성되어 있다. 총 30점 만점으로 14점 이하 /중증 치매 의심, 15~19점 /경증 치매 의심, 20~23점 /치매 의심, 24점 이상 /정상으로 판정한다.

표 X-12 한국판 간이정신상태 검사지(MMSE-K)

MMSE-K(Mini-Mental State Examination-Korean)					
대상자 성명:		검사자 성명:	사정 날짜:		
항목		내용	응답 내용	점수	채점
지남력 (10점)	시간 (5점)	년(1점)		1	
		월(1점)		1	
		일(1점)		1	
		요일(1점)		1	
		계절(1점)		1	
	장소 (5점)	시. 도(1점)		1	
		군. 구(1점)		1	
		동. 면(1점)		1	
		현재 장소명(1점)		1	
		어느 곳(1점)		1	
기억 저장 (3점)		비행기(자동차)(1점)		1	
		연필(1점)		1	
		소나무(1점)		1	
주의집중 및 계산 (5점)		100-7(1점)		1	
		-7(1점)		1	
		-7(1점)		1	
		-7(1점)		1	
		-7(1점)		1	
기억회상 (3점)		비행기(자동차)(1점)		1	
		연필(1점)		1	
		소나무(1점)		1	
언어 및 시공간 구성 (9점)		이름 대기(2점)		2	
		명령 시행(3점)		3	
		따라 말하기(1점)		1	
		읽기(1점)		1	
		쓰기(1점)		1	
		오각형 그리기(1점)		1	
총점		30점		30	

표 X-13 한국판 간이정신상태 검사 채점 요령

<table>
<tr><th colspan="2">평가항목</th><th>질문사항</th></tr>
<tr><td rowspan="3">1.
지남력</td><td>시간</td><td>오늘은 ( )년 ( )월 ( )일 ( ) 요일, 계절( )은?(0~5점)
각 항목당 1점씩 부여하고 무학이면 1점을 가산한다.</td></tr>
<tr><td>주소</td><td>당신이 사는 곳은 ( )도, 시 ( )군, 구 ( )면,동 ( )리 입니까?
(0~4점)</td></tr>
<tr><td>장소</td><td>여기는 ( ) 어느 곳입니까? (0~1점)</td></tr>
<tr><td colspan="2">2.
기억의
저장능력</td><td>'물건 3개의 이름을 먼저 한 번씩 말씀드릴 테니 기억해 주세요.'라고 요청하고 생활 주변의 물건 3개를 1초의 간격을 두고 천천히 정확하게 불러 준다. (물건은 흔히 볼 수 있는 것으로 미리 정해 둔다.)(0~3점)
3~5분 후 불러준 물건의 이름을 물어보고 각 1점씩 준다.</td></tr>
<tr><td colspan="2" rowspan="2">3.
주의력 및
계산 능력</td><td>100 -7은? 거기에 또 7을 빼면? 식으로 5회 연속 질문한다.</td></tr>
<tr><td>(만약 하지 않으려고 하시거나 못하시는 경우에는)
1,000원+2,000원은? 거기에 1,000원을 +하면? 식으로 5회 연속 질문하고 맞는 계산일 경우에 1점씩 부여하고 무학은 2점을 가산한다. (0~5점)</td></tr>
<tr><td colspan="2">4.
기억의
회상능력</td><td>3항의 저장능력 검사에서의 단어 3개가 무엇, 무엇, 무엇이었죠?
맞추면 1점씩 부여하고 무학은 점을 가산한다. (0~3점)</td></tr>
<tr><td colspan="2" rowspan="6">5.
언어 및 시공간
구성</td><td>이름 대기(0~2점)
시계와 볼펜을 보여 주고 무엇이냐고 묻습니다.
(다른 물건으로 대치해도 됨) 1가지 맞출 때 1점 부여</td></tr>
<tr><td>명령 시행(0~3점)
종이 한 장을 피검자에게 주고 정확한 발음으로 한 번만 지시합니다.
종이를 뒤집고 (1점) 반으로 접은 다음 (1점) 저에게 주세요(1점) 한 항목을 할 때마다 1점씩 부여한다.</td></tr>
<tr><td>따라 말하기(0~1점)
백문이 불여일견"(또는 '간장공장 공장장) 이라고 한 번만 천천히 말하고 따라 하시도록 함.</td></tr>
<tr><td>읽기 (0~1점)
종이에 크게 쓴 글씨를 읽고 쓰여 있는 대로 동작을 하도록 한다. (손을 드세요. 또는 주먹 쥐기 등)</td></tr>
<tr><td>쓰기 (0~1점) : 종이를 주고 오늘 날씨를 써 보도록 한다. 주어와 동사가 포함된 이해가 가능한 문장이면 1점을 줍니다.</td></tr>
<tr><td>오각형 그리기 (0~1점) : 각 변이 약 3cm 되는 오각형 2개를 겹쳐 그려서 보여 주면서 똑같이 그리라고 지시한다.
10개의 각이 분명하고 2개의 오각형이 겹쳤을 1점을 준다.
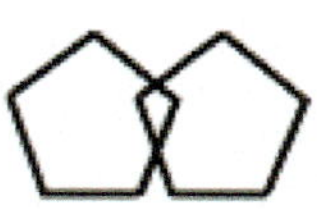</td></tr>
</table>

출처 : 분당서울대학교병원

2 한국형 치매 선별검사(Korean Dementia Screening Questionnaire)

이 검사는 양동원(2002) 교수가 개발한 검사지로 대상자 또는 대상자와 가장 가까운 사람이 검사 대상자의 최근 생활을 생각하면서 작성하는 것을 원칙으로 제작되었으므로 본인이 직접 본인을 설문하는 것은 의미가 없다.

6점 이상이면 보다 자세한 검사를 위해 가까운 기억장애 클리닉 방문이 권고된다. 이는 6점 이상이라고 모두 치매인 것은 아니지만 인지기능 장애의 가능성이 있으므로 정확한 진단을 받아봐야 한다는 것을 의미한다.

표 X-14 한국형 치매 선별 검사지

한국형 치매 선별검사(KDSQ)				
대상자 성명:	검사자 성명:	사정 날짜: 년 월 일		
No.	인지 기능장애 설문내용	그렇지 않다.	가끔 또는 조금 그렇다.	자주 또는 많이 그렇다.
		0점	1점	2점
1	오늘이 몇 월이고, 무슨 요일인지 잘 모른다.			
2	자기가 놔둔 물건을 찾지 못한다.			
3	같은 질문을 반복해서 한다.			
4	약속한 것을 잊어버린다.			
.	.			
.	.			
14	혼자 대중교통 수단으로 목적지에 가기 힘들다.			
15	내복이나 옷이 더러워져도 갈아입지 않으려고 한다.			

출처 : https://blog.naver.com/chamssal/223070685680
양동원. Questionnaire for Demetia Screening KDSQ, SDQ, AQ. 가톨릭의과대학교.

3 인지 선별검사(Cognitive Impairment Screening Test; CIST)

2021년 1월부터 보건복지부에서 개발한 인지 선발검사(CIST)를 치매검진 사업에 사용하게 되었다. 이 검사는 활용이 쉽고 인지기능 저하의 변별력이 우수하기 때문이다.

CIST는 전반적인 인지기능을 간략히 평가하여 인지 저하 여부를 선별하는 검사로, 검사자와 대상자의 1:1로 마주 보고 앉아 문답하는 방식이다. 인지선별검사의 검사항목은 지남력(2문항/5점), 기억력(2문항/10점), 주의력(2문항/3점), 언어기능(2문항/4점), 시공간 기능(1문항/2점), 집행기능(4문항/6점)으로 총 13문항, 30점 만점으로 구성되어 있다.

결과는 학력, 연령에 따른 기준점수로 해석하며, 기준점수 이상은 정상으로, 이하는 인지 저하로 판단하여 정밀검사를 통해 확진하게 된다. 자세한 내용은 중앙치매센터-자료실-인지선별검사 검사지 및 부록에 기록되어 있다.

검사소요시간은 대략 5~10분 정도 걸린다.

표 X-15 인지 선별검사

<table>
<tr><th colspan="4">인지 선별검사(CIST)
"안녕하세요. 지금부터 ________님의 기억력과 사고능력을 살펴보기 위한 질문들을 드리겠습니다. 생각나는 대로 최선을 다해 답변해 주시면 됩니다."</th></tr>
<tr><td rowspan="6">지남력</td><td rowspan="5">시간</td><td>1. 오늘 날짜를 말씀해주세요.</td><td>채점</td></tr>
<tr><td>(1) 올해는 몇 년도입니까?</td><td>0 1</td></tr>
<tr><td>(2) 지금은 몇 월입니까?</td><td>0 1</td></tr>
<tr><td>·</td><td>0 1</td></tr>
<tr><td>·</td><td>0 1</td></tr>
<tr><td>장소</td><td>2. 지금 _______님이 계신 여기는 어디인가요?
이 장소가 어디인지 말씀해주세요.</td><td>0 1</td></tr>
<tr><td rowspan="5">기억력</td><td rowspan="5">기억등록</td><td>3. 지금부터 외우셔야 하는 문장 하나를 불러드리겠습니다.
끝까지 잘 듣고 따라 해보세요.</td><td rowspan="5">점수 없음
(단, 순서 상관없이 대상자가 말한 단어에 ○표)</td></tr>
<tr><td>(1차 시행) 민수는 /자전거를 타고 /공원에 가서 /11시부터 /야구를 했다.</td></tr>
<tr><td>잘하셨습니다.
제가 다시 한번 불러드리겠습니다.
이번에도 다시 여쭈어볼 테니 잘 듣고 따라 해보세요.</td></tr>
<tr><td>(1차 시행) 민수는 /자전거를 타고 /공원에 가서 /11시부터 /야구를 했다</td></tr>
<tr><td>제가 이 문장을 나중에 여쭤보겠습니다.
잘 기억하세요</td></tr>
<tr><td>주의력</td><td>·</td><td>·</td><td></td></tr>
</table>

출처: 보건복지부 중앙치매센터
(https://www.nid.or.kr/info/dataroom_view.aspx?bid=216)

(5) 자아 및 개인의 인식과 태도 척도

자아개념은 한 개인이 자신에 대해 갖는 개념으로 한 인간의 내적 잠재력, 인간의 내적 본성 혹은 기본적 본성 등과 같은 다양한 의미가 있다. 이러한 자아개념은 개인의 행동을 이해할 수 있는 가장 핵심적이며 중요한 개념으로 간주하고 있다. 자아개념 및 개인의 인식과 태도 척도의 영역에는 자기지각 평가도구, 자기 효능감, 자아존중감, 자아 탄력성, 자아 통합감 등을 측정하는 척도를 포함하고 있다.

1 로젠버그의 자아존중감 척도(RSES)

자아존중감(자존감)이란 자기를 존중하고 가치 있는 존재라고 여기는 마음, 즉 자신의 능력과 가치에 대한 전반적인 평가와 태도를 말한다.

RSES는 Rosenberg(1965)가 개발한 검사를 전병제(1974)가 번안한 RSES(Rosenberg's Self-Esteem Scale)를 사용한다. 한 개인의 자기 자신에 대한 가치 판단 또는 의식적인 평가 수준을 측정하는 것으로, 긍정 문항 5문항, 부정문항 5문항 총 10문항으로 구성되어 있다. 총점의 범위는 최하 10점에서 최고 40점으로, 점수가 높을수록 자아존중감이 높은 것을 의미한다.

표 X-16 로젠버그의 자아존중감 척도(아동-성인용)

로젠버그의 자아존중감 척도 아래 문항들은 "내가 나를 어떻게 생각하는가"에 대한 질문입니다. 각 문항을 읽고 여러분의 생각을 잘 나타내주는 칸에 ∨표 해 주시기 바랍니다.					
No.	문항	전혀 그렇지 않다	그렇지 않다.	그렇다.	매우 그렇다.
1	나는 내가 다른 사람들처럼 가치 있는 사람이라고 생각한다.	1	2	3	4
2	나는 좋은 성품을 가졌다고 생각한다.	1	2	3	4
3	나는 대체로 실패한 사람이라는 생각이 든다.	4	3	2	1
4	나는 다른 사람들만큼 일을 잘할 수가 있다.	1	2	3	4
5	나는 자랑할 것이 별로 없다.	4	3	2	1
6	나는 나에 대하여 긍정적인 태도를 보이고 있다.	1	2	3	4
7	나는 나에 대하여 대체로 만족한다.	1	2	3	4
8	나는 나 자신을 좀 더 존중할 수 있으면 좋겠다.	4	3	2	1
9	나는 가끔 나 자신이 쓸모없는 사람이라는 느낌이 든다.	4	3	2	1
10	나는 때때로 내가 좋지 않은 사람이라고 생각한다.	4	3	2	1
※ 해석 : 10~19점 낮은 수준의 자존감, 20~29점 보통 수준의 자존감, 30~40점 높은 수준의 자존감					

출처: 사회복지공동모금회(2018). 공동모금회 배분 사업 성과측정을 위한 척도집. p83.
(https://drive.google.com/file/d/1ucqU4lXjI6HLQf0RZOv__djIxyjr8V1I/view)

2 자기 효능감 척도(Self Efficacy Scale: SES)

자기 효능감이란 어떤 결과를 얻고자 하는 행동을 성공적으로 수행해 낼 수 있는 개인의 신념으로 자신감의 강도를 말한다.

자기 효능감 척도는 Sherer 등(1982)이 개발한 자기 효능감 척도(SES)를 홍혜영(1995)이 번안한 것으로, 자신에게 주어진 과제를 얼마나 잘 수행할 수 있다고 생각하는지 스스로 평가하는 방법이다. 총 23문항으로, 일반적 자기 효능감 영역(17문항)과 사회적 자기 효능감 영역(6

문항)의 2개 하위영역으로 구성되며, 리커트 5점 척도를 사용하였고 점수가 높을수록 자기 효능감이 높은 것을 의미한다.

표 X-17 자기 효능감 척도(성인용)

자기 효능감 척도(Self Efficacy Scale: SES) 다음 질문들은 평소에 자신에 대해서 어떻게 느끼고 생각하고 있는지를 알아보기 위한 것입니다. 각 문항을 읽으시고 당신의 느낌과 가장 가까운 번호에 ∨표하여주시기 바랍니다.						
No.	문항	전혀 아니다	아니다	보통	그렇다	매우 그렇다
1	나는 어떤 일이든 계획대로 수행할 수 있다.					
2	나는 일을 해야 할 때 바로 시작하지 못하는 문제점이 있다.					
3	어떤 일을 처음에 잘못했더라도 될 때까지 해 본다.					
4	나는 중요한 목표를 설정하면 성취할 수 있다.					
5	나는 어떤 일을 끝마치기 전에 포기한다.					
6						

출처: 김혜원(2006). 청소년 우울과 문제해결능력, 자기 효능감, 생활사건 스트레스와의 관계, 연세대학교 대학원 간호학과 석사학위 논문.

3 자아존중감 척도(Self-Esteem Scale; SES)

Coopersmith(1967)와 Pope 등(1988)의 자아존중감 검사 도구를 최보가와 전귀연(1993)이 수정·보완하였다. 이 자아존중감 척도는 초등학생이나 중학생이 사회적, 가정, 학교 등에서 느끼는 자신에 대한 존중이 어느 정도인지 측정하기 위한 도구이다.

총 32문항으로 총체적인 자아존중감(6문항), 사회적 자아존중감(9문항), 가정에서의 자아존중감(9문항), 학교에서의 자아존중감(8문항), 총 4개의 하위영역으로 구분된다. 8개의 부정 문항(4, 8, 12, 16, 20, 24, 27, 30)은 역 채점하고 총점 범위는 32점~160점이며, 평가점수가 높을수록 자아존중감이 높은 것을 의미한다.

표 X-18 자아존중감 척도(아동, 청소년용)

자아존중감 척도(SES)						
다음은 여러분 자신에 대해 가지고 있는 생각에 대한 질문입니다. 잘 읽고 문항별로 여러분의 생각과 일치하는 곳에 ∨ 표 해 주시기 바랍니다.						
No.	문항 내용	전혀 그렇지 않다	약간 그런 것 같다	보통 그렇다	대부분 그렇다	정말로 내 경우와 같다
		1	2	3	4	5
1	나는 결심을 하고 그 결심대로 밀고 나갈 수 있다.					
2	나는 내 또래 친구들 사이에서 인기가 있다.					
3	부모님은 나의 기분을 잘 맞춰주신다.					
4	나는 학교에서 실망하는 일이 가끔 있다.					
5	나는 될 수 있는 한 최선을 다하려 한다.					
·	·					
·	·					
31	나는 원하면 항상 친구를 사귈 수 있다.					
32	나는 우리 가족 중 중요한 사람이다.					

출처: 최보가·전귀연(1993). 자아존중감 척도 개발에 관한 연구(Ⅰ). 대한가정학회지. 31(2),

4 한국판 세계보건기구 삶의 질 간편형 척도(WHOQOL-BREF)

이 척도는 세계보건기구에서 개발한 삶의 질 측정 도구를 민성길 등(2000)에 의해 수정 보완한 한국판 세계보건기구 삶의 질 간편형 척도(World Health Organization Quality of Life-BREF, WHOQOL-BREF)이다.

이 도구는 신체적 건강영역(7문항), 심리적 건강영역(6문항), 사회적 건강 영역(3문항), 생활환경 영역(8문항), 전반적인 삶의 질(2문항)의 5가지 하위영역으로 총 26문항으로 구성되어 있다. 3문항의 역 채점 문항이 있으며, 총점이 높을수록 삶의 질이 높음을 의미한다.

표 X-19 한국판 세계보건기구 삶의 질 간편형 척도(WHOQOL-BREF)

한국판 세계보건기구 삶의 질 간편형 척도(WHOQOL-BREF) 다음은 귀하의 삶의 질과 건강 및 인생의 여러 영역에 대해 귀하가 어떻게 느끼는지 묻는 말들입니다. 빠뜨리는 문항 없이 모든 문항에 답변하여 주십시오. 만일 질문에 대한 답이 불확실할 경우, 가장 적합해 보이는 답변을 하나 고르십시오. 각 질문을 읽은 후, 지난 2주 동안 당신의 느낌을 평가하고 문항마다 귀하에게 가장 적합한 1개의 번호를 골라 체크해 주십시오.					
질문내용	매우 나쁨	나쁨	보통	좋음	매우 좋음
※ 다음 각 질문을 읽고, 최근 2주 동안(오늘을 포함해서) 당신의 느낌을 평가한 후 당신에게 가장 적절한 답의 번호에 ○표를 치세요.					
1. 당신은 당신의 삶의 질을 어떻게 평가하십니까?	①	②	③	④	⑤
2. 당신은 자신의 건강상태를 어떻게 평가하십니까?	①	②	③	④	⑤
3. 당신은 신체적 통증으로 인해서 해야 할 일을 방해받는다고 느낍니까?	①	②	③	④	⑤
4. 당신은 일상생활을 잘하기 위해 치유가 필요합니까?	①	②	③	④	⑤
5. 당신은 인생을 얼마나 즐기십니까?	①	②	③	④	⑤
6. ········					

출처: 민성길 외(2000). 한국판 세계보건기구 삶의 질 간편형 척도(WHOQOL-BREF)의 개발. 대한신경정신의학회. 제39권 제3호

5 한국판 노인 삶의 질 척도(K-CASP-16)

Hyde et al. (2003)이 개발한 '노인 삶의 질 척도(CASP-19)'를 최명진 등(2022)이 번안한 한국판 노인 삶의 질 척도(Korean Version of the CASP-16; K-CASP-16)는 16개의 문항으로 원척도와 동일하게 노인의 욕구인 통제성, 자율성, 행복감, 자아실현의 4개 하위요인으로 분류하였다. 외국에서 사용되는 노인 삶의 질 척도(CASP-19)는 19개의 문항이지만 그중 3개의 문항은 한국 노인과 적합하지 않다고 판단되어 삭제하였다. 다른 척도와 비교했을 때에도 높은 유사성을 보였다.

표 X-20 한국판 노인 삶의 질 척도(K-CASP-16)

한국판 노인 삶의 질 척도(K-CASP-16) 다음은 귀하의 삶의 질에 대한 문항입니다. 다음 문항을 잘 읽고, 평소의 자신의 삶에 대해 잘 나타낸다고 생각되는 번호에 답해주시기 바랍니다.					
No.	질문내용	전혀 그렇지 않다	가끔 그렇다	종종 그렇다	매우 그렇다.
1	나는 좋아하는 일이 있어도 나이가 많아서 하지 못한다.	1	2	3	4
2	나는 나에게 일어난 일을 통제하기가 어렵다.	1	2	3	4
3	나는 미래를 계획하는 것이 두렵지 않다.	1	2	3	4
4	나는 소외된 느낌이 든다.	1	2	3	4
5	나는 하고 싶은 일을 할 수 있다.	1	2	3	4
·	·				

※ 한국판 노인 삶의 질 척도(K-CASP-16)는 번안된 19개의 문항 중 3번, 6번, 16번을 제외한 16개의 문항을 사용할 것을 권장함.

출처: 최명진, 김기연(2022) 한국판 노인 삶의 질 척도(K-CASP-16)의 타당화 연구. 한국보건사회연구원 제42권 제2호

6 노인 생활만족도 척도(Life Satisfaction Scale for Elderly)

이 척도는 최성재(1986)가 개발하고 최혜지·이영분(2006)이 검증한 척도로 노인이 삶의 전반적인 영역에 대해 느끼는 만족도를 측정하는 척도로서 객관적 조건에서 노인 개개인이 가지는 사회활동과 참여를 통하여 얻게 되는 경제적, 사회적, 심리적으로 개인이 느끼는 주관적 만족감을 측정하기 위한 것이다.

표 X-21 노인 생활만족도 척도(노인용)

노인 생활만족도 척도((Life Satisfaction Scale for Elderly) 다음 각 문항에 대해 귀하의 생각과 일치하는 곳에 ∨표를 해 주시기 바랍니다.				
No.	문항 내용	그렇지 않다	잘 모르겠다	그렇다
		0	1	2
1	지난 평생을 돌아볼 때 후회할 일이 별로 없다.			
2	나의 지난 평생은 성공적인 편이었다.			
3	나는 다른 사람들보다 다복한 편이었다.			
4	나는 내 동갑내기들보다 어리석은 판단을 많이 내린 편이다.			
5	·			
·	·			

해석 : · 역문이랑: 4, 5, 6, 11, 12, 13, 14, 18, 19, 20번 문항으로 2,1,0으로 계산
• 점수가 높을수록 지나온 인생과 현재 및 미래의 생활에 만족하는 것으로 해석

출처: 사회복지공동모금회(2018). 공동모금회 배분사업 성과측정을 위한 척도집. p83.
(https://drive.google.com/file/d/1ucqU4lXjI6HLQf0RZOv__djIxyjr8V1I/view)

(6) 심리·정서적 건강 척도

WHO(2017)에 따르면 건강이란 단순히 질병이 없거나 허약한 상태를 의미하는 것이 아니라 신체적, 정신적, 사회적으로 완전한 안녕 상태를 의미한다.

따라서 건강 관련 척도 영역에서는 신체적으로 탈이 없고 건강한 상태를 유지하는지에 대한 부분뿐만 아니라 어떠한 환경에도 대처해 나갈 수 있는 건전하고 균형 있고 통합된 성격발달과 사회적응수준을 의미하는 정서적 성숙, 적절하고 적합한 감정반응, 현실 검증력과 합리적 판단력 등에 대한 심리 및 정서적 건강에 대한 부분을 측정한다. 이러한 건강 척도의 영역에는 우울 척도, 자살 생각 척도, 심리적 안녕감 척도뿐만 아니라 스트레스 척도, 정서 척도, 정신진단 척도 등을 포함하고 있다.

1 한국판 벡 우울척도 2판(K-BDI-II)

우울이란 근심과 침울한 기분, 의욕과 활기가 없는 상태를 말한다. 한국판 벡 우울척도 2판

(Korea Beck Depression Inventory-Ⅱ)은 Beck(1961)이 개발한 우울척도를 김지혜 외(1996)가 번안하였다.

검사 연령은 중학생~성인으로 5분 정도면 검사가 완료되어 널리 사용하는 척도이다. 초조, 집중력 장애, 무가치감, 의욕 상실의 4가지 항목이 추가되었고, 수면과 식욕은 증가와 감소 모두를 평가하는 것으로 바뀌었다. 총 21개 문항으로 구성되며 문항 별로 0점~3점을 기록하여 총점은 63점으로 총점이 높을수록 우울감이 높은 것을 의미한다.

표 X-22 한국판 벡 우울 척도(K-BDI-Ⅱ)

한국판 벡 우울척도 2판(K-BDI-Ⅱ) 지난 2주 동안 당신의 기분과 상태를 생각해 보시고, 이를 가장 잘 설명하는 문장의 번호에 표시해 주시기 바랍니다.	
1. (　)	
0점	나는 슬프지 않다
1점	나는 슬프다
2점	나는 항상 슬퍼서 그것을 떨쳐버릴 수가 없다.
3점	나는 너무나 슬프고 불행해서 도저히 견딜 수가 없다.
2. (　)	
0점	나는 앞날에 대해 기대할 것이 아무것도 없다고 느낀다.
1점	나는 앞날에 대해서 별로 낙심하지 않는다.
2점	나의 ....
3점	나는 ...
.	.

해석 : 약간 우울(0~13), 경미한 우울(14~19, 중증도 우울(20~28), 심각한 우울(29~63)

출처: 한국심리주식회사 https://www.koreapsy.co.kr/

2 한국판 노인 우울 척도 단축형(SGDS-K)

Yesavage(1983)가 개발한 우울 측정 도구(Geriatric Depression Scale: GDS)를 기백석(1996)이 한국의 정서와 노인의 특성에 맞게 수정 보완하였다. 노인의 일상생활과 관련된 문항들로 구성된 척도로, 긍정문항(10문항), 부정문항(5문항), 총 15문항이다. 총점 범위는 0~15점으로, 총점이 높을수록 우울 정도가 심함을 의미한다.

표 X-23 한국판 노인 우울 척도 단축형(SGDS-K)

한국판 노인 우울 척도 단축형(SGDS-K) 다음 각 문항을 읽고, 본인의 생각과 느낌에 가장 가깝다고 생각되는 곳에 ∨표를 해 주시기 바랍니다.		
1. 현재의 생활에 대체로 만족하십니까?	예	아니오*
2. 요즈음 들어 활동량이나 의욕이 많이 떨어지셨습니까?	예*	아니오
3. 자신이 헛되이 살고 있다고 느끼십니까?	예*	아니오
.		
.		
.		
14. 지금 자신의 처지가 아무런 희망도 없다고 느끼십니까?	예*	아니오
15. 자신이 다른 사람들의 처지보다 더 못하다고 생각하십니까?	예*	아니오
총점(　　)		

※ *표 항목을 1점으로 계산, 나머지는 0점으로 계산

※ 해석 : 정상(0~5점), 중등도(6~9점), 우울증(10~15점)

8점 이상은 우울 증상이 의심되므로 전문의 진단과 상담 권유

3 벡 불안 척도(Beck Anxiety Inventory: BAI)

불안이란 마음이 편하지 않은 상태, 즉, 안정되지 않은 심리적 상태로 위협에 따른 공포와는 다르다.

BAI는 개인의 불안 수준을 측정하기 위해 Beck 등(1985)이 개발한 질문지를 권석만(1993)이 번안한 척도로, 총 21문항으로 구성되어 지난 일주일간 경험한 불안 수준을 측정하는 도구이다. 점수 범위는 0~63점이며, 총점이 높을수록 불안 수준이 높은 것을 의미한다.

표 X-24 벡 불안 척도(BAI)

<table>
<tr><td colspan="6">벡 불안 척도(BAI)
이 척도는 이 척도는 성인의 불안 상태를 측정하는 도구로, 특수한 상황을 바로 그 순간에 어떻게 느끼는가를 묻는 20개 문항으로 구성되어 있습니다.
각 문항을 잘 읽고 당신이 지금, 이 순간에 바로 느끼고 있는 상태를 가장 잘 나타내주는 문항에 체크해 주시기 바랍니다.</td></tr>
<tr><td rowspan="2">No.</td><td rowspan="2">문항</td><td>전혀 느끼지 않았다</td><td>조금 느꼈다</td><td>상당히 느꼈다</td><td>심하게 느꼈다</td></tr>
<tr><td>0</td><td>1</td><td>2</td><td>3</td></tr>
<tr><td>1</td><td>가끔 몸이 저리고 쑤시고 감각이 마비된 느낌을 받는다.</td><td></td><td></td><td></td><td></td></tr>
<tr><td>2</td><td>흥분된 느낌을 받는다.</td><td></td><td></td><td></td><td></td></tr>
<tr><td>3</td><td>가끔 다리가 떨리곤 한다.</td><td></td><td></td><td></td><td></td></tr>
<tr><td>4</td><td>편안하게 쉴 수가 없다.</td><td></td><td></td><td></td><td></td></tr>
<tr><td>·</td><td>·</td><td></td><td></td><td></td><td></td></tr>
<tr><td>·</td><td>·</td><td></td><td></td><td></td><td></td></tr>
<tr><td>20</td><td>자주 얼굴이 붉어지곤 한다.</td><td></td><td></td><td></td><td></td></tr>
<tr><td>21</td><td>땀을 많이 흘린다. (더위로 인한 경우 제외)</td><td></td><td></td><td></td><td></td></tr>
</table>

해석 0~7점: 정상, 8~15점: 가벼운 불안, 27~31점: 심한 불안, 32점 이상: 극심한 불안

4 한국인 직무 스트레스 측정 도구 단축형(KOSS-SF)

한국인 직무 스트레스 측정 도구-단축형(Korean Occupational Stress Scale-Short Form; KOSS-SF)은 장세진 외(2005)가 한국인의 직무 스트레스 측정 도구(KOSS)를 24개 문항으로 축약시킨 척도로, 직무요구, 직무 자율, 직무 불안정, 관계갈등, 조직체계, 보상 부적절, 직장문화의 총 7개의 하위영역으로 구성되어 있다. 7개 영역을 100점으로 균등하게 환산하는 방식이며, 총 점수는 각 7개 영역의 환산점수의 총합을 7로 나누어 채점한다. 총점이 높을수록 상대적으로 직무 스트레스가 높다는 것을 의미한다.

표 X-25 직무 스트레스 측정 도구 단축형

<table>
<tr><th colspan="6">한국인 직무 스트레스 측정 도구 단축형
아래 설문은 현재 일하면서 귀하의 생각이나 느낌에 가장 가까운 곳에 ∨표 해 주시기 바랍니다.</th></tr>
<tr><th>No.</th><th>문항</th><th>매우 그렇지 않다</th><th>그렇지 않다</th><th>그렇다</th><th>매우 그렇다</th></tr>
<tr><td rowspan="4">직무 요구</td><td>1. 나는 일이 많아 항상 시간에 쫓기며 일한다.</td><td>1</td><td>2</td><td>3</td><td>4</td></tr>
<tr><td>2. 업무량이 현저하게 증가하였다</td><td>1</td><td>2</td><td>3</td><td>4</td></tr>
<tr><td>3. 업무수행 중에 충분한 휴식(짬)이 주어진다.</td><td>4</td><td>3</td><td>2</td><td>1</td></tr>
<tr><td>4. 여러 가지 일을 동시에 해야 한다</td><td>1</td><td>2</td><td>3</td><td>4</td></tr>
<tr><td rowspan="4">직무 자율</td><td>5. 내 업무는 창의력을 필요로 한다</td><td>4</td><td>3</td><td>2</td><td>1</td></tr>
<tr><td>6. 내 업무를 수행하기 위해서는 높은 수준의 기술이나 지식이 필요하다</td><td>4</td><td>3</td><td>2</td><td>1</td></tr>
<tr><td>7. 작업시간, 업무수행과정에서 나에게 결정할 권한이 주어지며 영향력을 행사할 수 있다</td><td></td><td></td><td></td><td></td></tr>
<tr><td>8. 나의 업무량과 작업스케줄을 스스로 조절할 수 있다</td><td></td><td></td><td></td><td></td></tr>
<tr><td>·</td><td>·</td><td></td><td></td><td></td><td></td></tr>
<tr><td>·</td><td>·</td><td></td><td></td><td></td><td></td></tr>
<tr><td>·</td><td>·</td><td></td><td></td><td></td><td></td></tr>
</table>

출처 : 장세진 외(2005) 한국인 직무 스트레스 측정 도구의 개발 및 표준화. 대한직업환경학회지 제 17권 제4호

5 스트레스 감지 평가

심리학에서 스트레스란 외부의 위협, 공격 등에 대항해 신체를 보호하려는 신체와 심리의 변화 과정, 생체에 가해지는 여러 상해 및 자극에 대하여 신체에서 일어나는 비특이적인 생물 반응을 통칭한다.

현대 사회는 빠르게 변화하고 있으며, 그에 따라 스트레스 수준도 높아지고 있다. 스트레스를 관리하지 않으면 신체적, 정신적 질병으로 이어질 수 있다. 스트레스의 적절한 관리를 통해 해소하여 삶의 질을 향상할 수 있는 것이 매우 중요하다.

스트레스 감지 평가는 보건복지부 금연 길라잡이 사이트에서 무료로 평가 받을 수 있다.

표 X-26 스트레스 감지 평가

스트레스 감지 평가 아래 설문은 개개인이 가지고 있는 스트레스에 관한 생각을 알아보기 위한 것입니다. 지난 한 달 동안 일어났던 일들을 생각하면서 적절한 곳이 표시해 보시기 바랍니다.						
No.	문항	매우 그렇지 않다	그렇지 않다	보통이다	그렇다	매우 그렇다
1	예기치 않은 일로 귀찮았는가?					
2	생활의 중요한 일들을 통제하기가 힘든 것 같았는가?					
3	신경이 곤두서거나 스트레스를 받는다고 느꼈는가?					
4	일상의 작은 문제와 따분함에 성공적으로 대처했나?					
5	당신의 생활에 일어난 중요한 변화에 효과적으로 대처했다고 느꼈나?					
6	당신의 개인적인 일들을 처리하는 능력에 자신감을 느끼고 있다고 느꼈나?					
7	당신이 원하던 대로 일들이 진행되었나?					
8	당신이 해야 하는 모든 일을 책임질 수 없다고 생각했나?					
9	당신의 신경질을 참을 수 있었나?					
10	당신이 상황을 이끈다고 느꼈나?					
11	당신의 처리능력을 넘어서는 일들 때문에 화가 난 적이 있었나?					
12	당신이 해결해야 하는 일들 때문에 놀란 적이 있었나?					
13	당신의 시간을 잘 조절해서 보낼 수 있었나?					
14	힘든 일이 많아서 제대로 조절할 수 없었나?					

출처: 보건복지부 금연 길라잡이-스트레스 감지 평가

https://www.nosmokeguide.go.kr/lay2/program/S1T50C57/nosmoke/noSmoke_selftest/noSmoke_selftest1_5q.do

6 한국판 기분 상태 척도(K-POMS)

기분 장애란 일정 기간 지속하는 기분(감정)의 변조 때문에 고통을 느끼거나 일상생활에 지장을 초래하는 상태를 말한다. 정신의학에서는 우울장애와 양극성 장애로 분류한다.

한국판 기분 상태 척도(Korean Edition of Profile of Mood States)는 김의중(2003)이 일시적이고 변하기 쉬운 정동 상태를 빠르고 간편하게 규명하기 위해 개발하였다. 총 65문항의 자기보고형 척도로서 0점에서 4점까지 다섯 단계로 기분 상태를 평가한다. 7년 정도의 공교육을 받은 사람이면 누구나 쉽게 이해하고 검사를 수행할 수 있도록 제작되었다.

표 X-27 한국판 기분 상태 척도(K-POMS)

한국판 기분 상태 척도(K-POMS)					
아래의 문항들은 사람들이 느끼는 다양한 기분 상태를 기술한 것입니다. 각 문항을 주의 깊게 읽어 주십시오. 지난 일주일간(오늘을 포함하여) 당신이 느껴 온 기분 상태에 해당하는 번호를 골라 "○"으로 표시하여 주십시오					
문항	전혀 그렇게 느끼지 않는다.	약간 그렇게 느낀다.	중간 정도로 느낀다.	꽤 그렇게 느낀다.	매우 그렇게 느낀다.
	0	1	2	3	4
1. 다정한 느낌이 우러나온다.					
2. 긴장된다.					
3. 화난다.					
4. 녹초가 된 느낌이다.					
5. 불행하다.					
6. 두뇌가 명석한 느낌이다.					
7. 생기 넘친다.					
8. .					
.					
.					

출처: 김의중(2003). 한국판 기분 상태 척도(K-POMS)의 표준화와 신뢰도와 타당도 평가. 대한수면학회. 10권. 1호. 한국과학기술정보연구원.

7 한국판 UCLA 고독감 척도(3판)

고독감(loneliness)의 사전적 정의는 '홀로 되어 쓸쓸한 마음이나 느낌'을 뜻한다. 사회적 동물인 인간이 타인과 소통하지 못하고 격리되었을 때 느끼게 된다

이 척도는 주관적 외로움을 측정하기 위해 Russell(1996)이 개발하고 수정한 UCLA Loneliness Scale version 3을 진은주가 우리말로 번안해서 타당화한 척도이다.

문항 구성은 친밀감 부족(11문항), 사회적 주변인 부족(5문항), 소속감 부족(4문항)으로 총 3개의 하위영역에 20문항으로 구성되어 있다.

표 X-28 한국판 UCLA 고독감 척도(3판)

한국판 UCLA 고독감 척도(3판) 아래의 문항들은 읽고 평소 자신의 모습과 어느 정도 일치하는지 체크해 주십시오				
문항	전혀 그렇지 않다	그렇지 않은 편이다.	그런 편이다.	매우 그렇다
1. 나는 내 주변인 사람과 잘 어울린다.				
2. 나는 함께 해 줄 친구가 없다.				
3. 내가 의지할 수 있는 사람이 없다.				
4. 얼마나 자주 혼자라고 느끼십니까?				
5. .				
6. .				

출처: 진은주(2019). 한국판 UCLA 외로움 척도 3판의 타당화. 전남대학교 석사학위 논문

8 무력감 척도(Powerlessness Scale)

무력감(무기력)은 학습된 무력감이라고도 하며 자신의 능력으로 피할 수 있거나 극복할 수 있으면서도 회피하거나 극복하려고 하지 않고 자포자기하는 현상을 뜻한다.

Miller(1983)가 개발한 원척도를 권혁순(2012)이 번안한 척도로 행동과정 및 결과 등 자신의 삶에 대한 자신의 결정 능력이 없다고 느끼는 정도를 측정한다. 문항 구성은 구두표현 영역, 정서적 반응 영역, 일상 활동 참여 영역, 학습 참여 영역의 4개의 하위영역으로 구성되어 총 16문항으로 구성되어 있으므로 최하 16점, 최고 64점으로 채점되며 총점이 높을수록 무력감이 높은 것을 의미한다.

표 X-29 무력감 척도(K-POMS)

무력감 척도 다음 문항들은 무력감에 관한 것을 알아보기 위한 것입니다. 각 문항에 대해 해당하는 부분에 ∨표를 해 주시기 바랍니다.				
문항	전혀 그렇지 않다	가끔 그렇다	자주 그렇다.	항상 그렇다.
1. 주위에서 일어나는 일 들을 처리할 수 없다고 말로 표현한다.				
2. 체념하는 행동을 보인다.				
3. 삶을 부정적, 비판적으로 생각한다.				
4. .				
5. .				

참조: 농촌진흥청(2023). 2급 치유농업사 길라잡이

9 상타-특성 불안 척도(State-Trait Anxiety Inventory: STAI-X-1)

불안 장애는 특정한 상황이나 사물에 대해 과도한 불안과 두려움이 나타나 정상적인 생활에 지장을 주는 장애이다. 피로, 집중력 저하, 의욕 상실, 두근거림, 식은땀의 증상이 나타난다.

불안 수준을 측정하기 위해 Spielberger(1970)가 개발한 척도를 김정택(1997)이 표준화한 척도로, 현재 상태에서 느끼는 불안 정도를 측정하는 도구이다. 긍정문항 10문항, 부정문항 10문항의 총 20문항으로 구성되며, 점수의 범위는 20~80점으로 총점이 높을수록 불안 정도가 높음을 의미한다.

이 검사는 부산대학교 효원상담원에서 검사받을 수 있다.

(사이트: https://pnucounsel.pusan.ac.kr/pnucounsel/32441/subview.do)

더 알아보기 : 상태 불안과 특성 불안

▶ 상태 불안 (State Anxiety): 현재의 감정적 상태에서 느끼는 불안으로 특정 상황에서의 일시적으로 반응하는 불안(예: 시험 불안)

▶ 특성 불안 (Trait Anxiety): 개인의 지속적인 불안감을 보이며 자신의 행동에 대해 확신을 갖지 못하는 상태, 개인의 성격과 관련이 있다.

표 X-30 상태-특성 불안 척도(STAI-X-1)

상태-특성 불안 척도(STAI-X-1)

이 척도는 이 척도는 성인의 불안 상태를 측정하는 도구로, 특수한 상황을 바로 그 순간에 어떻게 느끼는가를 묻는 20개 문항으로 구성되어 있습니다.

각 문항을 잘 읽고 당신이 지금, 이 순간에 바로 느끼고 있는 상태를 가장 잘 나타내주는 문항에 체크해 주시기 바랍니다.

No.	문항	전혀그렇지 않다	조금 그렇다	보통 그렇다	대단히 그렇다
1	나는 마음이 차분하다.	4	3	2	1
2	나는 마음이 든든하다.	4	3	2	1
3	나는 긴장되어 있다.	1	2	3	4
4	나는 후회스럽고 서운하다.	1	2	3	4
·	·				
·	·				
19	나는 즐겁다.	4	3	2	1
20	나는 기분이 좋다	4	3	2	1

해석 52~56점: 상태 불안 수준이 약간 높음, 57~61점: 상태 불안 수준이 상당히 높음
62점 이상 : 상태 불안 수준이 매우 높음

출처: 김정택(1978). 특성 불안과 사회성과의 관계 - Spielberger(1970)의 STAI를 중심으로 -. 고려대학교 대학원 석사학위논문
- 부산대학교 효원상담원 (https://pnucounsel.pusan.ac.kr/pnucounsel/32441/subview.do)

더 알아보기 : 우울증 진단 기준

표 8-10 우울증 진단 기준(DSM-IV(미국정신의학회, 1994)

- 거의 매일, 온종일 우울한 기분이다.
- 흥미, 즐거움, 활동이 뚜렷하게 떨어져 있다.
- 체중이 줄고, 식욕 저하가 심하다(혹은 체중 증가, 식욕 항진의 경우도 있다).
- 거의 매일 불면증이 있다(반대로 지나치게 잠을 많이 자는 수도 있다).
- 안절부절못하거나, 혹은 반대로 거의 꼼짝하지 않는다.
- 피곤하고 기운이 없다.
- 허무한 마음, 지나친 죄책감에 시달린다.
- 생각이 잘 나지 않고, 집중이 어렵고, 결정을 내리지 못한다.
- 계속해서 죽는 생각에 사로잡히거나, 자살 생각 혹은 시도를 한다.

10 우울증 및 불안 증상 자가검사

국립정신건강센터 국가트라우마센터(https://www.nct.go.kr/)에서 시행하는 우울증 및 불안 증상 자가진단 검사는 다음과 같다.

표 X-31 우울 증상 자가검사

우울 증상 자가검사

국가트라우마센터.(https://nct.go.kr/distMental/rating/rating02_2.do)에 무료로 이용할 수 있는 검사임

No.	지난 2주일 동안 당신은 다음의 문제들로 인해서 얼마나 자주 방해를 받았습니까?	전혀 방해 받지 않았다	며칠 동안 방해 받았다	7일이상 방해 받았다	거의 매일 방해 받았다
		0점	1점	2점	3점
1	일 또는 여가활동을 하는데 흥미나 즐거움을 느끼지 못함				
2	기분이 가라앉거나. 우울하거나. 희망이 없음				
3	잠이 들거나 계속 잠을 자는 것이 어려움. 또는 잠을 너무 많이 잠				

4	피곤하다고 느끼거나 기운이 거의 없음				
5	·				
6	·				

※ 자기보고 형식으로 측정되며, 정신과적 진단을 의미하는 것은 아님

출처: 국가트라우마센터(https://www.nct.go.kr/distMental/rating/rating02_2.do)

표 X-32 불안 증상 자가검사

불안 증상 자가검사 국가트라우마센터.(https://nct.go.kr/distMental/rating/rating02_2.do)에 무료로 이용할 수 있는 검사임					
No.	지난 2주일 동안 당신은 다음의 문제들로 인해서 얼마나 자주 방해를 받았습니까?	전혀 방해 받지않았다	며칠동안 방해받았다	7일이상방해받았다	거의매일방해받았다
		0점	1점	2점	3점
1	초조하거나 불안하거나 조마조마하게 느낀다.				
2	걱정하는 것을 멈추거나 조절할 수가 없다.				
3	여러 가지 것들에 대해 걱정을 너무 많이 한다.				
4	편하게 있기가 어렵다.				
5	·				
6	·				

※ 자기보고 형식으로 측정되며, 정신과적 진단을 의미하는 것은 아님

출처: 국가트라우마센터(https://www.nct.go.kr/distMental/rating/rating02_3.do)

⑪ 우울증 자가진단 사이트

다음은 테스트하로(https://testharo.com/depression/ko)에서 제공하는 우울증 무료 자가진단 도구이다.

표 X-33 우울증 자가진단 테스트

우울증 자가진단 테스트

대상자 성명:　　　　검사자 성명:　　　　사정 날짜:　년　월　일

번호	내용	점수 0	점수 1	점수 2	점수 3
1	나는 슬프지 않다.				
	나는 슬프다.				
	나는 항상 슬프고 기운을 낼 수 없다.				
	나는 너무나 슬프고 불행해서 도저히 견딜 수 없다.				
2	나는 앞날에 대해서 특별히 낙담하지 않는다.				
	나는 앞날에 대해서 용기가 나지 않는다.				
	나는 앞날에 대해 기대할 것이 아무것도 없다고 느낀다.				
	나의 앞날은 아주 절망적이고 나아질 가망이 없다고 느낀다.				
3	나는 실패자라고 느끼지 않는다.				
	나는 보통 사람들보다 더 많이 실패한 것 같다.				
	나의 살아온 과거를 되돌아보면 실패투성이인 것 같다.				
	나는 한 인간으로서 완전한 실패자라고 느낀다.				
4	나는 전과 다름없이 일상생활 속에서 만족을 느끼고 있다.				
	나는 전과 같이 일상생활이 즐겁지 않다.				
	나는 요즘에는 어떤 것에서도 별로 만족을 얻지 못한다.				
	나는 모든 것이 다 불만스럽고 싫증 난다.				
5	나는 특별히 죄책감을 느끼지 않는다.				
	나는 종종 죄책감을 느낀다.				
	나는 죄책감을 느낄 때가 아주 많다.				
	나는 항상 죄책감에 시달리고 있다.				
6	나는 벌을 받고 있다고 느끼지 않는다.				
	나는 어쩌면 벌을 받을지도 모른다고 느낀다.				
	나는 앞으로 벌을 받을 그거로 생각한다.				
	나는 지금 벌을 받고 있다고 느낀다.				
7	나는 나에 대해 실망하지 않는다.				
	나는 나에 대해 실망하고 있다.				
	나는 나 자신에게 화가 난다.				
	나는 나 자신을 증오하고 있다.				
8	나는 내가 다른 사람보다 못하다고 느끼지 않는다.				
	나는 나의 약점이나 실수에 대하여 나 자신을 탓하는 편이다.				
	내가 한 일이 잘못되었을 때는 언제나 나를 탓한다.				
	일어나는 모든 나쁜 일들은 다 내 탓이다.				

9	나는 자살할 생각 같은 것은 하지 않는다.				
	나는 자살할 생각을 가끔 하지만, 실제 하지는 않을 것이다.				
	나는 자살하고 싶은 생각이 자주 든다.				
	나는 기회만 있으면 자살하겠다.				
10	나는 평소보다 더 울지는 않는다.				
	나는 전보다 더 많이 운다.				
	나는 요즘 항상 운다.				
	전에는 울고 싶을 때 울 수 있었지만, 요즘은 울래야 울 기력조차 없다.				
11	나는 요즘 평소보다 더 짜증을 내는 편은 아니다.				
	나는 전보다 더 쉽게 짜증이 나고 귀찮아진다.				
	나는 요즘 항상 짜증을 내고 있다.				
	전에는 짜증스럽던 일에 요즘은 너무 지쳐서 짜증조차 나지 않는다.				
12	나는 다른 사람에 관한 관심을 잃지 않고 있다.				
	나는 전보다 다른 사람에 관한 관심이 줄었다.				
	나는 다른 사람에 대해 거의 관심이 없어졌다.				
	나는 다른 사람에 대해 완전히 관심이 없어졌다.				
13	나는 평소처럼 결정을 잘 내린다.				
	나는 결정을 미루는 때가 전보다 더 많다.				
	나는 전에 비해 결정 내리는 데에 더 큰 어려움을 느낀다.				
	나는 더는 어떤 결정을 내릴 수가 없다.				
14	나는 전보다 내 모습이 나빠졌다고 느끼지 않는다.				
	나는 내가 나이 들고 매력 없게 보일까 봐 걱정한다.				
	나는 내 모습이 매력 없게 변해버린 것 같은 느낌이 든다.				
	나는 내가 추하게 보인다고 믿는다.				
15	나는 전과 다름없이 일을 잘할 수 있다.				
	어떤 일을 시작하는 데에 전보다 더 많은 노력이 든다.				
	무슨 일이든 하려면 나 자신을 매우 심하게 채찍질해야만 한다.				
	나는 아무런 일도 할 수가 없다.				
16	나는 평소처럼 잠을 잘 잔다.				
	나는 전처럼 잠을 잘 자지는 못한다.				
	나는 전보다 한두 시간 일찍 잠을 깨며 다시 잠들기가 어렵다.				
	나는 평소보다 몇 시간 일찍 잠을 깨며 다시 잠들 수가 없다.				
17	나는 전보다 더 피곤을 느끼지는 않는다.				
	나는 전보다 더 쉽게 피곤을 느낀다.				
	나는 거의 모든 일을 할 때마다 피곤을 느낀다.				
	나는 너무 피곤해서 아무 일도 할 수 없다.				
18	내 식욕은 평소와 다름없다.				
	나는 요즘 전보다 식욕이 좋지 않다.				
	나는 요즘 식욕이 많이 떨어졌다.				
	요즘은 전혀 식욕이 없다.				

19	나는 요즘 몸무게가 별로 줄지 않았다.				
	나는 전보다 몸무게가 2kg 정도 줄었다.				
	나는 전보다 몸무게가 5kg 정도 줄었다.				
	나는 전보다 몸무게가 7kg 정도 줄었다				
20	나는 전보다 건강에 대해 더 신경쓰지는 않는다.				
	나는 여러 가지 통증, 두통, 소화불량, 변비 등과 같은 신체적 문제로 걱정하고 있다.				
	나는 건강에 신경이 많이 쓰여 다른 일을 하는 데 어려움이 있다.				
	나는 다른 일을 할 수 없을 정도로 건강에 대해 걱정이 심하다.				
21	나는 요즘도 성(性)에 관한 관심에 변화가 없다고 생각한다.				
	나는 전보다 성(性)에 관한 관심이 적어졌다.				
	나는 전보다 성(性)에 관한 관심이 현저하게 줄었다.				
	나는 성(性)에 대한 흥미를 완전히 잃어버렸다.				

판단 : 0-9 우울하지 않음, 10-15 가벼운 우울, 16-23 비교적 심한 우울 상태, 24-63 심각한 우울증, 16점 이상부터는 전문가와의 상담 치료가 필요하다고 판단된다.

출처: 테스트하로 https://testharo.com/depression/ko

12 외로움과 사회적 고립 척도

국립정신건강센터와 삼성서울병원에서 창작한 외로움과 사회적 고립 척도(loneliness and social isolation scale; LSIS)는 한국 사회 및 문화 배경을 반영하여 개발된 척도로, 총 6문항으로 구성되어 외로움, 사회적 지지, 사회적 관계망 수준을 포괄하여 측정 가능하여 외로움과 사회적 고립 고위험군을 선별하기 위해 지역사회에서 쉽게 활용할 수 있다.

표 X-34 외로움과 사회적 고립 척도(LSIS)

외로움과 사회적 고립 척도(LSIS)						
각 문항을 읽고, 최근 한 달간 자신의 상태를 잘 설명하는 항목에 표시해 주세요.						
No.		질문내용	거의 그렇지 않다(0)	다소 그렇지 않다(1)	다소 그렇다(2)	매우 그렇다(3)
외로움		1. 나는 외롭다고 느낀다	0	1	2	3
		2. 나는 소외되어 있다고 느낀다.	0	1	2	3
사회적 지지		3. 나는 가족이나 친구들에게 편하게 의지할 수 있다.	3	2	1	0
		4. 나의 일상적인 일에 도움을 줄 수 있는 사람이 있다.	3	2	1	0
사회적 관계망		5. 월 1회 이상 사적으로 만나거나 주 1회 이상 연락을 할 정도로 친한 사람은 몇 명입니까?(가족, 친척, 친구 포함)	0명 (3)	1~2명 (2)	3~6명 (1)	7명 이상 (0)
		6. 친구나 가족과 사적인 연락을 하는데 하루 중 평균 몇 분 정도를 사용하십니까?(전화, 문자, 카카오톡 등 메신저)	전혀 안 함 (3)	15분이하 (2)	15~1시간 (1)	1시간 이상 (0)

해석 : 1, 2번 문항의 합산점수가 3점 이상이면 외로움 고위험군에 해당
3, 4번 문항 합산점수가 4점 이상이고, 5, 6번 문항 합산점수가 4점 이상이면 사회적 고립 고위험군에 해당

출처: 보건복지부 국립건상센터, 삼성서울병원
황수진, 홍진표, 안지현, 김명현, 정서현&장혜인. (2021). 외로움과 사회적 고립 척도의 개발 및 타당화 연구. 신경정신의학, 60(4), 291-297.

(7) 사회적 기능과 관계망 척도

사회적 기능이란 개인들이 환경에서 요구되는 규정에 따라 역할을 얼마나 잘 수행하는지를 의미하는 것으로 사회 구성원으로 살아가는 데 필요한 적응능력으로서의 대인관계나 상호 간의 감정 및 의견을 효율적으로 의사소통할 수 있는 능력 등을 의미한다. 이러한 사회적 기능 척도 영역에는 대인관계 척도, 감정조절능력 척도, 문제해결 능력 척도, 대처능력 척도, 사회기술평가 척도, 사회적 역량 척도, 사회적응 척도, 친 사회적 행동척도, 가족관계 척도 등을 포함하고 있다.

1 사회적 지지도 척도(Medical Outcome Study Social Support Survey : MOS-SSS)

사회적 지지는 우울, 불안, 스트레스의 감정을 줄이는 동시에 인지기능과 전반적인 삶의 질을 향상시킨다.

MOS-SSS는 Sherbourne과 Stewart(1991)에 의해 개발된 원척도를 임민경(2003)등이 우리나라의 만 18세 이상 일반 성인에게 적용하도록 수정 및 번안한 척도로 주변과의 정서적, 물질적 등의 상호작용을 평가하기 위해 4개의 하위영역 총 19문항으로 구성되어 있다.

4개의 하위영역은 정서적, 정보적 지지 영역(8문항), 물질적 지지 영역(4문항), 긍정적 사회적 교류 영역(4문항), 애정적 지지 영역(3문항)이며 최하 19점에서 최고 95점으로 총점이 높을수록 사회적 지지 정도가 높은 것을 의미한다.

표 X-35 사회적 지지도 척도(성인용)

사회적 지지도 척도(MOS-SSS) 다음은 여러분 자신에 대해 가지고 있는 생각에 대한 질문입니다. 잘 읽고 문항별로 여러분의 생각과 일치하는 곳에 ∨표 해 주시기 바랍니다.						
No.	문항 내용	전혀 없다	대부분 없다	반반 이다.	대부분 있다	항상 있다.
1	대화가 필요할 때 당신의 말을 믿어줄 사람이 있습니까?					
2	당신이 상황을 잘 이해할 수 있도록 정보를 줄 사람이 있습니까?					
3	당신이 어려움에 처했을 때 조언을 해줄 사람이 있습니까?					
4	·					
·	·					

출처: 참조 : 농촌진흥청. 2급 치유농업사 길라잡이(2023) p.268

2 아동·청소년 사회적 지지도 척도

박지원(1985)에 의해 개발된 원척도를 윤혜경(1993)이 수정 및 보완하고 이를 김승미(1998)가 아동·청소년이 쉽게 이해할 수 있도록 문항의 내용을 수정 및 보완한 척도로, 교사, 부모, 또래 등 아동·청소년의 주요 사회적 자원의 다양한 측면을 평가한다. 4개 하위영역(정서적 지지 영역, 평가적 지지 영역, 정보적 지지 영역, 물질적 지지 영역), 총 24문항으로 구성되며, 총점이 높을수록 사회적 지지 정도가 높은 것을 의미한다.

표 X-36 아동·청소년 사회적 지지도 척도

아동·청소년 사회적 지지도 척도 다음 문항들은 주위 사람들(가족, 친구, 교사)에게 받고 있다고 느끼는 도움의 정도를 알아보기 위한 것입니다. 다음을 글을 잘 읽고, 여러분의 생각이나 느낌을 가장 잘 나타내는 숫자에 ○표 해 주세요.						
No.	문항 내용	전혀 그렇지 않다	대체로 그렇지 않다	보통 이다.	대체로 그렇다	매우 그렇다
1	내가 사랑을 받고 있다고 느끼게 해준다.					
2	내가 어려운 고민거리가 있을 때 털어놓고 이야기할 수 있다.					
3	함께 있으면 편안하고 가깝게 느껴진다.					
4	·					
·	·					

출처: 농촌진흥청. 2급 치유농업사 길라잡이(2023) p. 268

3 한국판 사회적 유능성 척도 (K-Interpersonal Competence Questionnaire; K-ICQ)

한국판 사회적 유능성 척도는 Buhrmester et al. (1988)이 개발한 척도를 한나리, 이동귀(2010)가 번안한 척도로 대인 관계적인 측면에서 사회적 유능성에 초점을 맞추어 작성되었다. 척도의 상호 관계 개시, 자기 개방, 권리나 불편함에 관한 주장, 정서적 지지, 갈등관리의 5개 하위영역으로 각각 8문항씩 총 40문항으로 구성되어 있다. 종합 점수가 높을수록 사회적 유능성 수준이 높은 것으로 해석한다.

표 X-37 한국판 사회적 유능성 척도

한국판 사회적 유능성 척도(K-ICQ) 다음은 여러분이 '다른 사람들과 상호작용하는 모습'에 관하여 묻는 문항입니다. 평소 자신의 모습대 가깝다고 생각되는 해당란에 ∨표 해주세요.						
No.	질문내용	전혀 그렇지 않다	그렇지 않은 편이다.	보통 이다.	그런 편이다	매우 그렇다
		1	2	3	4	5
1	나는 새로 사귄 친구에게 무언가를 함께 하자고 제안한다.					
2	나는 친한 친구가 나를 대하는 방식이 마음에 들지 않을 때 그것을 친구에게 말한다.					
3	나는 새로 사귄 친구와 이야기할 때 나의 개인적인 이야기를 한다.					
·	·					
·						

출처: 한나리. 이동귀(2010). 한국 대학생의 대인관계 유능성 척도 타당화 연구. 한국심리학회지. 상담 및 심리치료 22(1). 137-156

4 한국판 아동 사회성기술 척도(Korean Children's Self-Report Social Skills Scale; CS4-K)

CS4-K는 Carla Danielson, Carolyn Roecker Phelps이 개발한 척도를 김용석 등이 번안한 척도로 하위요인은 사회규범, 호감, 사회적 미숙으로 총 21문항으로 되어 있다. 아동의 다양한 형태의 상호작용 중 또래와의 긍정적인 상호작용을 위해 요구되는 기술, 사회적 규칙의 준수 여부, 공손함, 친구들 사이에서의 인기 등을 강조하고 있다.

표 X-38 한국판 아동 사회성기술 척도(초등 고학년용)

<table>
<tr><th colspan="7">한국판 아동 사회성기술 척도(CS4-K)</th></tr>
<tr><th colspan="7">이 검사는 여러분이 친구 관계나 학교생활을 좀 더 정확하게 이해할 수 있도록 도와주기 만들어진 것입니다. 여러분의 행동, 느낌을 얼마나 잘 나타내고 있는지를 생각해 본 다음 자신의 모습에 가깝다고 생각되는 해당란에 ∨표 해주세요.</th></tr>
<tr><th rowspan="2">No.</th><th rowspan="2">질문내용</th><th>전혀 그렇지 않다</th><th>별로 그렇지 않다</th><th>때때로 그렇다</th><th>대부분 그렇다</th><th>항상 그렇다</th></tr>
<tr><th>1</th><th>2</th><th>3</th><th>4</th><th>5</th></tr>
<tr><td>1</td><td>나는 상대방이 이야기할 때 얼굴을 쳐다 본다.</td><td></td><td></td><td></td><td></td><td></td></tr>
<tr><td>2</td><td>다른 아이들은 나를 좋아하고 함께 잘 논다.</td><td></td><td></td><td></td><td></td><td></td></tr>
<tr><td>3</td><td>나에게 잘해주면 그 사람에게 고맙다고 이야기를 한다.</td><td></td><td></td><td></td><td></td><td></td></tr>
<tr><td>4</td><td>나를 화나게 하면 그 사람을 발로 차거나 때린다.</td><td></td><td></td><td></td><td></td><td></td></tr>
<tr><td>·</td><td>·</td><td></td><td></td><td></td><td></td><td></td></tr>
</table>

출처: 김용석. 홍지영. 한국판 아동 사회성기술척도 실시 요강. 도서출판 마인드프레스

5 의사소통 능력 척도 (Primary Communication Inventory : PCI)

Nanran(1967)의 원척도를 모의희(2001)가 번안하고 이를 성인의 수준에 맞게 최은연(2004)이 수정 및 보완한 척도로 언어적 의사소통(20문항), 비언어적 의사소통(5문항) 총 25문항으로 최하 25점에서 최고 125점으로 총점이 높을수록 의사소통 능력이 높은 것을 의미한다.

표 X-39 의사소통 능력 척도(성인용))

의사소통 능력 척도(PCI)						
평소 자신의 모습에 가깝다고 생각되는 해당란에 ∨표 해주세요.						
No.	질문내용	전혀 그렇지 않다	그렇지 않은 편이다.	보통 이다.	그런 편이다	매우 그렇다
		1	2	3	4	5
1	나는 그날 있었던 유쾌한 일에 대해 동료들에게 자주 이야기한다.					
2	그날 있었던 불쾌한 일에 대해 동료들에게 자주 이야기한다.					
3	내가 동의하지 않은 일이나 대화하기 어려운 일에 대해서도 동료들에게 이야기한다.					
·	·					
·	·					

출처: 농촌진흥청. 2급 치유농업사 길라잡이(2023) p.271

❻ 자녀용 부모-자녀 의사소통 척도(Parent-Adolescent Communication Inventory: PACI)

이 척도는 Barnes와 Olson(1982)이 개발하고 민혜영(1990)가 번안한 것으로 부모용과 청소년 자녀용 질문지가 있다. 청소년 자녀용 척도는 2개의 하위영역(개방형 의사소통 영역, 문제형 의사소틍 영역)으로 총 20문항으로 구성되며, 총점 범위는 20~100점이다. 총점이 높을수록 부모와의 의사소통이 개방적임을 의미한다.

표 X-40 자녀용 부모-자녀 의사소통 척도(청소년용)

자녀용 부모-자녀 의사소통 척도PACI)						
다음은 아버지(어머니)와의 대화입니다. 내가 생각하는 것에 ∨표 해주세요.						
No.	질문내용	전혀 그렇지 않다	거의 그렇지 않다	어쩌다 그러는 편이다	자주 그러는 편이다	늘 그러는 편이다
		1	2	3	4	5
1	나의 생각을 주저하거나 망설이지 않고 아버지(어머니)께 말하는 편이다.					
2	아버지(어머니)의 말씀이 때때로 믿기지 않을 때가 있다.					
3	아버지(어머니)는 내 이야기에 관심을 두고 들어주시는 편이다.					
·	·					
·	·					

출처: 민혜영(1990). Circumplex Model과 부모-자녀간의 의사소통: 청소년 자녀를 중심으로. 연세대학교 대학원 석사학위논문

7 대인관계 문제 척도(K-IIP)

대인 관계 능력이란 일상 또는 직업 생활에서 구성원과의 협조적인 관계를 유지하고 갈등을 원만히 해결하여 원만하게 지내는 능력을 말한다.

Horowitz 등(1988)이 대인관계 문제 척도(IIP)를 개발하고 Alden, Wiggins와 Pincus(1990)가 문항수를 64문항으로 재구성한 것을 김영환 등(2002)이 한국 실정에 맞게 표준화 및 문항을 단축시켜 한국형 대인관계 문제 척도(Korean Inventory of Interpersonal Problem: K-IIP)로 재구성했다.

본 검사는 대인 관계문제, 애착 유형 및 타인 지각에 따른 대인 관계문제, 우울함이나 사회적 불안과 같은 다양한 정신 병리 관련 대인 관계 간 유형을 밝히는 데 유용하다. 8개의 하위영역 총 40문항으로 구성되며 총점은 40~160점으로, 총점이 높을수록 대인관계에서 어려움을 느끼는 정도가 높은 것이다.

표 X-41 한국형 대인관계 문제 척도(성인용)

한국형 대인관계 문제 척도(K-IIP-SC) 다음은 대인관계에서 경험하는 사항들을 기술해 놓은 것으로 여기에는 정답이나 좋은 답, 나쁜 답이 있는 것은 아닙니다. 문항을 잘 읽으시고 자신과 비교하여 가장 잘 맞는 번호에 ∨표 해 주십시오.						
No.	질문내용	전혀 그렇지 않다	그렇지 않은 편이다.	중간이다.	그런 편이다	매우 그렇다
		1	2	3	4	5
1	내가 원하는 것을 말하기가 어렵다.					
2	친구 사귀기가 어렵다.					
3	다른 사람에게 정당한 요구일지라도 하기 어렵다.					
4	사람들과 어울리기가 어렵다.					
·	·					
·	·					

출처: ㈜테스피아 https://tespia.kr/tp_mall/prd_detail.asp?num=64

8 관계중독 자가진단 체크 리스트

현대 사회의 인간관계에서 특정 관계에 지나치게 집착하게 되면 관계중독으로 이어질 수 있다. 명지대 이미지코칭연구소 김경호 박사가 개발한 '관계중독 자가진단 체크리스트'는 다음과 같다.

표 X-42 관계중독 자가진단 체크 리스트

<table>
<tr><th>항목</th><th>번호</th><th>문 항</th><th>예
(1점)</th><th>아니오
(0점)</th></tr>
<tr><td rowspan="3">자존감</td><td>1</td><td>나는 그 사람의 인정이나 칭찬이 없으면 내 자신을 가치 있게 느낄 수 없다</td><td></td><td></td></tr>
<tr><td>2</td><td>그 사람이 나를 어떻게 대하느냐에 따라 내 기분이 크게 달라진다.</td><td></td><td></td></tr>
<tr><td>3</td><td>나의 자존심은 그 사람과의 관계에 크게 의존한다.</td><td></td><td></td></tr>
<tr><td rowspan="3">애착
이론</td><td>4</td><td>나는 그 사람이 나를 떠날까 봐 불안해한다..</td><td></td><td></td></tr>
<tr><td>5</td><td>그 사람과 떨어져 있을 때 나는 그 사람에게서 연락이 오지 않으면 매우 불안해진다..</td><td></td><td></td></tr>
<tr><td>6</td><td>나는 그 사람이 나를 사랑하고 있다는 것을 끊임없이 확인받고 싶어 한다.</td><td></td><td></td></tr>
<tr><td rowspan="3">경계
설정</td><td>7</td><td>나는 그 사람을 위해 나의 시간과 에너지를 거의 모두 쏟아붓는다.</td><td></td><td></td></tr>
<tr><td>8</td><td>나는 그 사람 때문에 나의 다른 중요한 활동이나 사람들과의 관계를 소홀히 한다.</td><td></td><td></td></tr>
<tr><td>9</td><td>나는 그 사람이 필요로 할 때마다 나의 계획을 변경하거나 취소하는 경우가 많다.</td><td></td><td></td></tr>
<tr><td rowspan="3">관계
집착</td><td>10</td><td>나는 그 사람의 생각이 온종일 머릿속을 떠나지 않는다.</td><td></td><td></td></tr>
<tr><td>11</td><td>나는 그 사람과의 부정적인 사건을 반복적으로 되새긴다.</td><td></td><td></td></tr>
<tr><td>12</td><td>그 사람이 나에게 무관심하거나 부정적인 반응을 보이면 온종일 그 문제에 사로잡힌다.</td><td></td><td></td></tr>
<tr><td rowspan="3">과거
패턴</td><td>13</td><td>나는 과거에도 비슷한 방식으로 특정 사람에게 지나치게 집착한 경험이 있다.</td><td></td><td></td></tr>
<tr><td>14</td><td>나는 과거에도 상대방에게 의존하여 내 삶이 크게 흔들린 적이 있다.</td><td></td><td></td></tr>
<tr><td>15</td><td>나는 그 사람과 헤어진 후에도 그 사람을 잊지 못하고 오래도록 집착한 적이 있다.</td><td></td><td></td></tr>
<tr><td>계</td><td colspan="2"></td><td>점</td><td></td></tr>
<tr><td>해석</td><td colspan="4">• 0~3 : 낮은 단계 중독- 큰 문제 없음
• 4~7 : 중간 단계 중독-어느 정도의 의존성과 집착 주기적으로 자기관리
• 8~11: 높은 단계 중독- 과도한 의존과 집착, 자신의 정체성 회복 노력
• 11~15: 매우 높은 관계중독- 심각한 정서적 문제 유발, 전문가 상담 및 치료가 필요</td></tr>
</table>

출처: 김경호의 이미지 코칭, (https://m.blog.naver.com/goldimage/223543564096)

9 대인 관계변화 척도(Relationship Change Scale: RCS)

Schein과 Guerney(1975)가 개발한 원척도를 문선모(1980)가 번안하고 김명화(2010)가 수정 및 보완한 척도로, 다른 사람과의 지속적인 상호작용에서 나타나는 특성을 묻는 문항들로 구성된다. 7개 하위영역 총 25개 문항으로 구성되며, 하위영역은 만족감(4문항), 의사소통(4문항), 신뢰감(3문항), 친근감(3문항), 민감성(2문항), 개방성(5문항), 이해성(4문항)이다. 총점이 높을수록 대인관계가 건강하다는 것을 의미한다.

표 X-43 대인 관계변화 척도(청소년-성인용)

대인 관계변화 척도(RCS) 다음은 대인관계에서 경험하는 사항들을 기술해 놓은 것으로 여기에는 정답이나 좋은 답, 나쁜 답이 있는 것은 아닙니다. 문항을 잘 읽으시고 자신과 비교하여 가장 잘 맞는 번호에 ∨표 해 주십시오.						
No.	질문내용	매우 그렇지 않다	다소 그렇지 않다	그저 그렇다	그런 편이다	매우 그렇다
		1	2	3	4	5
1	나는 인간으로서 나 자신에게 만족한다.					
2	나는 다른 사람에 대하여 만족스럽게 생각한다.					
3	다른 사람들은 나를 만족스러운 사람이라고 생각할 것이다.					
4	다른 사람들은 스스로 만족하는 것 같다.					
·	·					
·	·					

출처: 최희진(2015). 상호작용 중심의 집단표현예술치료가 여성 독거노인의 우울감과 대인관계에 미치는 효과. 명지대학교 석사학위논문.

1.2 신체적 영역의 평가

가. 신체적 영역의 분류

(1) 신체활동과 수행기능

신체적 영역의 일상생활 수행능력, 신체활동, 손의 기능과 협응 능력 등을 측정한다.

표 X-44 신체적 영역 측정 도구

구분	측정 변인	주요 측정 도구
신체활동 수행	일상 생활능력 신체활동 손 기능	· 수정 바델지수(K-MBI) · 한국형 수단적 일상생활 수행능력 척도(K-IADL) · 기능적 독립수행 평가(FIM) · 일어서서 걷기 검사
		· 한국판 노인의 신체활동 평가척도(K-PASE)
		· 체질량 지수 척도(Body Mass Index: BMI)
		· 장악력 검사(쥐기 검사; Grip strength, 집기 검사; Pinch strength) · 그부브 페그 보드 테스트(시각-운동 협응능력 검사; grooved pegboard)

참조 : 농촌진흥청. 2급 치유농업사 길라잡이(2023) p.236

(2) 생리적 검사

인체의 생리는 질병의 원인과 진행 과정을 이해하고 진단하는데 필수적인 역할을 한다. 동물 교감치유의 시행 전과 시행 후의 생리적 변화를 측정하는데 다음과 같은 측정 도구를 사용한다.

표 X-45 신체적 영역 측정 도구

구분	측정 변인	주요 측정 도구
생리적 검사	체온	체온계(디지털)
	혈압	혈압계(디지털)
	맥박수	혈압 및 맥박계
	뇌파	MP-100, QEEG-8
	근전도	MP-100,
	폐활량 검사	폐 기능 검사기기

참조 : 농촌진흥청. 2급 치유농업사 길라잡이(2023) p.230

나. 신체적 영역의 측정 도구

(1) 수정 바델지수(Modified Barthel Index, MBI)

MBI는 1965년 스웨덴 바델병원의 Mahoney와 Bathel이 일상생활 동작의 자립도를 평가하기 위하여, 바델지수를 고안하여 세계적으로 널리 사용되고 있다. 1981년 Fartinsky 등은 이를 수정, 보완하여 수정바델지수(Modified Barthel Indexm MBI)를 발표하였다.

국내에서는 1989년 제5판을 한국어로 번역하고 표준화한 한글판 수정바델지수가 2007년에 발표되었다.

수정 바델지수는 일상생활에 필요한 10개 항목(개인위생, 목욕하기, 식사하기, 용변처리, 계단 오르기, 옷 입기, 대변 조절, 소변 조절, 보행, 이동)으로 구성되어 있다. 전체에 대한 합산점수는 0~100점이며 점수가 높을수록 의존도가 낮다는 것을 의미한다. 우리나라의 장애인복지법에 따른 뇌 병변 장애 판정에 사용된다.

표 X-46 수정 바델지수(K-MBI)

구분	전혀 할 수 없음	많은 도움이 필요	중간 정도 도움 필요	경미한 도움 필요	완전히 독립적 수행
1. 개인위생	0	1	3	4	5
2. 목욕하기	0	1	3	4	5
3. 먹기(식사하기)	0	2	5	8	10
4. 화장실 사용	0	2	5	8	10
5. 계단 오르내리기	0	2	5	8	10
6. 옷 입고 벗기	0	2	5	8	10
7. 대변 조절하기	0	2	5	8	10
8. 소변 조절하기	0	2	5	8	10
9. 걷기(의자차 사용)	0	3	8	12	15
※ 휠체어 사용	0	3	8	12	5
10. 의자/침대 이동하	0	1	3	4	15

판정 : 0~24점 (완전 의존), 25~49점(심한 의존), 50~74점(중등도 의존), 75~90점(경도 의존), 91~99점 (최소 의존)

※ 개인위생 : 세면, 머리 빗기, 양치질, 면도 등
휠체어 이동: 보행이 전혀 불가한 경우에만 평가

참조 : 농촌진흥청. 2급 치유농업사 길라잡이(2023) p.233

(2) 한국형 수단적 일상생활 수행능력 척도(Korean Instrumental Activities of Daily Living: K-IADL)

본 척도는 Lawton & Brody(1969)가 개발한 척도를 원장원(2002)이 번안하였다. 일상생활 수행능력(IADL)이란 개인의 주거 공간 내에서 간단한 집안일 수행과 전화 걸기, 교통수단을 이용한 외출, 생활용품 구매 등 자신의 신변관리와 더불어 일상생활의 간단한 목적달성을 위한 행동까지 할 수 있는 정도를 의미한다. 총 10문항으로 구성되었으며 각 문항 총점이 높을수록 의존성이 높다고 해석한다.

표 X-47 한국형 수단적 일상생활 수행능력 척도

한국형 수단적 일상생활 수행능력 척도
다음의 각 기능 영역에 대하여 어르신께 해당하는 보기에 ∨표 해 주십시오 (최근 1주간의 활동을 기준으로 함)

1. 몸단장

질문: 어르신께서는 머리 빗질이나 손발톱 깎는 것, 화장(여자), 면도(남자)를 남의 도움 없이 혼자서 하십니까?

□1. (기구만 준비되어 있으면) 다른 사람의 도움 없이 혼자서 빗질, 화장 혹은 면도, 손/발톱 깎기를 혼자서 한다.

□2. (기구가 준비되어 있더라도) 빗질, 화장 혹은 면도, 손/발톱 깎기 중 한두 가지는 다른 사람의 도움을 받아야 한다.

□3. (기구가 준비되어 있더라도) 다른 사람의 도움을 받지 않고는 빗질, 화장 혹은 면도, 손/발톱 깎기 등을 모두 하지 못한다.

---

2. 집안일

질문: 어르신께서는 집안의 일상적인 청소나 정리정돈, 침구 정리, 설거지 등을 다른 사람의 도움 없이 혼자서 하십니까?

□1. 도움 없이 혼자서 집안일을 한다.

□2. 집안일을 할 때 부분적으로 다른 사람의 도움을 받는다.

□3. 집안일을 할 수 없어서 다른 사람의 도움에 전적으로 의존한다.

---

3. 식사 준비

질문: 어르신께서는 집안의 일상적인 청소나 정리정돈, 침구 정리, 설거지 등을 다른 사람의 도움 없이 혼자서 하십니까?

□1. 도움 없이 혼자서 집안일을 한다.

□2. 집안일을 할 때 부분적으로 다른 사람의 도움을 받는다.

□3. 집안일을 할 수 없어서 다른 사람의 도움에 전적으로 의존한다.

---

3. 빨래하기

---

4. …

출처: 원장원(2002). 한국형 일상생활활동 측정도구(K-ADL)와 한국형 도구적 일상생활활동 측정도구(K-IADL)의 특징. 대한노인병학회지. 6(1), pp. 1-10. (https://drive.google.com/file/d/1ucqU4lXjI6HLQf0RZOv__djIxyjr8V1I/view)

(3) 기능적 독립수행 평가(Functional Independence Measure: FIM)

1984년 미국의 Carl Granger에 의해 개발된 척도로 일상생활 동작 수행능력을 측정하는 도구로써 6개의 대항목에 총 18문항으로 구성되어 있다.

일반적으로 입원 시와 퇴원 시 평가를 기본으로 하고, 질환별, 지역별, 기관별, 인종 간의 차이를 비교할 수 있는 일원화된 정보 체계를 갖고 있다. 동작마다 대상자가 도움이 필요한 정도에 따라 7점에서 1점까지 점수화하여 FIM 총점수는 126점이 된다.

표 X-48 기능적 독립 수행 평가

검사항목(18항목)		점수	레벨
자조활동	먹기		※ 독립(No helper) 7 완전 독립 6 부분독립 ※ 의존(Helper) 5 지도 감독 4 최소 보조 3 중간 보조 ※ 완전의존(Helper) 2 최대보조 1 완전 보조
	꾸미기		
	목욕하기		
	상의 입기		
	하의 입기		
	화장실 사용하기		
괄약근 조절하기	소변 가리기		
	대변 가리기		
움직이기/ 이동하기	침상, 의자, 의자 차		
	화장실		
	욕조, 샤워		
보행	걷기, 의자 차 W( )/C( )		
	계단		
의사소통	이해, 지각력 A( )/V( )		
	표현하기 V( )/N( )		
사회적응	사회 생활하기		
	문제해결 능력		
	기억력		
총점: /126			

출처: https://www.physio-pedia.com/Functional_Independence_Measure_%28FIM%29?utm_source=physiopedia&utm_medium=search&utm_campaign=ongoing_internal

(4) 일어서서 걷기 검사(Timed up and go test)

일어서서 걷기 검사는 일반적으로 노인을 대상으로 낙상 위험도를 평가하기 위해 균형을 빠르고 간단하게 검사하는 도구로 동적 균형검사이다.

대상자는 팔걸이 의자의 등받이에 궁둥이가 닿도록 바른 자세로 앉는다. 대상자가 쉽게 알아볼 수 있도록 3m 떨어진 거리에 테이프나 다른 표시를 해 놓는다.

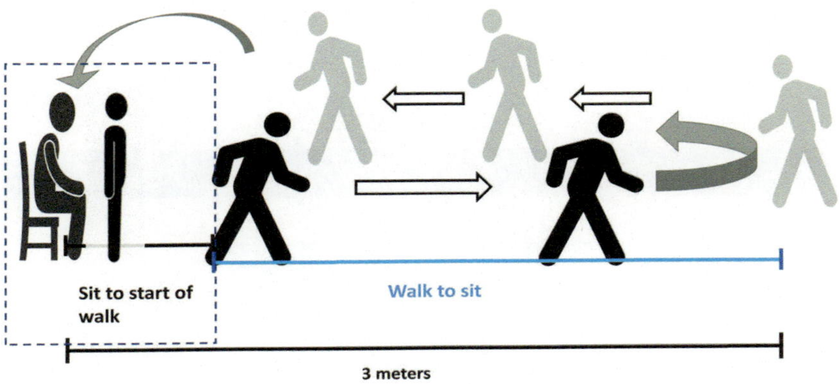

그림 X-6 일어서서 걷기 검사

보통 10초 이내로 수행할 수 있으면 정상(낙상 위험도가 낮다), 20초 이내(움직임은 좋으나 지팡이 없이는 낙상 위험도가 높다), 30초 이내(지팡이가 꼭 필요) 약한 노인과 장애인의 경우 11~20초 정도 소요되고, 20초 이상 걸리면 보행 시 도움이 필요하다고 평가한다. 총 3회를 시행하며, 3회에서 평균을 내 시간을 측정한다.

(5) 그루브 페그보드 테스트(grooved pegboard test)

그루브 페그보드 테스트는 손 기능의 기민성 또는 협응 동작의 숙련도를 평가하는 검사이다. 그루브 페그 보드는 무작위로 배치된 25개의 구멍과 한쪽에 열쇠가 달린 못으로 구성되어 있다. 페그를 삽입하기 전에 구멍에 맞게 페그를 돌려야 한다. 이 절차는 신체의 양쪽을 검사하여 미세 운동 작업의 수행 속도를 측정하며, 측면 뇌 손상 가능성에 대한 추론을 도출할 수 있다. 이 검사는 시각적 운동 협응력이 필요하다.

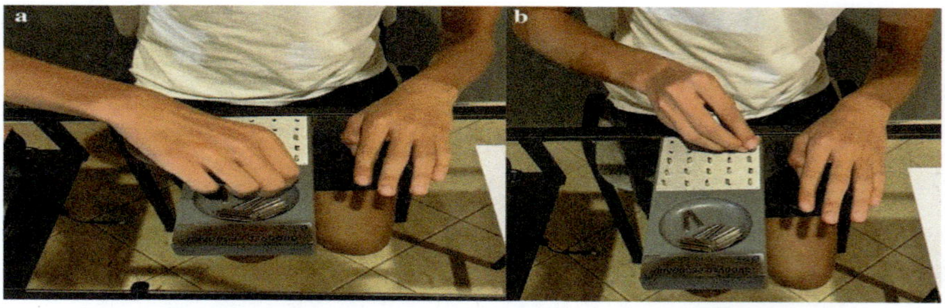

그림 X-7 페그 그립 단계(A) 및 페그 삽입 단계(B)

표 X-49 평가표

구분	오른손	왼손
수행 시간(초)		
떨어뜨린 핀 수(개)		
꽂은 핀의 수(개)		

참조 : 세인요양병원 https://blog.naver.com/seinhospital/223514286468

읽을거리 : 찰스 슐츠(Charles Scholz)와 스누피 만화(피너츠)

찰스 먼로 슐츠는 미국은 물론 세계적으로 인기 있는 만화 '피너츠(Peanuts)'를 그린 만화가이다. 1950년 10월, 최초의 피너츠 만화가 미국 전역의 7개 신문에 처음 등장했고 2000년 연재가 끝날 때까지 21개 언어로 2,600개 이상의 신문이 이 기사를 실었다.

그림 X-8 만화 피너츠

녀석들은 내가 부자라서, 많이 배워서, 잘나서, 나를 좋아하는 것이 아닙니다. 그냥 있는 그대로 보아줄 뿐입니다. 좋아해줄 따름입니다. 녀석들 앞에선 펑펑거리거나 으시댈 필요가 없습니다. 초라하거나 씁쓸할 까닭도 없습니다. 요즘 같이 살아가는 데 많은 조건이 필요한 시대에, 조건 없이 더불어 살아갈 수 있는 존재가 곁에 있다는 건 참으로 기분 좋은 일입니다.

- Charles Monroe Schulz -

02 측정 도구의 검증

학습 목표

- ✔ 신뢰도, 타당도, 객관도 등 검사의 기본에 대하여 말할 수 있다.
- ✔ 실험 목적과 집단에 적합한 검증유형을 선택하여 통계 처리할 수 있다.

1.1 측정과 검사의 기본

가. 신뢰도

신뢰도(reliability)란 동일한 조건의 측정 대상에 대한 검사점수의 '일관성' 또는 '안정성'을 의미한다. 신뢰도 계수는 0.00~1.00 사이의 값을 가지는데, 값이 클수록 신뢰도가 높다 또는 일관성과 안정성이 높다고 한다. 측정 도구가 신뢰도를 갖추고 있는지 확인하는 방식은 크게 4가지가 있다.

(1) 검사-재검사 신뢰도

한 검사를 동일한 대상에게 일정한 시차를 두고 실시한다. 동일한 대상자에게 시간 간격을 두고 2번 반복 측정하여 2번의 검사결과가 일관되게 나오는지 확인하여 신뢰도를 검증하는 방식이다.

(2) 동형검사 신뢰도

2개의 동형검사를 같은 집단에 실시하여 일관성을 검사한다. 동일한 개념을 측정하는 복수의 측정 도구를 개발하여 1회 측정함으로써 이 2개 도구 간의 검사결과가 일관되게 나오는지 확인하여 신뢰도를 검증하는 방식이다.

(3) 반분 신뢰도

하나의 검사한 후, 두 부분으로 나누어 검사하여 비교한다. 반분법은 특정 척도로 1회 측정한 후 척도의 문항수를 기준으로 반으로 나누어 총합을 구한 후 각각의 총합이 일관되게 나오는지 확인하는 방식으로 신뢰도를 검증한다.

(4) 크론바흐 알파(Cronbach α) 신뢰도 계수

크론바흐 신뢰도 계수는 반분법을 응용 활용한 방법으로 내적 일관성 또는 문항 간 상관계수 등으로 불린다. 이 방법은 척도를 연구 대상에게 1회 측정한 결과를 문항별로 나누어 문항 간의 상관관계를 통계적으로 계산하여 문항 간의 일관성 여부를 분석하는 기법이다. 쉽게 말해 척도 내 각 문항의 측정결과를 다른 전체 문항들의 결과와 일일이 비교해 일관되게 나왔는지를 계산해내는 기법이다.

크론바흐(Cronbach's)의 신뢰도 계수는 1에 가까울수록 좋은 신뢰도를 보이는 것으로 판단하며, 탐색적 연구는 0.6점, 설명적 연구는 0.8점 이상 되는 척도를 사용할 것을 권장하고 있다.

나. 타당도

타당도는 측정하고자 하는 바를 제대로 측정하기 위해 제작자가 거친 과정, 즉 타당화 과정을 제시하고 그 과정의 합리성을 구체적으로 보여 주기 위해 증거자료를 제시함으로써 검사의 타당성을 확보하는 경우가 많다. 따라서 신뢰도처럼 어떤 숫자로 제시되지 않는다.

타당도를 확인하는 기법으로, 탐색적 요인분석과 확인적 요인분석으로 분류된다. 탐색적 요인분석은 개념 간의 관계가 알려지지 않았을 때 통계적으로 유사한 문항들을 묶어주어 타당도를 확보하는데 이바지하는 방식이다. 확인적 요인분석은 이론적으로 유사하다고 보는 문항들이 실제 통계적으로도 유사하게 묶이는지를 확인하는 방식으로 타당도를 확인한다.

표 X-50 타당도의 종류

타당도의 종류	내용
내용 타당도	논리적 타당도로 전문가에 의해 각 문항이 제대로 측정하는지 판단하는 과정이다.
준거 타당도	측정점수와 기준이 되는 준거 점수와의 상관에 의한 검사이다. 준거 타당도에는 공인 타당도, 예언 타당도가 있다.
구성 타당도	구성 개념을 얼마나 정확하게 측정하였는지를 평가, 인간이 어떤 심리로 구성되었는지 확인한다. 수렴 타당도, 변별 타당도, 요인분석 등이 있다.

다. 객관도와 실용도

(1) 객관도

객관도(objectivity)란 평가자나 채점자의 주관성이 개입되지 않고 채점과 해석이 객관적인 것을 의미한다. 즉, 평가자에 따라 결과가 달라지는 것이 아니고 누가 채점과 해석을 하더라도 같은 결과가 나오도록 하는 것이다. 또한, 같은 평가자가 시간을 달리해서 다시 채점과 해석을 하더라도 같은 결과를 얻게 되면 객관도가 높다고 말할 수 있다.

(2) 실용도

실용도는 검사 자체의 측면에서 요구되는 요인, 다시 말해 검사 자체의 질을 평가하는 요인이다. 그러나 실용도(practicallity)는 검사의 경제성과 편리성을 고려한 요인이다. 전문적인 훈련을 받은 자가 실시해야 하는가의 문제와 검사지의 구매, 실시, 채점, 해석 등에 드는 경비, 그리고 검사 실시에 걸리는 시간 등의 전반적인 사항에 관한 문제라 할 수 있다.

라. 민감도와 특이도

측정 도구는 측정 대상의 변화를 의미 있게 탐색해낼 수 있어야 할 뿐만 아니라 필요에 따라 정확한 진단 능력을 갖추고 있어야 한다. 다시 말해 문제가 있는 대상자는 문제가 있는 것으로(민감도), 문제가 없는 대상자는 문제가 없는 것으로(특이도) 정확하게 판정하여 분류할 수 있어야 한다. 이러한 민감도와 특이도는 진단의 정확성이 공인되고 확립된 척도와의 비교를 통해 검증할 수 있다. 특히 이미 개발된 척도의 문항수가 많아 이를 줄여 단축형을 만드는 경우나 특정 대상자를 선별하거나 진단하기 위한 목적으로 개발된 척도의 경우 민감도와 특이도가 중요하게 고려되어야 한다.

1.2 검증 방법의 유형

연구 보고서를 마무리할 때 검증(결과 분석)을 어떻게(내용, 방법) 할 것인가? 고민할 때가 많다. 검증은 결과 변인(종속변인)에 대한 분석이어야 하며 양적인 방법과 질적인 방법을 동시에 적절히 사용하여야 신뢰도와 타당도를 높일 수 있다.

가. 양적인 검증 방법

양적인 검증 방법은 질문지, 검사지 등을 이용해 결과를 수량화해서 분석하는 방법으로 일반적으로 사용되고 있는 통계적 검증 방법은 다음과 같다.

표 X-51 통계적 검증 방법의 종류

명칭	사 용	통 계
표준점수	·Z점수, T점수 등이 있다. ·측정단위의 동간성이 유지된다.	·원점수를 통계적 절차를 통해서 표준점수로 환산한다.
표준편차 (SD)	·동간 비율 측정치에서 계산할 수 있다. ·빈도 분포상 각 점수의 상대적 위치에 따른 편차의 정도를 나타낸다.	·점수간 분산된 정도만 나타낸다. ·정상분포 곡선과 관련지어 해석한다.
CR	·두 집단 간의 차의 통계적 의의를 검증할 때 사용한다. ·사례수가 30 이상일 때 사용한다.	·모집단의 N, M, SD를 알아야 한다. ·영가설을 설정했을 경우 사용한다. ·정치를 정상분포로 가정한다..
백분위 (%)	·100에 대한 분포상에서 서열이다. ·반드시 N(빈도)과 함께 사용해야 한다.	·측정치의 차이가 의의 있는지? 예언하거나 추리하는 해석을 하지 못한다.
상관계수 (r)	·어떤 사실을 예언하는 데 쓰인다. ·두 변인의 상관관계를 수치로 나타낸다.	·상관관계 측정치가 아니고 지수이므로 가감승제 해도 아무런 의미가 없다.
평균 (M)	·점수를 더해서 사례수로 나눈다.	·M과 SD가 함께 사용되어야 한다.

t	·크기가 작은 집단 간의 평균 차이를 추정할 때 사용 한다. ·사례수가 30 미만일 때 많이 사용한다. (대집단일 때도 사용)	·모집단의 통계치를 모을 때 사용한다. ·비교하려는 두 개의 표본은 크기가 대체로 같아야 한다(±20%). ·전집의 측정치의 분포가 정상분포라고 가정한다.
X2	·구체적 영역 안에서 응답빈도를 비교 ·독립적인 빈도자료에만 사용한다. ·변인과 변인의 관련성 여부를 분석한다.	·전후, 좌우 동시 비교를 할 때 많이 사용한다.. ·예상 빈도가 5 미만이면 사용하지 않는다.
F	·3개 이상의 실험조건일 경우에 적용 ·일원 변량분석-독립변인 하나 ·요인인 변량분석-독립변인이 둘 ·다원 변량분석-독립변인이 셋 이상	·어떤 크기의 표본에도 적용할 수 있다.
문항 곤란도 (P)	·검사지의 양호도를 검사할 때 사용한다. ·각 문항의 어려운 정도를 나타낸다.	·수치는 10~90%일 것을 요구한다.
문항 변별도 (DI)	·검사지의 양호도를 검사할 때 사용한다. ·문항과 어떤 준거와의 상관을 말한다. ·대개 문항 내적 합치도를 많이 사용한다.	·수치는 +0.20 이상의 지수를 요구한다.

나. 질적인 검증 방법

질적인 연구방법이란 연구자가 관찰결과를 정리해서 문장상으로 기술하는 방법이다. 질적인 연구방법을 잘못하면 연구자의 의도대로 기술할 가능성이 있다. 따라서 관찰하기 전 객관적인 관찰계획을 수립하여 활용하도록 해야 한다.

표 X-52 관찰 기록지 예시

상황 1: 명랑하고 기분이 좋아 보인다. 점수 ______ 1------2------3------4------5------6------7------8------9------10
상황 2: 여가나 오락 활동에 관심이 많다. 점수 ______ 1------2------3------4------5------6------7------8------9------10

03 동물 교감치유의 연구

학습 목표

- ✔ 동물 교감치유 연구의 필요성과 유형을 말할 수 있다.
- ✔ 동물 교감치유의 연구 보고서를 작성할 수 있다.

1.1 연구의 필요성과 유형

가. 연구의 필요성

동물 교감치유 행위는 인간애를 바탕으로 한 과학이며 창조적인 예술이다. 이 예술과 과학은 부단한 연구를 통해서 질적 향상을 기할 수 있다. 더욱이 동물 교감치유사는 전문적 기능을 수행한다. 따라서 동물 교감치유의 실행, 질적 향상을 위한 연구, 그리고 사회봉사라는 3가지 임무를 수행해야 한다.

현대 사회에서 동물 교감치유의 효과가 과학적으로 입증됨에 따라 적용 분야와 수요의 확대는 자명한 일이다. 따라서 동물 교감치유의 연구는 치유사의 본연의 임무이며 차세대 동물 교감치유사가 되려는 사람에게는 일련의 준비과정이다. 따라서 연구는 주체적이며 창의적인 전문가로서 자리매김하기 위한 필수적인 전문직 활동의 하나이다.

나. 과학적 연구

우리를 둘러싸고 있는 환경 속에서 사상이나 사건을 유목적으로 분석하여 체계적인 지식을 얻는 행위를 연구라고 말한다.

연구는 대체로 통제된 상황 속에서 면밀하고 체계적인 관찰과 과학적인 검증을 통해 어떤 사실이나 원리를 발견하고 논리적으로 기록·정리하는 과정이다. 이런 과정에서 어느 개인의 주관적 믿음이나 느낌의 영향을 받는 것이 아니라 검증 가능한 관찰과 실험을 통해 지식을 얻는 방법이다. 즉, 객관적인 연구방법을 사용하여 연구자가 제시한 결론에 대하여 다른 사람이 동의하게 하는 방법으로 이는 동일한 조건을 주면 다른 사람도 연구자와 같은 결론에 도달하리라는 것이다.

동물 교감치유에 관한 연구는 그 출발이 교감 치유의 모든 현장이어야 하며 연구의 진행 과정도 교감치유 수행과정에 중점을 두어야 한다. 따라서 동물 교감치유는 실천적 연구로 연구의 시작, 연구의 추진과정, 연구의 결과와 재투입도 교감치유 현장이 되어야 한다.

다. 연구방법의 유형

연구의 일반적인 유형은 다음과 같다.

표 X-53 연구의 일반유형

일반유형	정의 및 특징	해당 연구 방법론
기술연구 (Descriptive studies)	주어진 현상을 가능한 한 충분히 구체적으로 기술하는 것으로 연구의 출발점임.	조사 연구, 발달연구 사례연구, 내용분석 연구 역사적 연구 등
관계연구 (Associational studies)	현상 간의 관계를 규명하고 예측을 가능케 함 현상의 여러 특성과 특성 간의 관계에 대한 세밀한 분석이 가능하다.	상관연구 인과-비교연구
개입연구 (Intervention studies)	결과에 영향을 미칠 수 있도록 특정한 방법이나 처치를 도입함. 이론적인 예측을 확인함으로써 일반지식 체계에 공헌함.	실험연구

(1) 조사 연구

조사 연구(survey research)는 무엇이 존재하고 있는가를 파악하여 사실대로 기술하고 해석하는 연구다. 즉, 어떤 사건이나 현상에 대한 아무런 조작이나 통제를 가하지 않고 자연적인 상황에서 그것을 조사하고 정확하게 기술하는 것이다. 이 연구에서 흔히 사용하는 방법은 질문지법과 면접법이다. [예시: 반려견의 미용 관리 실태와 미용사의 직무만족도에 관한 조사]

(2) 발달연구

발달연구는 시간의 경과에 따른 유기체의 변화에 관심을 두는 연구로 종단적 접근과 횡단적 접근 방법이 있다. 예를 들면 한국인의 애완동물에 대한 의식구조의 변화 등과 같이 동일한 연구대상을 오랫동안 추적하면서 관찰하는 방법이며 횡단적 접근 방법은 동시적으로 여러 층을 대상으로 발달적 특징을 알아보는 것이다. [예: 청소년과 성인의 반려동물에 대한 선호도 조사]

(3) 사례연구

사례연구(case study)는 특정한 개인이나 집단 또는 기관을 대상으로 하여 어떤 문제나 특성을 심층적으로 조사하고 분석하는 연구이다. 목적은 특정한 사례에 관련된 구체적 사실을 밝히고 그 사례의 모든 측면을 철저히 분석하는 것이다. 사례의 특정한 면만 연구하는 것이 아니라 그 사례의 신체적, 심리적, 환경적인 요인을 조사하고 이러한 요인을 토대로 그 사례가 당면한 문제를 포괄적으로 고찰한다. 사례연구 방법에는 면접, 관찰, 실험, 표준검사, 자서전이 포함된다. [예시: 재활 승마 프로그램의 적용을 통한 자폐 스펙트럼 장애의 평형감각 기능 회복에 관한 사례연구]

(4) 상관연구

상관연구(correlational research)는 연구에 수집한 자료들을 통계적으로 분석하고 해석하여 변인의 일반적인 관계를 규명하는 데 역점을 둔다. 상관이란 어떤 사건과 사건, 현상과 현상 사이에 나타나는 관계를 말하며 두 변인이 서로 관련이 있을 때 상관이 있다고 본다. 상관계수는 r로 표시하며 -1~1까지의 값으로 나타내며 0은 상관없음, 양수는 정적 상관, 음수는 부적 상관이다. [예시: 애견미용원장 리더쉽 유형과 미용사의 직무만족도와의 상관관계]

(5) 실험연구

실험연구(experimental research)는 가장 강력한 연구방법으로 기본 목적은 특정한 실험상황에서 관심 있는 변인을 조작하여 변인과 변인 간의 관계를 명확하게 규명하는 데 있다. 실험연구의 특징은 두 개 이상의 변인이 있으며 실험자가 임의로 조작할 수 있는 것을 실험 처치 또는 독립변인이라고 하고 독립변인에 영향을 주는 것을 종속 변인이라고 한다.

동물 교감치유 프로그램의 적용이 따돌림 아동의 사회성 향상에 미치는 효과에 관한 연구
(독립변인) (종속 변인)

실험 연구는 내적 타당도와 외적 타당도를 높이도록 해야 한다. 내적 타당도는 이 실험 처치가 그와 같은 결과를 가져 왔느냐라고 하는 최소한의 요구 조건이며, 외적 타당도는 현재의 실험을 다른 조건에서도 같은 결과가 나올 수 있느냐라고 하는 문제이다. 즉, 일반화 가능성을 따지는 문제이다. 실험설계는 다음과 같다.

표 X-54 실험설계의 유형

유 형	도해적 개념	설 명
단일집단 사후검사	S O	한 집단에게만 실험 처치하고 사후검사하는 방법으로 이론적 근거가 빈약하여 큰 의미가 없다.
단일집단 전후 실험	O1 S O2	사전검사 후 실험 처치를 가하고 사후검사를 통해 차이가 있는지를 밝힌다.
이질 집단 전후 실험	대조군: O1 O2 처치군: O3 S O4	두 집단을 사전검사하고 처치 집단에만 자극을 준 후 양쪽 집단을 두 차례 측정한다.
사후검사 실행	대조군: O1 처치군: S O2	두 집단을 무작위로 선택한 후 처치 집단에 자극을 주고, 두 집단 모두 측정한다.
무선 표집 전후 통제집단 실험	대조군: RO1 O1 처치군: RO3 S O4	무작위로 피험자를 표집하여 사전검사를 하고 처치군에만 실험 자극을 주어 실험 후 각각 검사한다.
솔로몬 4집단 설계	대조군: O1 O2 처치군: O3 S O4 대조군: O1 처치군: S O2	전후 실험과 후 실험만 실행하는 두 가지 검사를 결합한 것이다. 이는 연구자가 전 실험의 편견이 결과 유출에 포함되었는지를 판별할 수 있게 한다.
연속 검사	처치군: O1 O2 O3 S O4 O5 O6 ...	연구자가 자극의 전후에 적용된 완만한 변화를 측정하도록 해 준다.

주: R- 무선 표집(인위적 조작을 안 함), O1, O3- 실험 전 측정, O2, O4- 실험 후 측정, S- 자극(처치)

1.2 연구 보고서 작성

가. 연구의 주제

연구의 주제는 전체 연구 내용을 간추린 연구 요약의 재요약이라고 할 수 있다. 연구 주제는 보통 15~25자 정도의 길이로 하되, 보통 2행으로 진술하며 독립변인과 종속 변인의 순서를 제시한다. 특히 연구의 목표와 방법의 초점화되고 간결하면서 명확하게 표현해야 한다. 연구의 영역이나 범위를 벗어나지 않은 주제를 설정해야 한다.

*사회성 향상*을 위한 *반려견 사육*	→	*반려견 사육*을 통한 *사회성 향상*
(종속 변인) (독립변인)		(독립변인) (종속 변인)

나. 연구의 목차

연구의 목차는 연구 내용의 작은 제목이나 주제를 늘어놓은 차례다. 즉 연구의 체계적 조직으로 연구의 개요, 구조, 형태를 명백하게 기술한 것으로 내용 목차, 표 목차, 그림 목차의 순으로 기재하며 표 목차는 로마 숫자, 그림 목차는 아라비아 숫자로 표기하기도 한다. 연구의 일반적인 목차는 다음과 같다.

표 X-55 연구의 목차

Ⅰ. 서론(연구의 개요) A. 연구의 필요성(문제의 진술, 동기, 취지) B. 연구의 목적(문제) C. 연구의 의의 D. 용어의 정의 **Ⅱ. 기초조사** A. 조사내용 B. 조사결과 C. 결과 분석 **Ⅲ. 이론적 배경** A. 문헌 내용(문헌 연구, 이론적 기초) B. 조사결과(선행연구의 분석) C. 결과 분석(기초조사) **Ⅳ. 연구 과제(가설, 실행목표)** A. 연구 과제 1(실천 과제 1, 가설 1) B. 연구 과제 2(실천 과제 2, 가설 2) C. 연구 과제 3(실천 과제 3, 가설 3)	**Ⅴ. 연구방법** A. 연구대상(표집 대상) B. 연구 기간 및 일정(절차) C. 연구의 조직, 연구의 도구 **Ⅵ. 연구의 실제(연구의 과정)** A. 연구 과제 1의 실행(가설 1의 실행) B. 연구 과제 2의 실행(가설 2의 실행) C. 연구 과제 3의 실행(가설 3의 실행) **Ⅶ. 연구의 결과(검증 및 평가)** A. 검증 항목 및 내용 B. 조사결과 C. 결과 분석 **Ⅷ. 결론 및 제언** A. 요약 B. 결론 C. 제언 ※ 참고문헌

다. 서론

(1) 연구의 필요성

연구의 필요성은 연구의 동기, 의의, 취지, 필요, 이유, 문제의식 등을 체계적으로 진술하는 가장 첫 머리글이다. 따라서 간결하면서도 연구의 당위성을 설득력 있게 나타내고 연구에서 규명해야 할 문제의 근본적인 필요성을 진술한다.

(2) 연구의 목적

연구할 문제를 발견하여 해결하려고 노력하는 근본적인 이유나 취지, 규명하고자 하는 구체적인 사실을 진술하되 행동적 용어로 연구의 문제, 방향, 결과를 분명히 한다.

(3) 연구의 범위와 제한

범위는 연구자가 의도적, 계획적으로 가지는 연구의 한정이며 제한은 연구계획에 포함된 내용이거나 연구수행에 동반된 추진내용이지만 외적 여건에 따른 타율적 제한 때문에 실행할 수 없는 한계성을 밝힌다. 모든 연구가 지니는 특성이므로 범위의 한계를 정직하고 솔직하게 밝혀 연구의 내용을 뚜렷하게 나타낸다.

(4) 용어의 정의

해당 연그에서 사용하는 특정한 용어의 의미를 명백히 밝히기 위한 개념의 내용을 한정하는 뜻매김이다. 연구의 특성에 따라 다양하게 진술할 수 있으며 자신이 내린 조작적 정의에 대한 이론적 근거를 짧게 제시한다.

라. 이론적 배경

독립변인과 종속 변인에 관련된 이론들을 체계적으로 제시하여 연구의 실행목표나 가설을 끌어내는 원천이 되도록 한다. 나의 연구와 관련된 선행연구의 연구 내용과 수준을 분명하게 밝히고 각 변인에 직접 관련이 있는 개념, 이론, 법칙, 원리, 모형 등을 논리적으로 밝혀 연구 주제의 타당성이 입증되도록 한다. 이론적 배경에는 문헌 내용(문헌 연구), 조사결과, 결과 분석 등을 기술한다.

마. 연구의 문제

연구의 내용이나 윤곽을 뚜렷이 하기 위하여 연구 주제를 하위 문제들로 분석하여 구체적으로 구성한 연구 내용이다.

1. 치매 노인의 지남력 향상을 위하여 어떤 치유프로그램을 구안할 것인가?
2. 치매 노인을 위한 동물 교감치유 프로그램을 어떻게 적용할 것인가?

바. 실태 분석

현장 연구의 방향 결정, 연구문제 선정, 연구목적이나 가설을 설정하는 데 도움을 얻기 위하여 현장 연구의 기초 자료를 수집 분석하는 활동이다. 연구계획의 전 단계에서 실시하며 연구의 목적이나 연구문제의 기저 자료로 활용하고 실태 분석의 목적, 내용, 방법, 결과, 고찰의 순으로 제시한다.

표 X-56 선행연구 분석(예시)

연도	연구자	주제	내용(시사점)

사. 가설(실행목표)

실행목표는 연구목적을 달성하는 데 필요한 실천 과제를 개조식으로 요약하여 제시한다. 가설, 가정, 실행 가설, 실천 목표, 실행 중점 등의 용어에 관한 개념과 특징을 분명하게 이해하고 추진하고자 하는 연구 내용에 알맞은 표현을 선택하여 사용한다. 일반적으로 실천 연구와 조사 연구는 가설보다 가정 또는 실행(실천) 목표 사용이 바람직하다. 또한, 전제와 방법, 결과가 함께 현재형으로 진술되고 검증할 수 있어야 한다.

가설 1 *재활 승마 프로그램*이 *지체 장애아의 감각기능 회복*에 *영향을 준다.*
(독립변인: 전제) (종속 변인: 결과) (검증: CR 검증)

아. 연구의 방법 및 절차

의도한 연구를 효율적으로 수행하여 연구목적을 효과적으로 달성하도록 짜놓은 연구의 설계도이다. 때에 따라서는 연구의 방법, 실행계획, 가설의 실행계획, 실천계획 등의 표현으로도 사용한다. 연구의 대상(표집), 연구 기간, 연구 절차, 측정 및 도구, 자료의 수집과 분석방법(자료의 처리) 등의 순서로 기술한다.

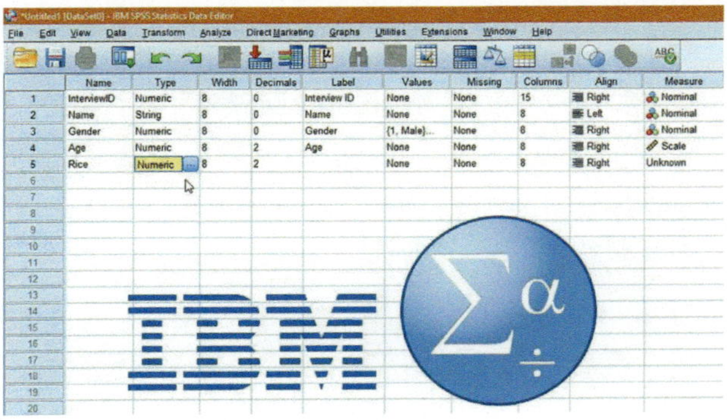

그림 X-9 IBM의 SPSS 프로그램

연구의 측정 도구는 타당성, 신뢰성, 객관성이 입증되고 과학적 방법으로 제작되어야 한다. 자료의 분석방법(통계처리)은 평균(M) %, 상관계수(r), 표준점수(T, H, Z), CR 검증, t 검증 카이자승(X2) 등이 있다.

(가)의 자료처리는 SPSS/PC 프로그램을 이용하였다.
(나)의 각 요인 빈도에 의하여 %로 분석하고 (다)의 성적은 M, SD로 특성을 분석하였다
(라)의 집단간의 차는 X2를 실시하여 p<.05수준에서 유의 수준을 분석하였다.

(1) 통계처리 컴퓨터 프로그램의 종류

수집된 자료를 통계 처리하기 위한 컴퓨터 프로그램은 다음과 같다.

표 X-57 통계처리 프로그램

프로그램	프로그램 내용
GraphPad Prism 9	복잡한 데이터를 통계적으로 분석 이해하기 쉽게 그래프와 도표로 시각화
SPSS(statistical package for social science)	사회과학 분야에서 흔히 쓰이는 컴퓨터용 프로그램
SPSS/PC+	SPSS 프로그램을 개인용 컴퓨터로 변환한 프로그램

(2) SPSS 활용 통계 기법

SPSS 프로그램을 활용하여 다양한 통계 기법을 적용하고 데이터 분석을 수행할 수 있다. 연구자는 자신의 연구목적에 맞는 적합한 기법을 선택하여 활용할 수 있다.

표 X-58 SPSS 활용 통계 기법

통계 기법	내용	활용 예시
빈도 분석 기술 통계	데이터 분포 중심 경향, 산포도	설문 조사결과의 빈도 분포, 평균, 표준편차 계산
t-검정 ANOVA	두 집단의 평균값의 차이 유의성 검증	동물 교감치유가 어린이의 사회성 증진에 미치는 영향(전후 비교)
상관관계, 회귀 분석	두 변수 간의 선형적 관계 분석	노인의 고립감 수준과 정신건강과의 상관관계
카이자승(X2) 로지스틱 회귀	범주형 변수 간의 연관성 분석	식습관과 위암 발병률의 연관성 분석
요인분석 군집 분석	복잡한 다변량의 데이터를 간결하게 요약	설문 문항의 요인구조 분석, 전략 수립

자. 연구의 실제

연구의 실행목표나 가설의 타당한 실행(실천) 내용이어야 하며 연구가 추진되는 과정에 따라 단계적으로 기술한다. 연구추진 내용을 상세하게 진술하여 이해가 쉽게 하고 실천 사례와 내용을 효율적으로 제시하여 연구의 객관도를 높이도록 한다.

가. 실행목표 1의 실천' 또는 '가. 가설1의 실행' 등으로 기술한다.

차. 연구의 결과

연구의 결과는 연구의 수행으로 인하여 나타난 연구 활동의 구체적인 성과를 연구의 가설별 또는 실행목표별로 진술한다. 실행방법이나 실천 내용을 간략하게 기술한 다음 나타난 결과를 제시하며 연구 결과의 실패 또는 성공 여부와 관계없이 연구 실천으로 나타난 성과를 그대로 꾸밈없이 제시하여야 한다.

실행목표 1의 실천 결과(가설1의 실행 결과)등으로 기술한다.

~를 활용함으로써 사회성이 비교집단에 비하여 $p<.05$수준에서 유의차가 있었다.

카. 요약

연구의 전체 과정별로 요점을 잡아 간추린 내용으로 연구의 전 과정에 걸친 모든 내용을 간추려 기술하되 연구의 필요성, 이론적 배경, 연구방법 등을 간결하게 제시하고 연구의 목차, 가설 또는 실행목표, 결과 등을 구체적으로 진술한다.

타. 결론

연구를 추진한 성과를 나타난 결과를 전제로 하여 그로부터 도출해 내는 연구자의 판단이다. 연구의 성과나 결과에 근거를 두고 설명함으로써 객관화한 '연구의 맺음말'이어야 하며 연구 결과를 확대하여 해석하거나 논리적 비약을 하지 않도록 진술해야 한다.

파. 제언

연구의 추진 결과를 분석, 검토한 내용에 근거하여 연구자가 제시하는 발전적 의견으로 연구 추진의 성과가 미흡하였던 부분 적시하고 후속적·보완적 연구가 필요하다고 생각되는 내용을 기술한다.

하. 참고문헌

사용한 문헌이나 자료들을 빠짐없이 체계적으로 제시한다. 각주, 후주, 참고 문헌 기록 등을 빠짐없이 기록한다. 순서는 한글은 가나다순으로 영문은 알파벳 순서로 하고 단행본, 간행물 순으로 제시한다. 외국 서적은 한서, 일서, 양서 순으로 기재한다. 연구와 직접적인 관련이 없는 문헌이나 자료 등은 제시해서는 안된다.

APA(American Psychological Association)식의 기록 순서는 저자명, 출판연도, 제목, 출판사, 페이지 번호 등 순으로 기록한다.

- 안제국(2005). 「애완동물 사육」. 서울: 부민문화사. p. 5.
- 환경부(2001). 「야생동물 밀렵·밀거래 방지 및 수렵제도 개선에 관한 연구」. 2집 pp. 33~35.
- Brackert, H., and Kleffens, C. (2002). Von hunden und Menschen: geschichte einer lebinsgemeinschaft. Verlag. pp. 31-56.

참고문헌 및 관련 인터넷사이트

- 김용석. 홍지영. 한국판 아동 사회성기술척도 실시요강. 도서출판 마인드프레스
- 안제국 외(2007). 동물매개치료. 학지사.
- 농촌진흥청(2023). 2급 치유농업사 길라잡이
- 사회복지공동모금회(2018). 공동모금회 배분 사업 성과측정을 위한 척도집.
- 김의중(2003). 한국판 기분 상태 척도(K-POMS)의 표준화와 신뢰도와 타당도 평가. 대한수면학회. 10권. 1호. 한국과학기술정보연구원
- 김정택(1978). 특성 불안과 사회성과의 관계-Spielberger(1970)의 STAI를 중심으로-. 고려대학교 대학원 석사학위논문
- 민성길 외(2000). 한국판 세계보건기구 삶의 질 간편형 척도((WHOQOL-BREF)의 개발. 대한신경정신의학회. 제39권 제3호
- 민혜영(1990). Circumplex Model과 부모-자녀간의 의사소통: 청소년 자녀를 중심으로. 연세대학교 대학원 석사학위논문
- 양동원. Questionnaire for Demetia Screening KDSQ, SDQ, AQ. 가톨릭의과대학교
- 원장원(2002). 한국형 일상생활활동 측정도구(K-ADL)와 한국형 도구적 일상생활활동 측정도구(K-IADL)의 특징. 대한노인병학회지. 6(1), pp. 1-10.
- 장세진 외(2005) 한국인 직무 스트레스 측정 도구의 개발 및 표준화. 대한직업환경학회지 제 17권 제4호
- 진은주(2019). 한국판 UCLA 외로움 척도 3판의 타당화. 전남대학교 석사학위 논문
- 최명진. 김기연(2022) 한국판 노인 삶의 질 척도(K-CASP-16)의 타당화 연구. 한국보건사회연구원 제42권 제2호
- 최보가·전귀연(1993). 자아존중감 척도 개발에 관한 연구(Ⅰ). 대한가정학회지. 31(2),
- 최희진(2015). 상호작용 중심의 집단표현예술치료가 여성 독거노인의 우울감과 대인관계에 미치는 효과. 명지대학교 석사학위논문.
- 한나리. 이동귀(2010). 한국 대학생의 대인관계 유능성 척도 타당화 연구. 한국심리학회지. 상담 및 심리치료 22(1). 137-156
- 황수진, 홍진표, 안지현, 김명현, 정서현&장혜인. (2021). 외로움과 사회적 고립 척도의 개발 및 타당화 연구. 신경정신의학, 60(4), 291-297.
- https://blog.naver.com/chamssal/223070685680
- https://blog.naver.com/PostView.nhn?blogId=rudtladl1&logNo=40053911319
- https://scienceon.kisti.re.kr/commons/util/originalView.do?cn=JAKO200315750718627&dbt=JAKO&koi=KISTI1.1003%2FJNL.JAKO200315750718627
- 국가트라우마센터. (https://nct.go.kr/distMental/rating/rating02_2.do
- 김경호의 이미지 코칭, (https://m.blog.naver.com/goldimage/223543564096)

- 보건복지부 국립건상센터, 삼성서울병원
- 보건복지부 금연 길라잡이-스트레스 감지 평가
- 보건복지부 금연 길라잡이-스트레스 감지 평가
- 부산대학교 효원상담원
- https://pnucounsel.pusan.ac.kr/pnucounsel/32441/subview.do)
- 서울대학교 병원 임상의학연구소(http://www.youthclinic.org/sub6_2.php)
- 세인요양병원 https://blog.naver.com/seinhospital/223514286468
- 언택트 심리학의 방 https://blog.naver.com/iemya/223485586739
- ㈜테스피아 https://tespia.kr/tp_mall/prd_detail.asp?num=64
- 테스트하로 https://testharo.com/depression/ko
- 한국심리주식회사 https://www.koreapsy.co.kr/

[사진 자료 출처]

- 단원 열기1 https://www.mindbodypractice.com.au/post/what-s-the-difference-between-an-assessment-and-treatment-with-a-psychologist
- 단원 열기2 https://www.greaterlowellpsychassoc.com/blog/what-happens-during-a-psych-evaluation
- 그림 X-1 https://en.wikipedia.org/wiki/Hermann_Rorschach#/media/File:Rorschach_blot_04.jpg
- 그림 X-2 https://www.scielo.br/j/ptp/a/MNXFcN3vPwH3Y6Q8C8BZPJk/?lang=en#ModalFigf4
- 그림 X-3 자작
- 그림 X-4 자작
- 그림 X-5 https://www.career.go.kr/cnet/front/examen/examenMain.do
- 그림 X-6 https://www.tandfonline.com/doi/full/10.1080/23311916.2024.2432515#d1e396
- 그림 X-7 https://www.researchgate.net/figure/Figure-represents-the-photos-of-the-grooved-pegboard-test-performance-of-one-participant_fig3_375991955
- 그림 X-8 https://www.npr.org/2022/11/26/1138671852/charles-schulz-100-birthday-peanuts-legacy
- 그림 X-9 https://www.linkedin.com/pulse/ibm-spss-statistics-301-crack-license-code-download-grow-v5icf

저자소개

저자 안 제 국

건국대학교에서 축산학(농학사)과 동 대학원에서 농업교육학(교육학 석사)을 공부하였다.
극동대학교 대학원에서 전문상담교사 연수과정과 네덜란드 IPC Livestock Barneveld College에서 국제축산연수과정을 수료하였다.
인간-동물의 유대와 공존에 관한 연구를 하고 있으며 2007년 우리나라 최초로 「동물매개치료」를 집필하여 소개하였다.

자격

중등 1급 정교사(동물자원, 식품가공)/문교부장관
1급 전문상담교사/충북교육감
축산기사, 식품가공기사, 축산기술사/한국산업인력공단
동물 교감치유 슈퍼바이저

경력

충북 청주농업고등학교 외 3개교에서 38년간
동물자원학과 교사-교감으로 봉직하였고
원광대, 디지털서울문화예술대 외래교수를 역임하였다.

현재 (사)한국농업인력개발포럼 대표
국가기술자격 정책심의위원회 전문위원(고용노동부)

저서

전문 도서

- 가축사양학(2017). 탑스팟.
- 가축육종학(2017). 탑스팟.
- 가축인공수정(2020). 탑스팟.
- 동물매개치료(대표저자 2007). 학지사.
- 동물실험핸드북(공저. 2008). 선진.
- 유기농업실무(대표저자. 2014). 부민문화사.
- 축산기능사(2017). 부민문화사.
- 축산기사·산업기사(2016-2024). 부민문화사.
- 축산학 개론((2019). 부민문화사

고등학교 인정도서

- 가축관리실무(대표저자. 2011). 부민문화사.
- 대가축 관리(공저. 2014). 충남교육청.
- 돼지사육(공저. 2015). 한국직업능력개발원.
- 동물자원(대표저자. 2010. 2024). 충북교육청.
- 실험동물과 기타 가축(공저. 2014). 충남교육청.
- 애완동물(2005). 부민문화사.
- 양어기술(대표저자. 2007). 우리기획.

핸드북

Handbook on Animal Assisted Therapy
동물 교감치유

초판인쇄 | 2025년 6월 10일
초판발행 | 2025년 6월 23일
저　　자 | 안제국
발 행 인 | 이성범
발 행 처 | 문운당
주　　소 | 서울시 종로구 혜화로5길 16(명륜1가 45-3)
전　　화 | (02)762-6010
팩　　스 | 영업 (02)745-0265 / 편집 02)762-8758
이 메 일 | 영업 munun2@daum.net
편집 munundang@naver.com
홈페이지 | http://munundang.co.kr

ISBN 979-11-5692-816-4 93520

• 저자와의 협의에 의하여 인지를 생략합니다.
• 저작권법에 의해 보호를 받는 저작물이므로 무단 전재와 복제를 금합니다.

정가 38,000원